万水 MSC 技术丛书

# 全新 Marc 实例教程与常见问题解析

## （第二版）

孙丹丹　陈火红　编著

中国水利水电出版社
www.waterpub.com.cn
·北京·

## 内 容 提 要

本书主要介绍MSC公司的Marc/Mentat在线性、非线性有限元分析领域的应用和操作方法。特别是针对Marc/Mentat 2015以及近年来新增的一些功能进行详细介绍，使初学者能够很快的熟悉和掌握使用Marc/Mentat进行非线性问题建模和求解的方法，与此同时针对一些典型案例结合Marc的最新功能和操作界面进行介绍，方便用户更快、更好地了解Marc的新功能并应用于实际设计工作中。

本书大部分案例来自于实际工程项目，不仅包含了具体操作步骤的讲解，还配以图片说明，方便用户即学即用。全书共分9章，包括Marc的主要功能以及近年来Marc/Mentat新增的功能亮点；线性和非线性有限元求解的基本理论背景知识；Marc Mentat常用菜单，重点介绍Marc Mentat 2015的CAD模型导入、特征识别和修改以及实体结构自动分网；针对Marc处理材料非线性、几何非线性、接触非线性以及断裂力学、网格重划分等关键技术进行了重点介绍。通过本书的学习，读者可以掌握通过有限元法解决实际工程问题的思路和方法，结合实际工程应用实例，将理论和工程分析结合的更为紧密。本书附赠光盘带有全部例题的模型文件和操作动画。

**图书在版编目（CIP）数据**

全新Marc实例教程与常见问题解析 / 孙丹丹，陈火红编著. -- 2版. -- 北京 : 中国水利水电出版社，2016.10

（万水MSC技术丛书）

ISBN 978-7-5170-4854-1

Ⅰ. ①全… Ⅱ. ①孙… ②陈… Ⅲ. ①有限元分析－应用软件 Ⅳ. ①O241.82-39

中国版本图书馆CIP数据核字(2016)第264280号

责任编辑：杨元泓　张玉玲　　加工编辑：韩莹琳　　封面设计：李　佳

| | |
|---|---|
| 书　　名 | 万水MSC技术丛书<br>全新Marc实例教程与常见问题解析（第二版）<br>QUANXIN Marc SHILI JIAOCHENG YU CHANGJIAN WENTI JIEXI |
| 作　　者 | 孙丹丹　陈火红　编著 |
| 出版发行 | 中国水利水电出版社<br>（北京市海淀区玉渊潭南路1号D座　100038）<br>网址：www.waterpub.com.cn<br>E-mail：mchannel@263.net（万水）<br>sales@waterpub.com.cn<br>电话：（010）68367658（营销中心）、82562819（万水） |
| 经　　售 | 全国各地新华书店和相关出版物销售网点 |
| 排　　版 | 北京万水电子信息有限公司 |
| 印　　刷 | 三河市铭浩彩色印装有限公司 |
| 规　　格 | 184mm×260mm　16开本　26印张　643千字 |
| 版　　次 | 2016年10月第1版　2016年10月第1次印刷 |
| 印　　数 | 0001—3000册 |
| 定　　价 | 72.00元（附1张DVD） |

# 再版前言

Marc 作为世界上第一个商用非线性有限元分析软件，诞生于 20 世纪 70 年代初。经过四十多年的发展，Marc 已经广泛的应用于航空、航天、汽车、造船、机械制造、能源、电子、土木工程、铁路运输、水利等各个行业。成为世界上很多知名企业必备的分析工具。

从 2011 年开始，MSC 公司每年都会推出 1～2 个 Marc 的新版本。近年来，Marc 不仅在功能上有重大的改进。在界面风格上也持续不断的完善。Marc Mentat 2015 在保持友好的全新界面风格的同时，还具备了功能强大的模型浏览器功能，使初学者能够很快地熟悉和灵活使用新界面的诸多便利功能。为满足用户的使用需求，新的界面风格还增加了中文操作界面，中文和英文界面之间的切换只需简单修改一个语言参数即可。在与各商用 CAD 软件的接口设置上，Marc Mentat 2015 进一步增强了 CAD 实体的导入和特征识别功能，极大地方便了用户进行各种复杂几何类型的模型导入、特征编辑等。另外在网格划分功能上引入了新的实体网格自动划分方法，使得用户在更短的时间内建立网格质量更高的模型。为使广大新老用户更好地了解 Marc 的新功能、掌握和使用 Marc，MSC 公司投入了大量的人力搜集和整理近年来 Marc 的一些新功能以及在各行业的应用，最终再版了这本新的、有特色的、能够系统介绍 Marc Mentat 使用方法的简明实用的文献资料。

本书介绍了 Marc Mentat 软件在各个领域的基本理论和使用方法。全书共分 9 章：根据有限元分析的基本流程，介绍了 Marc 的基本概念和分析流程，以及从网格划分、材料定义、边界条件以及分析参数设置，到结果后处理，以通俗易懂的语言和简明的实例介绍了使用 Marc 进行有限元线性、非线性分析的基本流程和使用方法。

- 第 1 章 Marc Mentat 简介，介绍 Marc 的发展历史、主要功能、安装方法、帮助文档等，使读者对软件有一个初步的认识，另外针对近年来 Marc Mentat 新增功能亮点进行简单的介绍；
- 第 2 章为 Marc Mentat 图形用户界面和操作，介绍了 Marc Mentat 的全新界面风格、模型浏览器的使用以及中文界面的启动，对 Marc Mentat 的一些主要菜单和常用命令进行了全面的介绍；
- 第 3 章为 Marc Mentat 几何建模与网格生成，详细介绍了 CAD 模型的导入功能、CAD 导入过程中以及导入到 Mentat 后的特征识别和特征删除与修改、实体网格自动划分等，结合球轴承实际结构进行实体模型导入、特征识别、特征修改、实体自动分网等操作方法和流程的详细说明；
- 第 4 章为 Marc Mentat 材料非线性分析，介绍各类常用的金属和非金属材料非线性问题的分析方法和过程，使读者对 Marc 中常用的材料模型的定义和使用有比较深入的了解，并就近年来新增的材料模型进行了重点介绍；
- 第 5 章为接触分析，介绍接触问题分析方法和过程，针对复杂模型的接触设定工作量大、易出错等问题重点介绍了新增的接触关系设置方法，帮助用户更高效地完成接触体、接触表等的定义，针对工程实际经常遇到的套管和管内梁接触分析以及常见的金属结构拉延分析进行了实例讲解；

- 第 6 章为 Marc Mentat 结果输出，介绍 Marc 的结果输出类型、含义等，使读者掌握如何定义所需的结果变量、理解各类结果的含义，最后介绍近年来 Marc 在后处理方面的一些新的功能亮点；
- 第 7 章为 Marc Mentat 网格自适应与重划分，介绍网格自适应和重划分的使用方法，使读者在需要时能够体会 Marc 中颇具特色的网格自适应和网格重划分的功能，通过实例详细介绍了新增的局部网格尺寸控制的几种方法；
- 第 8 章为断裂力学问题的 Marc 解决方案，介绍断裂力学问题在 Marc 中的模拟方法，通过实例介绍复合材料失效分析、脱层分析、界面单元的建模方法和参数设置，以及裂纹扩展的仿真计算流程，结合实例介绍了初始裂纹创建、裂纹扩展以及高周疲劳裂纹扩展的建模和分析方法；
- 第 9 章为 Marc-Adams 联合仿真，介绍了包含非线性问题的系统级结构分析模型采用 Marc-Adams 联合仿真的基本原理、工作流程和方法，并结合实例详细说明了 Marc-Adams 进行联合仿真时的模型设置方法、注意事项以及结果查看等内容。

读者可根据自己的需要对本书的内容进行有选择的阅读。要充分掌握软件，还需要进行大量的上机操作。本书配有光盘，对书中的所有的例子都配有整个操作过程的动画。读者可以边操作边看动画。

由于编者水平有限，书中缺点和谬误难免，敬请读者批评指正，也欢迎用户和读者通过电子邮件方式与编者共同探讨一些具体的软件使用问题。编者的电子邮箱分别为：dandan.sun@mscsoftware.com、huohong.chen@mscsoftware.com。

编者

# 目　　录

1

# 第 1 章 Marc/Mentat 简介

## 1.1 MSC 公司与 Marc

MSC Marc 是国际上通用的非线性有限元分析软件。它是 MSC Software Corporation（简称 MSC）公司的产品。MSC 公司创建于 1963 年，被誉为是从“Nastran 公司”成长为真正的市场和技术领先的模拟软件公司，总部位于加利福尼亚州，MSC 软件公司在 23 个国家拥有超过 1000 名员工。53 年来，MSC 强大的、集成化的 VPD（Virtual Products Development，虚拟产品开发）软件和服务帮助企业在产品开发过程中改善产品的设计、测试、制造和服务流程，从而更快、更高效地推出新产品，在激烈的市场竞争中领先对手。MSC 公司作为世界领先的 VPD 技术提供商，从创建至今，先后于 1989 年兼并了 PISCES InternationB.V.公司，并推出结构和流体耦合高度瞬态非线性分析软件 MSC Dytran；1999 年收购世界上第一个非线性有限元软件公司——Marc 公司，并推出 MSC Marc；2002 年收购世界最大的机构仿真软件公司——MDI 公司，推出产品 MSC ADAMS；2008 年收购 NETWORK ANALYSIS，INC.公司（SINDA/G），拓展并推出其热分析领域产品 MSC Sinda；2011 年收购了被认为是声学软件市场领头羊的比利时 FFT（自由声场技术）公司，并发布 MSC Actran 软件；2012 年收购了高端材料仿真领域的领先厂商 e-Xstream 公司，推出非线性多尺度材料与结构建模平台 Digimat；2015 年收购焊接和成形模拟软件的领导者 Simufact 公司。

2011 年 MSC 软件公司被 MaximumPC 杂志评为“十大原创软件公司”，与苹果、IBM、计算机科学公司（Computer Science Corporation）、微软等业界领先的技术创新者并肩入围，成为最具创新精神的软件公司之一。MSC 的产品被广泛应用于各个行业的工程仿真分析，包括国防、航空、航天、船舶、机械制造、汽车、兵器、电子、铁道、石化、能源、材料工程、科学研究及教育等各个领域，用户遍及世界 100 多个国家和地区的主要设计制造工业公司和研究机构，其中覆盖了全球 92%的机械设计制造部门、97%的汽车制造商和零部件供应商、95%的航空航天公司和 93%的船舶研发部门。

原 Marc 公司始创于 1971 年，全称 Marc Analysis Research Corporation，是全球首家非线

性有限元软件公司，主要产品是 Marc。

1999 年 Marc 公司被 MSC 公司收购，Marc 产品得以继续研发，经过 40 多年的不懈努力，Marc 软件得到学术界和工业界的大力推崇和广泛应用，建立了它在全球非线性有限元软件行业的领导者地位。随着 Marc 软件功能的不断扩展，软件的应用领域也从开发初期的核电行业迅速扩展到航空、航天、汽车、造船、铁路、石油化工、能源、电子元件、机械制造、材料工程、土木建筑、医疗器材、冶金工艺和家用电器等领域，成为许多知名公司和研究机构研发新产品和新技术的必备工具。

MSC Marc 具有处理几何非线性、材料非线性和包括接触在内的边界条件非线性以及组合的高度非线性的超强能力。材料非线性分析方面，MSC Marc 可以定义和分析包括塑性、蠕变、黏塑性、黏弹性、超弹性、超塑性、刚塑性、复合材料等问题。当一个结构的位移显著地改变其刚度时，则应考虑几何非线性的影响。MSC Marc 程序可解决以下几何非线性效应：大应变、大变形，大转动，跟随力、应力强化、屈曲。MSC Marc 在同类软件中具有最强的接触分析能力。对于基本的接触状态，MSC Marc 提供基于直接约束的接触算法，可自动分析变形体之间、变形体与刚体之间以及变形体自身的接触。新的面段－面段（Segment-to-Segment）的接触探测方法，使得两接触体在接触部位的应力分布变得非常连续。MSC Marc 还具有传统的间隙摩擦单元模式，也可以用非线性弹簧单元来模拟非线性支撑边界。

MSC Marc 可以处理各种结构静力学、动力学（包括模态分析、瞬态响应分析、简谐响应分析、谱响应分析）问题、温度场分析以及其他多物理场耦合问题。其中模态分析可包含预应力模态、有阻尼模态、无约束模态、大变形模态、接触结构模态等。瞬态动力分析用于确定结构承受随时间变化载荷时的动力响应，可以考虑 3 种不同类型的非线性的影响。简谐响应分析用于求解结构承受正弦变化载荷的响应。该分析类型用于研究随时间简谐变化载荷引起的共振问题。MSC Marc 软件具有功能强大的一维、二维、三维稳态/瞬态热传导分析能力；能够描述各向同性、各向异性、正交各向异性的热物理参数。MSC Marc 软件提供 4 种热分析边界条件：温度、热流强度、表面对流、表面辐射。MSC Marc 可以计算相变潜热，具备很强的多场耦合分析功能，支持热－机耦合分析，可以进行有接触传热的耦合分析。

MSC Marc 拥有高数值稳定性、高精度和快速收敛的高度非线性问题求解技术。MSC Marc 卓越的网格自适应技术，既保证了计算精度，同时也使非线性分析的计算效率大大提高。MSC Marc 的 Pre-state 功能可以实现多次作业连续分析，能够将前一个分析任务的分析结果作为下一个分析任务的初始条件进行连续分析。例如，加工成型后弹簧具有的变形和残余应力等结果可以作为后续性能分析的初始条件，充分考虑弹簧各个加工环节对性能的影响。最新的模型部件（Model Section）可让用户以更方便的形式进行多阶段成形过程的链式分析。用户可以很容易将内部变量从一个模拟传递到下一个模拟、更新接触工具/模具。之前的分析结果可以重用，因而从前一次分析得到的模型状态得以保持。采用该方法，在多阶段模拟中避免了大量的重启动文件，增加了模拟的灵活性。MSC Marc 基于区域分解法的并行有限元算法，能够最大限度实现有限元分析过程中的并行化，并行效率可达准线性甚至超线性。

功能完备的前后处理器 Mentat 易学易用，其得心应手的实用工具使得 Marc 用户能够轻松愉快地进行各种模型创建和参数的定义。Mentat 自身具有三维建模能力，并提供灵活的 CAD

图形接口及 CAE 数据接口，可以实现不同分析软件之间的数据转换。MSC Marc 支持多种平台（Windows、Linux）和网络浮动的许可证配置方式，各种硬件平台数据库兼容，功能一致，界面统一。

MSC Marc 软件提供了 400 多个特定功能的开放程序公共块和 200 多个用户子程序接口。用户可以不受限制地调用这些程序模块。用户子程序接口覆盖了 MSC Marc 有限元分析的所有环节，在国内外的用户中有很多成功的案例，特别是在用户自定义材料本构模型、复杂边界条件施加等方面尤为成功。MSC Marc 提供的完善的、多层次的二次开发功能，以 MSC Marc 已有程序为基础平台，可以开发出各种典型材料本构、边界条件等的分析子程序，从而形成自身的可长期持续应用和发展的分析系统。

为方便用户了解和学习 MSC Software 公司的产品，公司为不同用户提供了不同层次的、方便快捷的通道进行共享资料下载、技术支持以及各种培训课程等服务项目。用户可以登录 MSC Software 公司网站（http://simcompanion.mscsoftware.com）进行各个产品的电子文档下载，其中包括产品新闻、技术文章（常见问题解答、案例、技术公告等）、产品信息和文档（发布指南、硬件和软件要求等）、用户论文等；也可以查询产品已发现的问题和相应的解决方法、下载产品更新补丁及各种网络研讨会的多媒体材料。用户可以借助 SimCompanion 网站上 Support Contact Information 提供的联系方式，如网址、邮箱、电话等和当地的支持中心联系，以便得到个性化的支持。

利用 VPD 社区的论坛（http://forums.mscsoftware.com），可以发布使用 MSC 公司产品时遇到的问题，并接收来自世界各地的其他用户对问题的解答。

正式用户在维护期内可以登录 MSC 公司下载中心，下载最新版本的产品安装介质(https://mscsoftware.subscribenet.com/)，在这里提供了针对各种硬件平台的安装介质，方便用户进行产品的安装和更新。

通过中文主页（http://www.mscsoftware.com.cn/index.aspx?Id=89）可以了解中国区各办事处的软件培训课程目录和日程表，用户可直接在网站上提交报名申请。中国区的正式用户在维护期内可以拨打技术支持热线电话 400-085-0509 寻求技术支持，或发邮件至 mscprc.support@mscsoftware.com进行咨询。

## 1.2　Marc 程序结构框架

Marc 是先进的非线性分析求解器，它的前后处理器包括 MSC 公司的 Marc Mentat、Patran。与此同时，市场上通用的其他 CAE 前后处理器也可以生成 Marc 的数据文件（扩展名为 dat）。

### 1.2.1　Mentat 与 Marc 的关系

Mentat 作为 Marc 的前后处理工具，在进行前处理时，Mentat 生成扩展名为 mud 或 mfd 的模型文件，建模完成递交分析后可自动生成 Marc 的数据文件（.dat），Marc 在后台完成分析任务的计算后会自动生成可供 Mentat 进行后处理的扩展名为 t16 或 t19 的结果文件。Marc 与 Mentat 的关系如图 1-1 所示。

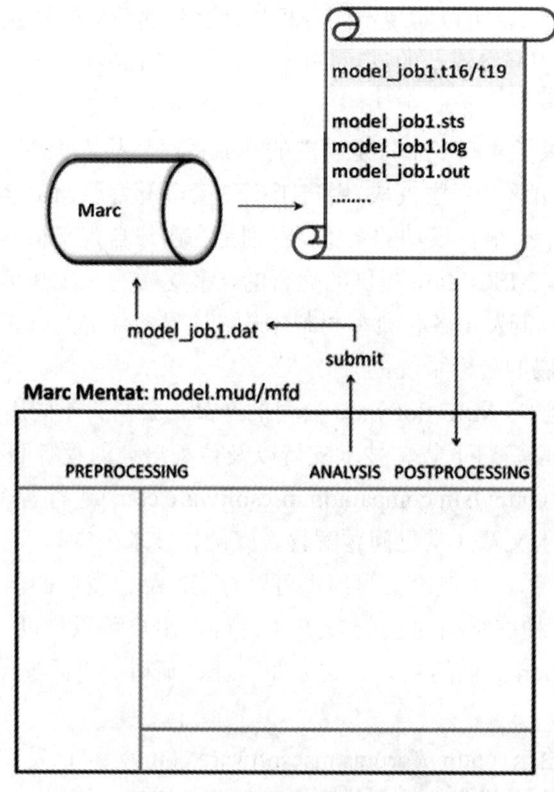


图 1-1　Marc 与 Mentat 的数据传递和交换关系

此外 Marc 还生成其他相关的文件，具体见表 1-1 的说明。

表 1-1　Marc 文件的相关说明

| | |
|---|---|
| dat | Marc 输入数据文件，用于包含模型信息、参数信息、分析控制参数等，可由 Mentat 生成，也可直接按照 Marc 用户手册 C 卷（卡片数据说明）直接编写 |
| out | 输出文件，用于存储模型参数、迭代信息、计算结果等 |
| sts | 状态文件，显示各增量步对应的迭代次数、分离次数、回退次数以及时间步长、最大位移等 |
| log | 日志文件，记录各个增量步的迭代、收敛、时间耗费等信息 |
| t08 | 重启动文件，在激活重启动功能时将必要信息根据设置写入此文件，以备后续使用 |
| t16/t19 | 可在 Mentat 中进行结果后处理的文件类型 |
| mat | 材料数据库文件，用户可自行编写数据文件并保存到安装路径下以备后续使用<br>例如：X:\MSC.Software\Marc\20xx\marc20xx\AF_flowmat |
| vfs | 视角系数文件，用于进行辐射分析计算 |

其他结果文件类型及相关说明请参考 Marc 用户手册 A 卷程序初始化部分的说明。

### 1.2.2　Marc 一般分析流程

使用 Marc 进行有限元分析时，首先需要定义网格模型，输入材料参数并定义边界条件，最后定义分析工况和任务参数并递交运算。Marc 针对待分析的模型数据文件（.dat），通过调用 run_marc 命令进行分析。针对 Windows 操作平台的用户可以选择在前后处理软件 Mentat 中进行模型的创建和分析任务的提交，Marc 程序会在后台自动调用。对于 Linux 等高性能计算节点的用户，往往会选择先生成 Marc 的模型文件.dat，然后通过命令行的形式直接提交，那么需要用到 run_marc 指令及相关的参数设置。这部分可参考后续的介绍。

在非线性问题分析过程中，Marc 采用迭代方法进行求解，根据指定的收敛准则判断是否获取收敛解，并生成相关结果文件，其执行过程如图 1-2 所示。

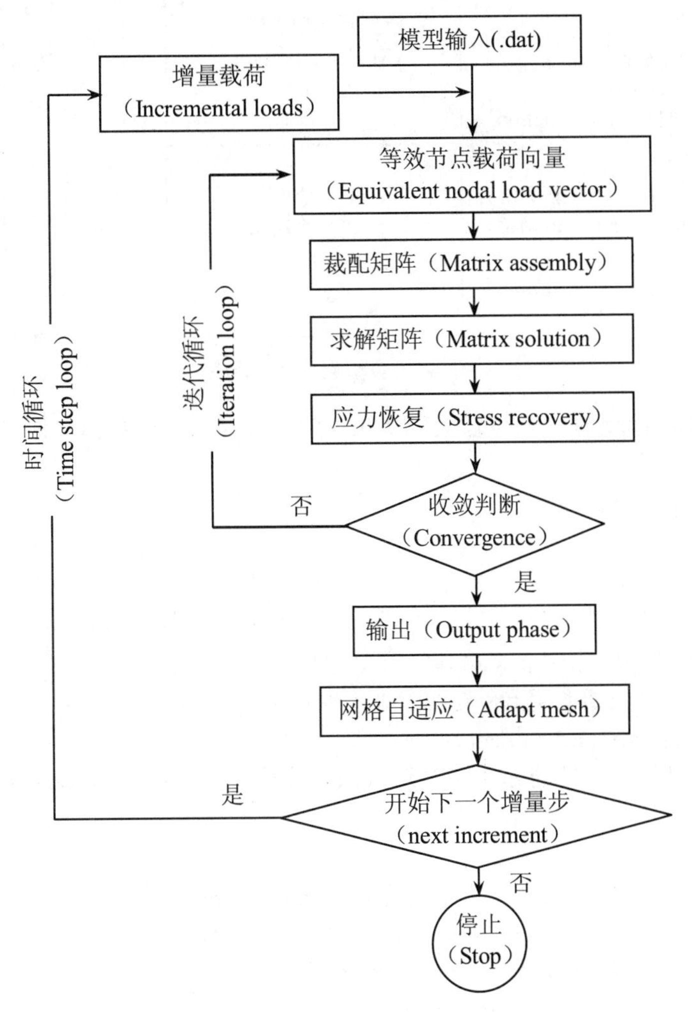


图 1-2　MSC Marc 分析流程图

由图 1-2 可知采用 Marc 进行分析的一般流程，当考虑接触时，分析流程还会增加接触探测、分离及穿透等的判断，详见第 5 章接触部分的介绍。参照流程图 1-2，分析过程中按照以下步骤创建模型并递交运算即可。

（1）定义并生成数据文件。

数据文件可以通过 Mentat 图形交互界面进行前处理和分析参数部分定义后自动生成，也可以根据 Marc 手册 A 卷中关于数据文件结构组成的说明以及 C 卷中对各个卡片命令的格式、使用方法说明手动编写生成。数据文件的组成如图 1-3 所示。

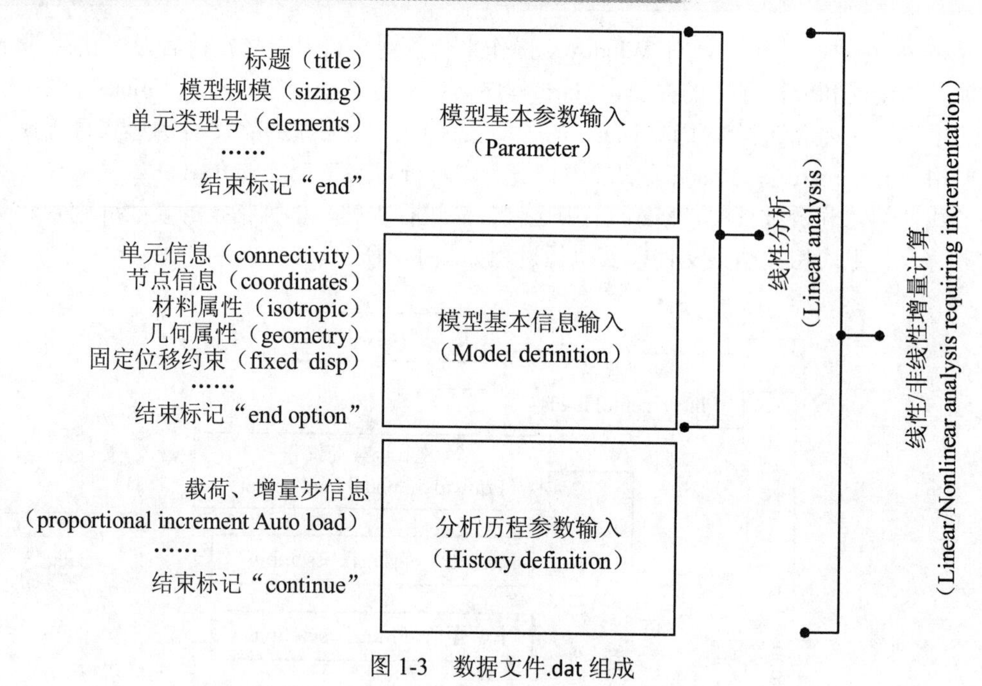


图 1-3　数据文件.dat 组成

（2）调用 run_marc 命令，同时指定（并生成）必要的分析数据文件。

命令行的基本形式为：

run_marc -jid jobname.dat

或

run_marc -j jobname

其中-jid 后指定待分析数据文件的名称，例如 jobname.dat。除此以外，run_marc 命令根据不同的分析需要和问题类型还支持其他命令，常用的有：

1）重启动分析时需要调用.t08 文件，采用的命令行为-rid 或-r。

run_marc -j jobname.dat -r restart.t08

2）并行分析可设定模型的分区（DOMAIN）数目，命令行为-nprods 或-nps，例如采用两个分区：

run_marc -j jobname.dat -nps 2

采用多机并行时，指定 host 文件，命令行为-host 或-ho

run_marc -j jobname.dat -nps 2 -h hostfile

3）调用用户子程序分析，采用命令行-user 或-u。

run_marc -j jobname.dat -u usersubroutine.f

4）其他如是否在后台执行分析，采用命令行为-b，例如不在后台执行：

run_marc -j jobname.dat -b no

以上操作的具体步骤请参考后续章节和例题的说明，其他命令可参考 MSC Marc 用户手册 A 卷 program initiation 部分的说明。

## 1.3　Marc 新增功能的亮点

Marc 以 Mentat 近年来发布的新版本为新老用户带来了更多的新功能和新惊喜。从易用性上，在 Mentat 2011 版本推出全新的用户界面后，在 Marc 2013 版本中进一步增加了新界面下的模型浏览器功能，允许用户通过图形界面方式查看模型所包含的信息。通过模型浏览器在不同菜单间快速移动，减少单击鼠标的次数。模型浏览器同时支持拖拽功能，方便用户更快速地完成建模、复制、编辑等操作。在 Marc 2014.1 版本中，MSC 公司推出了 Mentat 的第一版中文界面，方便用户更快地掌握和灵活的使用 Marc 的优异功能；在 Marc 2011 版本中增加和增强了 CAD 接口功能后，Mentat 2013 版本的几何实体建模已经由原有的 ACIS 内核改为 Parasolid 内核，这一变化使得 Mentat 可以更好地与众多 CAD 软件兼容。Mentat 2014 版本进一步扩展 CAD 接口功能，允许直接导入几何实体并在 Mentat 中完成后续的几何清理、特征识别、特征编辑等操作。与此同时，Mentat 针对实体网格划分功能也进行了重大的改进，用户可以针对复杂模型在较短的时间内完成实体网格的划分。相对 Mentat 原有实体网格划分工具的繁琐操作步骤，新的方法一定会给用户耳目一新的感觉。在功能上，Marc 2015 不仅在高性能计算方面进一步增强了原有功能，而且针对接触、复合材料、断裂力学、网格重划分、多物理场分析等推出了多个新的亮点功能。在 Marc 2013.1 版本推出 Marc 与 Adam 联合仿真功能后，更在 Mentat 2014.2 版本实现了全面的界面支持，使得用户能够更方便快捷地进行包含非线性特性的复杂机构的结构分析。下面将分别针对 Mentat 2015 和 Marc 2015 以及近年来的一些新功能亮点进行展开介绍。

### 1.3.1 Mentat 2015 及其近年来的新功能

1. *用户界面*

Mentat 2015 全新界面与以往版本类似，采用经典的 office 风格，对菜单、工具栏等进行合理的布局，如图 1-4 所示；新的界面风格保留了 Mentat 老版本的全部功能，默认显示将原有的动态菜单区均匀地排列在菜单条的下方，用户可以同时打开属于不同动态菜单项的子菜单，并顺序排列在窗口的左侧。新的菜单设计还支持窗口的拆分，用户可以根据个人喜好和需求任意排列和放置窗口的位置。

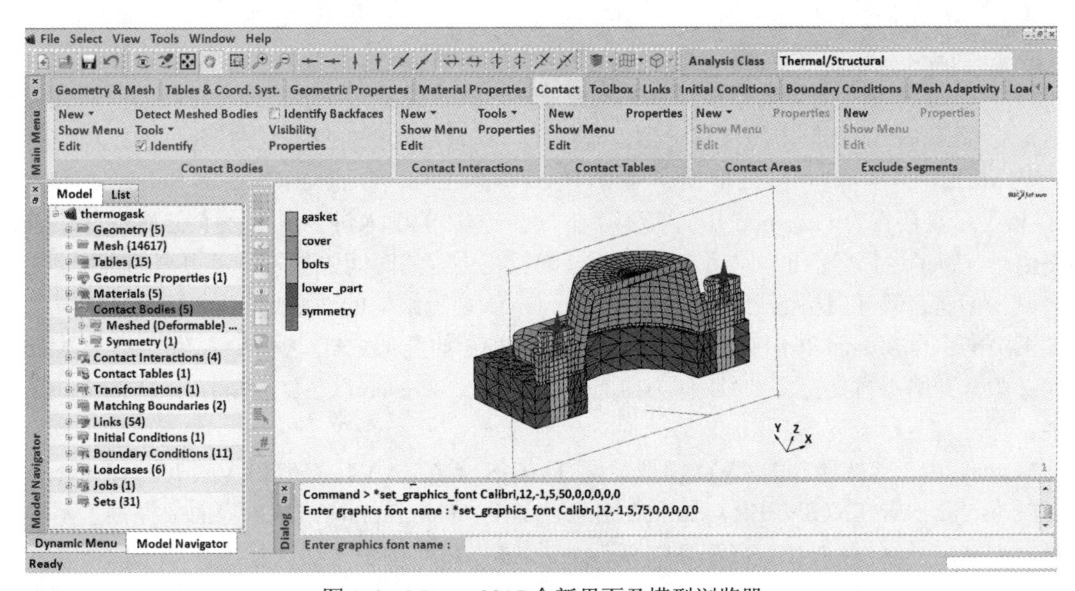

图 1-4 Mentat 2015 全新界面及模型浏览器

从 Mentat 2013.1 版本开始增加了模型浏览器功能，让用户可以更方便地浏览模型内容。并通过模型浏览器进行建模、显示、编辑等操作。模型浏览器不仅提供模型的树状表述，还让用户能够快速移到不同的菜单。所有的菜单，既可从主菜单（Main Menu）进入也可以从模型浏览器中进入，如图 1-4 所示模型浏览器（Model Navigator）。模型浏览器同时支持拖拽操作，该功能针对存在大量边界条件的模型非常有用，关于模型浏览器的使用和介绍请参考第 2 章 2.3.5 节的相关内容。

Mentat 2014.1 版本推出中文界面，如图 1-5 所示，用户可以方便地根据需要启动中文或英文界面，中、英文界面的启动方法请参考第 2 章 2.3.2 节的相关内容。

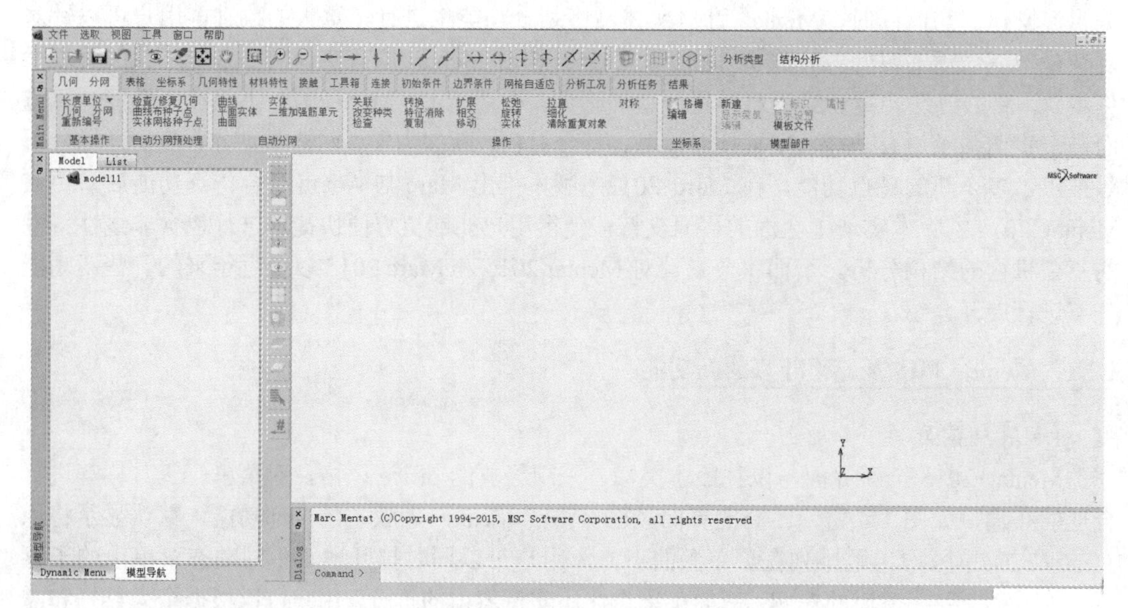


图 1-5　Mentat 2015 中文界面

2. CAD 模型导入及特征识别和特征编辑

从 Mentat 2013.1 版本开始，几何实体建模已经由 ACIS 内核改为 Parasolid 内核，这一变化使得 Mentat 可以更好地与众多 CAD 软件兼容。同时能够与 MSC 公司主流的前后处理器 Patran 及 Simxpert 的几何内核保持一致，确保几何模型可以更好地在这些产品间共享和互换。

从 Mentat 2014 版本开始引入了全新的 CAD 导入工具（General CAD as Solids），导入的 CAD 模型可直接作为 Parasolid 几何实体存在。这一方法的引入进一步增强了在 Mentat 中进行网格清理、布尔运算等的能力，新的方法能够确保在更短的时间内导入质量更高的模型，同时大大减少创建有限元网格的时间，尤其是对于 CAD 装配结构的网格划分。最新 CAD 导入菜单如图 1-6 所示。Mentat 2014 同时保留了 Mentat 2013.1 的全部 CAD 模型导入功能，但从 Mentat 2014.2 版本开始不再支持将 CAD 作为曲面或单元导入（General CAD as Surfaces/Elements）的功能。

Mentat 2015 支持导入的 CAD 模型类型有 ACIS、CATIA V4、CATIA V5、IGES、Inventor、JT、Parasolid、Pro/ENGINEER、SolidWorks、STEP、Unigraphics。导入界面中提供了两种方法进行 CAD 模型的读取：直接法（Direct Approach）和间接法（默认方法），如图 1-6 所示。在直接法中，CAD 模型被直接导入到 Mentat 中，并以 Parasolid 几何存在。在这一过程中没有

几何清理，通过这种方式导入时部件的数量保持不变，因此被导入的 CAD 模型名称可以与 Mentat 的 Parasolid 体的名称关联。直接法导入的缺点是用户可能需要对个别部件进行额外的特征识别和清理。而使用间接法导入模型时，CAD 模型首先被转换为内部几何，接下来在程序内部自动进行一系列的几何清理操作，最终程序将清理后的几何模型保存为 Parasolid 几何模型导入 Mentat。

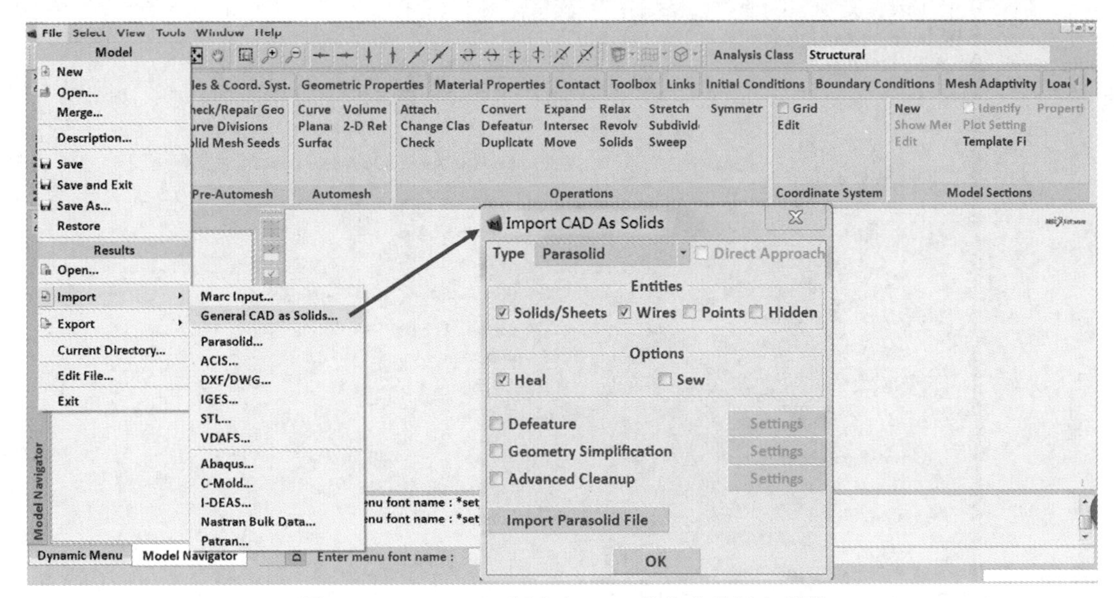


图 1-6 Mentat 2015 版本中 CAD 作为实体导入菜单

在导入的过程中可以通过图 1-6 中的对象（Entities）选项指定导入到 Mentat 中的体的类型。通过修复（Heal）选项实现 CAD 模型导入时的第一阶段的错误修正。缝合（Sew）选项用于闭合一些曲面间的间隙，从而获得更为连续的曲面。另外，在导入时可以通过几何清理功能，如特征消除（Defeature）功能，在导入 CAD 模型时删除一些小的几何细节，如小的圆孔、凹槽、倒角、小面或小体等。同时可以实现不同几何间的转换和几何简化（Geometry Simplification）以及一些高级清理（Advanced Cleanup）工作。当然用户也可以在导入模型后进行相应的特征消除（Geometry & Mesh→Operations→Defeature）。上述几何清理菜单如图 1-7 所示，关于此部分功能的使用方法可参考第 3 章第 3.2.2 节和第 3.2.3 节内容。

当 CAD 模型导入到 Mentat 后，通过特征消除（Geometry & Mesh→Operations→Defeature）功能可以实现进一步的清理操作。该功能支持的特征类型包括：孔/凹槽、倒圆角/桥接曲面、倒角、小面、小体、缺陷；用户可以指定几何对象的尺寸范围，以便程序进行特定特征的查找。特征消除菜单如图 1-8 所示。

识别出的特征会在模型中高亮显示，并显示在目录树上，同时也会被包含在选取（Selected）列表中。对于被识别出的特征，根据特征类型的不同，用户可以进行删除、改变半径或宽度、移动等操作。如图 1-9（a）所示实例，通过特征识别功能识别出模型中的孔，注意它们以蓝色高亮显示并被添加到目录树中，其中一个将被删除的孔通过右击可在目录树中选取出来，孔被删除后如图 1-9（b）所示。关于 CAD 模型进行特征识别、特征编辑等的具体方法详见第 3 章第 3.2.3 节的内容。

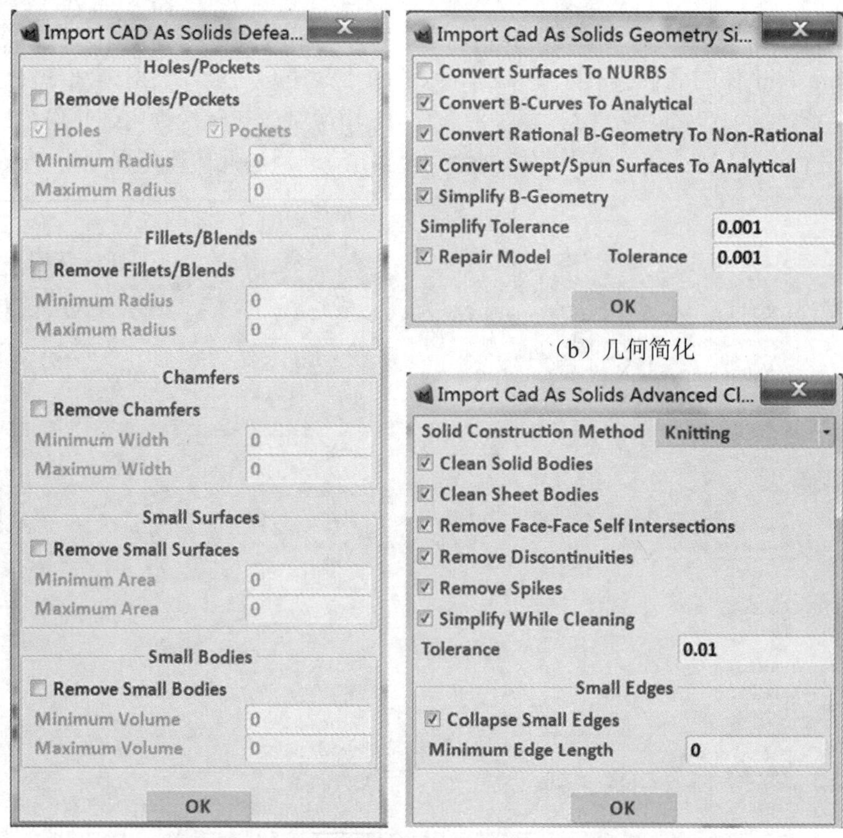


（b）几何简化

（a）特征消除　　（c）高级清理

图 1-7　几何清理菜单

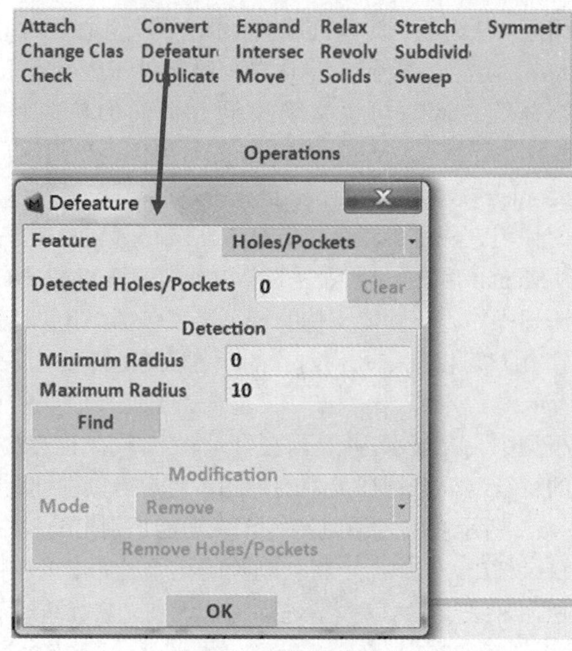


图 1-8　特征消除菜单

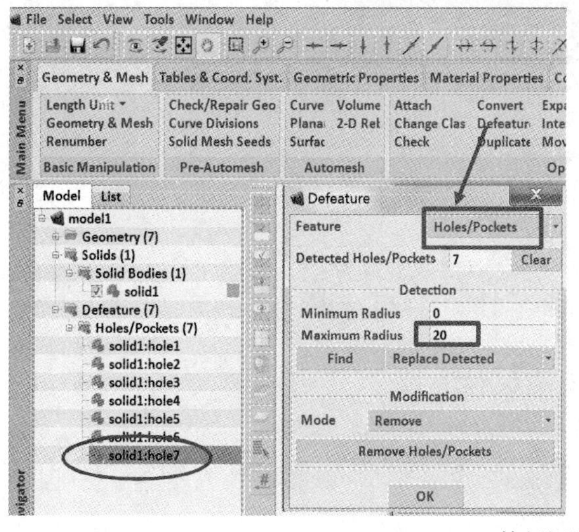


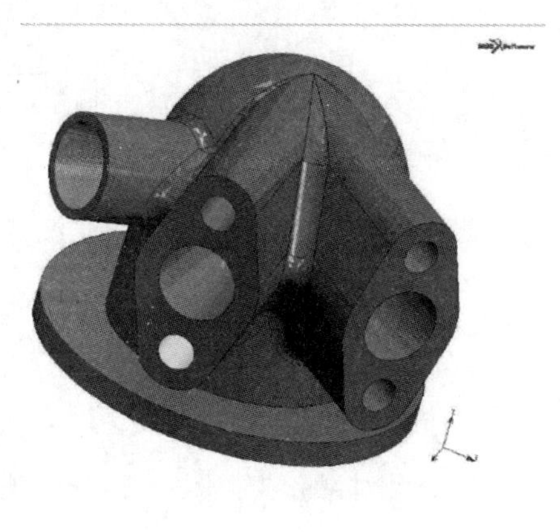

（a）特征识别

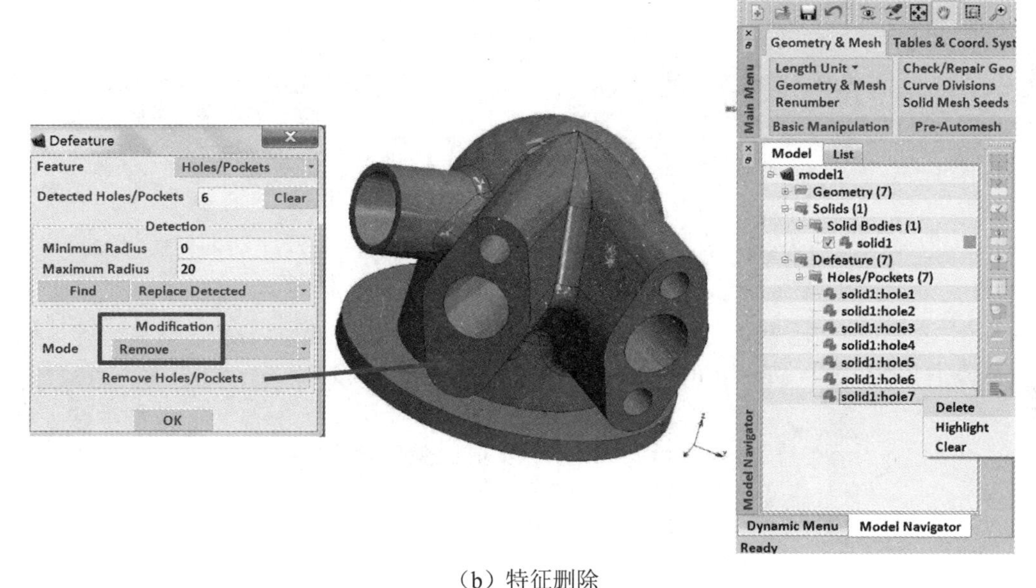


（b）特征删除

图 1-9　特征消除实例

3. 分网技术

Mentat 2013.1 版本在将几何内核由 ACIS 改为目前的 Parasolid 后，针对网格划分的新技术使得用户可直接对几何实体通过一键式命令划分体单元（四面体）。同时，自动分网功能也得到了进一步扩展，目前 Marc 中定义了 3 种类型的 Parasolid 实体，分别为线体（Wires）、片体（Sheets）、实体（Solids）。用户既可以对其进行完全的自动网格划分，也可以通过定义种子点的方式控制网格尺寸和质量。

线体、片体、实体进行网格划分的菜单如图 1-10 所示，其中图 1-10（a）为针对线体的自动网格划分菜单；图 1-10（b）为针对片体的自动网格划分菜单；图 1-10（c）为针对实体的自动网格划分菜单。

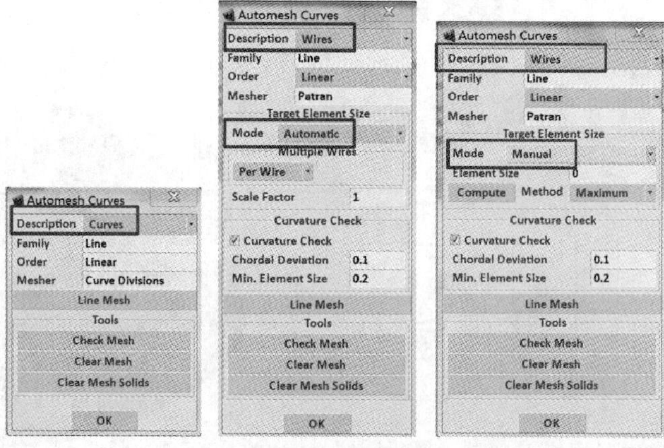


（a）线体网格划分（左：曲线自动分网；中：线体自动分网；右：线体自定义分网）

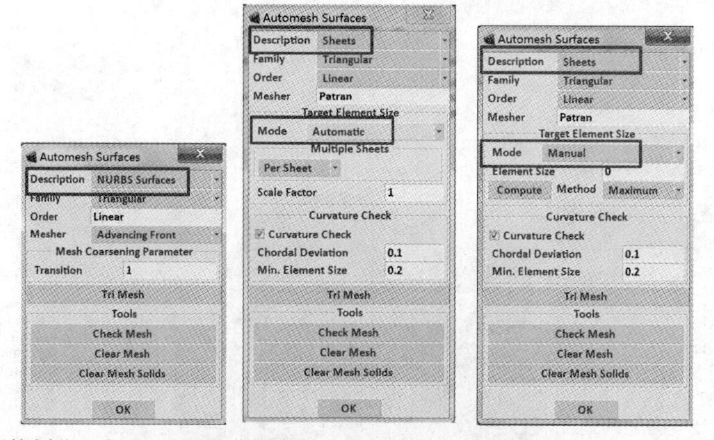


（b）片体网格划分（左：NURBS 曲面自动分网；中：片体自动分网；右：片体自定义分网）

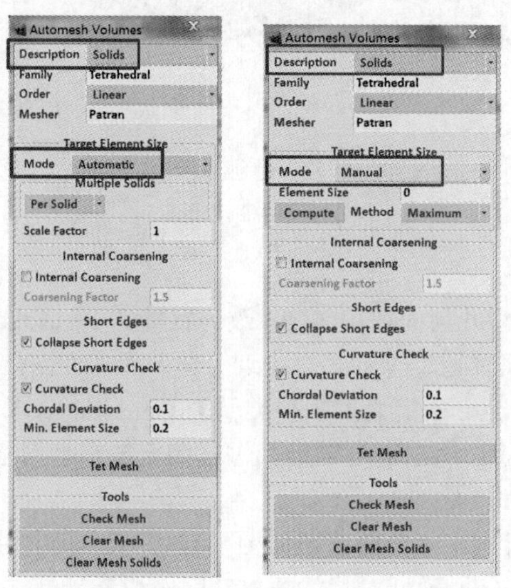


（c）实体网格划分（左：自动划分；右：自定义划分）

图 1-10　针对不同类型实体的网格划分菜单

在上述菜单中，可以实现线体（Wire）转换为有限元梁单元或桁架单元、将片体转换为壳单元或膜片单元、将实体划分为四面体单元等的操作。在选择单元类型（图 1-10 中的 Family 和 Order）时，既可以采用低阶单元也可以采用高阶单元。另外，每次既可以只对一个实体进行网格划分，也可以一次选择一组实体进行分网。网格尺寸（Target Element Size）可以由 Mentat 自动（Automatic）控制，也可以由用户自定义（Manual）单元的目标长度。当使用高阶单元时，中间节点会被自动建立在几何模型的边或曲面上。

对于网格质量和网格密度的控制，Mentat 提供了多种工具，如内部加粗（Internal Coarsening）、去除短边（Short Edges）、曲率检查（Curvature Check）等。对于单元尺寸存在大的梯度变化的部位，可激活曲率检查选项（通常为缺省设置），与此同时可以采用局部种子点布置的方式进一步改善网格质量。对于装配体结构，更能够根据不同结构的尺寸和曲率变化自动控制单元尺寸，获得质量高的网格，如图 1-11 所示。关于实体网格划分的相关介绍详见第 3 章第 3.5 节的内容。

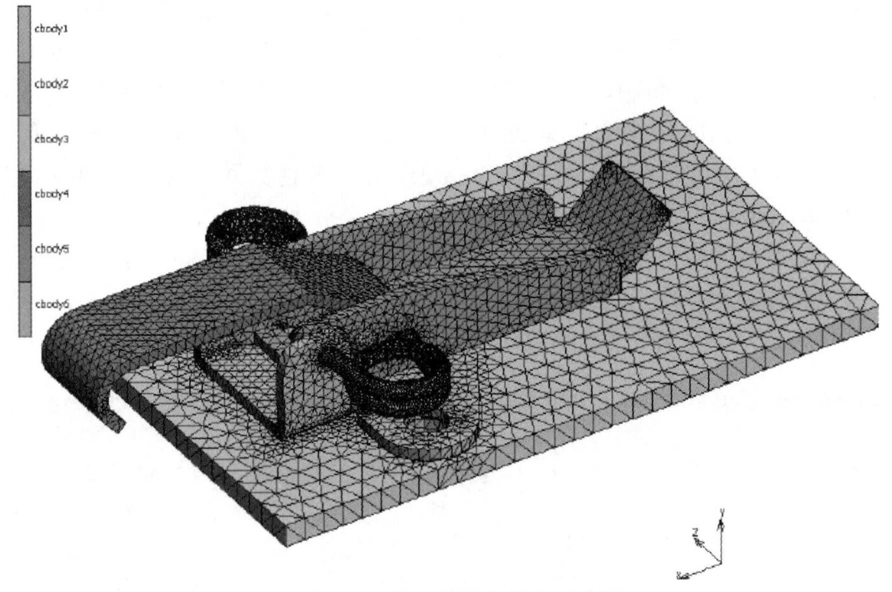


图 1-11 装配体结构的自动分网

4. 模型长度单位

从 Mentat 2014 版本开始增加了长度单位（Length Unit）设置选项，该选项为当前模型进行长度单位的设置。节点和几何点的坐标以及所有其他几何数据都以这一长度单位储存在模型中，并在提交分析时被写入 Marc 的输入文件（.dat）。如果模型以默认格式保存，该长度单位设置会被存储在 Mentat 的模型文件中（.mud 或.mfd）。在建立新模型之前应该首先进行长度单位的设置，Mentat 中建立新模型时默认的长度单位为毫米，如图 1-12 所示。

如果模型的长度单位发生变化（例如：从毫米改为米），那么模型中所有与几何相关的几何数据以及网格均会转换到新的长度单位。但是模型中的其他数据，例如材料特性、几何特性、边界条件、接触数据等，不会被自动转换为新的长度单位，需要手动修改。关于长度单位的设置和相关注意事项请参考第 3 章第 3.3.4 节的介绍。

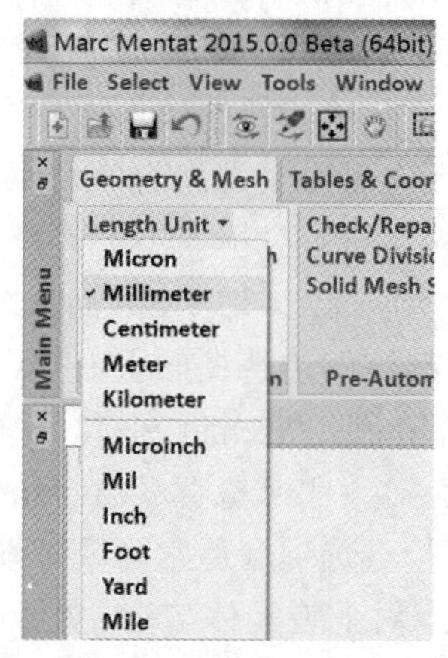


图 1-12　长度单位（length unit）设置菜单

5. 接触关系定义

在航空航天、汽车行业等通常要模拟装配体的运动和特性，机械结构经常需要考察多个部件之间的相互作用，在电子工业中往往需要将多个部件安装在主板上。对于这类包含复杂接触关系的装配结构，从 Mentat 2013 版本开始引入了一种新的定义接触关系的方法，可以帮助用户节约模拟此类问题的建模时间。新的处理方法可以由用户产生接触关系（Contact Interactions）属性（如摩擦系数、分离应力、接触容差和其他数据），这些接触关系信息可以在接触表（Contact Tables）中指定接触对属性时重用。当有大量接触对对应的接触关系要定义时，这一方法可帮助大大减少建模时间。同时可以节约模型修改的时间，这一优点可以通过减少需要修改属性的数目来体现，另外也能大大减少建模出错的可能性。如图 1-13 所示，关于这部分功能的具体操作详见第 5 章的介绍。

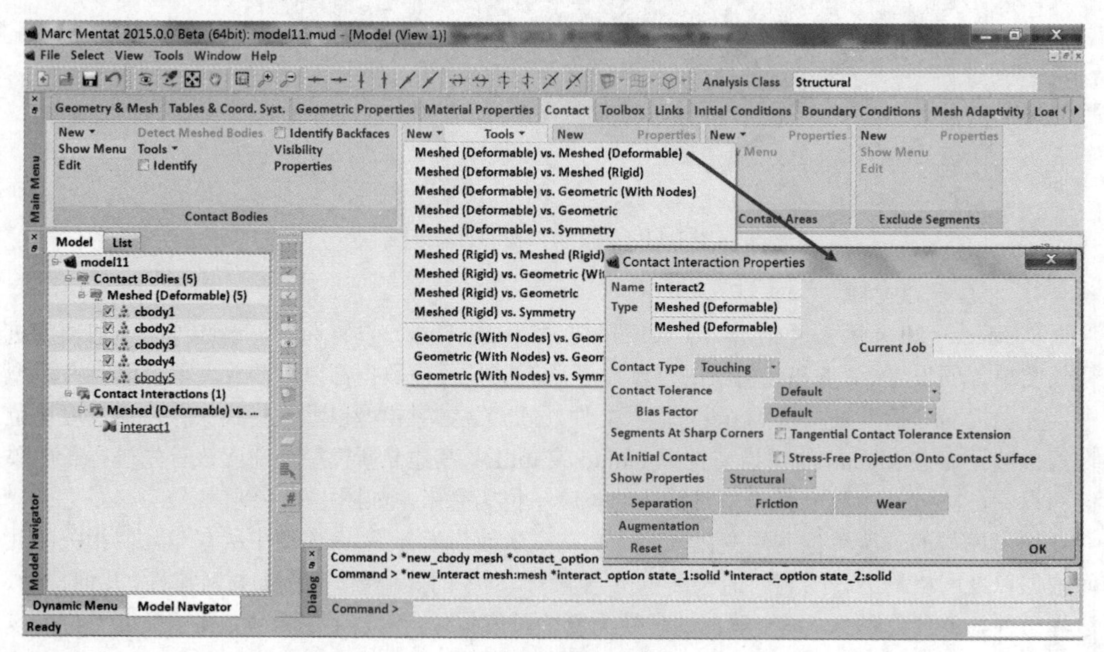


（a）定义接触关系

图 1-13　新的接触关系定义菜单

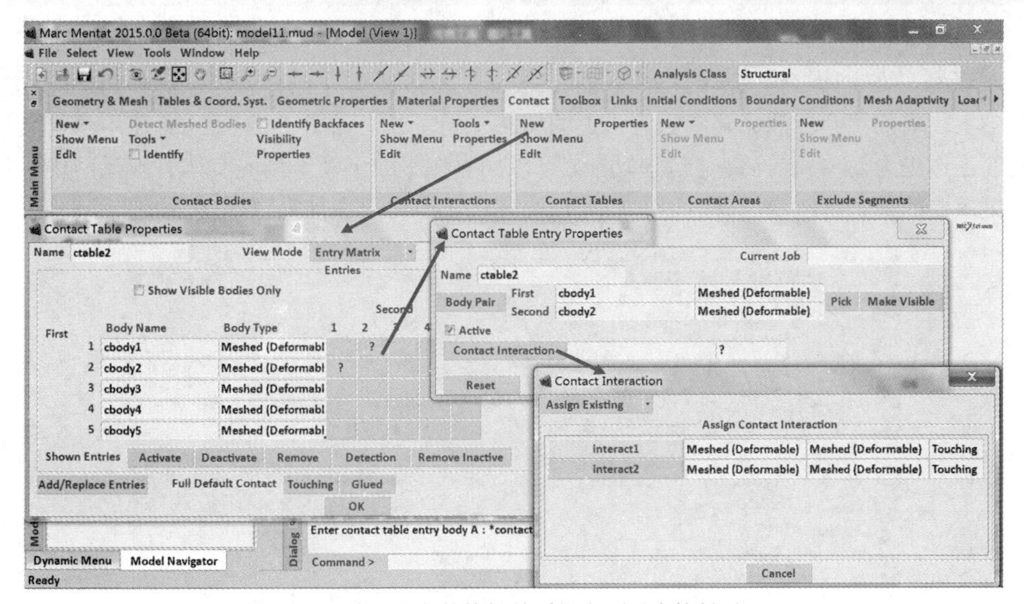


（b）将已定义的接触关系指定到对应接触对

图 1-13　新的接触关系定义菜单（续图）

6. 边界条件定义

随着 Marc 2014 版本针对 CAD 模型直接作为实体导入的功能引入后，Marc 2015 进一步针对直接在几何实体上定义边界条件（和初始条件）进行了功能扩展。

此处的几何实体包括前面提到的线体、片体和实体。这些边界条件被转换到与该几何实体有关联关系的有限元对象上（关联关系会在针对几何实体划分网格时自动建立）。例如：固定位移约束可以施加在实体的顶点、实体边或实体面上。定义完成后可以通过 Boundary Conditions→Plot Setting→Draw on Mesh 选项显示该边界条件被施加到与对应实体具有关联关系的有限元对象的情况。该功能可以减少和避免由于有限元对象的变化或调整导致的边界条件施加对象的修改工作。同样地，如果几何对象调整，那么对应的有限元网格重新生成后，相应的边界条件会更新到最新的有限元网格上。例如：对于某些特征进行抑制后，相应部位的边界条件也会根据结构的最新形状和状态进行更新。如图 1-14（a）所示，边界条件施加在凸台上，此时凸台上的小孔并没有被删除，当对这些小孔进行特征识别和删除后，图 1-14（b）可以看到对应的边界条件自动更新到新的凸台表面上。

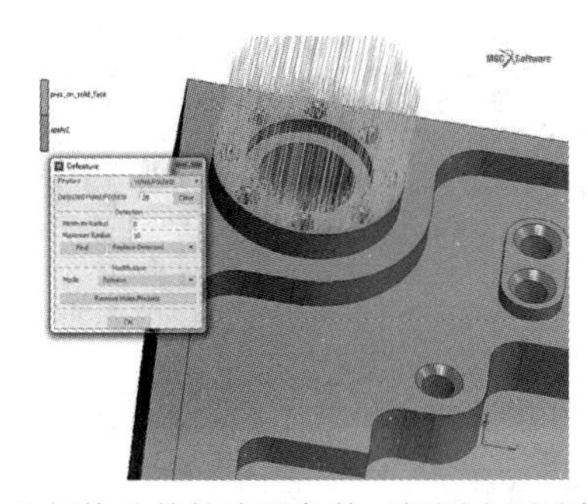

（a）几何修改前的边界条件（探测出圆孔特征）

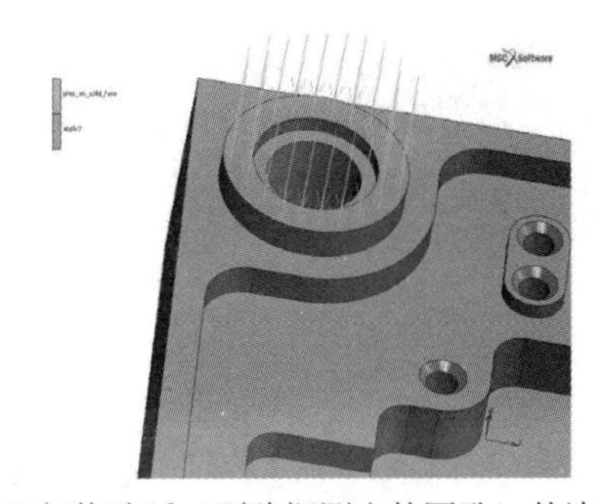

（b）几何修改后（删除探测出的圆孔）的边界条件

图 1-14　施加边界条件到几何实体对象上

7. 切片平面

在观察三维实体结构内部的特性方面，Mentat 2015 版本在已有的等值面和切片两种方式的基础上，增加了全新的、功能更为强大的切片平面工具，如图 1-15 所示。使用户定义切片平面的工作更为简单和灵活。通过该功能，可以同时将平面上及一侧的实体有限元网格显示出来。更重要的是，这一功能既可以在后处理中使用，也可以在前处理中使用。

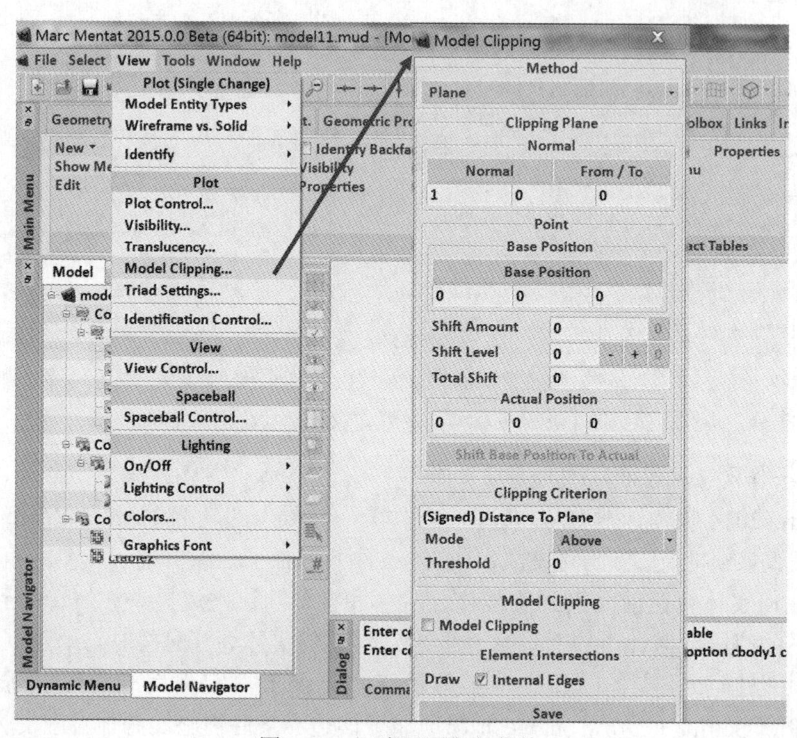


图 1-15　切片平面定义菜单

如图 1-16 所示是在前处理中使用该功能，针对具有 100 多万个四面体单元的发动机模型的应用实例。在后处理中，结果可以同时显示在切片平面及结构的外表面可见部位上，如图 1-17 所示。该功能最为强大之处在于它能够基于分析结果的数值进行切片区域的定义，关于这部分内容的具体介绍请参考第 6 章第 6.8.3 节。

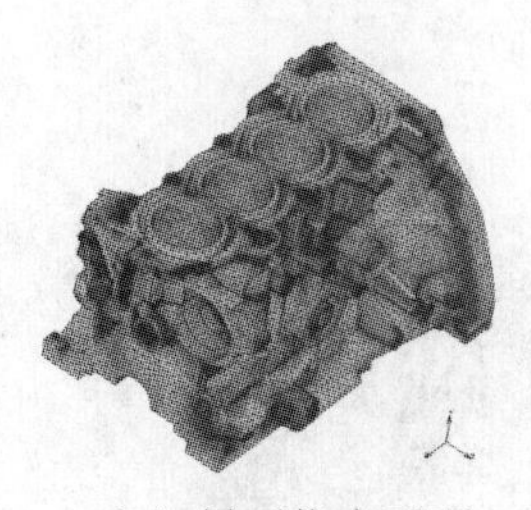

（a）显示指定平面

（b）显示指定平面上部切除后的模型

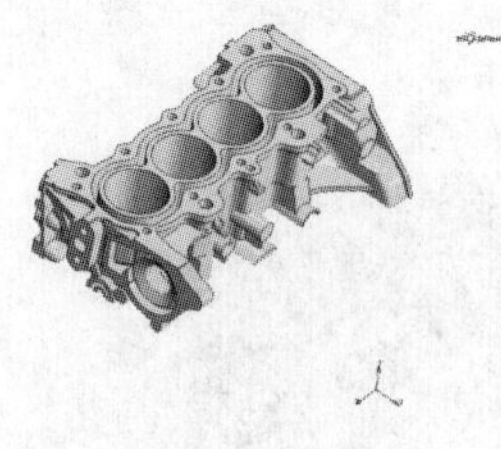

（c）显示指定平面下部切除后的模型

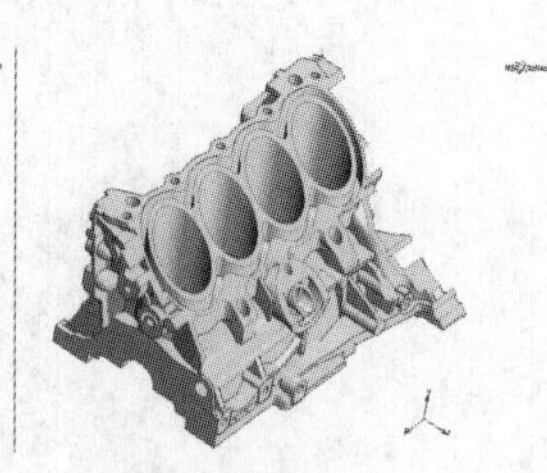

（d）显示倾斜（45°）平面上部切除后的模型

图 1-16　发动机模型的切片显示

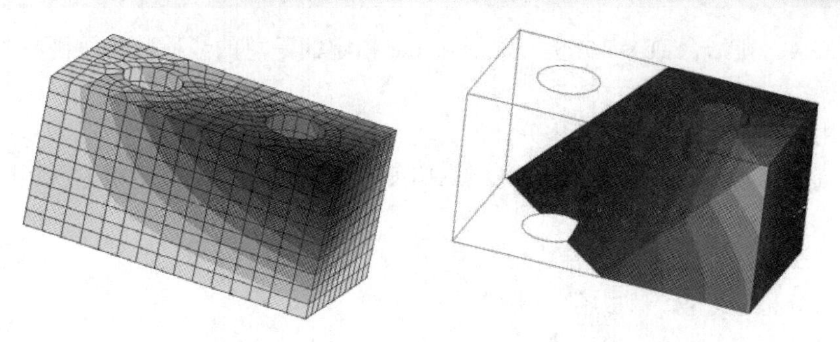

图 1-17　在后处理中通过切片功能显示结构内部的云图分布

### 1.3.2　Marc 2015 及其近年来的新功能

1. 高性能计算（HPC）

为提高计算效率，Marc 2013.1 版本结合现代计算机多核处理器技术为用户提供了更多选择。最新增强的功能可以用于求解过程中的矩阵装配和应力恢复阶段，同时可以和 DDM（区域分割方法）和/或 Pardiso、MUMPS 以及多前沿求解器同时使用。当与 DDM 同时使用时，提供两个层面的并行，一个层面是区域层面的；另一个层面是装配矩阵和应力恢复层面。图 1-18 显示了飞机翼板模型基于上述功能的计算性能提升效果。

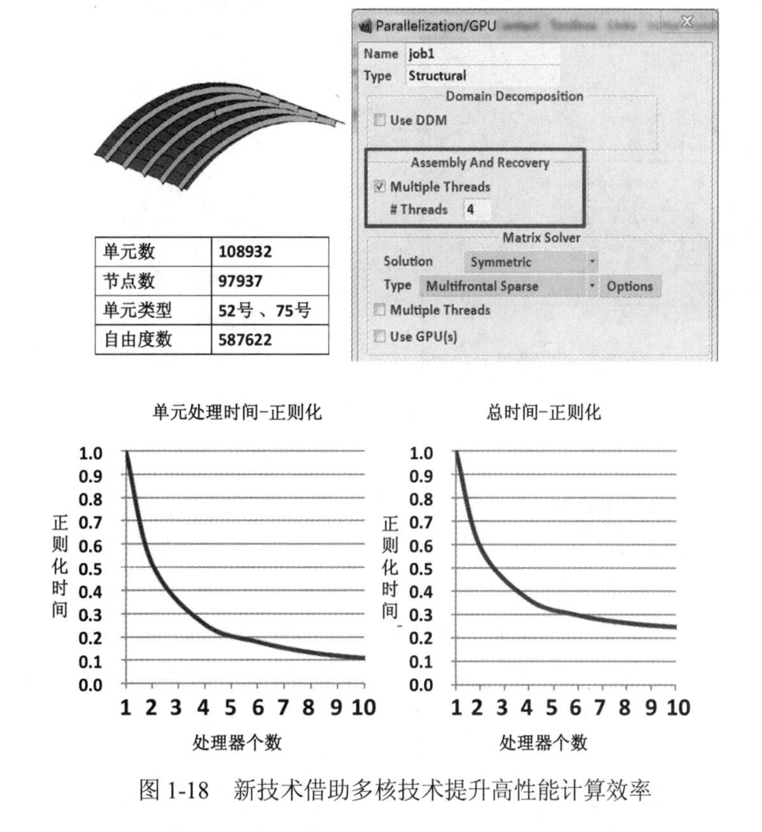


| 单元数 | 108932 |
|---|---|
| 节点数 | 97937 |
| 单元类型 | 52号、75号 |
| 自由度数 | 587622 |

图 1-18　新技术借助多核技术提升高性能计算效率

可通过 Jobs→Properties→Run→Parallelization/GPU→Assembly And Recovery→Multiple Threads 进行设置；也可在命令行提交时增加-nte 选项，例如：使用 4 个线程时可以设置 run_marc

-jid myjob -nte 4。在结合 DDM 分析时，通过-nte 指定的是总的线程数目。目前该功能还不支持以下几类模型：

- 使用 LORENZI 选项的 J 积分计算；
- 通过 DMIG、DMIG-OUT 和 SUPERELEM 选项生成矩阵或直接输入矩阵的模型；
- 生成 Adams MNF 文件；
- 使用 VCCT 选项评估能量释放率；
- 简谐分析（声场、动力学、电磁场）；
- 使用外存进行单元矩阵存储；
- 设置 CASI 求解器并采用 DDM；
- 多区域模型，例如流-固耦合分析。

另外，CASI 迭代求解器的功能结合多核计算机也得到了进一步增强，能够帮助用户减少大的实体模型的求解时间。如图 1-19 所示，具有 430 万自由度的大型发动机模型，通过 Jobs→Properties→Run→Parallelization/GPU→Matrix Solver→Type:Casi Iterative→Multiple Threads 设置或模型提交时在命令行中采用-nts 选项设置。根据图 1-19 的对比，发现随着使用核数的增加，采用上述设置求解时间和总的分析时间有明显下降。

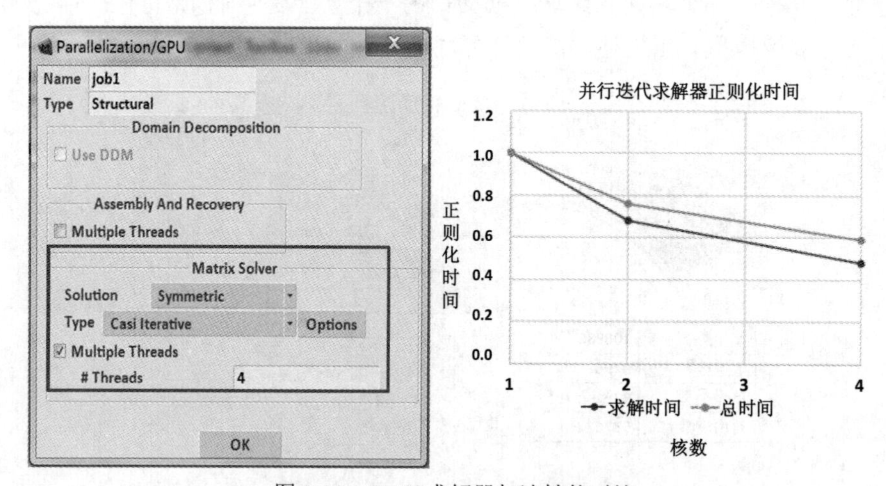


图 1-19　CASI 求解器加速性能对比

2. 接触

（1）套管接触或管内梁接触。

套管接触或管内梁接触在工程应用中经常遇到，如石油与天然气工业、汽车工业和生物医学行业。应用的例子包括伯顿管、脉管修复和管道系统。Marc 2013 版本发布的该功能有助于管单元和梁单元准确捕捉它们与梁或其他刚体和变形体的接触行为。该功能的应用可以避免使用 3D 实体/壳单元来模拟梁一类的结构，从而节约大量的建模和计算资源。如图 1-20 所示。关于套管接触和管内梁接触的详细内容请参考第 5 章第 5.6 节的介绍。

（2）过盈配合。

在很多工业应用中部件之间的过盈配合是很普遍的，包括汽车、航空航天、机械、日用产品和能源工业。用于分析的 CAD 模型经常存在过盈，有时过盈量可能很大。在结构响应分析中通常需要考虑这些过盈。Marc 2013 版本提供多种通用的选项来求解过盈配合问题（特别是大的过盈量），包括接触法向、平移、比例缩小或放大及自动处理等。另有子程序功能让用户更多地控制这一过程。新功能可以节约大量建模和分析时间，更加合理地处理大变形问题，从而改善准确度。如图 1-21 所示。关于这部分内容的介绍请参考第 5 章第 5.5.3 节。

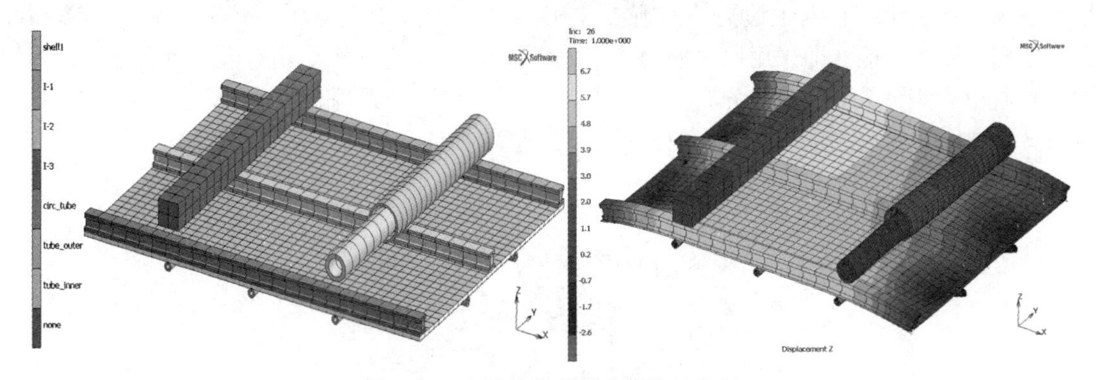


图 1-20　套管接触和管内梁接触实例

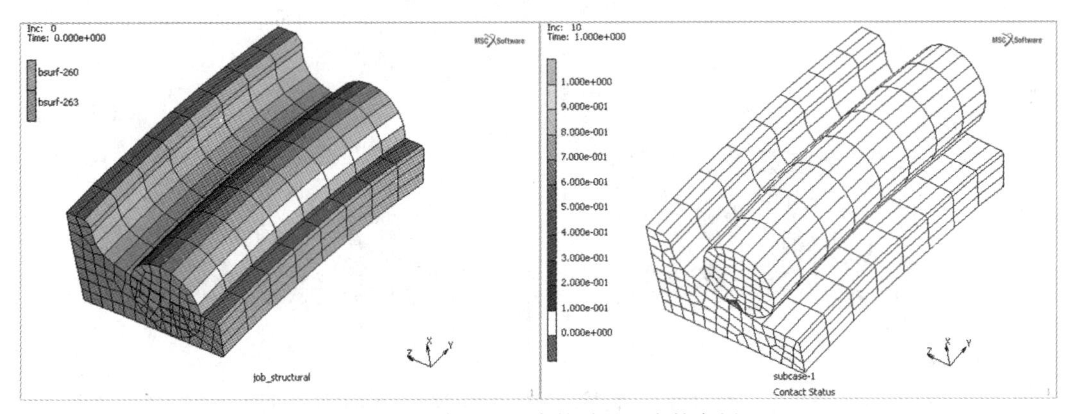


图 1-21　自动处理大的过盈配合的实例

（3）初始间隙/过盈。

过盈配合选项，在 Marc 2013 版本能够逐渐移除接触体间大的过盈量的基础上，在 Marc 2013.1 版本中进一步延伸到对接触体间的初始间隙或过盈配合的支持。通过这里的 Initial Gap/Overlap 选项，接触体的节点被投影到被接触体上与之距离最近的面段上，在接触节点上产生一个距离向量。这个距离向量接下来按照用户定义的间隙或过盈量被修改，并用于调整对应接触体的表面，而不需要对节点进行重定位（通过初始应力释放选项需要对节点进行重新定位）。在分析过程中，距离向量基于关联节点的位移和转动被持续地更新。如图 1-22 所示。

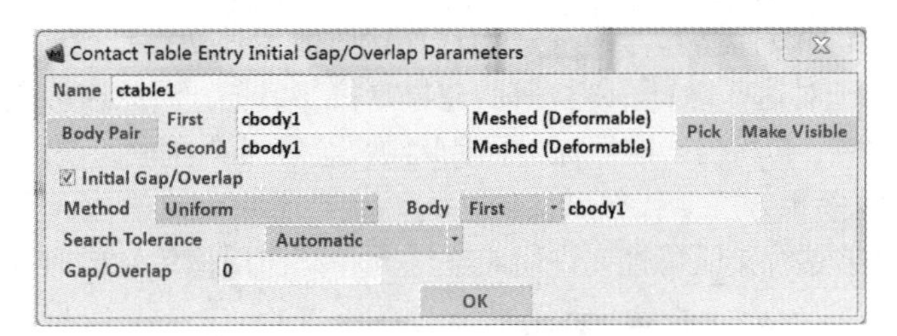


图 1-22　最新的初始间隙/过盈配合设置选项

如图 1-23 所示，在两个接触体的交界处，通过沿着全局坐标系 Y 向人为移动一定数目的节点，而使得该部位存在不规则的形状（初始穿透）。注意在一般的二维或三维模型中，由于有限元网格是对真实几何形状的近似逼近，这样的偏置在真实结构中很常见。上下结构间的接触关系为“Touching”，对上边的结构施加压力载荷，比较采用上述 Initial Gap/Overlap 新功能和不采用上述新功能（即采用原来的初始应力释放选项），将两个结果对应的色谱范围设置相同并查看由于偏置带来的应力分布。从图 1-23 可以看出，当采用新方法时，由于偏置带来的应力分布要明显比旧的选项更为均匀。关于该功能的具体介绍可参考第 5 章第 5.5.3 节。

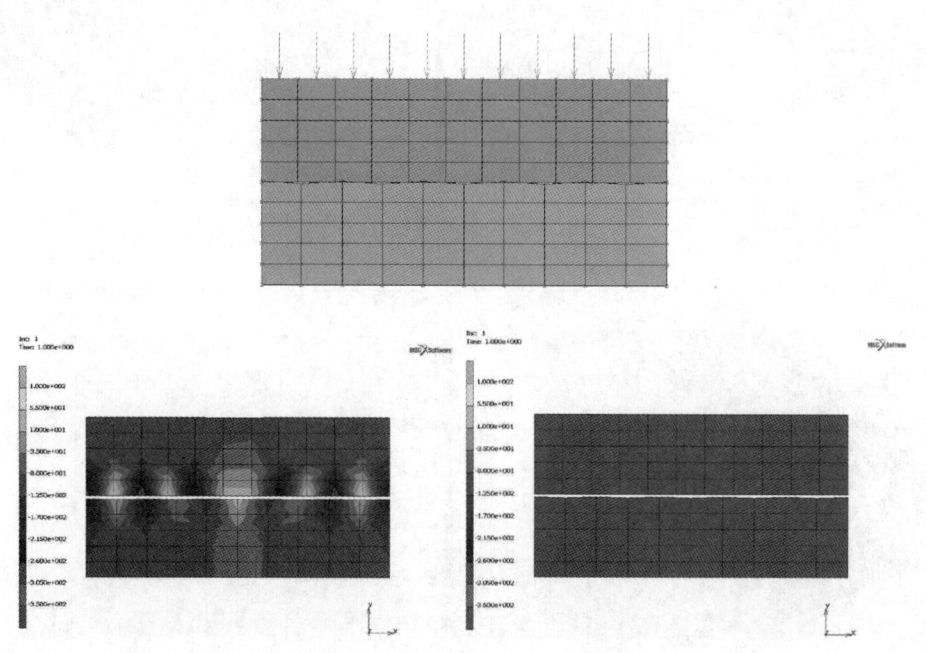

图 1-23　采用不同的初始间隙/过盈设置选项时的初始应力分布云图

（4）多物理场接触。

Marc 中的面段－面段接触探测从 2013 版本开始支持热和热－机耦合分析，同时支持质量扩散和焦耳热分析。该功能支持线性和二次的四边形 2D 单元和 3D 实体单元以及壳单元。可以为接触分析模型提供更光滑的云图、改进精度，在汽车、航空航天、能源和制造业中得到大量应用。Marc 2014.2 版本进一步改善面段－面段接触探测方法的鲁棒性，对于包含材料或几何非线性特性以及摩擦的接触模型，减少用户设定最优参数的工作，并支持黏接失效等。

（5）黏合接触。

在许多仿真分析中，我们认为部件在数值分析层面是黏接在一起的。这意味着在接触边界不存在法向和切向的相对运动。实际上，部件连接时或者使用铆钉或螺栓、点焊或缝焊，或者采用黏接方法。由于对这些铆钉、螺栓等的建模是很昂贵的，因此通常在连接时采用黏接方法。在简便易用的同时，其相当于刚性连接，因此结果会表现为刚硬特性。为了解决这一问题，对于面段－面段接触探测方法，代替以往的缺省设置，用户可以输入一个非缺省的罚因子，Marc 2015 版本提供了黏合接触特性允许用户在法向和切向采用单独的有限刚度。这个刚度可以结合表格定义。在 Contact Interaction 菜单下的 Glue Type 中选择 Cohesive 选项，可以指定黏合刚度等参数，具体菜单如图 1-24 所示。

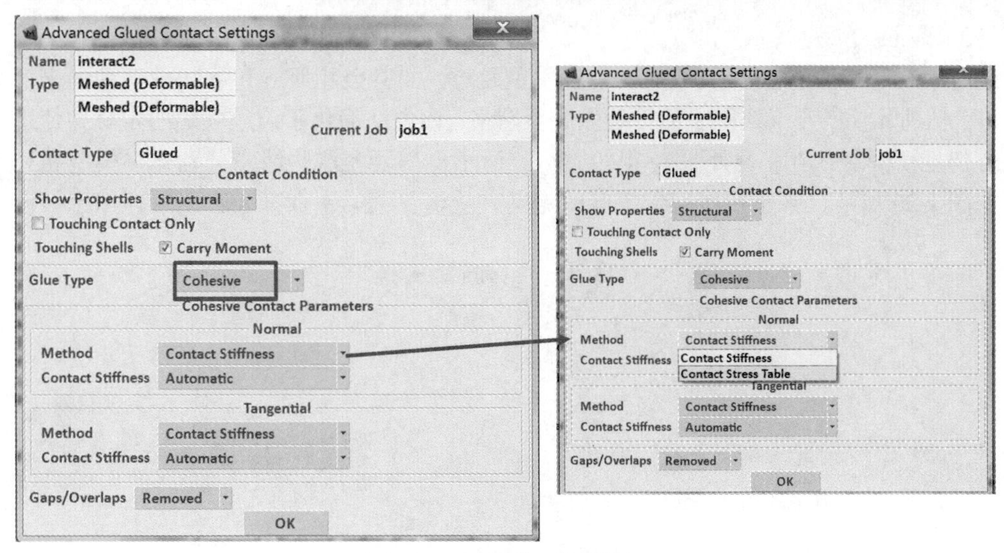


图 1-24　最新黏合接触设置

用户可以通过两种方式定义黏合接触：

1）定义单位长度下的刚度。

2）定义单位长度下的接触应力。

上述两种方法可以用于法向和切向。用户可以分别针对法向和切向定义不同的数值，还可以采用用户子程序 UGLUESTIF_STS 定义更为复杂的模型。

3. 复合材料/断裂

裂纹的萌生和扩展研究对于核工业、石油和天然气工业、航空航天等工业都是很关键的，因为安全问题都是其最为关心的。在 Marc 2013 版本和 Marc 2014 版本中断裂力学分析能力得到了进一步的加强。

（1）裂纹扩展。

在 Marc 2013 版本中三维结构的裂纹扩展可以沿着单元面的表面扩展，而采用网格重划分功能还可以模拟裂纹沿任意方向扩展。如图 1-25 所示。

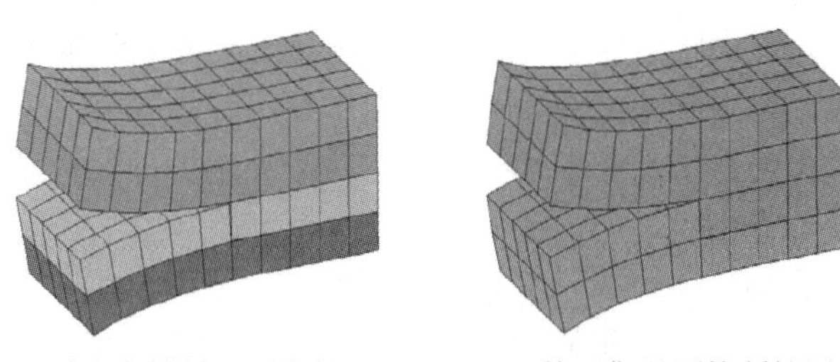

（a）裂纹在材料界面上扩展　　（b）单元集界面控制扩展路径

图 1-25　裂纹沿着单元面的表面扩展

（2）虚拟裂纹闭合技术（VCCT）。

对于处理不规则裂纹前沿方面，虚拟裂纹闭合技术（VCCT）得到了改善。Marc 2013 版本在提升采用低阶四面体单元时的计算精度的同时，进一步增加了对高阶四面体单元的支持，允许裂纹沿着黏接表面或单元面扩展。

（3）裂纹尖端定义。

从 Marc 2013 版本开始裂纹尖端可以用单元边、面甚至几何线和 NURBS 曲面来辅助定义。基于辅助几何的定义，程序会自动生成新网格。该方法简化了裂纹尖端的定义并使用户能够很方便地研究裂纹在多种不同位置的影响，而不再需要为这些情态分别建立模型和划分网格。如图 1-26 所示，关于初始裂纹尖端的定义方法请参考第 8 章第 8.4.2 节的介绍。

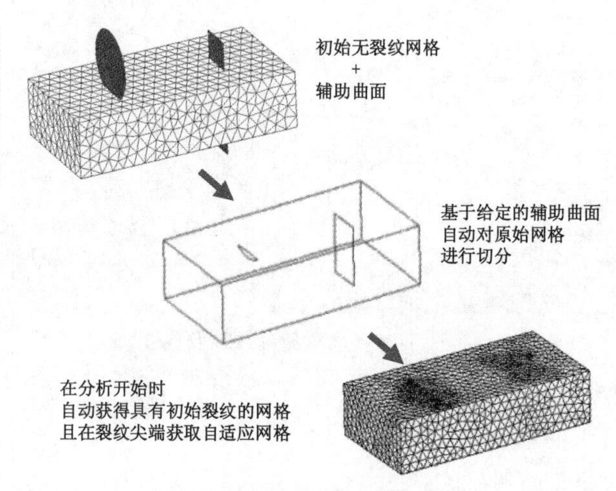


图 1-26　裂纹尖端的定义

（4）高周疲劳下的裂纹扩展。

Marc 2014 版本针对裂纹扩展分析，在原有功能基础上进一步提供了高周疲劳下多条初始裂纹扩展分析功能，可以帮助准确地预测裂纹扩展的路径以及高周疲劳加载的循环次数等。关于上述新功能的详细介绍请参考第 8 章第 8.4.1 节的相关内容。

4. 材料

（1）非线性黏弹性材料。

随着弹性体部件在汽车、机械、石油和天然气、日常用品和其他工业中应用的增加，弄清结构的非线性行为和损伤累积是很重要的。新的 Bergström-Boyce 模型已加到 Marc 2013 及以后版本中，如图 1-27 所示。

该模型可用于准确模拟与时间相关的超弹性材料的大应变黏弹性行为。也可以与损伤模型联合使用，以描述在弹性体中常见的材料的永久项。这可以改善精度并帮用户更好地设计弹性体类材料的产品，如轮胎、密封件和弹性体轴承。关于新增的非线性黏弹性材料的详细内容请参考第 4 章第 4.4.5 节的介绍。

（2）频率相关材料行为。

橡胶等弹性体材料由于其特殊的刚度和阻尼特性已广泛应用于经受动态激励的产品中。在当前汽车设计中，研发设计人员往往会采用一些橡胶－钢结构作为弹性连接，如发动机悬置、悬架系统中的橡胶衬套（图 1-28）等弹性连接件。这些弹性连接件不仅可以起到减振降噪、提高乘员的乘坐舒适性的作用，对汽车行驶的平顺性、操纵稳定性、制动性等各方面性能也有着重要的影响。因此，为了更好地研究和了解部件、子总成乃至对整车系统的动态特性的影响，确定在特定的工作频率范围内橡胶减振结构的阻尼特性和密封行为是非常重要的。除此以外，桥梁、建筑结构中的橡胶减振结构在地震研究中的阻尼特性也越来越引发人们的关注。

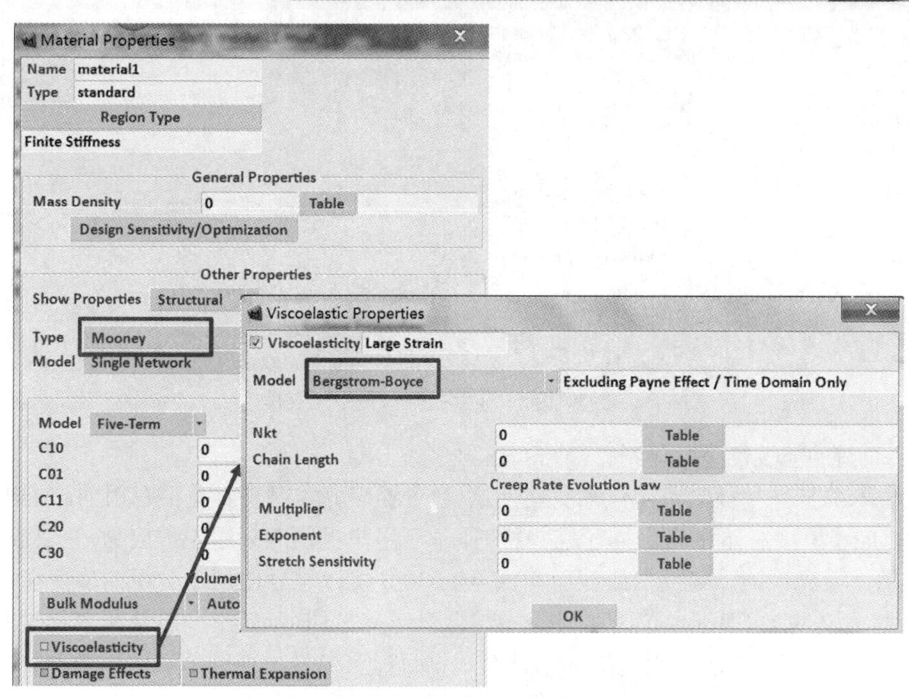


图 1-27　Bergström-Boyce 模型定义菜单

图 1-28　橡胶衬套

为了精确模拟该行为，Marc 在 2013 版本中增加了采用黏弹性材料特性进行频响分析的功能，设计人员可通过频响分析中的黏弹性材料特性来计算与频率有关的刚度和阻尼特性，获得橡胶等弹性连接结构随频率变化的刚度和阻尼曲线。用户通过指定黏弹性材料特性实现对所有各向同性橡胶材料考虑其频率相关材料行为。频响分析是围绕某个静态平衡状态的纯线性扰动。一个黏弹性材料的动力学特性是通过它的储能模量和损耗模量反映出来的。在 Marc 2013 版本中能够包含频率、温度和静态预变形对这些模量的影响。该模型支持 Marc 中已有的线弹性和超弹性材料模型，还可设定这些材料的热流变（TRS）特性，以及包括随频率变化的储能模量和损耗模量，如图 1-29 所示。在 Marc 2013.1 版本中，上述与频率相关的材料模型进一步扩展到正交各向异性材料以及各向异性材料行为并可以包含到复合材料中。用户可以输入两个表格，分别包含与频率相关的正则化的储能模量和损耗模量。这些输入将被应用到正交各向异性材料的每一项的应力－应变关系上，更为复杂的方法是对每一个正交各向异性弹性常数分别输入两个表格表示各自的储能模量和损耗模量，用户将最多有 18 个表格来表示对应 9 项（$E_{xx},E_{yy},E_{zz},n_{xy},n_{zx},G_{xy},G_{yz},G_{zx}$）的行为。热流变黏弹性材料的平移函数（shift function）还可表示为阿伦尼乌斯（Arrhenius）函数，如图 1-29 所示。

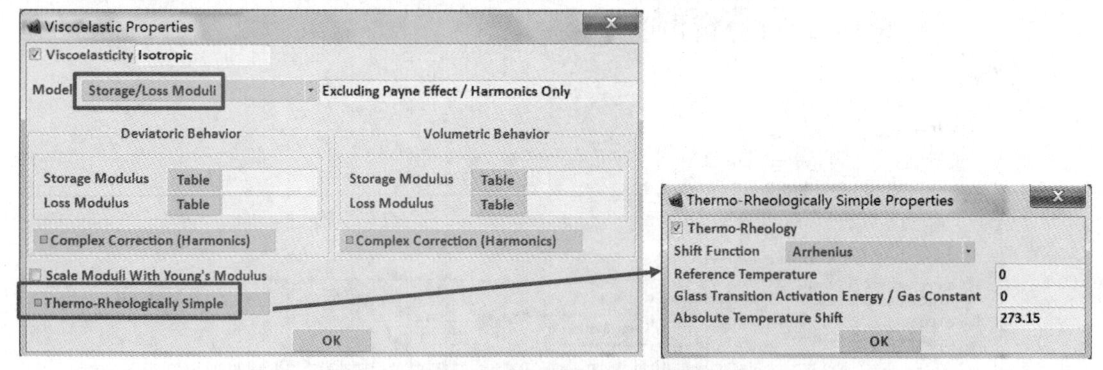


图 1-29　储能模量和损耗模量定义菜单

（3）简易的非线性橡胶材料。

直接输入类似弹性体的不可压缩材料的试验应力-应变数据有时是很有用的。Marlow 模型已加入到 Marc 2013 版本中用来描述这些材料。基于用户提供的采用工程应力－工程应变表述的试验数据，得到单轴、等双轴或纯剪切试验，Marc 可以推导出用于分析的应变能函数。在 Marc 2013.1 版本中，Marlow 模型可进一步结合 Bergström-Boyce 模型以及频率相关的阻尼模型使用。而且，对于 Marlow 模型输入的试验数据目前可以基于纯的剪切测试数据。最后，通过表格输入的试验数据在模型使用前会做一个柔顺化处理，这个柔顺化处理可以改善整体分析的收敛。如图 1-30 所示为 Mentat 中的 Marlow 模型及柔顺化处理的影响。

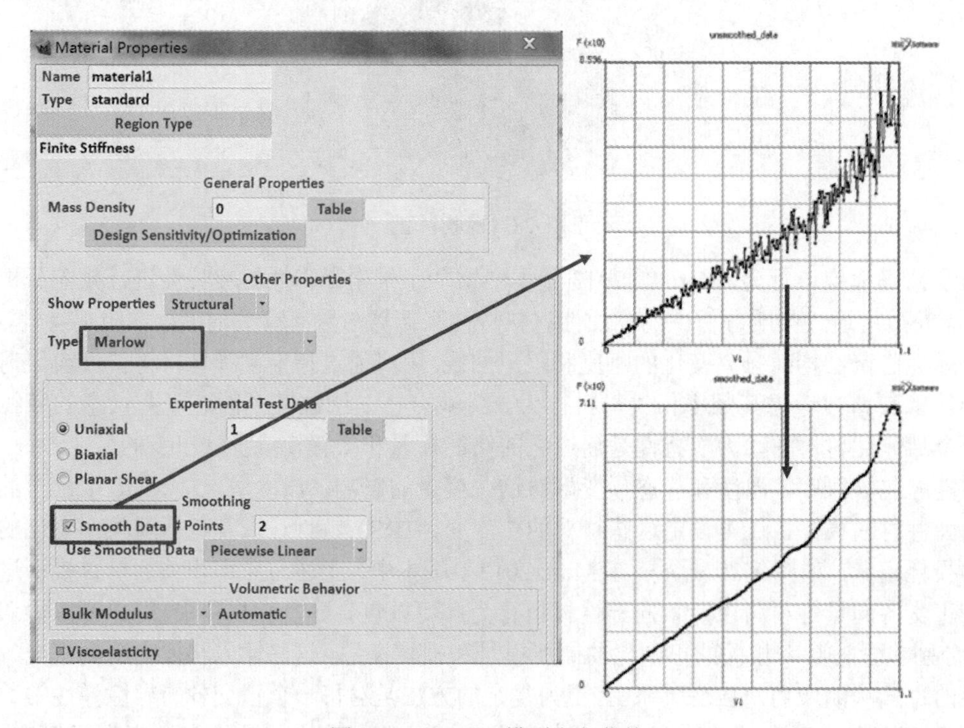


图 1-30　Marlow 模型定义菜单

（4）各向异性超弹性（橡胶）材料。

Marc 2013.1 版本增加了 3 个新模型用于表示各向异性不可压缩材料的行为，此类材料包括橡胶皮带及生物学材料。其中包括由 Qiu 和 Pence[1]提出的所谓标准增强模型的一个简单扩展。原始模型被提出用于横向各向同性纤维增强弹性体。该扩展模型将可以考虑多个增强纤维族。第二个模型由 Brown 和 Smith[2]提出，是考虑多个增强纤维族应用到模型中的相似扩展。第三个模型由 Gasser et al.[3]提出，材料层中存在分布的纤维方向。关于这部分的详细内容请参考第 4 章第 4.4.5 节的介绍。如图 1-31 所示。

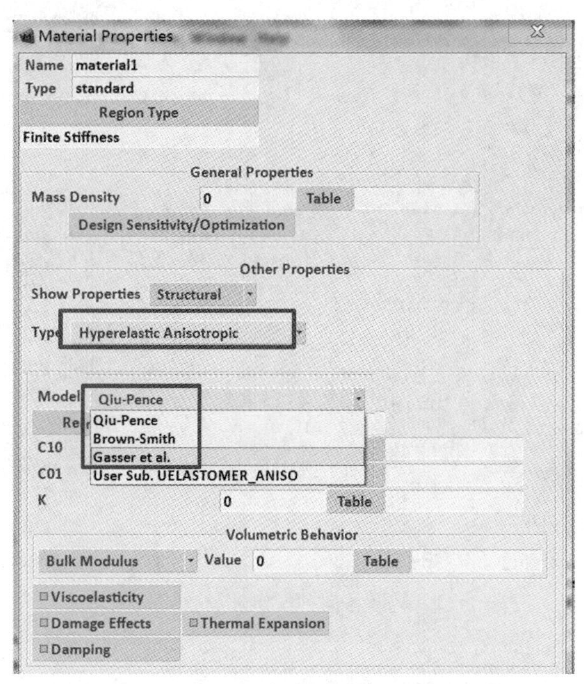


图 1-31　新增各向异性超弹性材料定义菜单

（5）各向异性塑性。

Marc 2015 版本针对多种变化的复杂材料行为现象提供了新的选项：对于金属类各向异性塑性材料的支持有了进一步拓展。除 Hill（1948）及 Barlat（1991）模型外，新增了两个新的 Barlat 模型，分别为 Barlat Yld2004-18p 和 Barlat Yld2004-13p。新模型允许完全的三维应力状态。这些新模型可用于加工过程模拟，例如：当材料被辊轧后会带来各向异性。Barlat Yld2004-18p 模型需要 19 项材料常数的设定，Barlat Yld2004-13p 模型需要 14 项材料常数的设定，如图 1-32 所示。这些材料参数可以通过 ISOTROPIC、ORTHOTROPIC 或 ANISOTROPIC 选项输入。关于此部分内容的详细介绍请参考第 4 章第 4.4.5 节及 Marc 用户手册 A 卷的相关内容。

（6）退火（Annealing）。

Marc 现有的金属材料退火的建模方法，需要通过 ANNEAL 历程定义选项指明进行热处理分析，即当温度超过退火温度，等效塑性应变被设置为零来捕捉对应温度时发生的再结晶，这一操作可以针对一系列被选出的单元组或接触体中的单元进行设置。而 Marc 2015 提供了另外的选择。在新的方法中，当某一个单元的温度超过 ANNEAL PROP 选项中指定的退火温度时，退火过程发生。这允许再结晶过程发生在任意时刻（只要超过指定温度）。这一行为经常发生在焊接或其他高温应用中。等效塑性应变可以缩减为零（默认）或缩减到一个当前值的分数。

在运动或混合硬化下，等效塑性应变和后应力张量被重置，屈服应力变为原始流动应力，并且当温度下降到退火温度时，屈服可以再次发生并达到流动应力。新方法可以通过图 1-33 所示菜单激活。

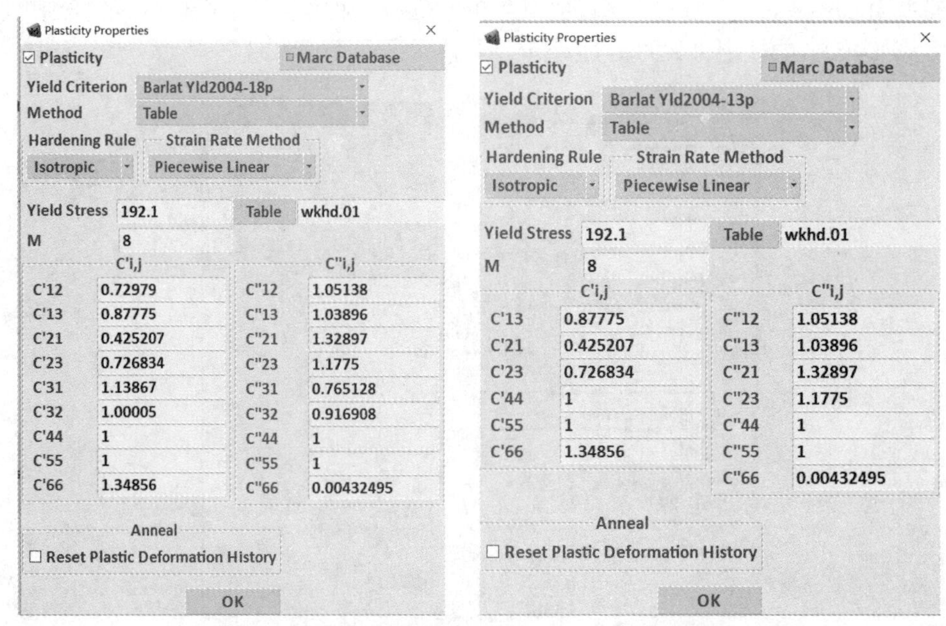


Barlat Yld2004-18p　　Barlat Yld2004-13p

图 1-32　新增各向异性塑性材料定义菜单

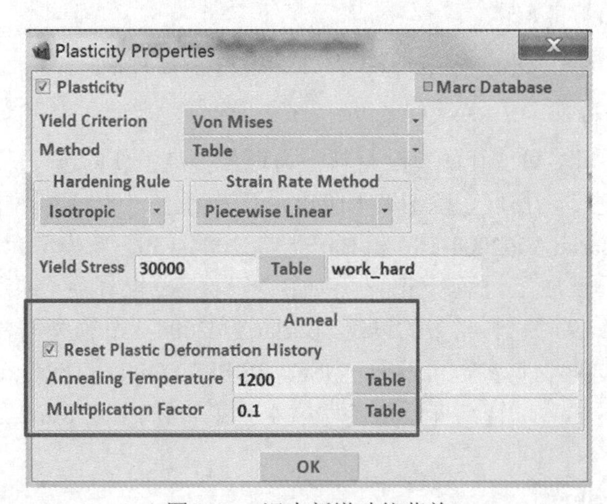


图 1-33　退火新增功能菜单

由于退火是一个高温现象，它通常伴随着随温度变化的材料特性。退火温度和恢复分数可以与表格关联，但退火温度本身不应该是一个以温度为自变量的函数。

（7）Payne 效应 2015。

从 Marc 2013 版本开始，在运行简谐分析时，用户可以通过指定黏弹性材料特性实现对所有各向同性橡胶材料考虑其频率相关材料行为。频响分析是围绕某个静态平衡状态的纯线性扰动。一个黏弹性材料的动力学特性是通过它的储能模量和损耗模量反映出来的。在 Marc 2013 版本中能够包含频率、温度和静态预变形对这些模量的影响。然而，相比非填充天然橡胶，填充橡胶呈现出振动幅度对材料储能模量和损耗模量的显著影响，例如振动幅度对材料的刚度和阻尼特性具有显著影响。这一影响即 Payne 效应或 Fletcher-Gent 效应。通常可以观察到在低幅振动时储能模量较高，而当振幅增加至较高时储能模量下降并趋近到最小值。损耗模量在这一过程中会在中间达到一个最大值然后下降。如图 1-34 所示。

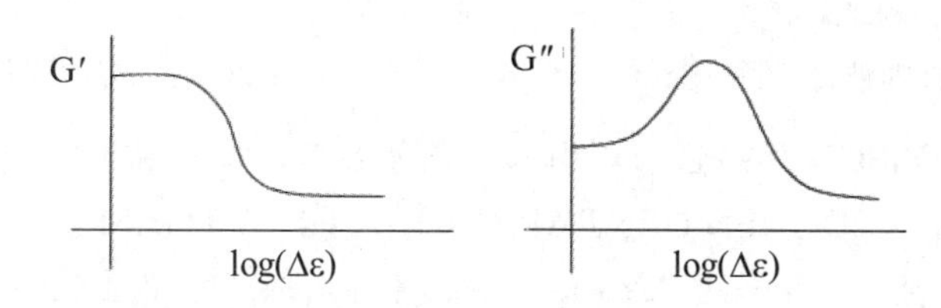


图 1-34　储能模量（左）和损耗模量（右）作为振动幅值的函数

Marc 2015 引入多个材料模型可以在简谐分析中同时包含这个与振幅相关的响应，这些模型基于流变学模型（使用弹簧、阻尼和摩擦/滑移单元，可以在不考虑过程细节的同时给出 Payne 效应的现象描述，通常发生在材料的微观水平）。第一个考虑 Payne 效应的模型采用触变（thixotropic）方法，即使用基于遗传积分的黏弹性函数，这意味着松弛时间变为过程相关。该模型中的基本流变单元是弹簧、阻尼单元。第二个考虑 Payne 效应的模型采用摩擦弹性（triboelastic）方法，即使用循环塑性函数，当材料经历简谐分析时，由 hysteresis 环决定其储能模型和损耗模量。该模型中的基本流变单元是弹簧和摩擦/滑移单元。触变和摩擦弹性模型可以通过加法和乘法方式混合为更为复杂的模型，此时同时使用弹簧、阻尼和摩擦/滑移单元作为基本的流变单元。在许多情况下，可以在分析中以表格的形式指定测量出的储能模量和损耗模量，表格可以是与频率、振幅、温度以及静态预变形相关。Marc 还提供了 Kraus 模型以及通过用户子程序定义，详细内容请参考第 4 章第 4.4.5 节的介绍。

（8）连续损伤模型。

在加工应用中如板成形和冲压操作、拉伸行为导致材料变薄并最后撕裂。Marc 2013 版本中增加了一个新的连续损伤模型来模拟损伤的空隙产生、成长和聚集 3 个阶段。Marc 2013 版本采用的 Gurson-Tvergaard-Needleman 表达式的新模型扩展损伤模拟能力。新模型采用更少的物理参数来描述损伤演进。另外，新加了一个用户子程序以方便用户加入客户化的损伤模型。这些新功能可以改善精度，得到更好的设计。

（9）非线性弹性考虑永久项。

许多材料被认为可以采用非线性弹性模拟，如图 1-35 所示，但实际上往往呈现出永久变形。目前通常采用热塑性进行此类模型的建模。为了更好地处理这类材料，Marc 2015 版本提供了新的多－网络（multi-network）或平行流变框架（parrallel theological framework）模型，这类模型的行为被认为是各向同性的。目的是能够捕捉热塑性及碳填充橡胶材料的行为。

这个模型可以当作一般的麦克斯韦模型（Maxwell），包含一个叫做基体网络（primary network）的弹性单元，以及被标注为次级网络（secondary network）的一系列黏弹性单元和/或一系列弹塑性单元，如图 1-36 所示。

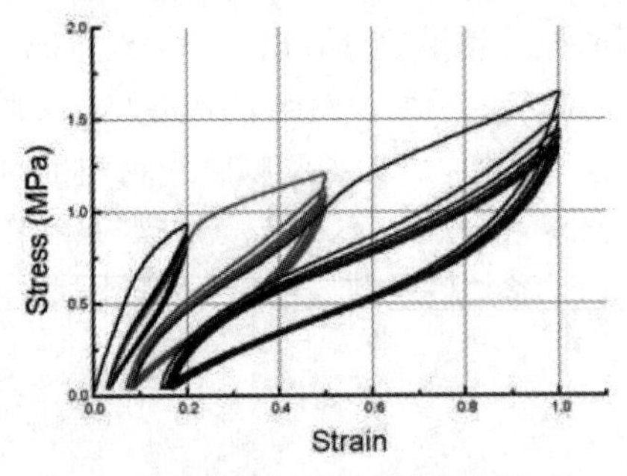


图 1-35　非线性弹性材料特性曲线

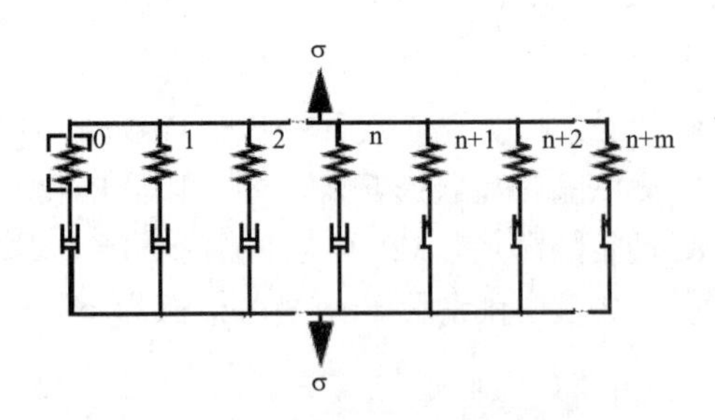


图 1-36　麦克斯韦模型（Maxwell）

多网络模型通过 VISCO HYPE 选项引入，顺序参考基体和黏弹性网络。基体网络可以通过 ISOTROPIC,MOONEY,OGDEN,GENT,ARRUDBOYCE 或 FOAM 选项定义。黏弹性网络在 VISCO HYPE 选项下定义，并参考 Arruda-Boyce 材料。塑性网络通过引入 PERM SET 选项进行定义，每个塑性单元将拥有其自身的流动应力（可以对应特定网络中塑性应变的函数）。整体塑性应变应该是整体应变减去整体弹性应变，而不是特定网络中的塑性应变之和。在网络中的塑性支持米塞斯屈服面，硬化准则可选择各向同性、随动或混合硬化。定义该模型的菜单如图 1-37 所示。详细内容请参考第 4 章第 4.4.5 节的介绍。

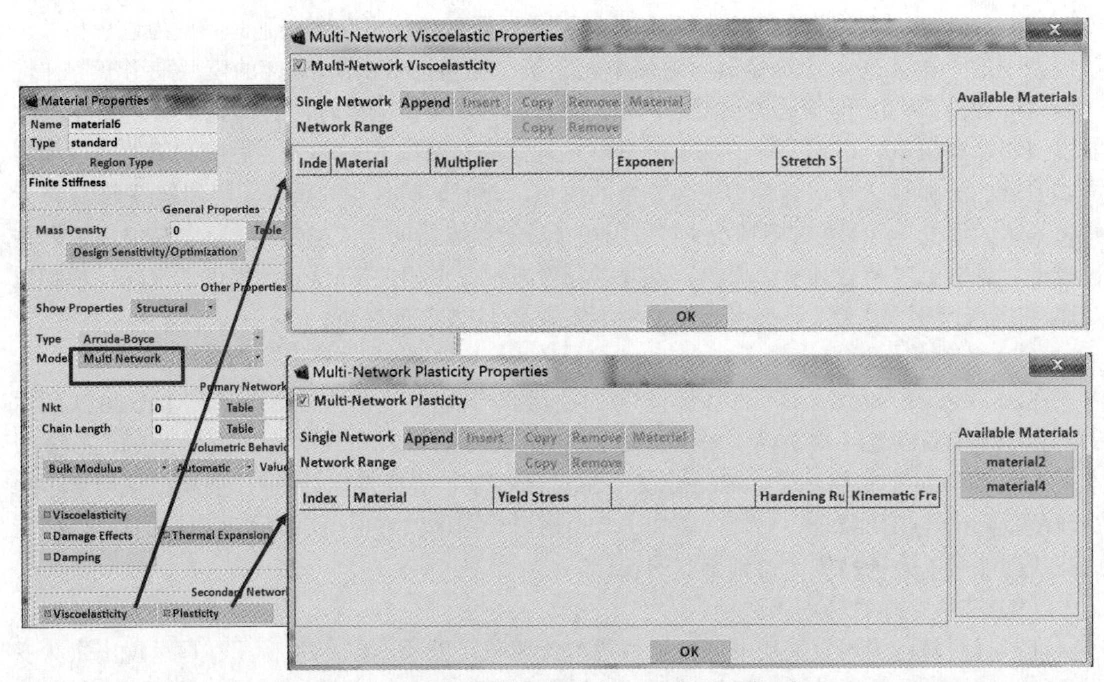


图 1-37　最新非线性弹性考虑永久项的模型设置

5. 全局网格重划分

在单元经历大变形时，自动总体网格自适应功能有广泛的应用。应用例子包括加工过程、橡胶部件、断裂力学和多物理场应用。在 Marc 2013 版本中总体网格重划分功能进一步增强，可以与面段一面段接触探测方法联合使用，从而改善结果的精度。自身接触在弹性体模型中经常遇到，针对自身接触部位的网格算法也做了改进。如图 1-38 所示。

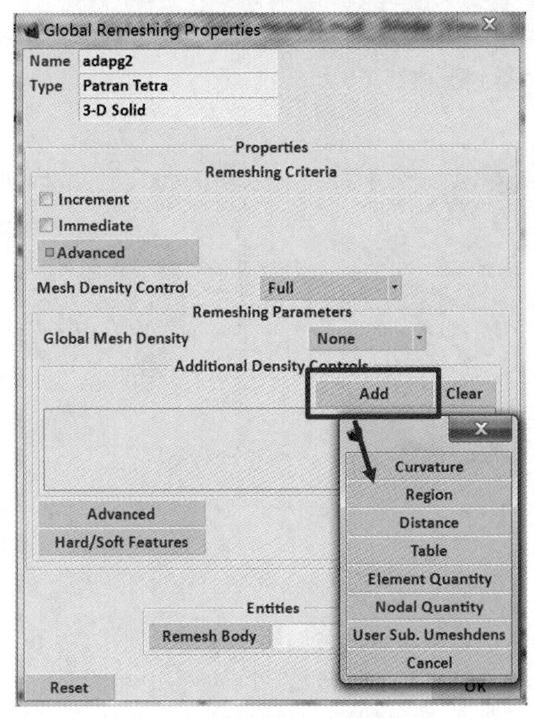


图 1-38　最新网格密度控制选项

局部网格自适应可以与总体网格重划分联合使用，确保关键区域网格细化，从而可以对壳单元和四面体单元网格进行更好的网格密度控制，进而改善求解精度。通过在关心的区域提供更密集的网格，而在其他区域采用粗网格，节约计算资源。局部网格自适应技术还可以同面段－面段接触探测一起使用。

在过去的版本中针对网格密度的控制只能是在一种全局密度控制方式下结合局部加密盒形区域实现，而对于三维网格向内的密度控制具有一定的局限性。Marc 2013 版本针对四面体网格或壳单元网格密度的控制提供了全方位的控制选项。新功能菜单如图 1-38 所示。当选择 Simplified 时对应以前版本的功能，当选择 Full 选项时可激活新的网格密度控制选项。

这里提供的控制方式包括通过曲率、指定区域、距离、表格、单元结果、节点结果及用户子程序 Umeshdens。通过不同的方式可以实现对不同结果、不同部位在网格重划分时的网格密度的灵活控制。关于这部分的详细介绍，请参考第 7 章第 7.3.3 节的相关内容。

在 Marc 2014.2 版本中，进一步改善了结构自接触时的全局网格重划分功能。对于 Marc 早前版本的一个大的挑战是，当接触体发生自接触时进行全局网格重划分。主要问题是：如果曲面线（二维）或多折线（三维）彼此相交，网格划分器将失效，并且会出现退出号 5059。相交是由小的穿透或基于 Piece-Wise 线性化表达的数值离散导致。而穿透通常在典型几何的 1e-4 量级上。在 Marc 2014.2 版本中，引入了新的方法克服这一问题。可解决以下一般性工程问题：

（1）具有内部空腔的橡胶受压缩。

（2）闭合的密封条会折叠到其余结构上。

（3）加工过程中出现折叠。

（4）开裂结构在裂纹闭合部位的循环加载。

发生自接触时建议采用面段-面段接触探测方法，如图 1-39 所示为断面被切开的橡胶体扭曲，在 6 次网格重划分后得到下述结果。

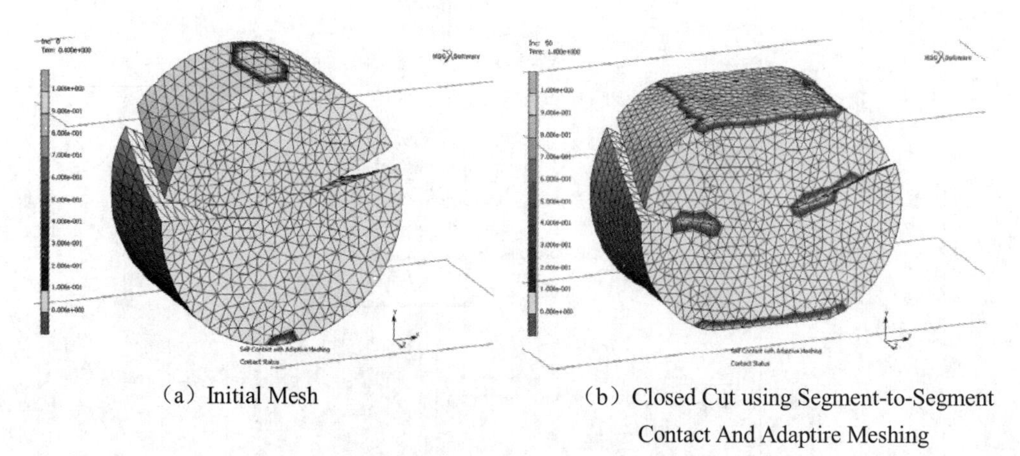

（a）Initial Mesh　　（b）Closed Cut using Segment-to-Segment Contact And Adaptire Meshing

图 1-39　网格重划分在自接触模型中的功能改善

采用 Marc 2014.2 的默认设置通常就可以解决这一问题，如果出现退出号 5059，增加自接触节点移位系数（Self Contact Shift Factor）即可，如图 1-40 所示。

Marc 2015 版本引入了两个新功能增强全局网格重划分选项。第一个功能可以改善和保留几何，程序通过测量顶点角度来识别模型的角，接下来在相同位置创建新节点。同时程序可以识别边并将其处理为软边（Soft Edge），如图 1-40（右）所示。用户可以在图 1-40（左）所示的菜单中定义顶点角度和边角度。

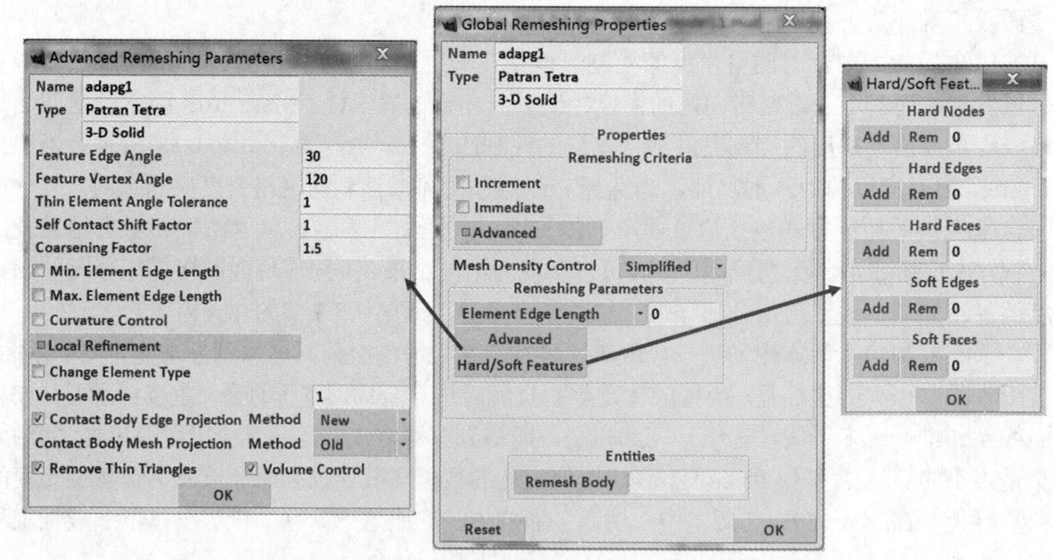


图 1-40　网格重划分新增关于改善和保留几何部分选项

程序可以沿着壳的边界或尖角边形成 3 次样条线，在曲面上定义孔斯曲面。这在全局网格重划分中非常有用，可用于重定义网格，在小变形分析中改善精度。这里存在两类约束，第一类是硬约束（硬点、硬边和硬面）。此时，节点在网格重划分后会有与重划分前相同的位置。

这在需要一个接触体的节点与边界接触体节点一致的模型中非常有用。第二类是软约束（软边或软面），此时几何边和几何面被保留，但节点会被添加/减去并且不需要保留原位置。另外，Marc 可以对几何特征进行识别，使用下述菜单选择特征即可。

这些约束可被用于二维 Patran 三角形网格划分器、四边形网格划分器及四面体网格划分器。例如在图 1-41 所示结构中，半圆形边界处的单元边自动形成样条曲线形状，在网格重划分后，新生成的节点保持在曲线上。

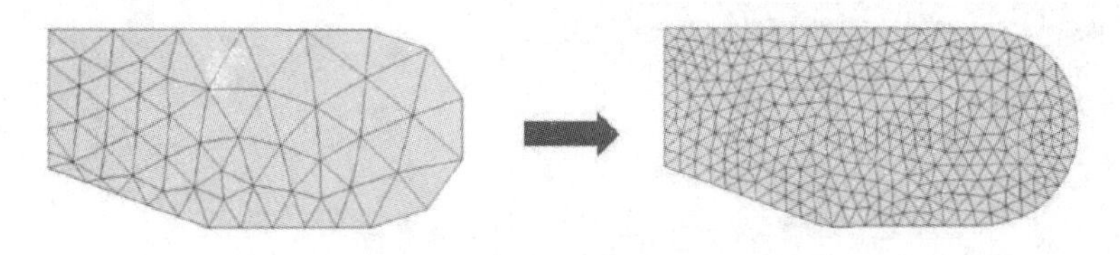

图 1-41　网格重划分时保留几何对精度的提升实例

而在图 1-42 所示结构中，用户描述了一条软边，并被识别为蓝色线，表示在两个区域中的斜率的变化。在裂纹扩展通过该区域后，软边始终被保留。当裂纹扩展通过体时，进行网格重划分，但软边保留下来。

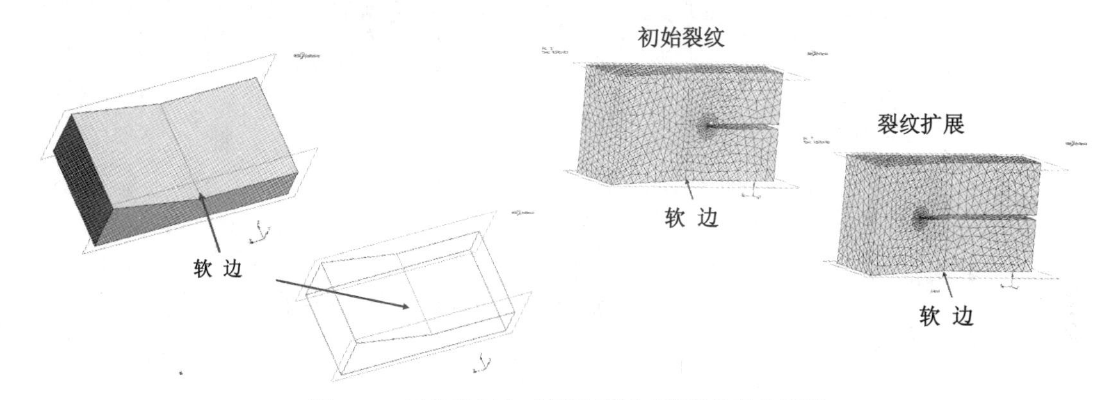


图 1-42　网格重划分时保留几何对精度的提升例题

第二个功能是在三维裂纹扩展问题中遇到的使用模板或关于高曲率区域激活匹配网格。图 1-44 中可以看到模板网格由 5 个单元环组成，模板半径大约是裂纹前沿平均单元边尺寸的 2.5 倍。接近网格边界时模板网格将被修改。图 1-44 显示当裂纹移动时的扩展。在裂纹边缘使用这一细化的网格，可以在保持相对较低的计算成本的同时，得到对能量释放率、应力强度及裂纹扩展行为的更精准的预测。

6. 模型部件

类似冲压这类加工过程经常涉及多工步或多阶段。从一个阶段到下一个阶段涉及工件的重新定位、引入新的模具等。在 Marc 2013 版本新加的 Model Section 功能比 Pre-State 更灵活，可让用户以更方便的形式进行多阶段成形过程的链式分析。采用 Model Section 来传递各个分析阶段的数据不要求所有需要的数据均要存在结果文件中（这有时是不可能的，并会导致很大的数据文件），另外也不需要等前一个分析结束才能构建下一个阶段的模型。用户可以很容易地将内部变量从一个模拟传递到下一个模拟、更新接触工具/模具。之前的分析结果可以重用，因而从前一次分析得到的模型状态得以保持。采用了该方法，在多阶段模拟中避免了大量的重启动文件，因而对硬盘需求减少，增加了模拟的灵活性。Model Section 可用于结构、热以及热机耦合分析。一个 Model Section 代表一个完备的有限元模型，即包括节点坐标、单元节点编号、材料模型和结果数据（如应力、应变、位移、温度等）。当在多工步仿真中采用 Model Section 时，可以将前一个工步分析得到的 Model Section 包括在当前的工步中，即使不知道模型中有多少个单元或采用了何种材料本构模型。如图 1-43 和图 1-44 所示。

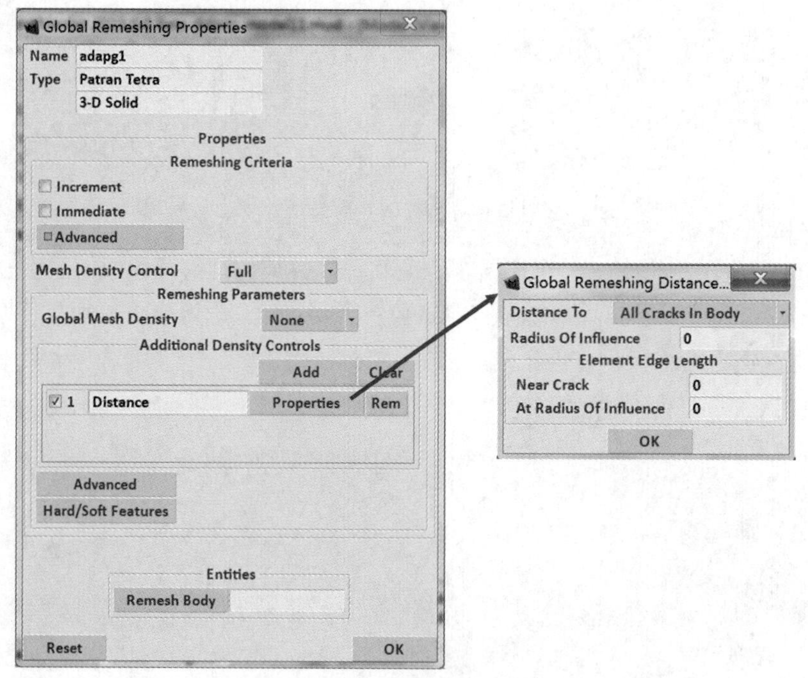


图 1-43　网格自适应对多个裂纹进行网格密度控制选项

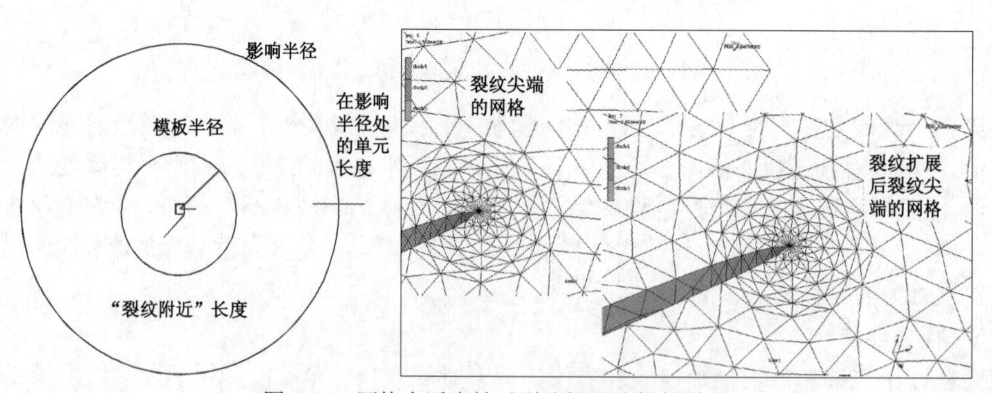


图 1-44　网格自适应针对裂纹扩展分析的增强

7. 精度

Marc 2015 版本引入了新的简便易用的单元家族，与现有的低阶三角形和四面体单元相比，新单元改善了弯曲（剪切）行为，可以被用于具有可压缩和近似不可压缩行为的对象，包括：239 号平面实体单元（节点数为 3+1）、240 号轴对称单元（节点数为 3+1）、241 号实体单元（节点数为 3+1）。在单元中心增加了额外的节点，如果用户没有定义这个节点，Marc 会自动创建，如图 1-45 所示。

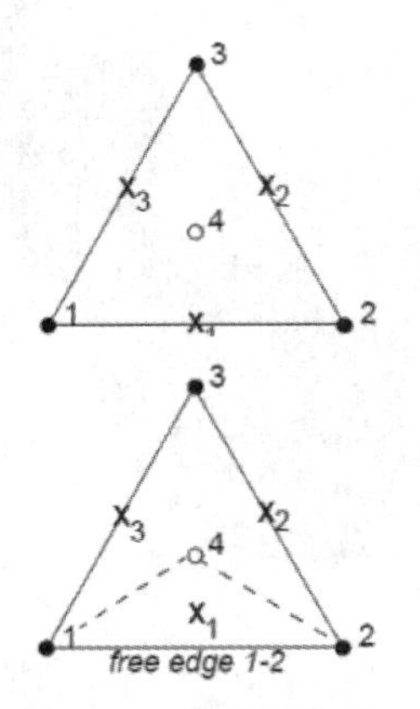


图 1-45　新单元技术

通常低阶三角形和四面体单元对于模拟弯曲和不可压缩约束是比较差的。虽然十几年前加入了单元 155 和 157 可以解决不可压缩性的问题，但在剪切行为方面精度还有所不足。如图 1-46 所示悬臂梁问题中检测了单元 6 和单元 155 采用精细网格。而新单元即使采用较粗的网格，仍然获得了较好结果的对比。需要注意的是对于三维结构（单元 134、157 和 241）的改善稍差于二维（单元 6、155 和 239）。

悬臂梁

采用不同网格密度

| 网格 | 端部位移误差（泊松比=0）% | | | 端部位移误差（泊松比=0.5）% | | |
|---|---|---|---|---|---|---|
| 单元 | 6号 | 155号 | 239号 | 6号 | 155号 | 239号 |
| A | 88.5 | 88.5 | 23.9 | 84.7 | 81.7 | 9.7 |
| B | 66.4 | 66.4 | 4 | 90 | 54.8 | 3.8 |
| C | 33.2 | 33.2 | 0.4 | 72.6 | 24.6 | 1.4 |
| D | 11.1 | 11.1 | 0.04 | 42.2 | 8.1 | 0.4 |

图 1-46　新单元技术针对不可压缩结构的精度提升效果对比

单元使用增强的插值函数，达到了平顺单元边界应变的作用。这些单元可用于所有的材料模型（大应变/小应变），同时可以用于耦合分析。具体包括下面两种：

（1）边界单元，在单元边（二维）或面（三维）存在一个积分点。

（2）非边界单元，在对应三角形或四面体面中心上存在一个积分点。

图 1-47 部分显示在曲轴这一复杂的加工成型模拟中采用此类单元对应变行为的改善。关于上述单元技术的相关例题可以参考《Marc 手册》（E 卷）第 2 章第 2.3 节、第 2.23 节、第 2.82 节，第 7 章第 7.20 节，第 8 章第 8.59 节。

8. 压力空腔建模

压力空腔功能可用于平面实体、轴对称和三维模型，目前已经扩展为不仅支持理想气体准则，同时支持不可压缩流体。两种情况下，均假定空腔区域是被填充的。对于流体填充的空腔，需要输入流体的体积模量，如图 1-48 所示。

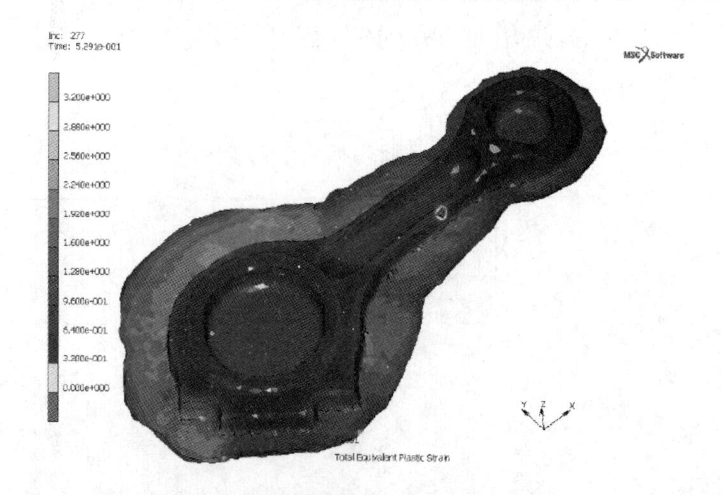


图 1-47　曲轴采用新单元提高精度的实例

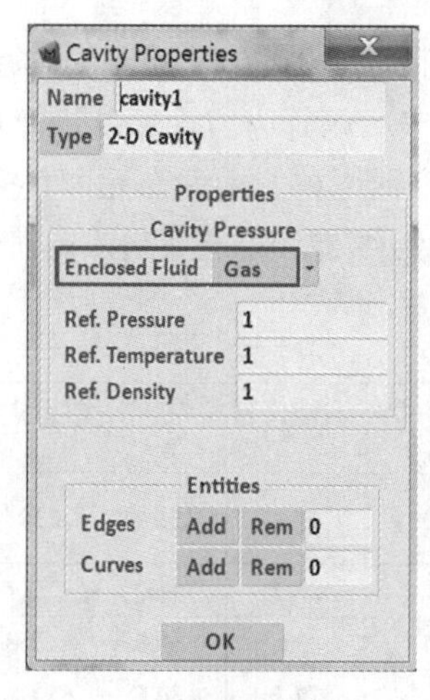


（a）理想气体

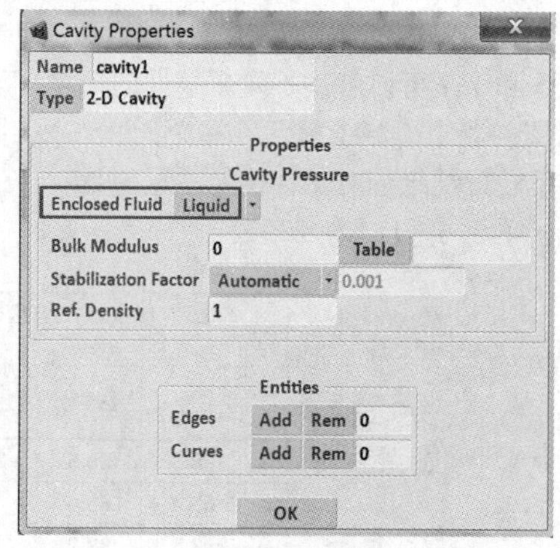


（b）不可压缩流体

图 1-48　压力空腔定义

## 1.4　Marc 2015 的帮助文档

Marc 为用户提供了大量、丰富的帮助文档，如图 1-49 所示。其中包括可方便初学者掌握菜单的操作方法及 Marc 的基本功能的用户指南 USER'S GUIDE，介绍 Marc 非线性有限元分析相关的理论知识 Volume A: Theory And User Information，介绍 Marc 单元使用方法的单元库 Volume B: Element Library，介绍 Marc 卡片的含义和参数定义方法的 Volume C: Program Input，针对中、高级用户提供了用于进行功能扩展的用户子程序说明文档 Volume D: User Subroutines，以及包含大量应用实例的 Volume E: Demostration Problems。这些帮助文档读者可以在 Marc Mentat 的界面下单击 HELP 按钮找到。也可以直接打开 Marc 安装文件所在的位置进行查找。例如：用户手册 A 卷至 E 卷在以下位置保存 PDF 文档：X:\MSC.Software\Marc_Documentation\20XX\doc。

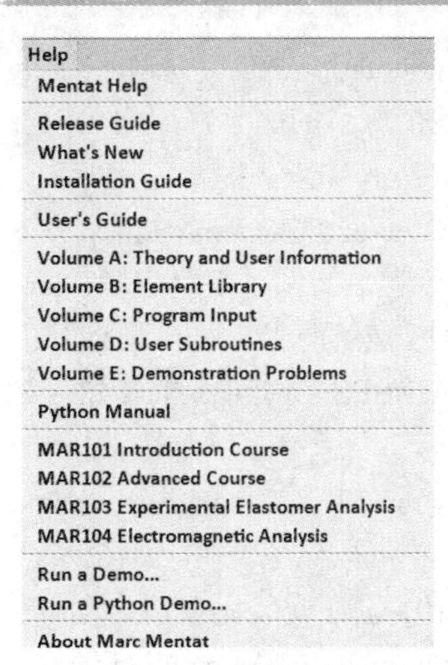


图 1-49　帮助文档

Marc 用户指南(user's guide)在 Marc 2015 版本中做了重大改进，目前的用户指南以 HTML 文件格式储存，如图 1-50 所示，在 Getting Started 下拉菜单下，用户可以通过 Index 按钮方便地查找相关功能介绍，单击链接进入查看相应例题。也可以根据分析类型（Analysis Class）或材料类型（Materials）以及功能（Features）按钮进行例题的检索。

图 1-50　Mentat 2015 全新用户手册

为了方便用户使用，在 Marc 的安装路径下按照章节存放了可以直接使用 Mentat 打开的模型文件，格式通常为*.mud/*.mfd，用户可以根据用户指南的描述利用这里提供的数据文件进行模型创建、分析和学习。另外有些章节的例子还提供了记录整个建模、分析、结果后处理过程的命令流文件(.proc)，用户可以在 Tools-Procedures…(经典界面选择 Mentat→UTILS→PROCEDURES 菜单）里面直接 Load，并可以连续或逐步播放，极大地方便了用户的学习。用户指南各个章节的实例存放位置如下：

X:\MSC.Software\Marc_Documentation\20XX\examples\ug

关于 Volume E 中涉及到的各个章节的例子，用户可以在如下位置找到相关数据文件：

X:\MSC.Software\Marc\20XX\marc20XX\demo

X:\MSC.Software\Marc\20XX\marc20XX\demo_table

与用户指南中的例子不同，E 卷中的例子仅给出了 Marc 的数据文件（.dat），用户可以在 Mentat 中导入 Marc 的数据文件，然而一部分卡片是无法被重新导入 Mentat 中的，例如 ANALYSIS 中的一些关于 LOADCASES 或 JOBS 的参数。建议用户直接通过命令行提交该数据文件进行计算，

X:\MSC.Software\Marc\20XX\marc20XX\tools\run_marc -j *.dat

计算结束后，可以在 Mentat 中读取结果文件（.t16 或.t19）。

Marc 的基础培训教程 MAR101 也在安装完成后自动存储到如下位置：

X:\MSC.Software\Marc\20XX\mentat20XX\examples\training

在这里还可以看到 Marc 高级培训教程 MAR102、关于超弹性材料介绍的高级培训教程 MAR103 以及关于电磁场分析的培训教程 MAR104。

------------------------------------------------☆☆☆☆☆☆------------------------------------------------

版本终止：Marc 2015 版本不再提供经典界面风格的 Mentat。为适应这一变化，Marc 的用户指南全面更新，其自带的命令流文件全部依据全新界面。Marc 2015 仅仅支持 64 位 i8 模式。

------------------------------------------------☆☆☆☆☆☆------------------------------------------------

## 1.5 Marc 2015 安装

Marc 2015 版本仅提供了 64 位操作系统下的全新界面风格的安装介质，安装介质名称为 marc_2015_windows64.exe，帮助文档作为单独的安装介质提供，名称为 marc_2015_windows_doc.exe。

**Marc 2015 在 Windows 操作系统下的安装步骤：**

| | |
|---|---|
| 1．双击安装图标 marc_2015_windows64.exe，开始安装 | marc_2015_windows_doc<br>marc_2015_windows64 |
| 2．选择语言，这里选择 English 即可，单击 Next 按钮进入下一步。<br><br>在安装完成后 Marc 默认启动中文图形界面，如需转换为英文操作界面可参考第 2 章第 2.3.2 节的内容 | 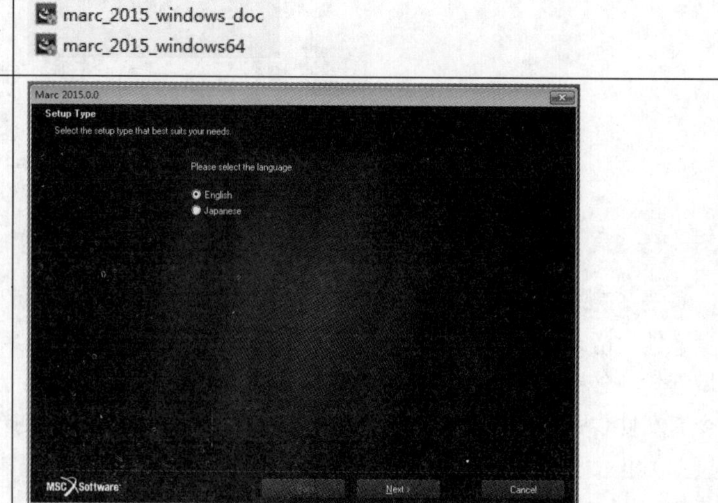 |

3．进入欢迎界面，单击 I Accept 按钮进入下一步

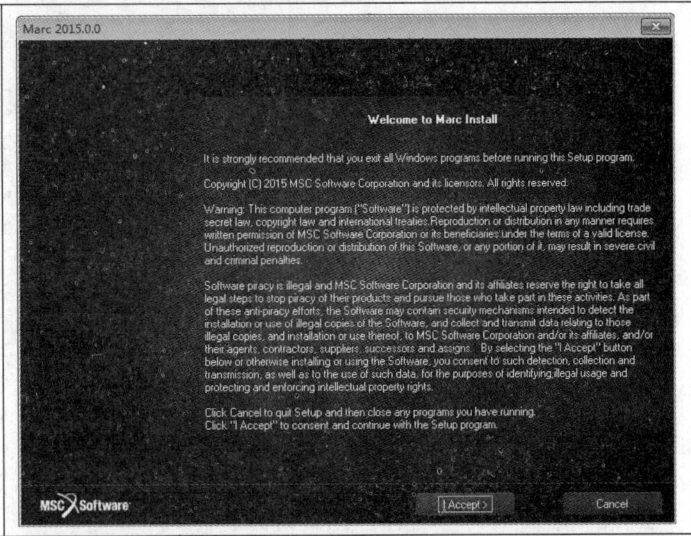


4．输入用户名和公司名称，单击 Next 按钮进入下一步。

这里默认显示的为登录本机的用户名和公司名称，如需更改请重新输入

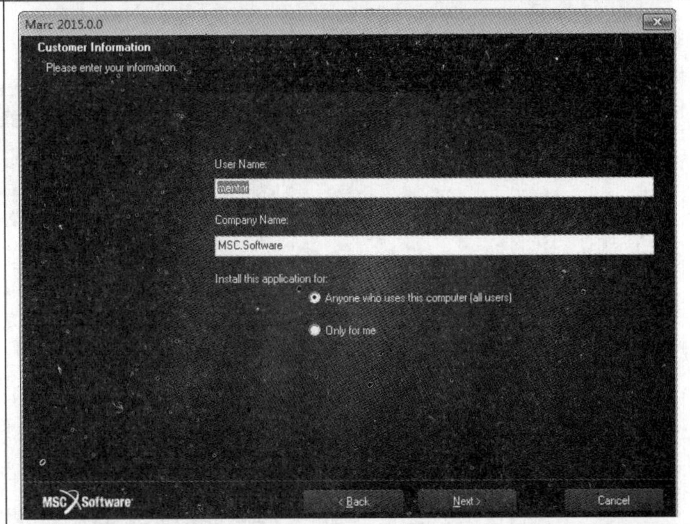


5．选择安装位置，此处单击 Browse 选择 Marc 2015 新的安装位置，单击 OK 按钮确认，如果无须更改安装位置，直接单击 Next 按钮进入下一步即可

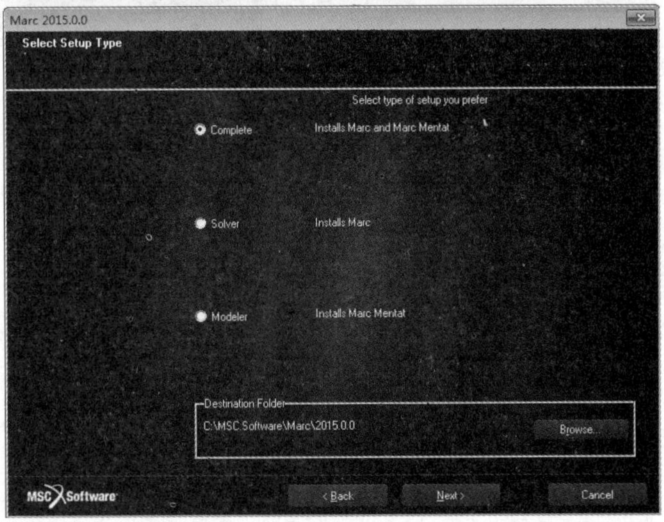

6．输入 License 服务器名称，27500@license_server。
license_server 为 license 服务器的机器名称，这里为 PRC-BJ110604；也可输入该机器的 ip 地址，例如：27500@xxx.xx.x.xx
27500 为调用 license 时使用的端口号，如果该端口已经被占用，可以重新选用其他端口号，修改相应的授权文件中的端口号即可。在 dos 下执行如下命令确认端口号是否可用：
telnet license_server 27500
确认输入无误后单击 Next 按钮

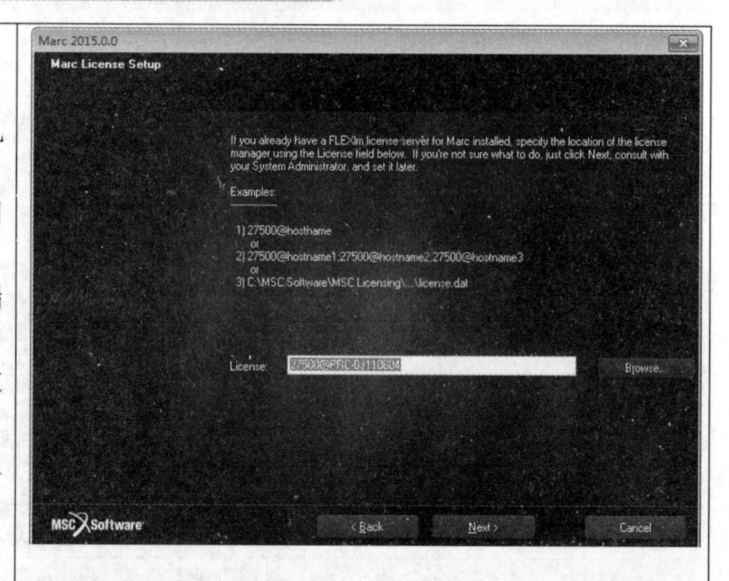


7．确认安装信息和所选参数后，单击 Next 按钮进入下一步

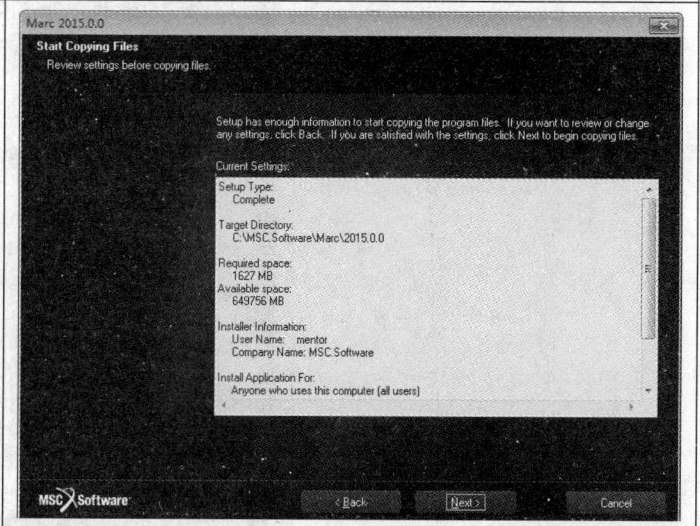


8．随着安装过程的推进，可以看到在 Marc 2015 中的一些新增功能的介绍。

安装过程大致需 4～5 分钟，不同的机器会有一些差别

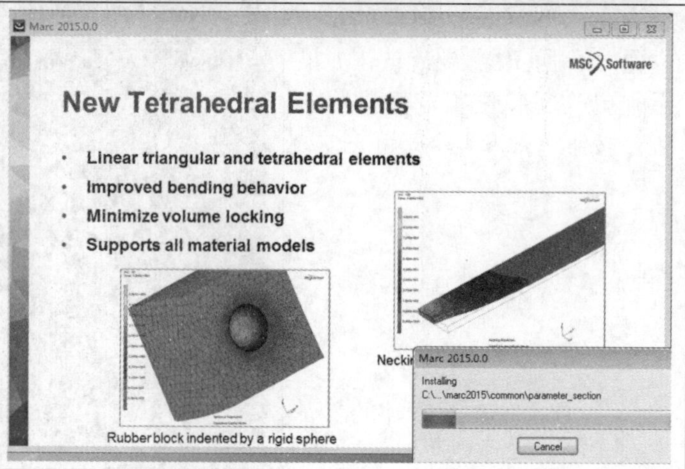

| | |
|---|---|
| 9．如机器中已经安装了 Marc 2015 之前的版本，会提示右图信息，单击“是”按钮表示覆盖低版本安装时已经注册的相应扩展名。单击“否”按钮表示不覆盖，这里单击“是”按钮 | 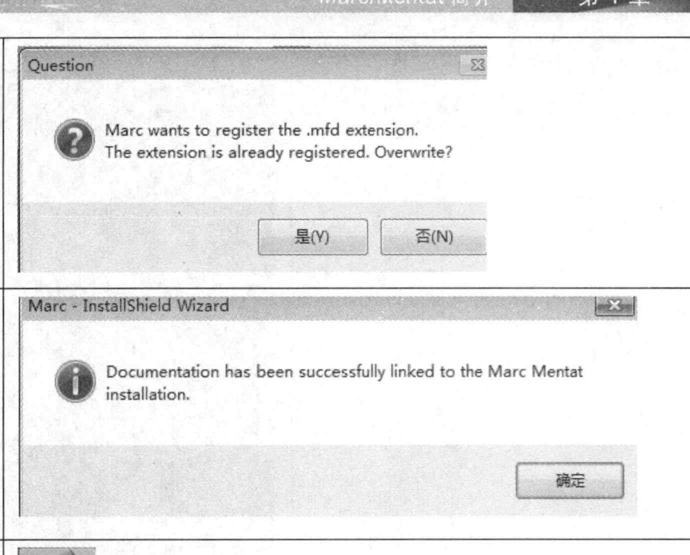  |
| 10．doc 文档是一个独立的安装包，需单独安装，如在安装 Marc 前已安装 doc 文档，会出现右图所示信息，自动完成 doc 文档与 marc 程序的链接，如还没有安装 doc 文档，可按后续介绍进行安装 | |
| 11．单击 Finish 按钮完成 marc 程序的安装，此时单击桌面启动图标启动 Marc 2015 即可 | |
| 12．doc 文档的安装：双击安装图标：marc_2015_windows_doc.exe 开始安装。<br><br>进入欢迎界面后单击 I Accept 按钮进入下一步 | 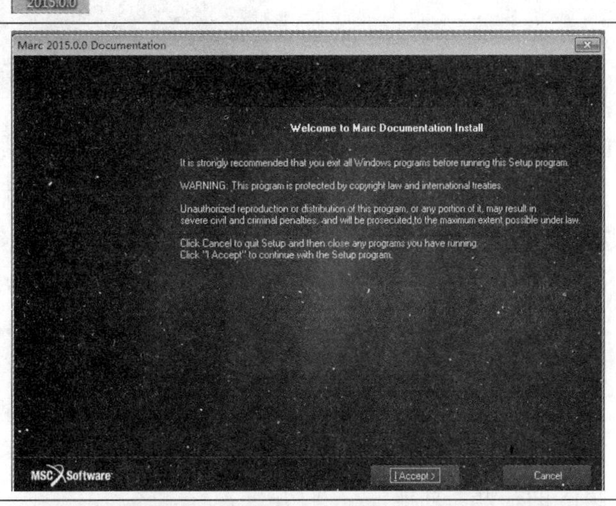  |
| 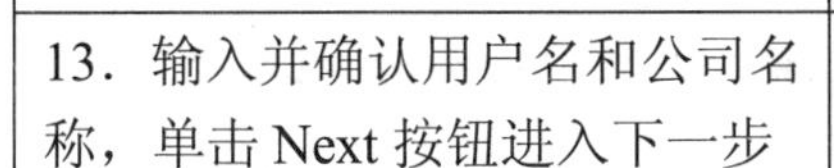 13．输入并确认用户名和公司名称，单击 Next 按钮进入下一步 | 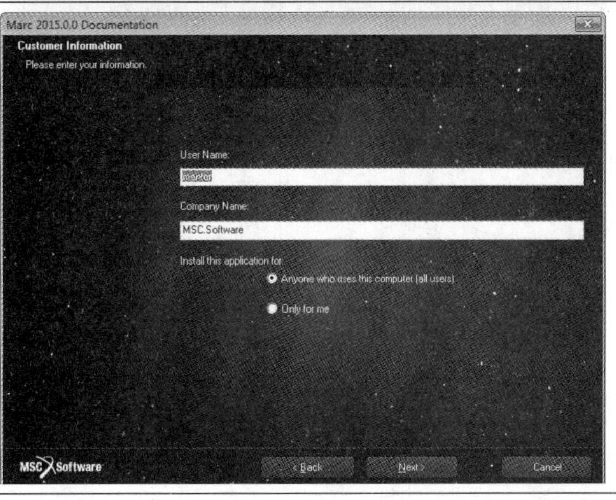  |

| | |
|---|---|
| 14．选择并确认安装位置，单击 Next 按钮进入下一步 | 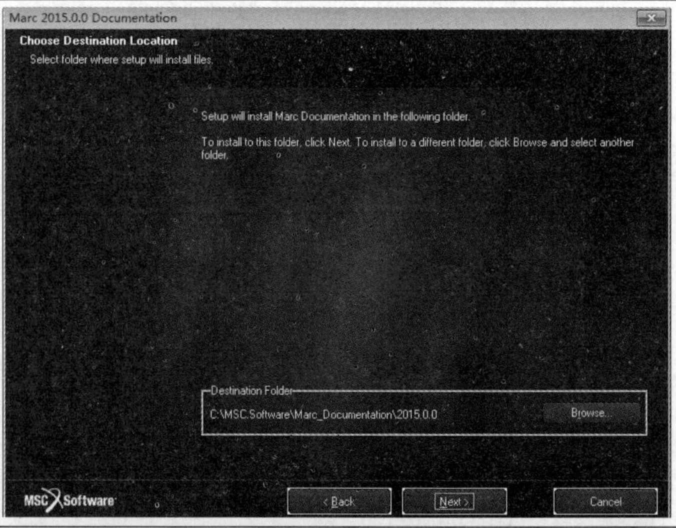 |
| 15．确认安装信息，单击 Next 按钮进入下一步 | 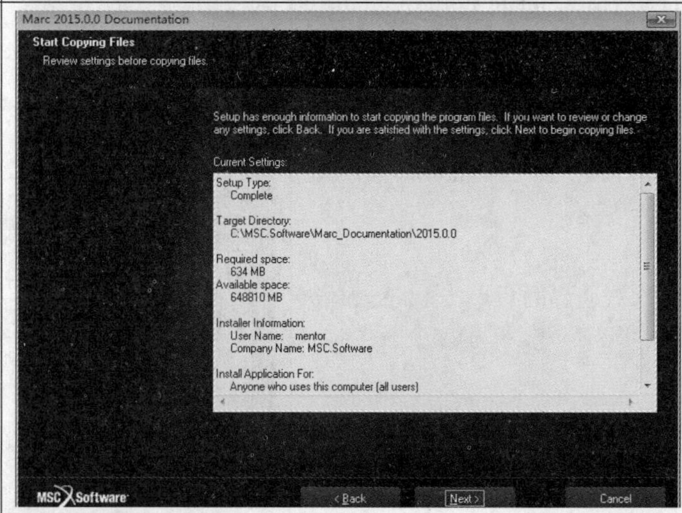 |
| 16．安装过程中会介绍 Marc 2015 的一些新功能 | 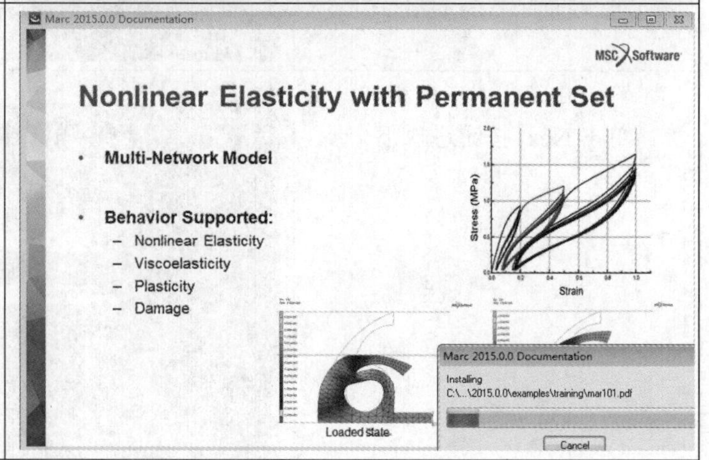 |

| | |
|---|---|
| 17．安装完成后，单击 Finish 按钮关闭安装界面，启动 Marc 后可以单击 Mentat 界面下的 Help→Run a Demo…→Contact（1 Min）选项测试软件是否正确安装。当文件自动执行并计算结束后显示右图所示结果即表明通过安装测试 | 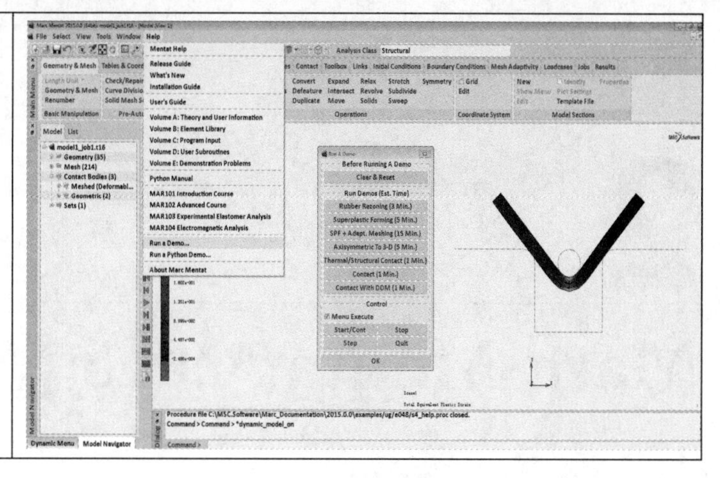 |

# 2

# Marc Mentat 2015 图形用户界面和操作

## 2.1 概述

Mentat 是 Marc 专用的前后处理程序，它与 Marc 完美结合，是用户使用 Marc 进行有限元分析的图形用户界面（Graphical User Interface，GUI）。在 Mentat 中，可进行几何建模，网格划分，边界条件、初始条件、几何特性、材料特性等设置，也能施加接触边界条件、连接约束条件、断裂力学边界条件和网格自适应，还可进行结构优化参数设置等。另外可施加各种工况，组织各种计算任务。计算结果可以在 Mentat 中通过图表、云纹图、等值线、切片、数字、动画和曲线等方式显示。为便于初学者较快掌握 Mentat 用户界面的使用方法，在本章及后续各章节中将介绍一些常用菜单命令的使用方法，以及一些具体操作实例。

## 2.2 启动图形用户界面（Mentat GUI）

在启动图形用户界面时，假设用户都已经具有软件使用协议，并且软件及软件协议都已经正确地安装和设置了。Mentat 的启动可以通过 3 种途径实现。

第一种方式：双击桌面上的 Mentat 快捷方式图标，如图 2-1 所示。

图 2-1　桌面 Mentat 2015 快捷图标

第二种方式：通过 Windows 的“开始”→“所有程序”→MSC.Software→Marc 2015.0.0→Marc Mentat 2015.0.0 命令，如图 2-2 所示。

图 2-2 通过“开始”→“所有程序”选择启动 Mentat

第三种方式：通过 Windows 的“启动”→Run 命令，输入“cmd”，如图 2-3 所示，进入 Windows DOS，CD 到执行文件目录下输入命令“Mentat”，启动 Mentat 2015，如图 2-3 所示。启动的 Mentat 2015 图形用户界面如图 2-4 所示。

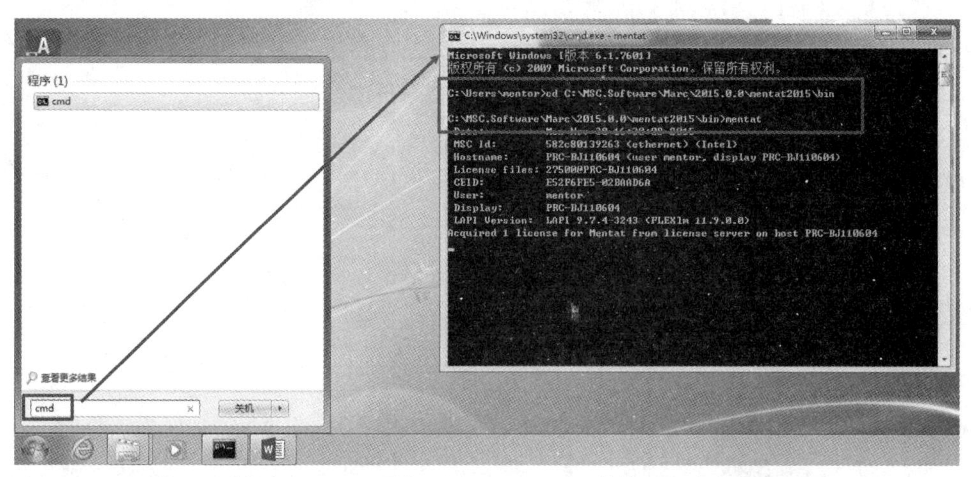


图 2-3 通过 Run→cmd 进入 Windows DOS 并输入命令启动 Mentat

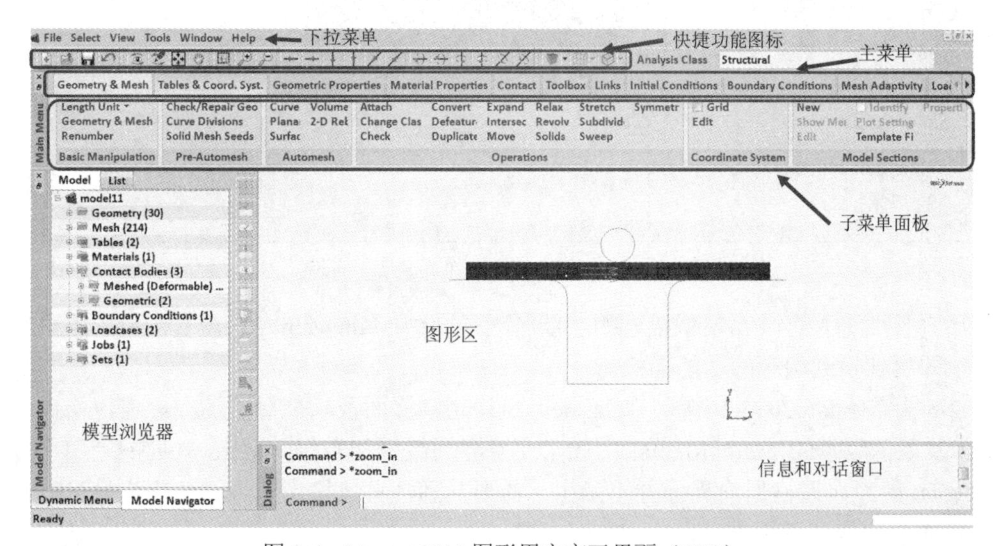


图 2-4 Mentat 2015 图形用户交互界面（GUI）

# 2.3　Mentat 2015 图形交互界面的布局和组成

## 2.3.1　新界面风格与经典界面的异同

如图 2-5 和图 2-6 所示列出了 Mentat 2015 新的图形用户界面和 Mentat 2014.2 的经典图形用户界面的布局和组成。Mentat 2015 新的图形用户交互界面和以往的 Mentat 的全新界面在外观形式的组织上类似，均采用了典型的 Windows 程序风格。值得注意的是：从 Marc 2015 版本开始，MSC 公司不再同步发布 Mentat 经典界面，Marc 2014.2 是最后一个同时发布 Mentat 全新界面和经典界面的版本。

图 2-6 为 Mentat 2015 新用户界面及功能分区图，从图可见，Mentat 2015 图形交互界面布局包括下拉菜单、主菜单（Main Menu）、模型浏览器（Model Navigator）/动态菜单（Dynamic Menu）、常用功能图标、信息对话区域等。

Mentat 2015 新用户界面同样可以在图形区显示多个窗口，可以对菜单和图形区的布局设置进行调整，如图 2-6 所示。

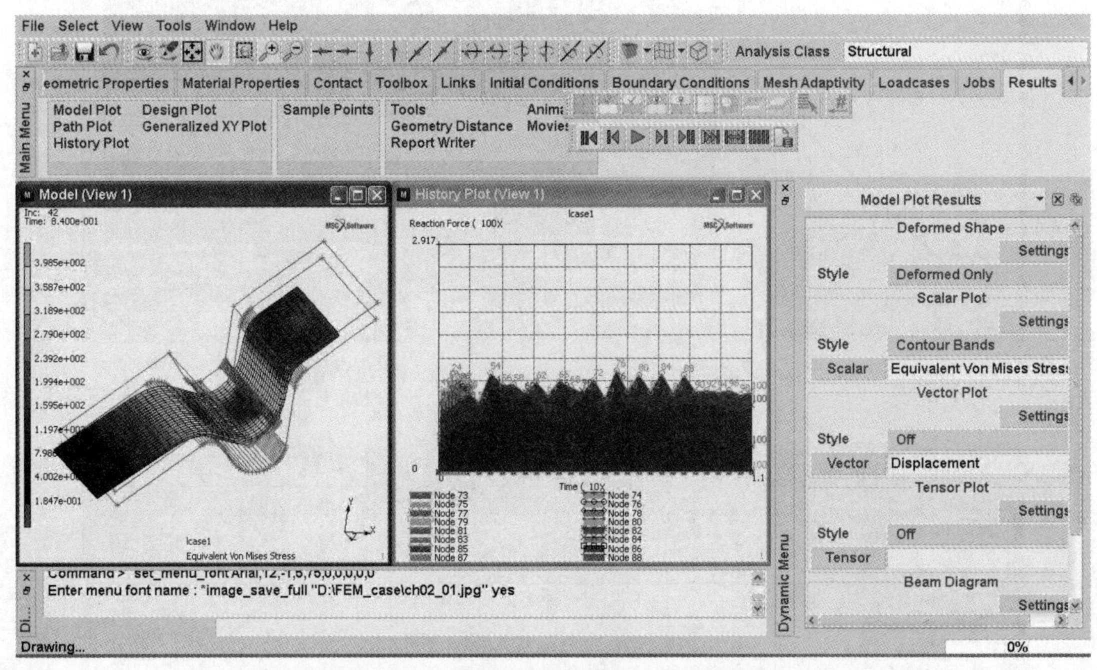


图 2-5　多窗口显示和菜单布局调整示意

新用户界面进入有限元模型描述的功能区无须回到 Main Menu，只需直接单击主菜单的各功能面板即可切换到相应的功能面板。

图 2-6 为 Mentat 2014.2 经典（Classic）风格用户界面及功能分区图，经典风格界面保留了 2012 及以前版本的 Marc Mentat 的图形交互界面组成和布局。Marc 软件的老用户应该对 Marc Mentat 的经典风格用户界面并不陌生，需要熟悉经典风格用户界面的用户也可以参考文献[4]了解更多内容和使用方法。

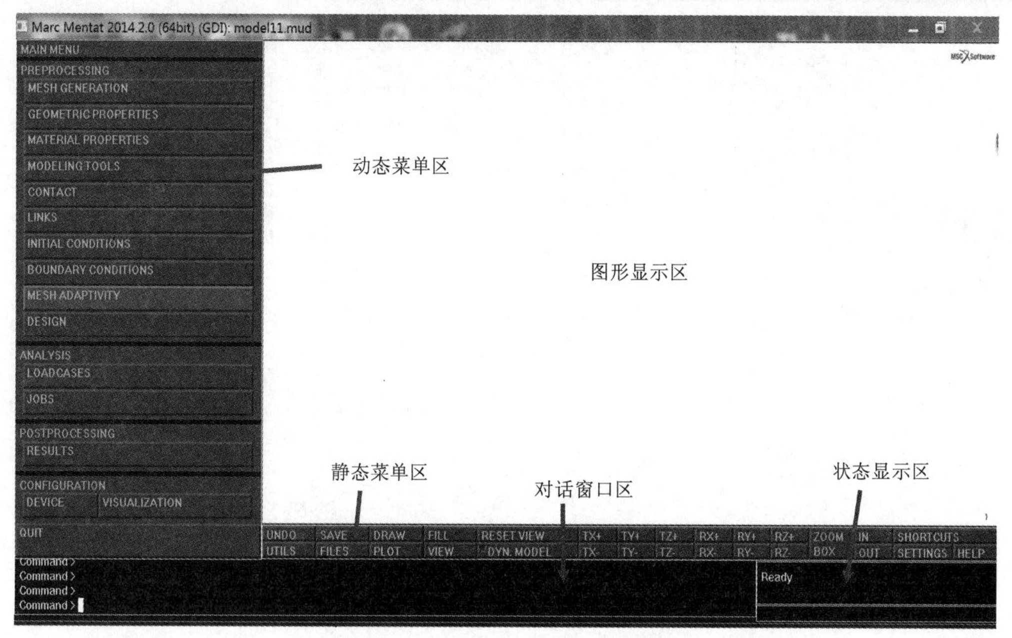


图 2-6　Mentat 2014.2 经典风格用户界面及功能分区图

## 2.3.2　中文界面介绍

从 Mentat 2014.1 版本开始全面推出中文界面，通过中文界面用户能够更快地掌握和灵活地使用 Marc 的优异功能，中文界面如图 2-7 所示。

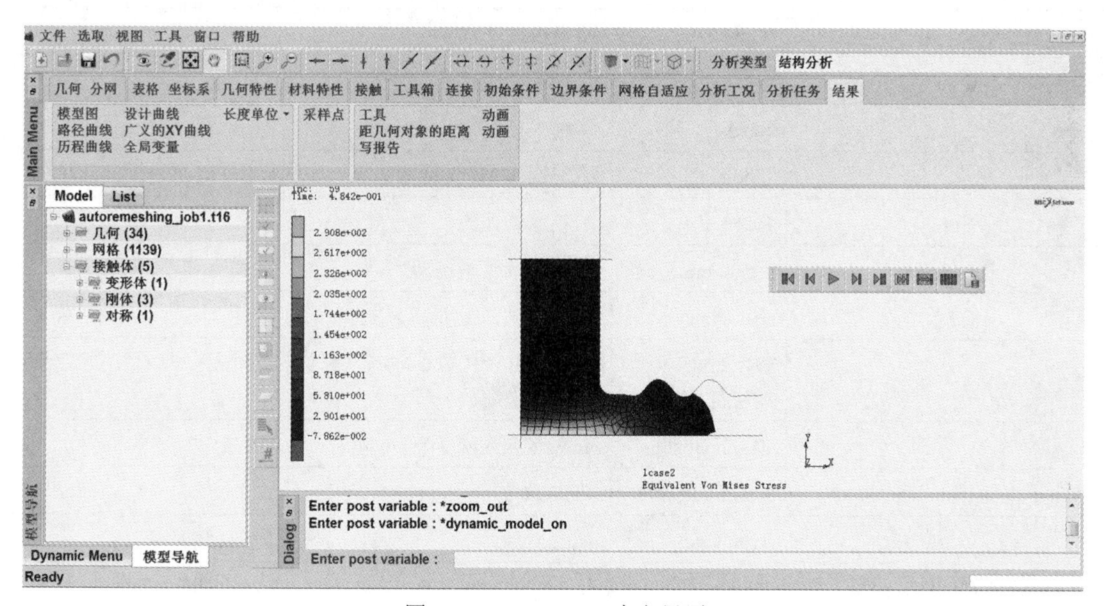


图 2-7　Mentat 2015 中文界面

用户可以方便地根据需要启动中文或英文界面，需要启动不同界面时只需更改启动图标中“目标”项中的语言参数即可，中文界面对应-lang zh，英文界面对应-lang en。启动中文界面的具体操作如图 2-8 所示。

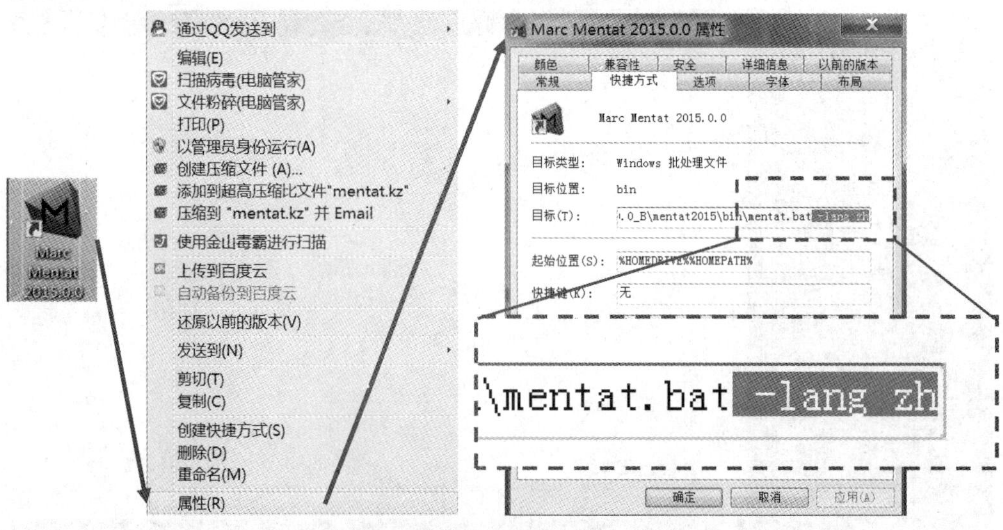


图 2-8　启动中文界面的操作方法

### 2.3.3　Mentat 2015 常用功能图标介绍

在 Mentat 2015 下拉菜单的下方是一排工具条，为常用快捷功能图标。鼠标停留在图标上，会出现图标功能的简单描述信息。这些图标及其功能描述如表 2-1 所示。

表 2-1　工具条快捷功能图标功能描述表

| 图标（icon） | 图标名称 | 功能描述 |
|---|---|---|
| | New | 新建模型文件 |
| | Open | 打开模型文件 |
| | Save | 保存模型文件 |
| | Undo | 撤消操作（仅支持撤消上一步的操作，双击返回当前状态） |
| | Reset View | 回到默认视图 |
| | Regenerate | 图形区域模型刷新 |
| | Fill View | 模型充满到全屏 |
| | Dynamic Model | 动态交互视图操作模式（鼠标左键平移、鼠标中键旋转、鼠标右键缩放） |
| | Zoom Box | 放大框选区域 |
| | Zoom in/out | 放大/缩小 |
| | Translate | 视图沿+x，-x，+y，-y，+z，-z 方向移动 |
| | Rotate | 视图绕+x，-x，+y，-y，+z，-z 方向逆时针转动 |
| | | 单元渲染模式/线框显示模式切换 |
| | | 曲面渲染模式/线框显示模式切换 |
| | | 实体渲染模式/线框显示模式切换 |

### 2.3.4 Mentat 2015 主菜单介绍

Mentat 2015 主菜单由组成有限元建模、作业提交和结果查看等所需的各功能模块组成，包括：

- Geometry & Mesh（几何和分网）。
- Tables & Coordinate Systems（表格和坐标系）。
- Geometric Properties（几何特性定义）。
- Material Properties（材料特性定义）。
- Contact（接触定义）。
- Toolbox（工具箱）。
- Links（连接关系定义）。
- Initial Conditions（初始条件定义）。
- Boundary Conditions（边界条件定义）。
- Mesh Adaptivity（网格自适应重划分）。
- Loadcases（分析工况定义）。
- Jobs（分析任务定义和分析任务提交运行）。
- Results（结果查看）。

每个功能模块对应一个主菜单按钮，如图 2-9 所示。这些功能模块按钮对应了工程问题分析的主要过程和环节。使用时可以随时从一个功能模块切换到另一个功能模块。当前选中的功能模块的颜色比没选择的稍淡一点。当一个功能模块被选中时，在主菜单区域会出现与该功能模块相对应的下一级子菜单和动态菜单。

Geometry & Mesh | Tables & Coord. Syst. | Geometric Properties | Material Properties | Contact | Toolbox | Links | Initial Conditions | Boundary Conditions | Mesh Adaptivity | Loa

图 2-9 Mentat 2015 主菜单功能按钮

主菜单的每个功能模块包含一个或者多个子菜单面板，各子菜单面板又有对应动态菜单区。

### 2.3.5 模型浏览器介绍

Mentat 2013.1 版本增加的模型浏览器功能，让用户可以更方便地浏览模型内容。它让用户快速地查看内容和确定模型的完整性。模型浏览器不仅提供模型的树状表述，还让用户快速移到不同的菜单。所有的菜单，既可从主菜单进入也可从模型浏览器中进入。

有了模型浏览器后，动态菜单的功能有所变化。相对 2013 及以前版本，很多条目原来是在动态菜单的，现在可以在弹出的单独菜单中出现。严格来讲，可以不再需要主菜单和动态菜单，尽管有时它更容易从动态菜单进入，特别是进行几何和分网、结果后处理操作时。

注意可以在软件启动时隐藏主菜单、动态菜单和对话区（在启动图标的属性→目标中采用参数-hide_main_menu，-hide_dynamic_menu 和-hide_dialog 设置即可）。隐藏主菜单和对话区，可以增加图形区的大小。也可以在运行 Mentat 过程中随时进行隐藏和取消隐藏操作，当光标定位在 Mentat 窗口下的菜单条时右击鼠标进行选择。

打开 Marc 用户指南 Getting Started→Basics→Model Navigator 对应的柱塞头热机耦合接触分析的模型可以进一步了解模型浏览器的使用。通过运行脚本文件（thermogask.proc），得到如图

2-10 所示模型，其中单元以实体显示，接触体以标识显示，模型浏览器以默认的形式显示。

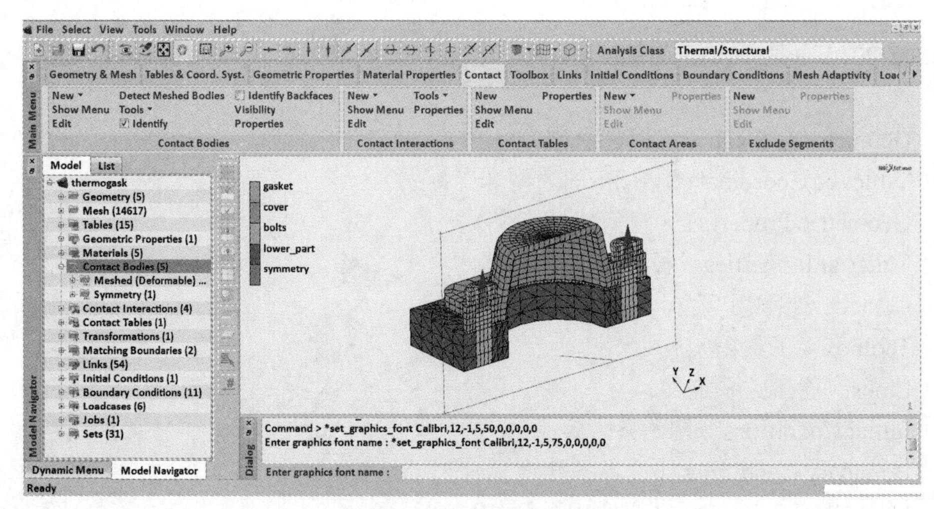


图 2-10　模型浏览器示例

正如前面提到的，对于 Mentat 2013.1，动态菜单的功能已经变了。很多条目在以前版本必须通过动态菜单进入，现在都通过弹出式菜单输入。如果完全隐藏动态菜单，通过拆分出模型浏览器可以更好地利用显示区。图 2-11 显示了动态菜单可以隐藏（右击动态菜单中的左侧竖条，勾选掉 Dynamic Menu 即可）以及模型浏览器拆分（双击或拖拽模型浏览器中的左侧竖条），这样用户可以任意放置模型浏览器。

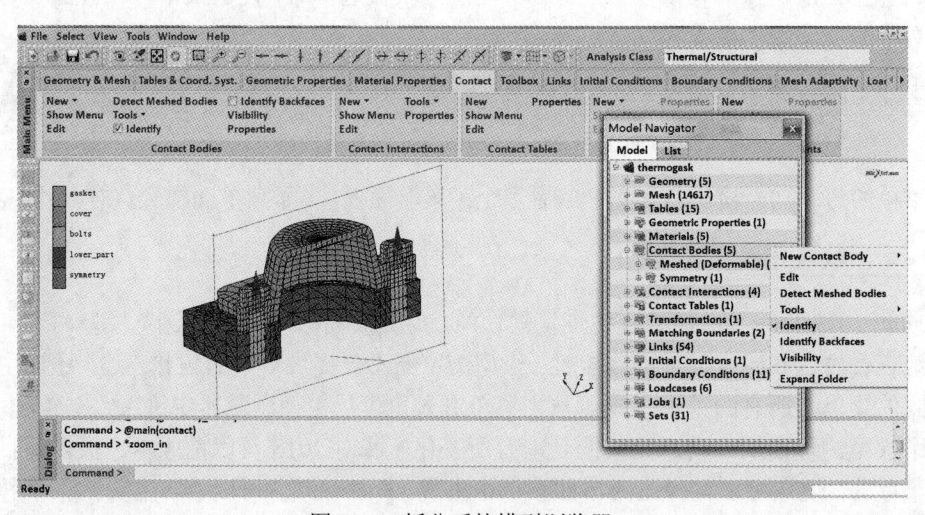


图 2-11　拆分后的模型浏览器

在模型浏览器的顶部显示模型名，在本例中模型名为 thermogask。在模型浏览器中从上到下，从几何和分网数据开始，显示模型中各项内容。

有几个选项可用来扩展和折叠模型浏览器中各项：

- 在模型浏览器顶部显示 Model 和 List 菜单条处右击或在模型名处右击，并移动光标到条目最后或在模型浏览器自由区的最后一项下面，选择 Expand All Folders 或 Collapse All Folders 选项。

- 在模型浏览器的其他条目上方右击，并移动光标到最后选择 Expand Folder 选项。
- 单击各条目前面的[+]或[-]图标来扩展和折叠单个项。

如图 2-12 所示为不同选项的效果。在图 2-12（a）中，所有折叠项处于打开状态，而图 2-12（b）中只有材料项处于打开状态。

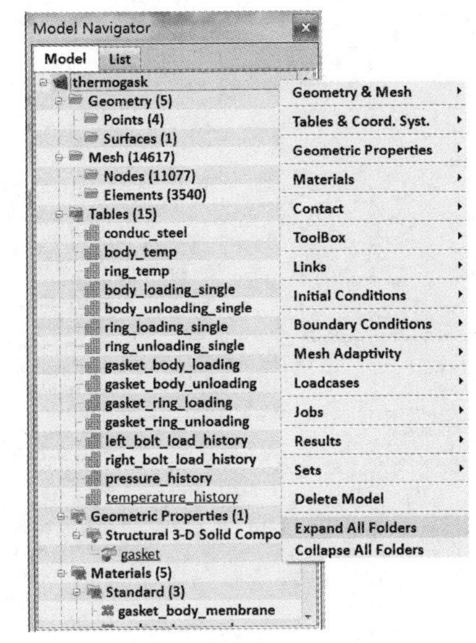


（a）所有折叠项处于打开状态

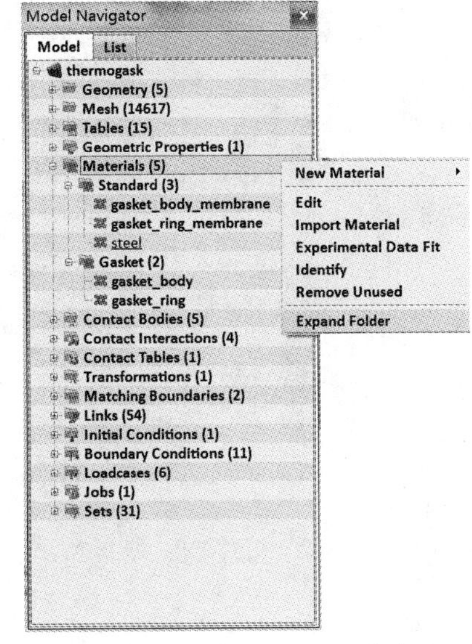


（b）只有材料项处于打开状态

图 2-12　不同选项的显示效果

打开 Contact Bodies 折叠项，可以看见模型浏览器中各个接触体标识的颜色与图形区对应接触体的颜色匹配。注意模型浏览器可以很方便地用于拾取操作。去掉勾选各个接触体复选项，显示的物体可以很方便地隐藏；勾选各个接触体复选项，隐藏的物体也在图形区显示。如图 2-13 所示显示 cover 被隐藏的情况。

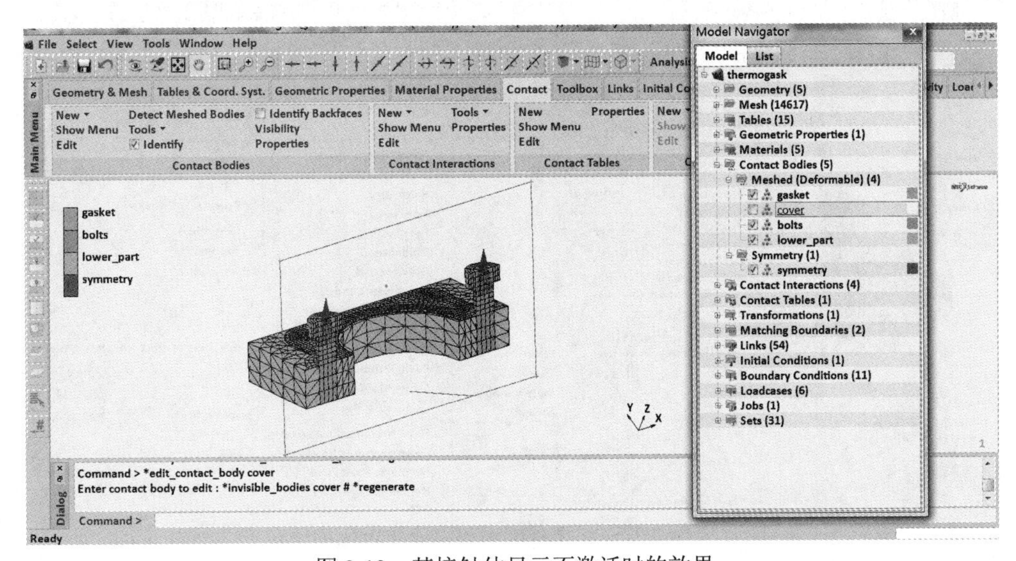


图 2-13　某接触体显示不激活时的效果

同理，右击打开边界条件折叠项，可以清晰地看到如图 2-14 所示的菜单，与主菜单中边界条件条目一致。用户可以增加一个新的边界条件、编辑已有的边界条件、合并重复的边界条件（采用 Tools 菜单）、定义 Plot Setting、切换是否标识显示边界条件和打开边界条件折叠项。

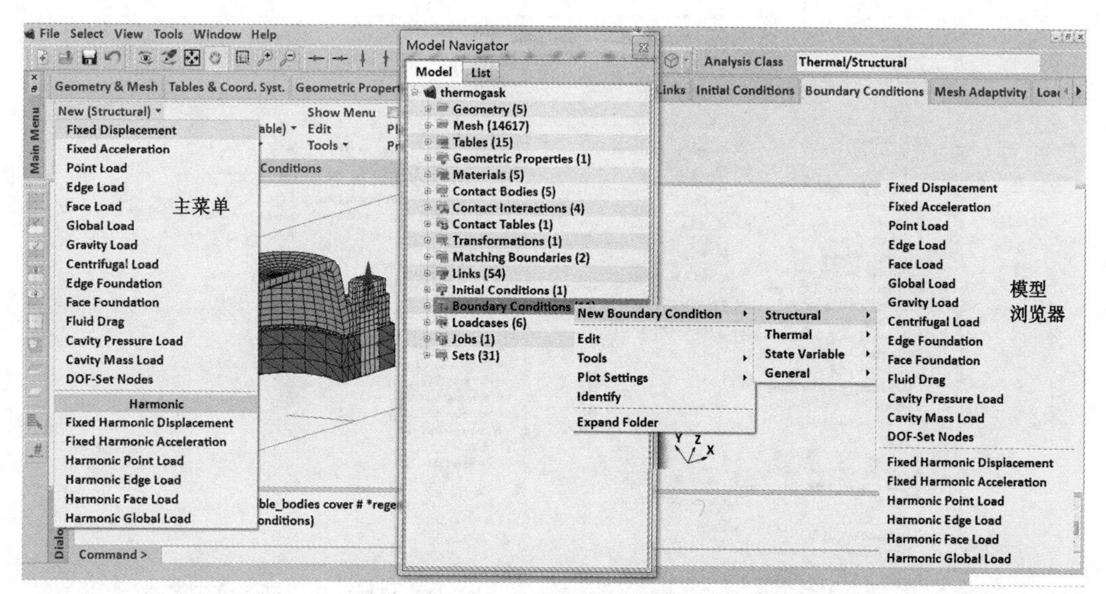


图 2-14　折叠项打开效果

如果单击 New Boundary Condition，可以选择合适的边界条件项，然后在弹出的窗口中具体定义菜单参数并选择作用区域。如图 2-15 所示为产生新的集中力边界条件示例。另外，双击某项内容，如某个边界条件，也可以对已有内容进行编辑。

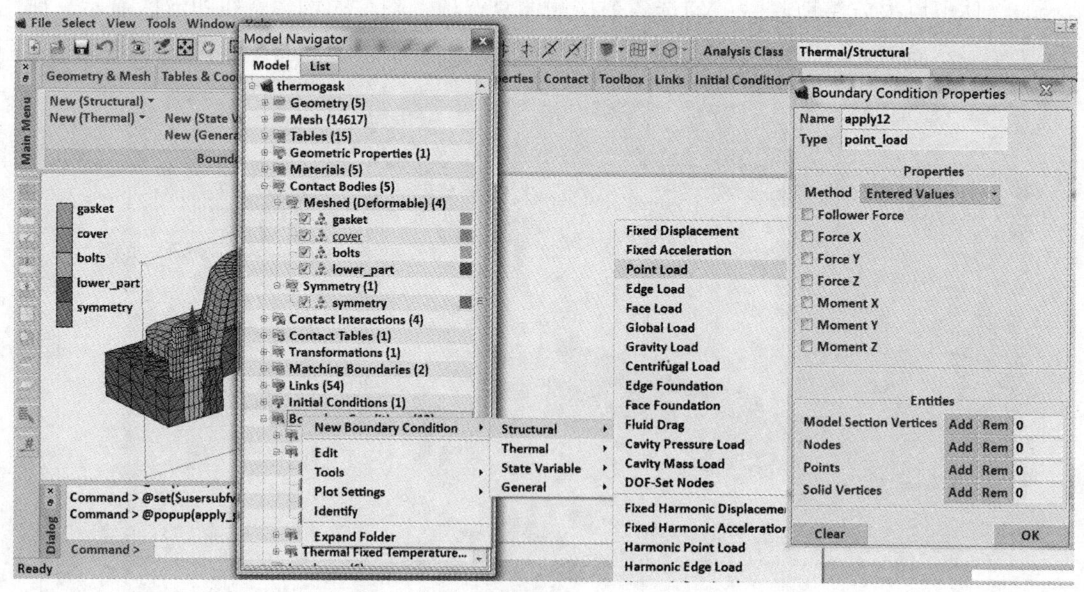


图 2-15　产生新的集中力边界条件

模型浏览器有两种查看方式，分别为 Model（默认模式）和 List 方式。如果切换到 List 示图，可以在浏览器中增加过滤工具。继续在边界条件菜单中工作，可以得到如图 2-16 所示的效果。

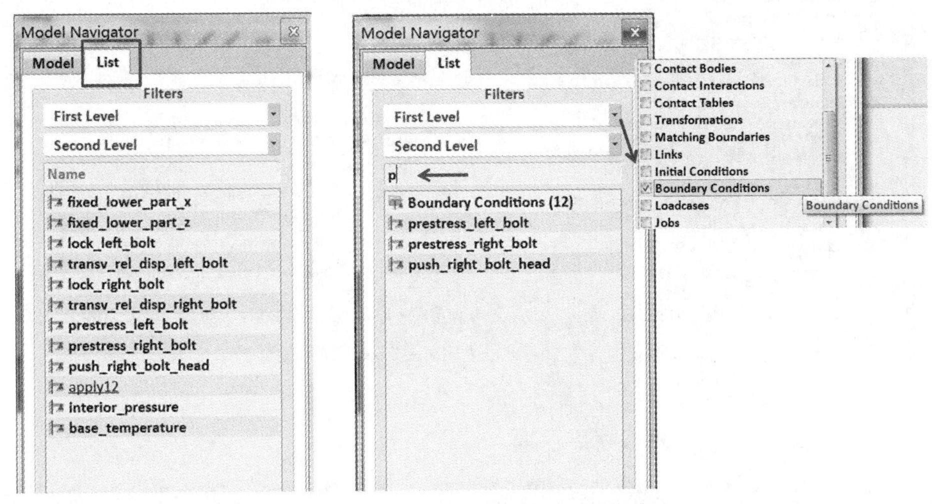


图 2-16　模型浏览器 List 显示方式

First Level 过滤器选择模型浏览器中的主折叠项，例如在本例中只有边界条件折叠项被选择了。Second Level 过滤器允许选择子折叠项；而 Name 过滤器允许基于实体的开始字母来选择。图 2-16 右图显示了 First Level 过滤器为边界条件，用 Name 过滤器仅列出字母“p”开头的边界条件。

从 Marc 2015 版本开始模型浏览器还支持拖拽功能，如图 2-17 所示将已定义的边界条件拖拽到目标工况（Loadcases）中。这一功能针对存在大量边界条件的模型非常有用。利用鼠标左键和 Shift 或 Ctrl 组合键进行多个边界条件选取后，可以将其一起拖拽到目标工况（Loadcases）下。

拖拽功能可用于以下操作：

- 拖拽边界条件到分析工况。
- 拖拽边界条件到分析任务的初始载荷。
- 拖拽初始条件到分析任务。
- 拖拽接触表到分析工况。
- 拖拽接触表到分析任务。
- 拖拽分析工况到分析任务。
- 拖拽网格自适应到分析工况。

复制分析工况到分析任务时，要注意所选取的分析工况的顺序决定了分析任务执行时的先后顺序。该顺序可以与分析工况定义顺序不同。

运行命令流文件（.proc）会引起大量的模型浏览器相关内容产生的命令语句，用户可以发现程序运行速度明显减慢。这个问题可以通过编辑命令流文件来避免，用户需要在命令流文件的开始处加命令*model_navigator_update off，这样程序就不更新模型浏览器。此命令也可以通过菜单系统来设置，用户可以通过 Tools→Procedures...→Update Model Navigator On/Off 或 Tools→Program Setting...→Model Navigator Update On/Off 按需求设置。

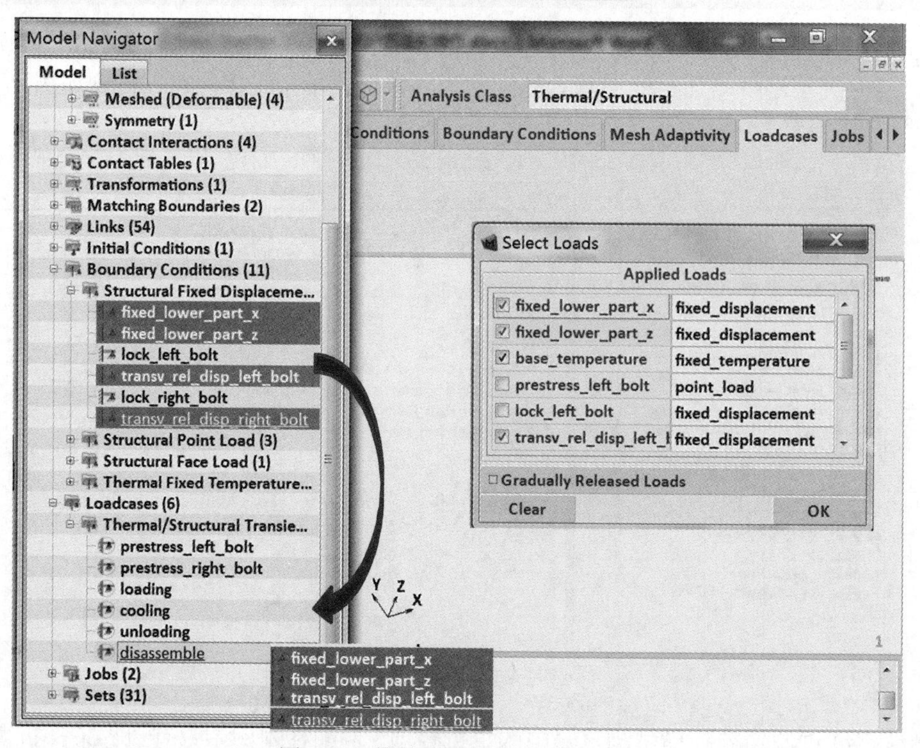


图 2-17　拖拽边界条件到目标工况

## 2.4　File 下拉菜单

Mentat 2015 的 GUI 风格采用了 Windows 应用软件的风格界面，即由下拉菜单、功能图标、图形显示和编辑区组成。本节将介绍下拉菜单的组成及其功能。下拉菜单由 File、Select、View、Tools、Window、Help 组成。File 下拉菜单如图 2-18 所示。

（1）在“Model”下的 New：创建新模型文件（.mud 或.mfd），建立新模型数据库。

（2）在“Model”下的 Open　：打开已有的模型文件（.mud 或.mfd），并读入内存中。

（3）在“Model”下的 Merge：打开一个已有的模型文件（.mud 或.mfd），与当前打开的文件内容进行合并，在创建复杂的模型时经常用到。

（4）Description：给模型文件添加描述文字。

（5）Save：存储文件为默认版本格式，即当前版本的存储格式。

（6）Save and Exit：存储文件为默认版本格式，然后退出 Mentat 程序。

（7）Save As：文件另存为其他版本格式文件或其他名字。选择 Save As 时会弹出对话框，如图 2-19 所示。对话框要求输入另存的文件名称 File Name，选择文件的类型（Files of Type），选择.mud 或.mfd。在 Default Style 下拉框选择保存的版本，默认为当前的 2015 版本。

（8）Restore：将最近一次保存的模型数据重新读入内存，所有在这次保存后对模型的操作均被删除。若要取消上一步操作，选择 Undo 命令。

（9）在“Result”下的 Open Default：打开当前模型当前分析任务对应的结果文件（.t16 或.t19），并读入内存中。

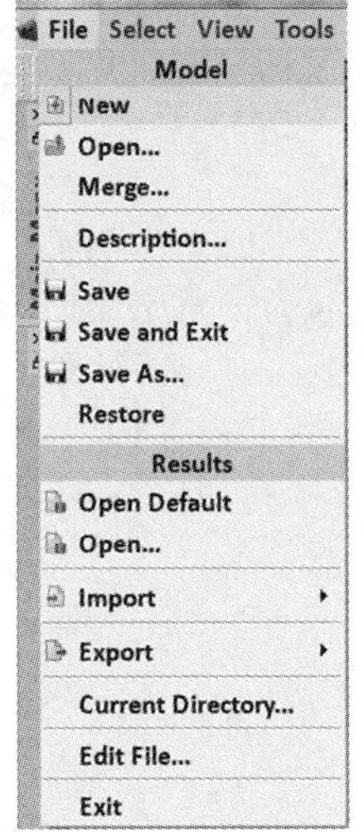

图 2-18　File 下拉菜单

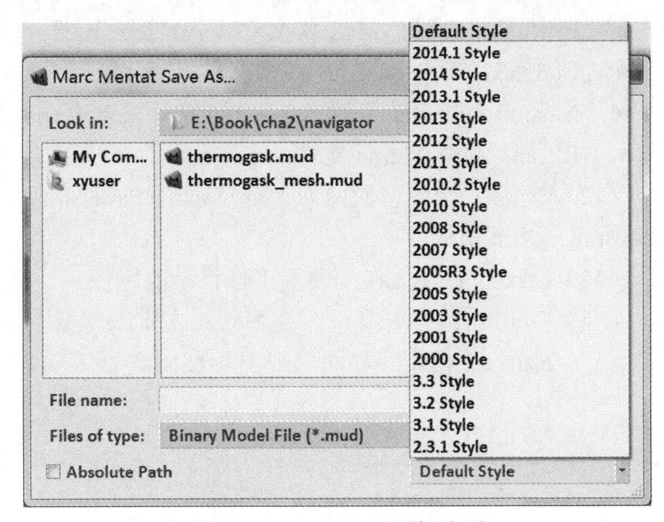


图 2-19　Save As 对话框选项

（10）在“Result”下的 Open：选择打开已有的结果文件（.t16 或.t19），并读入内存中。

（11）Import：外部数据读入的接口菜单，能够输入到 Mentat 的数据类型如图 2-20 所示。

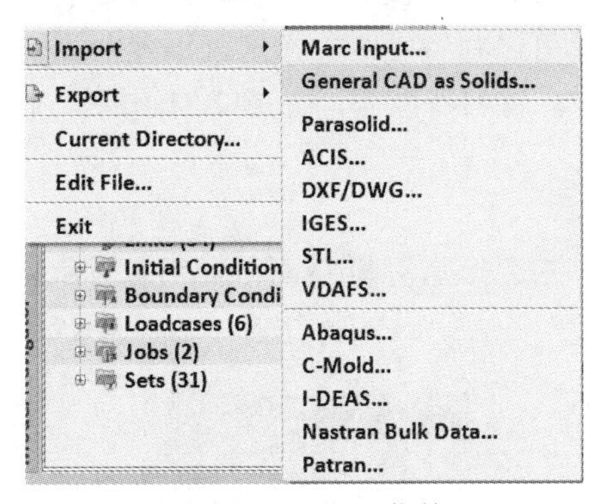


图 2-20　Import 菜单

能够输入的文件类型包括：

- Marc Input：读入 Marc 数据文件（.dat）。
- General CAD as Solids：这是 Mentat 2014 版本引入的全新 CAD 导入工具，导入的 CAD 模型可直接作为 Parasolid 几何实体存在。可以直接读入 ACIS、Catia V4、Catia V5、IGES、Inventor、JT、Parasolid、Pro/ENGINEER、SolidWorks、STEP、Unigraphics 模型文件。在此菜单下还可以进行几何清理、特征消除和几何简化等。
- Parasolid：读入 Parasolid 文件（.x_t/.x_b/.xmt_txt/.xmt_bin）。
- ACIS：读入 ACIS 文件（.sat）。
- DXF/DWG：读入 AutoCAD 格式的 DXF/DWG 文件。
- IGES：读入 IGES 模型文件（.igs/.ige/.iges/.igs*）。
- STL：读入 STL 模型文件（.stl/.stla/.stlb/.asc）。
- VDAFS：读入.vda 模型文件。
- Abaqus：读入 Abaqus 文件（.inp）。

- C-Mold：读入 C-MOLD 文件（.par/.fem/.mtl/.ppt）。
- I-DEAS：读入 I-DEAS 模型文件（.unv）。
- Nastran Bulk Data：读入 Nastran 文件（.bdf/.nas/.dat）。
- Patran：读入 Patran 文件（.pat/.out）。

（12）Export：把模型输出为 Marc Input、Parasolid、DXF、IGES、STL、VDAFS、FIDAP 和 Nastran 等格式文件。

（13）Current Directory：设置工作目录的路径。

（14）Edit File：打开文件，在系统的文本编辑器中编辑。

（15）Exit：关闭用户界面，退出 Mentat。

## 2.5 Select 下拉菜单

Select 下拉菜单包括两部分，一个是“Selection Control”，选取控制用来以各种方式和模式来选择各种几何（点、线、面、实体、实体顶点、实体边、实体面）或者有限元对象（节点、单元、单元边、单元面）；另一个是“Set Control”，集合控制用来创建、修改各种几何或者有限元对象的“Set”和控制“Set”可见与不可见。可以将特定对象指定到集合中，以便有选择地显示或施加边界条件、材料特性等，如图 2-21 所示。

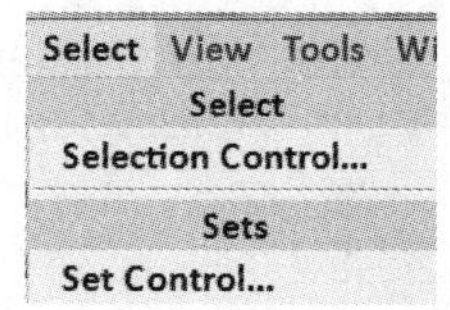


图 2-21　Select 菜单

### 2.5.1 Selection Control——选取控制

该菜单提供各种方式和方法选择几何和/或有限元对象。Selection Control 菜单如图 2-22 所示。

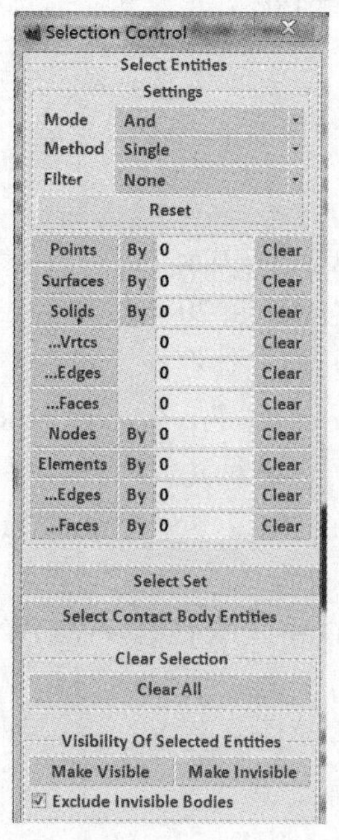


图 2-22　Selection Control 对话框

1. Settings

Selection Control 对话框中的 Settings 用于设置选取对象时的模式（Mode）、方法（Method）和过滤方式（Filter）。

- Mode：定义对象选取的模式，菜单界面如图 2-23 所示。
  - And：为默认模式。在该模式下，新选取的内容加入已选取的内容中。
  - Except：在已被选取的内容中删除新选取的内容。
  - Invert：如该部分尚未存在，新选取的内容加入已选取的内容中；如该部分已存在，则被删除。
  - Intersect：只有新选取的内容与已存在的内容中相同的部分成为被选取的内容。
- Method：设置选取办法，菜单界面如图 2-24 所示。

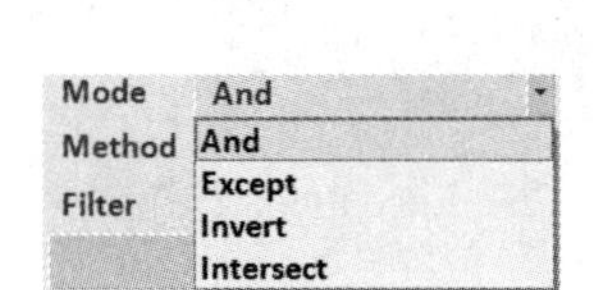


图 2-23 对象选取模式设置对话框

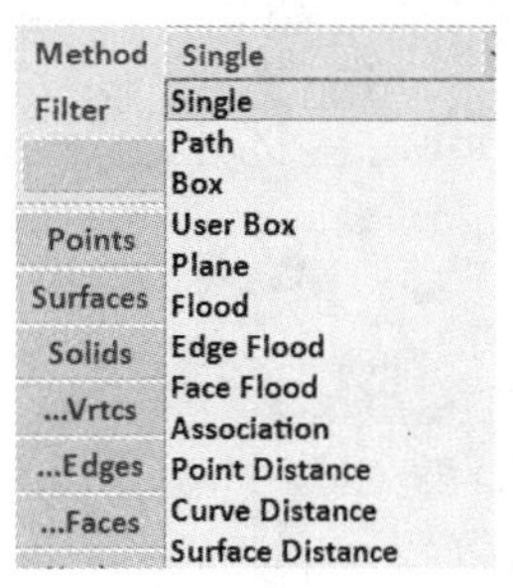


图 2-24 选取方法对话框

  - Single：默认选择方法，允许逐一选取对象。
  - Path：根据起止节点或几何点确定的路径进行选取，选取路径经过的所有内容将被选取。
  - Box：用户根据在整体坐标系下由 X、Y、Z 最大值、最小值构成的空间进行选择。
  - User Box：与 Box 法类似，只不过此方法是在用户坐标系下进行选择。
  - Plane：通过用一个单元面来指定一个平面，凡在该平面上的节点、单元等均属所选范围。
  - Flood：成片选取。使用该方法时，所选节点所在的单元以及与该单元通过共节点连接的所有单元（并以此类推）、单元边、单元面及单元体上的节点会被选出。
  - Edge Flood：通过选取一条外边界处的单元边，凡与该边所成角度满足设定值的单元边上的节点或单元边均属选择范围。设置“Limit Angle”来控制选择范围，这个角度指相邻两个单元之间一个单元边与另一个单元边延长线所成夹角，系统默认值为 60° 。其定义菜单如图 2-25 所示。单击 Node，在如图 2-26 所示的模型上选择圆外边界线，则圆上的节点都被选取出来。
  - Face Flood：通过单击一个单元的表面，凡与该面所成角度满足设定值的单元面内的节点、单元边或单元面均属于可以被选取的对象。可以设置“Limit Angle”来控制选择范围，这个角度是指相邻两个单元面的法线所成夹角，系统默认值为 60° 。其定义菜单和操作示例如图 2-27 所示。在 Selection Control 菜单中单击 Nodes 后，单击外圆柱面上的任意一个单元的表面，则外圆柱面上的节点（节点所在单元面与点选单元面法线间夹角满足设定角度）都被选取上。

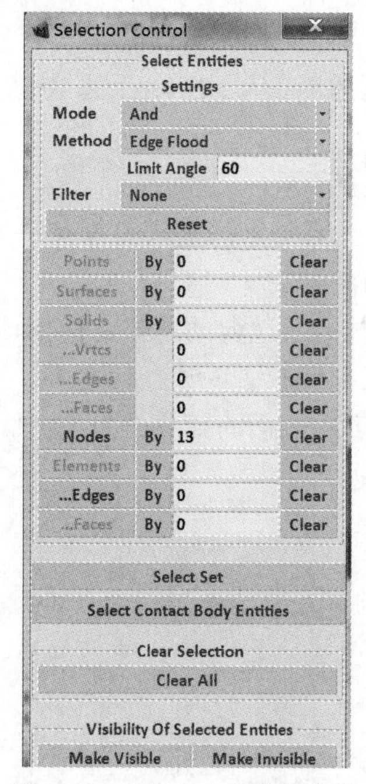


图 2-25　Edge Flood 定义菜单

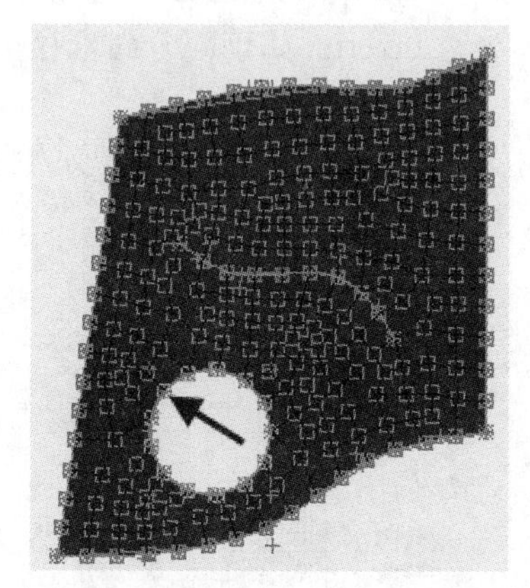

图 2-26　Edge Flood 选择节点示例

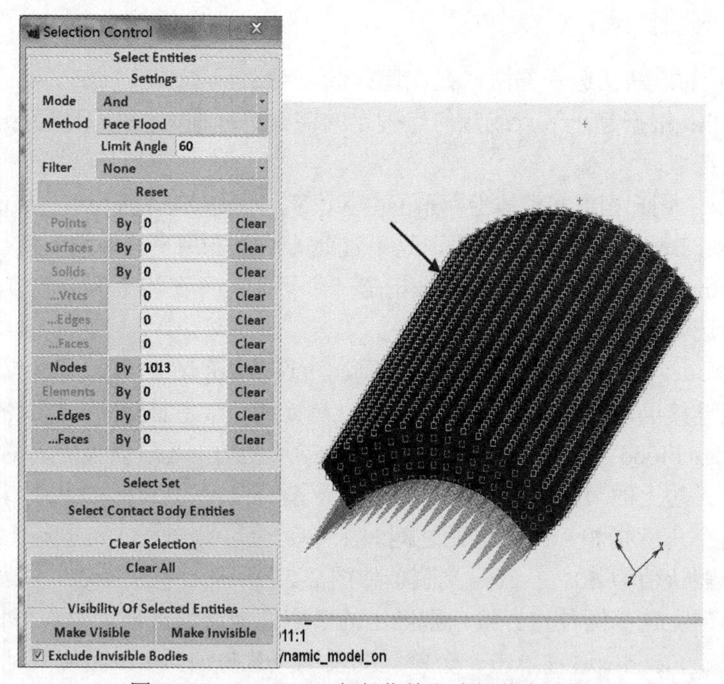


图 2-27　Face Flood 定义菜单和选择节点示例

- Association：用户选择某些项目时，与这些项目有关联关系的其他项目也被选取。
- Point Distance：选取与几何点的距离小于指定容差值的对象。
- Curve Distance：选取与曲线的距离小于指定容差值的对象。
- Surface Distance：选取与曲面的距离小于指定容差值的对象。

● Filter：定义过滤方式，其菜单如图 2-28 所示。

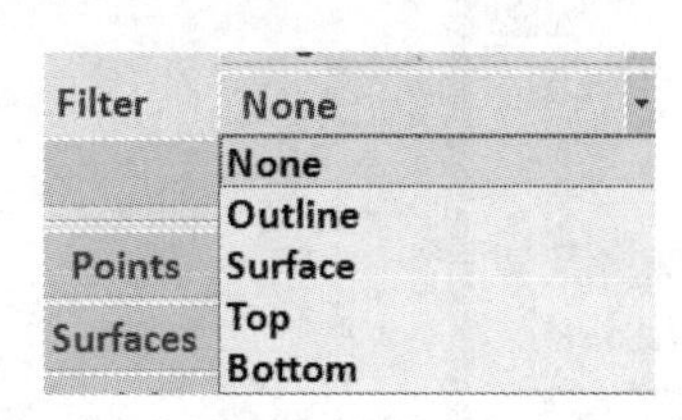


图 2-28 选择操作的过滤方式设置菜单

➢ None：没有过滤器用于对象选取。
➢ Outline：使用此过滤方式，仅允许选取模型轮廓线上的元素。
➢ Surface：使用此过滤方式，仅允许选取模型表面的元素。
➢ Top：选取位于壳体顶面的元素。
➢ Bottom：选取位于壳体底面的元素。

可供选择和存入集合（set）中的几何、有限元对象有：Points－几何点、Curves－线（曲线）、Nodes－节点、Elements－单元、Edges－单元边、Faces－单元面、Surfaces－面（曲面）、Solids－实体、Vtcs－实体的顶点、Edges－实体的边、Faces－实体的面。

2. Select Set

Select Set 可以对模型中已经定义的集合中包含的对象通过指定的模式和过滤方式进行选取，如图 2-29 所示。

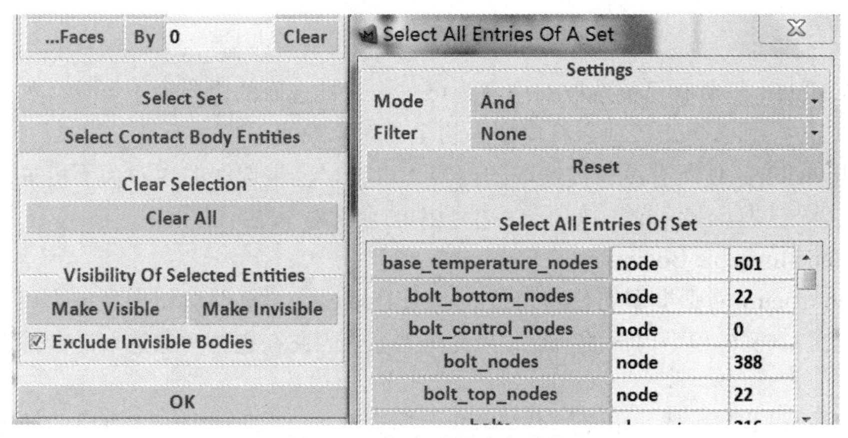


图 2-29 集合对象选取菜单

3. Select Contact Body Entities

Select Contact Body Entities 可以对模型当中定义的接触体所包含的对象按照指定模式或过滤方式进行对象选取。如图 2-30 所示菜单。

4. Clear Selection

单击 Clear All 选项可将已被选取的对象全部从列表中清除。如图 2-31 所示。

5. Visibility Of Selected Entities

Selection Control 对话框中的 Visibility Of Selected Entities 功能是控制被选取元素的可见性，其对话框如图 2-31 所示。

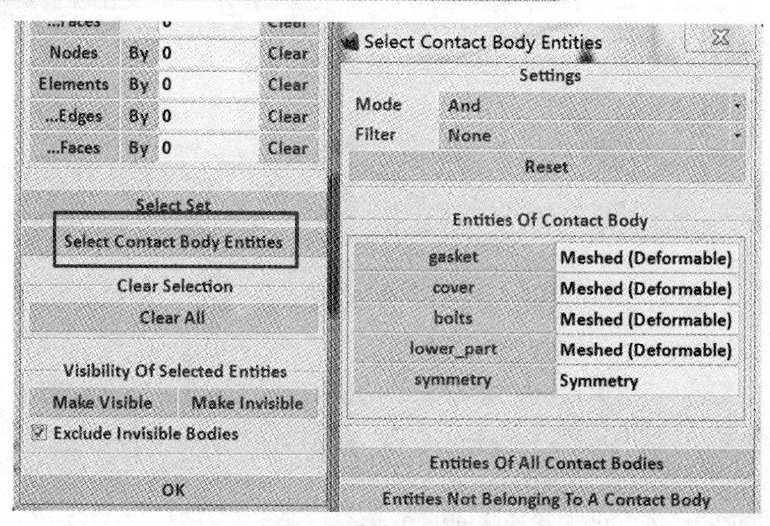


图 2-30　接触体对象选取菜单

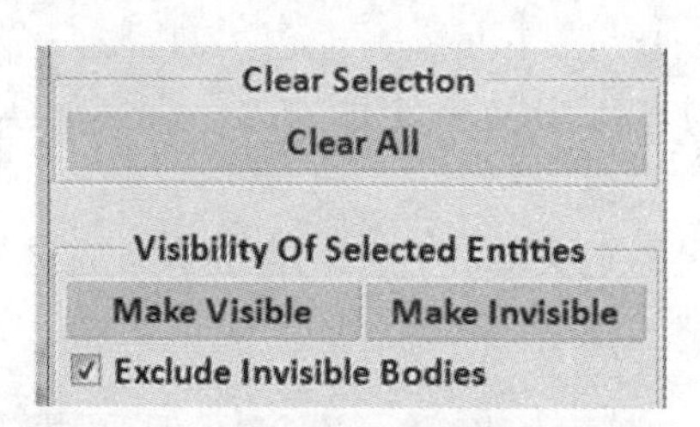


图 2-31　选择元素的可见性控制菜单

Make Visible：使所有已被选取的内容为可见，未被选取的内容为不可见。如果此时没有任何对象被选取，那么单击该项会将模型中的全部对象隐藏。

Make Invisible：使所有没有被选取的内容为可见，已被选取的内容为不可见。如果此时没有任何对象被选取，那么单击该项会将模型中的全部对象显示。

6. Exclude Invisible Bodies

Selection Control对话框中的Exclude Invisible Bodies在激活时会将模型中不可见的部分从选取集合中去除，例如模型内部的节点、单元等要素，因此在进行对象选取时要注意该选项的设置。

要定义一个选择集，比如定义一个节点集，需先单击 Nodes，选择要加入节点集的节点序列（可用个别拾取法 Single、Box 拾取法），然后单击 End List(#)或在图形区右击结束选择即可。

### 2.5.2　Set Control——集合控制

“Set－集合”在 Marc Mentat 里是非常方便和好用的一种工具。此工具与 MSC.Patran 里的 Group（组）、Hypermesh 里的 Component（组件）功能类似。用户根据需要定义 Set，能够定义成 Set 的对象（Entity）包括几何点、线、面、实体、实体的顶点、实体边、实体面、节点、单元、单元边、单元面。Set Control 功能菜单提供了创建、编辑和控制 Set 可见性的各种控件。其对话框如图 2-32 所示。

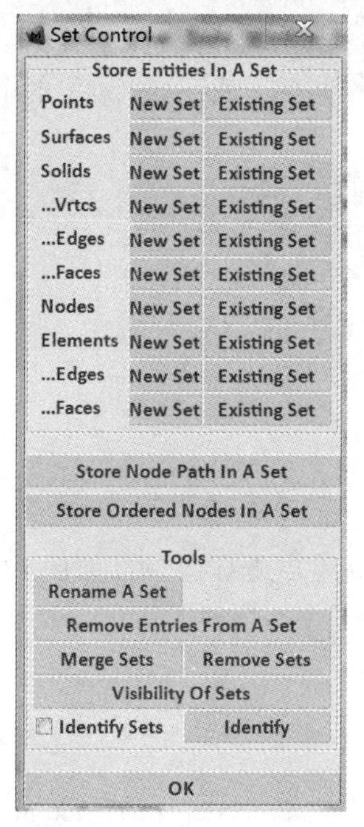


图 2-32　Set Control 对话框

New Set：创建一个集合。Mentat 需要用户给定集合的名字，然后选择要存储到此集合中的对象。对象的选取可以在图形区单击直接选取，也可通过 Selection Control 中的方式和方法事先选好，这时只需单击 All Selected 图标完成集合对象的存储。

Store Node Path In A Set：用于结果后处理显示，可将指定节点路径上的节点存储到集合中。

Store Ordered Nodes In A Set：可将指定节点按照选取顺序存储到集合中。

Identify Sets：用不同的颜色区分显示不同的集合。

## 2.6　View 下拉菜单

View 菜单用来控制与模型显示相关的各个方面。其各子功能包括：

- Model Entity Types：控制哪些对象或项目会在图形区显示。
- Wireframe vs.Solid：控制对象显示的方式：线框模式/渲染模式。
- Identify：用不同的颜色显示各类对象。
- Plot Control：控制哪些对象在图形区显示（功能同 Model Entity Types），同时可以控制显示的方式（线框或实体渲染）及更多特性的显示（如标签、显示精度、颜色等）。
- Visibility：决定选择的各类对象的可见性。
- Translucency：控制显示的透明性和不透明性。
- Model Clipping：最新的切片平面定义选项，具体可参考第 6 章第 6.8.3 节的介绍。
- Triad Settings：坐标系的 3 个轴的显示设置。
- Identification Control：用不同的颜色显示各类对象，与 Identify 功能类似。

- View Control：控制模型显示的视图。
- Spaceball Control：用于空间球（或三维鼠标）的个性化特性（运动、敏感度、快捷方式等）控制。
- Lighting：控制模型显示的光照性。
- On/Off：打开或者关闭光照和视角。
- Lighting Control：光照显示的更多选项控制。
- Colors：控制模型显示的颜色和后处理的颜色。
- Graphics Font：图形区域的字体的设置。

## 2.7 Tools 下拉菜单

Tools 下拉菜单里包括了命令流、Python 程序的调用、参数设置、结果后处理时提取图片和动画、距离、体积、质量测量等很多有用的工具。Tools 下拉菜单如图 2-33 所示。本节就部分常用的工具进行介绍。

### 2.7.1 Procedures

Tools 下拉菜单的第一个子菜单是 Procedure，在 Mentat 中是"命令流"的意思。Procedure File 就是命令流文件，其文件后缀是.proc。每次启动 Mentat 后，用户的所有操作命令都自动保存在当前工作路径下的 mentat.proc 文件中。如果关闭 Mentat，然后又在相同工作路径下重新打开 Mentat，以前的 mentat.proc 会被覆盖和重写。Procedure 子菜单对话框如图 2-34 所示。通过命令流工具可以帮助用户实现参数化建模工作，尤其是减少相似结构的重复性建模工作。

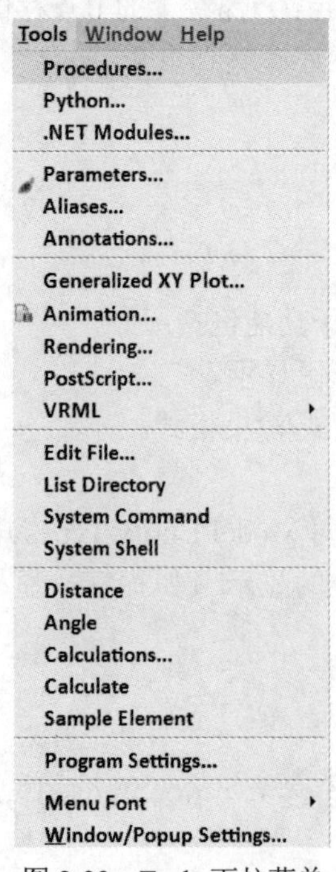


图 2-33 Tools 下拉菜单

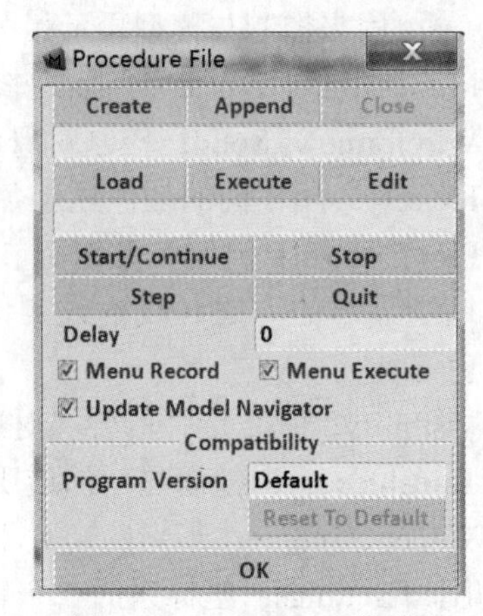


图 2-34 Procedure 对话框

在 Procedure 对话框中，其各个按钮的功能说明如表 2-2 所示。

表 2-2 Procedure 对话框中按钮功能说明

| | |
|---|---|
| Create | 创建一个新命令流文件 |
| Append | 在一个已有的命令流文件后面继续添加命令流 |
| Close | 关闭当前命令流文件 |
| Load | 加载一个命令流文件但不执行 |
| Execute | 执行加载的命令流文件 |
| Start/Cont, Stop, Step, Quit | 控制命令流文件执行的模式，开始/连续、停止、单步执行、放弃 |
| Edit | 用 Notepad（记事本）打开载入的命令流文件进行编辑 |
| Menu Record | 记录命令流时菜单的操作，即菜单弹出动作也被记录 |
| Menu Execute | 执行命令流时是否执行菜单的操作 |
| Update Model Navigator | 执行命令流时是否同步更新模型浏览器 |
| Program Version | 兼容的程序版本设置，一般不需修改 |

## 2.7.2 Python

Python 是一种高级编程语言。Python 子菜单的功能是运行 Python 脚本文件，其对话框如图 2-35 所示。在 Python 对话框下，Edit 是打开一个 Python 脚本进行编辑。Run As Separate Process 是单独运行一个 Python 脚本，并且在 Mentat 图形区域实时显示运行的结果。激活该选项后可以看到 Port 端口设置，它是 Mentat 和 Python 脚本的连接通道，该通道需要和 Python 脚本中主程序的通道号一致才能建立连接通信。Initiate 是初始化一个新的通信端口；Close 为关闭 Python 与 Mentat 已经建立的通信。Run Locally 是在本地运行脚本。Python 脚本的创建和编写的详细信息可以参考 Help 下的 Python Manual。

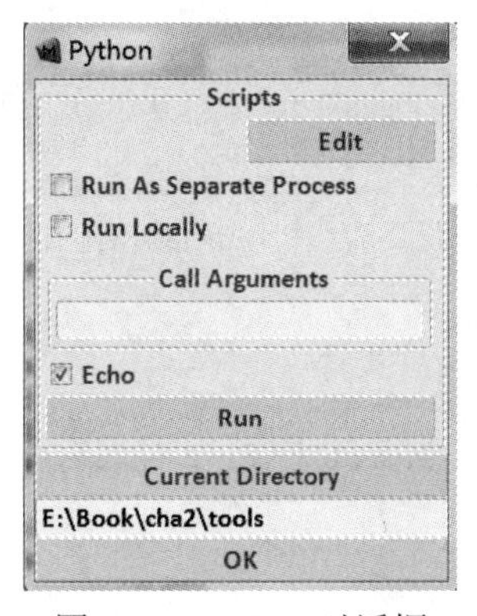


图 2-35 Python 对话框

## 2.7.3 .Net Modules

.Net Modules 对话框如图 2-36 所示。.Net Modules 子菜单对话框下可以运行.NET 脚本。.NET 脚本是一种高级编程语言。其详细的使用和编程信息可以参考 Help 下的 Python Manual 下的 MentatCDOM: Connecting to Mentat using a .NET Module。

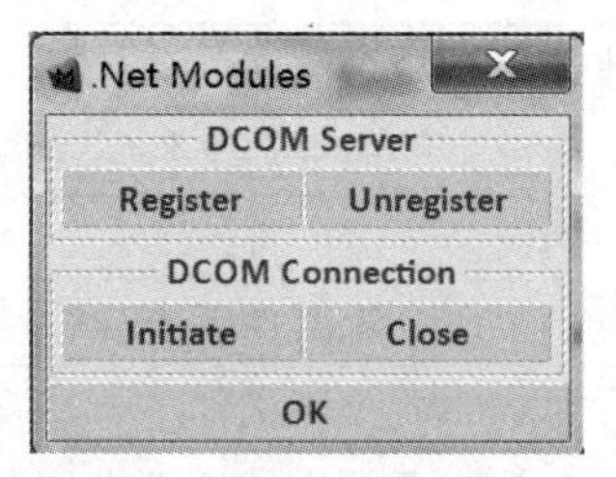


图 2-36　.Net Modules 对话框

### 2.7.4　Parameters

Parameters 是“参数”的意思。在 Parameters 对话框（如图 2-37 所示）中可以设置参数名称（Name）和参数的表达式（Expression）。参数表达式可以是一个函数式，也可以是一个数值。Delayed 是指参数只有在计算作业运行到使用该参数时，参数设置才起作用；Immediate 是指立刻起作用，即参数在建模阶段即生效，无须等到计算作业运行时才生效。参数和命令流工具可以配合完成多参数的参数化建模工作。

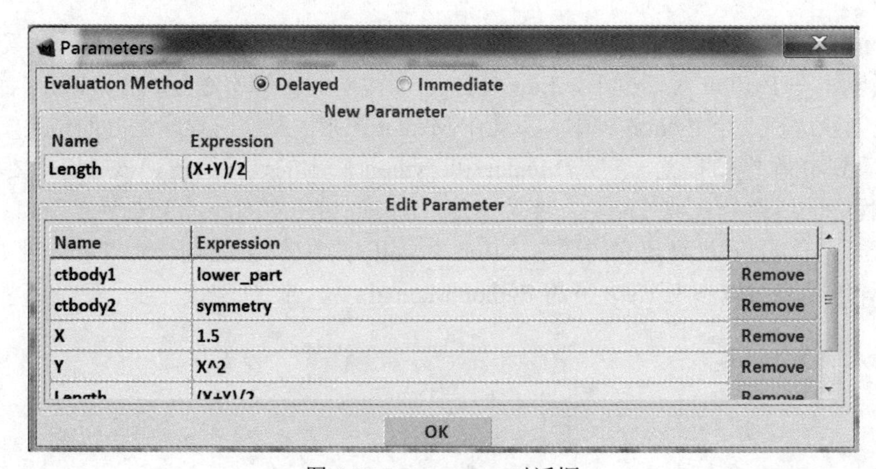


图 2-37　Parameters 对话框

### 2.7.5　Aliases

Aliases 是“别名”的意思。在 Mentat 中可以对已有单元所采用的单元号进行修改。

### 2.7.6　Annotations

通过 Annotations 选项，可以在图形区添加、删除、显示、移动、拷贝、编辑和清除注释。

### 2.7.7　Generalized XY Plot

Generalized XY Plot 功能主要是生成 XY 坐标曲线图。即将某一计算结果赋予变量 Y，再选取一参考量作为 X（如坐标系的轴线、结构的边线、梁结构的轴线等），绘制 X-Y 曲线图，并显示出来。也可以用于多条曲线的对比，例如相同模型采用不同材料时获得的变形曲线可以拷贝到同一张 XY 曲线图中进行对比。其对话框如图 2-38 所示。曲线图的提取可以来源于 History Plot, Path Plot, Design Plot, Table 或者 Exper. Data Fit。通过 Curve Operations 中的选项可以进行曲线的平移（Shift）、缩放（Scale）、旋转（Rotate）、XY 轴互换（Swap）、命名（Name）、拷贝（Copy）、删除（Remove）和加减乘除运算（Function）。通过 $X_{min}$，$X_{max}$，$Y_{min}$，$Y_{max}$ 设置曲线显示的区间范围。$X_{step}$、$Y_{step}$ 设置 X、Y 轴的显示的等分数目。Title 是设置 X、Y 轴的名称。Copy to Clipboard 是将曲线的点的 X、Y 数据复制到剪贴板。Read 可以将特定格式的文件中的数据读入到 XY 曲线图中，Write 是按照与 Read 相同要求的格式将 XY 曲线图的数据写出到文件中。Export 可以将 XY 曲线图中的数据输出到 Excel 表中。关于 Generalized XY Plot 的使用方法可参考第 4 章第 4.4.6 节例题后处理部分介绍。

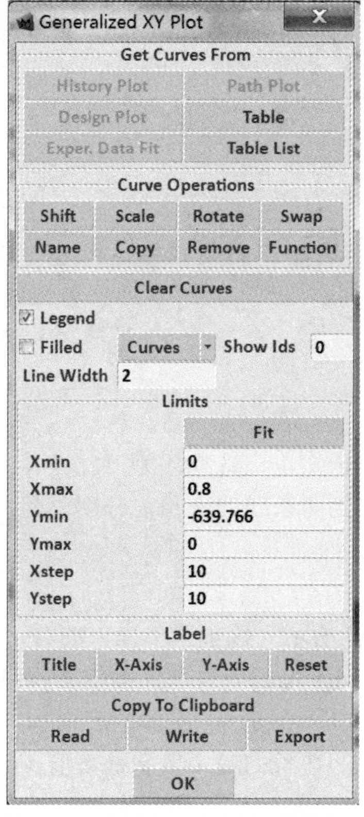


图 2-38　生成 XY 坐标曲线图菜单

### 2.7.8 Animation

Animation 是“创建动画”的意思。在 Mentat 中可以创建和演示动画，除 Animation 外，Mentat 提供的“Results→Movies”工具可以将创建的动画保存为多种格式，如 mpeg 格式、avi 格式和 GIF 格式。关于动画创建的详细设置请参见本书第 6 章第 6.8.2 节的介绍。

### 2.7.9 Rendering

Rendering 子菜单是设置图形渲染的控制参数。

### 2.7.10 Edit File

与 File 下拉菜单下的 Edit File 功能类似，可以打开文件，并通过程序中的文本编辑器进行内容编辑。

### 2.7.11 List Directory

List Directory 可用于列出指定路径下的文件名称，单击 List Directory 后，会在 Mentat 的信息和对话窗口中提示输入路径名称，按 Enter 键后会在窗口中列出指定路径下的所有文件名称。

### 2.7.12 System Command

可用于输入系统命令，单击 System Command 后会在信息和对话窗口中提示输入命令。

### 2.7.13 System Shell

在当前工作路径下打开命令提示窗口（cmd）。

### 2.7.14 Distance

Distance 测量给定两点之间的距离（直线距离以及沿着全局 x、y、z 坐标的分量距离）和两点沿着全局 x、y、z 坐标的夹角。被测量点可以通过坐标指定，也可以在图形区域通过鼠标选择已有的几何点或者节点。

### 2.7.15 Angle

用于测量两条线间的夹角，依次单击 3 个节点（第 1 点和第 2 点连线和第 2 点和第 3 点连线分别对应两条相交的线）得到两条线的夹角，分别以角度和弧度显示。

### 2.7.16 Calculations

Calculations 对话框如图 2-39 所示。该子菜单提供的对话框中各子项的计算功能。分别有 Edge Length——单元边的长度；Face Area——单元面的面积；Element Volume——单元的体积；Element Mass——单元的质量；Solid Area——实体的表面积；Solid Volume——实体的体积等。该子菜单还可以计算选定单元中的边长的最小值和最大值。

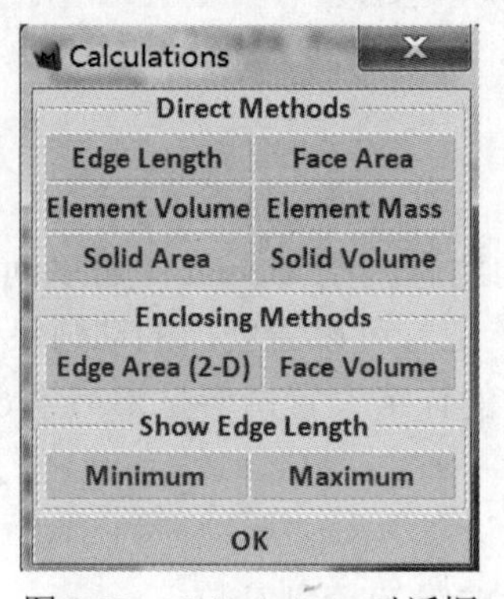


图 2-39　Calculations 对话框

### 2.7.17 Calculate

可用于计算输入的表达式，相当于简易的计算器。

### 2.7.18 Sample Element

可进行取样单元的设置，通过该命令可以对指定单元的节点数值进行取样。

### 2.7.19 Program Settings

可进行程序的设置，包括工作路径、模型导入和合并时是否重新编号、打开/合并/导入模型时的长度单位设置、对象拾取模式（拾取部分或是全部）等。

### 2.7.20 Menu Font

Menu Font 子菜单的功能是设置 Mentat 菜单的字体、大小等。

### 2.7.21 Window/ Popup Settings

Window Settings 部分的功能有两种：一种是保存（Save）当前 Mentat 界面的设置；另一种是还原（Restore）为 Windows 默认的设置。对于弹出菜单（Popup）部分，可以在 Popup Menu Placement 进行弹出菜单的弹出位置设置，并通过 Save 将当前模型的弹出菜单状态保存。在打开新的窗口时，保存的弹出菜单会自动弹出，对于一些常用的菜单（如 plot control、selection control 等）可以通过保存弹出菜单的方式，避免每次打开 Mentat 时重新打开对应菜单。通过 Restore 可以恢复到默认的状态，即再次启动时不会自动弹出菜单。

## 2.8 Window 下拉菜单

Window 下拉菜单的功能主要是控制图形区的显示以及对 Mentat 菜单和图形区进行截图并复制或存储图片文件。其菜单如图 2-40 所示。

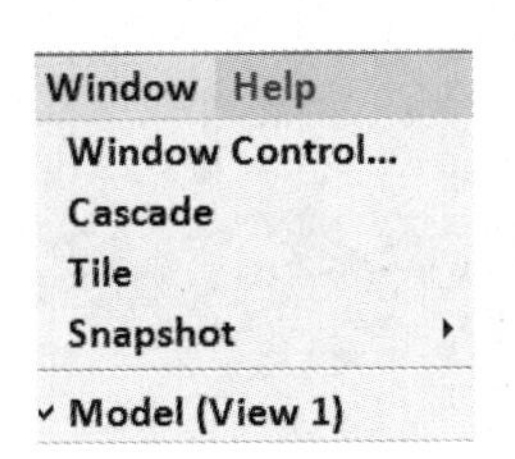


图 2-40 Window 下拉菜单

Mentat 2015 版本支持图形区域同时显示多个窗口。当图形区显示模型状态时，可以同时显示 4 个视图，分别为：

view1：XOY 平面视图。

view2：XOZ 平面视图。

view3：YOZ 平面视图。

view4：等轴测视图。

如图 2-41 所示为一模型的多窗口显示实例。其实现过程为：

Window（下拉菜单）→WindowControl…→进入 Graphic Window Control 对话框，将 Model（view1）;Model（view2）, Model（view3）;Model（view4）全部选中→单击 Tile 命令，则 4 个窗口以平铺方式显示。

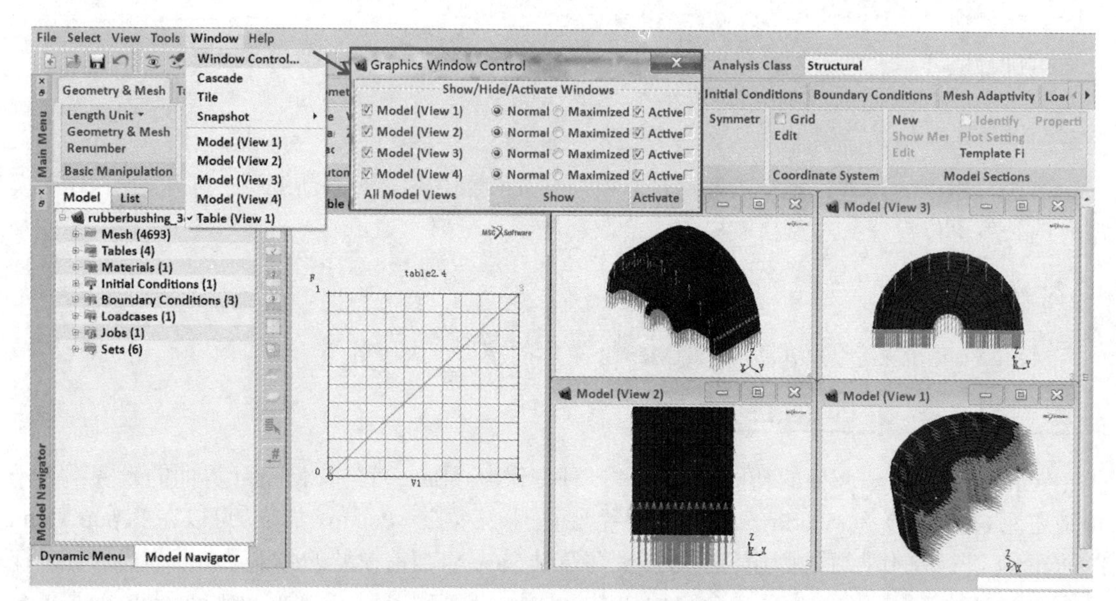


图 2-41　窗口显示控制示例

窗口的布局有两种方式，一种是 cascade（层叠式），另一种是 Tile（平铺式）。如图 2-42 所示是模型的 4 个视图以 cascade（层叠方式）显示的情况。

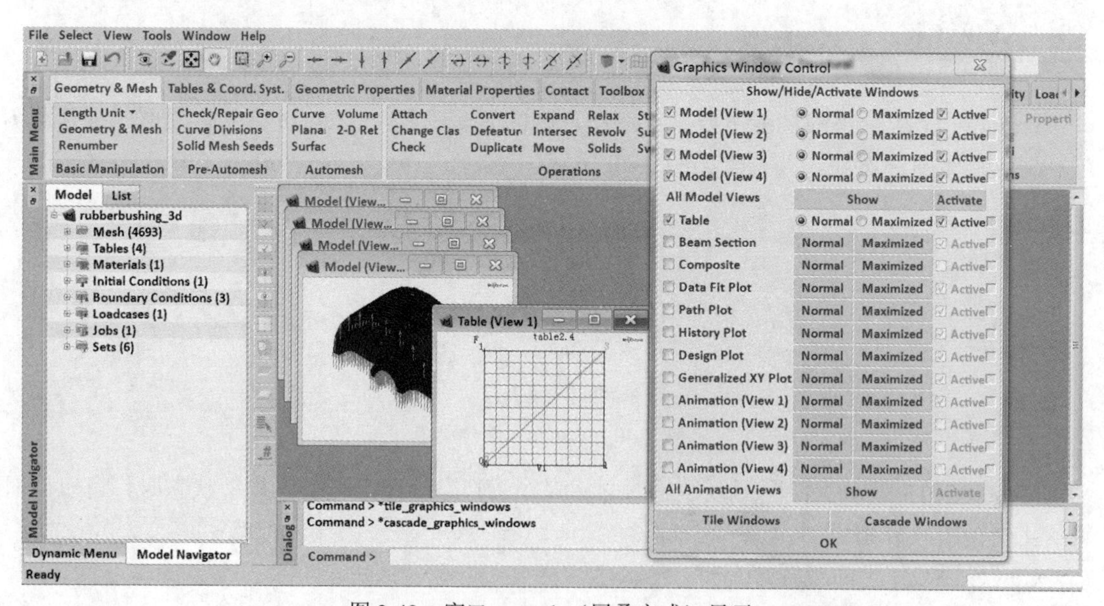


图 2-42　窗口 cascade（层叠方式）显示

Snapshot 菜单下提供了截屏及将界面局部或全部存储为图片等功能，具体如表 2-3 所示。

表 2-3　Snapshot 的功能一览表

| Use Screen Capture | | |
|---|---|---|
| Save to File | Current Window | 将当前窗口显示内容保存图片到文件 |
| | Graphic Area | 将图形区显示内容保存图片到文件 |
| | Full Window | 将整个 Mentat 界面保存图片到文件 |
| Copy to Clipboard | Current Window | 将当前窗口显示内容复制到剪贴板 |
| | Graphic Area | 将图形区显示内容复制到剪贴板 |
| | Full Window | 将整个 Mentat 界面复制到剪贴板 |

## 2.9　Help 下拉菜单

Help 菜单如图 2-43 所示，它提供了 Marc 和 Mentat 的帮助文档。

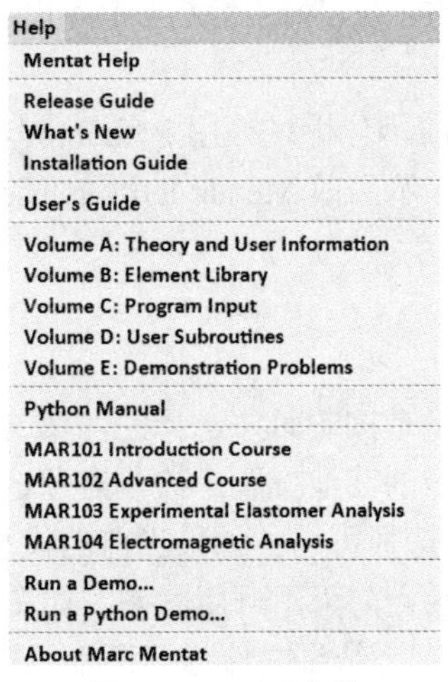


图 2-43　Help 菜单

其中：

（1）Mentat Help：Mentat 在线帮助手册，链接到 MSC 网页的下载中心。

（2）Release Guide：产品发行指南。介绍新功能和已有功能改进。

（3）What′s New：介绍产品新版本信息。

（4）Installation Guide：产品安装指南。

（5）User′s Guide：用户指南，提供详细的例题供用户学习和参考。

（6）Volume A：A 卷。介绍程序的功能，包括 Marc 系统的介绍、程序初始化、数据输入、网格定义、结构分析库、非结构分析库、材料库、接触、边界条件、单元库、非线性系统求解过程、结果输出等。

（7）Volume B：B 卷。介绍单元库，包括单元分类和各种单元信息。

（8）Volume C：C 卷。介绍程序输入，包括程序概要、参数选项、模型定义选项、载荷历程定义选项、网格重划分。

（9）Volume D：D 卷。介绍用户子程序，包括载荷边界条件和状态变量的子程序、定义材料各向异性和本构关系子程序、定义粘塑性和本构关系的子程序、定义黏弹性和本构关系的子程序、定义几何修正的子程序、定义输出结构的子程序、定义滑动轴承的子程序、定义用户特殊要求的子程序。

（10）Volume E：E 卷。E 卷为例题集，包括线弹性分析、弹塑性和蠕变分析、大变形分析、热传导分析、动力分析、接触分析、流体分析等大量例题。

（11）Command Reference Manual：菜单命令说明参考手册。是 Mentat 菜单命令的帮助手册。

（12）Python Manual：Python 脚本语言手册。

（13）MAR101 Introduction Course：Marc101 基础培训教程，可以帮助初学者了解和掌握 Marc 和 Mentat 的功能和使用方法。

（14）MAR102 Advanced Course：Marc102 高级培训教程，可以帮助熟悉 Marc 和 Mentat 基本功能和使用方法的用户的进一步提高。

（15）MAR103 Experimental Elastomer Analysis：Marc103 弹性体分析与试验，专门针对弹性体（橡胶件、泡沫等）材料的理论和相关试验以及弹性体材料在 Marc 中的建模和功能介绍。

（16）MAR104 Electromagnetic Analysis：Marc 104 电磁场分析教程。

（17）Run a Demo：例题演示。

（18）Run a Python Demo：演示分析过程用 Python 脚本语言写成的例题。

（19）About Marc Mentat：显示当前 Mentat 的版本信息。

## 2.10 辅助功能图标

辅助功能有两组图标。第一组是控制对象选择的，第二组是控制后处理文件的显示进度。

这些图标可以布置在图形区域的其他位置。控制对象选择的图标如图 2-44 所示。图 2-44（a）为高亮状态，表示控制实体选择可用。如果当前的模型状态不需要进行实体选择，控制对象选择的这组图标为灰色，表示当前为不可用状态，如图 2-44（b）所示。后处理显示控制图标如图 2-45 所示。这组图标只有当结果文件打开进行后处理时才会出现。

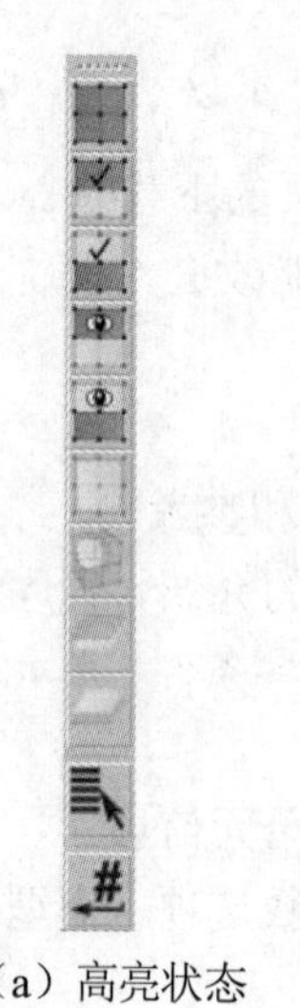

All Existing：当前模型中所有存在的
All Selected：所有被选取的
All Unselected：所有未被选取的
All Visible：所有可见的
All Invisible：所有不可见的
All Outline：所有轮廓线上的
All Surface：所有面上的
All Top：所有位于顶面的
All Bottom：所有位于底面的
Pick Set：选择已定义集合中的
End List (#)：结束选择

（a）高亮状态　　（b）灰色状态

图 2-44　对象选择控制快捷图标

Rewind resultsfile：显示起始增量步结果（通常为 0 增量步）

Go to previous increment on resultsfile：显示前一个增量步的结果

Monitor results file：连续显示后续结果

Go to next increment on resultsfile：显示下一个增量步的结果

Go to last increment on resultsfile：显示最后一个增量步的结果

Go to specified increments on resultsfile：显示指定增量步的结果

Skip increments on resultsfile：显示跳过指定增量步数后的结果

Scan results file：浏览结果

Resultsfile navigationsetting：结果文件导航设置

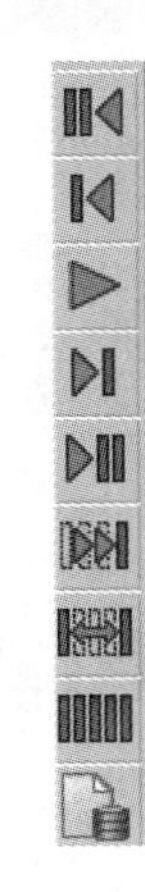

图 2-45　后处理显示控制图标

## 2.11　Mentat 的常用快捷方式

Mentat 的常用快捷方式如下：

（1）鼠标在图形区域：左键为“选择（对象）”，中键为“取消前一次的选择”，右键为“确认并结束选择，类似于单击 End List(#)命令。

（2）鼠标在菜单区域：左键为点选菜单或条目，中键为开启对应按钮的功能说明文档（html 格式），右键是“回到上一级菜单”。

（3）务必随时保存当前的工作，保存操作通过 Files 选择 Save As 命令，然后输入保存的文件名。当已经指定了文件路径和文件名，每次保存到硬盘则只选 Save 命令即可。

（4）对话区域在用户交互界面的下部，对话区域显示当前的操作命令并且提示需要输入的信息。在进行有限元建模时必须时时查看对话区域的信息提示，查看是否需要进行输入的操作或当前输入是否正确。

（5）动态显示（Dynamic Model，详见表 2-1 中图标）是实时动态调整图形区域的模型的观看视角的。当激活“动态显示（Dynamic Model）”功能时，在图形区域鼠标左键为平移模型，右键为缩小/放大模型，中键为旋转模型。通过 Reset View 和 Fill 功能图标回到默认的视角。切记当需要在图形区域进行对象选择时，一定要退出 Dynamic Model 状态。

（6）CTRL P/N 是重复进行上一个命令或者操作。

# 3

# Marc Mentat 几何建模与网格生成

## 3.1 概述

本章介绍 Mentat 中几何建模和网格生成的相关知识和方法。主要内容分为：几何模型的外部输入方法以及几何清理、特征识别、特征删除、特征修改的方法；几何模型在 Mentat 中的创建和修改方法；有限元网格生成方法及对已有网格进行加工、处理的功能及使用方法。

重点介绍 Mentat 2015 中新增加的 CAD 模型导入功能，CAD 导入过程中以及导入到 Mentat 后的特征识别和特征删除与修改，以及实体网格自动划分，具体包括：

（1）将 CAD 几何模型直接作为 Solid 读取到 Mentat 中。

（2）对 CAD 几何模型进行几何清理、特征识别和特征编辑。

（3）最新实体模型的网格划分方法。

（4）模型长度单位设置。

最后通过具体实例分别介绍一维、二维、三维几何对象的自动分网方法，使用户能够更好地掌握 Mentat 网格生成部分的菜单和命令使用方法。

### 3.1.1 与有限元分析相关的常用词

与有限元分析相关的常用词如表 3-1 所示。

表 3-1 与有限元相关的常用词

| | | |
|---|---|---|
| Element | （单元） | 由多个节点定义的用于分析的最基本区域 |
| Node | （节点） | 用于定义单元的点，具体位置由坐标值确定 |

### 3.1.2 与几何实体相关的常用词

与几何实体相关的常用词如表 3-2 所示。

表 3-2 与几何相关的常用词

| | | |
|---|---|---|
| Point | （点） | 描述曲线、曲面的控制点 |
| Curve | （曲线） | 线段、圆弧、样条等曲线的统称 |

续表

| | | |
|---|---|---|
| Surface | （面） | 四边形面、球面、圆柱面等曲面的统称 |
| Solid | （体） | 长方体、球体、圆柱体、圆环体等体的统称 |

## 3.2 几何模型导入

有限元分析工作的第一步是建立几何模型，几何模型对于有限元分析来说是非常重要的。建立良好的几何模型的目的是为建立有限元模型提供方便，只有基于良好的几何模型才能使建立有限元模型的过程顺利进行（便于有限元网格的划分、材料和物理特性的定义和边界条件的施加）。Mentat本身具有一定的几何建模功能，用户可以从无到有建立几何模型，包括简单的和复杂的模型；Mentat也提供了多种格式的CAD模型接口，方便从其他CAD系统直接输入几何模型，并根据需要对模型进行各种编辑操作，以满足有限元模型建立的要求。

### 3.2.1 MentatCAD接口功能的历史回顾

Mentat 2011版本之前，CAD模型的导入受限于程序提供的基本几何格式，此时模型被直接导入为MentatNURBS几何格式或STL格式，对于实体网格的划分流程比较繁琐。

Mentat 2011在原有的通用模型接口不断进行版本升级的基础上（Mentat 2011支持的通用模型类型和对应版本号为：ACIS R20、IGES 5.3、STEP AP203 & AP 214、Parasolid V22、VDAFS 2.0、STL），进一步提供了原生CAD模型的接口功能，其中包括目前通用的一些CAD模型接口，如：Catia V5/R20、Catia V4/4.1.x/4.2.x、Pro/ENGINEER Wildfire 4、SolidWorks 2009、Unigraphics NX7、Inventor 2010、DXF，极大地方便了不同用户的模型转化需求，大大减少了之前可能由于数据转换而带来的数据信息的丢失和转换时间的投入。但此时导入的CAD模型并没有被直接导入为ACIS实体模型（Mentat 2011的几何内核为ACIS格式），而是以NURBS曲面、小面或与小面对应的单元面存在，这使得用户在Mentat中进行几何编辑的工作受到了局限；这些小面可以是三角形或四边形，可以用于输入到Patran四面体网格划分器来划分体网格（确保曲面是封闭的），也可以使用mesh-on-mesh来产生曲面网格。但导入的小面通常需要进一步的清理才能被用于后续的实体四面体网格或曲面网格的创建。

Mentat 2013.1版本的几何实体建模已经由ACIS内核改为Parasolid内核，这一变化使得Marc可以更好地与众多CAD软件兼容。同时能够与MSC公司主流的前后处理器Patran及Simxpert的几何内核保持一致，确保了几何模型可以更好地在这些产品间共享和互换。与此同时，Mentat 2013版本针对网格划分的新技术，使得用户可直接对几何实体模型通过一键式命令划分体（四面体）单元，如图3-1所示。

------------------------------------------------☆☆☆☆☆☆------------------------------------------------

注意：

（1）由于Mentat几何内核的转变，Marc的授权文件中需包含Mentat_Parasolid_Modeling来进行Parasolid模型创建、导入、导出、布尔运算、实体分网，以及ACIS模型文件的导入和包含ACIS模型文件的Mentat文件（.mfd）的打开。

（2）通过Mentat 2013及以前版本以.mfd格式（.mud格式只能通过Mentat 2013及以前

版本存为.mfd 格式后，在 Mentat 2013.1 或后续版本中打开）存储的包含 ACIS 格式实体模型的文件，可以在 Mentat 2013.1 或后续版本中打开，打开后自动转换为 Parasolid 模型。

------------------------------------------------☆☆☆☆☆☆------------------------------------------------

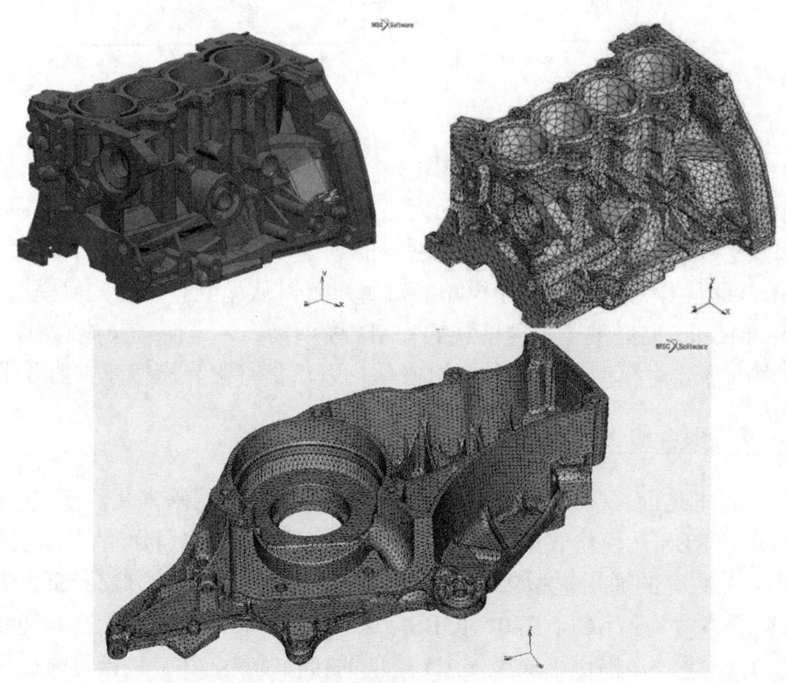

图 3-1　导入复杂 CAD 模型并进行一键式分网

### 3.2.2　Mentat 最新 CAD 接口功能——General CAD as Solids

Mentat 2014 版本开始引入了全新的 CAD 导入工具（General CAD as Solids），导入的 CAD 模型可直接作为 Parasolid 几何实体存在。这一方法的引入进一步增强了在 Mentat 中进行网格清理、布尔运算等的能力，新的方法能够确保在更短的时间内导入质量更高的模型，同时大大减少创建有限元网格的时间，尤其是对于 CAD 装配结构的网格划分。

如图 3-2 所示，这里支持导入的 CAD 模型类型为 ACIS、Catia V4、Catia V5、IGES、Inventor、JT、Parasolid、Pro/ENGINEER、SolidWorks、STEP、Unigraphics。导入界面中提供了两种方法进行 CAD 模型的读取：直接法（Direct Approach）和间接法（默认方法）。在直接法中，CAD 模型被直接导入到 Mentat 中，并以 Parasolid 几何存在。在这一过程中没有几何清理发生，通过这种方式导入时，实体的个数保持不变，因此被导入的 CAD 模型名称可以与 Mentat 的 Parasolid 体的名称关联。这种方法的缺点是用户可能需要对个别部件进行额外的特征识别和抑制。而使用间接法导入模型时，CAD 模型首先被转换为内部几何，接下来在程序内部自动进行一系列的几何清理操作，最终程序将清理后的几何模型保存为 Mentat 的 Parasolid 几何模型导入。

在图 3-2 的“导入 CAD 模型为实体（Import CAD as Solids）”菜单中，对象（Entities）选项指定将被导入到 Mentat 中的实体的实类型。需要注意的是：CAD 模型中可能存在不具有具体截面尺寸参数的电线、水管、胶皮管等，因此 Mentat 中默认的设置是导入线体（Wires）。当然在许多情况下，它们可能需要被忽略，这时可以在导入时直接抑制或导入后删除即可。

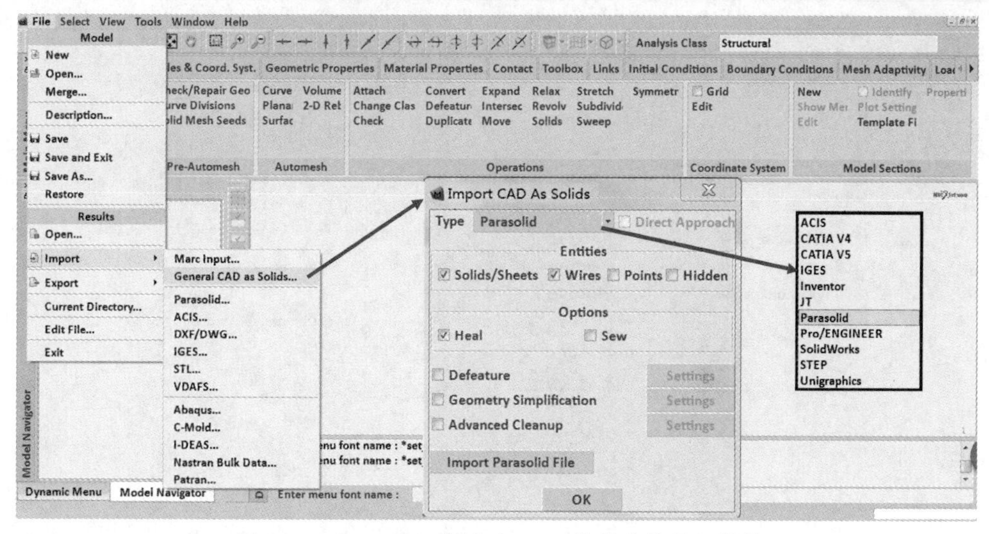


图 3-2　Mentat 2015 版本中 CAD 作为实体导入菜单

修复(Heal)选项可实现 CAD 模型导入时进行第一阶段的错误修正。由于导入的其他 CAD 系统下的数据可能精度不如 Parasolid 系统（Mentat 当前的几何内核），因此通常建议使用这一功能。尤其是导入 IGES 格式模型时，修复工作必须被执行，否则可能会导致导入后的模型与原模型存在严重的形状差异。

缝合（Sew）用于闭合一些曲面间的间隙，从而获得更为连续的曲面，缝合的目的之一是使得几何结构更为柔顺，以便后续能够创建内部实体网格。例如：图 3-3 中的 IGES 模型直接被导入时存在错误，如图 3-3（a）所示，而激活修复和缝合功能重新导入后结构没有错误，如图 3-3（b）所示。

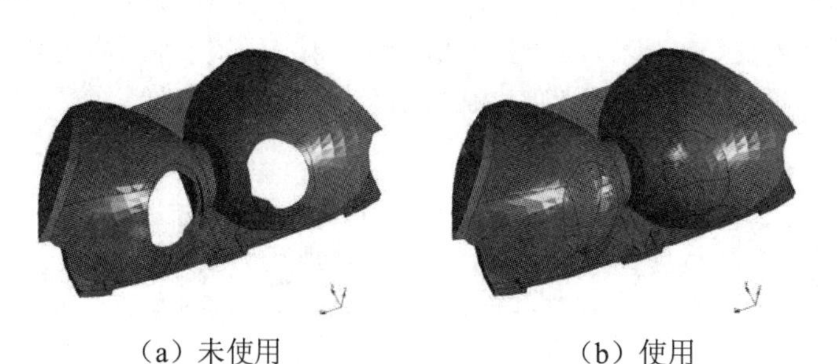

（a）未使用　　　　（b）使用

图 3-3　导入 IGEG 模型时使用修复和缝合选项

在 CAD 模型导入时，还可以通过几何清理功能在导入 CAD 模型过程中删除一些小的几何细节，例如：小的圆孔、凹槽、倒角、小面或小体等。特征删除（Defeature）基于给定的尺寸信息自动完成，不需要用户干预。例如在导入时自动删除半径在给定尺寸范围内的孔。

当然，Mentat 也提供了另外的特征消除（Defeature）选项供用户在 CAD 模型导入后进行类似的特征识别和删除，CAD 模型导入后，使用特征消除（Defeature）功能可以使得用户能够对比出那些特征在导入时被删除掉了。关于这部分内容后续会进行详细介绍。

在 CAD 模型导入时可以设置特征删除参数，如图 3-4 所示，通常最小值保持为零，最大值会与当前模型相对应。注意这里的删除小面 Remove Small Surfaces 仅适用于片体（Sheet Bodies），同样的删除小体 Remove Small Bodies 仅适用于实体（Volume）。

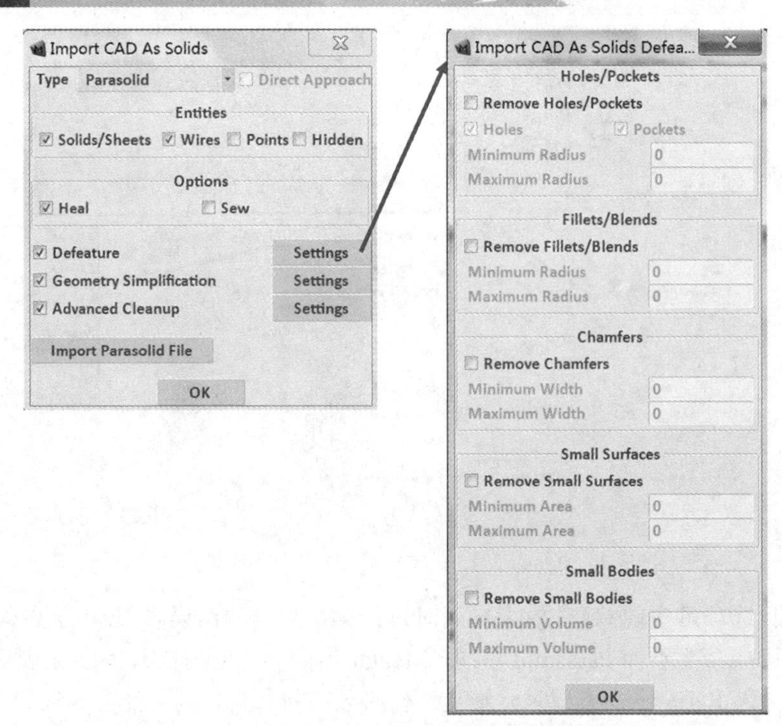


图 3-4　CAD 模型导入时的特征删除（Defeature）菜单

当采用直接法时，所有 CAD 模型会被直接导入，与初始模型没有差别，即没有任何转换、简化发生。如果需要，可以在导入时将 CAD 模型进行几何转换或简化，此时需要使用几何简化（Geometry Simplification）选项，如图 3-5 所示为进行不同几何间的转换或简化设置。从上到下依次为：转换解析曲面到非均匀有理 B 样条曲面、转换 B 曲线到解析曲线、转换有理 B 几何到无理 B 几何、转换扫掠/旋转曲面到解析面、简化 B 几何等，通过简化容差和修复模型容差，进一步控制简化过程中一些几何对象的偏移、删除或合并等。

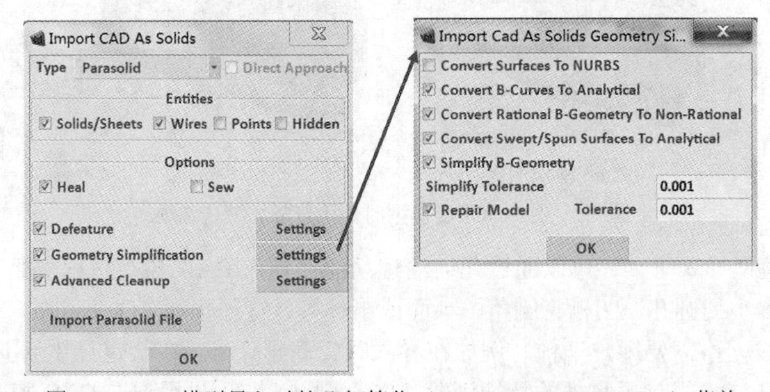


图 3-5　CAD 模型导入时的几何简化（Geometry Simplification）菜单

对于复杂几何模型的导入，这里提供了多种设置选项进行几何清理，如图 3-6 所示。例如：清除实体、清除片体、删除面—面自相交部分、删除曲面和曲线中 G1 不连续、删除尖状物、清理同时进行简化。在实体构建方法（Solid Construction Method）中提供了两种方法：编织接合（Knitting）及修复和缝合（Heal and Sew）。大部分情况下修复和缝合选项优于编织接合选项。

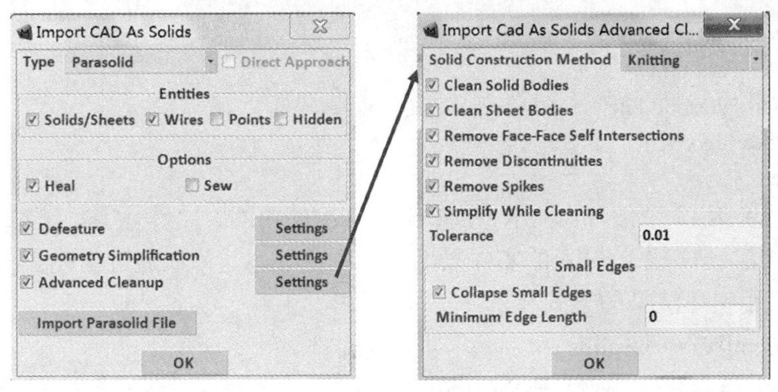


图 3-6　CAD 模型导入时的高级几何清理（Advanced Cleanup）菜单

在 CAD 模型导入到 Mentat 后，通过特征消除可以实现额外的清理操作。需要注意的是：Marc 2014.2 不再支持将 CAD 作为曲面或单元导入功能，取而代之的是在 Mentat 2014 版本引入的 General CAD as Solids 功能，即直接将几何模型作为实体导入。从而允许直接对三维几何结构进行网格划分。

------------☆☆☆☆☆☆------------

**注意**：购买 Marc 2014.2 之前版本的 CAD 导入功能对应的授权码的用户，可以不支付任何额外费来使用这一新功能。前提是导入的 CAD 作为实体存在，要求几何建模核心为 Parasolid。在 Marc 2014.2 版本中，提供了两种授权模式：

（1）缩减版的 Parasolid 授权（Mentat_Parasolid_CAD）：允许 CAD 模型的导入和对这些实体进行网格划分，但此时只具有部分网格控制选项可用，用户无法更新几何模型。

（2）完整版的 Parasolid 授权（Mentat_Parasolid_Modeling）：允许 CAD 模型的导入和对这些实体进行网格划分，用户可以通过更多的方式进行网格细化和对网格划分进行控制，同时可以修改实体。用户也可以在 Mentat 中直接创建新的实体，对实体的操作包括布尔运算和倒角等操作。

启动 Marc 2014.2 及后续版本时，程序会首先查看是否具有完整的 Parasolid 相关授权（Mentat_Parasolid_Modeling）。如果没有，程序会进一步检查是否具有缩减版本的 Parasolid 授权（Mentat_Parasolid_CAD）。如果也没有，用户将无法执行将 CAD 模型作为实体导入的操作。

------------☆☆☆☆☆☆------------

Mentat 提供了多种 CAD 模型导入的选项，如图 3-2 所示。

（1）Parasolid 模型通过 File→Import→Parasolid…。

（2）ACIS 模型通过 File→Import→ACIS…。

（3）所有主流 CAD 模型文件，包括 ACIS,Catia,Inventor,Parasolid,Pro/Engineer,SolidWorks 以及 Unigrahpics 均可以通过 File→Import→General CAD As Solids…。

3 种方式都可以将 CAD 几何模型导入到 Mentat 中，并以一定数量的实体（Volumes）、片体（Surfaces）、线体（Curves）存在。如图 3-7 所示为 Marc 用户指南 Operations 中关于 CAD Import 部分的第一个实例“CAD Import and Automatic Meshing”，该例题对第 3 种方式（General CAD As Solids）进行了详细介绍，下面以例题中提供的球轴承模型（Parasolid 模型文件：bearing.x_t）为例，介绍 CAD 导入的基本操作方法。具体命令流如下：

File → Import →General CAD As Solids
Type：Parasolid...
Import Parasolid File
bearing.x_t
Open

导入的模型包括 17 个部件：轴承外圈、轴承两侧的内圈、12 个滚珠、滚珠保持架以及轴，如图 3-7 所示。默认情况下，导入的实体采用同种颜色显示，可以通过下述操作采用不同颜色显示实体，并采用实体渲染的方式显示：

View → Identify →√ Solids

View → Wireframe vs. Solid →√ All Solid

用户也可以通过右击目录树中的 Solids（17）或 Solid Bodies（17）并选择 Identify 来完成实体采用不同颜色显示的操作。

在模型浏览器中可以看到 17 个实体被导入，勾选实体可以控制其可见性，如图 3-8 所示只显示滚珠、保持架和一侧的内圈。

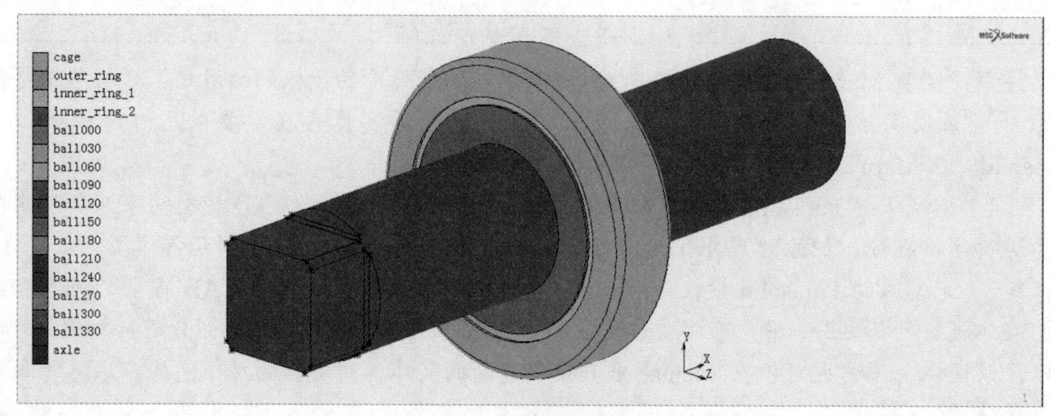


图 3-7　导入的球轴承模型

在图形区显示的实体、片体、线体等是通过对实体表面采用一定数量的线段或面段（实体渲染显示时）近似的方式。通过 View → Plot Control → Solids Settings 菜单可以进行显示参数的修改，这里提供了两个参数用于控制近似的精度。其中：弦容差（Chordal Tolerance）是线段和实际几何边间允许的最大距离容差。平面容差（Planar Tolerance）是面段和实际几何面间允许的最大距离。两个容差的单位为长度单位，可以根据模型的尺寸设置，一般情况下较小的容差会得到更精确的模型显示。图 3-8 中的参数设置如下：

View → Plot Control...
☑Solids: Settings
□Auto Calculate Planar Tol.
Planar Tol.: 0.01
Regen

在 CAD 模型导入的过程中，Mentat 提供了几何清理、特征删除等功能。针对上述球轴承模型，如果在导入时激活特征删除选项，并将所有半径在 0～1mm 间的倒角删除，那么重新导入后的模型如图 3-9 所示。可以看到，轴的端部及外圈上的倒角被删除。具体操作方法如下：

File → Import → General CAD As Solids

Type：Parasolid...

Defeature : Settings

☑Remove Fillets/Blends

Maximum Radius : 1

OK

Import Parasolid File

  bearing.x_t

Open

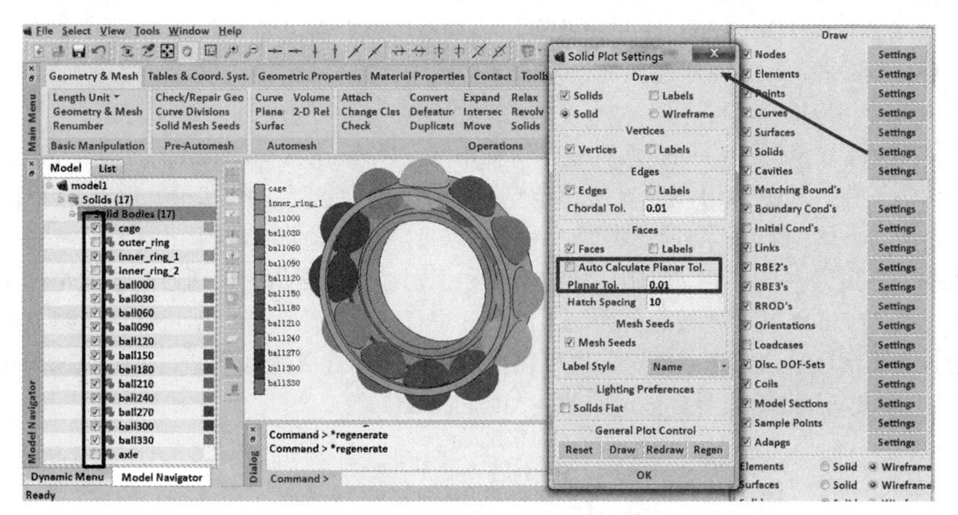


图 3-8 滚珠、保持架和单侧内圈模型

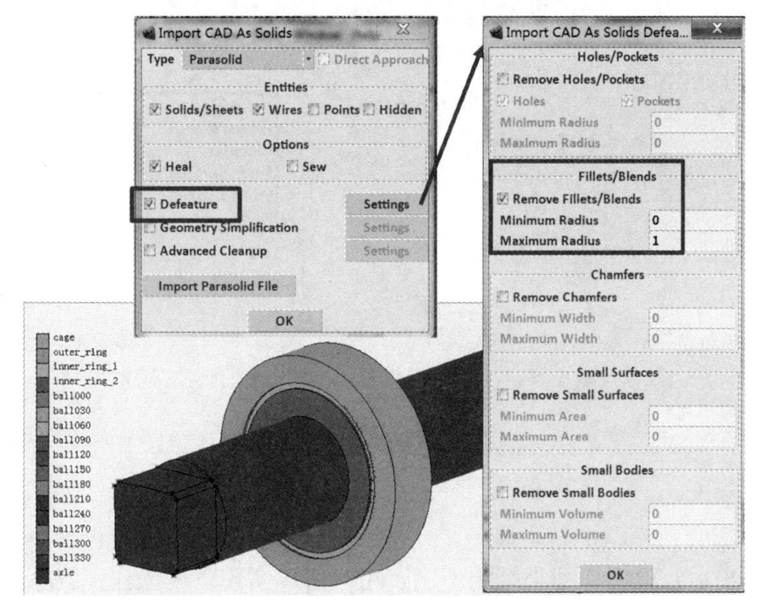


图 3-9 导入中删除部分倒角特征后的球轴承模型

通过上述方式可以在 CAD 模型导入过程中将指定范围内的特征删除，但用户往往需要对比才能发现哪些特征被删除掉了，因此 Mentat 提供了单独的特征删除工具，方便用户在导入模型后进行有选择的特征识别和删除操作。详见第 3.2.3 节相关内容。

### 3.2.3 CAD 模型的特征识别和特征编辑

在网格划分时，如果将一些不重要的小特征删除将会大大提高网格划分的速度和质量。而在试验设计中，研究人员往往希望比较修改不同几何尺寸对结果的影响，例如改变孔的尺寸对整个模型应力分布的影响等。

如前所述，通过 File→Import→General CAD As Solids...导入 CAD 模型时，Marc 提供了依据用户设定的准则和参数自动删除特征的工具。另外一个进行特征删除的工具可以在主菜单的 Geometry & Mesh→Operations 菜单中找到，该功能可以针对已经导入到 Mentat 中的 CAD 模型进行特征删除和修改。一般建议优先考虑该功能进行特征识别和删除，而不在 CAD 模型导入过程中进行相应操作。

当 CAD 模型导入到 Mentat 后，通过特征消除（Operations→Defeature）功能可以实现进一步的清理操作，如图 3-10 所示。该功能支持的特征类型包括：孔/凹槽、倒圆角/桥接曲面、倒角、小面、小体、缺陷；与前述类似，用户可以指定几何对象的范围，以便程序进行特定特征的查找。通过输入尺寸可以控制特征的搜索和识别。例如倒角的识别通过输入半径的大小。单击“寻找”（Find）按钮，按照前面输入的尺寸进行特征搜索。当提示进行搜索对象选取时，可以通过在图形区单击点选或框选，也可以借助快捷图标选取所有存在的（All Existing）、所有可见的（All Visible）或所有被选取的（All Selected）等。

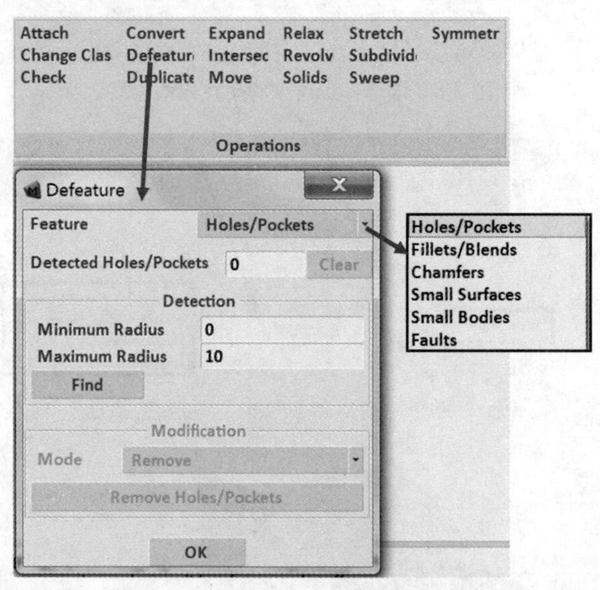


图 3-10 特征消除（Defeature）菜单

识别出的特征会在模型中高亮显示，并显示在目录树上，同时被包含在 Select 选取列表中。当特征识别出后，根据特征类型的不同，用户可以实现下列操作：删除、改变半径或宽度、移动。

Offset——偏置：可以沿着现有几何特征的法向对其进行移动。

Move——移动：是另外一个可以由用户确定特征移动方向的选项。对于曲面上的一个通孔，正向偏置会沿着曲面向内，使得孔变浅，而负向偏置会增加孔的深度。

如图 3-11 所示实例，模型中有 7 个孔，通过特征识别功能将半径在 0～20mm 间的孔识别出，被识别出的孔的数量自动显示在 Detected Holes/Pockets 窗口中，同时在模型目录树中可以看到新的特征识别项——Defeature（7）出现，并按照特征类型 Holes/Pockests（7）分别列出识别出的全部特征，注意它们在图形区以蓝色高亮显示，右击模型目录树中的第 7 个孔并选择高亮显示（Highlight），可以看到这个孔的位置，并且以黄色高亮显示。

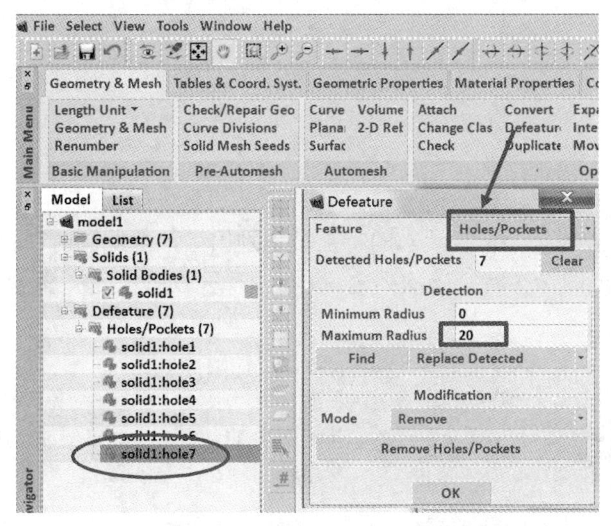

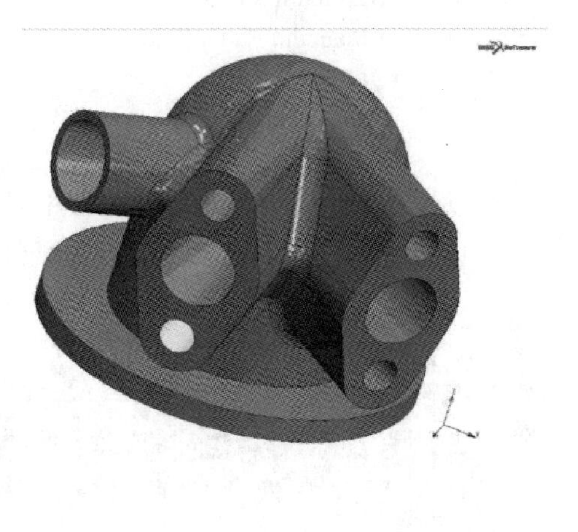

图 3-11　通过特征删除（Defeature）识别模型中的孔特征

在修改（Modification）框下选择删除（Remove），并单击 Remove Holes/Pockets 命令，在图形区单击点选将被删除的孔后，右击确认即可将这个孔从模型中删除。同样，将这个将被删除的孔通过鼠标右键在目录树中选取出来，选择“删除”（Delete）命令，也可以看到如图 3-12 所示孔被删除后模型。

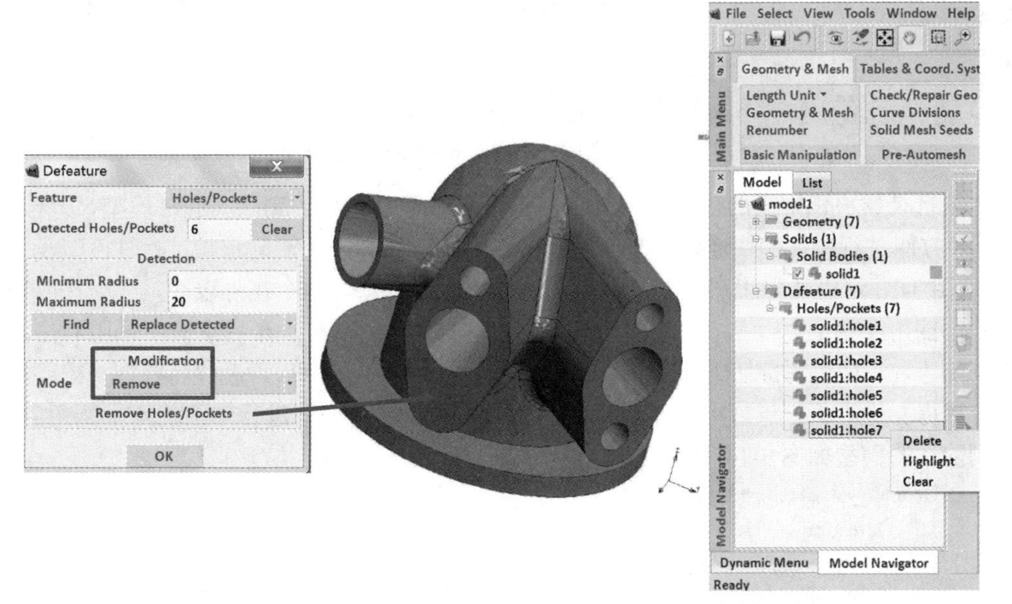


图 3-12　将识别出的孔删除

当然，对于识别出的特征还可以进行位置和参数的修改，例如修改上述孔的半径（Mode：Change Radius）或移动孔的位置（Mode：Move），对于不同的特征这里提供了不同的编辑方法。下面以前述的球轴承模型为例，通过特征删除功能在轴承模型中寻找倒角，设置半径范围为 0～1mm，即可搜索所有部件中符合要求的特征。具体操作流程如下：

Geometry & Mesh → Operations

Defeature

Feature: Fillets/Blends ▼

Minimum Radius: 0.0

Maximum Radius: 1.0

Find

All Existing

OK

可以看到 Detected Fillets/Blends 中显示有 7 个符合要求的特征被识别出来，与此同时在目录树中自动增加了 Defeature 条目，将识别出的 7 个特征依次列出，并在图形区以蓝色高亮显示。

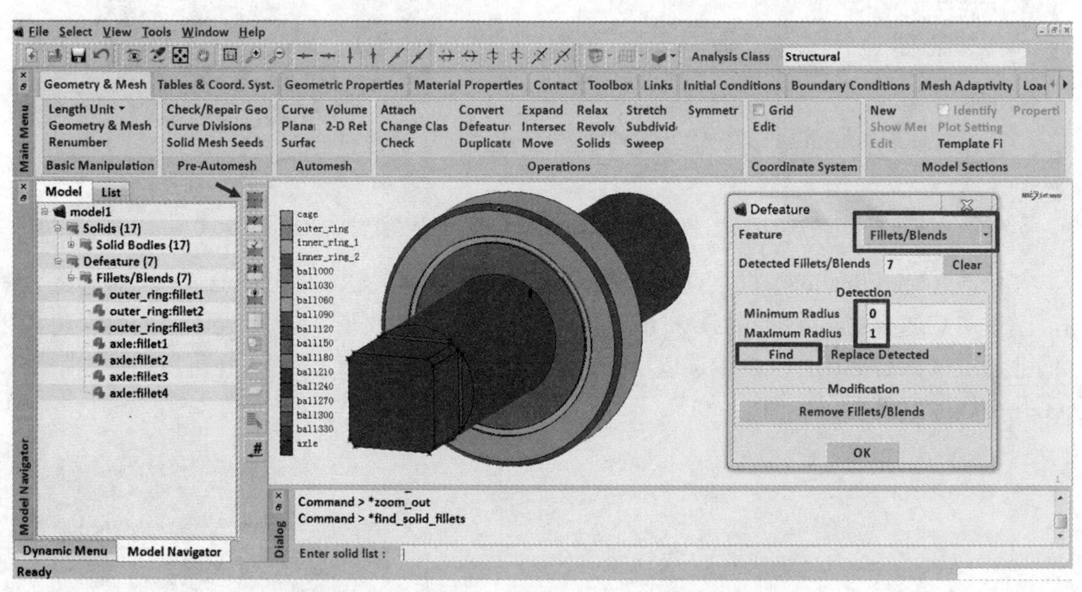


图 3-13　识别所有半径在 0～1mm 间的倒角

右击目录树中识别出的任意一个倒角项，可以进行该特征的删除（此时模型被修改）、高亮显示（方便进行特征的快速定位）和从被识别出的特征列表中清除该项（此时模型没有被修改）。从图 3-13 可以看出识别出的 7 个倒角有 3 个位于外圈（两个在外表面，一个在内表面），其余 4 个倒角在轴上。后者将被删除，删除的方法有两种：一种是在目录树中采用右击将特征名称删除。另一种是在特征删除菜单中单击删除特征模式。采用后者删除特征时，需要在图形区结合鼠标左键直接点选或框选对应特征。下面采用第二种方法进行轴上的 4 个倒角的删除，特征删除后的模型如图 3-14 所示。

Geometry & Mesh → Operations

Defeature

Feature: Fillets/Blends ▼

Remove Fillets/Blends

axle:fillet1 axle:fillet2 axle:fillet3 axle:fillet4
(在图形区单击直接点选轴上的 4 个倒角并右击结束选取)
OK

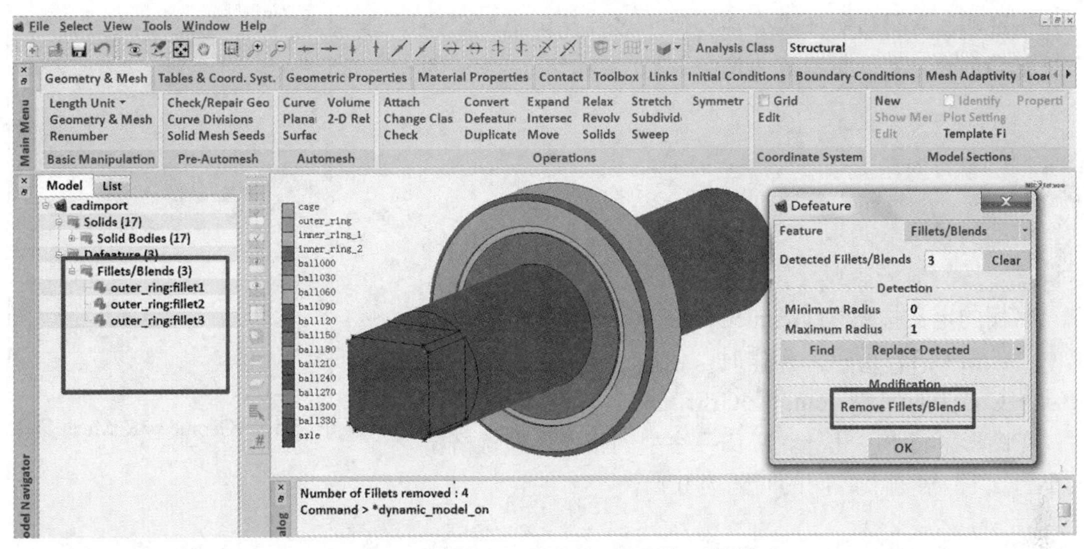


图 3-14　删除轴上识别出的 4 个倒角后的模型

其他关于识别出的特征的编辑实例如图 3-15 所示，针对图中所示带孔平板部件，利用特征识别工具对倒角、圆孔等特征进行识别，按照指定尺寸参数识别后进一步进行倒角的删除（图 3-15 右上）、圆孔半径的修改（图 3-15 左下）以及圆孔位置的移动（图 3-15 右下）等。通过对应操作无须返回 CAD 软件即可进行模型的修改。

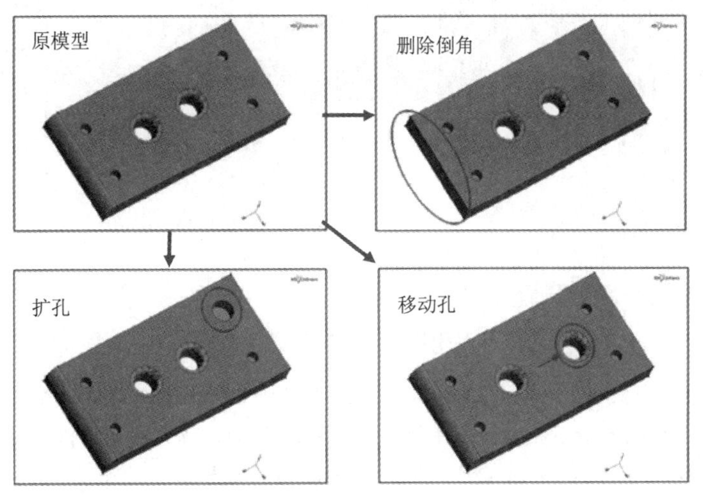


图 3-15　其他特征编辑的实例

## 3.3　Mentat 中几何建模和生成网格

第 3.2 节介绍了从外部输入几何模型的相关功能，Mentat 本身也具有一定的几何建模功能。

Mentat 创建几何和网格以及对其进行加工和处理的功能菜单为 Geometry & Mesh，如图 3-16 所示，这里可以进行几何点、线、面、体以及有限元节点、单元等的创建。针对几何曲线、曲面和实体等分别提供了多种几何类型供用户选择和创建，具体介绍可参见第 3.3.2 节和第 3.3.3 节的介绍。

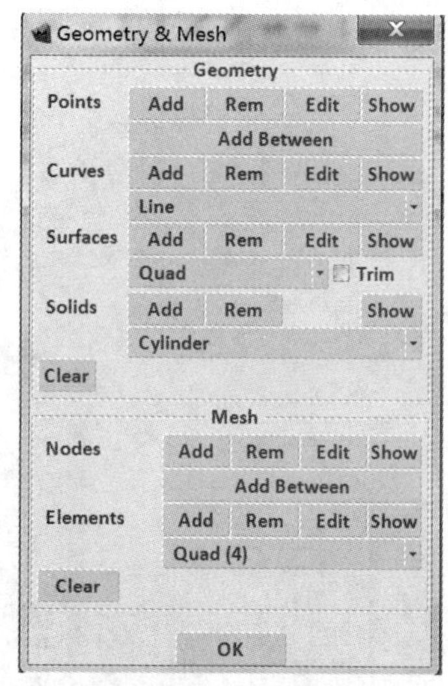


图 3-16　Geometry & Mesh 菜单

## 3.3.1　格栅的使用

格栅的显示分两步，首先必须单击格栅显示按钮，然后设置合适的格栅参数，如大小、间隔等。

格栅的定义按钮在 Geometry & Mesh 主菜单的子菜单中，如图 3-17 所示。操作时，依次单击 Geometry & Mesh→Coordinate System：☑Grid 命令，激活 Grid 按钮后，在图形区将显示出一个“田”字型的格栅，默认格栅大小为±1，格栅点之间的间隔为 0.1。

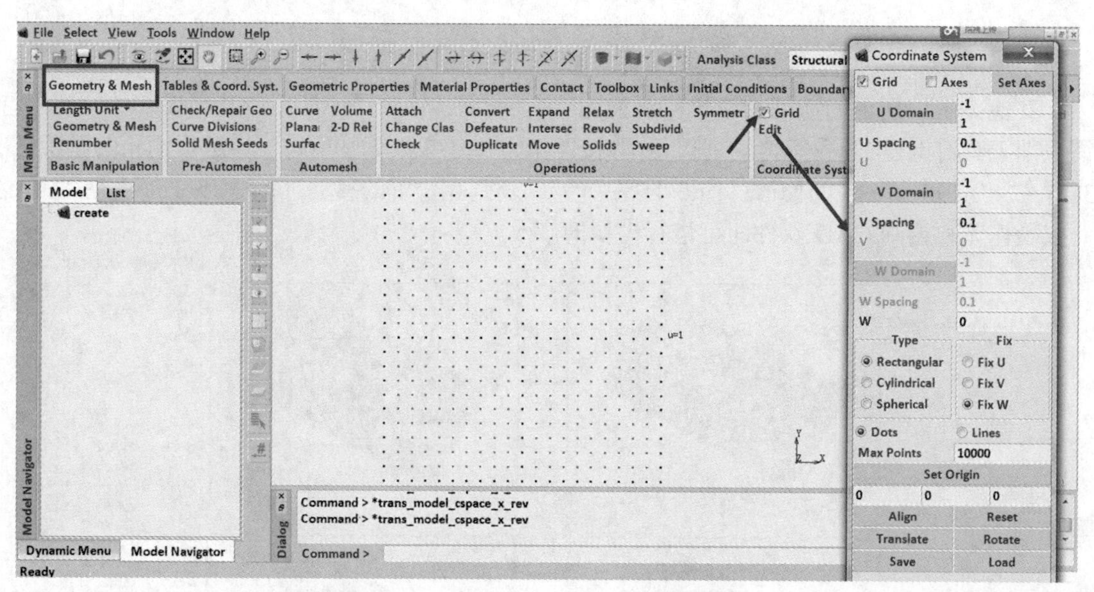


图 3-17　格栅定义对话框以及格栅显示

当需要修改格栅尺寸时，单击 Geometry & Mesh→Coordinate System：Edit 命令，之后在图 3-17 中所示的 Coordinate System 菜单区进行格栅显示区域大小和间隔设置。

格栅大小设置分为 U Domain（横向）和 V Domain（纵向）两个方向，分别输入显示范围的最小值和最大值。

间隔由 Spacing 指定。Type 下有 3 种坐标系，分别为直角坐标系、柱坐标系和球坐标系。

Set Origin 为设置格栅的中心点在全局坐标系下的位置。默认的是（0,0,0）。可以通过 Set Origin、Align、Rotate 等选项设置格栅的局部坐标系的 U、V 位置和方向。

### 3.3.2　Geometry（几何要素的生成和编辑）

1. Point：点的创建和编辑

在Mentat GUI中创建和编辑点的操作为：Geometry & Mesh（主菜单）→Basic Manipulation: Geometry & Mesh（子菜单）→PointsAdd（动态菜单），将鼠标移至合适的光栅点，单击生成几何点，或者直接用键盘输入几何点的坐标值。编辑点的命令是Points:Edit，删除点的命令是Points:Rem，显示点的命令是Points:Show。另外，Points:Add Between，可以创建两点连线的中点。单击该命令后，分别输入“第一点”和“第二点”，系统自动生成这两点连线的中间点。

2. Curves：曲线的创建和编辑

曲线的创建首先需要选择创建的线型。单击菜单区的Line列表框，如图3-18所示。Mentat支持创建的曲线类型有：

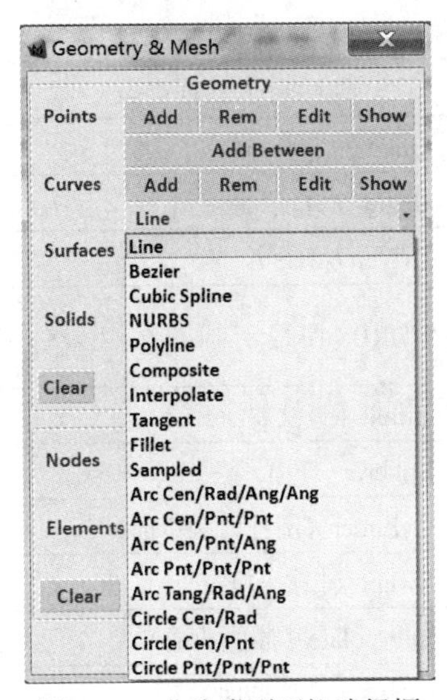


图3-18　曲线类型下拉选择框

（1）Line（直线）：依次点选已生成的两个点，即生成一条直线。也可以直接在格栅上选取构成直线的点（如同单元生成时节点的指定方法相类似）。Curve默认类型为Line。

（2）Bezier（贝塞尔曲线）：采用Bezier产生曲线，必须先指定两个以上的控制点，控制点的指定与直线生成时相同，控制点选取结束后将鼠标移至图形区，右击确认，表示控制点指定结束。

（3）Cubic Spline（三次样条曲线）：三次样条曲线是很重要的曲线类型，它以多段三次样条曲线逼近用户指定点。各段曲线之间光滑连接。采用Cubic Spline产生曲线，选择点的方式同Bezier曲线。

（4）NURBS（非均匀有理B样条曲线）：NURBS曲线必须定义点数、曲线的阶次、NURBS点的数据、节点、齐次坐标、节点向量等。

（5）Polyline（多折线）：多折线与三次样条曲线同样要指定两个以上的控制点才能生成（控制点的指定方法与三次样条曲线生成相同）。

（6）Composite（复合曲线）：若干条曲线合成一条曲线。

（7）Interpolate（插值曲线）：给出若干个点，插值曲线经过所有给出的点。

（8）Tangent（切线）：需要给定切线的端点和切线的长度。

（9）Fillet（倒圆线）：指定倒圆角的两条直线和设置圆角半径。

（10）Sampled（放样曲线）：起点、起点处曲线的方向和创建曲线的其他点。

（11）Arc（圆弧）其中圆弧有5种创建方法：

1）Arc　Cen/Rad/Ang/Ang：输入中心点坐标、半径、起点角度、终点角度。

2）Arc　Cen/Pnt/Pnt：输入中心点坐标、起点坐标、终点坐标。

3）Arc　Cen/Pnt/Ang：输入中心点坐标、起点坐标、圆弧角度。

4）Arc　Pnt /Pnt/Pnt：输入圆弧上3个点的坐标。

5）Arc　Tang /Rad/Ang：圆弧终点的正切半径、圆弧角度。

（12）Circle（圆）圆有以下 3 种定义方法：

1）Circle　Cent/Rad：输入圆心坐标及半径。

2）Circle　Cent/Pnt：输入圆心的坐标以及圆周上 1 个点的坐标。

3）Circle　Pnt/Pnt/Pnt：输入圆上 3 个点的坐标。

用户可根据具体情况选择适当的线的类型。

3．Surfaces：面的创建和编辑

与曲线同样，面也有多种类型，面的类型及其输入要求如表 3-3 所示。各种面的示意图如图 3-19 所示。

表 3-3　Mentat 支持创建的曲面类型

| Surface（曲面类型） | Required Data（所需输入的数据） |
| --- | --- |
| Quad 四边形曲面 | 4 个角点 |
| Bezier 贝塞尔曲面 | 输入 U、V 两个方向上的控制点个数及控制点列 |
| Driven 驱动面 | 指定被驱动的曲线（Driven）及驱动曲线（Drive） |
| NURBS 曲面 | U 方向、V 方向的 NURBS 点数；U 方向、V 方向曲线的阶次；NURBS 的点列；节点的坐标；节点向量 |
| Ruled（直纹曲面） | 指定两条曲线 |
| Sphere（球面） | 球心和半径 |
| Cylinder（圆柱、圆锥面） | 轴两端的圆心坐标及半径 |
| Swept（扫描面） | 输入扫描线（Swept）及轨线（Sweeping）和扫描的步数 |
| Interpolate（插值曲面） | 输入 U、V 两个方向上的控制点个数及控制点列 |
| Coons（孔斯曲面） | 4 条首尾依次连接的闭环曲线 |
| Skin（蒙皮曲面） | 一组曲线 |

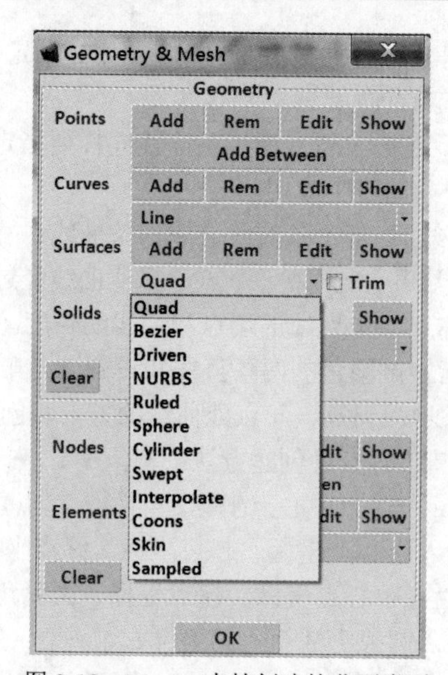


图 3-19　Mentat 支持创建的曲面类型

4. Solids：体的创建和编辑

Mentat 可生成 Block（长方体）、Cylinder（圆柱体/圆锥体）、Prism（多棱柱体）、Sphere（球体）、Torus（圆环体）、Triangle Sheet（三角形片体）、Rectangle Sheet（矩形片体）、Quad Sheet（方形片体）、Circle Sheet（圆形片体）、Regular Polygon Sheet（规则多边形片体）、Arbitary Polygon Sheet（任意多边形片体）、Line Wire（直线线体）、Circle Wire（圆形线体）、Arc Wire（弧形线体）等，如图 3-20 所示。生成方法比较简单，下面作简单介绍：

（1）Block 长方体：定义起点和 X、Y、Z 方向的长度。

（2）Cylinder 圆柱体：定义两个端面中心坐标及半径。

（3）Sphere 球体：定义中心坐标及半径。

（4）Prism 多棱体：定义两个端面中心坐标、半径及棱边数。

（5）Torus 圆环体：定义中心坐标及大、小两个半径。

（6）Triangle Sheet（三角形片体）：定义三角形 3 个端点。

（7）Rectangle Sheet（矩形片体）：定义矩形的原点、长度和高度。

（8）Quad Sheet（四边形片体）：定义四边形的 4 个端点。

（9）Circle Sheet（圆形片体）：定义圆心和半径。

（10）Regular Polygon Sheet（规则多边形片体）：定义多边形中心、中心距端点的长度、边数。

（11）Arbitrary Polygon Sheet（任意多边形片体）：定义全部任意多边形的端点，要求封闭。

（12）Line Wire（直线线体）：定义构成直线的两个端点。

（13）Circle Wire（圆形线体）：定义圆心和半径。

（14）Arc Wire（弧形线体）：定义圆心、半径、起始角度和终止角度。

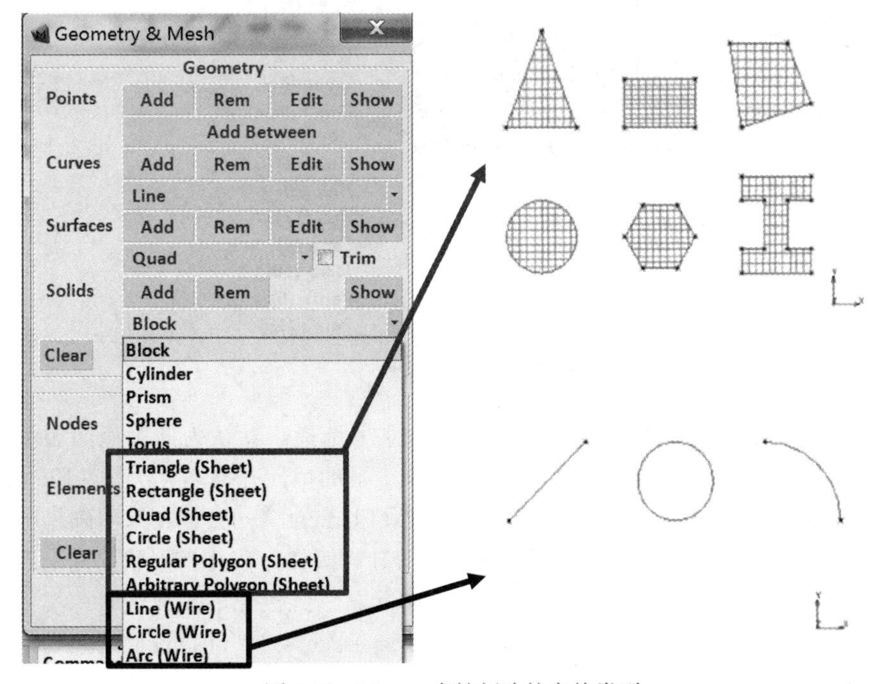


图 3-20　Mentat 支持创建的实体类型

### 3.3.3 Mesh（生成网格）

1. Nodes：节点的创建和操作

Nodes（节点）的菜单如图 3-21 所示。

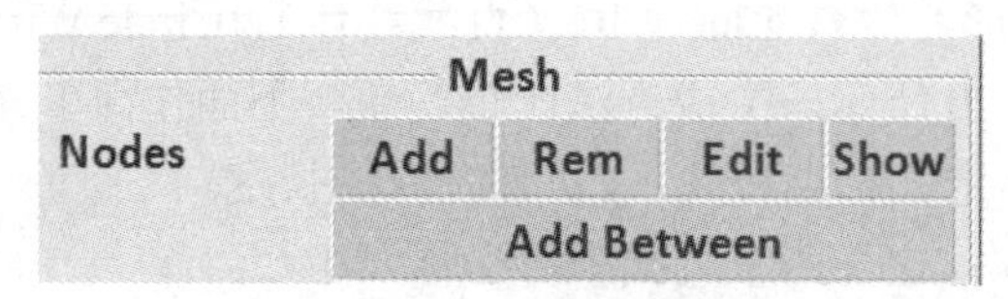


图 3-21　节点菜单

（1）Add：在指定的点或者格栅点处创建节点，也可以输入坐标创建节点。

（2）Rem：删除节点。删除节点时需要用鼠标在图形区选择要删除的节点，或者在对话区输入要删除的节点号。

（3）Edit：编辑节点。可以在对话区输入节点的新的坐标来改变节点的位置。

（4）Show：显示节点。显示节点的 x, y, z 轴坐标。

（5）Add Between：在指定的两个节点中间位置创建新节点。

**注意：**节点的自由度是与节点所属的单元类型相关。

2. Elements：单元创建和操作

Elements 菜单如图 3-22 所示。

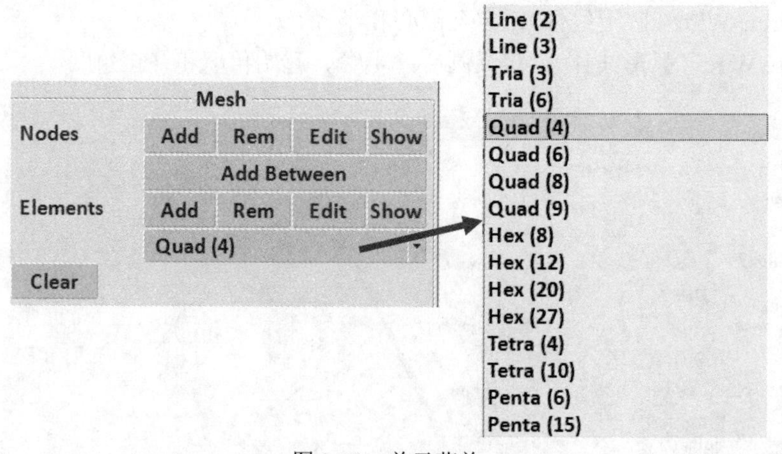


图 3-22　单元菜单

Add：添加单元。单元几何拓扑类型通过下拉菜单选择。默认为四节点四边形单元。在 Marc 软件中，单元具有两种类型属性：由几何形状表征的单元几何拓扑类别（Element Class）和按分析问题类型和数值积分方案区分的单元类型（Element Type）。在未明确指明单元类型（Element Type）以前，单元仅具有几何形状上的差异。例如，在几何形状上同是四节点的单元，与之对应单元类型可以是平面应力/平面应变单元、三维板壳单元或轴对称实体单元等。仅就单元的几何形状来讲，Mentat 支持如表 3-4 所示的单元种类（Element Class），各单元种类的几何拓扑示意图如图 3-23 所示。

表 3-4　Mentat 支持的单元几何拓扑类型说明表

| 线单元 | line2 | line3 | | |
|---|---|---|---|---|
| 三角形单元 | tria3 | tria6 | | |
| 四边形单元 | quad4 | quad6 | quad8 | quad9 |
| 四面体单元 | tetra4 | tetra10 | | |
| 五面体单元 | penta6 | pentat15 | | |
| 六面体单元 | hex8 | hex12 | hex20 | hex27 |

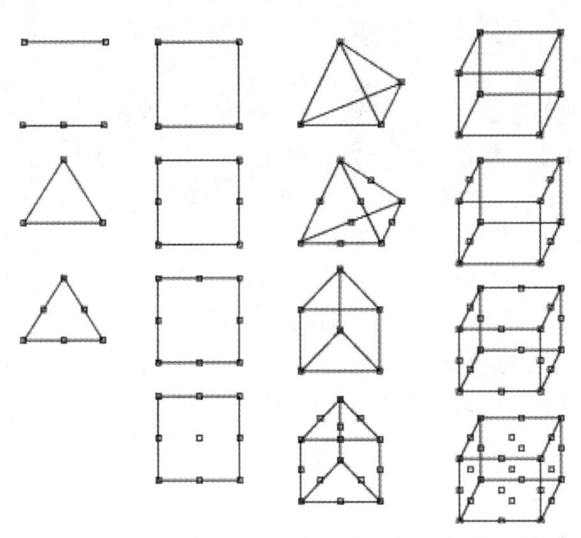

图 3-23　Mentat 支持的单元几何拓扑类型示意图

在 Mentat 中，Element Class 是指单元的拓扑类型，Element Type 是指单元的物理和积分类型。在提交 Job 前必须在 Jobs 菜单下指定单元的类型（Element Type），如果不指定单元类型，在提交任务时，Marc 会赋予单元默认的单元类型，通常按照单元的几何拓扑选择第一行单元类型。例如对于六面体单元，在结构分析中不指定其单元类型时，Marc 会自动赋予 7 号全积分单元给对应单元。有时默认赋予的单元类型与实际模型不符，因此在提交分析前，需要指定和确认单元类型。单元类型（Element Type）指定菜单如图 3-24 所示。

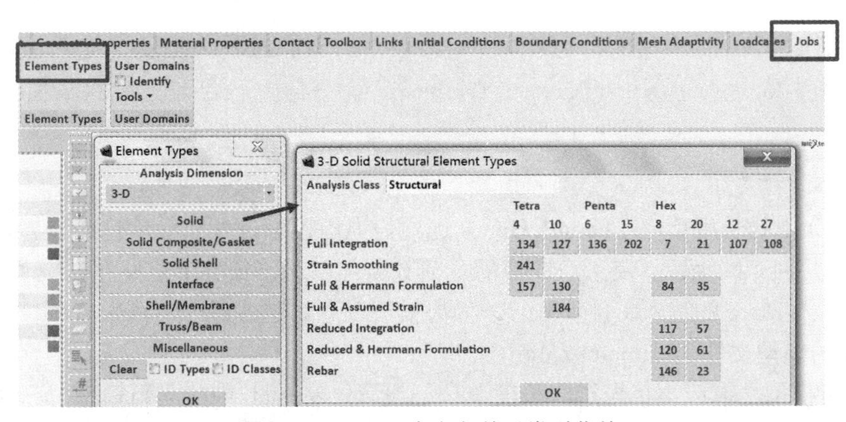


图 3-24　Mentat 中定义单元类型菜单

3．Clear：清理

（1）Geometry 框架下的 Clear：此操作删除当前模型中所有的点、线、面和体等几何信息。

（2）Mesh 框架下的 Clear：此操作删除当前模型中所有的节点和单元。

4．Renumber：重新编号

单击 Renumber 将出现如图 3-25 所示动态菜单。对节点、单元、几何点、线、面和体进行重新编号。通过 Start 控制编号的起始号，Increment 控制编号的增加间隔，Directed 控制编号的方向，可以针对节点和单元进行指定方向的编号。All Geometry And Mesh 对当前模型数据库中的所有单元和几何信息进行重新编号。

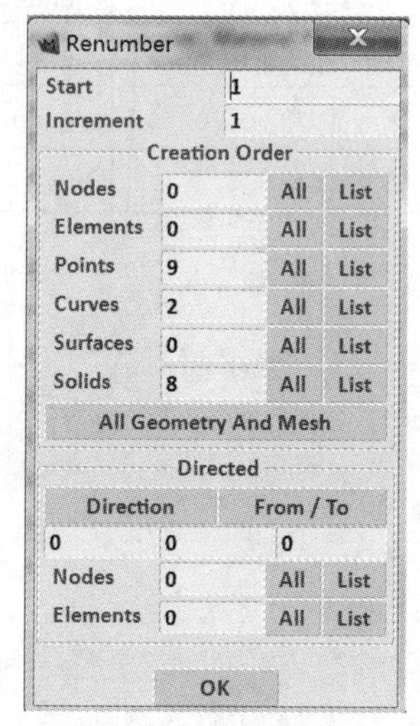


图 3-25　重新编号菜单

Directed：Direction 选项要求输入 3 个数，分别代表 X、Y、Z 方向的优先顺序值。较小的数值具有较大的优先性。在输入数值时，3 个数之间最好相差 1 个数量级。比如 0.001，0.01，0.1，这代表先沿 X 方向编号，再沿 Y 向编号，最后沿 Z 向编号。例如分别采用“Directed：Direction”0.001　0.01　0.1 和“Directed：Direction”0.1　0.001　0.01 进行节点编号重编，得到的结果如图 3-26 所示。“Directed：From/To”要求指定两点构成一条向量控制编号方向，该向量会自动平移到起点为坐标原点的位置，并在窗口中显示另一端点的 3 个方向的坐标值。

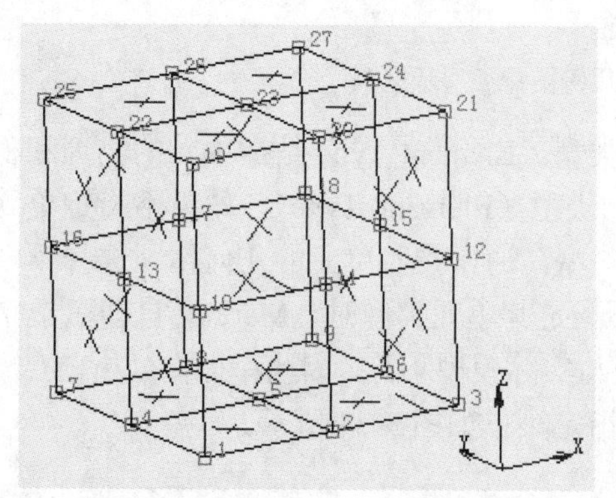

（a）“Directed: Direction”：0.001　0.01　0.1

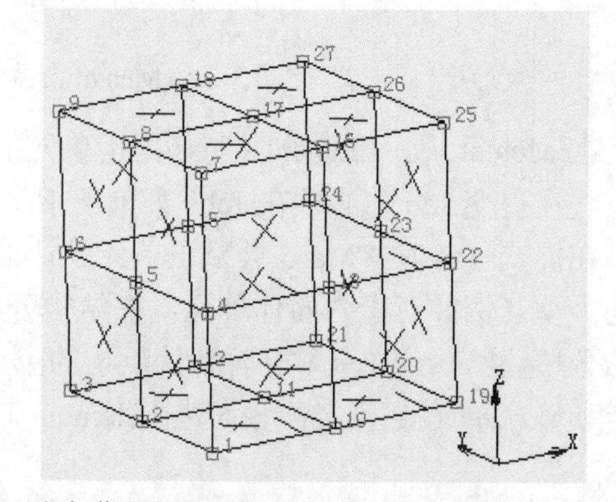

（b）“Directed: Direction”：0.1　0.001　0.01

图 3-26　Renumber 中“Directed：Direction”输入不同值时节点编号情况对比图

### 3.3.4　模型长度单位设置

Marc 2014 中的长度单位（Length Unit）选项为当前模型进行长度单位的设置，如图 3-27 所示。节点和几何点的坐标以及所有其他的几何数据都以这一长度单位储存在模型中，并在提交分析时被写入 Marc 的输入文件（.dat）。如果模型以默认格式保存，该长度单位设置会被存储在 Mentat 的模型文件中（.mud 或.mfd）。

在建立新模型之前应该首先进行长度单位的设置，Mentat 中建立新模型时默认的长度单位为 mm。

如果模型的长度单位发生变化（例如：从 mm 改为 m），那么模型中所有与几何相关的几何数据和网格均会被转换到新的长度单位。模型中的其他数据，如材料特性、几何特性、边界条件、接触数据等，不会被自动转换为新的长度单位，需要手动修改。特别指出，只有以下数据被自动转换：

- 节点、几何点及实体顶点的坐标。
- 应用到曲线上的曲线分段数（目标长度、最小和最大长度、偏置种子点的 L1 和 L2 长度）。
- 实体网格种子点的目标长度。

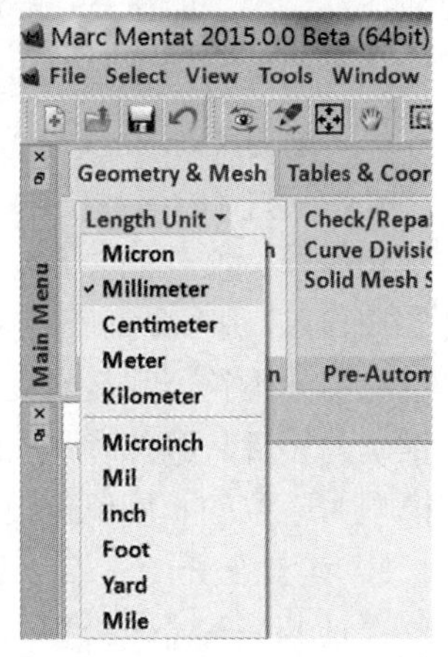


图 3-27　长度单位设置菜单

由 Mentat 2014 之前版本创建和存储的模型，长度单位是未知的。这些模型被建立在特定的单位系统中，并且没有被存储到模型文件中。因此对于此类模型在 Mentat 2014 或后续版本中打开、合并或导入需要注意单位的转换设置。

1. 模型打开

如果在 Mentat 2014 以及后续版本中打开这些模型，那么必须要指定该模型采用的长度单位。默认情况下，长度单位会被设置为 mm。然而，如果模型是在不同的单位制下创建的，那么可以通过 Tools→Program Settings 菜单进行正确的单位制设置，如图 3-28 所示。但这一设置必须在打开模型文件之前完成。另外，这是一次性的操作，如果模型被存储为默认格式，那么其长度单位也会被存储在模型文件中。

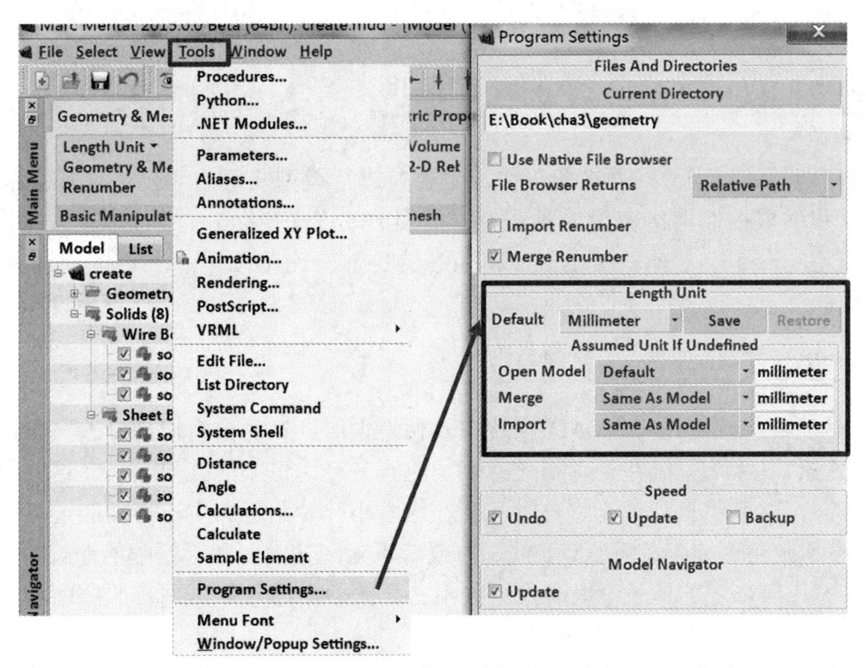


图 3-28　打开、合并和导入模型时模型的长度单位设置菜单

2. 模型导入

CAD 模型在导入时，从其模型创建时采用的长度单位转换为模型当前设置的长度单位，

在 File→Import 菜单下对下列选项适用：

- 通过每个单独的 Parasolid、ACIS、IGES 菜单项导入 Parasolid、ACIS、IGES 模型。
- 通过 General CAD as Solids 菜单项导入一般 CAD 模型。
- 通过 General CAD as Surface/Elements 菜单项导入一般 CAD 模型。

长度单位文件的导入是通过 File→Import 菜单中另外的未知的导入选项来实现的。如果该文件被导入，那么程序假定该文件被定义为与当前模型具有相同的长度单位。如果这样的长度单位与实际不符，那么需要通过 Tools→Program Settings→Length Unit:Import 菜单在导入前进行正确的设置。那么模型导入时，导入的长度单位文件就会被转换为与实际模型（同时也是当前模型）一致的长度单位设置。

3．模型合并

通过 File→Merge 选项可以将 Mentat 2014 或更新的版本中生成的模型文件合并到当前模型中，当模型文件的长度单位与当前模型的长度单位不同时，在合并的过程中，模型文件中所有与几何相关的数据的长度单位会按照当前模型所使用的长度单位转换，并将转换单位后的模型添加到当前模型中。所有模型中的其他数据，例如材料特性、几何特性、边界条件或接触数据的单位不会被转换。

由于使用 Mentat 2014 版之前版本创建的模型的长度单位是未知的，此时进行早期版本模型合并到当前模型中时，程序假定将被合并的模型文件采用了与当前模型相同的长度单位设置。如果实际情况不是这样，那么正确的做法是在合并之前，通过 Tools→Programs Settings→Length Unit:Merge 菜单设置被合并的模型文件采用的长度单位。这样模型文件中所有与几何和网格相关的几何数据在被添加到当前模型之前，会被转化为当前模型的长度单位。

## 3.4 Pre-Automesh：自动分网预处理

这部分功能是为自动分网做准备工作，主要是进行模型几何的检查/修复和生成控制网格密度的种子点。预处理分为三步：Check/Repair Geometry、Curve Divisions 和 Solid Mesh Seeds，如图 3-29 所示。

| Check/Repair Geometry |
| --- |
| Curve Divisions |
| Solid Mesh Seeds |
| Pre-Automesh |

图 3-29　分网预处理

### 3.4.1 Check/Repair Geometry：几何检查/修复

本功能是检查和修复几何。CAD 系统中几何造型时，难免会有局部修改，由此可能产生很小的几何元素。CAD 系统在处理相交或倒角时容易产生过小的几何元素。这些很小的几何元素称为“碎片”。采用自动单元划分时，会在这些小碎片附近产生不必要的过高密度单元。此外，几何模型中还可能存在重复点、线、面或者不封闭的表面和不匹配的曲线等瑕疵。利用 Mentat 提供的几何修复工具，可以清除这些不必要的数据，修复不完整的曲面和曲线，保证网格自动划分的正常进行，生成高质量的网格。

Mentat 的几何修复工具具有下述功能：合并几何点；将裁剪面上不齐全的裁剪边界线补齐；删除不隶属于任何裁剪面的自由曲线；删除过短的曲线；合并过短曲线；消除曲线间的小间隙；在曲线尖点处打断曲线，保证边界网格具有足够的几何精度；在相交面的交线处保证网格匹配的断线措施。

如图 3-30 所示的菜单显示了几何检查和修复的多种功能，下面将详细介绍和展示几何修复的选项及其功能。

**注意**：几何修复会改变当前的模型，因此在执行几何修复前最好备份当前的几何模型。

1. 几何检查（Check Geometry）

（1）Check Curves（曲线检查）：检查指定曲线的拓扑。系统会给出外环曲线的段数、闭合曲线的环数、开环曲线的数目、曲线的最小和最大边长。如果曲线依附于曲面，曲线在曲面参数空间的长度也会给出。Check Curves 菜单及应用示例如图 3-31 所示。在使用 Check Curves 命令时，Tolerance 应该尽量设置比较小的值，如 0.001，这样就会把很小的间隙或者交叉检查出来。图 3-31（b）所示的曲线存在间隙和曲线交叉。

图 3-30　几何修复/检查菜单

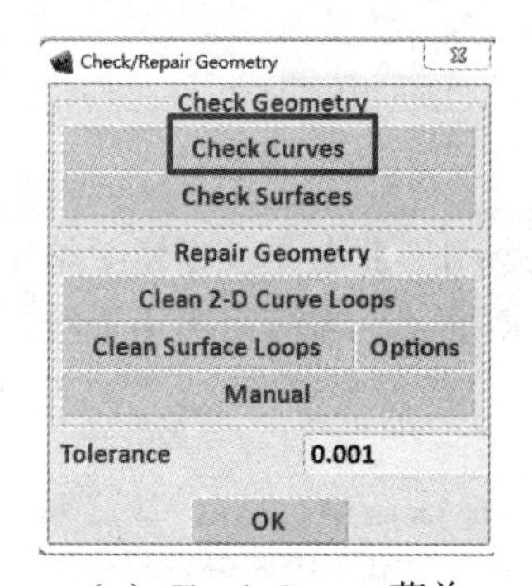


（a）Check Curves 菜单

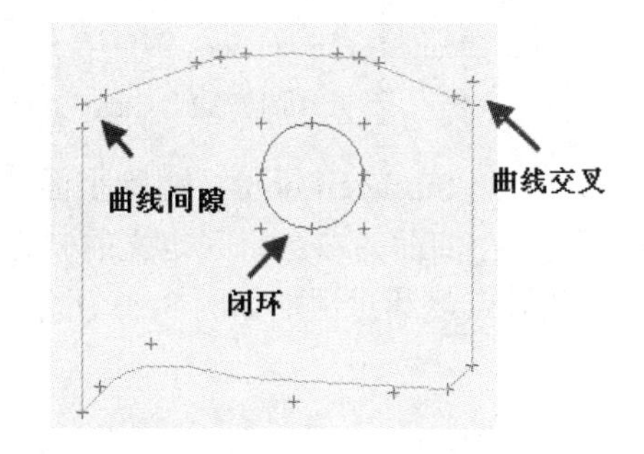


（b）Check Curves 应用示例

图 3-31　Check Curves 菜单及应用示例

单击 Check Curves→All Existing 命令，信息区提示如下信息：

The minimum curve length : 0.141421
The maximum curve length : 1.82564
Number of segments : 8
Number of open loops : 2
Number of closed loops : 1
Number of outer loops : 3
Number of intersecting segments : 1

Check Curves 命令执行后，检查出来的闭环以红色显示，开环曲线以蓝色显示。

（2）Check Surfaces（曲面检查）：检查裁剪面的拓扑。系统会给出曲面上外环曲线的段数、闭合曲线的环数、开环曲线的数目、曲线的最小和最大边长。

（3）Tolerance（误差）：设置曲线交叉检查时的误差。

2. Repair Geometry

（1）Clean 2D Curve Loops（清除二维短线）：选用此命令删除长度小于给定误差的曲线，并闭合小间隙。菜单按钮如图 3-32（a）所示。对图 3-31 所示的开环曲线进行多余曲线的清除或间隙的闭合修复工作。注意此时需要调整容差，保证有问题的曲线可以被合并、清除。在图 3-32（a）中设置为 100。单击 Clean 2D Curve Loops→All Existing 命令，清理和修复完后的结果如图 3-32（b）所示。从图 3-32（b）中可见，小于容差的小的间隙和交叉都得到了修复，修复后的曲线为闭环曲线。经过几何清理和修复后才能进行后续的“曲线布种子点”和“平面网格生成”的操作。如果曲线不是闭环，在平面网格划分时，系统将提示由于曲线非闭环曲线网格划分失败的相关信息。

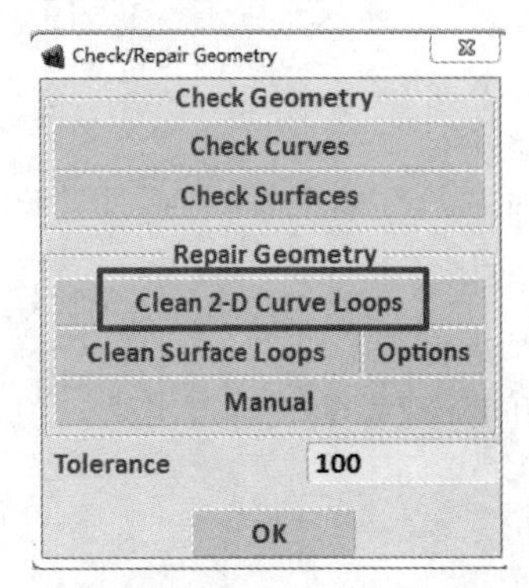


（a）Clean 2D Curve Loops 菜单

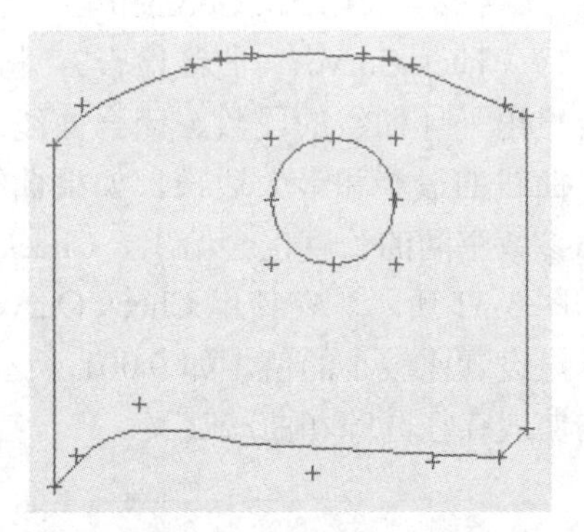

（b）Clean 2D Curve Loops 应用示例

图 3-32　Clean 2D Curve Loops 菜单及应用示例

（2）Clean Surface Loops（清除小面片）：选用此命令删除曲面上长度短于给定最小误差和参数误差（在曲面的参数空间定义的）的曲线，增加裁剪曲线，连接距离小于给定的最大误差的两个几何点，其对话框如图 3-33 所示。

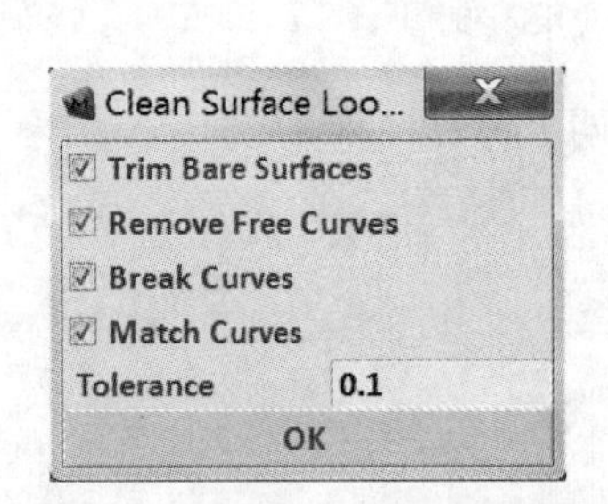


图 3-33　曲面清理高级选项菜单

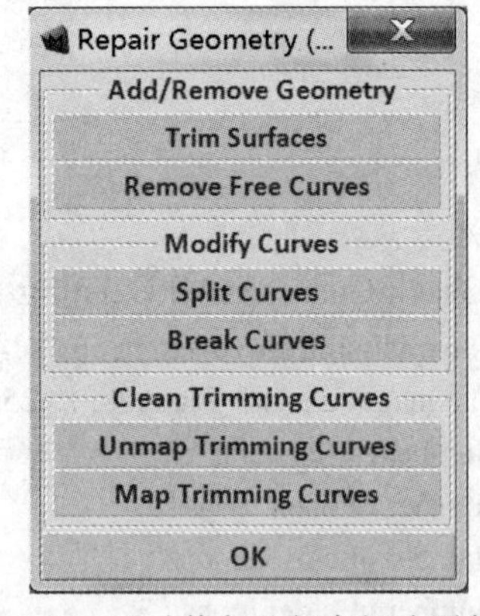


图 3-34　手动修复几何高级选项菜单

1）Trim Bare Surfaces：裁剪独立曲面。

2）Remove Free Curves：删除不依附于任何曲面的自由曲线。

3）Break Curves：当两条曲线相交时，在交点将曲线打断。

4）Match Curves：相邻曲线匹配。

5）Tolerance：设置以上操作的误差。

3. 手动设置（几何检查）

本菜单给出了几何修复的手动设置选项，如图 3-34 所示。手动修复包括以下功能：

（1）Add/Remove Geometry（添加/删除几何）。

（2）Trim Surfaces（裁剪曲面）：本命令将在曲面的边界上添加 4 条裁剪曲线。

（3）Remove Free Curves（删除自由曲线）：删除不依附于任何曲面的曲线。

（4）Modify Curves：修改曲线。

（5）Split Curves（分割曲线）：如图 3-35 所示。将具有尖点的曲线在尖点处打断，并在尖点处增加顶点，保证种子点落在尖点处，有利于提高用离散网格描述连续几何的精度。

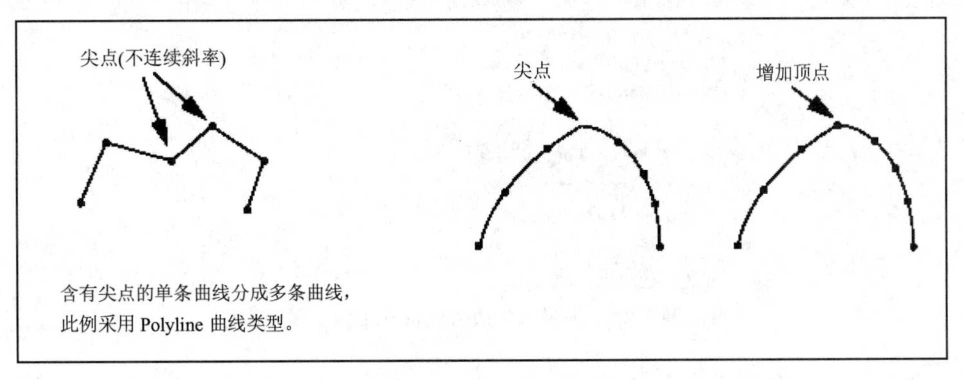


图 3-35　Split Curve 示意

（6）Break Curves（打断曲线）：保证多个曲面相交时，交线处的裁剪线一致。Break Curves 能够保证相交面的交线共端点，如图 3-36 所示，有利于划分网格时保证相交线处网格的匹配。在执行 Match Curves 命令时必须先执行打断曲线的操作。

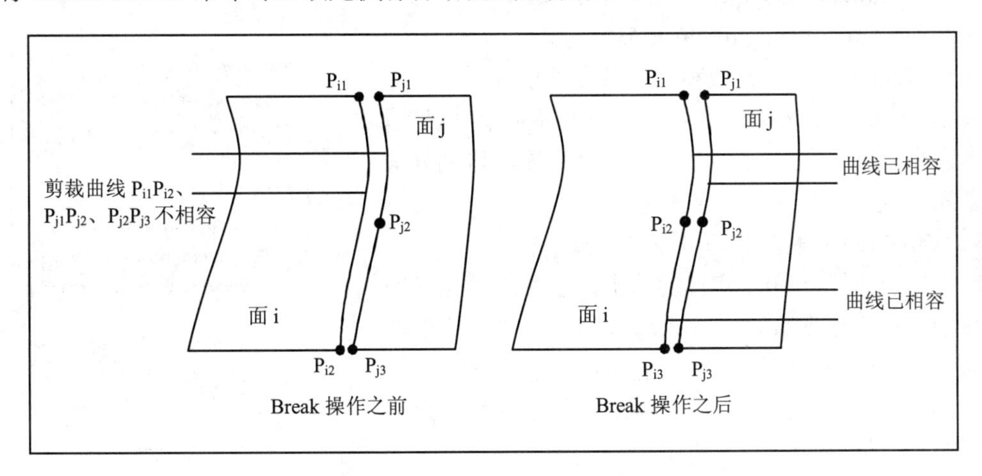


图 3-36　Break Curves 示意

（7）Clean Trimming Curves（清理裁剪曲线）。

（8）Unmap Trimming Curves（取消裁剪曲线的映射）：取消裁剪曲线与其关联的曲面之间的关联性。

（9）Map Trimming Curves（映射裁剪曲线）：将裁剪曲线映射到选定的曲面上。

### 3.4.2　Curve Divisions（设置种子点）

当确定了平面或裁剪曲面的完整性后，接下来是设置所需的网格密度。

通过指定代表平面或曲面边界的曲线种子点数，来控制网格密度。边界上生成的种子点即为在边界上的单元节点。Mentat 提供 4 种定义种子点的方法，如图 3-37 所示。

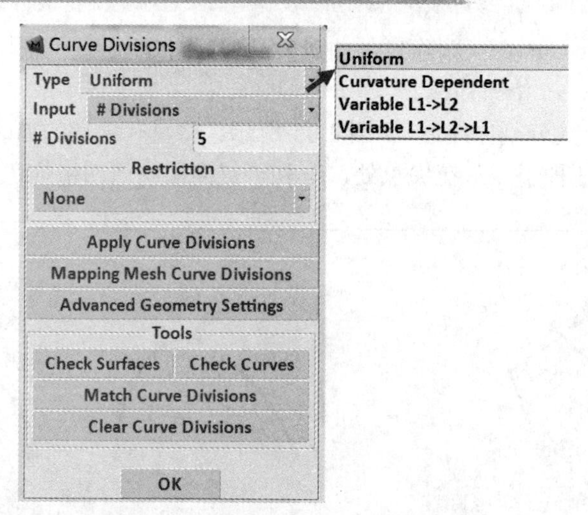


图 3-37　种子点生成方法选择下拉菜单

1. Uniform：均匀分布种子点

通过定义给定分割份数（#Divisions）或者平均长度（Target Length）定义曲线分割的份数。

2. Curvature Dependent：给定曲率

种子点疏密与曲线的曲率有关，此命令的设置包括如下参数：

（1）Minimum Length：单元最小边长。

（2）Maximum Length：单元最大边长。

（3）Tolerance：单元边和曲线弧之间的误差。

（4）(Rel/Abs)：定义容差是相对容差还是绝对误差。

本命令通过以上 4 个参数的设置来控制网格划分与曲线之间的容差以及单元的疏密度。

3. Variable L1→L2 非均匀布种子点

在指定的曲线、曲面/实体的边上，以长度等比递增或递减的方式，根据给定的单元总数和长度比，或根据曲线的实际长度和长度比，生成边的种子点。这里的长度比指曲线种子点将曲线分割成的曲线段之中相邻两线段之间的长度比。如图 3-38 所示。

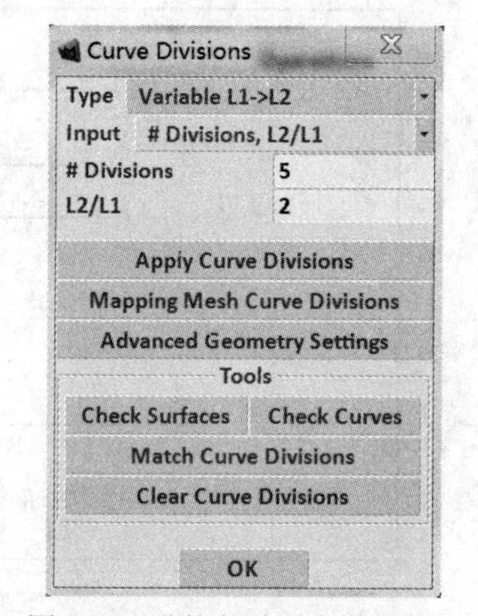


图 3-38　非均匀种子点设置菜单

4. Variable L1→L2→L1 非均匀布种子点

该方法类似于 Variable L1→L2，只是从曲线的两头开始，生成的种子点将按长度对称分布。例如当曲线种子点数目为 5，L2/L1＝2 时，曲线的种子点分布如图 3-39 所示。

非均匀种子点的生成方法在尖点、尖角或者裂缝处的网格疏密过渡非常有用。如图 3-40 所示显示了尖角处采用非均匀布种的方式生成的单元网格。

5. Restriction：强制约束种子点的奇偶性

在对一个封闭的面进行四面体网格划分时不能生成全部都是四边形的单元，这时需要改变一条边的种子点数的奇偶性。通过本命令可以保证分布种子点的奇偶性。整环的种子点个数为偶数时，则可以保证生成的单元都为四边形单元。

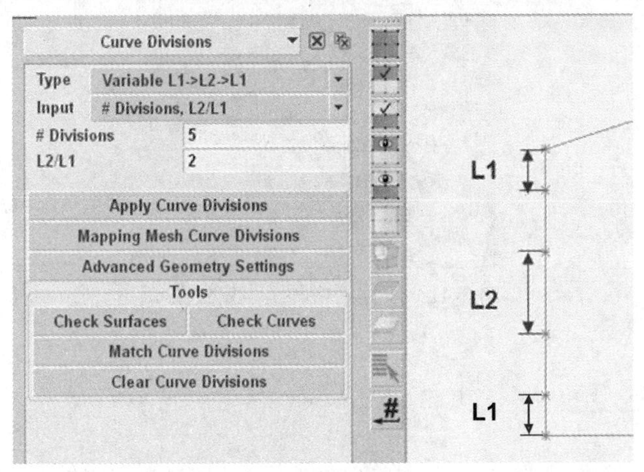


图 3-39 Variable L1→L2→L1 非均匀种子点设置菜单

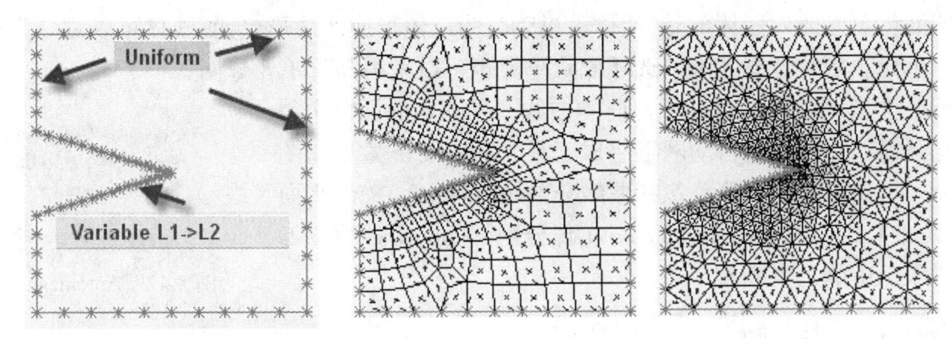


图 3-40 非均匀种子点设置在尖角特征网格划分中的应用

6. Apply Curve Divisions：曲线种子点应用

输入 Curve 列表。每次只能选择一类种子点设置方法，用 Apply Curve Divisions 命令把所定义的种子点设置方法赋予指定的曲线。

7. Tools：工具

Check Surfaces：同 Check/Repair Geometry 菜单下的 Check Surfaces 命令。

Check Curves：同 Check/Repair Geometry 菜单下的 Check Curves 命令。

Match Curve Divisions：此命令使相交曲面交线处的种子点匹配，进而保证交线处网格一致。

Clear Curve Divisions：删除已经生成的种子点。

### 3.4.3 Solid Mesh Seed：实体网格种子点

Mentat 2014 版本新增了实体网格种子点的布置功能，种子点（Mesh Seeds）可定义在实体的面、边或顶点上，进行这些对象网格密度的局部控制。这里支持两种类型的种子点：

- #Divisions：可定义在部件的边上，用于指定在对应边上必须生成的单元边的数量
- Target Length：可定义在实体的面、边或顶点上，指定在对象上（或在对象附近）生成的单元的尺寸

种子点可以通过 Geometry & Mesh→Pre-Automesh：Solid Mesh Seeds 菜单定义。如图 3-41 所示，关于这部分的使用可参考第 3.8.3 节的实例介绍。

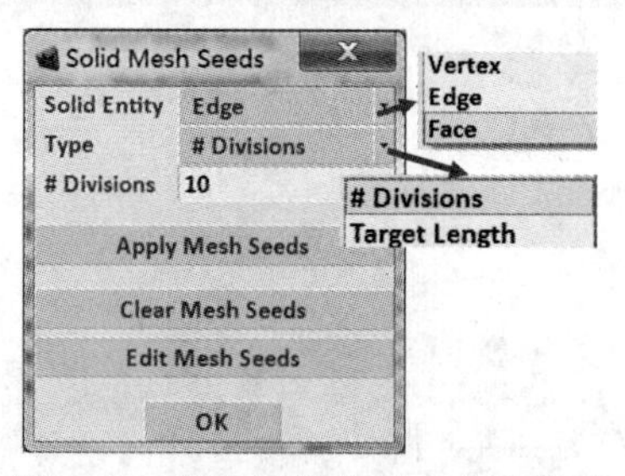


图 3-41 实体网格种子点定义菜单

## 3.5 Automesh：自动分网

通过 CAD 导入工具导入到 Mentat 中的 CAD 模型以实体、片体、线体存在，这些实体可以通过实体、曲面、曲线自动分网功能直接进行体网格、面网格、一维网格的划分。实体可以划分为四面体单元或六面体单元；片体可以划分为三角形或四边形单元；线体可以划分为梁（桁架或杆）单元。所有对象既可以选择低阶单元也可以采用高阶单元分网。

Mentat 的自动分网是对基于几何的曲线、平面、曲面、实体和二维加强筋结构通用的自动网格生成工具。Automesh 菜单如图 3-42 所示。自动网格生成菜单包括曲线分网（Curves）、二维平面分网（Planar）、曲面分网（Surface）、实体分网（Volumes）和 2-D Rebar（REBAR 单元生成）。

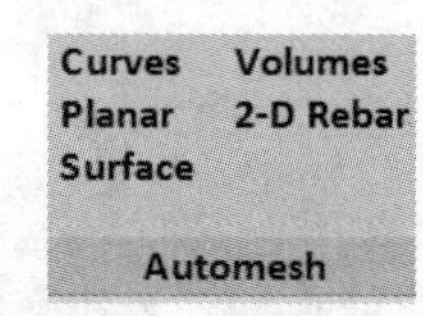


图 3-42 Automesh 菜单

### 3.5.1 Curves：曲线分网

此操作对曲线按照种子点的信息生成一维线单元，其对话框如图 3-43 所示。通过曲线分网工具可以针对各种曲线（Curves）和线体（Wires）进行一维网格的划分，将描述选为线体后，弹出对应菜单，可以将线体（Wire）转换为有限元梁单元或杆单元。

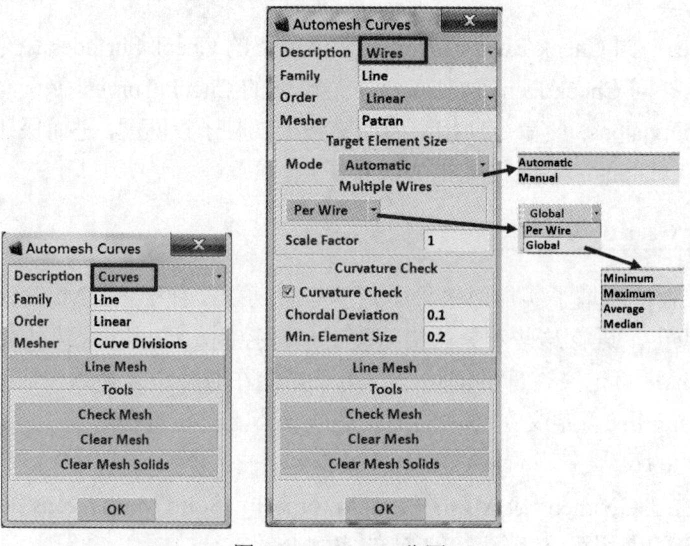


图 3-43 Curves 分网

可以一次对一条线体分网，也可以同时对一组线体分网。可选的单元类型（Family）为低阶 2 节点线单元或高阶 3 节点单元。这里可以让 Mentat 自动（Automatic）控制沿着线体的单元长度，也可以自定义（Manual）目标长度。当使用高阶单元时，中间节点会分布在线体上。关于一维结构的自动分网可参考第 3.8.1 节的介绍。

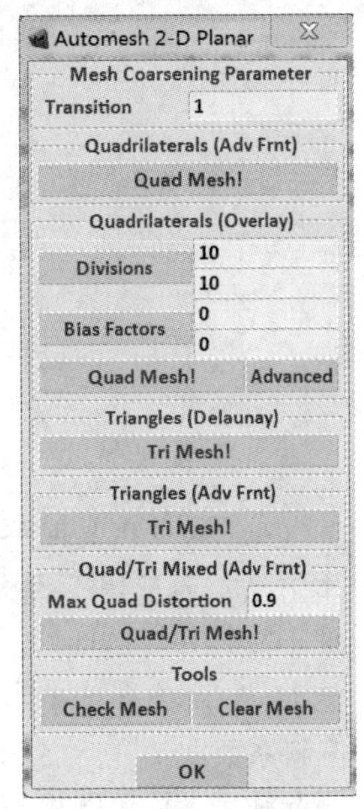


图 3-44　平面网格划分菜单图

### 3.5.2　Planar：平面实体分网

该命令对平面的一个区域进行网格划分。构成平面区域的边界曲线必须是闭合的，且边界上的曲线在分网前必须设置了种子点。平面分网菜单如图 3-44 所示。

1. Mesh Coarsening Parameter 平面分网的粗化参数

Mesh Coarsening Parameter 的 Transition 参数用来控制平面单元划分时单元的增大或者减小速度。参数小于 1 表示内部单元的尺寸减小，大于 1 表示内部单元的尺寸增大，如图 3-45 所示。本参数的设置只在 Advancing Front 网格划分方法中有效。

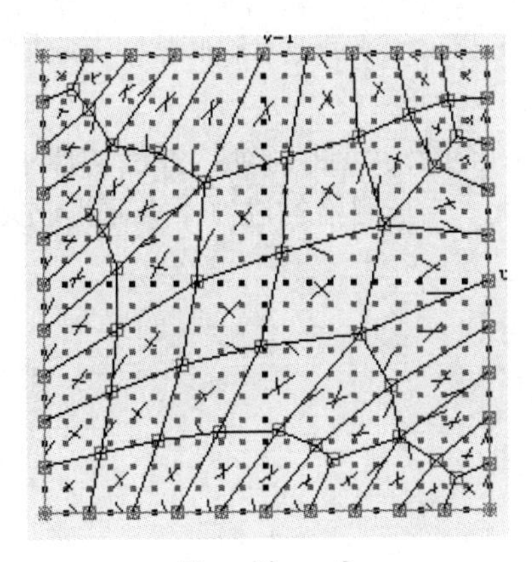

Transition＝2

Transition＝0.7

图 3-45　2D Mesh Coarsening Parameter

2. Advancing Front 法

这种自动划分网格的方法是从区域的边界向内部逐个生成单元，最后形成全域网格。用它生成的网格同样有着很好的疏密过渡、几何尺寸和形状。当网格疏密过渡较剧烈时，它也同样能够生成高质量的网格。划分四边形单元要求区域边界的种子点数为偶数，否则可能出现三角形单元。平面的闭合区域可以有孔洞或者曲线，如图 3-46 所示。闭合区域的曲线可以作为分网的硬线控制区域内部的网格疏密或者该曲线上的节点分布。

如图 3-46 所示模型可在书中所附光盘“第 3 章\平面分网”文件夹下找到。读者可以将提供的 2D planar mesh.igs 文件导入到 Mentat 后，设置目标长度为 2.4 的种子点后，分别采用不同的网格划分器进行分网操作。

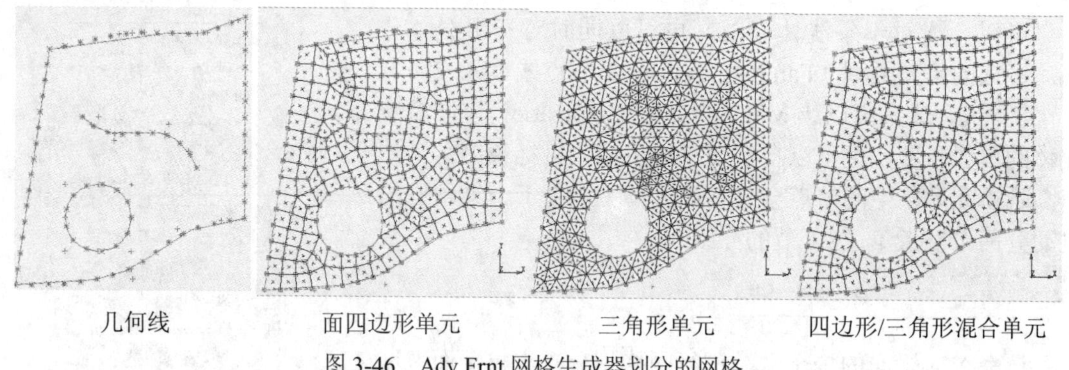


图 3-46　Adv Frnt 网格生成器划分的网格

3. Overlay：覆盖网格生成技术

本方法主要适用于由封闭曲线围成的平面单连通域或多连通域内的四边形网格生成，区域内部不能有开环的曲线。在裁剪曲面上同样可以用覆盖网格技术生成质量上乘的四边形。用户给定 U、V 两方向的单元份数控制单元数量。另外，给定偏斜系数可以设置生成网格的疏密度，偏斜系数取值在[-0.5, 0.5]之间。此种方法分网无须事先设置种子点，如果设置了，种子点也不会起作用。覆盖网格技术生成网格的迭代计算效率很高。只要给定足够的 U、V 方向分隔数，就能保证顺利生成网格。Overlay 划分的平面网格如图 3-47 所示。

4. Triangles（Delaunay 法）三角形网格划分

此种网格划分方法是先生成覆盖区域的稀疏三角形单元，然后局部加密，生成所需密度的三角形网格。所生成的单元形态趋向于等边三角形。

Delaunay 网格划分方法充分考虑了几何形状中存在的微小几何特征，并能在微小几何特征处划分较细的单元。在不需要密网格处，采用稀疏单元。疏密网格的过渡十分平滑。Delaunay 网格划分的平面网格如图 3-48 所示。

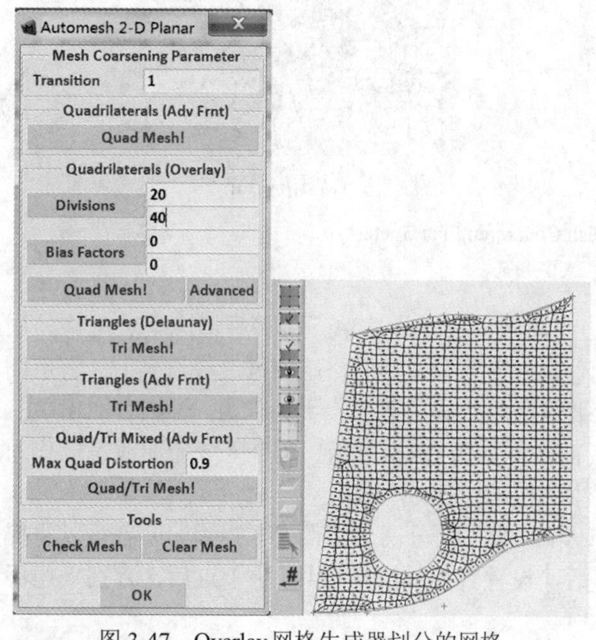


图 3-47　Overlay 网格生成器划分的网格

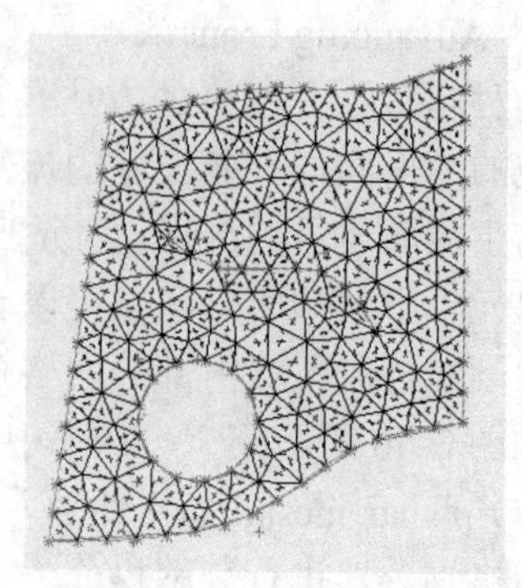

图 3-48　Delaunay 法网格生成器划分的网格

### 3.5.3 Surface 曲面网格划分

曲面网格划分菜单如图 3-49 所示，这里可以针对 Nurbs 曲面、片体（Sheet）、实体的外表面曲面（Solid Faces）、小碎面（Faceted Surface）、曲面网格（Surface Mesh）进行网格划分。选择 Nurbs 曲面时，功能大部分同平面网格划分，此处不再赘述。

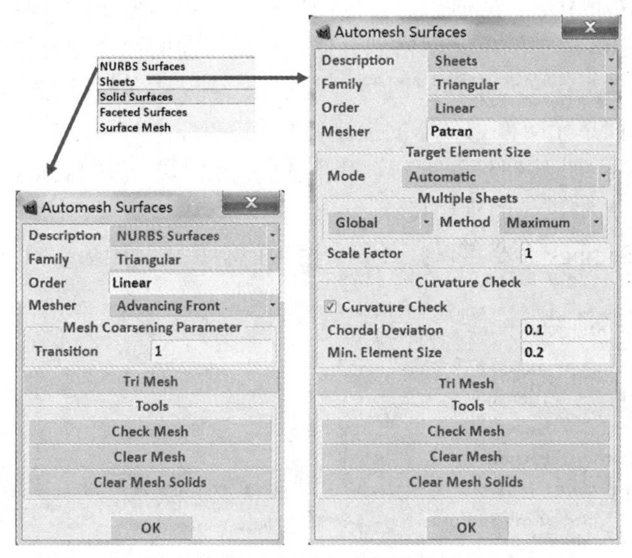


图 3-49　曲面自动分网菜单

将几何描述选为片体（Sheet）后，可以针对片体进行壳单元或膜片单元网格的划分。可以一次对一块片体划分网格，也可以同时选择一组片体进行分网。可选的单元为低阶 3 节点三角形、4 节点四边形单元、高阶 6 节点三角形或 8 节点四边形单元。可以由 Mentat 自动控制有限单元长度，也可自定义目标单元长度。当采用高阶单元分网时，中间节点位于片体表面。注意，Curvature Check 曲率检查对捕捉片体几何非常重要。

如图 3-50 所示为采用 Mentat 的曲面自动网格划分工具对曲面进行四边形和三角形网格划分的实例。

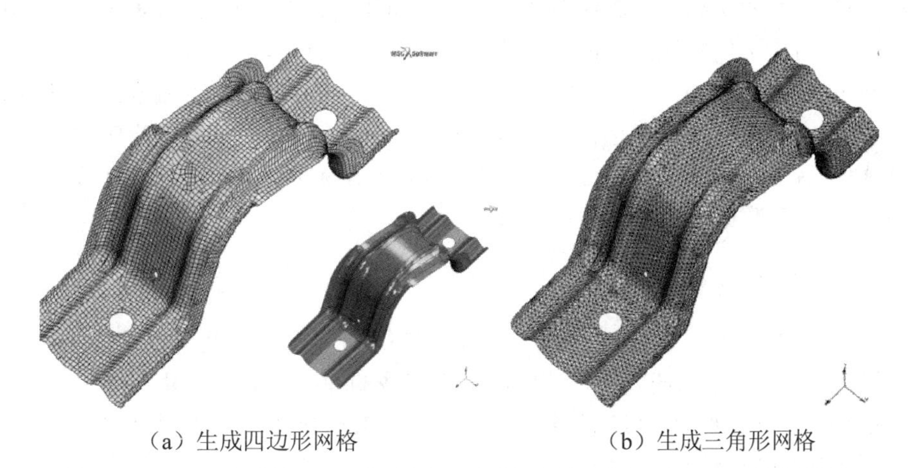

（a）生成四边形网格　　（b）生成三角形网格

图 3-50　Mentat 的曲面自动网格划分工具对曲面进行四边形和三角形网格划分

当选择实体表面的曲面（Solid Faces）进行网格划分时，程序默认采用 Patran 网格生成器，与片体分网类似，可以一次对一个曲面划分网格，也可以同时选择一组曲面体进行分网。可选的单元为低阶 3 节点三角形或 4 节点四边形单元以及高阶 6 节点三角形或 8 节点四边形单元。同样可以由 Mentat 自动控制单元长度或自定义目标单元长度。

当选择针对细小平面组成的面（Faceted Surface）或曲面网格（Surface Mesh）进行自动分网时，其菜单如图 3-51 所示，此时只允许采用低阶三角形网格进行分网，曲面三角形单元网格划分方法使用了 Patran 中的单元网格划分器，它是在曲面已经划分好的三角形单元网格基础上，对曲面网格重新进行三角形单元网格再划分的一种方法。经该方法划分的三角形单元网格质量高。Patran 曲面单元网格划分器的控制参数有 3 个。

（1）Element Size：此按钮设置重新划分生成的三角形单元的目标尺寸大小。如果该值为零，则使用输入的三角形单元的平均尺寸。

单击 Advanced Settings 命令可以打开其余两项控制参数，如图 3-51 所示。

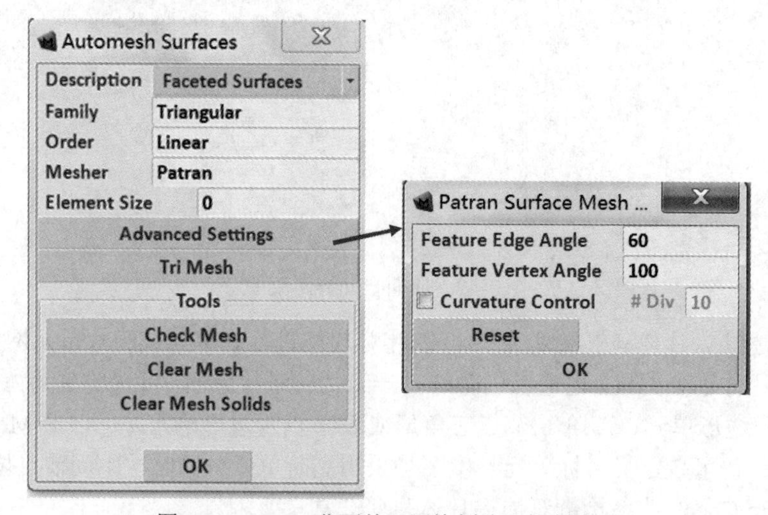


图 3-51　Patran 曲面单元网格划分器控制选项

（2）Feature Edge Angle（特征边角度）：设置 Patran 网格划分器的特征边角度，如果一条边的两个相邻曲面的法线夹角比这个值大，则认为该边是软特征边（soft feature edge），单元网格重新生成后该边仍然保留，但在此边上要放置新的节点。

（3）Feature Vertex Angle（特征定点角度）：其作用是通过与这点相连的两条特征边延伸矢量的夹角的大小，决定该顶点是否是硬点（hard point）。如果夹角小于给定值，那么是一个硬点，网格划分后，该硬点作为单元节点保留。选项 Curvature Control 控制曲线划分精度，其后的数字表示一个完整圆用多少段线段等分表示。

### 3.5.4　Volumes：全新实体网格划分

实体网格划分的菜单如图 3-52 所示。网格划分之前，需要在几何描述（Description）处正确选择对象的类型（实体、曲面网格或细小平面组成的面），以及要采用的单元类型（Family）和阶数（Order）。另外需要指定目标单元尺寸（Target Element Size）是由程序自动（Automatic）计算或用户自定义（Manual）。

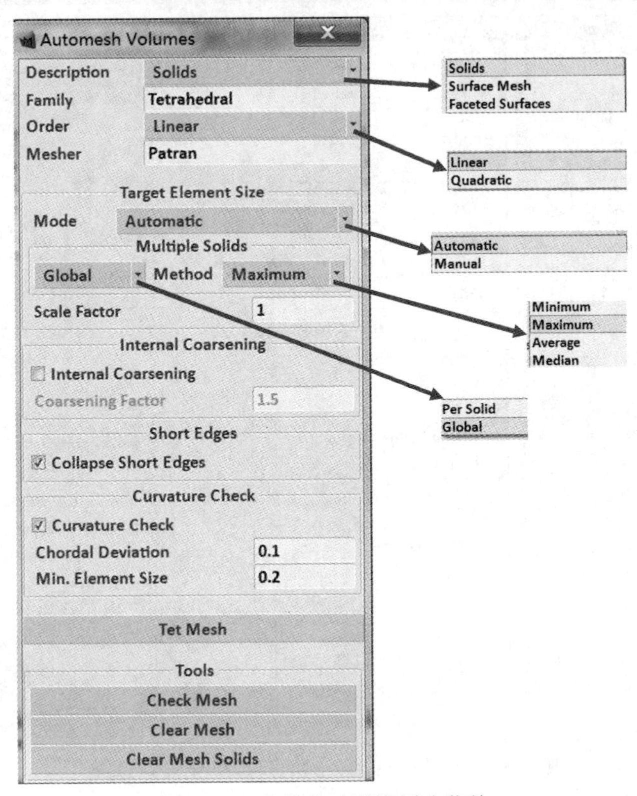


图 3-52 实体自动网格划分菜单

在目标单元尺寸（Target Element Size）框架下提供了多个选项用于进行单元尺寸的设置。如果模式选择为自动（默认设置），那么程序会对每个部件计算其网格尺寸并进行分网。自动计算的单元尺寸根据部件的体积和面积得到。如果分网时只有一个部件，那么该部件直接应用计算得到的尺寸分网。但如果是针对多个部件同时分网，那么这里提供了两个选项：

（1）Per solid：每个部件采用针对各自计算得到的单元尺寸划分网格。

（2）Global：每个部件采用相同的（全局）单元尺寸进行网格划分，该尺寸根据各个部件的目标单元尺寸推导而来，具体的推导方法如下：

1）Minimum：最小值方法，即选取各个部件计算得到的目标单元尺寸的最小值。

2）Maximum：最大值方法，即选取各个部件计算得到的目标单元尺寸的最大值。

3）Average：平均值方法，即选取各个部件计算得到的目标单元尺寸的平均值。

4）Median：中值方法，即选取各个部件计算得到的目标单元尺寸的中间值（如果所有部件计算得到的目标单元尺寸按照从小到大的顺序排列，那么取中间的那个数值）。

比例因子（Scale Factor）是一个目标单元尺寸的缩放因子，可用于自动计算目标单元尺寸时产生的网格或者过于稀疏或者过于密集的情况。

如果按照图 3-53 右图所示将模式（Mode）设置为自定义（Manual），那么目标单元尺寸可在单元尺寸（Element Size）栏中由用户自定义输入，此时的目标单元尺寸是一个全局尺寸，所有的部件同时以相同的尺寸进行网格划分。计算（Compute）按钮用于对一组部件计算目标单元尺寸，此时采用与自动/全局选项提供的相同算法可获得目标单元尺寸的预估值，该按钮可以帮助用户在正式划分网格前进行目标单元尺寸的调整。

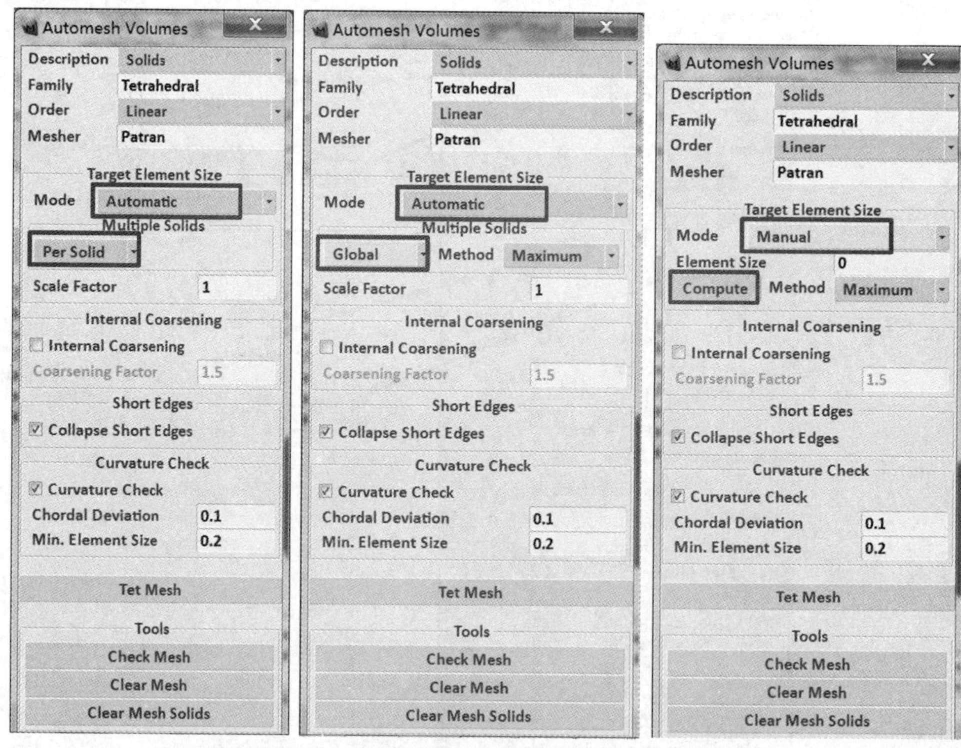


图 3-53　实体网格划分时的目标单元尺寸设置

另外，还有一些关于目标单元尺寸的选项会影响部件的网格划分：

- 如果一次针对多个部件进行网格划分，并且其中两个部件的曲面存在部分重合，那么这部分曲面将采用相同的网格尺寸分网。并采用两个曲面单元尺寸中最小的值进行网格划分。结果是两个面的网格不会完全相同，但具有相似的网格密度。这种处理对具有一定程度小滑移的接触问题非常有用，有利于在两个部件间获得更为准确的接触条件描述。
- 内部粗化（Internal Coarsening）选项（仅仅对于实体分网）可以在部件内部获得合理的稀疏网格。
- 曲率检查（Curvature Check）选项在高曲率区域创建较小的单元，从而更好地捕捉曲面中的曲率变化。弦偏差（Chordal Deviation）是单元边和实际曲面间允许的最大距离（相对边的长度）。较小的数值会在高曲率区域产生较小的单元，同时能够更准确地描述实体的实际曲面形状。
- 种子点（Mesh Seeds）可定义在实体的面、边或顶点上，进行这些对象的网格密度的局部控制。

如图 3-54 所示结构，首先利用实体网格种子点（Pre-Automesh：Solid Mesh Seeds）工具对指定边进行目标长度（Target Length）为 0.1 的设置。其次采用实体自动网格划分工具，选择手动设置目标单元尺寸，并单击计算获得预估网格尺寸。在不采用曲率检查的情况下获得的实体网格如图 3-55（a）所示。

为了对比，将曲率检查激活，可以发现图 3-55（b）中在孔的周围网格发生变化。进一步增加对顶面的种子点设置，得到新的分网结果如图 3-56 所示。

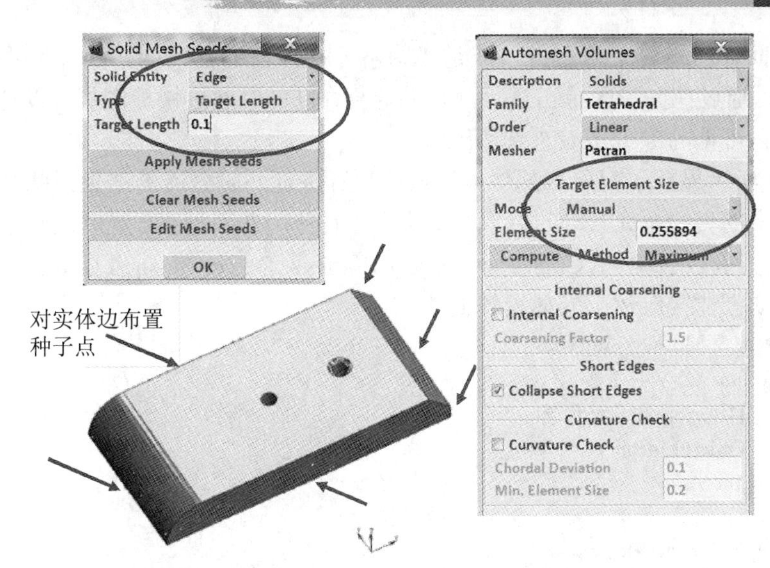


图 3-54 布置实体边种子点以及自动计算单元尺寸

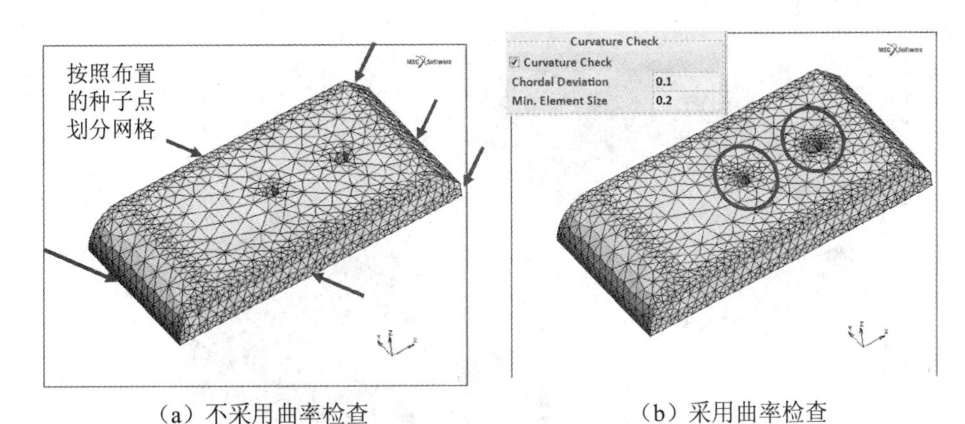


（a）不采用曲率检查 （b）采用曲率检查

图 3-55 自动计算单元尺寸的分网结果

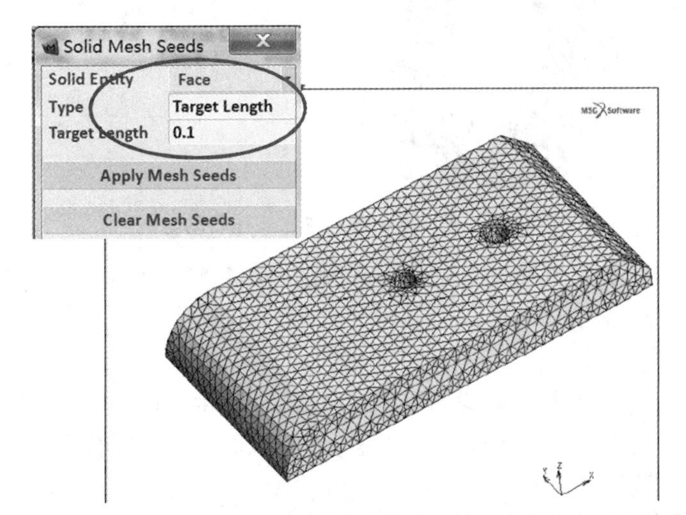


图 3-56 自动计算单元尺寸，不采用曲率检查，针对实体边、面布置种子点

不管是四面体网格、三角形网格或是线网格，在各自的自动网格划分菜单中选择合适的类型后，既可以通过在图形区单击进行部件的选择，也可以通过快捷图标辅助选取，例如所有存在的、所有可见的或所有被选等。

如图 3-57 所示显示了对所有部件采用默认设置进行同时分网的结果，此时每个部件采用各自自动计算出的目标单元尺寸进行网格划分，并且使用曲率检查。这里在网格划分完成后使用自动探测划分网格的部件（Contact→Contact Bodies：Detect Meshed Bodies）命令对模型中的不同部件自动创建接触体。具体操作如下：

Geometry & Mesh → Automesh
Volumes
Description: Solids ▼
Order: Linear ▼
Tet Mesh
All Existing
Contact → Contact Bodies
Detect Meshed Bodies
☑Identify

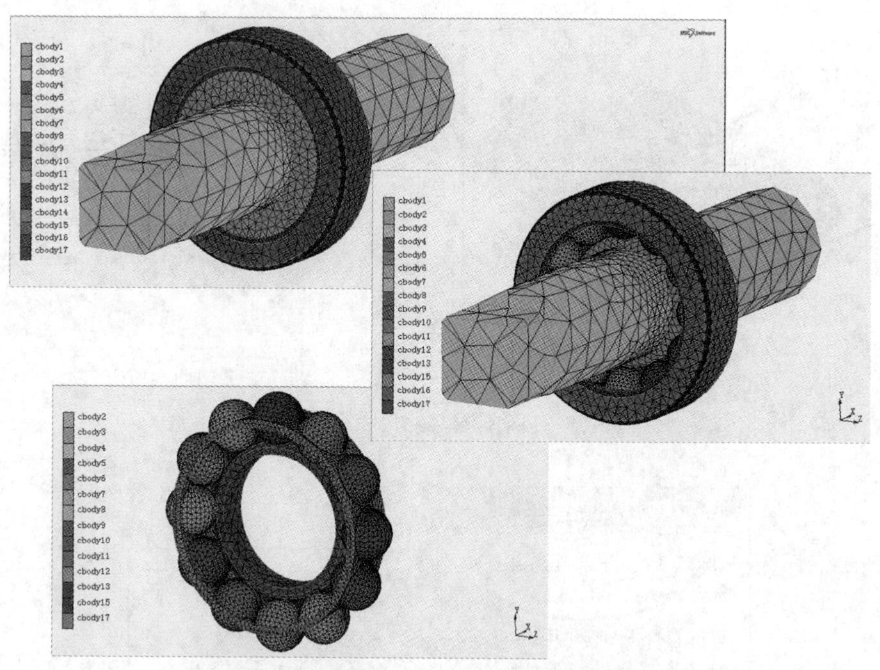


图 3-57　采用默认参数进行实体自动分网

完成上述操作后，为了方便查看可以将一侧的内圈隐藏，并关闭实体和节点的显示，此时可以看到图 3-57 所示内容：

（1）每个部件的单元尺寸与自身尺寸相适应。

（2）轴的网格尺寸在安装轴承的部位更为精细。这是由于内圈刚好与轴的这一部位贴合，导致两个部件这部分的面采用了相同的网格尺寸和相似的网格密度分布，而且内圈的更小单元尺寸反映在了轴的这段网格上。

（3）在外圈的倒角部位为获取更好的曲率捕捉效果采用了较为细密的网格分布。

如果采用不同的目标单元尺寸设置，会得到不同的分网结果，具体设置方法和结果可以参考第3.8.3节关于几何实体自动分网的实例介绍。

当选择针对曲面网格或细小平面组成的面进行实体分网时，可以采用图3-58左图所示菜单设置，网格类型可以选择四面体或六面体，网格的阶数与已有的曲面网格保持一致，当采用四面体网格划分时，可选的网格划分器包括Patran和Delaunay两种。采用六面体网格划分的菜单如图3-58右图所示。

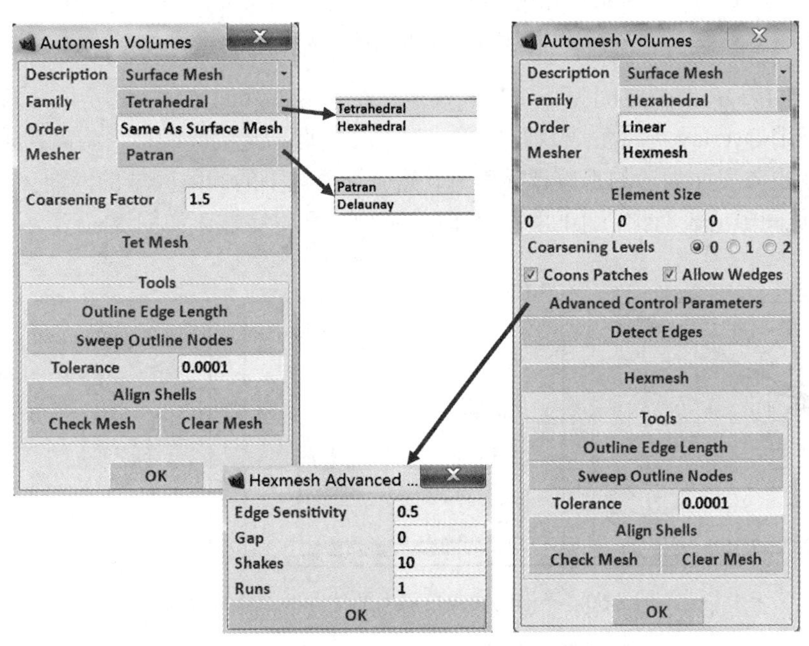


图3-58 针对曲面网格进行实体分网的菜单

1. Tetrahedral: 四面体网格划分

Coarsening Factor参数设置同平面和曲面网格划分的Transition参数设置。

Tet Mesh将在以三角面片表达的实体外表面的基础上生成四面体网格。

2. Hexahedral: 六面体网格划分

（1）六面体网格划分时需要设置：

1）Element Size：单元在x, y, z方向的尺寸。

2）Coarsening Levels：粗化级别。0表示内外单元等大小；1表示内部单元边长是外周单元边长的2倍；2表示内部单元边长可达外周单元边长的4倍。

3）Coons Patches：勾选上该复选项，表面更加光顺，与原始几何更接近。

4）Allow Wedges：允许生成五面体单元。

（2）六面体单元网格划分器高级控制参数（Advanced Control Parameters）包括：

1）Edge Sensitivity（边界灵敏度）：在六面体网格划分过程中识别边界几何时，用边界灵敏度指标来探测，使一些表面单元的公共边代表几何实体的真实边界。网格划分时，生成的六面体网格的节点必须落在这些被探测出的单元边界上，保证六面体网格的几何精度。该参数在0～1之间取值。取值1表示不在同一平面的两个单元的公共边被认为是硬边（边界）；边界灵敏度取0，表明不探测真实边界。如图3-59所示。

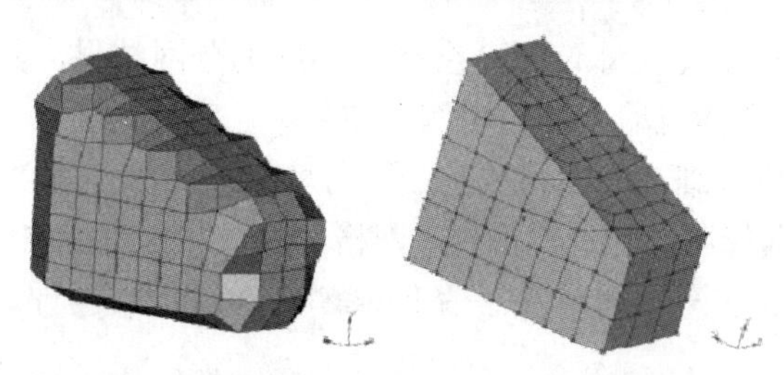

单元边界灵敏度=0　　　　单元边界灵敏度=1

图 3-59　边界探测时灵敏度取值的影响

2）Gap（间隙）：取值区间为【-1,1】。指定在初始内部六面体单元边界与表面单元之间的预留间隙。当用 Overlay 栅格生成六面体单元后，会根据指定的间隙值，将离初始内部六面体单元太近或超出外表面太远的那些单元删除，然后划分剩下的间隙区域的六面体单元。间隙大小为-1～1。负间隙值表明预留小间隙，有时甚至导致网格穿透，如图 3-60 所示。

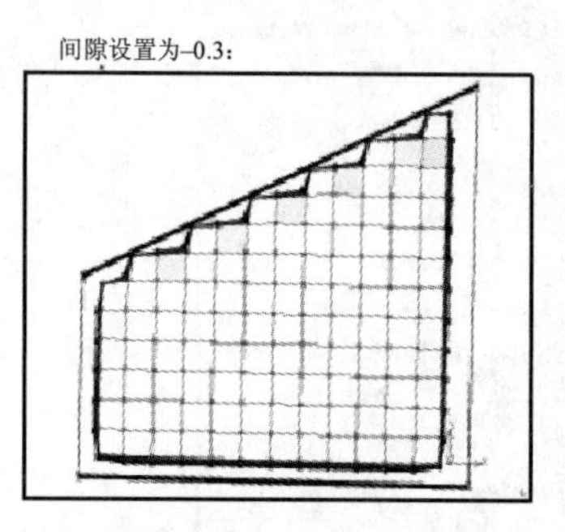


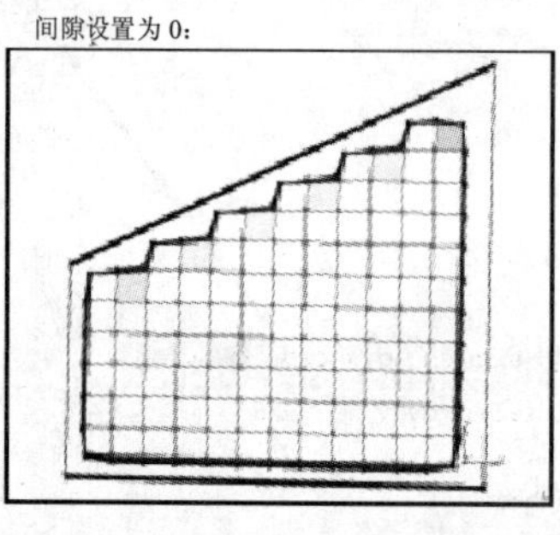


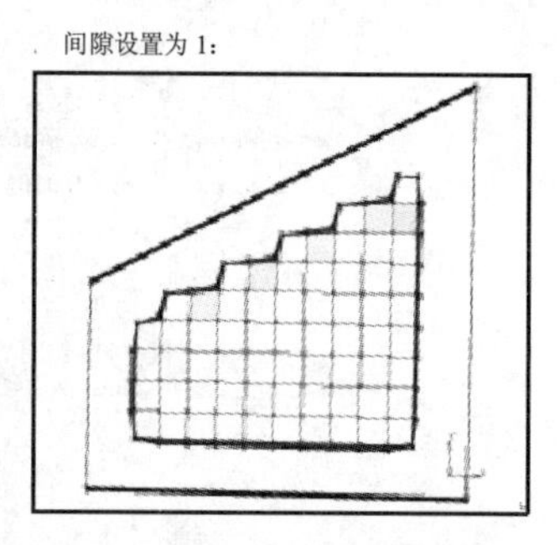


图 3-60　不同的间隙值对六面体网格划分的影响

3）Shakes：总体单元松弛处理的次数，这是提高单元质量的单元平滑处理。次数越多，计算时间越长，单元质量越高。建议的总体单元松弛处理的次数（即 shake 的值）如表 3-5 所示。

**表 3-5　单元松弛处理次数**

| 情形 | 建议取值 |
| --- | --- |
| 试探分网 | 10 |
| 最终分网 | 100 |

4）Runs：六面体网格划分运行最大次数。如果划分失败，将该值改大。

（3）Detect Edges：在六面体网格划分过程中识别边界几何时，用边界灵敏度指标来探测。

（4）Hexmesh：六面体网格划分。

（5）Outline Edge Length：程序可计算出外轮廓上的单元边长总和。如果不为零，需要进一步处理使其为零。

（6）Sweep Outline Nodes：合并较近的在误差范围内的节点。

（7）Align Shells：选择任意一个单元，Mentat 会自动使其他单元的法线方向与这个单元一致。

（8）Check Mesh：几何和网格的检查，详见第 3.5.6 节。

如图 3-61 所示是对于基于 Parasolid 几何建模引擎创建的三维实体，针对导入到 Mentat 中的外表面曲面进行四面体网格的生成。

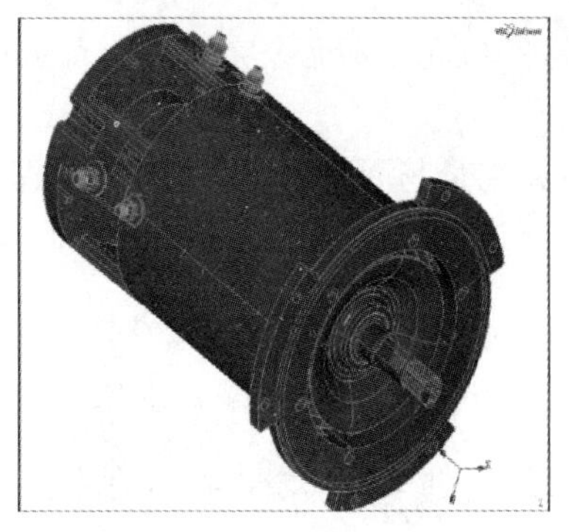
装配体几何模型（x_t 文件）

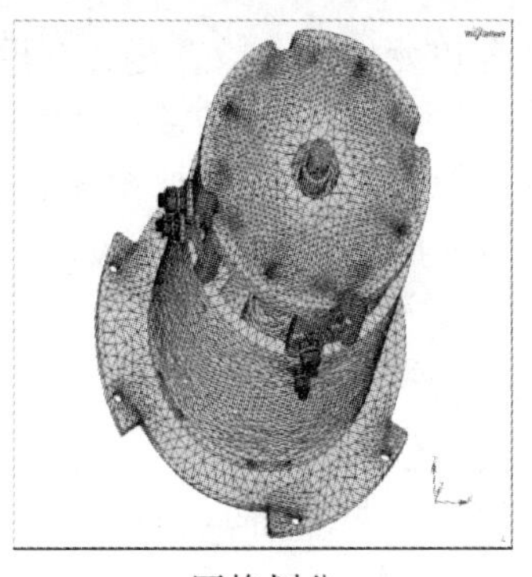
网格划分

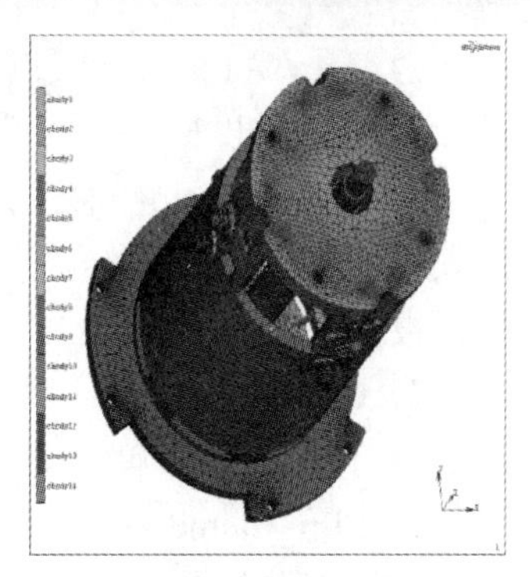
网格自动按照组件保存为 set

图 3-61　.x_t 文件的四面体网格划分

### 3.5.5　二维加强筋（Rebar）单元

二维 Rebar 单元的生成菜单如图 3-62 所示。

（1）Mesh Curves!：本指令执行的是在已生成的二维网格上按照给定的曲线生成一维单元。

（2）Insert：上部生成的 Rebar 单元通过 Inserts 指令插入到二维单元中。本单元类型主要用于局部纤维加强的材料，如复合材料、钢筋混凝土等。

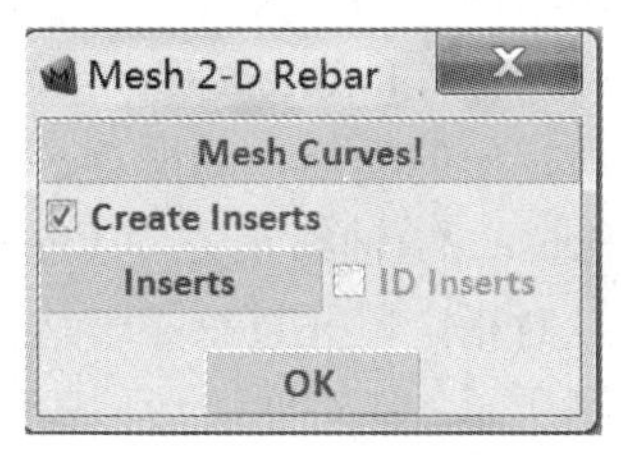


图 3-62　Rebar 单元生成对话框

### 3.5.6　Tools

在自动网格划分的各类型单元的下端，都有一个 Tools 功能区，此功能区包括 Check Mesh 功能按钮和 Clear Mesh 功能按钮，在针对曲线、曲面或实体自动划分网格时，还提供了 Clear Mesh Solids 功能按钮。

Check Mesh 功能按钮用于检查网格模型的质量，帮助用户获取网格的质量信息。其菜单界面如图 3-63 所示。

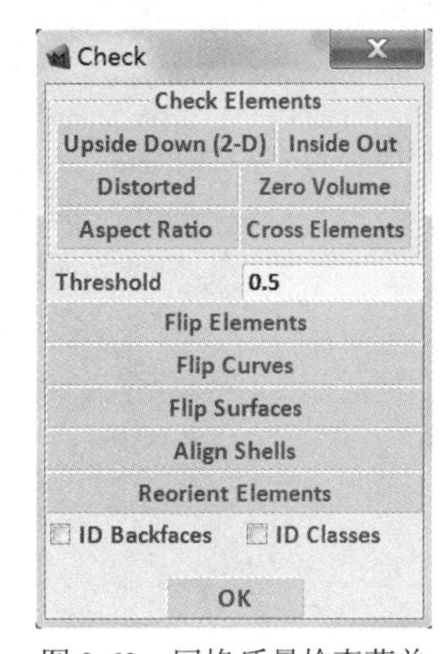


图 3-63　网格质量检查菜单

（1）Check Elements：检查单元节点编号顺序、单元是否奇异。

（2）Upside Down (2-D)：检查二维平面及轴对称单元 Jacobian 是否为负、是否按逆时针编节点号。本命令执行完成后所有单元节点编号错误的单元会被选取出来，这些单元可用 Flip Elements 命令结合 All Selected 更正被选取出的单元节点编号顺序。

（3）Inside Out：检查三维单元 Jacobian 是否为负。Jacobian 为负通常由单元节点编号错误引起。本命令完成以后，所有 Jacobian 为负的单元均已被选取出来，可用 Flip Elements 命令结合 All Selected 更正单元节点编号。

（4）Distorted：检查每个单元是否角度畸形。内角小于 60° 或大于 120° 均认为是畸形，本命令完成后所有畸形单元均已被选取出来。

（5）Zero Volume：通过计算单元体积，检查是否有折迭的单元。本命令完成后所有折迭的单元均被选取出来。

（6）Aspect Ratio：通过计算单元边长比（2D 单元是单元周长与面积之比，3D 单元是单元总表面积与体积之比），检查单元质量。本命令完成后，所有边长比大于 Threshold+1 的单元均已被选取出来。

（7）Cross Elements：检查壳单元相邻边是否存在交叠。

（8）Threshold：单元畸形门坎值的设置。

（9）Flip Elements：将单元表面法线方向反向。用户必须提供单元列表，在进行上面各项检查后，通常单击 All Selected 按钮即可。

（10）Flip Curves：将曲线方向反向。用户必须提供曲线列表。

（11）Flip Surface：将曲面法线方向取反。

（12）Align Shells：选定一个单元，使所有依次相连的单元与其有相同的节点编号方向。该选项用于调整单元法线方向，使所选单元与参考单元具有相同的法线方向。

（13）Reorient Elements：提供了针对四面体、五面体、六面体以及三角形、四边形单元重新定向的功能，如图 3-64 所示。通过确定单元旋转的轴线方向（Axis of Rotation）及设定（Sense）绕轴线正方向（Positive）或负方向（Negative）旋转，最后指定旋转的次数（#Turns）可以对指定单元进行第一边（二维单元中带有斜线的单元边为第一边）的重新定向。如图 3-65 左图所示，针对四边形、三角形单元默认旋转轴线为单元面法线方向（本例中为与 z 轴正方向平行），绕着轴的正向旋转一次。如图 3-65 中间图所示，针对六面体，采用默认的 Face 4 To Face 5 作为旋转轴，本例中为与 z 轴正方向平行，通过 View→Plot Control→Elements: Settings→Face: ☑Labels 可以显示单元面的编号，绕着轴的正向旋转一次，旋转后的结果如图 3-65 右图所示。

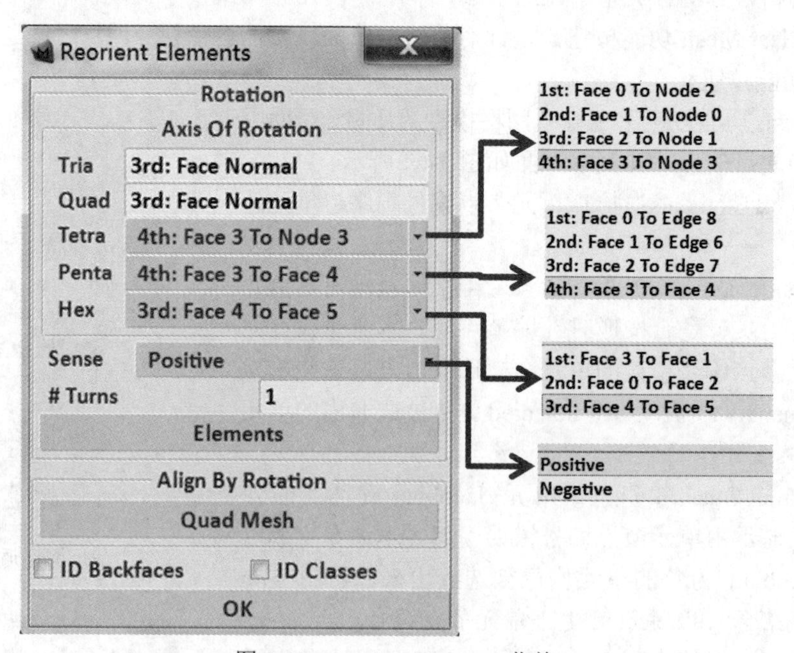


图 3-64　Reorient Elements 菜单

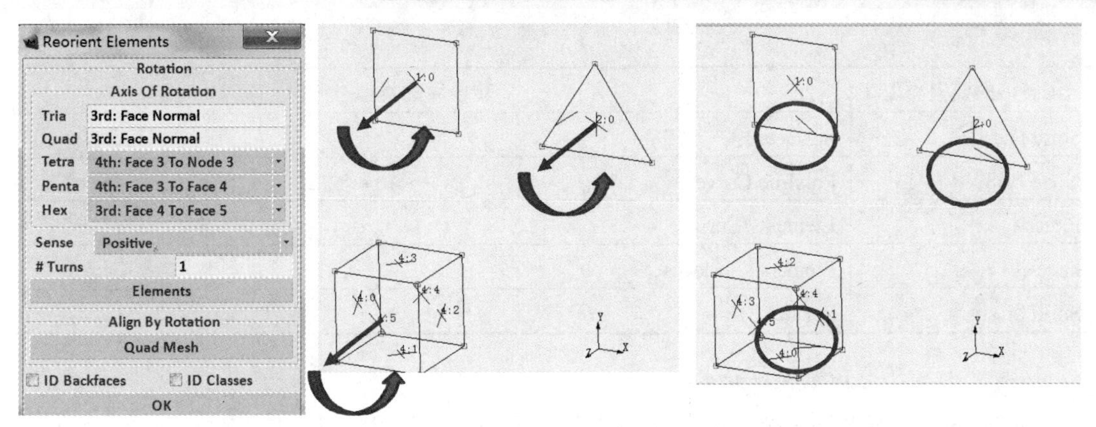


图 3-65 通过单元重定向按钮调整二维和三维单元第一方向的示例

## 3.6 转换法生成网格

几何线和面的生成定义方法在前面已作介绍，下面要介绍将它们转换为网格的 Convert 工具。在此仅涉及 Convert 处理功能中的几何实体转换为网格部分。如图 3-66 所示在 Geometry & Mesh（主菜单）的 Operations（子菜单面板）下可以看到 Convert（子菜单），通过转换菜单可以完成表 3-6 所示的转换。

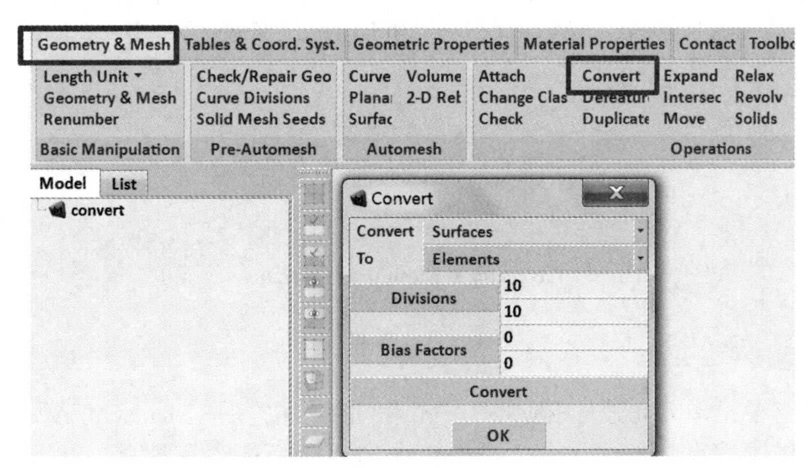


图 3-66 Convert 菜单

表 3-6 Mentat 支持的几何/有限元间的转换类型

| 可转换的要素类型 | 转换后的类型 |
|---|---|
| Points | Nodes |
| Curves | Elements/Polyline Curves/Interpolated Curves/Solid Curves/Solid Edges |
| Surfaces | Elements/Polyline Surfaces /Interpolated Surfaces/Faceted Surfaces/Solid Faces |
| Solid Vertices | Points |
| Solid Edges | Curves |

续表

| 可转换的要素类型 | 转换后的类型 |
|---|---|
| Solid Faces | Surfaces |
| Node Path | Polyline Curve |
| Edges | Elements/Curves |
| Faces | Elements/Surfaces |
| Solid Mesh | Surface Mesh |

在转换时提供了以下参数控制：

Divisions：用于定义在第一、二方向上的单元的划分数目。

Bias Factors：指定在第一、二方向上的单元偏移系数。

具体操作顺序：转换类型（Convert▼）选择→转换到的对象（To▼）选择→设置转换参数→单击 Convert 选择对象并确认。转换完成后，几何实体仍然存在，当然部分操作中可以通过 Remove Original 将原有几何删除。

## 3.7 Operations：几何和网格处理

Geometry & Mesh 主菜单下的 Operations 功能模块包含各种几何和网格编辑、修改、加工和处理功能，如 Attach（关联）、Move（移动）和 Expand（扩展）等。Operations 菜单如图 3-67 所示。

Attach Convert Expand Relax Stretch Symmetry
Change Class Defeature Intersect Revolve Subdivide
Check Duplicate Move Solids Sweep
Operations

图 3-67 Geometry & Mesh 下的 Operations 子菜单

### 3.7.1 Attach：关联/附着

Attach 用于建立单元元素与相应的几何元素间的从属关系。Mentat 的 Attach 可处理：将单元节点附着在几何点、线、面或两个曲面交线；将线单元附着在曲线上；面单元附着在曲面上。Attach 菜单如图 3-68 所示。

1. Mode：关联方法

Directed：按照指定的矢量方向关联附着。

Direction：指定关联附着的矢量方向，如图 3-69（a）所示。

Closest：按照最短距离关联附着，如图 3-69（b）所示。

2. Limit：Attach 操作的限制

On：设置 Attach 操作是否检测距离门槛值。该项为 on 时，表示当距离小于门槛值时执行 Attach 操作。

Distance：设置门槛值的大小。

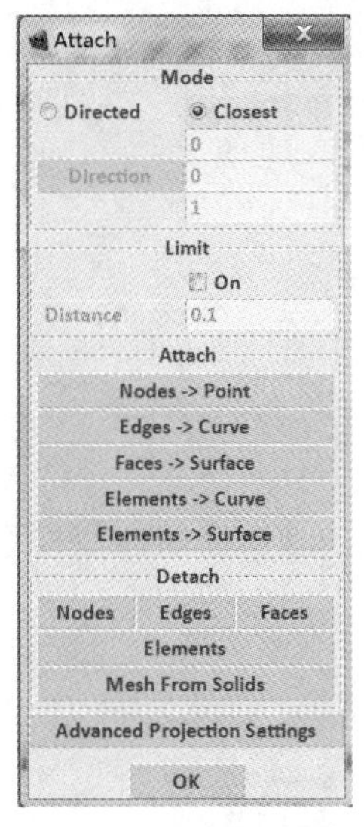


图 3-68 Attach 菜单

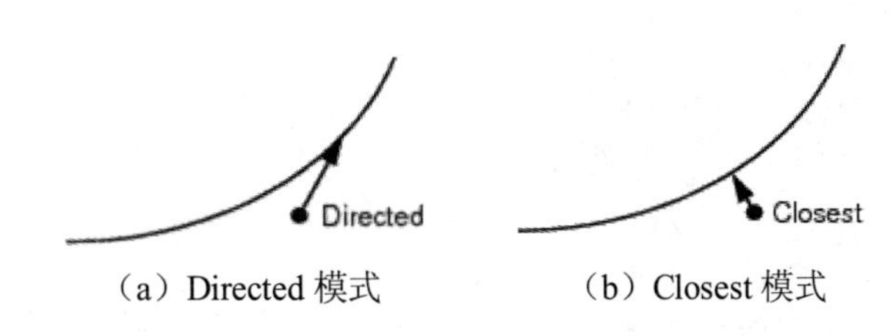


（a）Directed 模式　　（b）Closest 模式

图 3-69 attach 的“Directed”模式和“Closest”模式示意图

3. Attach：关联/附着

Nodes→Point 节点与几何点附着。

Edges→Curve 单元边和几何曲线附着。

Faces→Surface 单元面和几何曲面附着。

Elements→Curve 线单元附着到几何曲线。

Elements→Surface 面单元附着到曲面。

4. Detach：取消关联/附着

Nodes：取消节点和几何点的关联。

Edges：取消单元边和曲线的关联。

Faces：取消单元面和曲面的关联。

Elements：取消关联的单元列表。选中的单元将执行选定的操作。

Mesh From Solids：取消实体网格要素与几何实体间的关联关系。

Advanced Projection Settings→Tolerance：设置关联的容差。

### 3.7.2 Change Class：单元几何拓扑种类更改

Change Class 子菜单如图 3-70 所示。该操作面板提供各种几何拓扑的单元种类供用户选用。可以进行低阶和高阶单元间的转换，例如：把 3 节点线单元转换成 2 节点线单元，把 4 节点四边形单元转换成 8 节点四边形单元，或反向处理。如图 3-71 所示，用户选用合适的转换目标种类，选择当前要转换的单元，即可将选取的单元从当前种类转换到目标种类。

- To Quadratic Elements：将低阶单元转换成高阶单元。
- To Linear Elements：将高阶单元转换成低阶单元。
- To Class：指定目标单元种类。
- Elements：指定要改变单元种类的单元。
- Change Collapsed Elements：将退化的单元转换为正常单元，例如：将退化的 4 节点四边形单元转换为 3 节点三角形单元或退化的六面体单元转换为五面体单元。

- Re-Use Element Ids：重用被转换单元原来使用的编号。
- Identify Element Classes：采用色带显示单元种类。

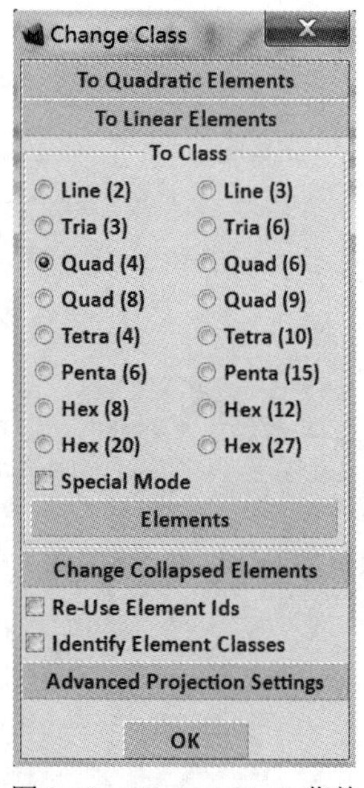


图 3-70　Change Class 菜单

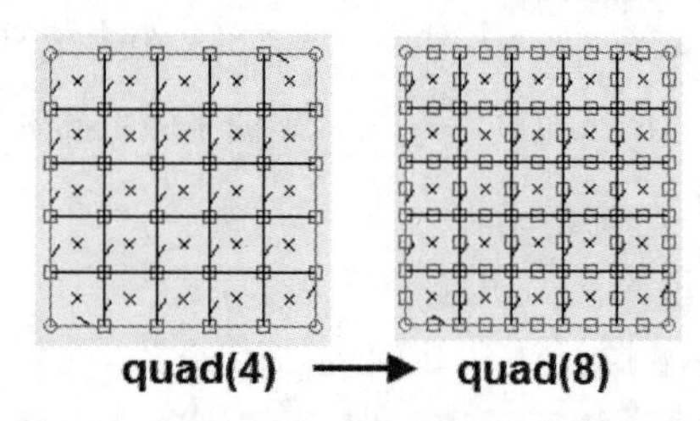


图 3-71　4 节点四边形单元 quad(4)转换成 8 节点四边形单元 quad(8)

### 3.7.3　Check：单元检查

此部分功能同 Automesh 下 Tools 下的 Check 功能，详见第 3.5.6 节。

### 3.7.4　Convert：转换

此功能菜单可进行几何－单元、几何－几何、单元－几何、单元－单元的转换，是前处理过程中频繁使用的便利工具。实质上，Convert 包括了简单的网格划分功能和在高阶的几何元素或单元元素上提取低阶元素的功能。详见第 3.6 节的介绍。

### 3.7.5　Defeature：特征删除

针对导入或在 Mentat 中创建的几何实体进行特征识别、删除、编辑等操作，具体介绍请参考第 3.2.3 节。

### 3.7.6　Duplicate：复制

使用 Duplicate 可实现单元元素或几何元素的复制。复制方式包括平移、旋转和缩放 3 种。

### 3.7.7　Expand：扩展

使用扩展功能可实现单元元素或几何元素由一维向二维、二维向三维的升级转换。扩展包括平移、旋转和缩放 3 种方式。用户给出扩展的次数便可完成对单元或几何元素的连续升级转换。如图 3-72 所示的弹簧六面体网格，可以通过截面的二维网格，同时考虑轴向的偏移和旋转扩展得到。在高级扩展中还提供了轴对称模型向三维模型的扩展、平面模型向三维模型的扩展、非平均间隔旋转角度的扩展、非平均间隔平移量的扩展、壳单元或线单元长厚的扩展以及单元沿着曲线扩展。

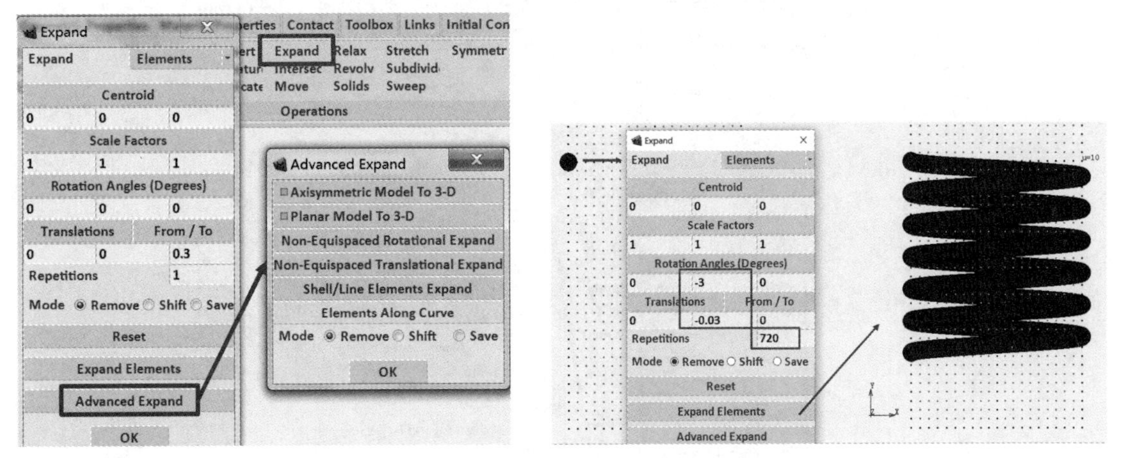

图 3-72　扩展及高级扩展菜单及应用实例

## 3.7.8　Intersect：相交

相交菜单，计算几何元素的交点或交线。

（1）Curve/Curve：计算并生成两条相交曲线的交点。

（2）Curve/Surface：计算并生成曲线与曲面的交点。

（3）Surface/Surface：计算并生成两个相交曲面的交线。

（4）Surface/Surface Curves：控制两个相交曲面的交线的形式。

（5）Extend Curves：延伸两条直线至相交，并在交点处截断，如图 3-73 所示。

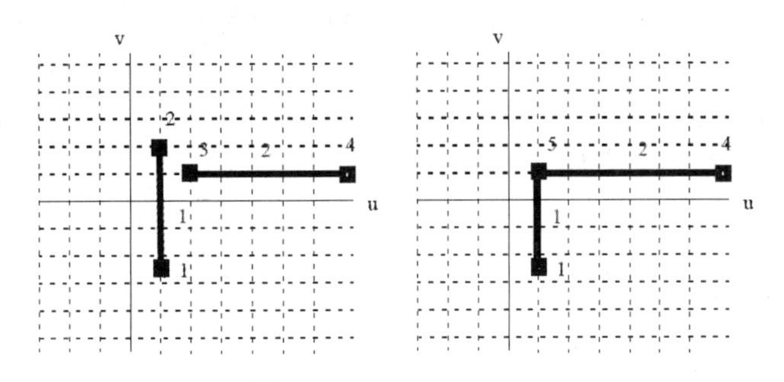

图 3-73　Extend Curves

## 3.7.9　Move：移动

移动工具对手工修正局部单元几何信息尤为方便。包括平移、旋转、缩放 3 种方式。除此之外，Mentat 还可通过解析公式的输入来定量控制移动。在 Move To Geometric Entities 菜单下提供了将几何点移动到指定曲线、曲面或相交曲线以及移动节点到指定几何点、曲线、曲面或相交曲面的选项。方便用户对局部几何和有限元要素进行调整。如图 3-74 所示。

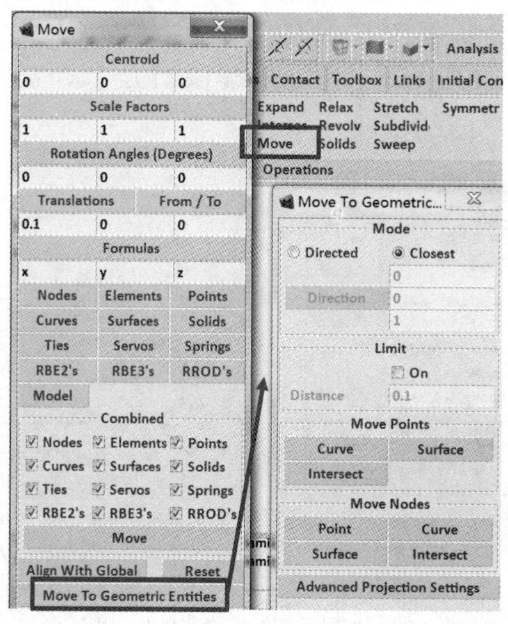

图 3-74　Move 及 Move To Geometric Entities 菜单

### 3.7.10　Relax：松弛

利用松弛工具可对已经生成的平面或曲面上的网格节点重新定位，最大限度地减少单元形状的扭曲程度，提高网格质量。在节点松弛过程中可以激活指定曲面或外轮廓线上的节点保持不动的选项。

### 3.7.11　Revolve：旋转

通过旋转将几何曲线或实体（线体、片体）生成旋转面或实体。当选择旋转曲线时，旋转轴为坐标系 Y 轴，可以在 Geometry&Mesh→Coordiate System 中设定坐标系。其中 Angles：指定旋转的起始和终止角度。Curves：指定要旋转的曲线。Reset：将旋转角重设为默认值。当选择旋转实体时可以指定旋转中心和旋转轴，如图 3-75 所示，可以将片体（四边形）绕着全局 Y 轴旋转 270° 获得新的实体。

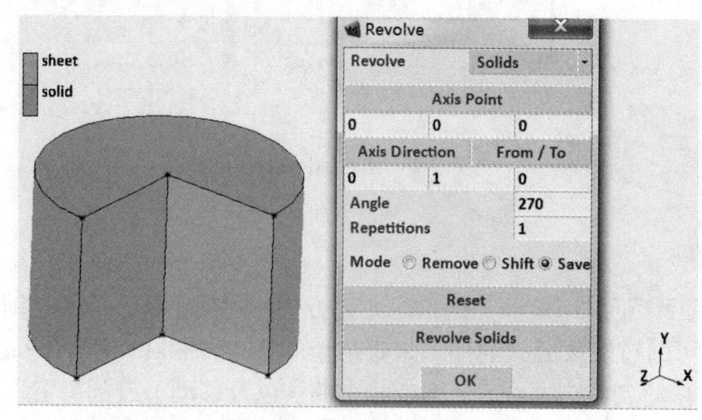

图 3-75　旋转四边形片体为三维实体（270° 圆柱）

### 3.7.12 Solids：实体的操作

完成实体的布尔运算、重命名、倒角、实体几何元素的提取和转换、实体面的分割/旋转/扩展/检查以及对象的清除。

### 3.7.13 Stretch

使用此命令可将沿一条节点路径上的全部节点进行重新定位，重新定位后节点的位置分布在节点路径上的起点和终点连线上。

### 3.7.14 Subdivide：网格加密

可对已有的一、二、三维单元进行加密。用户需给出各个维数方向的划分份数，并可通过改变偏移系数来调整单元的疏密过渡。由于网格重划分后会产生重复的节点，并影响单元的编号，应使用 Sweep 和 Renumber 进行再次的处理，去除重复节点，重新进行节点和单元的编号。

Refine Skin: 加密表面

加密表面默认设置是在不改变模型几何和体积的情况下，在模型外表面生成若干层细密的单元。对于获取表面上或紧靠表面的内部结构更准确的应力分布很有帮助。Refine Skin 菜单如图 3-76 所示。首先用户选择要加密的外表面；其次确定加密的规则，也就是加密的厚度（Thickness）和层数（Divisions）；Mentat 会在表面的法向方向“向内”或者“向外”在外表面指定厚度内生成指定层数的表面单元。

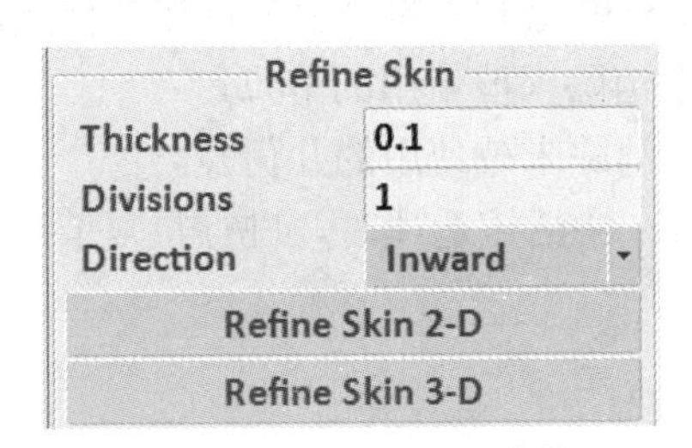


图 3-76 Refine Skin 菜单

在确定 Direction 时，Inward 是系统默认的方式。此方式在执行时系统将外表面单元沿法向向内部收缩，收缩的体积通过将表面单元沿法向拉伸补偿。设置 Outward 时，单元不会收缩，只有外表面的单元沿法向向外部按照指定厚度和指定层数拉伸。这种情况下，模型的体积会增大。

Refine Skin 2-D：用于二维实体单元和三维壳单元的表面单元细分。

Refine Skin 3-D：用于三维实体单元的表面单元细分。

如图 3-77 所示实例对外表面单元的细分。通过 Select→SelectionControl→Method：Face Flood 选取图示外表面的单元。在选取了齿轮外表面单元后（图 3-77 左图），单击 Subdivide→Refine Skin:Refine Skin3d→选择上一步操作选中的单元（All Selected），表面单元加密结果如图 3-77 右图所示。

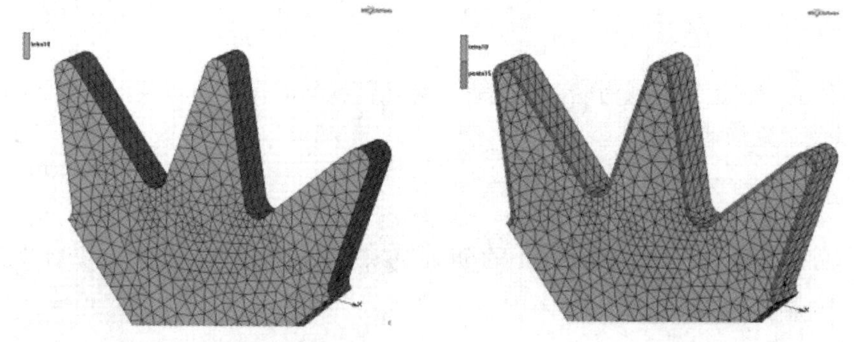

图 3-77　三维实体单元表面单元细分（3-D solid mesh refine skin）

### 3.7.15　Sweep：清理

用于消除重复的或距离过小的几何或单元对象。Sweep 对话框中各按钮含义如下：

- Tolerance：用于判断各类实体之间是否重合的容差设置。
- Nodes：消除重合节点。
- Elements：消除重合单元。
- Points：消除重合几何点。
- Curves：消除重合曲线。
- Surface：消除重合曲面。
- All：消除所有重合的几何点、曲线、曲面、节点、单元。
- Remove unused：删除与单元无关的自由节点或几何点。
    - Nodes：从模型中消除未被使用的节点。
    - Points：从模型中消除未被使用的几何点。
- Contact Body Integrity：激活该选项时，进行重复节点、单元等合并时将不合并接触体相交部位的对象。

### 3.7.16　Symmetry：对称

用于将单元元素或几何元素相对于某一镜射平面作对称复制。对于具有对称性的模型结构，利用对称功能可生成全模型。

Point：镜射面上一点的指定。

Normal：镜射面法线方向的指定。

From/To：通过输入两点构成矢量确定镜射面法线方向。

Create New Matching Boundary：如果被对称的对象中包含“匹配边界”设置，那么激活该项可以在对称出的模型中对“匹配边界”同时复制和对称处理。

Symmetry：将节点单元或几何实体相对某一镜射平面作对称复制。

## 3.8　网格自动划分例题

网格划分包括以下几个步骤：

（1）创建正确的几何：参数化或非参数化。

（2）去掉不必要的特征，如小倒角、圆孔等。

（3）布种子点：即指定如何控制网格疏密。

（4）指定网格类型，即选择 Curve、Plane、Surface、Volume 自动分网方式。

（5）指定网格生成器，如 Adv. Frnt、Overlay、Delaunay、Patran。

（6）将以上的设定应用到相应的几何上，生成网格。

下面分别以一维、二维和三维的网格划分为例，说明以上网格划分的步骤。

### 3.8.1　一维网格自动划分例题

虽然现实世界中的物体都是三维的，但是在有限元分析的时候，根据结构特征，采用简化的网格会达到事半功倍的效果。如图 3-78（a）所示的框架结构，右图所示的接触网结构一个维度的尺寸远远大于另外两个维度的尺寸。对于这类结构，可以采用杆/梁单元进行有限元建模。

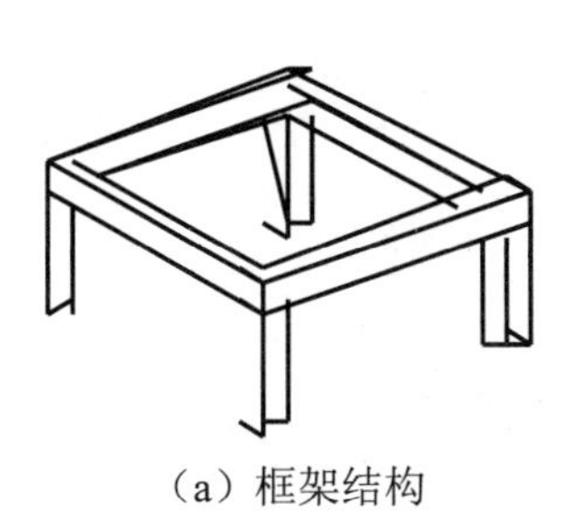

（a）框架结构

（b）高速铁路接触网系统

图 3-78　框架结构及高速铁路接触网系统

Marc 中梁、杆单元有 2 节点（Line (2)）、3 节点（Line (3)）两种拓扑形式，从几何表达上讲，梁和杆是没有区别的，都用线来表示。但从物理特性上来讲，两者是有区别的，Marc 中将一维线单元的物理特性的定义放在了 Geometric Properties 部分。

图 3-79　杆单元的几何特性定义对话框

对于杆单元物理特性定义，需要给出杆的截面面积。其定义过程为：

Geometric Properties→New(Structural)▼→3-D▶→Truss

Area 输入杆的截面面积（杆的几何特性定义对话框如图 3-79 所示）。

对于梁单元物理特性定义，Marc 支持两种梁的定义，一种梁为 Solid Section Beam，即截面为实心的梁；另一种梁为 Thin-Walled section Beam，即薄壁结构梁。这两种梁的几何特性的定义都需要给出梁的截面面积、截面的两个主惯性矩，以及梁的截面主惯性轴在全局坐标性下的矢量。

在输入梁的截面属性的定义时，Marc 提供两种方式，一种是 Entered，另一种是 Calculated。Entered 方式下用户输入截面的面积和惯性矩的值；其定义过程为：

Geometric Properties→ New(Structural) ▼→3-D▶→Solid Section Beam

Geometric Properties（梁的几何特性定义）对话框如图 3-80 所示。

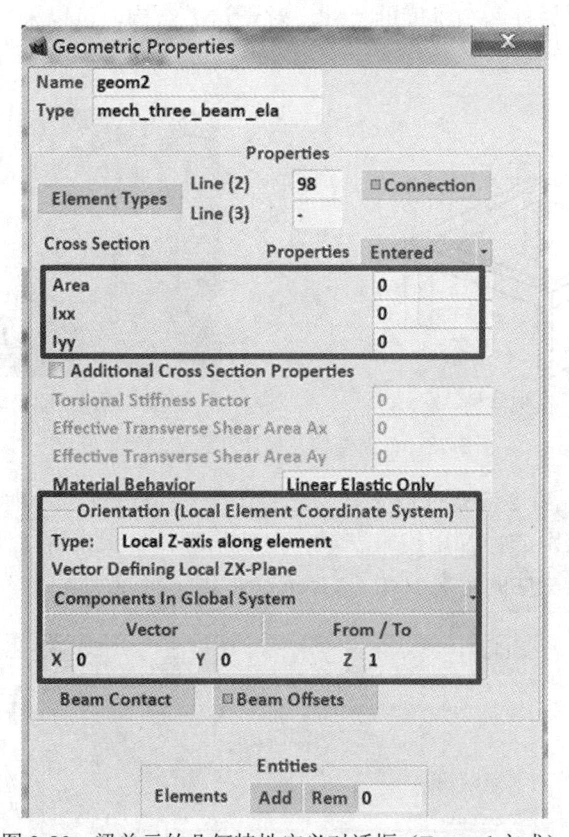


图 3-80 梁单元的几何特性定义对话框（Entered 方式）

Calculated 方式用户必须给出梁截面的几何形状。关于截面的几何形状，Marc 提供了常用的规则几何，Circular（圆形），Elliptical（椭圆形），Square（正方形），Rectangular（长方形），Triangular（三角形），Trapezoidal（梯形），Diamond（菱形），Hexagonal（六边形），General（一般类型）。选择 General 的用户需要通过 Geometric Properties→Beam Sections 定义截面的几何形状供此处选用。梁的几何属性在 Calculated 模式下的定义对话框如图 3-81 所示。

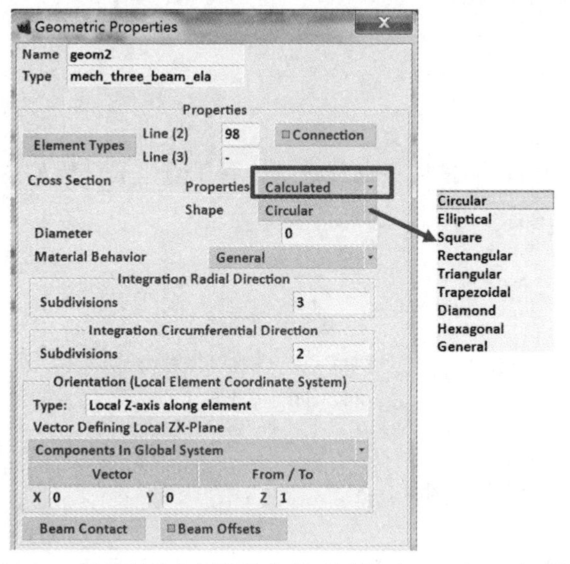


图 3-81　梁单元的几何特性定义对话框（Calculated 方式）

【例题】高速铁路跨距为 50m 的接触导线的网格划分，导线截面近似为半径 15mm 的圆形。其操作过程为：

（1）创建几何。

Geometry & Mesh→Basic Manipulation：Length Unit▼

√ Meter

Geometry& Mesh→Coordinate System

☑Grid

Edit （如图 3-82 所示）

U Domain　0　50

U Spacing　5

V Domain　0　10

V Spacing　1

OK

Fill View

Geometry & Mesh→Basic Manipulation

Geometry & Mesh

Curves：Add

☑ Grid　☐ Axes　Set Axes
U Domain 0 50
U Spacing 5
U 0
V Domain 0 10
V Spacing 1
V 0
W Domain -1 1
W Spacing 0.1
W 0

图 3-82　定义格栅参数

在格栅上选择（0,0,0）点和（50,0,0）点，如图 3-83 所示。

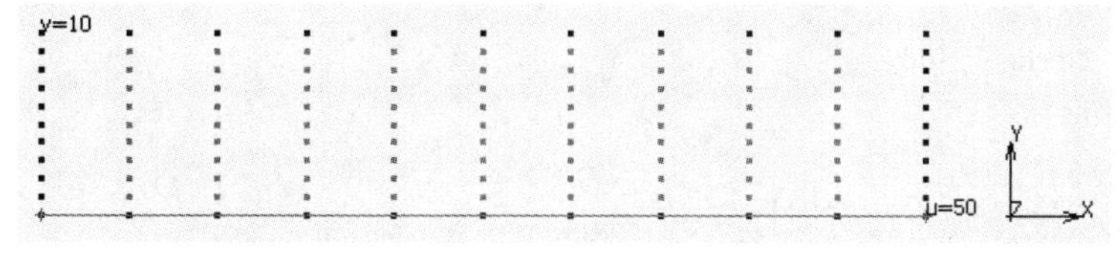


图 3-83　通过格栅点添加曲线

（2）布种子点。

Geometry & Mesh →Pre-Automesh

Curve Divisions

Type：Uniform
Input：# Divisions
#Divisions　50
Apply Curve Divisions

单击前面建立的曲线 1，右击结束曲线选择，种子点生成结果如图 3-84 所示。

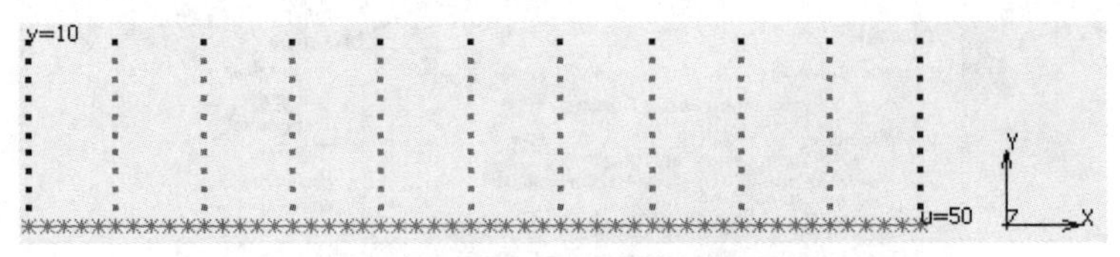

图 3-84　曲线生成种子点

（3）划分网格。

Geometry & Mesh →Automesh
Curves
Description：Curves
Line Mesh

All Existing 网格生成结果如图 3-85 所示。

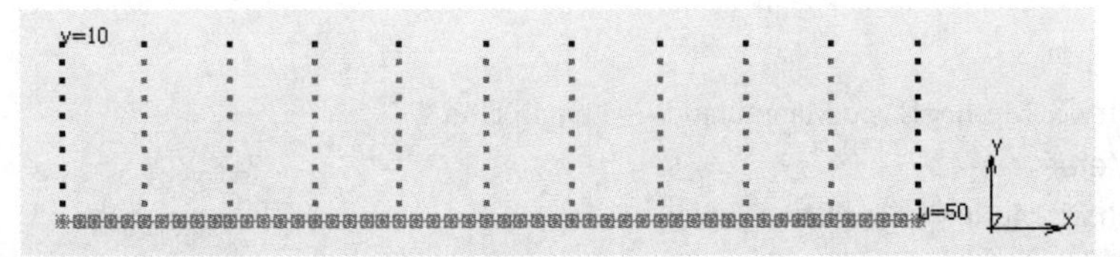

图 3-85　接触导线的单元生成

至此，接触导线一个跨距 50m 的铜导线的线单元网格已经生成，接着要定义接触导线的几何属性。

（4）定义几何属性。

Geometric Properties→Geometric Properties
New（Structural）▼→3-D►→Solid Section Beam
---*Cross Section*---（如图 3-86 所示）
Properties：Calculated▼
Diameter：0.015
---*Orientation (Local Element Coordinate System)*---
Components In Global System▼
X:0　Y:0　Z:1
Elements：Add
All Existing
OK

至此，完成接触导线的几何属性定义。

File→Save As
contact_wire
Save

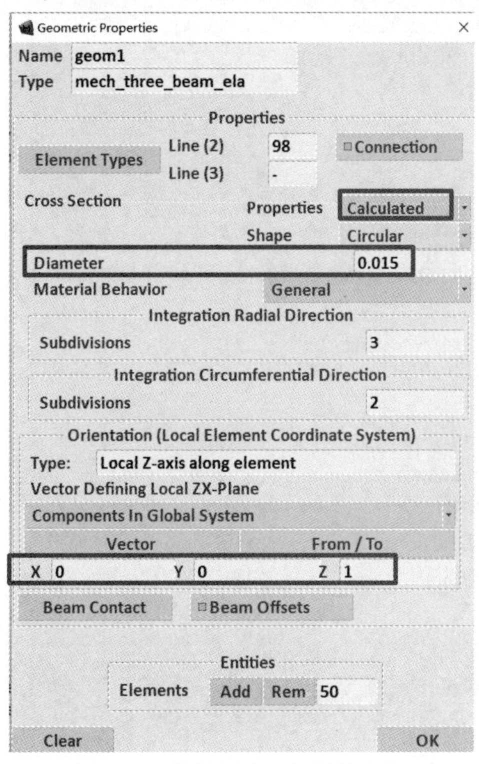

图 3-86 接触导线几何属性定义

### 3.8.2 二维网格自动划分例题

二维网格划分实例为两块上下叠放的长方形平板，板厚为 10mm，板长为 200mm，板宽为 100mm。上板在长度方向上和下板错开 100mm。

1. 创建几何

Geometry & Mesh → Coordinate System
- ☑Grid
- Edit
  - U Domain 0 200
  - U Spacing 20
  - V Domain 0 100
  - V Spacing 10
- OK
- Fill View

Geometry & Mesh → Basic Manipulation
- Geometry & Mesh
  - Curves：Add
    - 在格栅上点选（0,0,0）点和（200,0,0）点
    - 在格栅上点选（200,0,0）点和（200,100,0）点
    - 在格栅上点选（200,100,0）点和（0,100,0）点
    - 在格栅上点选（0,100,0）点和（0,0,0）点

添加的曲线如图 3-87 所示。

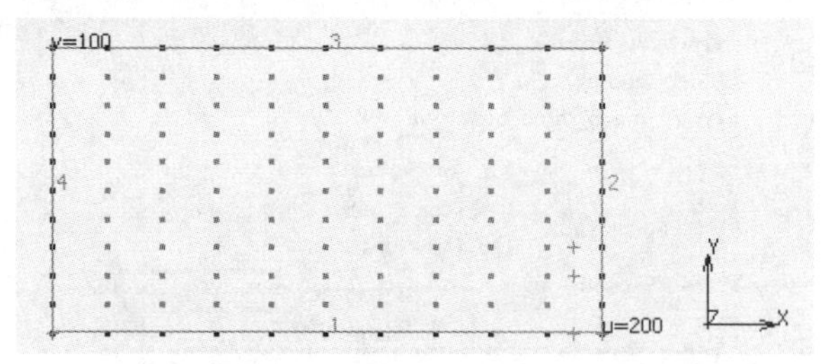


图 3-87　200mm×100mm 平板截面的轮廓曲线

2. 布种子点

Geometry & Mesh →Pre-Automesh

Curve Divisions

Type：Uniform

Input：Target Length

Target Length10

Apply Curve Divisions

All Existing 如图 3-88 所示。

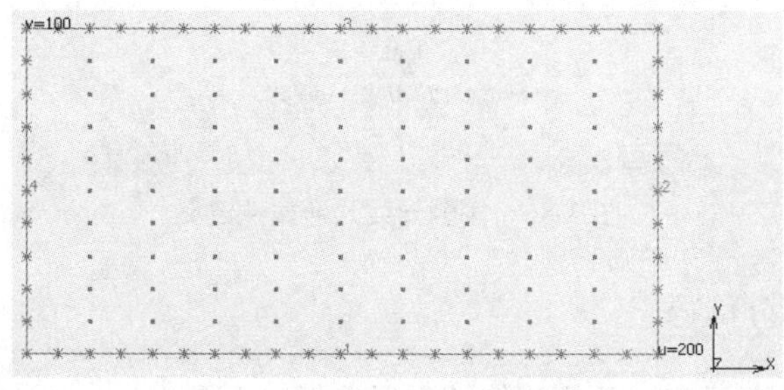


图 3-88　所有曲线生成种子点

3. 平面分网

Geometry & Mesh →Automesh

Planar

*---Quadrilaterals (Adv Frnt)---*

Quad Mesh!

All Existing

View → Wireframe vs. Solid→√All Solid

生成的网格如图 3-89 所示。

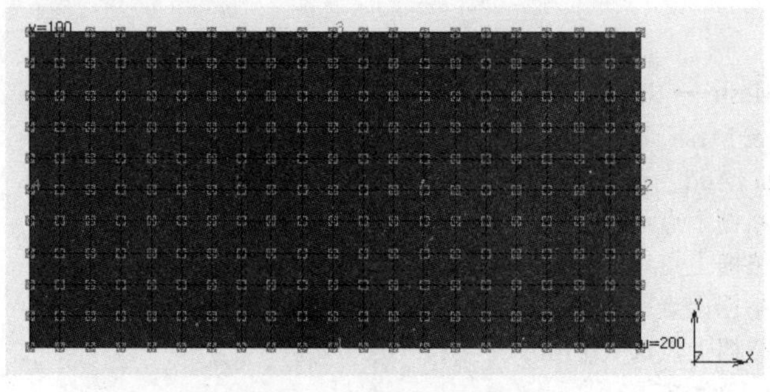


图 3-89　网格生成结果

此时完成了一块板的四边形网格划分。另一块板由于几何外形和第一块板一样，采用 Duplicate（复制）的方法生成另一块板的网格。

Geometry & Mesh →Operations
Duplicate
Translations
100 010 （复制的单元在 X 方向上平移 100mm，Z 方向上平移 10mm）
Elements

All Existing 复制后的网格如图 3-90 所示。

图 3-90 网格复制后结果

4. 网格和几何清理

Geometry & Mesh →Operations
Sweep
All
---*Remove Unused*---
Nodes
Points

两块板的网格划分完成。

5. Geometric Properties 定义几何属性

Geometric Properties →Geometric Properties
New（Structural）▼→ 3-D▶→Shell
---*Thickness*---
Constant Element Thickness:10
Elements：Add
All Existing
OK

至此，完成两块板的几何属性定义。

File
Save As
shell_contact
Save

### 3.8.3 几何实体自动分网

本例介绍在 Mentat 中进行 CAD 模型导入、特征删除和自动分网的操作，最后比较不同的网格控制参数对分网结果的影响。例题中所提供的文件为 Parasolid 格式的球轴承模型。导入 Mentat 后将进一步被划分为四面体网格，在进行实体网格划分时会演示不同选项对不同部位进行网格密度等控制的效果。在导入阶段会介绍几何清理、特征识别和特征消除等的操作方法，例如对孔、倒角等的识别和处理。具体操作流程如下：

1．进行 CAD 模型导入

File → Import → Parasolid...

bearing.x_t

Open

导入的模型包括 17 个部件：轴承外圈、轴承两侧的内圈、12 个滚珠、滚珠保持架和轴。导入后的模型如图 3-91 所示。

图 3-91　导入的球轴承模型

默认情况下，导入的体采用同种颜色显示，可以通过下述操作采用不同颜色显示实体：

View → Identify → √Solids

通过 View → Plot Control → Solids Settings 菜单可以进行显示参数的修改，首先勾选掉模型浏览器中的外圈（out_ring）、内圈（inner_ring_2）、轴（axle）前的复选框，将这些结构在图形区隐藏。然后按照图 3-92 中的参数设置，当 Planar Tol.采用较大的参数设置时，可以发现曲面结构，尤其是滚珠的显示精度要下降。具体操作流程如下：

View → Plot Control...

☑Solids: Settings

☐Auto Calculate Planar Tol.

Planar Tol.: 0.01

Regen

2．特征识别和特征删除

在轴承模型中寻找倒角，设置半径范围为 0～1mm，即可搜索所有部件中符合要求的特征，进入 Defeature 菜单，按照图 3-93 所示设置进行倒角搜索，有些倒角存在于轴、外圈上，因此需要将上一步隐藏的结构重新显示出来：

Geometry & Mesh → Operations

Defeature

Feature: Fillets/Blends ▼

Minimum Radius: 0.0

Maximum Radius: 1.0

Find

All Existing

OK

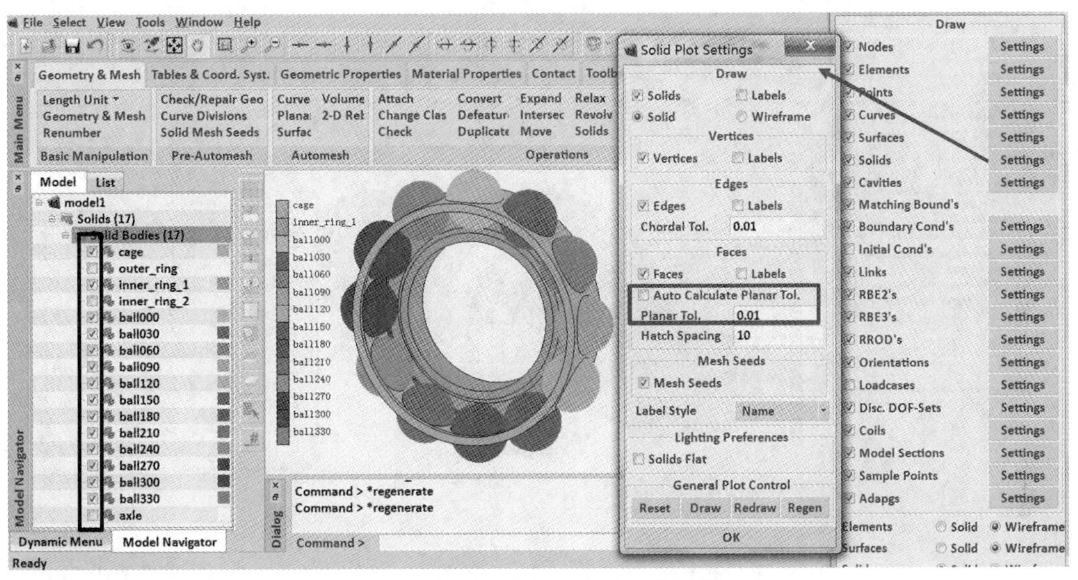


图 3-92　滚珠、保持架和单侧内圈模型

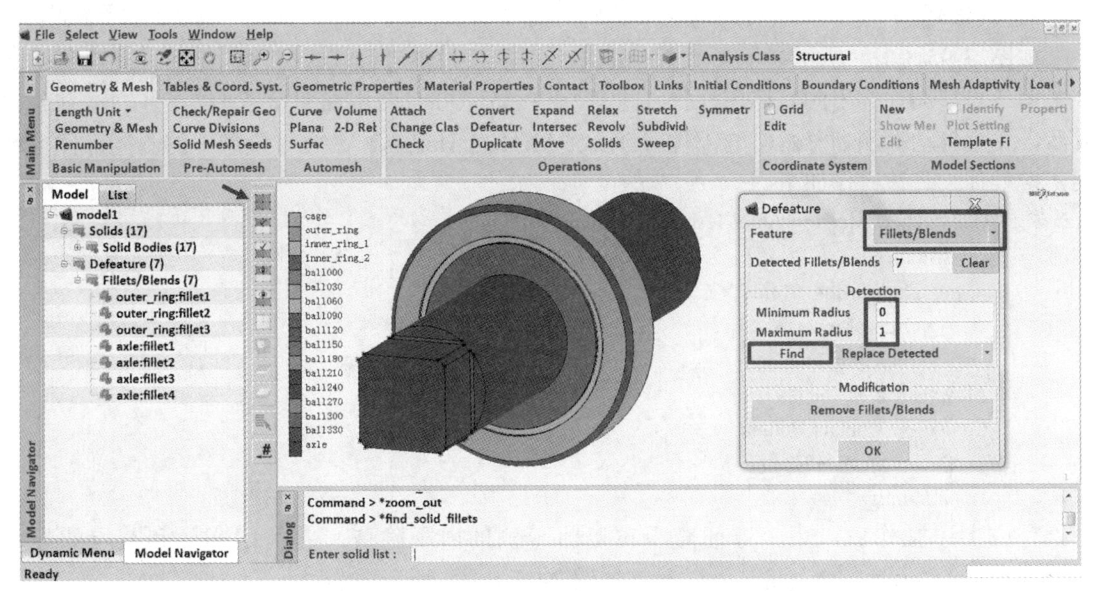


图 3-93　识别所有半径在 0～1mm 间的倒角

从图 3-93 可以看出识别出的 7 个倒角有 3 个位于外圈（两个在外表面，一个在内表面），其他 4 个倒角在轴上。进行轴上的 4 个倒角的删除，特征删除后的模型如图 3-94 所示：

Geometry & Mesh → Operations

Defeature

Feature: Fillets/Blends ▼

Remove Fillets/Blends

axle:fillet1 axle:fillet2 axle:fillet3 axle:fillet4

（在图形区单击直接点选轴上的 4 个倒角并右击结束选取）

OK

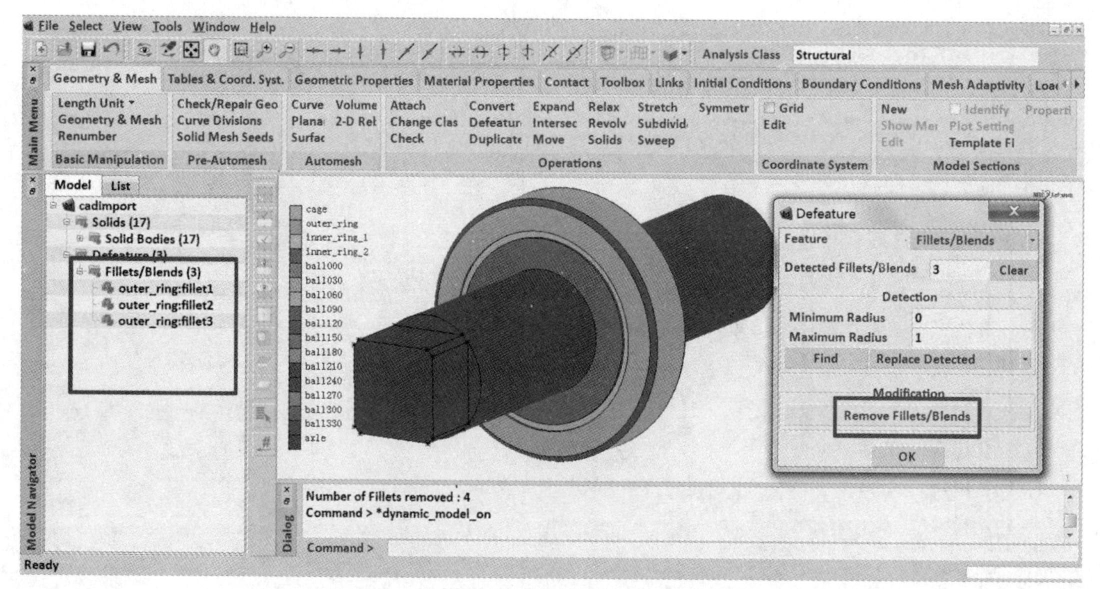


图 3-94　删除轴上识别出的 4 个倒角后的模型

3. 网格划分

如图 3-95（上）所示显示了对所有部件采用默认设置进行同时分网的结果，此时每个部件采用各自自动计算出的目标单元尺寸进行网格划分，并且使用曲率检查。这里在网格划分完成后，使用自动探测划分网格的部件（Detect Meshed Bodies）命令对模型中的不同部件自动创建接触体。具体操作如下：

Geometry & Mesh → AutoMesh

Volumes

Description: Solids ▼

Order: Linear ▼

Tet Mesh

All Existing

Contact → Contact Bodies

Detect Meshed Bodies

☑Identify

完成上述操作后，为了方便查看可以将一侧的内圈隐藏，并关闭实体和节点的显示（View→Plot Control...），此时可以看到如图 3-95（中）所示内容：

（1）每个部件的单元尺寸与自身尺寸相适应。

（2）轴的网格尺寸在安装轴承的部位更为精细。这是由于内圈刚好与轴的这一部位贴合，导致两个部件这部分的面采用了相同的网格尺寸和相似的网格密度分布，而且内圈的更小的单元尺寸反映在了轴的这段网格上。

（3）在外圈的倒角部位为获取更好的曲率捕捉效果采用了较为细密的网格分布。

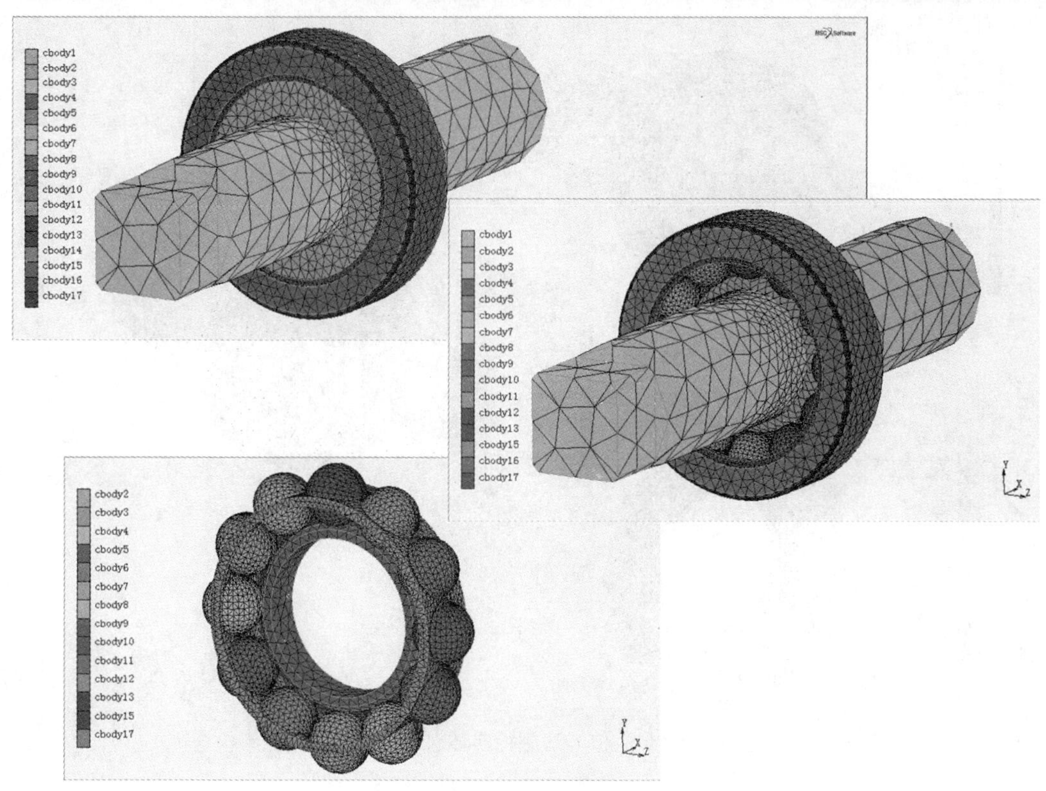


图 3-95　采用默认参数进行实体自动分网

为对比效果，这次采用全局方式进行全部部件的同时分网。目标单元尺寸采用最大值方法获得，具体操作流程如下：

Geometry & Mesh → AutoMesh
　　Volumes
　　　　Description: Solids ▼
　　　　Order: Linear ▼
　　　　*---Multiple Solids---*
　　　　Global ▼ Method: Maximum ▼
　　　　Tet Mesh
All Existing
Contact → Contact Bodies
　　Detect Meshed Bodies
　　　　Identify

同样隐藏内圈、外圈、轴等结构可以查看内部结构的网格划分情况。

采用上述方式获得的网格如图 3-96 所示，从这次的结果可以看到所有部件采用相同的网格尺寸进行了分网，并且该目标单元尺寸由于选择了最大值法，因此是基于最大的部件——轴的尺寸计算得到的。图 3-96 显示为采用曲率检查的分网结果，图 3-97 显示为不采用曲率检查的分网结果，很显然所有部件采用近似相同的尺寸（单元尺寸仅仅受限于部件的尺寸，例如保持架的厚度方向）进行分网。同时，滚珠的有限元网格同样非常稀疏。采用曲率检查能够明显改善模型中全部部件的网格质量。

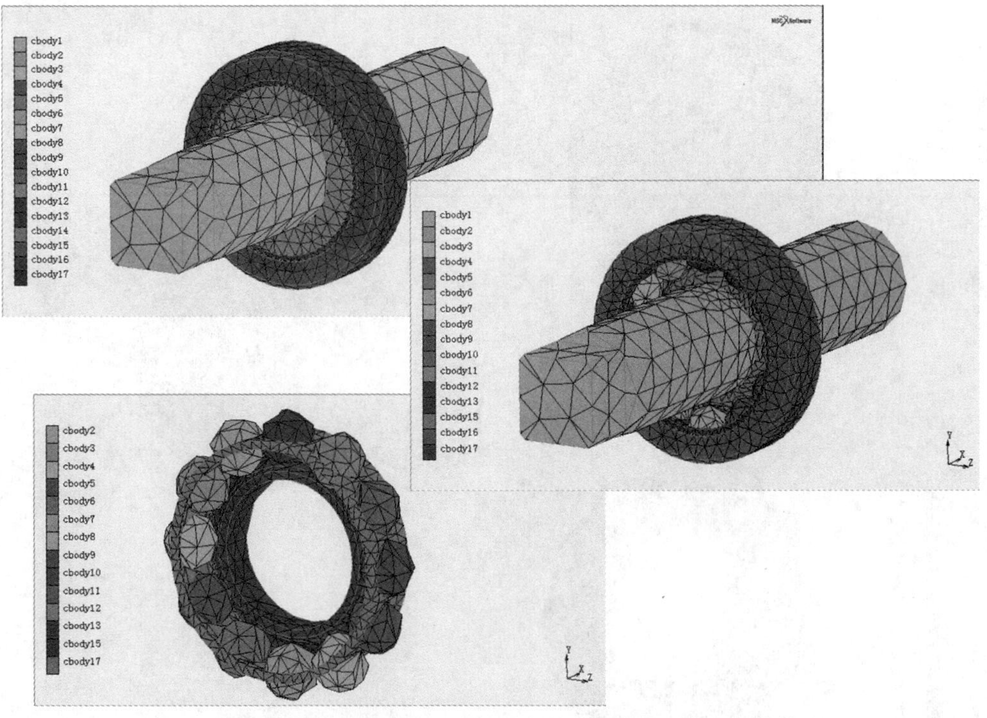


图 3-96　采用 global（最大值）法进行实体自动分网（采用曲率检查）

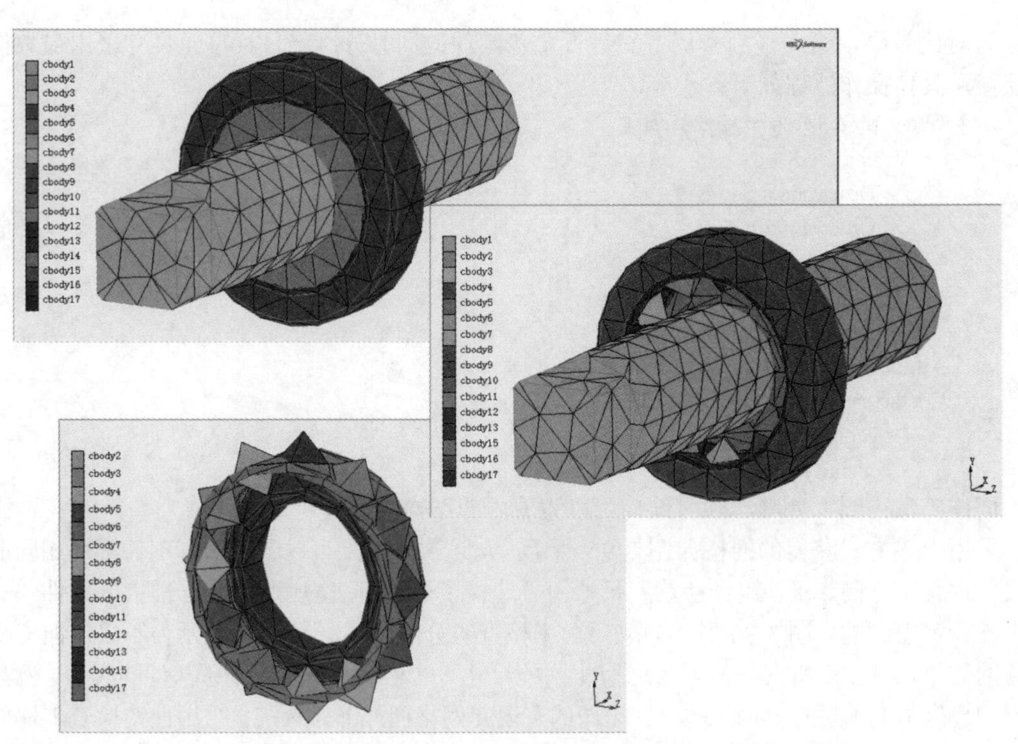


图 3-97　采用 global（最大值）法进行实体自动分网（不采用曲率检查）

**注意：**在本例中，内圈的单元尺寸反映在轴的部分网格划分上。如果使用曲率检查选项，那么在内圈创建较小的单元来正确捕捉曲率并反映在轴上。如果不采用曲率检查，那么内圈和此段轴将采用基本相同的网格尺寸，这部分影响被忽略。

最后考察种子点对分网的影响，在平坦的轴的表面上，定义目标长度为 0.6mm 的种子点分布，如图 3-98 所示。

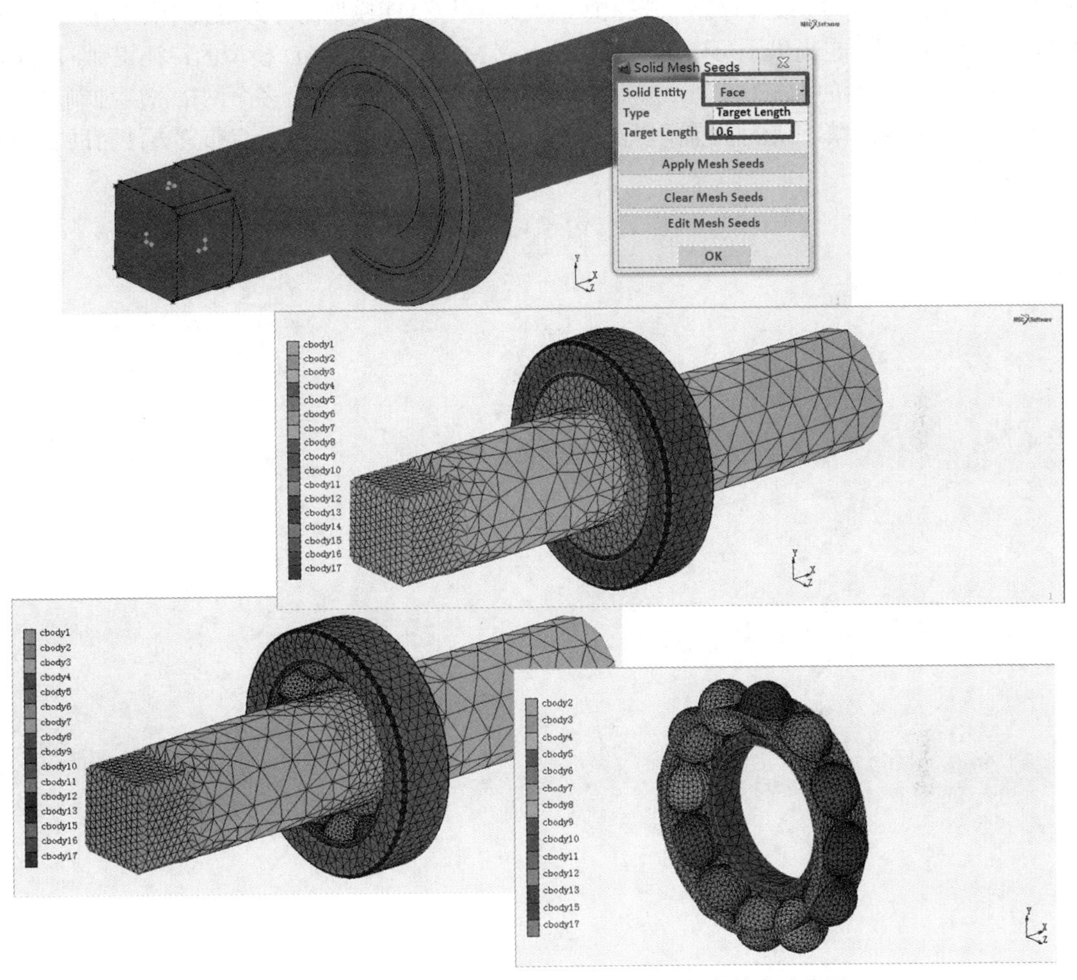


图 3-98　轴端布置种子点并采用缺省设置进行实体自动分网

具体操作时可将除轴以外的结构全部隐藏，并通过 View→ Plot Control…→ Solids: Settings → Faces: ☑Labels 菜单激活轴面序号显示。进行种子点布置的具体流程如下：

Geometry & Mesh → Pre-AutoMesh
　　Solid Mesh Seeds
　　　　Solid Entity: Face ▼
　　　　Target Length: 0.6
　　　　Apply Mesh Seeds
　　　　axle:1 axle:3 axle:5 axle:7 axle:9 #

种子点被虚拟布置在轴小端的 5 个平面上。各个平面上会以两条垂直相交的两端带圆点的小的线段标识，线段的长度（圆点间的距离）等于种子点中设置的目标长度（这里为 0.6mm）。

对于实体的面，两条线段会沿着平面参数化方向显示在中心位置，如图 3-98 所示。基于上述设置进行实体网格划分，所有部件同时采用默认设置分网，此时可以看到种子点的影响是很明显的。对比图 3-97，轴小端的平面以更小的单元进行分网，其余部分保持不变。

4. 结论

Mentat 提供了一系列用于 CAD 模型导入的选项，并可用于大部分主流的 CAD 模型。模型导入后以实体、片体、线体存储。既提供了可以用于 CAD 模型的导入过程中进行特征识别、删除和修改的功能，也提供了可以用于已经导入到 Mentat 中的 CAD 模型的特征识别、删除和修改的功能。导入后的 CAD 模型，可直接进行网格划分，并且配合多个网格密度控制选项和不同的方式进行目标单元尺寸设置，以及分别针对面、边或顶点的种子点布置方法帮助获得高质量的网格。

# 4 材料非线性分析

## 4.1 综述

材料的本构关系是指材料的应力应变关系，一般分为线性和非线性应力应变关系两大类。线性应力应变关系主要是指线弹性或可以简化为线弹性的应力应变关系，一般仅在材料的弹性变形阶段存在。

材料非线性是由于应力应变非线性关系引起。这些非线性关系不能单靠数学得到，而要基于试验数据。在工程实际中较为重要的材料非线性问题有：塑性、黏塑性、蠕变、黏弹性、非线性弹性等。有时非线性材料特性可以用数学模型进行模拟，尽管这些模型总是有它们的局限性。目前从材料的微观特性导出材料的连续或宏观特性的研究已经取得了很大进展。对于像弹性体和金属等普遍采用的材料，已经存在很多模型，其他在工程实际中较为重要的材料模型有：复合材料、黏塑性和蠕变、土壤、混凝土、粉末和泡沫。

在本章中，对于 Marc 中已有的描述非线性材料的部分数学模型（如塑性、非线性弹性）进行简单介绍；对非线性材料中的一些现象进行讨论，并概要说明用于本构方程描述的理论基础和有限元技术中的求解过程。

近年来，随着弹性体部件在汽车、机械、石油和天然气、日常用品和其他工业中应用的增加，Marc 针对弹性体材料模型也扩展了许多新的功能和新的材料模型。例如：用于准确模拟与时间相关的超弹性材料的大应变黏弹性行为的 Bergström-Boyce 模型；增加了采用黏弹性材料特性进行频响分析的功能，通过频响分析中的黏弹性材料特性来计算与频率有关的刚度和阻尼特性；用于表示各向异性不可压缩材料行为的新模型；针对填充橡胶呈现出的振动幅度对材料储能模量和损耗模量的影响，即 Payne 效应，Marc 新增了多个材料模型在简谐分析中可以同时包含这个与振幅相关的响应；新的多一网络（multi-network）或平行流变框架（parrallel theological framework）模型，可用于捕捉热塑性及碳填充橡胶材料的行为。

在加工应用中（如板成形、冲压、拉伸行为）导致材料变薄并最后撕裂，Marc 新增 Gurson-Tvergaard-Needleman 表达式的新模型扩展损伤模拟能力；对金属类各向异性塑性材料的支持有了进一步拓展，在已有的 Hill（1948）及 Barlat（1991）模型基础上，新增了两个新的 Barlat 模型，新模型允许完全的三维应力状态。可用于加工过程模拟，例如当材料被辊轧后会带来各向异性。

本章大部分内容限于小位移和小应变范围。不过有些本构方程可以推广应用于大位移、大应变范围。讨论橡胶材料非线性弹性行为时，由于大应变的影响与本构关系密切相关，因而也对其大应变行为进行了讨论。

本章每节都给出了一些简单例题或示例，便于用户掌握教程中所讨论的本构模型的使用方法。

## 4.2 弹塑性分析

### 4.2.1 概述

弹塑性是指物体在外力施加的同时立即产生全部变形，而在外力解除的同时，只有一部分变形立即消失，其余部分变形在外力解除后却永远不会自行消失的性能。具有弹塑性的物体是弹塑性体。在弹塑性体的变形中，有一部分是弹性变形，其余部分是塑性变形。在短期承受逐渐增加的外力时，有些固体的变形分两个阶段，在屈服点前是弹性变形阶段，在屈服点后是塑性变形阶段。

弹性是最常见的材料行为，而弹塑性是最常见、被研究得最透彻的材料非线性行为。采用屈服面、塑性势和流动定律的弹塑性力学模型，在 20 世纪初就已经建立起来。这些理论已经在金属和泥土塑性领域获得了成功的应用，并已经编成数值计算程序形成数值分析工具，弹塑性有限元素法已经获得了广泛的应用。

弹塑性材料的变形过程通常可分为可回复的弹性段和不可回复的塑性段。在工程问题的分析中，对于基本符合弹性变形特点的小变形问题，通常简化为弹性问题来处理；而对于弹性变形占总变形量的比例很小的大变形，则可简化为刚塑性（或理想塑性）问题来处理，即不考虑材料的弹性变形，材料的应力达到屈服点前应变为零。

### 4.2.2 利用 Marc/Mentat 进行弹塑性分析

1. 材料特性（Material Properties）

通过 Marc 进行弹塑性分析，首先使用 Mentat 新建材料 Material Properties→New，并根据分析需要指定材料类型。接下来输入弹性参数，进一步激活塑性材料特性，指定屈服准则、硬化模型和硬化曲线（通过 Table & Coord. Syst.→New 创建应力与塑性应变关系曲线）等，如图 4-1 和图 4-2 所示。如果没有指定硬化曲线，则程序默认定义为弹性—理想塑性材料。

2. 分析工况（Loadcases）

针对弹塑性分析，需要在分析工况中指定迭代方法、最大和/或最小迭代次数、收敛准则及容差、载荷增量策略等。

3. 分析任务（Jobs）

对于弹塑性分析没有特定选项。对于仅由塑性引起的非线性问题，可以采用 ScaleFirstYield 选项（通过 Job→Properties→Analysis Options 激活该选项）。该选项可以在 0 增量步使结构中单元最高应力达到屈服应力。对于大应变塑性问题，应选择 Large Strain 选项（通过

Job→Properties→Analysis Options 激活该选项）。在 Job Results 菜单中可以选择塑性应变张量及等效值。

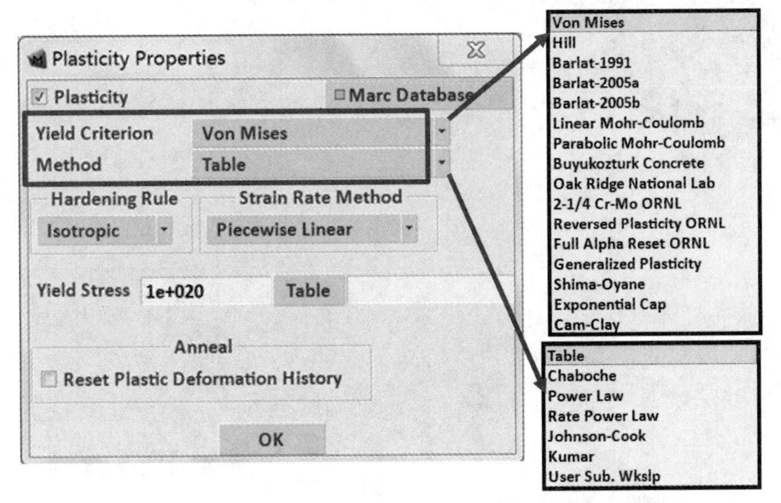


图 4-1　塑性分析材料特性定义

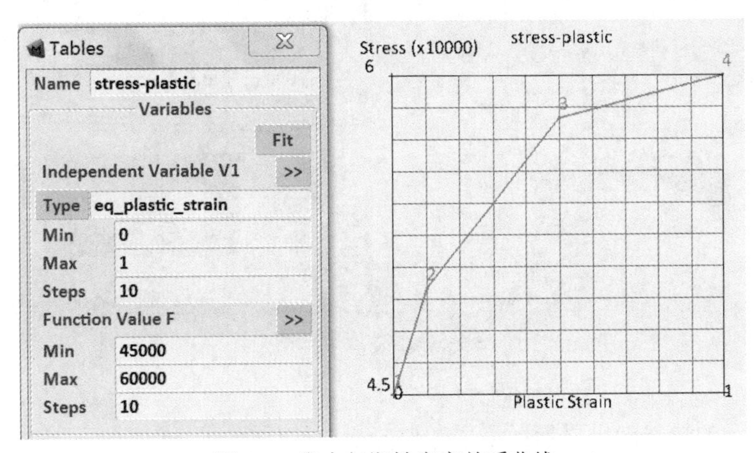


图 4-2　应力与塑性应变关系曲线

### 4.2.3　例题：带孔壁架的弹塑性分析

1. 问题描述

一钢质壁架如图 4-3 所示，尺寸为 150mm×300mm×100mm，为使管道通过做开孔处理，孔半径为 35mm。其中，上壁板的厚度为 2.5mm，下托架的厚度为 5mm。壁架材质为碳素结构钢，其弹性模量 $E=2.0\times10^5$MPa，泊松比为 0.3，屈服应力为 235MPa，抗拉强度为 375MPa。壁架左侧外边缘固定，右侧悬臂部分的上表面受均布载荷，大小为 0.06N/mm$^2$。首先，假设壁架只发生弹性变形，对其进行线弹性分析。最大应力出现在托架与悬臂接触的部分，最大值为 286.5MPa，超过材料本身的屈服应力 235MPa，所以按照弹性变形进行分析得出的结果不再可靠，需要对壁架进行塑性分析。为了进行塑性变形的分析，需要重新定义材料属性，这里需要绘制材料的硬化曲线，如图 4-4 所示。

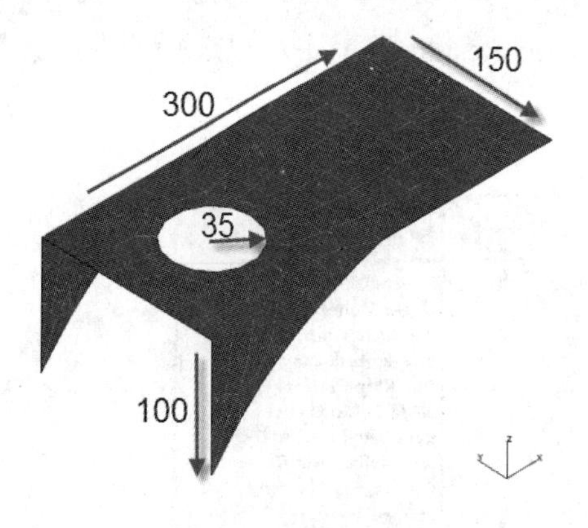


图 4-3　壁架模型

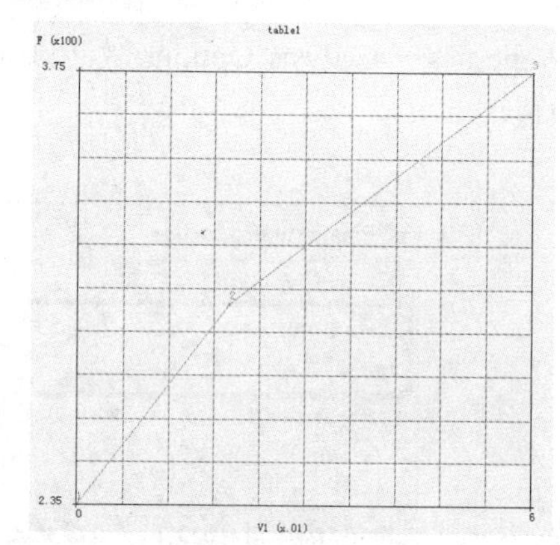

图 4-4　硬化曲线

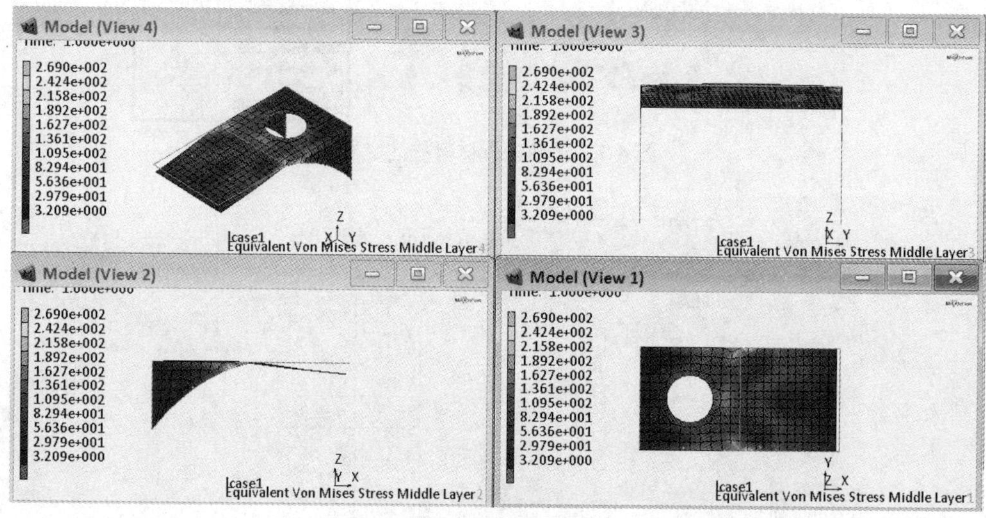


图 4-5　等效应力云图

2. 问题分析

如图 4-5 所示的最终结果显示：采用塑性分析的结果为 269MPa，而采用弹性分析得出的最大应力为 286.5MPa，塑性分析更加真实可信。对于 Marc 2015 版，具体建模方法可以参考 Marc 用户指南 Getting Started-All Examples-Bracket 的相关介绍。相关模型信息可在 Marc 安装路径以下位置找到：

X:\MSC.Software\Marc_Documentation\2015.0.0\examples\ug\e072，完成的弹性分析和弹塑性分析模型和结果在书中所附光盘“第 4 章\弹塑性分析”文件夹下。

### 4.2.4　Marc 新增各向异性塑性材料模型介绍

对于金属材料，Marc 2015 对于各向异性塑性材料的支持有了进一步拓展。除 Hill（1948）以及 Barlat（1991）模型外，新增了两个新的 Barlat 模型。这些新模型为 BarlatYld2004-18p 和 BarlatYld2004-13p。这些模型允许完全的三维应力状态。可用于加工过程模拟，例如：当材料被辊轧后会带来各向异性。该模型仅仅适用于大应变同时考虑加法分解的塑性方法。不能用于 Herrmann 类型的单元。可以用于 2015 版新加的单元类型，如 239、240、241。

如图 4-6 所示，Barlat Yld2004-18p 模型需要 19 项材料常数的设定，Barlat Yld2004-13p 模型需要 14 项材料常数的设定。这些材料参数可以通过 ISOTROPIC、ORTHOTROPIC 或 ANISOTROPIC 选项输入。具体信息可参考《Marc 用户手册》（A 卷）的相关介绍。

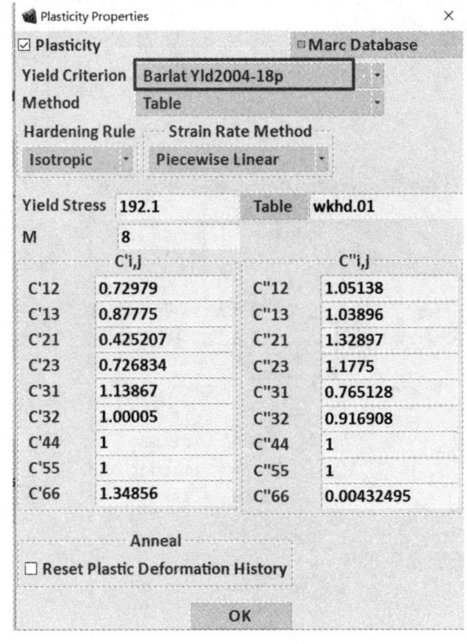


（a）Barlat Yld2004-18p

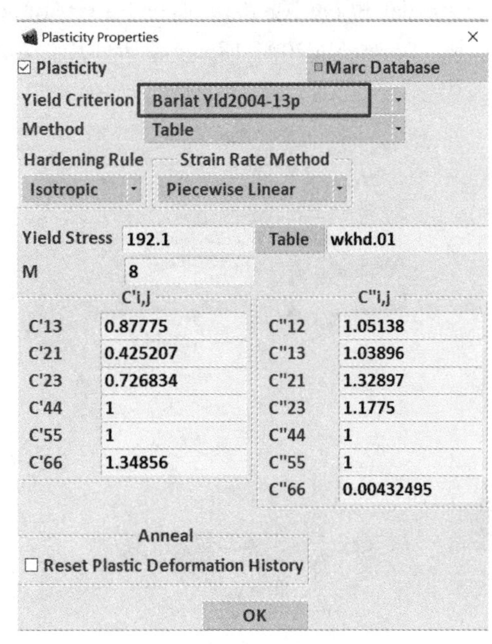


（b）Barlat Yld2004-13p

图 4-6　Marc 新增各向异性塑性材料定义菜单

以《Marc 用户手册》（E 卷）第 8 章接触分析中的第 8.70 题为例（该例题是 Numisheet 2002 的第一个考题，详见参考文献[5]），在如图 4-7 所示的拉延分析中，初始各向异性的影响可以被清楚地看到。这里使用轴对称压头作用在轴对称板料上，但由于各向异性出现非对称变形，即常说的凸耳，不仅使得产品在外观上存在问题，而且导致结构机械特性的不均匀分布。

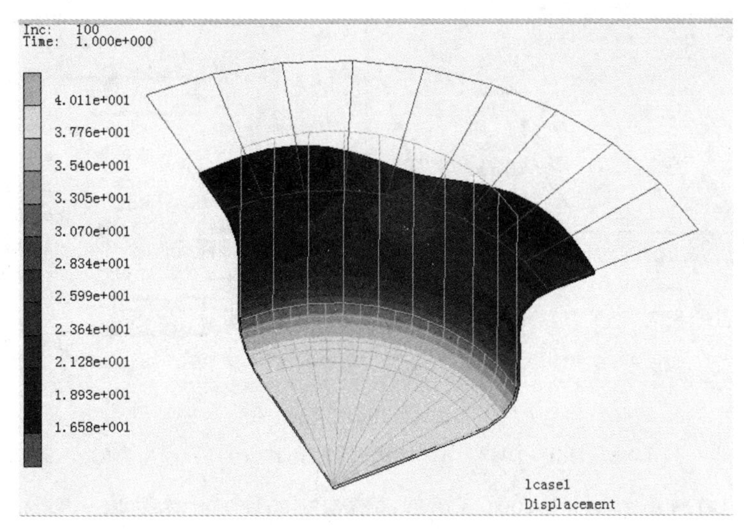


图 4-7　拉延分析实例

针对这一结构分别采用原有的 Hill（1948）、Barlat（1991）模型及新增的 Barlat Yld2004-18p 模型进行拉延分析，Hill（1948）和 Barlat（1991）模型所使用的材料参数如图 4-8 所示，用户可以将 Marc 安装路径下（X:\MSC.Software\Marc\201X\marc201X\demo）的 Marc 输入文件（e8x70a.dat 和 e8x70b.dat）通过 File→ Import → Marc Input 导入到 Mentat 确认相关材料参数输入，Barlat Yld2004-18p 模型所使用的材料参数如图 4-6 所示，对应模型为 e8x70c.dat。

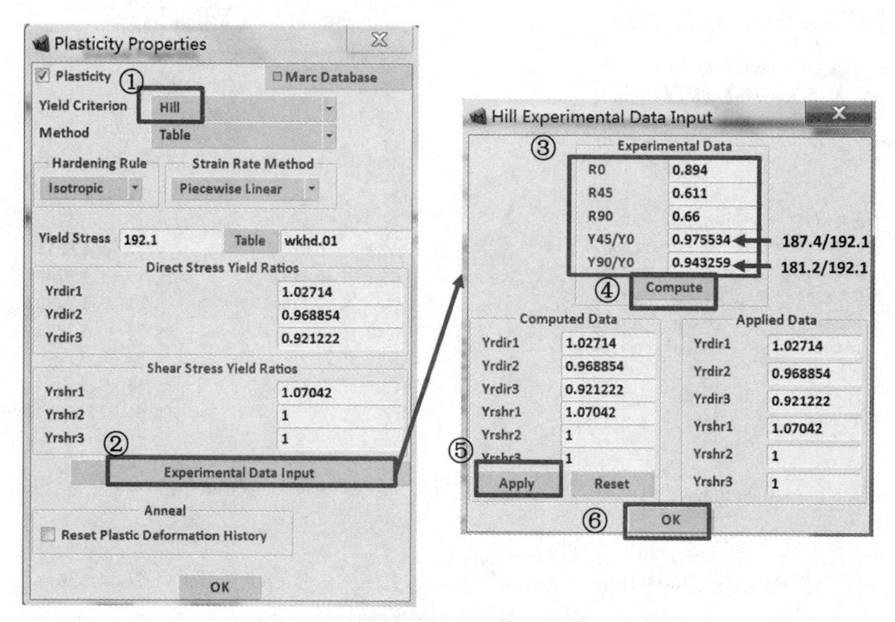


（a）Hill（1948）模型参数

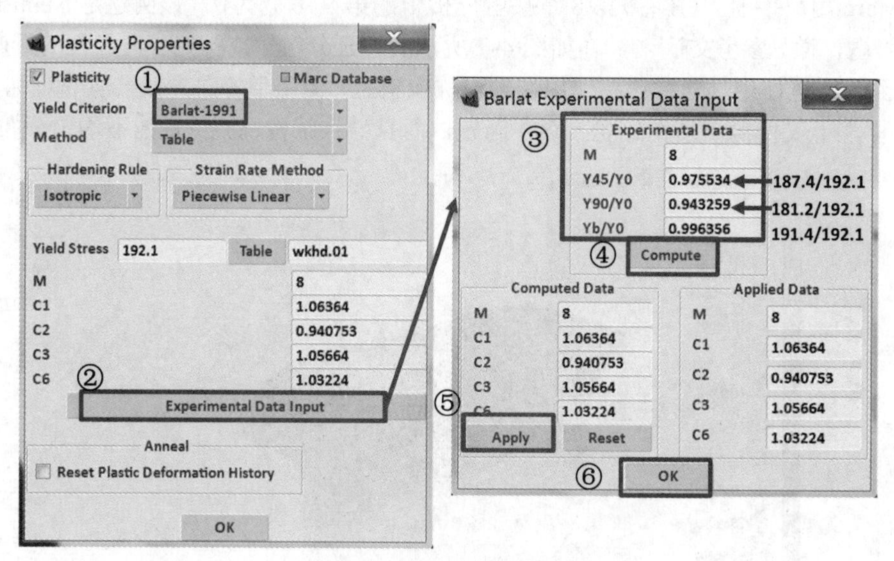


（b）Barlat（1991）模型参数

图 4-8　Hill（1948）模型参数及 Barlat（1991）模型参数

Hill（1948）模型和 Barlat（1991）模型计算得到的接触状态结果如图 4-9 所示，从图中看到采用 Barlat 模型（右侧云图）相对 Hill 模型（左侧云图）计算得到的结果在 0° 和 90° 位置具有更小的凸耳，而两个模型的法兰处半径呈现出：45° 位置<0° 位置<90° 位置的分布。用户可以在命令窗口（通过 Tools→System Shell 在当前工作路径下打开命令窗口）输入 X:\MSC.Software\Marc\201x\marc201x\tools\run_marc -j *.dat -v no，按 Enter 键即可运行对应模型，并通过 File→Results：Open→打开计算得到的结果文件（.t16）命令查看即可。

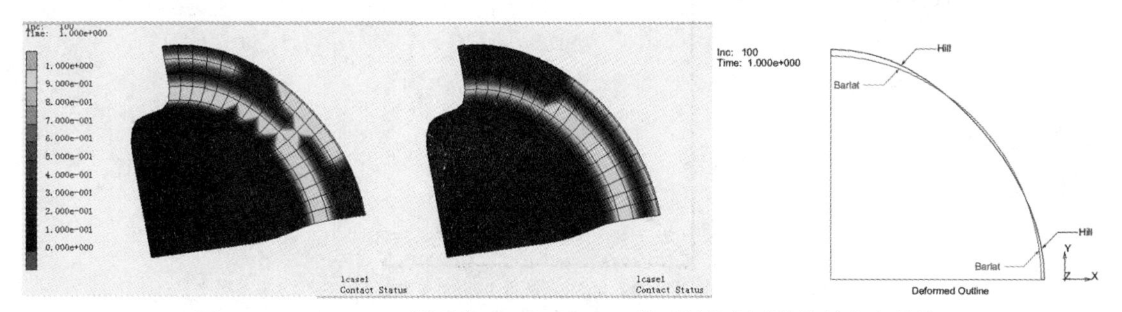


图 4-9　Hill（1948）模型和 Barlat（1991）模型计算得到的接触状态结果

Barlat Yld2004-18p 模型计算得到的接触状态和位移云图结果如图 4-10 所示，从图中看到采用新增的 Barlat Yld2004-18p 模型可以更好地预测凸耳的存在。

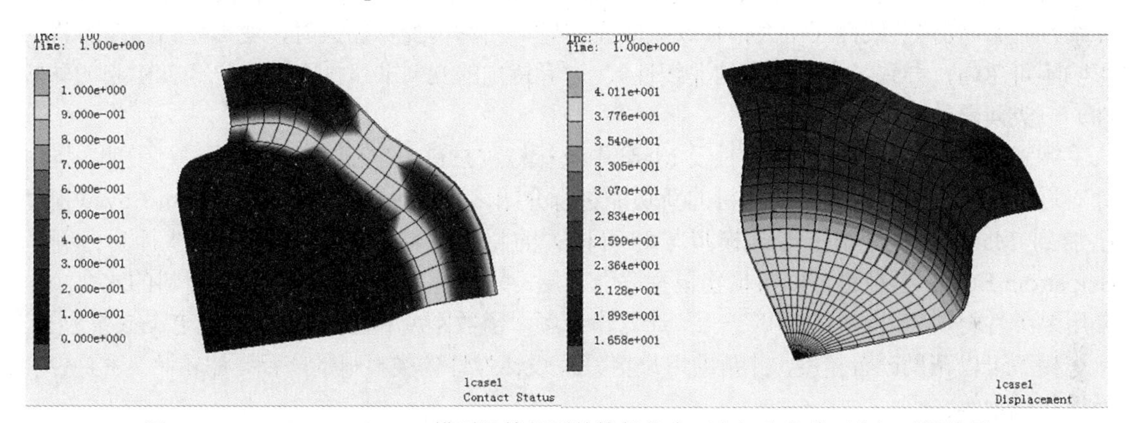


图 4-10　Barlat Yld2004-18p 模型计算得到的接触状态（左）和位移（右）云图结果

完成的分析模型和结果在书中所附光盘“第 4 章\各向异性塑性材料”文件夹下。

## 4.3　橡胶材料特性的分析

### 4.3.1　概述

目前橡胶概念不局限于原始的天然橡胶，而是指用于任何与天然橡胶具有类似力学特性的材料。橡胶类材料最明显也是最重要的物理特性是在较小的应力作用下有高度变形。如图 4-11 所示为天然橡胶的典型的应力——伸长曲线，最大的可伸长量在 500%～1000%之间。从曲线可见非线性性质很明显，因此除非在小应变范围，一般不能定义杨氏模量。在小应变范围内杨氏模量（由曲线正切值代表）在 1.0MPa 数量级。这种高可伸展性和低模量与典型坚硬固体（如钢）相反，对钢而言，杨氏模量的值约为 200GPa，最大弹性延伸率约为 10%或更低。因此橡胶与一般坚硬固体（如晶体、玻璃、金属等）之间有巨大的差别。

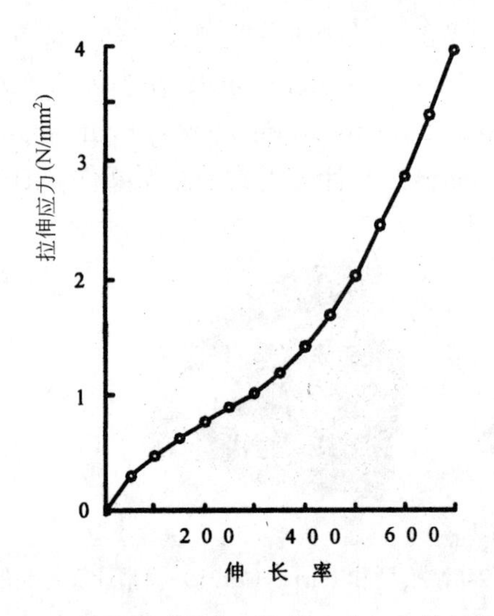


图 4-11　硫化橡胶的典型拉伸应力——伸长率曲

对于橡胶一类的材料进行大变形接触分析，应该是材料非线性（材料的应力应变关系是非线性的）、几何非线性（指大位移或大应变问题，当物体变形过大时，变形量对平衡方程的影响不可忽略，导致了平衡方程的非线性）、边界待定的几何非线性（由边界条件引起的非线性）三类问题的耦合。

本章将针对橡胶类材料的特性及 Marc 中进行橡胶材料的建模、分析方法进行说明，同时针对近年来新增的关于橡胶类材料的新功能进行介绍，其中包括：新的 Bergström-Boyce 模型已加到 Marc 中，可用于准确模拟与时间相关的超弹性材料的大应变黏弹性行为；新的 Bergström-Boyce 模型也可以与损伤模型联合使用，以描述在弹性体中常见的材料的永久项。采用黏弹性材料特性进行谐响应分析、计算作为频率函数刚度和阻尼特性，以及 Payne 效应等。上述模型可以帮助改善精度，并帮助用户更好地设计弹性体类材料的产品，如轮胎、密封件和弹性体轴承等。

### 4.3.2　Marc 中的超弹性材料本构模型

以橡胶为代表的超弹性（hyper-elasticity）材料表现出了高度的非线性的应力应变行为，其特点是能够在极大的应变（通常应变为 100%或更高）下保持弹性变形。本节介绍几种常用的超弹性材料本构关系。

1. Mooney 材料的本构关系

Mooney 理论基于下列假设：

（1）橡胶是不可压缩的，而且在变形前是各向同性的。

（2）简单剪切包括先受简单拉伸再在平面截面上叠加简单剪切服从胡克定律。

以上两个假设中，第一个与试验很一致，至于第二个，胡克定律对于简单剪切可以应用到相当高的应变；对于先有单轴拉伸或压缩的平面横截面（即一个各向同性平面）再叠加简单剪切，则与试验不很相符。

在以上假设基础上，Mooney 考虑对称性采用纯数学推导出应变能函数为

$$W=C_1(\lambda_1^2+\lambda_2^2+\lambda_3^2-3)+C_2\left(\frac{1}{\lambda_1^2}+\frac{1}{\lambda_2^2}+\frac{1}{\lambda_3^2}-3\right) \tag{4-1}$$

其中包含两个弹性常数 $C_1$ 和 $C_2$。可见表达式第一项与 Neo-Hookean 材料导出的形式一致。Neo-Hookean 材料是 Mooney 理论 $C_2$=0 时的特例。对于简单剪切，主伸长率 $\lambda_2=1/\lambda_1$ 和 $\lambda_3=1$，式（4-1）变为：

$$W=(C_1+C_2)\left(\lambda_1^2+\frac{1}{\lambda_1^2}-2\right)=(C_1+C_2)\gamma^2 \tag{4-2}$$

等效剪应变 $\gamma$ 等于 $\lambda_1-1/\lambda_1$。剪应力为：

$$\tau=\mathrm{d}W/\mathrm{d}\gamma=2(C_1+C_2)\gamma \tag{4-3}$$

它与胡克定律相应，刚性模量（剪切模量）等于 2（$C_1+C_2$），可以导出简单伸长的力——伸长曲线的理论形式：

$$\sigma=2\left(\lambda-\frac{1}{\lambda^2}\right)\left(C_1+\frac{C_2}{\lambda}\right) \tag{4-4}$$

式中　$\sigma$——伸长率为 $\lambda$ 时的工程应力。

将式（4-4）写成下列形式：

$$\frac{\sigma}{2(\lambda-1/\lambda^2)}=C_1+\frac{C_2}{\lambda} \tag{4-5}$$

可见 $\dfrac{\sigma}{2(\lambda-1/\lambda^2)}$ 与 $1/\lambda$ 之间关系图为一条直线，斜率为 $C_2$。当 $1/\lambda=1$ 时，直线上纵向值为 $C_1+C_2$。如图 4-12 所示为不同硫化橡胶的典型图形，可见 $C_1$ 随硫化程度变化较大（实际值从 0.1～0.31MPa），而 $C_2$ 近似保持为常数（0.1MPa）。

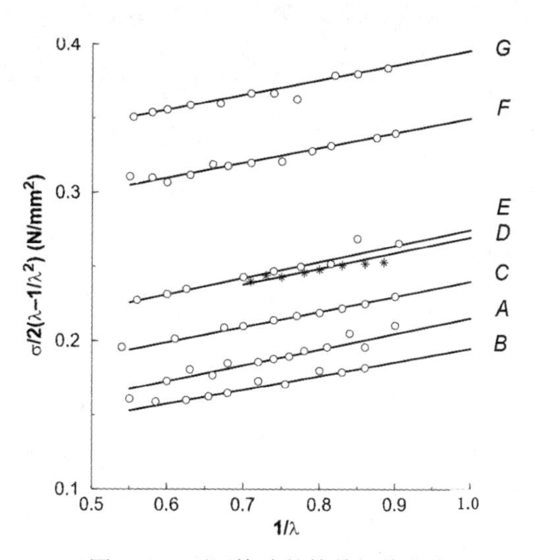


图 4-12　不同橡胶的简单拉伸曲线

2. Rivilin 表达式

Rivilin 采用材料不可压缩及无变形状态是各向同性假设。各向同性条件函数 W 对 3 个主伸长率 $\lambda_1$、$\lambda_2$ 和 $\lambda_3$ 应为对称。进一步，Rivilin 认为应变能函数必须仅与 $\lambda_i$ 偶数幂相关。下面 3

个公式为能满足这些要求的最简单偶数幂函数：

$$
\begin{aligned}
I_1 &= \lambda_1^2 + \lambda_2^2 + \lambda_3^2 \\
I_2 &= \lambda_1^2\lambda_2^2 + \lambda_2^2\lambda_3^2 + \lambda_3^2\lambda_1^2 \\
I_3 &= \lambda_1^2\lambda_2^2\lambda_3^2
\end{aligned} \tag{4-6}
$$

根据材料不可压缩性，第三不变量应为零，因此对于各向同性材料的应变能可完全由 $I_1$ 和 $I_2$ 项来定义：

$$W = W(I_1, I_2) \tag{4-7}$$

采用不变量形式，前述 Mooney 列式可写为：

$$W = C_1(I_1 - 3) + C_2(I_2 - 3) \tag{4-8}$$

式中　$C_1$ 和 $C_2$——均为正定常数。

对于大多数橡胶而言，比率 $C_2/C_1 \approx 0.1 \sim 0.2$ 时在应变 150%以内可得合理的近似。

当然还有许多更复杂的列式已经被提出及采用，列式越复杂，越有可能准确地描述真实材料行为，然而从试验来确定常数的工作会变为非常复杂。因而这些复杂列式的应用很难像 Neo-Hookean 和 Mooney 列式这样得到普及。

Marc 以前支持 5 项式的 Mooney-Rivilin，现在版本对橡胶材料的定义支持到五阶式定义，界面如图 4-13 所示。

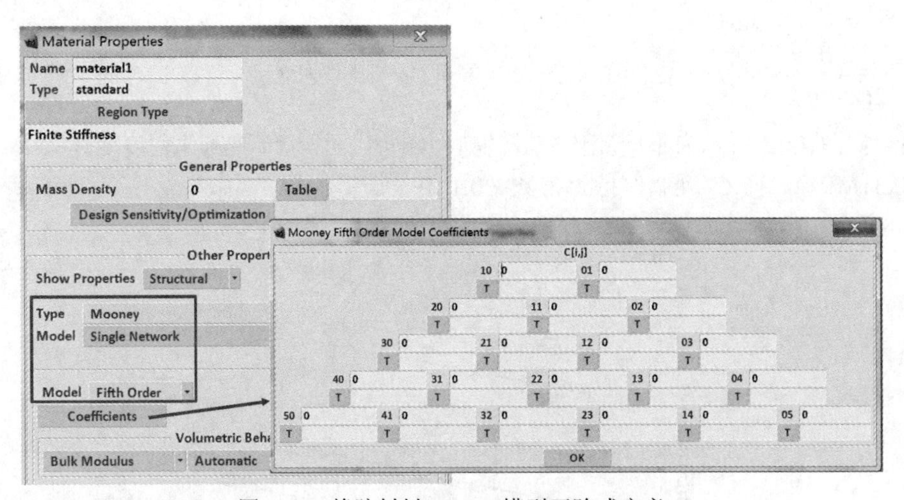


图 4-13　橡胶材料 Moony 模型五阶式定义

3. Ogden 模型

前述材料模型均基于不可压缩性。但有时需要考虑小的或相当大的体积变化，如聚合泡沫。采用 Ogden 模型，可描述轻微可压缩橡胶及聚合泡沫的力学行为。

允许橡胶有轻微体积变化的 Ogden 应变能函数定义为：

$$W = \sum_{n=1}^{N} \frac{\mu_n}{\alpha_n} [J^{\frac{-\alpha_n}{3}} (\lambda_1^{\alpha_n} + \lambda_2^{\alpha_n} + \lambda_3^{\alpha_n})] - 3 + 4.5K(J^{\frac{1}{3}} - 1)^2 \tag{4-9}$$

式中　$\mu_i$ 和 $\alpha_n$——材料常数；

$K$——初始体模量；

$J$——体积率。

体积率定义为：

$$J = \lambda_1 \lambda_2 \lambda_3 \tag{4-10}$$

显然式（4-9）中最后一项控制可压缩性。对于不可压缩材料，$J=1$且最后一项消失。采用式（4-9）进行分析时体积变化的量级应为 0.01。聚合泡沫分析，体积变化可能很大，可以基于广义的可压缩 Ogden 列式。此时应变能函数可写为：

$$W = \sum_{n=1}^{N} \frac{\mu_n}{\alpha_n} [\lambda_1^{\alpha_n} + \lambda_2^{\alpha_2} + \lambda_3^{\alpha_n} - 3] + \sum_{n=1}^{N} \frac{\mu_n}{\beta_n} (1 - J^{\beta_n}) \tag{4-11}$$

式中 $\mu_n$、$\alpha_n$和$\beta_n$——材料常数。

通常 Ogden 模型中考虑的项的数目为 N=2 或 N=3。

### 4.3.3 用 Marc 程序进行弹性体材料分析

Marc 具有很强的弹性体材料结构分析功能：

（1）拥有很多能进行不可压缩分析的单元类型。

（2）弹性体材料分析单元可与其他没有不可压缩行为的单元，如用于模拟弹（塑）性行为的单元相耦合。

（3）对于弹性体材料非线性行为的多种列式默认存在。如需要，可用用户子程序（Uenerg、Hypela）定义其他列式。

（4）非线性弹性体材料可与程序中所有其他线性和非线性选项，如非线性边界条件、跟随力等联合使用。

（5）图形界面 Mentat 可交互式输入所有需要的数据并在后处理中查看分析结果。

下面讨论采用 Mentat 输入有关本章的数据的基本步骤。

1）材料特性（Material Properties）。在 Material Properties 菜单定义材料参数，可以输入不可压缩弹性体（Mooney）、略为可压缩弹性体（Ogden）和可压缩泡沫（Foam）的材料数据。

2）单元类型（Element Types）。通常不可压缩材料行为应采用 Herrmann 单元进行分析。这些单元包含压力自由度及位移自由度。

### 4.3.4 例题：弹性橡胶拱的力与位移响应分析

橡胶类材料广泛应用于轮胎、胶管、缓冲气囊、阻尼器等工程结构，这种材料有其独特的力学性能：超弹性、不可压缩性、大变形等。例如在导弹适配器中的橡胶圆筒对导弹提供支承、减振、导向及密封作用等；码头上应用广泛的圆筒型橡胶护舷用以吸收船舶与码头或船舶之间在靠岸或系泊时的碰撞能量，保护船舶、码头免受损坏。

一弹性橡胶拱如图 4-14 所示，其顶端受到一个突然加载的冲击力，分析此过程中力与位移的关系。对于此问题，可以采用自适应步进加载的弧长方法（改进的 Riks-Ramm 法）进行求解。具体建模过程可以参考 Marc 用户指南 Getting Started-Detailed Examples-Rubber Elements and Material Models-Buckling of an Elastomer Arch，相关模型信息可在 Marc 安装路径以下位置找到：X:\MSC.Software\Marc_Documentation\2015.0.0\examples\ug\e060，完成的分析模型和结果在书中所附光盘“第 4 章\弹性橡胶拱分析”文件夹下。

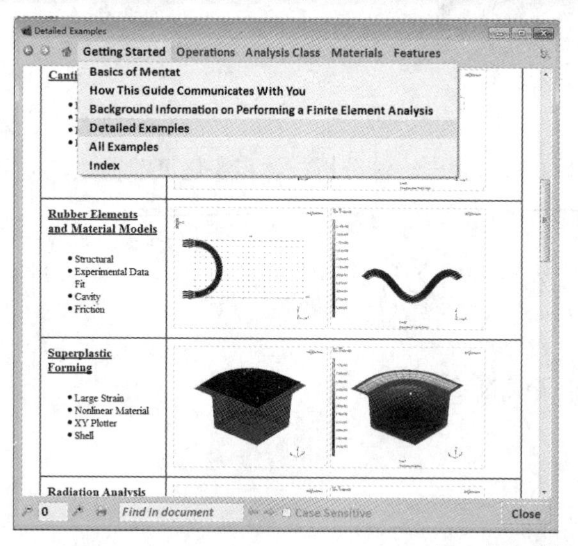


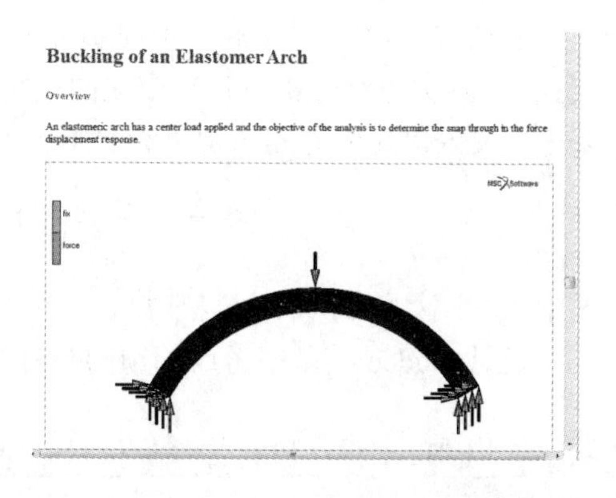


图 4-14　弹性橡胶拱

## 4.3.5　Marc 中新增超弹性材料模型

1. 非线性弹性考虑永久项

许多材料被建模为非线性弹性，但实际上往往出现永久变形。目前通常采用热塑性进行此类模型的建模。为了更好地处理这类材料，Marc 2015 版本提供了新的多一络（Multi-Network）或平行流变框架（Parrallel Theological Framework）模型，这类模型的行为被认为是各向同性的。目的是能够捕捉热塑性以及碳填充橡胶材料的行为。

这个模型可以当做是一般的麦克斯韦模型（Maxwell），包含一个叫做基体网络（Primary Network）的弹性单元，以及被标注为次级网络（Secondary Network）的一系列黏弹性单元和/或一系列弹塑性单元，如图 4-15 所示。

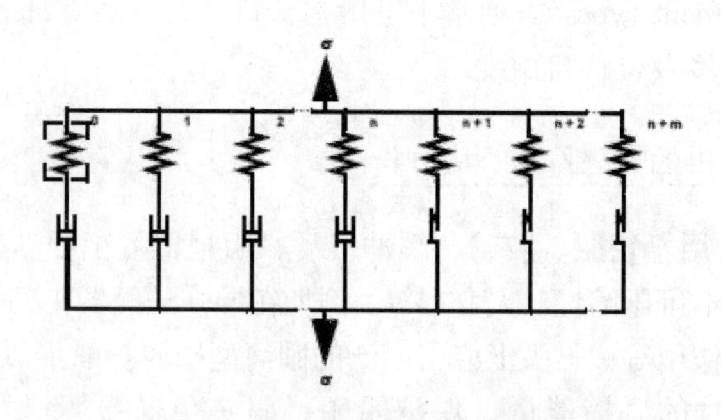


图 4-15　麦克斯韦模型（Maxwell）

多网络模型通过 VISCO HYPE 选项引入，顺序参考基体和黏弹性网络。基体网络可以通过 ISOTROPIC、MOONEY、OGDEN、GENT、ARRUDBOYCE 或 FOAM 选项定义。

黏弹性网络在 VISCO HYPE 选项下定义，并参考 Arruda-Boyce 材料。

塑性网络通过引入 PERM SET 选项进行定义，每个塑性单元将拥有其自身的流动应力（可以对应特定网络中塑性应变的函数）。整体塑性应变应该是整体应变减去整体弹性应变，而不是特定网络中的塑性应变之和。网络中的塑性支持米塞斯屈服面硬化准则可选择各向同性、随动或混合硬化。定义该模型的菜单如图 4-16 所示，图中采用了 Arruda-Boyce 模型。

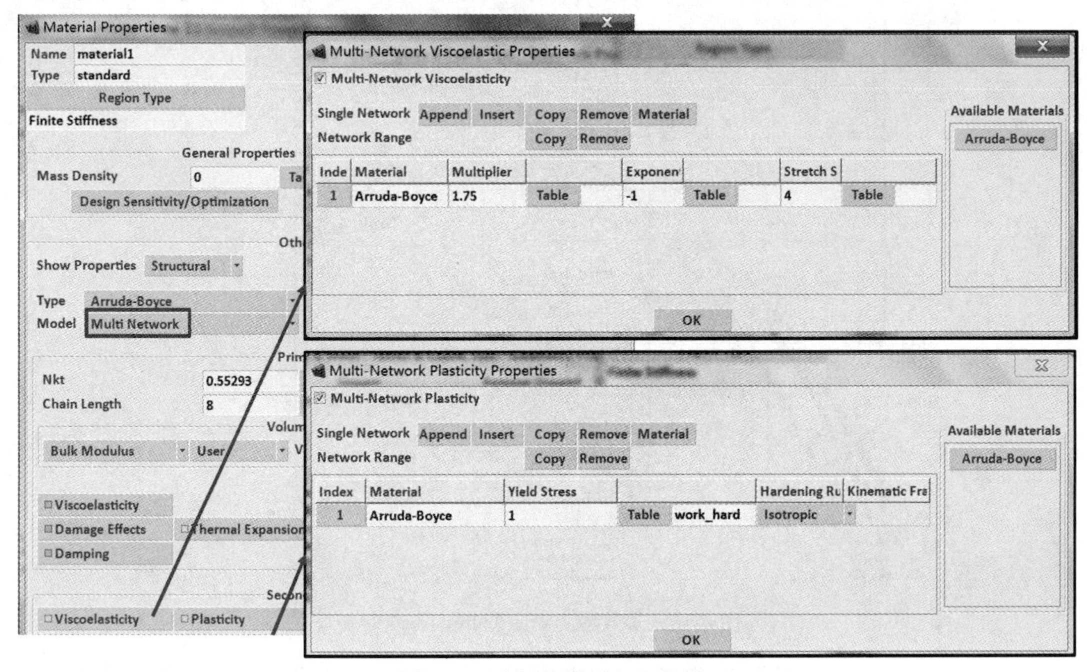


图 4-16　多网络模型定义菜单

如图 4-17 所示二维密封条被刚性曲面压缩的模型，刚性曲面压缩密封条后被移开，并保持较长时间直到分析结束，从而使密封条恢复一些黏弹性特性，显示了密封条的外轮廓及相关模型。

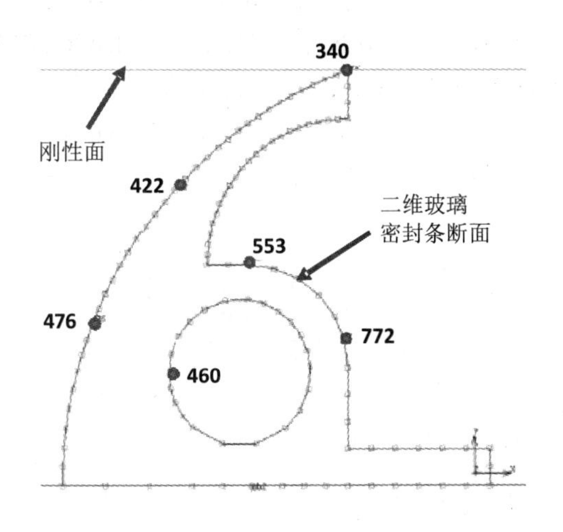


图 4-17　二维密封条被刚性曲面压缩的模型

这里可以测量在最大变形时的某点应力，当结构卸载并发生松弛后，在某些点存在未恢复的塑性应变和黏弹性应变。在最后状态，模型发生松弛但存在永久项。等效应力－应变 hysteresis 环如图 4-18 所示。

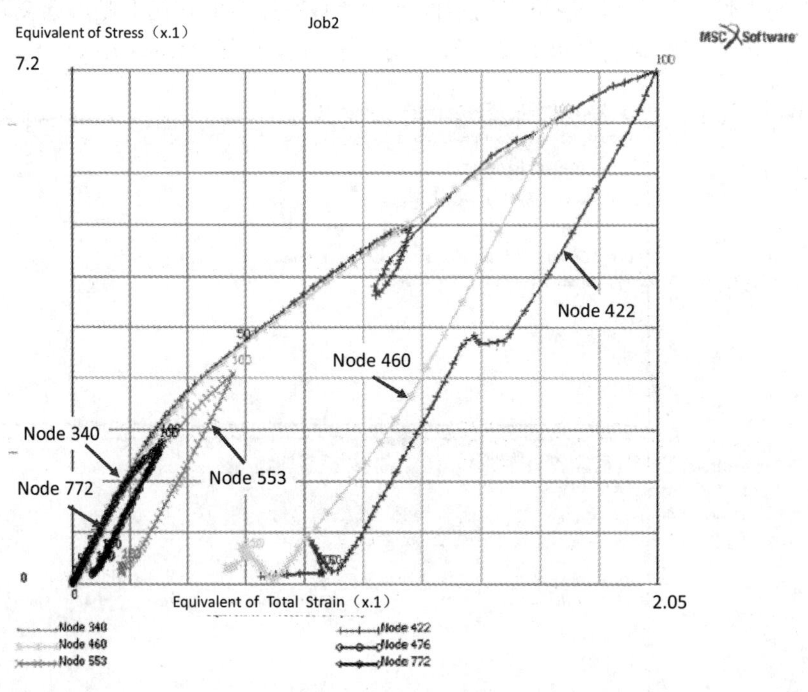


图 4-18　等效应力－应变 hysteresis 环

从图中可以观察到节点 340、553、772 具有较低的应力，即发生了较为完全的应变恢复。而节点 422 和 460 处应力水平较高，即存在一定的永久变形。需要注意的是，当使用这个模型时，用户不能恢复塑性应变，并且结果输出会提示（忽略热应变）弹性应变等于整体应变，塑性应变为零。

下面以《Marc 用户手册》（E 卷）第 8 章接触问题第 8.118 为例进行说明，本例中采用单一单元进行等轴压缩测试，材料模型部分采用了 Bergström-Boyce 模型，考虑大应变和非线性黏弹性特性，接下来在 Bergström-Boyce 模型的基础上进一步增加平行非线性弹塑性网络，用来模拟橡胶材料的永久项的影响。其中 Bergström-Boyce 模型的材料参数如图 4-19 所示，进一步增加平行网络的模型材料参数如图 4-20 所示。

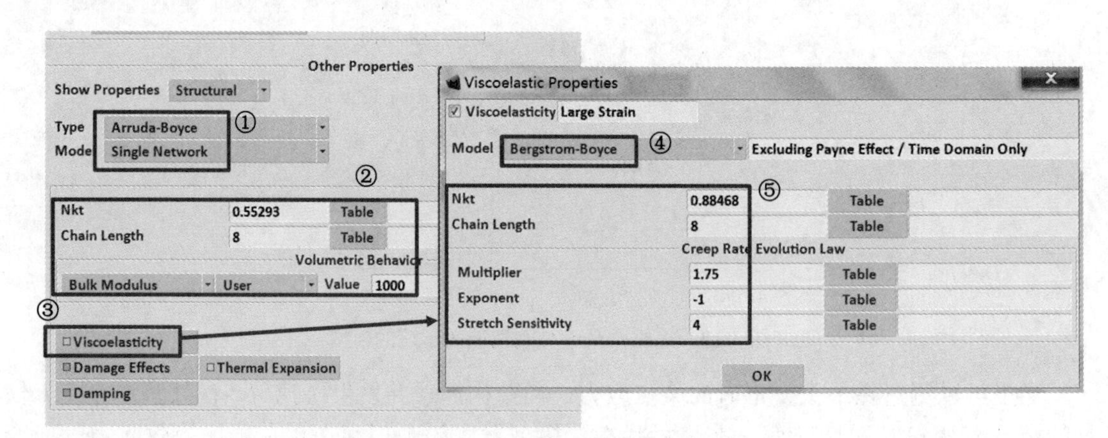


图 4-19　Bergström-Boyce 模型参数设置菜单

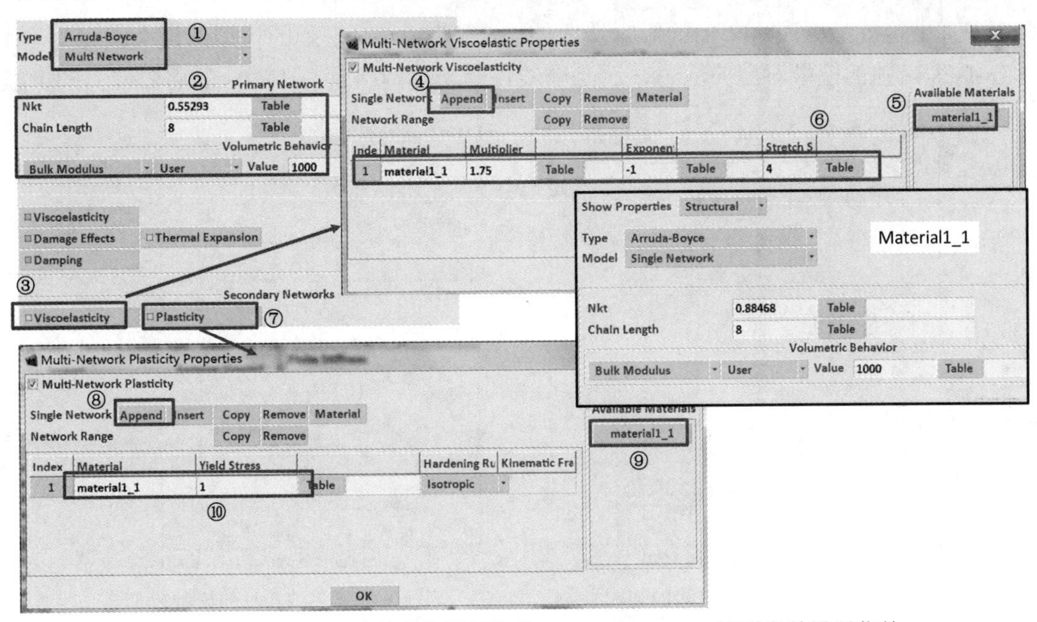


图 4-20 增加平行非线性弹塑性网络的 Bergström-Boyce 模型参数设置菜单

用户可以将 Marc 安装路径下（X:\MSC.Software\Marc\2015.0.0\marc2015\demo）的 Marc 输入文件（e8x118a.dat、e8x118b.dat、e8x118c.dat）通过 File → Import → Marc Input 导入到 Mentat 确认相关材料参数输入。

针对采用平行非线性弹塑性网络的 Bergström-Boyce 模型，考察结构承受真实应变率为 0.002/s 的单轴压缩载荷（加载曲线如图 4-21 所示），分别计算和绘制在应变为-0.3 和-0.6 时（松弛时间为 120s）节点 1 的应力应变曲线，如图 4-22 所示。用户可以在命令窗口（通过 Tools→System Shell 在当前工作路径下打开命令窗口）输入 X:\MSC.Software\Marc\201x\marc201x\tools\run_marc -j *.dat -v no 后按 Enter 键即可运行对应模型，并通过 File→Results:Open→打开计算得到的结果文件（.t19）查看即可。

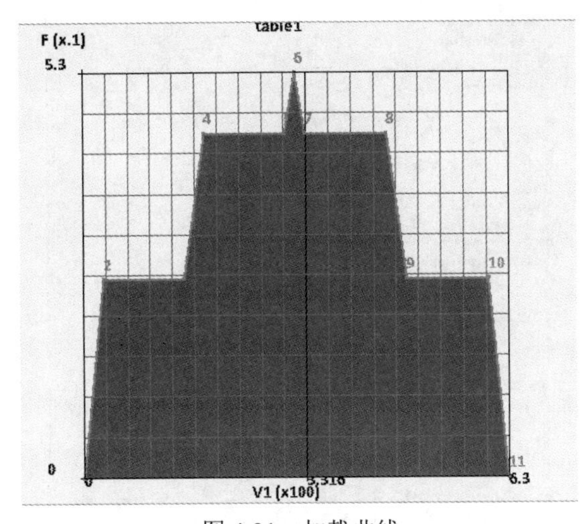


图 4-21 加载曲线

从图 4-22（b）所示的结果可以看到，在应变为-0.6 时，松弛的模型在卸载后具有更大的未恢复变形，这就是橡胶永久项的影响造成的。应变为-0.6 时松弛的模型的最大应力为 1MPa，大于在-0.3s 松弛的模型对应的应力，这是非线性弹塑性网络具有 1MPa 的屈服应力的贡献。

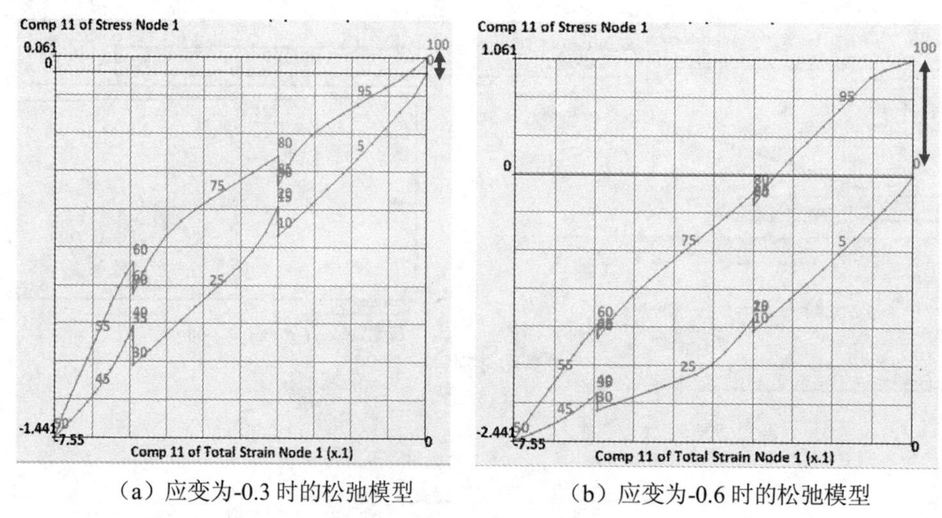


（a）应变为-0.3 时的松弛模型　　（b）应变为-0.6 时的松弛模型

图 4-22　节点 1 应力应变曲线

本例中提供了 3 个 Marc 输入文件，其中 e8x118b 和 e8x118c 均采用平行非线性弹塑性网络的 Bergström-Boyce 模型，考察结构承受真实应变率为 0.002/s 的单轴压缩载荷，分别为应变为-0.3 和-0.6 时松弛时间为 120s 的模型。e8x118a 考察在应变率为 0.01/s 的单轴压缩载荷。感兴趣的用户可以参考上述说明和方法进行确认和查看。在书中所附光盘“第 4 章\永久项”文件夹下可以找到对应模型和结果。

2. 各向异性超弹性材料

Marc 2013.1 版本增加了 3 个新模型用于表示各向异性不可压缩材料的行为，此类材料包括橡胶皮带和生物学材料。相关材料的定义菜单如图 4-23 所示。

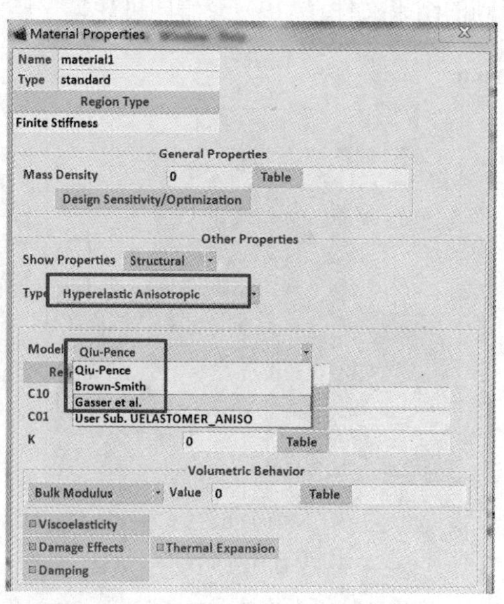


图 4-23　新增各向异性超弹性材料（不可压缩材料）模型菜单

第一个新增的模型是由 Qiu 和 Pence[1]提出的所谓的标准增强模型的一个简单扩展。原始模型被提出是用于横向各向同性纤维增强弹性体。该扩展模型将可以考虑多个增强纤维族，扩展模型的应变能力函数如下：

$$W = C_{10}(\dot{I}_1 - 3) + C_{01}(\dot{I}_2 - 3) + k\sum_{i=1}^{n}(\dot{I}_4^{ii} - 1)^2 \tag{4-12}$$

式中 $C_{10}$、$C_{01}$ 和 $k$——材料参数。

第二个模型由 Brown 和 Smith[2]提出，是考虑多个增强纤维族应用到模型中的相似扩展，应变能力函数如下：

$$W = C_{10}(\dot{I}_1 - 3) + C_{01}(\dot{I}_2 - 3) + k\sum_{i=1}^{n}\left(\dot{I}_4^{ii\frac{1}{2}} - 1\right)^2 \quad k = \begin{cases} k_t(\dot{I}_4 \geqslant 1) \\ k_c(\dot{I}_4 < 1) \end{cases} \tag{4-13}$$

式中　$C_{10}$、$C_{01}$、$k_t$、$k_c$——材料参数。

第三个模型由 Gasser et al.[3]提出，材料层中存在分布的 collage 纤维方向。

$$W = C_{10}(\dot{I}_1 - 3) + \frac{k_1}{2k_2}[\exp((k_2 < \bar{E}_i >^2) - 1)] \tag{4-14}$$

以及

$$\bar{E}_i = \kappa(\dot{I}_1 - 3) + (1 - 3\kappa)(\dot{I}_4^{ii} - 1) \tag{4-15}$$

式中　$C_{10}$、$k_1$、$k_2$ 和 $\kappa$——材料参数，参数 $\kappa$（$0 \leqslant \kappa \leqslant \frac{1}{3}$）定义纤维方向的分散水平。

纤维的微屈曲效应通过 $< \bar{E}_i >= \frac{1}{2}(|\bar{E}_i| + \bar{E}_i)$ 被考虑进来。

关于上述新增各向异性超弹性材料的信息可参考《Marc 用户手册》（A 卷）的详细介绍。

3. 与频率相关的材料模型及 Payne 效应

橡胶等弹性体材料由于其特殊的刚度和阻尼特性已广泛应用于经受动态激励的产品中。在现代汽车设计中，研发设计人员往往会采用一些橡胶一钢结构作为弹性连接，例如发动机悬置、悬架系统中的橡胶衬套（如图 4-24 所示）等弹性连接件。这些弹性连接件不仅可以起到减振降噪、提高乘员乘坐舒适性的作用，对汽车行驶的平顺性、操纵稳定性、制动性等各方面性能也有着重要的影响。因此，为了更好地研究和了解部件、子总成乃至对整车系统的动态特性的影响，确定在特定的工作频率范围内橡胶减振结构的阻尼特性和密封行为是非常重要的。除此以外，桥梁、建筑结构中的橡胶减振结构在地震研究中的阻尼特性也越来越引发人们的关注。

图 4-24　橡胶衬套结构

为了精确模拟该行为，Marc 在 2013 版本增加了采用黏弹性材料特性进行频响分析的功能，设计人员可通过频响分析中的黏弹性材料特性来计算与频率相关的刚度和阻尼特性，获得橡胶等弹性连接结构随频率变化的刚度和阻尼曲线。频响分析是围绕某个静态平衡状态的纯线性扰动。一个黏弹性材料的动力学特性是通过它的储能模量和损耗模量反映出来的。如图 4-25 所示，在 Marc 2013 中能够包含频率、温度和静态预变形对这些模量的影响。该模型支持 Marc 中已有的线弹性和超弹性材料模型，还可设定这些材料的热流变（TRS）特性，以及包括随频率变化的储能模量和损耗模量。在 Marc 2013.1 中，上述与频率相关的材料模型进一步扩展了正交各向异性材料的定义，热流变黏弹性材料的平移函数（Shiftfunction）还可表示为阿列尼乌斯（Arrhenius）函数。

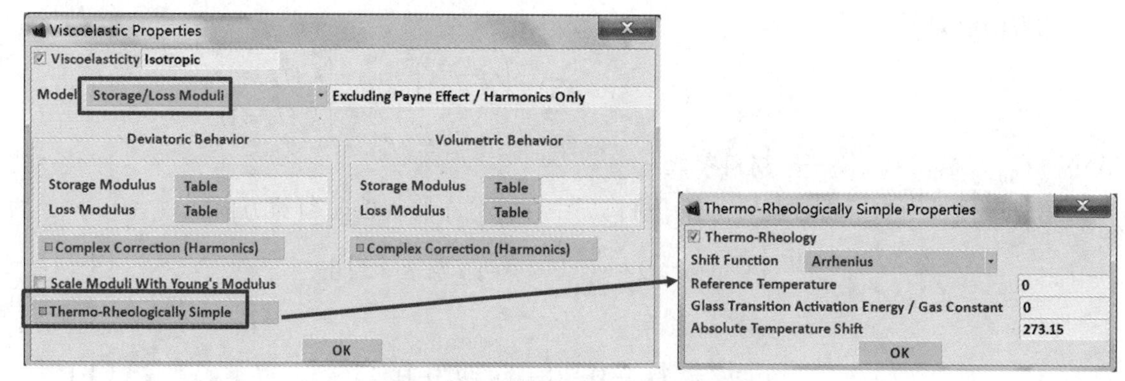


图 4-25　储能模量和损耗模量设置菜单

如图 4-25 所示，该材料模型允许输入两个表格，其中一个表格对应正则化的储能模量，另一个表格对应正则化的损耗模量。需要指出，这两条曲线并非完全独立。因为它们来自同一个相同时间域内的松弛函数。对于各向同性材料，储能和损耗信息可直接通过振动试验测量，例如 DMA 和 DMTA（动态结构热分析）。试验相关信息可在 http://www.axelproducts.com/downloads/DynamicTest.pdf 链接网页查看，这里不做详细介绍。

正则化通常会引起一些迷惑，但实际这一过程非常简单，可以使用测得的储能曲线在最高频率点的值作为储能模量和损耗模量正则化的分母。正则化的储能和损耗模量曲线可以直接作为频率的函数通过表格输入到 Marc 中，而不需要通过曲线拟合获得 Prony 常数来表示材料在时域内的特性。如果材料的储能和损耗模量已经测得，并且瞬时刚度也被测得的话。此处的正则化表示试验曲线被瞬时刚度除。这意味着表格的数值总是介于 0～1 之间。瞬时刚度对应材料在高频时的行为，即正则化的储能模量曲线必须趋近 1（在高频区）。一般而言，损耗模量曲线对于非常低或非常高频率段趋近于 0，在低频和高频之间会出现最大值。储能模量和损耗模量曲线可以作为线性频率或对数频率的函数输入到 Marc 中。

对于线性正交各向异性材料，这里提供了两种方法输入储能和损耗信息：

（1）Uniform——均一法。此时正交各向异性应力－应变准则在频域内可以表示为：

$$G_{ijkl}(w)=[g^{storage}(w)+ig^{loss}(w)]G_{ijkl}^{(0)} \tag{4-16}$$

这里需要输入两个表格：一个是储能模量，对应 $g^{storage}(w)$；写一个是损耗模量，对应 $g^{loss}(w)$。储能模量对应的表格通过正则化呈现当频率区域无穷大时，数值趋近于 1。从而获得短时或瞬时刚度。当频率趋于 0 时，数值趋近于长时静刚度。损耗模量对应的通过正则化（采用相同的正则化因子=瞬时刚度）处理。通过正则化处理后，两个表格的数值均介于 0～1 之间。

（2）Nonuniform——非均一法。此时正交各向异性应力应变准则在频域内可表示为：

$$G_{ijkl}(w)=G_{ijkl}^{storage}(w)+iG_{ijkl}^{loss}(w) \tag{4-17}$$

正交各向异性储能部分 $G_{ijkl}^{storage}(w)$ 通过正交各向异性杨氏模量 $E_{XX}^{storage}(w)$、$E_{YY}^{storage}(w)$ 和 $E_{ZZ}^{storage}(w)$，正交各向异性泊松比以及正交各向异性剪切模量计算得到。这些材料参数均为频率的函数。

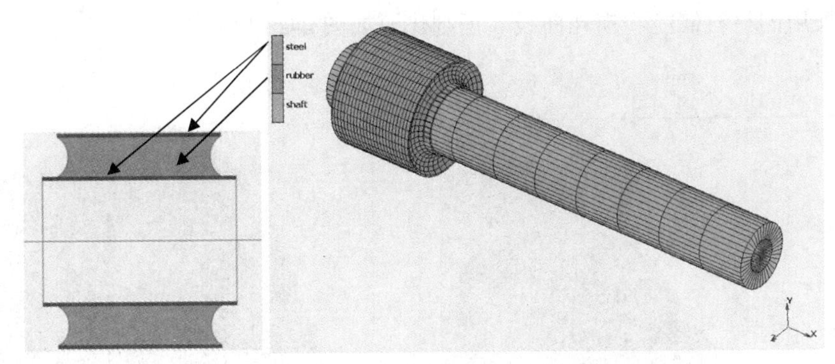


图 4-26　橡胶衬套的截面图和有限元模型

如图 4-26 所示为汽车中常用的橡胶衬套模型，中心填充有橡胶材料（rubber）的钢结构部件（steel）套装（黏接接触）在空心轴（shaft）上。

为简化结构，在空心轴右端面的中心处指定了 10kg 的集中质量来代替与空心轴连接的剩余结构，该点通过 rbe3 多点约束连接到轴端的内表面节点上。具体如图 4-27 所示。

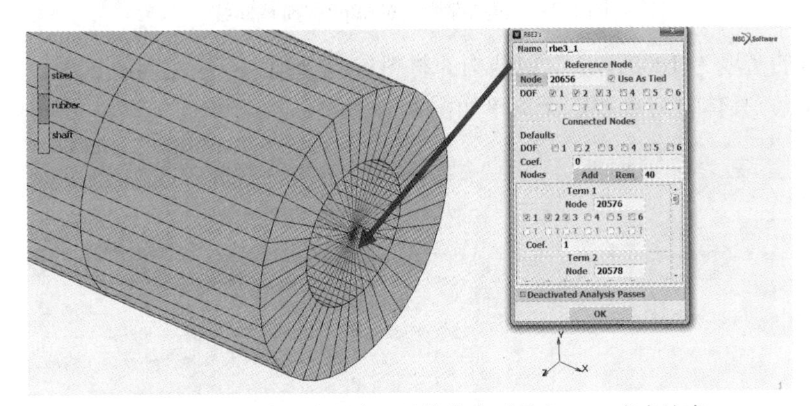


图 4-27　空心轴右端面中心处的集中质量和 rbe3 多点约束

橡胶材料的（近似）体积不可压缩性采用 Neo-Hookean 应变能函数描述，材料常数 $C_{10}$ 取 1.5MPa，体积弹性模量近似为 15000MPa（由 Marc 自动计算出来）。橡胶材料在时域内的黏弹性特性采用 Prony 级数描述，通过下列松弛函数（以正则化形式给出）描述：

$$g(t)=g_{\infty}+g_1 e^{-\frac{t}{\tau_1}} \tag{4-18}$$

这里考察瞬时（短时）特性，即 $g(t=0)=1$，而不考察材料刚度在静平衡状态（即长时 $g_{\infty}$）的特性。本例所采用材料的长时刚度 $C_{10\infty}$（$C_{10\infty}=g_{\infty}C_{10}$）为瞬时刚度 $C_{10}$ 的 2/3，即 $C_{10\infty}=1\text{MPa}$。由此可以得出能量函数乘子 $g_1$ 为 1/3，相关联的松弛时间为 0.0032s。

在频域内，由上述松弛函数可得到与频率相关的储能因子和损耗因子。如下式所示：

$$g^{storage}(w)=1-\frac{g_1}{1+(w\tau_1)^2} \tag{4-19}$$

$$g^{loss}(w)=\frac{g_1 w\tau_1}{1+(w\tau_1)^2} \tag{4-20}$$

储能因子决定了材料随频率变化的刚度特性，损耗因子决定了材料随频率变化的阻尼特性。本模型采用的材料储能和损耗曲线（正则化）如图 4-28 所示。

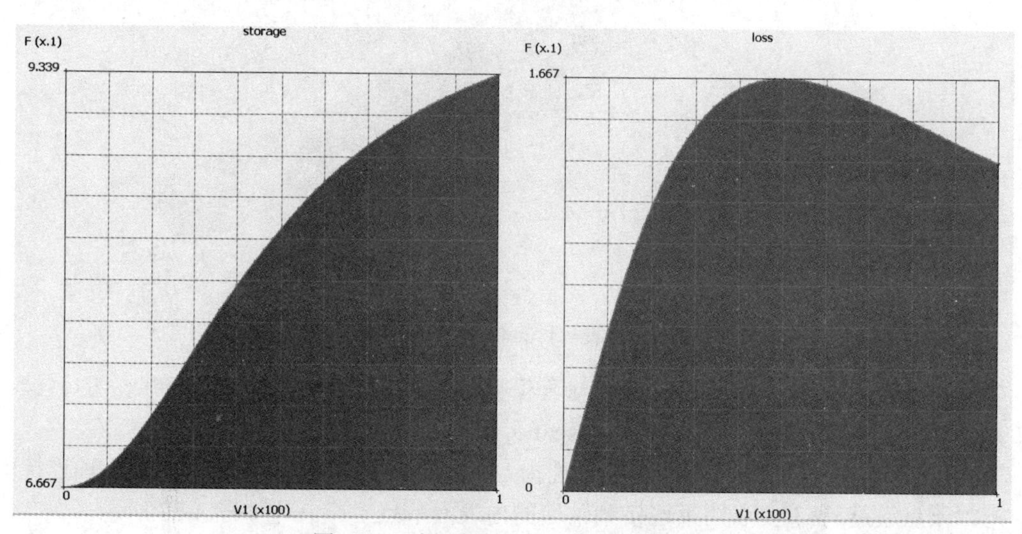


图 4-28　随频率变化的储能和损耗曲线

橡胶材料的密度为 1000kg/m$^3$，钢结构的材料参数分别为：弹性模量 200GPa，泊松比 0.3，密度 7800kg/m$^3$。具体材料参数定义菜单如图 4-29 所示。

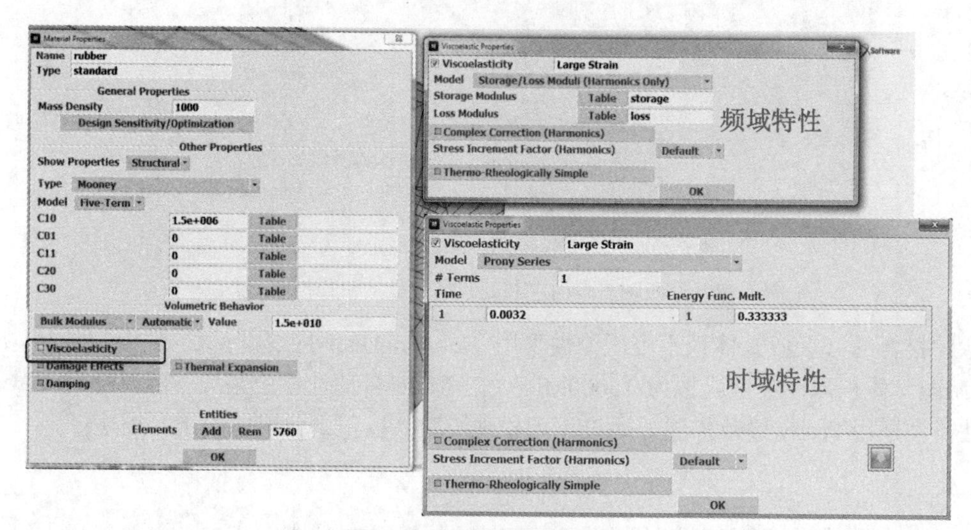


图 4-29　橡胶材料定义菜单

整个分析包括了两个分析工况：首先模拟钢结构外表面完全固定（图 4-30 中 fix_xyz），空心轴的右端面中心处指定 10kN 的轴向集中载荷（图 4-30 中 static_point_load），计算静载下的结构变形；其次在上述预载荷的作用下，考察在 0～100Hz 范围内，空心轴的右端面中心处受到 1kN 轴向载荷（图 4-30 中 harmonic_point_load）时的频响分析，计算结构随频率变化的刚度和阻尼特性。

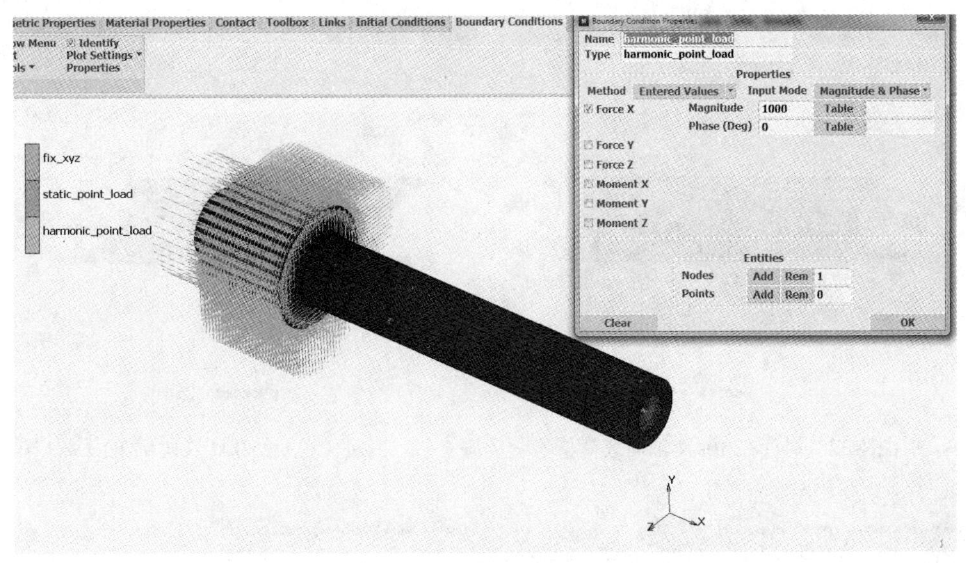


图 4-30　边界约束和载荷（静力学工况和频响分析工况）

在静力学分析工况中采用固定步长加载，采用 10 个增量步，每步施加 1kN 的载荷。在频响分析工况中考查 0～100Hz 频率段，间隔 2Hz，共 51 个频响子增量步。在分析任务中采用大应变选项，同时激活复杂阻尼在频响分析中的影响选项（complex damping），具体参数设置如图 4-31 所示。

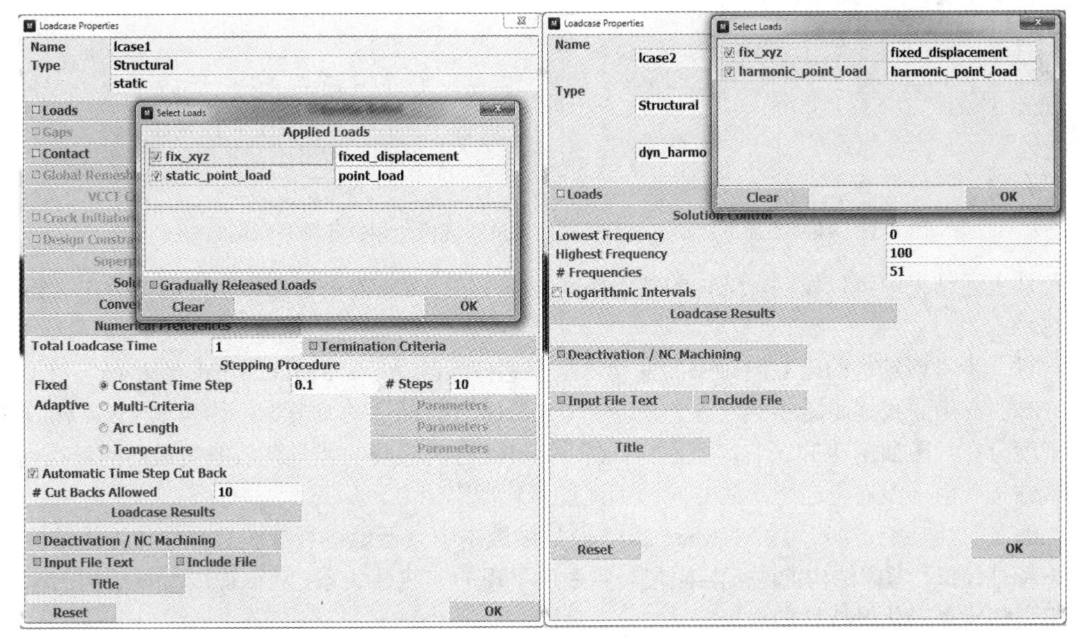


图 4-31　静力学和频响分析工况设置

根据上述设置，提交 Marc 计算后得到衬套在 10kN 轴向载荷下的变形图以及在频响分析中，1kN 激励下激励点处沿着轴向的位移幅值和相位随频率变化的曲线，如图 4-32 和图 4-33 所示。

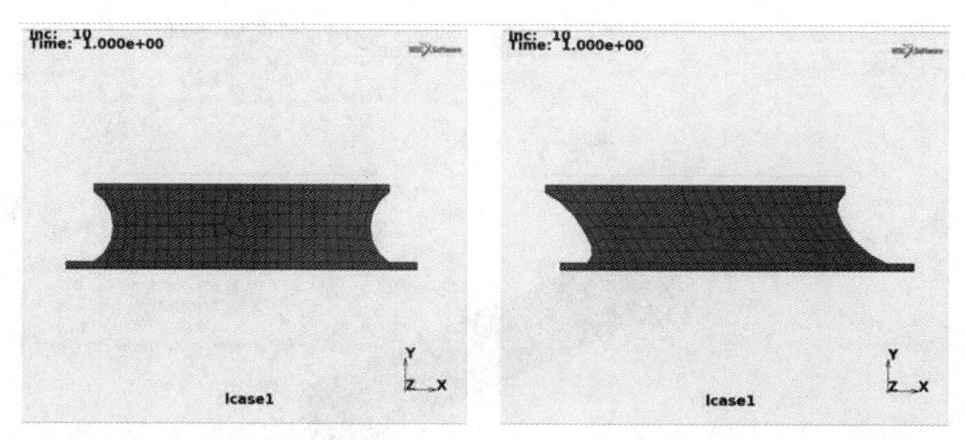


图 4-32　衬套在 10kN 轴向载荷下的变形前（左）、后（右）结果图（比例 1:1）

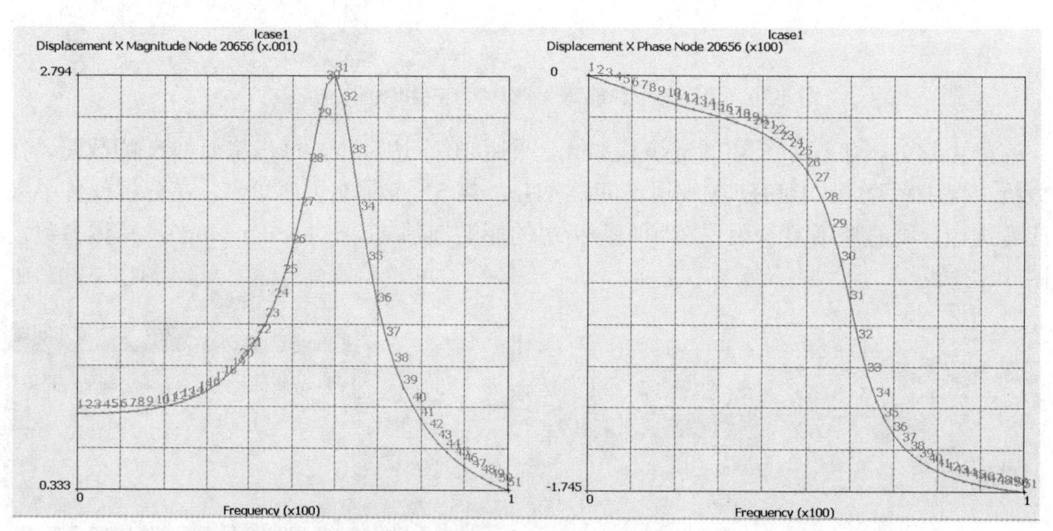


图 4-33　1kN 激励下激励点处沿着轴向的位移幅值和相位随频率变化的曲线

从上述结果中可以发现，结构的共振频率点发生在 60Hz 左右。位移幅值最大值在 2.8mm 左右。

进一步考察结构的阻尼随频率的变化，绘制总体耗散功率（total dissipated power）在 0～100Hz 的变化曲线。如图 4-34（左）所示，在 60Hz 时的耗散功率最大，约为 524W。耗散功率密度分布云图如图 4-34（右）所示，同样在 60Hz 时的橡胶的能量耗散率是最高的，在内、外钢结构处由于没有考虑阻尼的影响，因此能量耗散率为 0。

通过上述功能，用户可以在 Marc 2013 及后续版本中方便地进行橡胶等弹性体连接结构的动态特性模拟，考虑结构的刚度与阻尼与频率所呈现的非线性关系，获取橡胶减振结构的刚度和阻尼随频率变化的特性曲线。

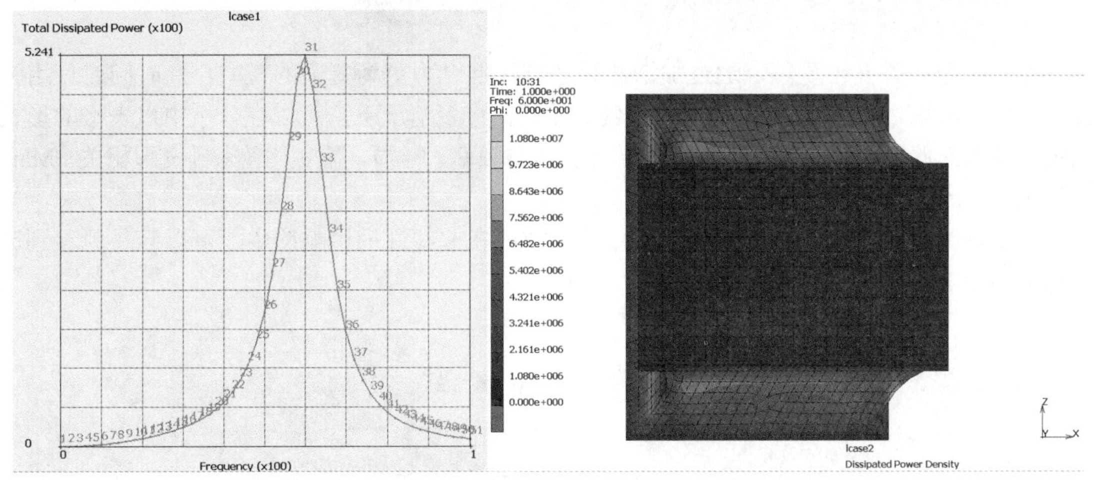


图 4-34　总体耗散功率随频率变化曲线（左）和耗散功率密度分布云图（右）

-----------------------------------☆☆☆☆☆☆-----------------------------------

**备注**：考虑到本例中衬套的整体结构尺寸，上述能量的耗散会导致一定量的生热，如果振动的持续时间较长，那么上述结构的设计是存在一定问题的。另外，由于本例中选择了Neo-Hookean模型，在10kN时的最大位移为7.8mm左右，通过绘制衬套的力—位移特性曲线不难发现，超出这个变形范围后曲线几乎是保持线性变化。而且可以观察到加载后衬套上的剪切变形。Neo-Hookean模型存在剪切应力和剪切应变的线性关系。因此，如果选择更为复杂的模型，例如多项Mooney模型或Ogden模型，将会得到剪切应力和剪切应变呈非线性变化的特点。

-----------------------------------☆☆☆☆☆☆-----------------------------------

相对非填充天然橡胶，填充橡胶呈现出振动幅度对材料储能模量和损耗模量的显著影响，例如：振动幅度对材料的刚度和阻尼特性具有显著影响。这一影响即Payne效应或Fletcher-Gent效应。通常可以观察到在低幅振动时储能模量较高，而当振幅增加至较高时，储能模量下降并趋近到最小值。而损耗模量在这一过程中会在中间达到一个最大值然后下降。

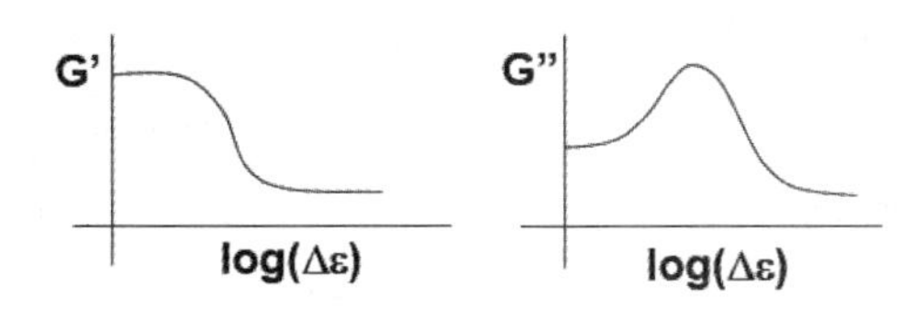


图 4-35　储能模量（左）和损耗模量（右）作为振动幅值的函数

Marc 2015引入多个材料模型可以在简谐分析中同时包含这个与振幅相关的响应，这些模型基于流变学模型（使用弹簧、阻尼和摩擦/滑移单元可以在不考虑过程细节的同时给出Payne效应的现象描述，通常发生在材料的微观水平）。

第一个考虑Payne效应的模型采用触变（thixotropic）方法，即使用基于遗传积分的黏弹性函数，这意味着松弛时间变为过程相关。该模型中的基本流变单元是弹簧、阻尼单元。

第二个考虑Payne效应的模型采用摩擦弹性（triboelastic）方法，即使用循环塑性函数。当材料经历简谐分析时，由hysteresis环决定其储能模型和损耗模量。该模型中的基本流变单元是弹簧和摩擦/滑移单元。

触变和摩擦弹性模型可以通过加法和乘法方式混合为更为复杂的模型，此时同时使用弹簧、阻尼和摩擦/滑移单元作为基本的流变单元。在许多情况下，可以在分析中以表格的形式指定测量出的储能模量和损耗模量，表格可以是与频率、振幅、温度及静态预变形相关。Marc 还提供了 Kraus 模型及通过用户子程序定义。

简谐行为是一个以简谐应变为自变量的函数，在非线性简谐响应中，可以轻易地看到激励幅值的影响。如图 4-36 所示。

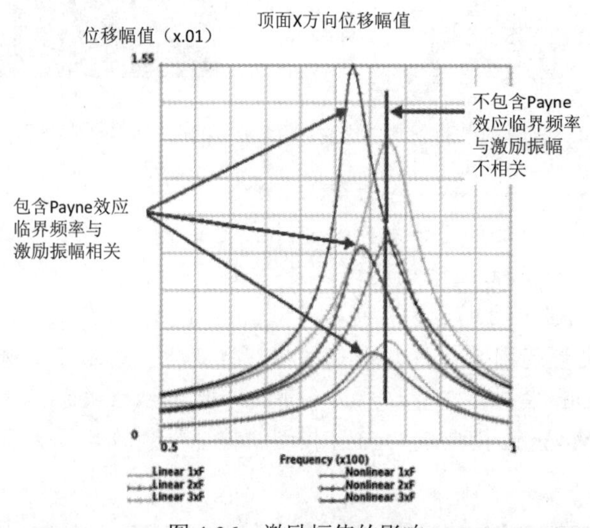


图 4-36 激励幅值的影响

考虑 Payne 效应的简谐分析与不考虑 Payne 效应的简谐分析相似。最主要的差别在于材料数据部分的定义，需要定义静态材料响应（各向同性、Mooney、Ogden 或任何其他各向同性超弹性模型）及黏弹性材料响应，如图 4-37 所示。

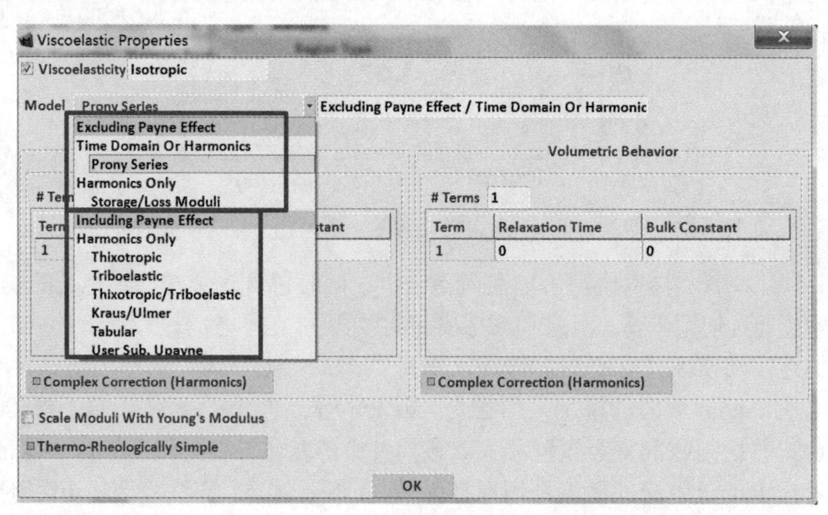


图 4-37 考虑 Payne 效应的简谐分析的材料参数定义菜单

上述菜单显示，Payne 效应只能用于简谐分析，即频域分析。与振幅相关的材料响应的结果使简谐子增量步变为非线性，因为振动幅度无法事前知道。因此包含 Payne 效应的分析也需要在简谐分析工况中进行收敛控制设置。如图 4-38 所示，对于 Dynamic Harmonic 分析工况可以通过 Solution Control，Convergence Testing 和 Numerical Preference 完成对指定频率范围的设置。在分析生成的输出（.out）文件和日志（.log）文件，一旦有 Payne 效应包含在模型中，程序会在简谐分析的子增量步打印出收敛信息。虽然现在简谐分析的子增量步在本质上是非线性的，但这个过程不会应用到任意大的简谐应变增量步，因为在选择触变（Thixotropic）黏弹性材料模型的基本假设是：材料的瞬时响应可以被近似为静态平衡状态附近的线性化过程。所以简谐分析仍然被当作围绕静态平衡状态的扰动。当然这个静态平衡状态可以是具有大的非线性变形的。更多的 Payne 效应应用是相对具有少于 10%的简谐应变增量，并且对于这个应变水平，这个基本的假设被认为是合理的。

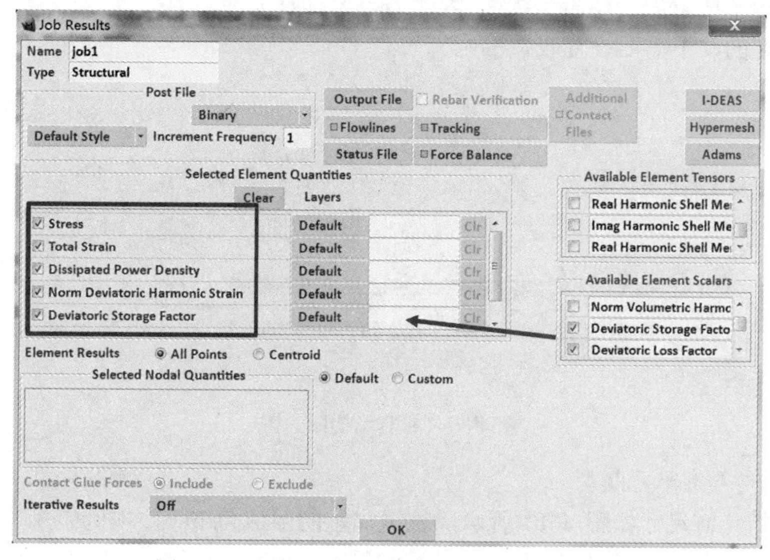


图 4-38　考虑 Payne 效应的简谐分析结果选项

为了研究这一非线性材料行为的影响，最理想的是在相同频率范围分析具有相同载荷和边界条件，仅仅是简谐激励的载荷水平不同。为达到这一目的，可以使用 Harmonic Load Factor 实现。默认设置为 1，因此在简谐分析工况中施加的载荷幅值与简谐分析边界条件中定义的幅值相同。如果输入其他数值，那么简谐分析工况中施加的载荷幅值按照简谐分析边界条件中定义的幅值进行相应的比例缩放即可。通过这种方式，很容易定义一系列简谐分析工况具有不同的简谐分析载荷系数，但频率范围、频率数和收敛设置是相同的。

在 Job Results 菜单下提供了额外的选项可供用户在对简谐分析结果进行后处理时使用，如图 4-38 所示的 Dissipated Power Density。Norm Deviatoric Harmonic Strain 是用来测量简谐应变幅值的，可与静态分析中的等效增量张量应变对比。Deviatoric Storage Factor 和 Deviatoric Loss Factor 是材料的正则化的储能模量和损耗模量。大部分材料对于 Payne 效应是相对不可压缩的或近似不可压缩的，因此黏弹性特性仅仅表现在材料的偏置响应中。然而，相同的模型可被应用于体积响应来包含在这一模式的材料响应中的黏弹性行为。并且类似的后处理中选项也可以在体积响应中使用。

### 4.3.6 包含 Payne 效应的分析例题

以 Marc 用户指南中的例题“Payne Effect in Frequency Response of a Flexible Bushing”为例，介绍如何在模型中考虑 Payne 效应的影响及 Marc 中的设置方法。

如图 4-39 所示的衬套结构，在 Marc 中进行频响分析，同时考虑橡胶材料的刚度和阻尼的频域特性。这些特性不仅仅依赖于频率的变化，同时与幅值相关（Payne 效应）。橡胶结构被固定在外部的套筒上，在承受静态轴向预载荷后（施加在轴的右端），进行一定激励下的简谐分析，此时施加 0～100Hz 内的轴向载荷。这里关心的是结构的幅值和相位作为频率的函数响应，以及由于阻尼带来的能量损耗。测量施加集中力位置的幅值和相位的响应。为研究 Payne 效应，这里将提交两个分析任务，第一个任务不包含材料与 Payne 效应相关的特性，第二个任务考虑 Payne 效应相关的材料定义。当表现出 Payne 效应时，由于振动幅值事先是未知的，因此在简谐分析的子增量步中存在非线性。因此需要设置收敛准则等参数，不考虑 Payne 效应时，子增量步是线性的，不需要设置收敛准则。

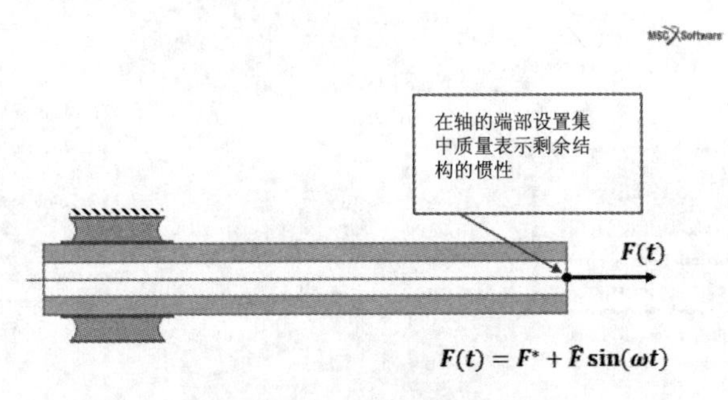


图 4-39　衬套结构断面图

1．读入几何和有限元模型

衬套端部的几何尺寸如图 4-40 所示，这里显示的数值为 mm，本例中采用的单位制为标准单位制，即长度单位为 m；质量采用 kg；时间采用 s；那么力的单位为 N；应力的单位为 Pa。首先将提供的几何模型读入 Mentat 中，模型存储位置为 X:\MSC.Software\Marc_Documentation\201X\examples\ug\e079\bushing_2d_geometry.mud，具体命令流如下：

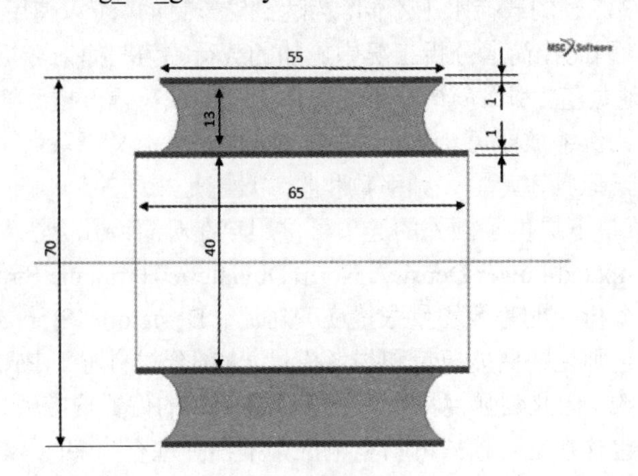


图 4-40　衬套端部的几何尺寸

File→Model：Open…

bushing_geometry_2d.mud

Open

File→Save As...

Files of type: Formatted Model File (*.mfd) ▼

bushing_2d.mfd

Save

由于结构的几何形状和加载均按照轴对称分布，因此本次分析采用二维轴对称模型。提供的模型已经分别针对不同部分定义了集合，如图4-41所示。

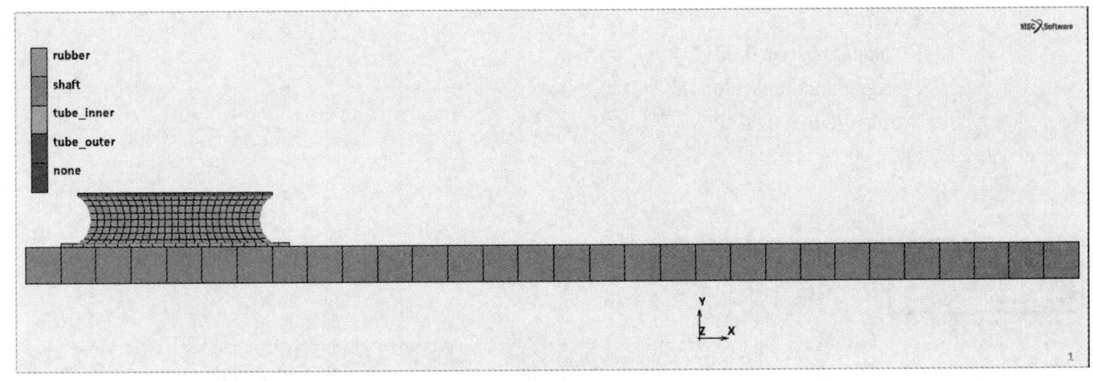


图4-41 模型中集合的定义

基于设定好的集合，可以利用选取功能对不同部分进行显示，并辅助进行后续材料对象的赋予以及边界条件作用区域的选择，具体进行某一个集合选取和显示时可以通过下述命令流实现，即：

Select→Selection Control…（打开选取控制菜单）

Clear All（清除前一次选取的对象）

Select Set（打开所有已定义的集合列表）

Pick Set （选取一个目标集合名称）

OK（关闭集合选取列表）

Make Visible（显示当前选取的集合中的对象）

OK（关闭选取控制菜单）

2. 定义材料参数

材料的时域特性参数采用Neo-Hookean应变能函数，不包含Payne效应的模型中，黏弹性材料特性采用一项Prony系列模型，包含Payne效应的模型中黏弹性特性采用触变（thixotropic）特性来对应。具体材料参数如图4-42所示（包含Payne效应），命令流如下：

Material Properties→Material Properties：New ▼→ Finite Stiffness Region▶→Standard

Name: rubber

*---General Properties---*

Mass Density: 1000

*---Other Properties---*

Type: Mooney ▼

C10: 1.5e6

Elements：Add

Pick Set

rubber
OK
Viscoelasticity
☑Viscoelasticity
Model: Thixotropic ▼
*---Dilatational Behavior---*
Dilatational Behavior, □ Include Payne Effect
Dilatational Behavior, # Terms: 0
*---Deviatoric Behavior---*
☑ Include Payne Effect
# Terms: 1
Relaxation Time: 0.0032
Energy Function Mult.: 1/3
Intrinsic Time: 0.06
OK
OK

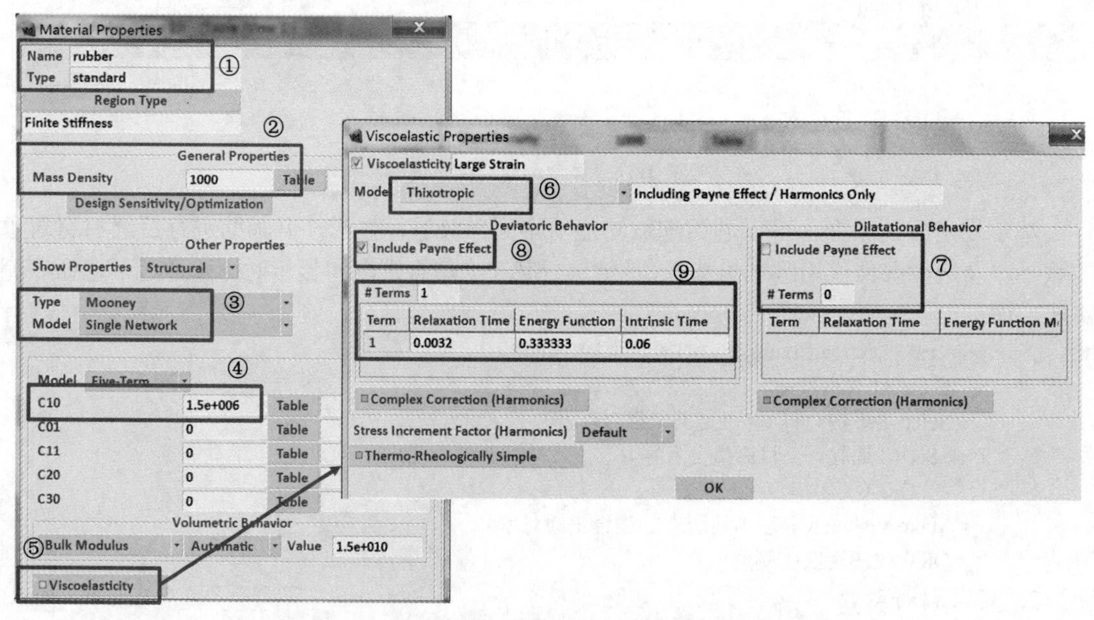


图 4-42　包含 Payne 效应模型的材料参数设置

对于不包含 Payne 效应的模型采用如图 4-43 所示的材料参数设置，在模型目录树中单击上一步定义的材料 rubber，右击选择 copy，双击复制得到的新的材料名称 material2，并修改名称为 rubber_wo_payne，时域部分的参数与考虑 Payne 效应的模型相同，修改黏弹性部分的材料参数，具体命令流如下：

Name: rubber_wo_payne
Viscoelasticity
Model: Prony Series ▼
OK
OK

下面定义金属材料的材料参数，弹性模量为 210GPa，泊松比为 0.3，密度为 7800kg/m$^3$，材料名称为 steel，具体命令流如下：

Material Properties→Material Properties：New ▼→ Finite Stiffness Region►→Standard

Name: steel

*---General Properties---*

Mass Density: 7800

*---Other Properties---*

Type: Elastic-Plastic Isotropic ▼

Young's Modulus:210e9

Possion's Ratio:0.3

Elements：Add

Pick Set

Shaft　tube_inner　tube_outer

OK

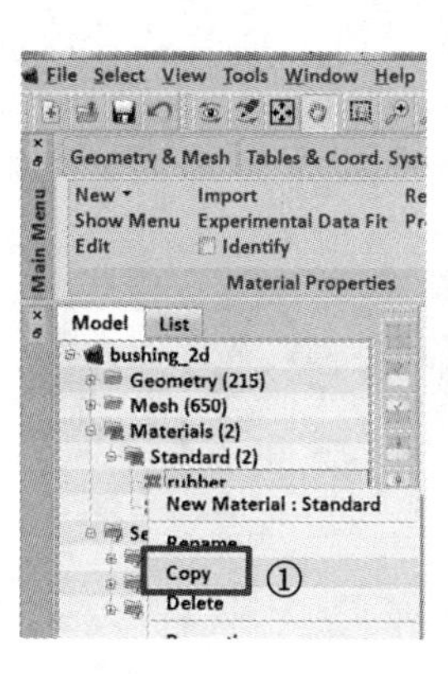


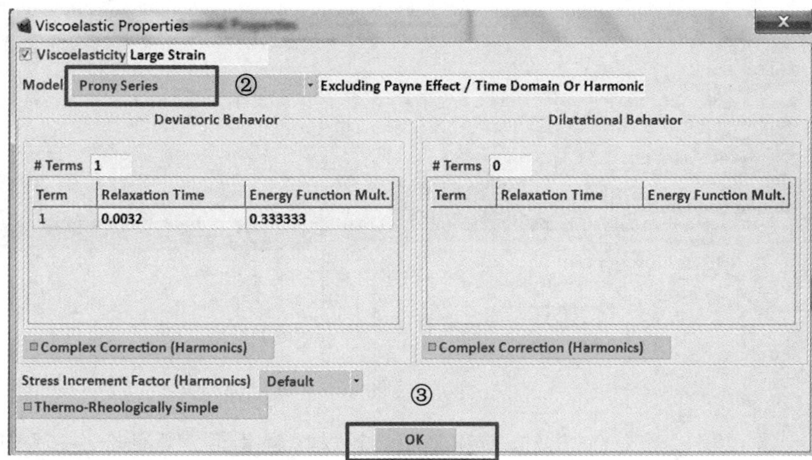


图 4-43　不包含 Payne 效应模型的材料参数设置

3. 定义接触体和接触关系

橡胶材料被粘接在内外套筒壁上，并一起粘接在轴上，模型中定义 4 个接触体，如图 4-44 所示，接触体的名称与模型事先定义的集合名称保持一致。具体命令流如下：

Contact→Contact Bodies:New ▼→Meshed (Deformable)

Name: rubber

Elements: Add

Pick Set

rubber

OK

Contact→Contact Bodies : New ▼→Meshed (Deformable)

Name: shaft

Elements: Add

Pick Set

Shaft

OK

Contact→Contact Bodies : New ▼→Meshed (Deformable)

Name: tube_outer
Elements: Add
Pick Set
tube_outer
OK
Contact→Contact Bodies : New ▼→Meshed (Deformable)

Name: tube_inner
Elements: Add
Pick Set
tube_inner
OK

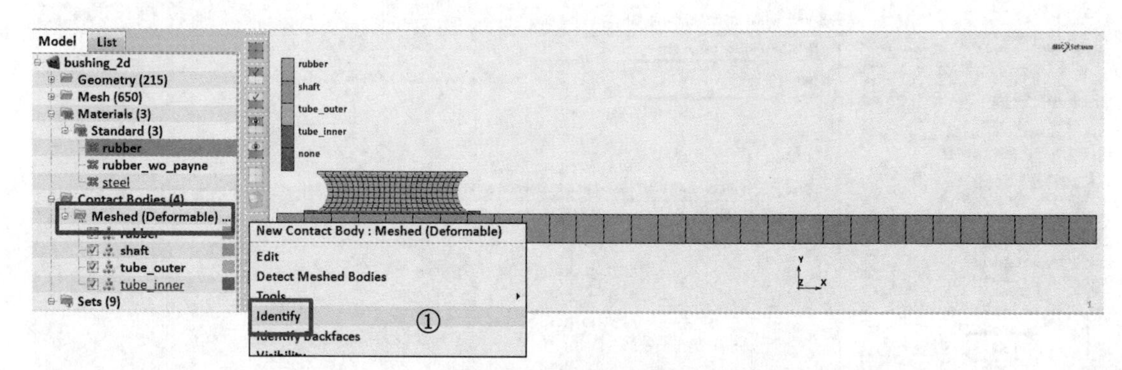


图 4-44 接触体定义

定义橡胶和套筒以及套筒和轴间的粘接接触关系，具体命令流如下：

Contact→Contact Ineractions→New ▼ Meshed (Deformable) vs. Meshed (Deformable)

Name: glued_interact
Contact Type: Glued ▼
OK

在接触表中将上述定义好的接触关系赋予给对应的接触对，首先定义橡胶和套筒外壁的粘接关系，如图 4-45 所示，具体命令流如下：

Contact→Contact Tables: →New

单击 First 1 和 Second 3 的交集按钮
☑Active
Contact Interaction
glued_interact
OK
OK
单击 First 1 和 Second 4 的交集按钮
Active
Contact Interaction
glued_interact

OK

OK

单击 First 2 和 Second 4 的交集按钮

Active

Contact Interaction

glued_interact

OK

OK

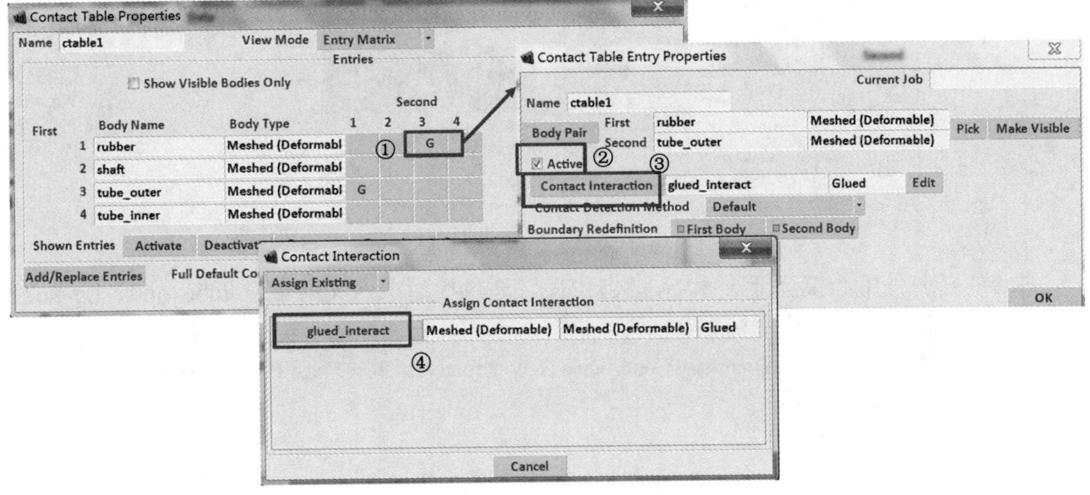


图 4-45 接触表定义和接触关系指定

定义完成的接触表如图 4-46 所示。

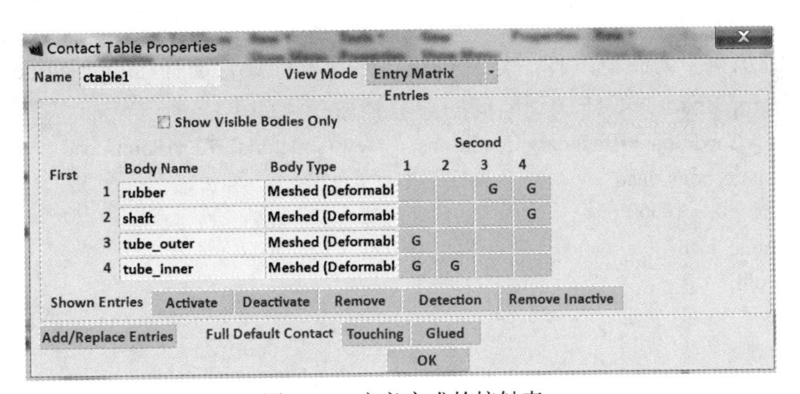


图 4-46 定义完成的接触表

## 4. 定义边界条件

在定义轴向载荷前，首先定义加载曲线，如图 4-47 所示，具体命令流如下：

Tables&Coord. Syst.→Tables: New ▼ →1 Independent Variable

Name: ramp_load

Type

time

⊙ Data Points

Add

0 0

1 1

Fit

OK

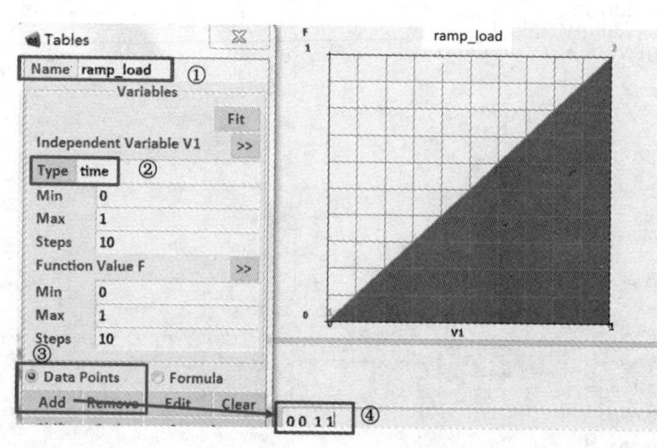


图 4-47　加载曲线

衬套的套筒外壁约束全部 x 和 y 向自由度，通过模型中定义的集合 tube_outer_bc_nodes 选择作用区域即可，具体命令流如下：

Boundary Conditions→Boundary Conditions: New (structural) ▼ →Fixed Displacement

Name: fix_bushing

☑Displacement X

☑DisplacementY

Nodes Add

Pick Set

tube_outer_bc_nodes

OK

轴的端部施加集中力载荷，作用位置可通过定义好的集合选择 single_node，集中载荷参考上面定义的 ramp_load 曲线施加到结构中，具体命令流如下：

Boundary Conditions→Boundary Conditions ：New (structural) ▼ →Point Load

Name: static_point_load

☑　Force X：10000

Table: ramp_load

Nodes Add

Pick set

single_node

OK

定义简谐分析的集中力载荷，具体命令流如下：

Boundary Conditions→Boundary Conditions ：New (structural) ▼ →Harmonic Point Load

Name: harmonic_point_load

☑Force X

Magnitude: 1000

Nodes Add

Pick set

single_node

OK

5. 定义集中质量

对于剩余结构的惯性影响，通过初始条件菜单定义10kg的集中质量来代替。集中质量加在轴端的载荷施加点上，具体的命令流如下：

Initial Conditions→New (structural) ▼ →Point Mass
    Name: point_mass
    ☑Mass X: 10
    ☑Mass Y: 10
    Nodes Add
Pick Set
single_node
    OK

6. 定义分析工况

本例包含两个分析工况，第一个分析工况包含10kN的静态预载荷，采用10个增量步加载，该工况激活静态分析载荷fix_bushing及static_point_load，同时需要激活前面定义的接触表。其他参数保持默认设置，具体命令流如下：

Loadcases →New ▼ →Static

    Name: static
    Loads
        ☑ fix_bushing
        ☑ static_point_load
        OK
    Contact
        Contact Table
            ctable1
        OK
    Total Loadcase Time: 1
    *---Stepping Procedure---*
    Fixed ⊙ Constant Time Step
        #Steps: 10
    OK

第二个分析工况激活简谐分析激励，频率范围为0～100Hz，采用2Hz增量步长，共计51个子增量步。激活1kN的激励及固定位移边界条件。在收敛判据中选择相对残余力收敛容差0.01，其余参数采用默认设置。具体命令流如下：

Loadcases→New ▼ →Dynamic Harmonic

    Name: harmonic
    Loads
        ☑ fix_bushing
        ☑ harmonic_point_load
        OK
    Convergence Testing
        Relative Force Tolerance: 0.01
        OK

Lowest Frequency: 0
Highest Frequency: 100
# Frequencies: 51
☐ Logarithmic Intervals
Harmonic Load Factor: 1
OK

7. 定义分析任务

在分析任务中顺序选择静态分析工况和简谐分析工况，在分析选项中激活大应变、复数阻尼、惯性影响选项，在初始载荷中激活静态载荷边界条件，在初始接触中激活接触表，具体命令流如下：

Jobs→Jobs:New ▼ →Structural

*---Selected---* 在 Available 中顺序选择静态和简谐分析工况
static
harmonic
Initial Loads
☑ fix_bushing
☑ static_point_load
☑ point_mass
OK
Contact Control
Initial Contact
Contact Table
ctable1
OK
OK
Analysis Options
⊙Large Strain
☑ Complex Damping
☑ Inertia Effects
OK
OK
Job Results 指定用于后处理的结果变量
*--- Available Element Tensors---*
Stress
Total Strain
*--- Available Element Scalars---*
Dissipated Power Density
Norm Deviatoric Harmonic Strain
Deviatoric Storage Factor
Deviatoric Loss Factor
OK
OK
Jobs→Element Types：Element Types → Analysis Dimension：Axisymmetric ▼

Solid

10
All Existing
OK
OK

本例中需要运行两个分析任务，分别对应不包含和包含 Payne 效应的模型，当前任务名称为 job1，对应 Prony 系列材料参数，通过模型目录树中对 job1 右击选择 copy，将其拷贝后得到 job2。运行 job2 时材料参数中激活 thixotropic 材料，即包含 Payne 效应的影响。分别运行，完两个任务后进行结果的后处理和对比。双击模型目录树中的 job2 打开属性编辑菜单，单击运行并提交任务，具体命令流如下

Run
Submit (1)
Monitor
OK

当 job2 运行完成后，到目录树中双击不包含 Payne 效应的材料名称 rubber_wo_payne，将橡胶材料对应的单元赋予该材料，具体命令流如下：

Elements：Add
Pick Set
rubber
OK

双击模型目录树中的 job1 打开属性编辑菜单，单击运行并提交任务，具体命令流如下

Run
Submit (1)
Monitor
OK

在监测过程中可以看到 job1 运行时每个子增量步仅仅迭代一次，在 out 文件中也没有任何收敛相关的信息。而 job2 运行时某些子增量步存在多次迭代，且在 out 文件中包含子增量步的收敛信息。Job1 中的简谐分析子增量步是完全线性的，job2 中由于包含了 Payne 效应，因此存在非线性。

8. 结果后处理

我们关心的结果包括衬套的静态变形结果及激振点（node 326，即 set 中的 single_node）位置作为激励频率函数的位移幅值和相位的响应。另外，阻尼导致的离散功率以及在橡胶结构中的分布也是我们关心的。特别是在非线性简谐分析中，简谐应变幅值的分布、储能和损耗因子等。由于橡胶材料的刚度和阻尼是与频率和幅值相关的，简谐分析结果是随着频率和幅值变化的，当然还包含惯性影响。当然与幅值相关只存在于 job2 的结果中。如图 4-48 所示可以看到 job1 模型对应结果，在 10kN 静载荷作用下结构未变形的外轮廓线和变形后的形状。这里采用 1:1 的比例显示，加载点处的力和位移曲线在图 4-49 中可以看到。最大位移当然发生在 10kN 载荷处，约为 7.86mm，可以大致认为这里的力和位移呈现线性关系。这主要是由于选择了 Neo Hookean 材料模型来表述橡胶材料的特性。Neo Hookean 模型还具有呈现线性关系的剪切应力和剪切应变。如果选择其他材料，例如多项 Mooney 或 Ogden 模型，剪切应力和剪切应变的关系会是非线性，并且非线性的影响也会在力和位移曲线中体现出来。具体命令流如下：

Open Post File（Model Plot Results Menu）（打开当前任务的后处理文件）
---Deformed Shape---

Style：Deformed & Original（显示变形前后的形状）

Go to specified increment on results file（跳到指定增量步，单击动态菜单栏按钮）

10（在对话窗口输入 10 后回车，跳到第 10 增量步的结果）

History Plot

*---Collecting Data---*

Set Locations：在对话窗口中输入 326 回车，在图形区右击确认选择

Inc Range：在对话窗口输入 0　10　1 回车

Add Curves

All Locations

*---Variables At Locations---*

Displacement

External Force

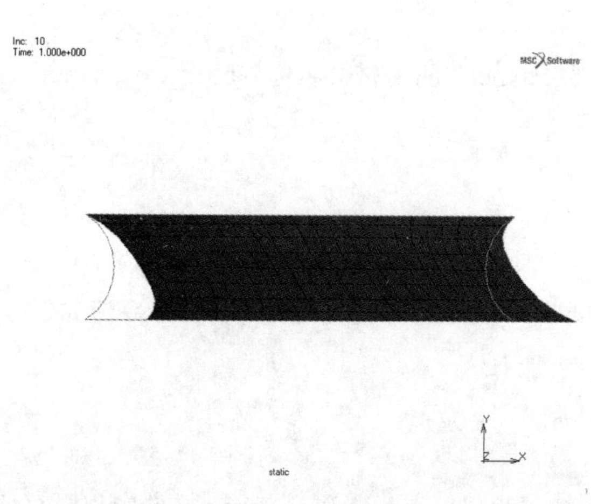


图 4-48　静载下结构未变形的外轮廓线和变形后的形状

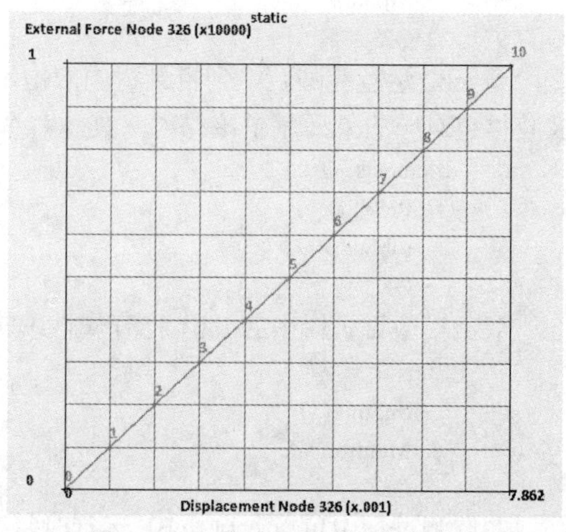


图 4-49　加载点处的力和位移曲线

绘制 job1（不包含 Payne 效应）和 job2（包含 Payne 效应）简谐分析中激励点位移幅值与频率的曲线。可以看到，包含 Payne 效应的模型中峰值上升较快，并且特征频率有偏移，如图 4-50 所示。为进行对比，需要分别绘制 job1 和 job2 的结果曲线，并合并到一张图中显示，首先绘制 job1 简谐分析结果曲线，具体命令流如下：

History Plot

*---Collecting Data---*

Set Locations：在对话窗口中输入 326 回车，在图形区右击确认选择

Inc Range：在对话窗口输入 10:1　10:51　1 回车

Add Curves

All Locations

*---Global Variables---*

Frequency

*---Variables At Locations---*

Displacement X Magnitude

OK

回到 History Plot 菜单中，将 job1 的曲线复制到 Generalized XY Plot：

Copy To Generalized XY Plot

File → Results：Close 关闭 job1 的结果

File → Results：Open

bushing_2d_job2.t16

Open　打开 job2 的结果

History Plot

*---Collecting Data---*

Set Locations：在对话窗口中输入 326 回车，在图形区右击确认选择

Inc Range：在对话窗口输入 10:1　10:51　1 回车

Add Curves

All Locations

*---Global Variables---*

Frequency

*---Variables At Locations---*

Displacement X Magnitude

OK

回到 History Plot 菜单中，将 job2 的曲线复制到 Generalized XY Plot：

Copy To Generalized XY Plot

Fit

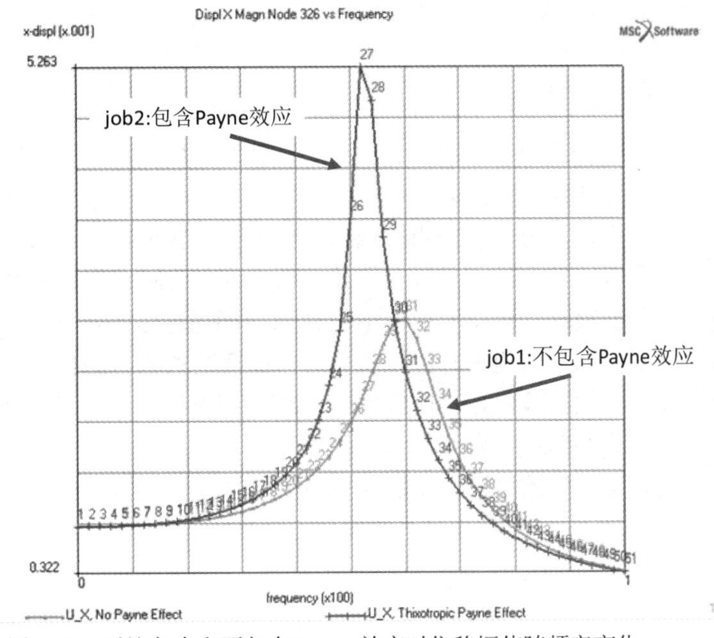


图 4-50　对比包含和不包含 Payne 效应时位移幅值随频率变化

可以进一步绘制耗散功率的对比曲线，如图 4-51 所示。可以看到，在考虑 Payne 效应的模型中临界频率处能量耗散增加较多，不包含 Payne 效应时，临界频率为 60Hz，功率耗散约为 523W；包含 Payne 效应时，临界频率为 52Hz，功率耗散约为 808W。具体命令流可以参考上一步绘制 x 向位移随频率变化的对比曲线的方法，将 Variables At Locations 中选择的 Displacement X Magnitude 改选为 Dissipated Power Density 即可，这里就不进行详细说明了。

关于 Payne 效应的更多例题可以参考《Marc 手册》（E 卷）中的第 7 章：高级材料模型参见第 7.43 至第 7.45 例题，了解更多细节。

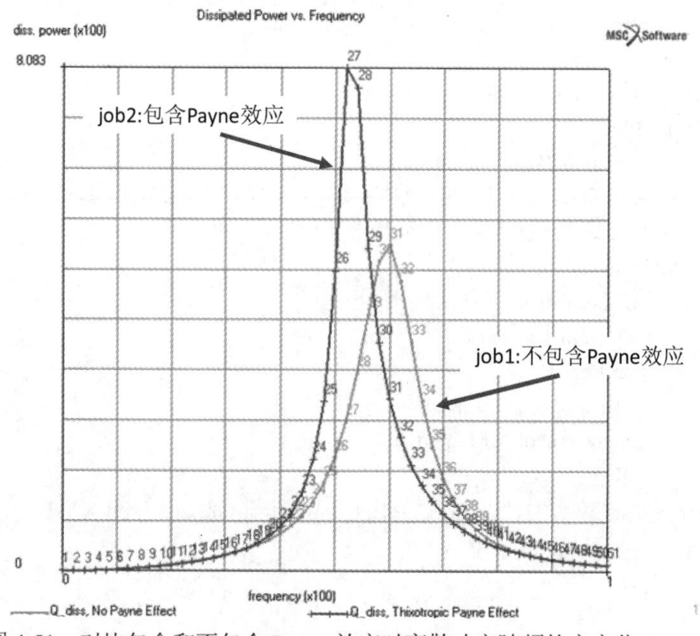


图 4-51　对比包含和不包含 Payne 效应时离散功率随频的率变化

### 4.3.7　材料试验曲线拟合概述

在 Marc 程序中，有多种材料模型可以用于描述弹性体行为，既有针对不可压的简单模型也有针对高度可压的弹性体材料的复杂模型。除与时间无关的行为之外，时间相关线性和非线性弹性材料行为也可描述。为了帮助用户选择最合适的材料模型，在 Mentat 中集成了曲线拟合功能。用户可利用这一功能，在进行有限元分析之前检验哪一个模型能准确模拟试验数据，并检验该材料本构及参数在其他试验模型中的表现。本章主要描述以下问题：需要做什么试验；应采用什么材料模型；如何处理现有的试验数据；如何判断取得的材料常数的物理意义。

材料试验主要有单轴试验、等双轴试验、平面剪切试验、简单剪切试验、体积试验及松弛试验。本节以单轴试验为例进行介绍。

单轴试验可能是最普遍的试验，如图 4-52 所示。可用于拉伸也可用于压缩，既可针对于不可压缩材料，也可针对于可压缩弹性体材料。在图中虚线指示范围之内，变形状态是均匀的，可由式（4-21）描述：

$$\lambda_1 = \lambda = 1 + e_{11}, \lambda_2 = \lambda_3 = \sqrt{J/\lambda} \tag{4-21}$$

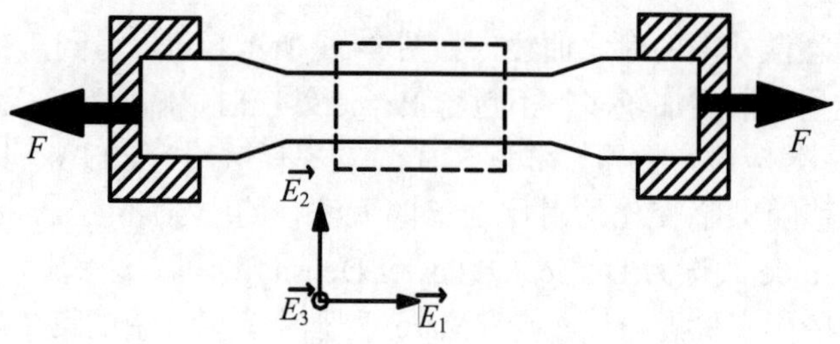


图 4-52　单轴（拉伸）试验

相应的工程应力为：

$$\sigma_{11}=\sigma=\frac{F}{A_0},\quad \sigma_{22}=\sigma_{33}=0 \tag{4-22}$$

式中 $F$为施加的力；$A_0$为虚线范围内未变形试样在$\bar{E}_2-\bar{E}_3$平面内的横截面积。

曲线拟合需要输入的数据至少应有工程应变（$e_{11}$）与工程应力（$\sigma_{11}$）数据点对。对于（轻微）可压缩材料，还需要体积变化数据，这一数据可用面积率或体积率给出。面积率为当前截面积$A$除以初始截面积$A_0$。类似地，体积率为当前体积$V$除以变形前体积$V_0$。体积率与面积率有以下关系：

$$\frac{V}{V_0}=J=\frac{A}{A_0}(1+e_{11}) \tag{4-23}$$

如果对一特定弹性体材料拉伸试验或压缩试验已进行，所有数据应放在一个数据文件之中。数据文件的格式如图4-53所示。各列数据之间可用空格或逗号分开。对于（近似）不可压缩材料，第三列可以忽略。

| $e_{11}$ | $\sigma_{11}$ | $A/A_0$ | | $e_{11}$ | $\sigma_{11}$ | $V/V_0$ |
|---|---|---|---|---|---|---|
| ● | ● | ● | 或 | ● | ● | ● |
| ● | ● | ● | | ● | ● | ● |
| ● | ● | ● | | ● | ● | ● |
| ● | ● | ● | | ● | ● | ● |

图4-53 单轴试验数据文件格式

### 4.3.8 采用Marc进行试验曲线拟合

1．读入数据

采用Mentat进行试验数据拟合，所有试验数据拟合均可以在下面选项中实现：

Material Properties→Material Properties：Experimental Data Fit

作为拟合程序的第一步，先要输入测量数据。可以在Mentat中采用Tables选项完成。虽然数据点可以交互式输入，但最方便的方法还是从外部文件中读入。文件格式在前面均已给出。一般根据试验类型的不同，由两列或三列数据组成。必须注意，在Mentat中交互式输入仅限于每点两项，这意味着只能从外部数据文件输入体积数据。从外部文件读入数据必须设置读入模式为RAW，例如：

Tables& Coord.Syst.→Read→ Files of type: Raw tables()▼

表中轴的尺度根据前两列（表中的X和Y）最大值和最小值自动确定。为便于区分各表数据，可以为每个表取名并设置表的类型。用于曲线拟合的数据可以指定为：

Tables& Coord.Syst.→ Name: planar

Tables& Coord.Syst.→Type→experimental_data

如果从外部文件读入数据，必须在已经读入数据之后再定义表名和表的类型，因为在读入数据过程中会产生新表。

读入测量的试验数据之后，需要指明与何种试验相对应，通过Experimental Data Fit主菜单中选择一种试验并选择合适的表，例如：

Material Properties →Experimental Data Fit→PlanarShear→ planar

**注意**：可同时选择所有支持的试验数据进行拟合。

2. 采用基于不变量应变能函数拟合数据

对于基于不变量应变能函数材料参数；目前只能采用不可压缩弹性体材料数据确定，这意味着体积数据被忽略。因而对这种材料体积试验毫无用处，只有如单轴、等双轴、平面剪切和简单剪切试验才有关。读入数据和将表指定经相应试验之后，用户必须选择一个基于不变量的应变能函数，采用 Experimental Data Fit→Elastomers 选项选取，因而菜单序列为：

Material Properties→Experimental Data Fit→Elastomers→Mooney(3)

这一菜单里的控制参数对于所有基于不变量的模型均相同，仅仅要确定常数不同。如图 4-54 所示。

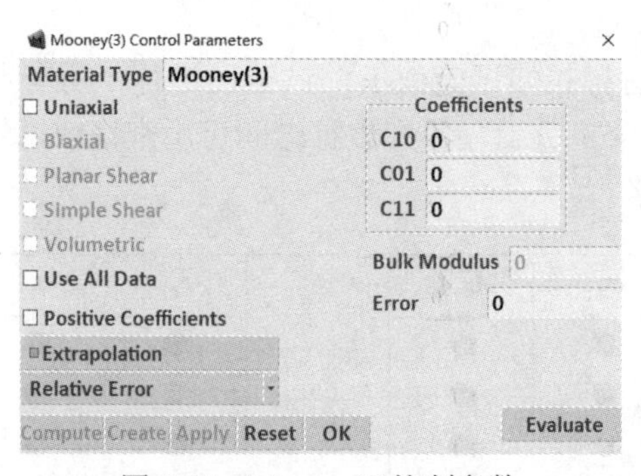


图 4-54　Mooney(3)控制参数

在控制参数菜单中提到了可能的试验。只有与提供的数据相应的试验名称可以激活。如果有一组以上的试验数据，用户可以从下列选项中选择一个：

- 仅用一个试验。
- 用所有试验（Use All Data）。

当合适的试验激活后，即可开始进行拟合。拟合数据意味着在计算和拟合应力的最小二乘误差应该确定。对于每一个工程应变，计算的应力可被表示为材料参数 $C_{mn}$ 的线性函数，因此可用标准的最小二乘法，默认的最小二乘误差为：

$$err^R = \sum_{i=1}^{Ndata}\left(1-\frac{\sigma^i_{calc}}{\sigma^i_{measured}}\right)^2 \tag{4-24}$$

式中　$N_{data}$——数据点总数；$\sigma^i_{calc}$——数据点 i 计算的应力；$\sigma^i_{measured}$——数据点 $i$ 的应力。

式（4-20）的误差是相对误差，这意味着高应力对误差的贡献可与低应力相比较。也可以切换到绝对误差,此时最小二乘误差为

$$err^A = \sum_{i=1}^{Ndata}(\sigma^i_{measured}-\sigma^i_{calc})^2 \tag{4-25}$$

从相对误差到绝对误差和从绝对误差到相对误差的切换可用

Material Properties→Experimental Data Fit→Elastomers→xxx→RelativeError▼

Absolute Error▼

控制参数菜单中其余选项可用一个例子说明。设已有单轴和平面剪切试验。首先所有拟合仅用平面剪切试验数据：

Experimental Data Fit→Elastomers→Mooney(3)→☑ PlanarShear→Compute

激活 Compute，进行实际拟合，计算得到的材料常数和最小二乘误差显示出来（如图 4-55 所示）。

Mooney(3) Control Parameters
Material Type　Mooney(3)
Uniaxial
Biaxial
☑ Planar Shear
Simple Shear
Volumetric
☐ Use All Data
☐ Positive Coefficients
Extrapolation
Relative Error
Coefficients
C10　0
C01　8.14472
C11　12.6213
Bulk Modulus　0
Error　0.108246
Compute　Create　Apply　Reset　OK　Evaluate

图 4-55　计算的材料常数和误差

拟合的量可由 Scale Axes 观察到，它将根据所有绘制曲线上数值对 X 和 Y 轴进行缩放：

Experimental Data Fit→Elastomers→Scale Axes

此时仅平面剪切数据被拟合，所有其他数据都是预测的。

在 Experimental Data Fit→Elastomers→Data Fit Plot 菜单中，用户可以关掉一个或多个预测模型、改变轴的范围及轴的标题。从图 4-56 看出，平面剪切响应模拟基本合理，等双轴模型则显示存在局部极大值。这在物理上是不真实的，仅是曲线拟合的结果，即数学运算结果。最大值或材料不稳定性从 $C_{mn}$ 为负值也可以看出。如果所有材料常数都是正定的，材料响应则稳定。虽然这种限制有时过于严格，但在拟合过程中采用序贯线性寻优程序时实现比较容易。这意味着在所有材料参数 $C_{mn}$ 为非负的条件下得到误差的最小值。在 Mentat 中可激活 PositiveCoefficients 按钮，再次进行拟合。

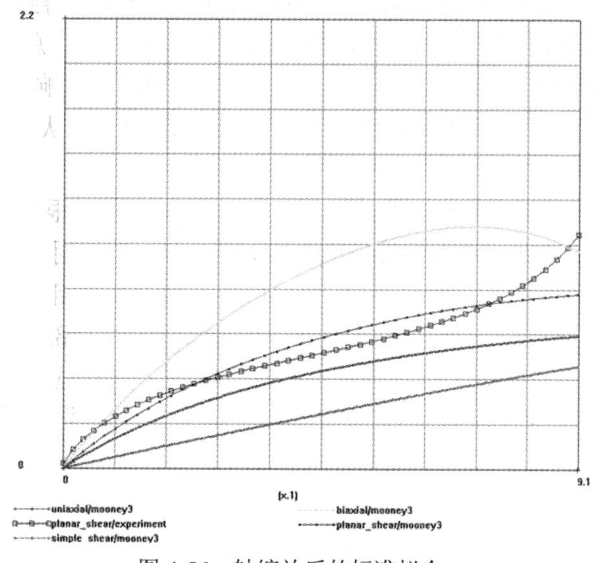


图 4-56　轴缩放后的标准拟合

Experimental Data Fit→Elastomers→Mooney（3）→☑PositiveCoefficients→Compute→OK →Scale Axes

表明所有的系数都发生了变化，而且 $C_{11}$ 变为零。采用顺序线性规划，经常一个或多个系数为零。正定系数得到图形（如图 4-57 所示）清楚表明对所有试验模型都有稳定的材料行为。

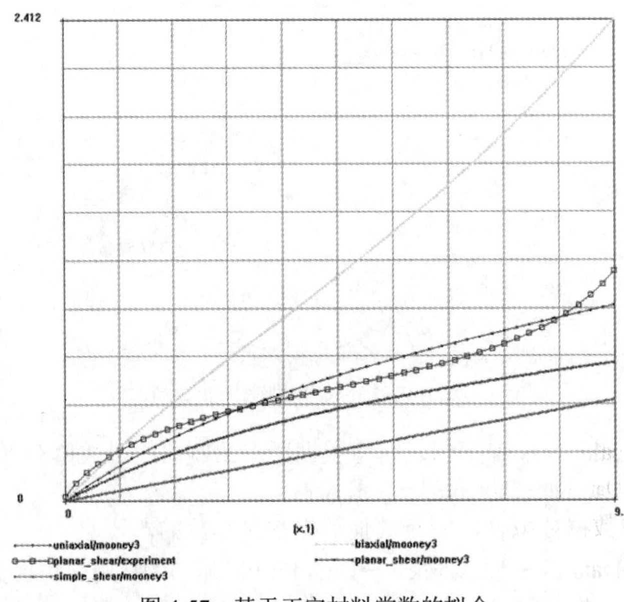


图 4-57　基于正定材料常数的拟合

另外，还可以进行曲线外插（Experimental Data Fit→Elastomers→Mooney(3)→Extrapolation），读者可自己练习。

一旦用户认为材料参数能足够精确地描述测量得到的材料行为，Mentat 材料特性可由 Apply 选项产生并指定到单元上。

曲线拟合是基于数学运算的。为了包括一些物理基础，用户能强制程序以正定系数结束或对与时间无关材料行为进行数学检查。由于限制可能过于严厉，得到的拟合结果可能比无约束的差。对于黏弹性行为，程序自动检查物理相关的结果。作为一个总的原则，考虑的项越多，可以得到更好的拟合结果。然而这不完全意味着对所有试验模型的响应均可接受。因此不能仅关注要拟合的试验模型，也应关注试验预测的模型。由此，用户应从实验室得到更多种试验数据并在所有数据的基础上拟合。

目前曲线拟合程序不能对数据点设定加权因子，数据点可以根据需要增加或删减。注意可用 Tables 选项删除数据点，但只当没有体积数据存在时，才能用 Tables 增加数据点。

如果采用绝对误差准则，在高应力区的数据点起的作用比用相对误差准则时更大。

用户应该检验用于拟合数据的应力和应变范围是否与弹性体部件实际工程应用相应。如果需要，可用 Extrapolation 选项来审查测量范围以外的行为。但注意在单轴数据中的体积数据总是线性外插的。另外，对于超出工程实际应力、应变之外的数据点可以删去。

### 4.3.9　例题：橡胶材料的试验曲线拟合

1. 问题描述

轿车密封条在轿车中起到介质密封、环境隔离和内外装饰等作用。轿车的飞速发展对密封条的质量要求也越来越高。由于密封条与车体的相互作用过程中表现出非常复杂的力学特性，而且密封条材料属于橡胶类材料，根据橡胶材料特性，分析中涉及到几何、材料以及边界条件非线性分析，国内外各大汽车公司广泛地利用具有强大功能的非线性有限元软件 Marc 对密封条进行接触分析。

现有一车门处密封条结构（部分）如图 4-58 所示。密封条材质为橡胶，橡胶材料的单轴拉伸试验的应力－应变曲线如图 4-59 所示。橡胶内部有一支撑钢片，杨氏模量为 $2.1\times10^5$MPa，泊松比为 0.3。试通过 Mentat 的试验曲线拟合功能，得到 Ogden 模型的参数，并分析在密封条插入到车身钣金过程中，密封条橡胶的位置变化及应力云图。

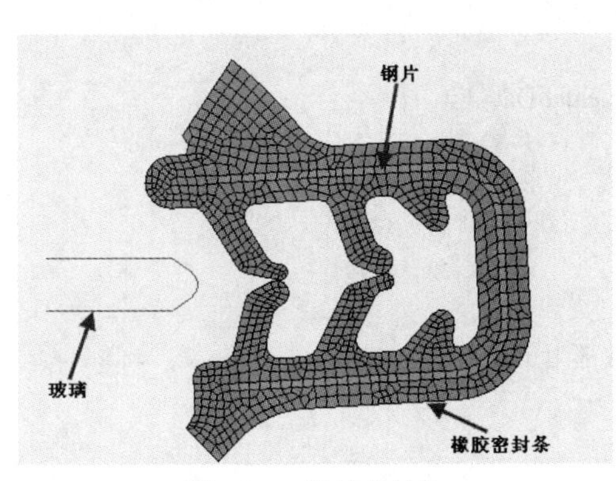


图 4-58　密封条结构

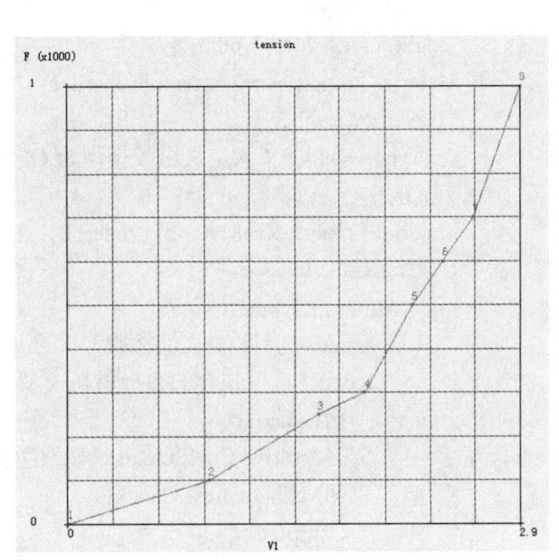


图 4-59　材料的应力应变曲线

2. 密封条网格模型输入

打开书中所附光盘“第 4 章\曲线拟合”文件夹下的模型 seal_mesh.mud。该模型中已经创建了密封条的截面网格和车身钣金件的截面曲线模型（注意：此处的车身钣金件断面并非实际结构，与真实结构略有差别）。密封条和钢片分别定义 Set 方便选取（详细步骤可参考用户指南中例题 Importing a Model）。

3. 定义几何属性

Geometric Properties→Geometric Properties ：New（Structural）▼→Planar → Plane Strain

Thickness：1

☑Constant Dilatation

☑Assumed Strain

Elements ：Add

All Existing

OK

4. 定义材料特性

将实验测出的材料单轴拉伸应力应变曲线拟合成 Ogden 材料，并且施加到所有单元上。对应的命令流如下：

Tables & Coord.Syst.→New▼→1 Independent Variable

Name：tension

Type：experimental_data

⊙Data points

Add

0 0

0.9 100

1.6 250

1.9 300

2.2 500

2.4 600

2.6 700

2.9 1000

Fit（结果如图 4-60 所示）

Material Properties→Material Properties：New▼→ Finite Stiffness Region →Standard

Name：rubber

Type：Ogden▼（定义橡胶模型为 Ogden 模型）

OK

Material Properties→Material Properties：Experimental Data Fit

Uniaxial：tension

*---Material Type Fits---*

Elastomers（弹性体/人造橡胶）

Ogden（选取拟合的目标材料模型）

☑Uniaxial

☑Positive Coefficients（规定所有系数都为正）

☑Mathematical Checks

Compute

Apply

OK

Scale Axes（将拟合后的曲线充满窗口，如图 4-60 所示）

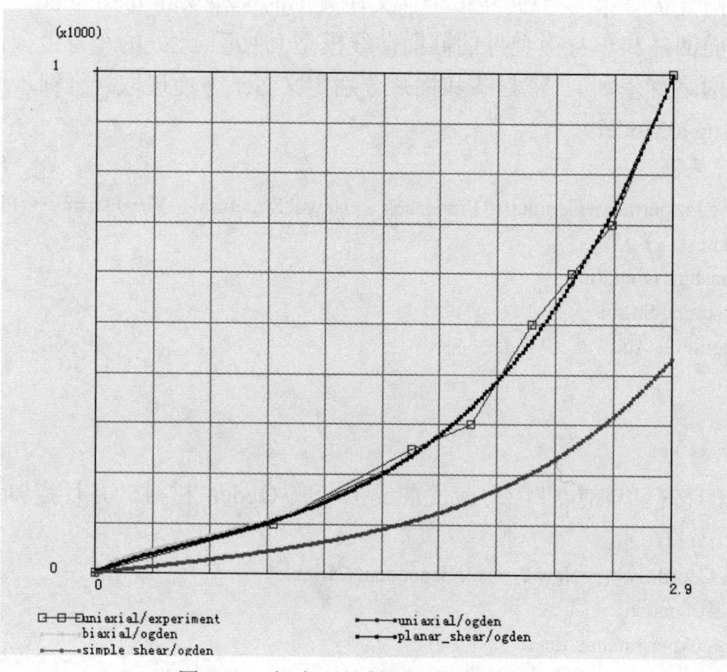


图 4-60　拟合后的材料应力应变曲线

双击目录树中定义的材料 rubber，可以看到材料数据已经更改为拟合后的值，如图 4-61 所示。

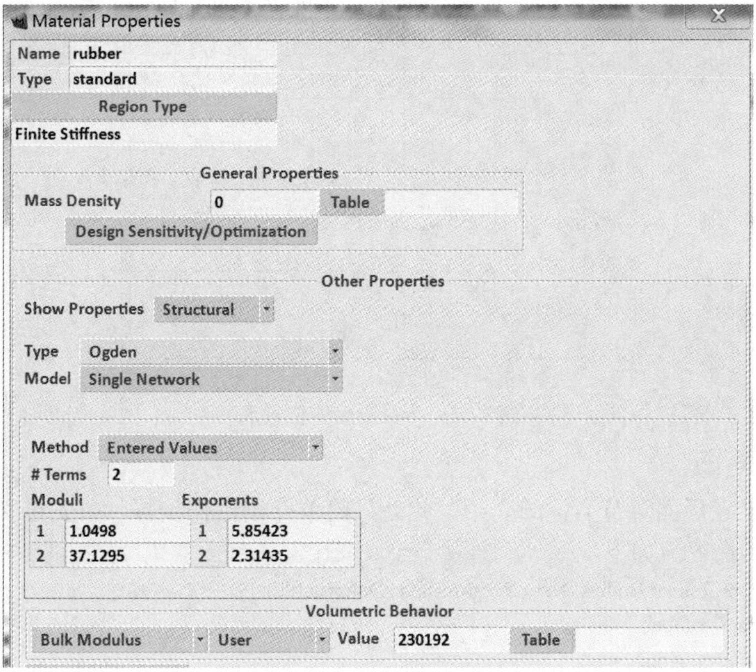

图 4-61　拟合后的材料属性

Elements：Add

Pick Set（此时选择橡胶密封条的 Set:rubber）

Material Properties→Material Properties：New▼→ Finite Stiffness Region →Standard

Name：steel

Type：Elastic-Plastic Isotropic▼（弹塑性，各向同性）

Young’s Modulus：2.1e5

Poisson’s Ratio：0.3

Elements：Add

Pick Set（此时选择钢片的 Set：metal_ele）

OK

5. 定义刚体—车身钣金件的位置表 body_position table

密封条插入到车身钣金件上的运动，此处考虑到为相对运动，因此假定密封条固定不动，只定义车身钣金件对应的刚性体插入到密封条内部的运动。

Tables & Coord.Syst. → New ▼→1 Independent Variable

Name：body_position

Type：Time

⊙ Data points

Add

0 0

1 10

Fit（结果如图 4-62 所示）

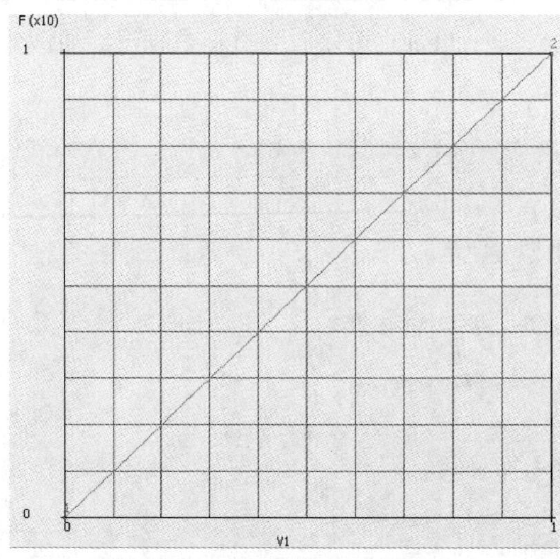


图 4-62　车身钣金的位置表

6. 定义接触体

接触的定义在后面章节会详细介绍，此处只简单介绍操作步骤。首先定义变形体，再定义刚体。对应的命令流如下：

Contact→Contact Bodies：New ▼→Meshed (Deformable)
　Name：rubber
　Elements: Add
All Existing
　OK

Contact→Contact Bodies：New ▼→Geometric
　Name：body
---*Body Control*---
　Position▼（定义刚体的运动方式：位移）
　Parameters
---*Position*（*Center Of Rotation*）---
　X：1
　Table: body_postion（定义车身钣金件向 X 方向移动 10 个单位）
Ok
Curves : Add（此时选择左侧代表车身钣金件的曲线）

定义完接触体后，需要定义接触关系和接触表，对应的命令流如下：

Contact→Contact Ineractions→New ▼→Meshed (Deformable) vs. Geometric

　Name: touch
　Contact Type: Touching ▼
　Friction
　　Friction Coefficient：0.1
　OK（两次）
Contact→Contact Ineractions→New ▼→Meshed (Deformable) vs.Meshed (Deformable)
　Name:self_touch
　Contact Type:Touching▼

Friction

Friction Coefficient：0.2

OK（两次）

Contact→Contact Tables:→New

单击 First 1 和 Second 1 的交集按钮

☑Active

Contact Interaction

self_touch

OK

单击 First 1 和 Second 2 的交集按钮

☑Active

Contact Interaction

touch

OK

OK（如图 4-63 所示，设置接触表，1 和 1 自接触，1 和 2 接触）

Contact Table Properties

Name ctable1　View Mode Entry Matrix

Entries

☐ Show Visible Bodies Only

| First | | Body Name | Second Body Type | 1 | 2 |
|---|---|---|---|---|---|
| | 1 | rubber | Meshed (Deformable) | T | T |
| | 2 | body | Geometric | | |

Shown Entries　Activate　Deactivate　Remove　Detection　Remove Inactive

Add/Replace Entries　Full Default Contact　Touching　Glued

OK

图 4-63　接触表

## 7. 定义边界条件

约束密封条外侧的所有节点的自由度。对应的命令流如下：

Boundary Conditions→Boundary Conditions: New (structural) ▼ →Fixed Displacement

Name: fix

☑Displacement X

☑DisplacementY

Nodes：Add（此时选择密封条外侧的所有节点，定义好的边界条件如图 4-64 所示）

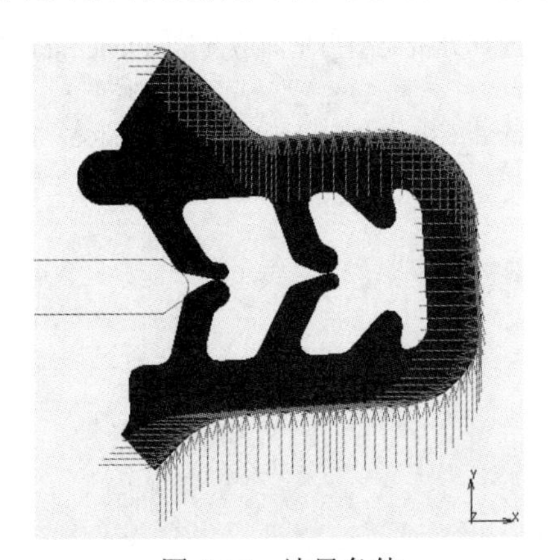

图 4-64　边界条件

8. 定义载荷工况

激活载荷，采用分步加载方式，总时间为 1s。单击 loads 和 Contact 按钮，分别将当前定义的 Loads、Contact table 激活。对应的命令流如下：

Loadcases →New ▼ →Static
Loads：fix
Contact
Contact Table：ctable1
OK
Total Loadcase Time（总加载时间）：1
---*Stepping Procedure*---
Adaptive ⊙ Multi-Criteria
OK

9. 创建作业

激活工况，选取等效 Cauchy 应力作为后处理的数据。对应的命令流如下：

Jobs→Jobs:New ▼ →Structural

---*Selected*---在 Available 中选择前一步定义的分析工况
lcase1（选择定义的载荷工况 1）
Initial Loads：☑apply1
Contact Control
Method： Node to Segment▼
Friction： Coulomb Arctangent （velocity）▼
Initial Contact
Contact Table：Ctable1
OK
OK
Analysis Option：⊙ Large Strain
OK
Job Results
--- *Available Element Scalars*---
☑Equivalent Von Mises Stress
☑Equivalent Elastic Strain
OK
Analysis Dimension（选择分析类型为平面应变）: Plane Strain▼
OK
Jobs→Element Types：Element Types → Analysis Dimension：Planar ▼
Solid：80
All Existing
Solid：115
Pick set: metal_ele
OK
Run
Submit(1)
Monitor

### 10. 后处理

显示等效 Cauchy 应力图，位移图。对应的命令流如下：

Open Post File（Model Plot Results Menu）（打开处理文件）

*---Deformed Shape---*

Style：Deformed（只显示变形后的网格）

*---Scalar Plot ---*

Style:　Contour Bands（显示应变云图）

　　Scalar（指定要处理的变量）:Equivalent Von Mises Stress 如图 4-65 所示

图 4-65　密封条插入到车身钣金件后的变形图和应力分布云图

# 5 接触分析

## 5.1 综述

工程中许多物理问题的描述都涉及接触现象。例如零部件装配时的配合，橡胶密封元件的防漏，轮胎与地面的相互作用，撞击问题以及压力加工行业的大量成型工艺过程等等。从力学分析角度看，接触是边界条件高度非线性的复杂问题，需要准确追踪接触前多个物体的运动以及接触发生后这些物体之间的相互作用，同时包括正确模拟接触面之间的摩擦行为和可能存在的接触间隙传热。

### 5.1.1 接触问题的数学描述方法和数值计算方法

产生接触的两个物体必需满足无穿透约束条件，即满足式（5-1），即：

$$\Delta u_{\mathrm{A}} \cdot N \leqslant D \tag{5-1}$$

式中 $\Delta u_A$——A 点增量位移向量；

$N$——单位法向量；

$D$——接触距离容差。

数学上施加无穿透接触约束的方法有拉格朗日乘子法、罚函数法、直接约束法和杂交混合法等。

1. 拉格朗日乘子法

拉格朗日乘子法是通过拉格朗日乘子施加接触体必须满足的非穿透约束条件的带约束极值问题描述方法。这种方法是把约束条件加在一个系统中最完美的数学描述。该方法增加了系统变量数目，并使系统矩阵主对角线元素为零。这就需要在数值方案的求解中处理非正定系统，数学求解上将发生困难，需施加额外的操作才能保证计算精度，从而使计算时间增加。另外，由于拉格朗日乘子与质量无关，导致这种由拉格朗日乘子描述的接触算法不能用于显式动力撞击问题。

拉格朗日乘子技术经常用于采用特殊界面单元描述的接触问题分析。该方法限制了接触物体之间的相对运动量，并且需要预先知道接触发生的确切部位，以便施加界面单元。这样的额外要求对于撞击、压力加工等通常事先并不知道准确接触区域所在的一类物理问题是难以满足的。

2. 罚函数法

这是一种施加接触约束的数值方法。其原理是一旦接触区域发生穿透，罚函数便夸大这种误差的影响，从而使系统的求解（满足力的平衡和位移的协调）无法正常实现。换言之，只有在约束条件满足之后，才能求解出有实际物理意义的结果。

用罚函数法施加接触约束的方法可以类比成在物体之间施加非线性弹簧所起的作用。该方法不增加未知量数目，但增加系统矩阵带宽。其优点是数值上实施比较容易，在显式动力分析中被广泛应用。但不足之处在于罚函数选择不当将对系统的数值稳定性造成不良的影响。

3. 直接约束法

用直接约束法处理接触问题是追踪物体的运动轨迹，一旦探测出发生接触，便将接触所需的运动约束（即法向无相对运动，切线可滑动）和节点力（法向压力和切向摩擦力）作为边界条件直接施加在产生接触的节点上。这种方法对接触的描述精度高，具有普遍适应性。不需要增加特殊的界面单元，也不涉及复杂的接触条件变化。该方法不增加系统自由度数，但由于接触关系的变化会增加系统矩阵带宽。

4. 杂交法和混合法

杂交法（hybrid method）中根据能量原理引入接触面上能量的连续性来提取接触单元，该方法把接触力作为一种额外的单元。

混合法（Mixed methods）基于扰动拉格朗日配方方法，一般该方法由插值得到的压力分布组成，压力分布比位移分布低一个阶次，常常用于拉格朗日方法难以解决的问题。

### 5.1.2 Marc 软件进行接触探测及分析的方法

以前 Marc 软件提供的接触算法主要是基于“直接约束的接触算法”，这是解决接触问题的通用方法。特别是对大面积接触，以及事先无法预知发生接触的区域的接触问题，程序能根据物体的运动约束和相互作用自动探测接触区域，施加接触约束。在近年来的新版本中也增加了一些新算法，如一些经过改进的罚函数方法和拉格朗日乘子法。

目前 Marc 提供了两种接触探测方法：Node To Segment 和 Segment To Segment。如图 5-1 所示，接触探测方法的选择通过 Jobs → New → Job Properties→ Contact Control→ Method 命令。

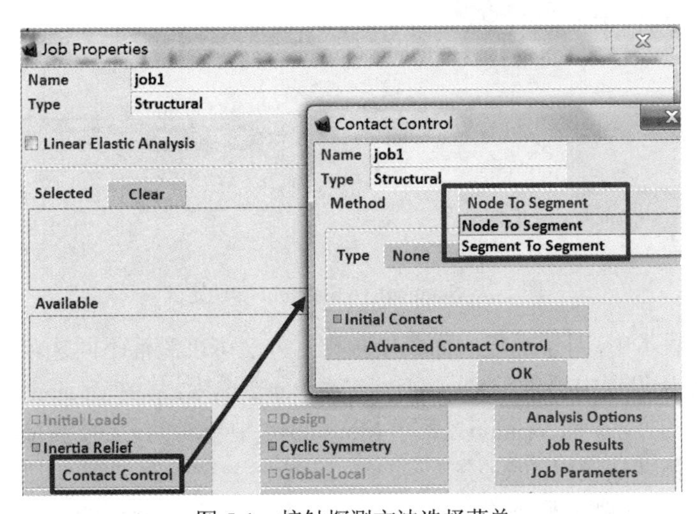


图 5-1　接触探测方法选择菜单

Node To Segment 方法是判断“节点”与“面段”（曲线、曲面或者单元的边、面等）的接触，是 Marc 传统的接触探测方法，这种算法已经非常成熟，并且成功地用于大量的接触问题。不过这种算法在接触体都为变形体（deformable body）时存在一些不足之处。具体表现为：

- 两个变形体的接触面上的应力分布不连续。
- 当两个接触体都是变形体时，在接触判断时存在主从性，可能无法真实反映接触状况，尽管有不少其他方法来对此进行优化，但有时还是得不到最佳的结果。
- 在壳单元接触时，只用壳单元的节点来施加双向的多节点约束方程是无法实现的。当壳单元的边和另外单元的面发生接触时，也有同样的问题。
- 当变形体和刚体接触时，刚体表面为非平坦表面，变形体与刚体的接触过程中不断有节点离开接触区和新节点进入接触区。如果用 Node To Segment 会导致接触压力分布不连续。

为了解决以上不足之处，Marc 2010 版本发布了一种 Segment To Segment（“面段－面段”）的新的接触算法。这种算法是加强的非穿透约束算法。该算法的详细理论介绍读者可以查阅帮助文件 A 卷有关 Segment To Segment 的基础理论部分。

Marc 2011 版的 Segment To Segment 探测功能在 2010 版本基础上增加了更多功能，例如：变形体和变形体之间发生相对滑动、可以考虑摩擦的影响，优点是可以定义法向压力导数是位移的函数、适用于二维和三维的线性和二次实体单元和壳单元、计算精度更高、无须考虑接触的主从性、支持基于库伦摩擦和剪切摩擦的有限滑移接触、添加了非对称矩阵增加收敛速度，支持刚体和变形体的接触、支持传热分析等。

Marc 2014 进一步改善面段－面段接触功能的鲁棒性，对于包含物理或几何非线性特性及摩擦的接触模型，能够最大程度的减少用户查找最优参数的工作。Segment To Segment 设置如图 5-2 所示，菜单位于 Jobs→Job Properties→Contact Control。

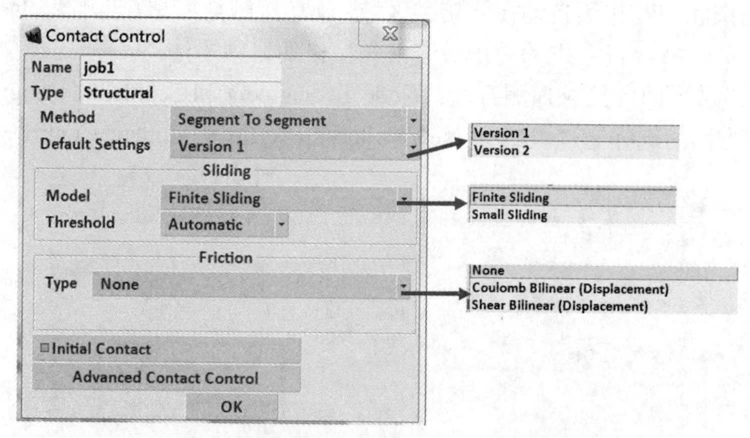


图 5-2　Segment To Segment 功能定义

在 Marc 2014 版本中，对于面段－面段接触探测方法可以激活不同选项来决定一些默认设置，图 5-2 中看到默认设置中提供了 Version 1 和 Version 2 选项，其中 Version 1 表示在 Marc 2013 或早期版本中使用的方法，而 Version 2 表示 Marc 2014 中新增的方法。新增的方法（Version 2）会带来以下程序内部默认设置的变化：

（1）面段－面段接触探测方法使用了罚函数方法来满足无穿透约束。可以自定义罚值或由程序来计算该值。如果激活 Marc 2014 默认设置（Version 2），会导致以下动作：

1）对于变形体与刚性体接触的模型，程序没有变化。

2）对于变形体和变形体接触的模型，并且两个接触体具有相同的刚度，那么罚值将采用一个较之前版本更小的数值设置。

3）对于变形体和变形体接触的模型，并且两个接触体具有不同的刚度，那么罚值将基于较低刚度进行设置。

（2）为改善精度和收敛，Marc 也提供了增强方法。一旦激活增强方法，在达到最大迭代次数前，该方法会一直处于激活状态直到穿透达到一定的数值。Marc 2014 版本之前，该数值为千分之一的特征长度，经过研究发现，这个数值太小，会导致大量的迭代。因此，该数值的默认设置在 Version 2 中被增大。

（3）在摩擦模型中，对于黏着摩擦有一个增强拉格朗日罚值。在 Marc 2014 版本之前，该值对整个模型保持为常数，或者对于一个接触对是保持为常数的。在 Marc 2014 版本中，激活新的方法（Version 2）可使该数值随着法向压力变化。同时可使在低应力而非高的法向应力时，接触体更倾向于滑动。

（4）如果分离发生，并且收敛判定仅基于位移控制，那么残余力检测被激活来确保满足平衡，容差采用缺省值 0.1，会获得更为稳定的求解，但会导致计算成本的增加。

不像节点－面段接触探测方法，面段－面段接触探测方法在求解不收敛时，已经在分离上进行了检查。那么分离多折线点对求解的影响就会反映在全局平衡检查上。在某些情况下，在一个增量步中存在许多点的分离，从而导致不收敛。代替 Marc 2014 之前版本进行迭代次数增加的做法，Version 2 允许一旦发生分离将迭代重置为 1。默认情况下，在一个增量步中对迭代的重置允许最大进行 9999 次，该数值可以通过 Advanced Contact Control 菜单进行自定义。

另外，在滑移模型中提供了有限滑移（Finite Sliding）和小滑移（Small Sliding）两种方式，其阙值可以通过自动（Automatic）和用户（User）自定义两种模式设置。在摩擦类型部分，针对面段－面段接触探测方法可以使用库伦双线性（Coulomb Bilinear）和剪切双线性（Shear Bilinear）摩擦模型。

如图 5-3 所示为两个粘接（glue）在一起的实体，一端固定，另一端承受弯矩作用。分别采用 Node To Segment 和 Segment To Segment 进行接触的方法定义，在接触分析中采用 Segment To Segment 的结果，其在接触体接触面上应力连续均匀分布。

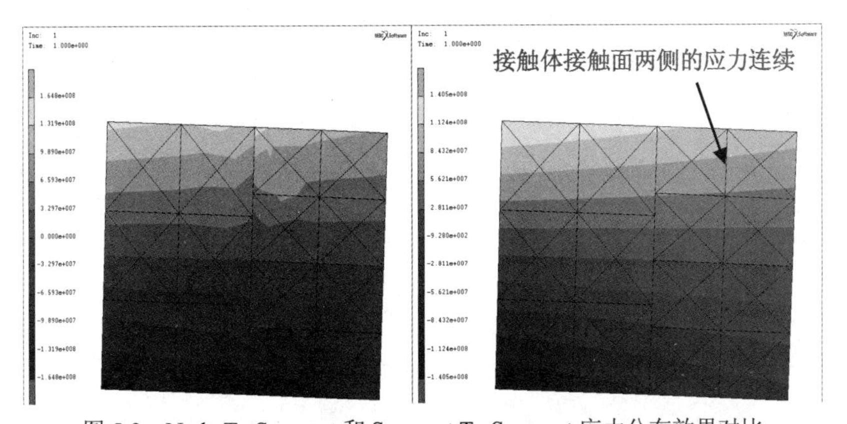


图 5-3　Node To Segment 和 Segment To Segment 应力分布效果对比

如图 5-4 所示为板料弯曲塑性变形的仿真。在凹模圆角处板料与之接触的部分在不断变化，分布采用 Node To Segment 和 Segment To Segment 进行接触分析，其接触压力效果对比如图 5-5 所示。

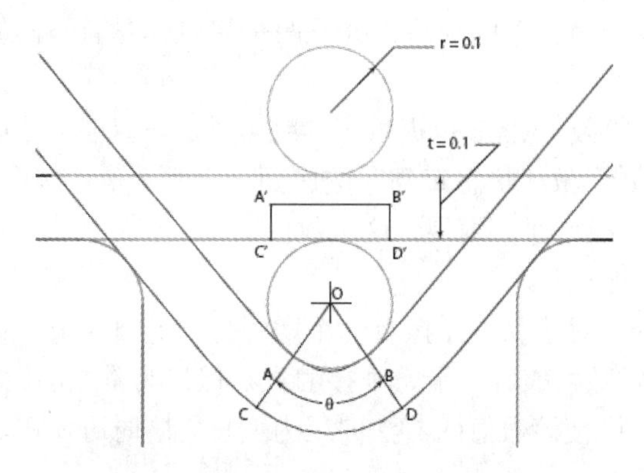


图 5-4　板料弯曲塑性成形分析示意图

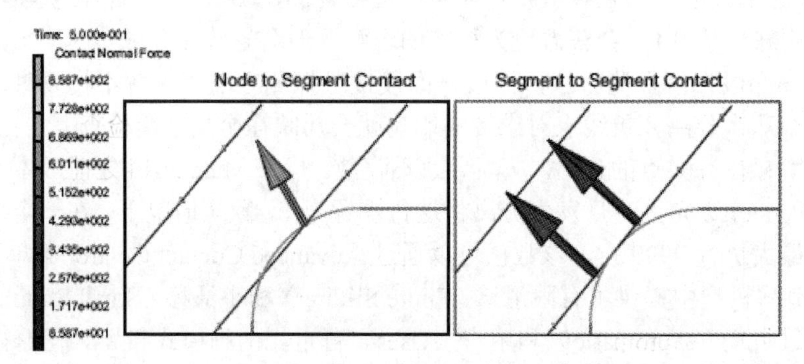


图 5-5　Node To Segment 和 Segment To Segment 接触力对比

有兴趣的读者可以运行 Marc 用户指南中的 Break Forming of a Metal Bracket 实例。

### 5.1.3　Marc 软件接触算法基本流程

Marc 软件接触算法基本流程如图 5-6 所示。由图可见，整个过程包括：

（1）定义接触体。

（2）探测接触。

（3）施加接触约束。

（4）模拟摩擦。

（5）修改接触约束。

（6）检查约束的变化。

（7）判断分离和穿透。

（8）判断热－机耦合的接触传热等。

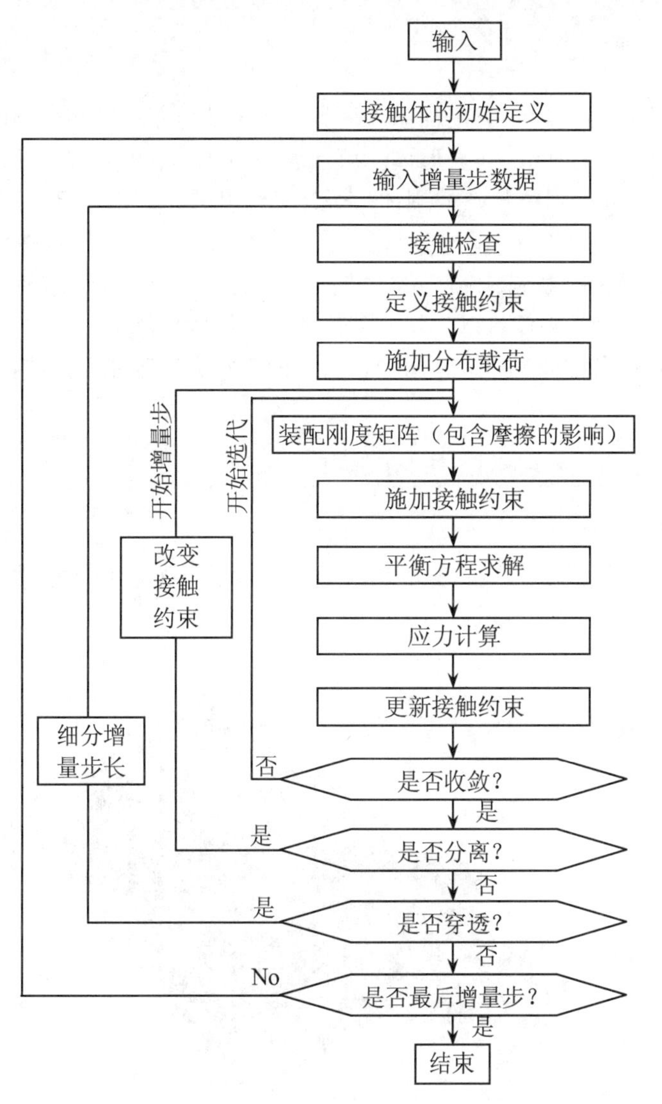


图 5-6 接触算法流程

接触模型可以通过 Contact 主菜单来定义。Contact 主菜单如图 5-7 所示。该主菜单包括 5 个部分，分别为：

- Contact Bodies：定义接触体。
- Contact Interactions：定义接触关系。
- Contact Tables：定义接触表，指定哪些接触体之间会发生接触。
- Contact Areas：定义接触区域，进一步明确会发生接触的接触体之间的接触节点。
- Exclude Segments：定义排除部分，此时接触体间进行单向接触探测。

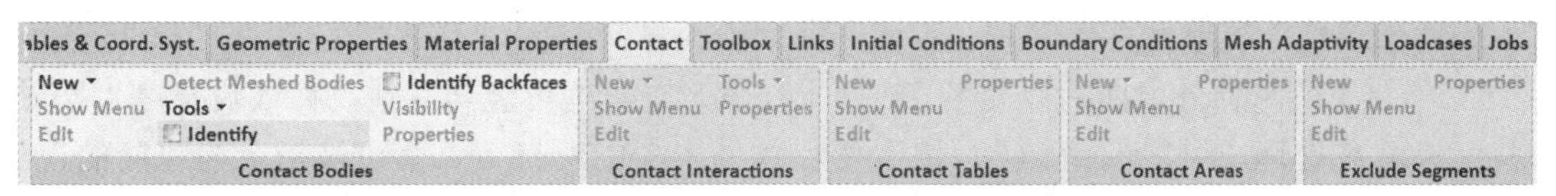


图 5-7 Contact——接触定义主菜单

## 5.2 接触体的定义和运动描述

Marc 的接触分析可处理 5 类接触体，每类接触体都可在二维和三维问题中运用：

- Meshed（Deformable）：变形体。可计算应力和/或温度分布。
- Meshed（Rigid）：可传热的刚体。可计算温度分布，不计算变形和应力。
- Geometric：刚体。不计算变形和应力，接触过程中温度保持常数。
- Geometric（With Nodes）：带控制节点的刚体。不计算变形和应力，接触过程中温度保持常数。此类刚体可以与其他刚体和对称接触体接触。
- Symmetry：对称体。即接触面当作对称面。此类接触体仅在结构（Structure）分析中可用。

### 5.2.1 变形体的定义——Meshed（Deformable）

1. 定义变形体的单元

变形体是对接触过程中产生的变形加以考虑的接触体，它是一组常规有限单元的集合，如图 5-8 所示的 14 个变形体所示。

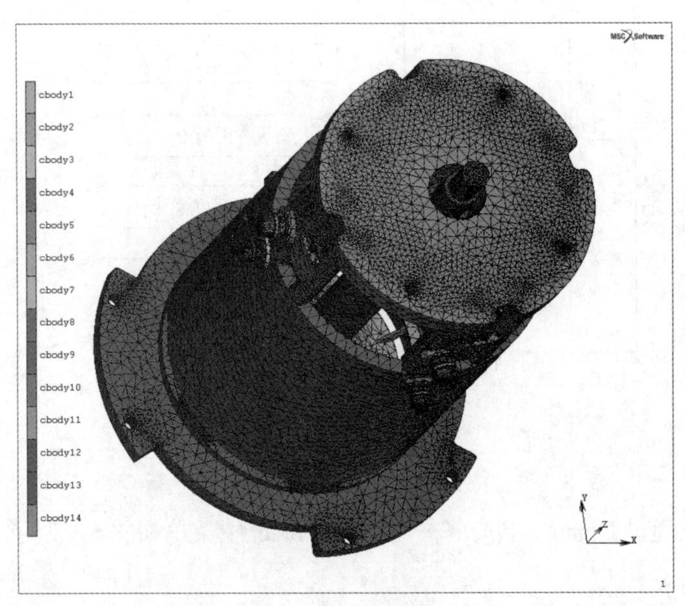


图 5-8 变形体的定义

变形体包含以下几方面信息：

（1）变形体必须是由组成实际变形体的常规单元描述：

1）二维连续体单元：三角形单元，四边形单元。

2）三维连续体单元：四面体单元、五面体单元、六面体单元。

壳和梁结构：板单元、壳单元、实体壳和梁单元。

（2）位于变形体外表面的单元节点，如果在变形过程中可能与其他物体或自身产生接触，这些节点就被处理成可能的接触点。位于变形体外表面的所有节点都可被指定为可能的接触节点。

（3）定义变形体时没有必要把整个物理上的变形体都包含在内。多数情况下可以确信某些表面节点永远没有可能与其他物体或自身所在的物体接触，对此情形，用 Contact Area 下的 Potential Contact 定义与接触有关的节点，缩小接触检查的节点范围。这有助于降低接触分析的计算时间。

（4）不允许一个节点或单元同时属于一个以上的变形体。

（5）Marc 程序在其内部把变形体边界单元数据转换为接触段/片和接触点：

1）二维结构：用位于边界线上的单元的边（edge）表示接触段（segment）。

2）三维结构：用位于边界面上单元的面（face）表示接触片（patch）。

（6）单元必须是可以计算应力的单元。

2. Friction——定义摩擦

摩擦的数学模型在 Jobs → Properties → Contact Control→Friction:Type 下定义，如图 5-9 所示。

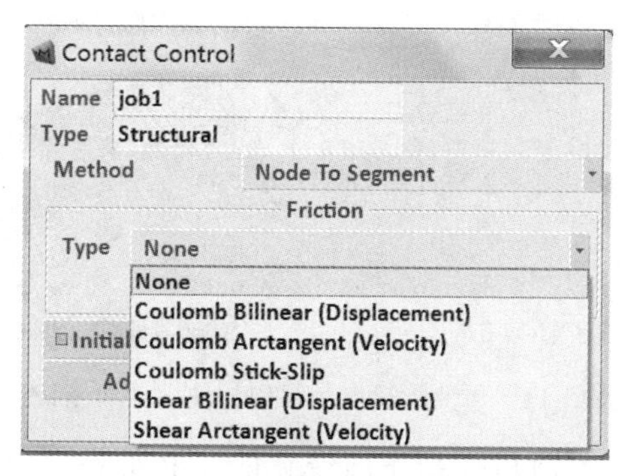


图 5-9　摩擦的数学模型选择

摩擦行为可以是各向同性的，也可以是各向异性。对于各向同性摩擦，只需定义一个摩擦系数（Friction Coefficient）即可。对于各向异性的摩擦行为定义菜单如图 5-10 所示，需要分别定义不同方向的摩擦系数，如图 5-10（a）所示为在接触体特性中激活各向异性摩擦，进行方向设置的菜单；如图 5-10（b）所示为在接触关系定义菜单中激活各向异性摩擦的参数设置。

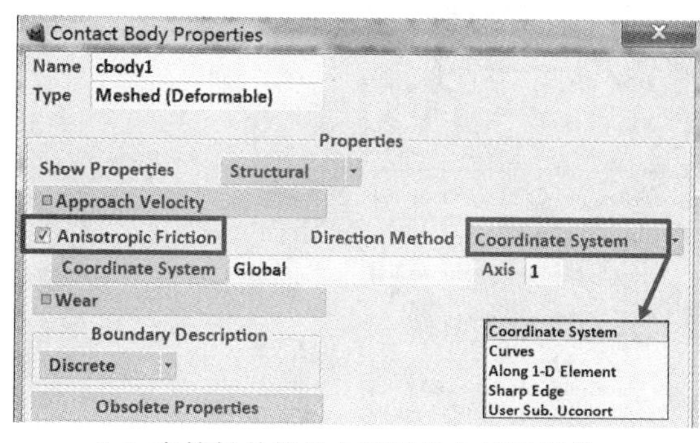


（a）在接触体特性中激活各向异性摩擦，进行方向设置的菜单

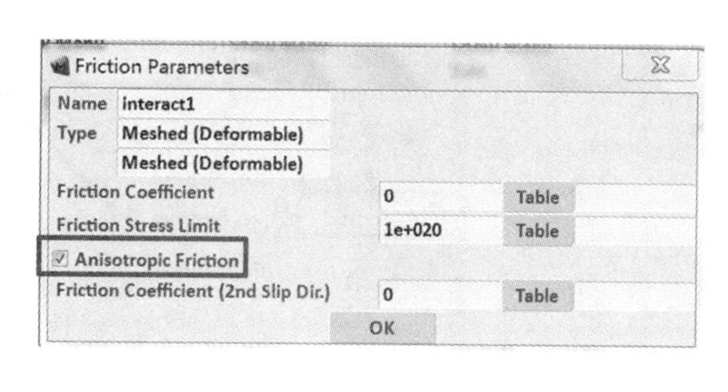


（b）在接触关系定义菜单中激活各向异性摩擦的参数设置

图 5-10　各向异性摩擦系数定义菜单

3. Boundary Description——接触边界的描述方法选择

Marc 软件有两种方式把变形体外表面的边或表面处理成可能的接触段/片。一种是 Discrete（离散）法。此方法用分段线性插值描述接触段/片几何。另一种是 Analytical（解析）法。此方法用三次样条曲线（2D）或孔斯曲面（3D）描述接触段/片的几何，如图 5-11 所示。采用接触体的解析描述会有效提高接触表面计算的精度。因为解析表面用来计算变形体的法线，变形体的法线在相关联的单元上为一个连续变化的向量。

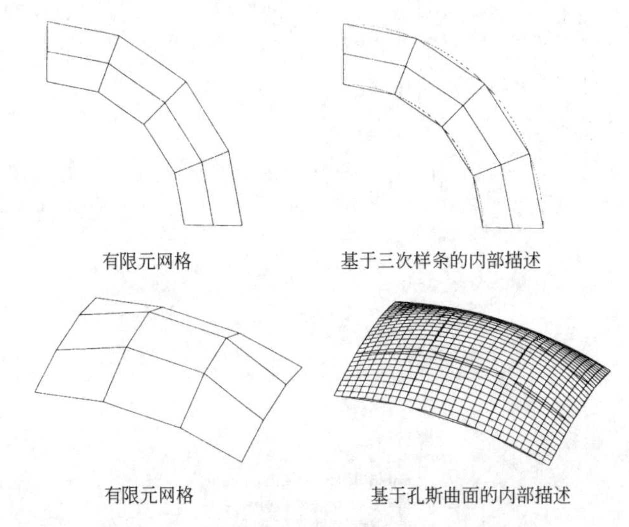


图 5-11　可变形接触体接触段/片的解析描述

在分析过程中由于变形，解析面是不断变化的。必须先将 Analytical 选项激活，如图 5-12 所示，对与外表面法向不连续的部分可通过自动（指定角度阈值）或用户自定义的方式指定。

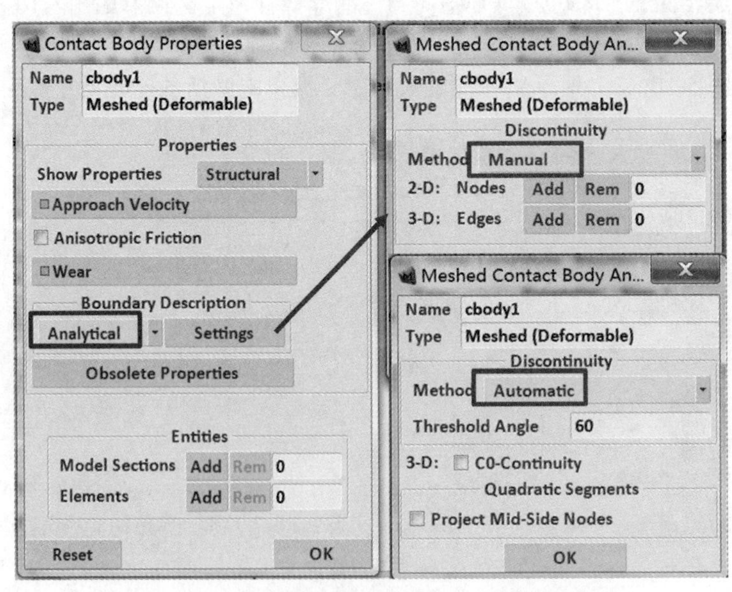


图 5-12　可变形接触体接触段/片的解析描述

4. Approach Velocity——接近速度

对于变形体可以设置接近速度，该速度用来控制在分析开始前变形体的刚体移动，当变形体中有任意单元与其他接触体发生接触，那么定义接近速度的变形体将停止刚体移动，这里允许沿着全局 X、Y、Z 方向分别设置接近速度，如图 5-13 所示。

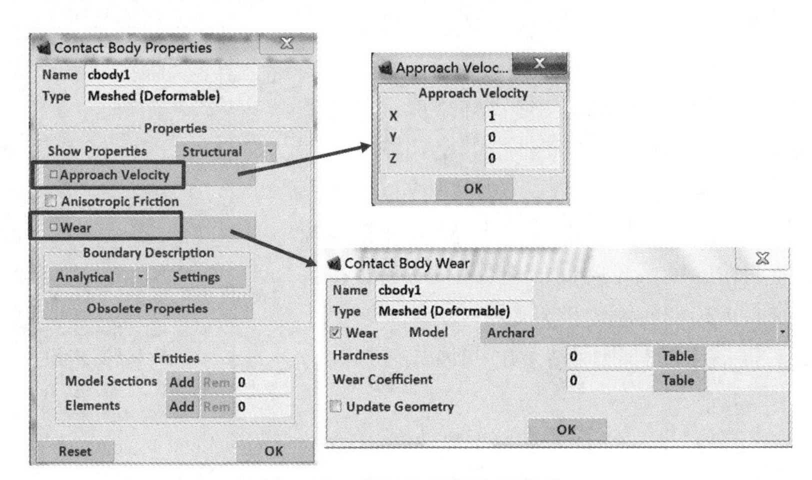


图 5-13　变形体参数定义菜单

5. Wear——磨损

对于承受反复载荷的结构，机械磨损是一个非常重要的物理现象。对于一些工程应用问题，包括制造、盘式制动、轴承、齿轮、轮胎和密封，知道磨损的总量和可能引起的几何变化是非常重要的。在 Marc 中提供了磨损分析模型，对于变形体可以指定与磨损分析相关的参数，如图 5-13 所示，Marc 中的磨损模型基于 Archard 方程，该模型不能用于剧烈的磨损行为。

$$w = KF\frac{G_t}{H} \tag{5-2}$$

式中　$K$ 是磨损系数；$F$ 为法向力；$G_t$ 为滑移距离；$H$ 为硬度。

将上式转化为增量形式，并用法向应力替代法向力（对梁单元例外，以后再讨论）。可以得到一系列模型：

$$\dot{w} = \frac{K}{H}\cdot\sigma\cdot V_{rel} \quad \text{（简化 Archard 方程）} \tag{5-3}$$

$$\dot{w} = \frac{K}{H}\cdot\sigma^m\cdot V_{rel}^n \quad \text{（Bayer 指数形式）} \tag{5-4}$$

$$\dot{w} = \frac{K}{H}\cdot\sigma^m\cdot V_{rel}^n \exp^{-\frac{T_0}{T}} \quad \text{（Bayer 指数形式并考虑激活温度）} \tag{5-5}$$

式中　$\dot{w}$ 为垂直表面方向的磨损变化率；$\sigma$ 为法向应力；$V_{rel}$ 为相对滑动速度；$T_0$ 为激活温度；$T$ 为当前温度。

一个增量步中，磨损量为 $\dot{w}\Delta t$。磨损后节点的坐标值要做相应的调整。因而这也要求分析步长不能过大。另外如果磨损累积量很大，需要做网格重划分。

磨损分析可以采用所有的实体单元、壳单元和梁单元。对于磨损的结果，Marc 和 Mentat 也有专门的变量输出及显示。主要有累计磨损量 Wear Index 和当前磨损速率 Wear Rate。关于磨损分析的例题可以参考《Marc 用户手册》（E 卷）第 8 章的第 8.28 和第 8.29 例题。

在需要进行结构分析时，变形体的定义选择 Meshed（Deformable）类型；在声场、流体（液体、空气或真空）分析中，变形体选择 Meshed（Fluid）类型即可。

### 5.2.2 刚体的定义——Geometric/Geometric（With Nodes）

对于接触过程中所产生的变形可以忽略的物体，用刚体（Geometric）描述。

（1）刚体由描述刚体轮廓的几何实体组成。刚体轮廓的几何描述可直接按 Marc 输入文件中的格式输入所需数据，或在 Mentat 界面中生成，或读入由其他的 CAD 系统生成的几何信息。通过各种 CAD 系统与 Mentat 接口可以传输各类刚体的轮廓线或轮廓面，也可用 Mentat 提供的生成曲线或曲面工具创建刚外的轮廓。

（2）Marc 提供了两种不同精度的刚体几何描述方法，如图 5-14 所示。

1）离散描述：直线、弧线、样条曲线、旋转面、Bezier 表面、直纹面、4 点表面、多折面。

2）解析描述：NURB 曲线、NURB 表面、孔斯（Coons）曲面、球面。

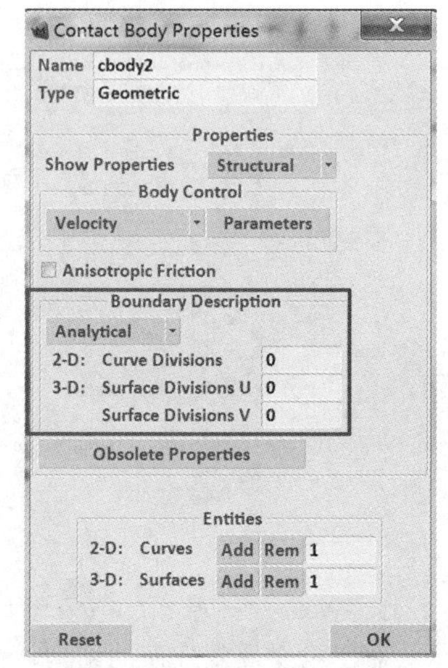

图 5-14 刚体定义菜单

采用离散的描述方法只有在分段数目足够多时才会达到所需的精度，但用解析的 NURB 曲线或孔斯曲面更能提高描述精度，有利于更精确计算曲面法线，对于摩擦的描述更为准确并使接触迭代的收敛性大大提高。Marc 默认采用解析描述方法描述刚体。

----------☆☆☆☆☆☆----------

**注意：**如果一个变形体与多个刚体接触，要避免解析和离散的刚体混用，因为这可能导致在刚体交叉点的测量精确度下降。

----------☆☆☆☆☆☆----------

（3）在 Marc 程序中，对离散或解析描述的几何实体都按线性分段来存储。

对解析描述的几何实体采用的细分数仅对屏幕可视化显示的精度有效，内部处理则完全用解析方法定义。采用解析描述的几何实体精度更高，可提供连续变化的法向。

（4）刚体的外轮廓就足以描述刚体的几何。例如二维曲线或三维曲面。刚体只需要生成参与接触的局部几何（外轮廓线或外轮廓表面），没有必要定义不可能产生接触的那部分刚体轮廓或内部几何。定义刚体最重要的是区分刚体的可接触表面（外表面）与不可接触表面（内部）。对二维分析，在 Mentat 中用 Contact→Contact Bodies：☑Identify 识别即可，二维曲线上带有细小分割线的一侧为结构的内表面，不参与接触。而曲线的另一侧为可接触刚体表面。对三维分析，通过 Contact→Contact Bodies：☑Identify Backfaces，根据颜色或标识来判断，黄色表示 outside，紫红色表示 inside。

（5）虽然刚体的定义并不需要包括整个刚体外轮廓，而只需定义可能与其他物体产生接触的局部边界，但应该注意必须定义足够长的边界，防止与刚体产生接触的变形体节点在运动中滑出刚体边界。如图 5-15 所示。

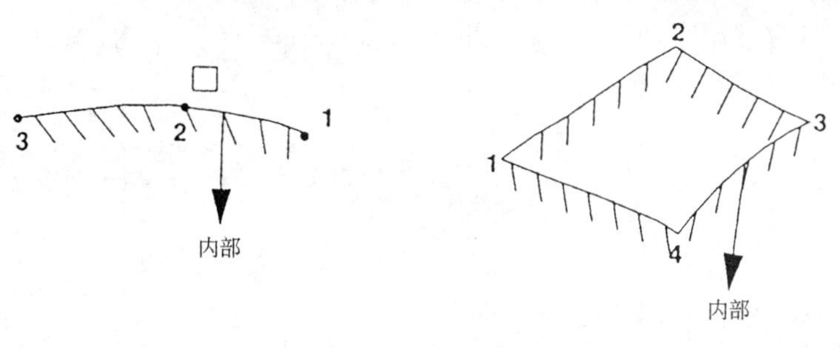


图 5-15　刚性接触体的定义

即使如此，有时也可能出现节点滑出刚体表面的情形。在 Marc 中，以 2400 的退出信息中断运行。造成这种错误的原因除了上述刚体表面定义过小外，还有可能是由于材料的局部失稳，使刚度矩阵出现非正定，出现较大的节点增量位移所致。此时用户可以勾选接触关系特性中的 Segments At Sharp Corners：☑Tangential Contact Tolerance Extension 复选项，系统会将接触面切向延长来解决这类在一个增量步内节点移出了刚性接触体的边界情况，如图 5-16 所示。

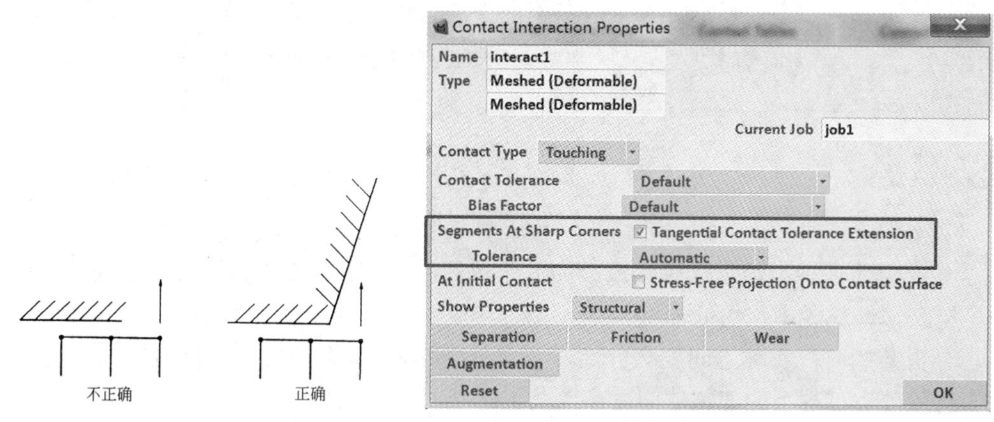


图 5-16　可变形接触体滑出刚性接触体

（6）Marc 不仅可以分析刚体与变形体的接触，还允许分析刚体与刚体之间的接触。Marc 允许定义两种类型的刚体，Geometric 和 Geometric（with nodes）。前者与以往版本的刚体相同，后者在原有刚体基础上增加了关联节点的设置，指定的关联节点可以随着刚体一起运动。

### 5.2.3　允许传热分析的刚体的定义——Meshed（Rigid）

可用进行传热分析的有限单元描述刚性接触体在接触过程中温度变化。没有必要把整个物理上的物体全都定义成允许传热的刚性接触体。如果物理上的刚性体具有非零速度，必须把整个刚体上的所有单元全部包含在允许传热分析的刚性接触体的定义中。Marc 软件内部也把允许传热的刚性接触体边界节点和单元外边/表面转化为可接触节点和接触段/片。

### 5.2.4　刚体运动控制——Body Control

在变形体与刚体的接触中，变形体的力和位移往往是通过与之相接触的刚体的运动产生的。Marc 提供了 3 种方式描述刚体运动（Body Control），分别为 Position、Velocity 和 Load，如图 5-17 所示。选择其中一种方式，然后单击 Parameters 命令定义 X、Y、Z 平动自由度和 X、Y、Z 转动自由度上的运动参数值。

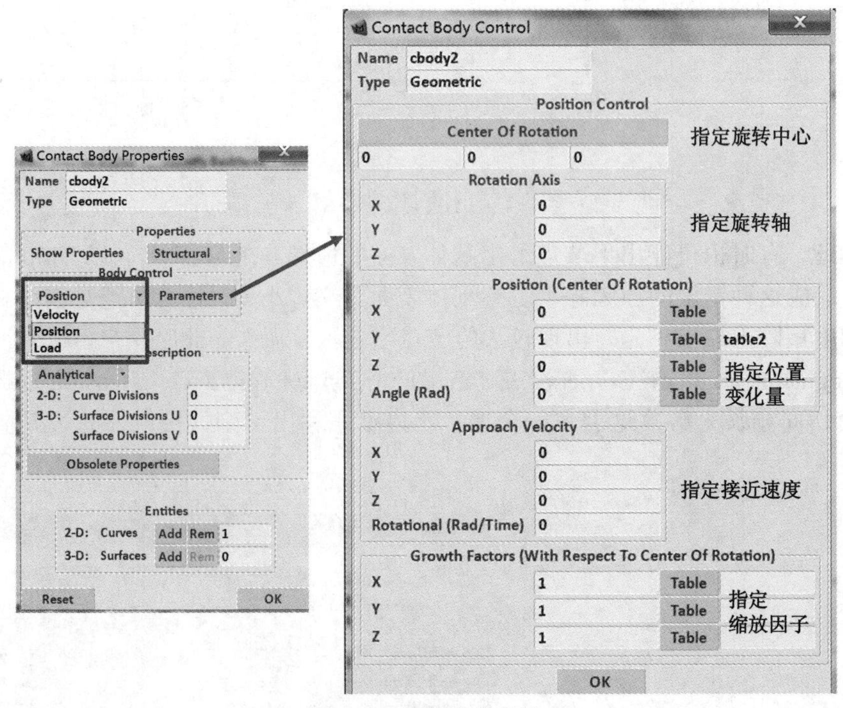


图 5-17 刚体定义菜单

需要说明的是：用给定位置和速度的方法描述刚体运动比给定刚体的载荷更为简单，计算效率更高，计算成本也更低一些。

在分析开始时，物体之间要么分离，要么处于接触，除非有意进行过盈配合分析，否则在整个接触分析过程不能使物体间有穿透发生。

由于刚体的轮廓可能很复杂，用户往往难于准确找到开始产生接触的确切位置，Marc 软件提供了自动探测初始接触的功能。对于有非零初速度（可通过 Approach Velocity 指定接近速度）的刚体，Marc 软件自动找到恰好与变形体产生接触却又不使变形体产生运动和变形的刚体位置。

对于热－结构耦合分析，这一过程也没有传热发生。如果分析涉及多个具有非零初速度的刚体，在第零个增量步，Marc 会使它们全都刚好与变形体接触。也就是说，增量步零的接触探测只是使物体刚好与变形体接触，不要在这步对变形体施加任何力和给定非零位移，如图 5-18 所示。

采用“Load”载荷控制刚体运动时的菜单如图 5-19 所示，此时需要首先指定用来控制刚体的平动自由度（对应于 X、Y 和 Z 向）的控制节点（Control Node）和控制转动自由度（对应于 X、Y 和 Z 向）的辅助节点（Aux. Node），如果未指定辅助节点，刚体不能旋转。第一控制节点的坐标定义了刚体的旋转中心（Center of Roation），第二控制节点的坐标可以是任意的。该节点可以是结构中任意一个存在的节点，此时刚体会跟随该节点所在的结构运动；同时该节点也可以是用户自定义创建的节点，此时节点的运动可以通过边界条件设置。

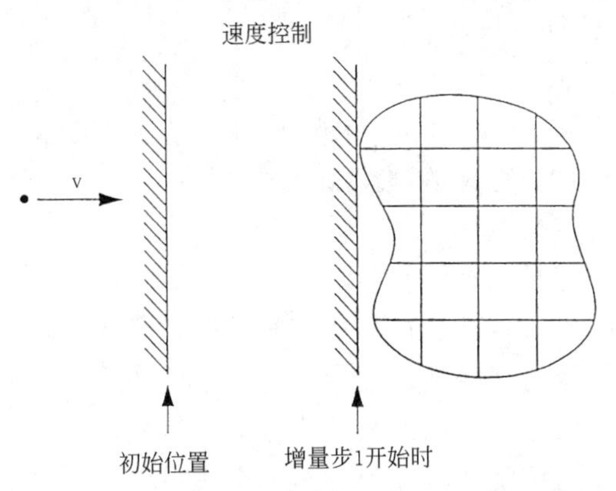


图 5-18　非零初始速度刚性接触体的自动接触

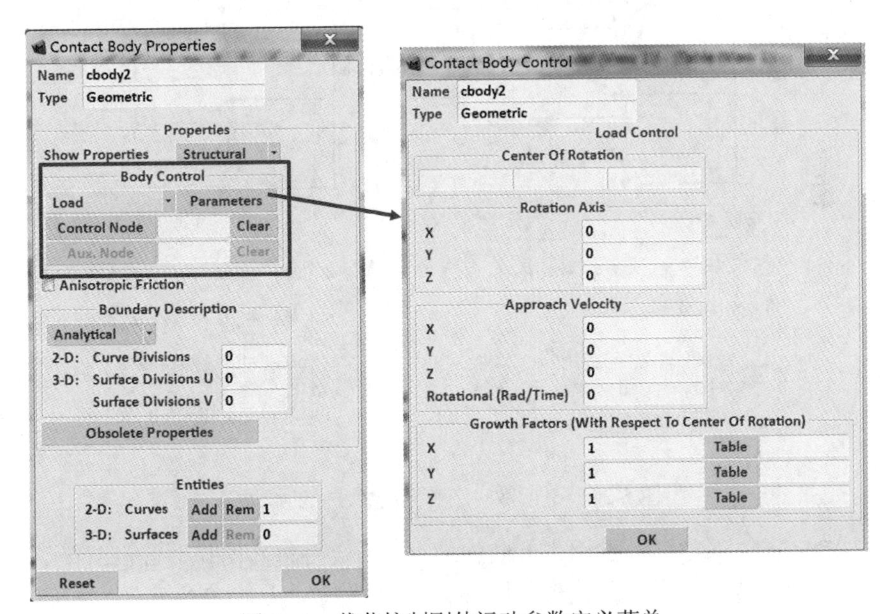


图 5-19　载荷控制刚体运动参数定义菜单

当节点的运动通过边界条件指定时需要注意以下几点：

（1）可以选择 Fixed Displacement 或 Point Load 方式指定控制节点或辅助节点上施加的位移、转动或力和力矩。

（2）针对辅助节点施加的转动，以弧度为单位输入，如果已知转动的角度，需要转换。

（3）对辅助节点定义转动或力矩时，需要在 Fixed Displacement 或 Point Load 的前 3 个自由度下输入，输入的数值对应的单位分别为转动或力矩的单位。

（4）对于二维问题，控制节点具有两个自由度（X 和 Y 方向），辅助节点具有一个自由度（绕着 Z 向），此时转动或力矩在 Fixed Displacement 或 Point Load 的第一个自由度（X 向）下输入。

在 Marc 2015 版本中进行 Marc 与 Adams 联合仿真时，还可以将控制节点和辅助节点指定为同一个节点，这样设置的好处是：即使模型中所采用的单元的节点只有 3 个自由度，我们也可以通过一个节点（具有 6 个自由度）进行 Marc 与 Adams 间的数据交换。

### 5.2.5 接触体定义技巧

Marc 2010 版本新增的 Segment To Segment 探测方法对接触体定义顺序没有要求。但如果采用传统接触探测方法，接触体定义的理想顺序关系为：

- 先定义变形体，后定义刚体。
- 在变形体中，应先定义较软的材料，后定义较硬的材料。
- 两个网格疏密程度不一致的变形体接触时，先定义网格较密的，后定义网格较疏的。
- 先定义几何形状凸起的接触体，后定义几何形状凹陷的接触体。
- 先定义体积较小的接触体，后定义体积较大的接触体。

例如，以下是错误的接触体定义顺序所导致的穿透发生，如图 5-20 所示。

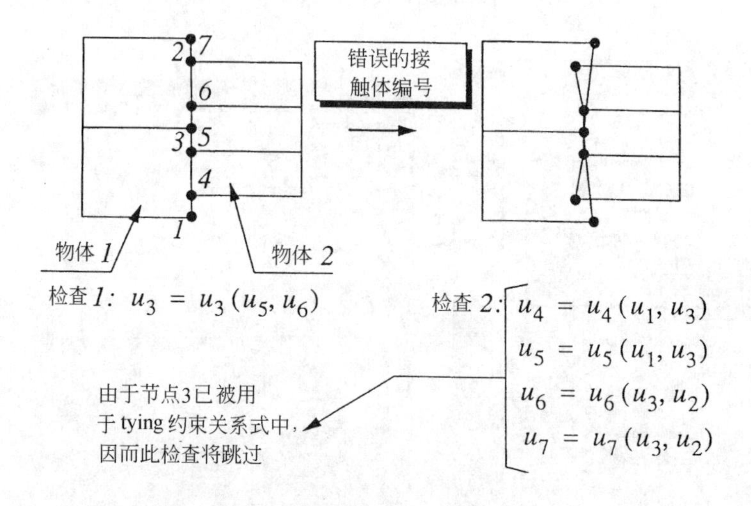


图 5-20　不正确的接触体定义顺序的后果

Marc 对在 tying 关系中已经被用作 tied 的节点，不会再将其用作 retained 节点去约束其他节点的位移，因此与节点 3 有关的检查（检查 2）全被跳过，从而产生穿透。正确的接触体定义顺序应如图 5-21 所示。跳过的检查（检查 2）无关紧要，不会造成穿透发生。

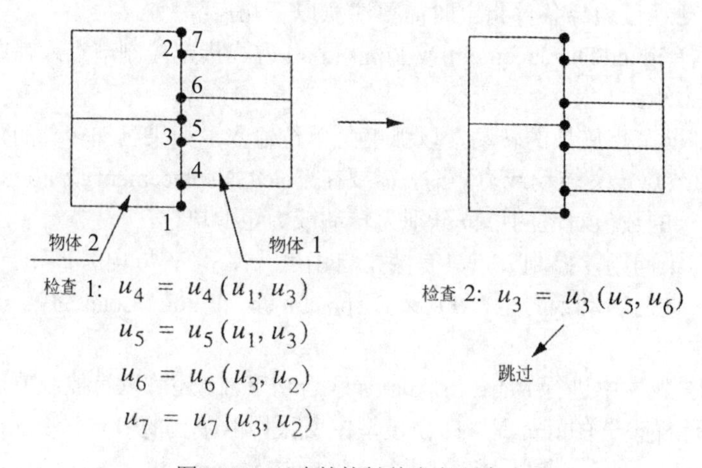


图 5-21　正确的接触体定义顺序

## 5.3 模拟摩擦

摩擦是一种非常复杂的物理现象，与接触表面的硬度、湿度、法向应力和相对滑动速度等特性有关。其机理仍是研究中的课题。Marc 中采用了 3 种简化的理想模型来对摩擦进行数值模拟。

### 5.3.1 滑动库仑摩擦模型

这种摩擦模型除了不用于块体锻造成型外，在许多加工工艺分析和一般包含摩擦的实际问题中都被广泛采用。

库仑摩擦模型为

$$\sigma_{fr} \leqslant -\mu\sigma_n t \tag{5-6}$$

式中 $\sigma_n$——接触节点法向应力；

$\sigma_{fr}$——切向（摩擦）应力；

$\mu$——摩擦系数；

$t$——相对滑动速度方向上的切向单位矢量。

库仑摩擦模型又常常写成节点合力的形式为：

$$f_t \leqslant -\mu f_n t \tag{5-7}$$

式中 $f_t$——剪切力；

$f_n$——法向反作用力。

实际上经常可以看到，当法向力给定后，摩擦力随 $v_r$ 或 $\Delta u$ 的值会产生阶梯函数状的变化，如图 5-22 所示。

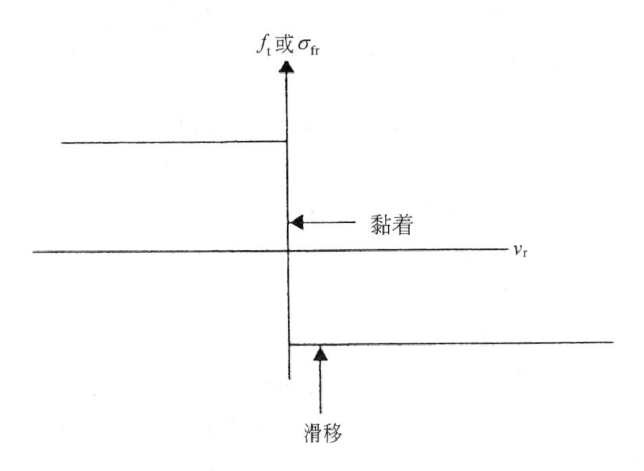


图 5-22 静摩擦力与滑动摩擦力之间的突变

如果在数值计算中引入这种不连续性，往往会导致数值困难。Marc 采用了一个修正的库仑摩擦模型，其计算公式为：

$$\sigma_{fr} \leqslant -\mu\sigma_n \frac{2}{\pi} \arctan\left(\frac{v_r}{r_{v_{\text{cnst}}}}\right) t \tag{5-8}$$

经过平滑处理后，摩擦力的作用就等效于在节点接触面法向上作用了一个刚度连续的非线性弹簧，如图 5-23 所示。

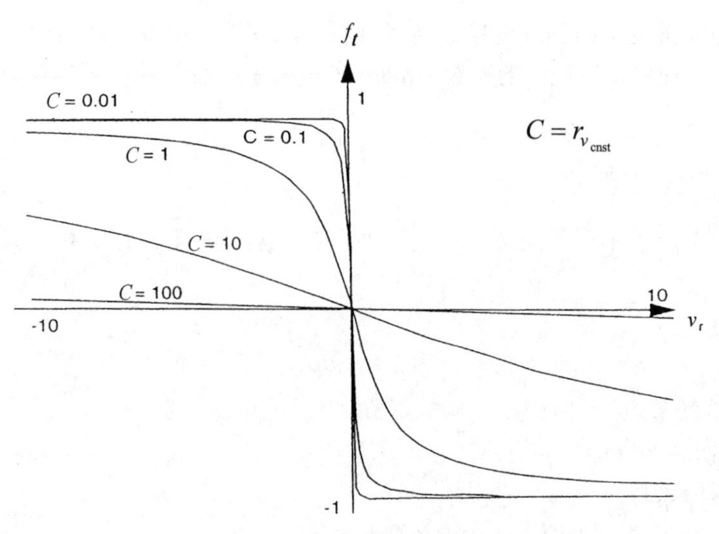


图 5-23　粘－滑摩擦的近似

$r_{v_{\text{cnst}}}$ 的物理意义是发生滑动时接触体之间的临界相对速度。它的大小决定了这个数学模型与实际呈阶梯状变化的摩擦力的接近程度。太大的 $r_{v_{\text{cnst}}}$ 导致有效摩擦力数值的降低，但使迭代相对容易收敛；而太小的 $r_{v_{\text{cnst}}}$ 虽然能够较好模拟静摩擦与滑动摩擦之间的突变，但使求解的收敛性很差。Marc 软件取其默认值等于 1.0。实际分析中推荐采用接触面平均相对滑动速度的 1%～10%作为 $r_{v_{\text{cnst}}}$ 值。经过这种平滑处理后，处于接触的节点总是存在某种程度的滑动。

对于壳体单元必须满足法向应力 $\sigma_n = 0$ 的约束，因此基于法向节点力的摩擦定理不再适用，而采用另一种基于合力的库仑定理描述：

$$f_t = -\mu f_n \cdot \frac{2}{\pi}\arctan\left(\frac{v_r}{r_{v_{\text{cnst}}}}\right) \cdot t \tag{5-9}$$

但对于摩擦系数呈非线性的实际情形，不应采用这种基于节点合力的库仑定律。因为通常这种非线性与节点应力相关，而与合力无关。这时应采用基于应力表示的摩擦模型。当然，基于合力的摩擦模型也可用于连续单元中。

库仑摩擦是依赖于法向力和相对滑动速度的高度非线性现象，它是速度或位移增量的隐式函数，包含两个部分，一个是施加切向摩擦力的贡献；另一个是对系统刚度矩阵的贡献，如果完整地考虑这种摩擦对刚度的贡献会导致系统系数矩阵出现非对称，这样一来，所需的计算机内存和 CPU 时间都会上升。从减少计算费用的角度出发，Marc 软件在考虑摩擦力对刚度矩阵的贡献时，只保留了对称部分的影响。

Marc 软件处理基于应力的摩擦模型时，采取以下步骤：

- 把单元积分点上的应力，等效应力和温度按形函数外插至节点。
- 计算局部坐标系下的法向应力。
- 计算相对滑动速度。在一个增量步开始时，把前一个增量步计算所得的相对滑动速度作为迭代开始的初始值。当一个节点首次与某个接触段接触时，先假设它是粘着摩擦，相对滑动速度为零。

- 数值积分摩擦力和其对刚度矩阵的贡献。
- 在计算变形体与变形体之间的接触时，Marc 自动使施加在它们上的接触反力大小相等，方向相反，并将其外推到邻近的边界节点上，这种处理保证了所施加的摩擦力和法向反力处于自平衡。

### 5.3.2　剪切摩擦

实验表明，当法向力或法向应力太大时，库仑摩擦模型常常与实验观察结果不一致。由库仑定律预测的摩擦应力会超过材料的流动应力或失效应力。此时，要么通过用户子程序采用非线性摩擦系数的库仑定律加以修正，要么采用基于切应力的摩擦模型，如图 5-24 所示。

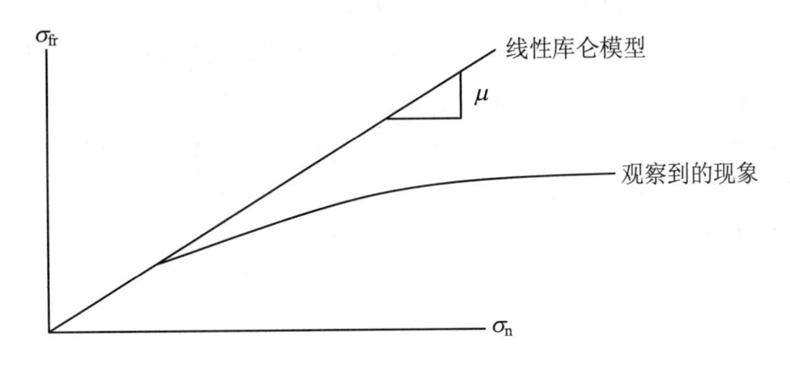


图 5-24　非线性摩擦行为

剪切摩擦定理：基于切应力的摩擦模型认为摩擦应力是材料等效切应力的一部分为

$$\sigma_{fr} \leqslant -m\frac{\bar{\sigma}}{\sqrt{3}}t \tag{5-10}$$

并用反正切函数平滑粘－滑摩擦之间的突变为

$$\sigma_{ft} \leqslant -m\frac{\bar{\sigma}}{\sqrt{3}}\frac{2}{\pi}\arctan\left(\frac{v_r}{r_{v_{\text{cnst}}}}\right)t \tag{5-11}$$

这种模型对所有能够处理分布载荷的应力分析单元都适用，已有滑动摩擦模型（包括库仑定律和剪切摩擦定理）的特点如下：

- 精确描述滑动摩擦。
- 很难模拟纯粹的粘性摩擦。
- 有时选择一个合适的参数 $r_{v_{\text{cnst}}}$ 比较困难。
- 迭代过程中不涉及关于摩擦的其他检查，收敛较快。

### 5.3.3　粘－滑摩擦模型

这个摩擦模型（基于节点力）能够模拟从粘性摩擦到滑动摩擦的摩擦力突变，如图 5-25 所示。

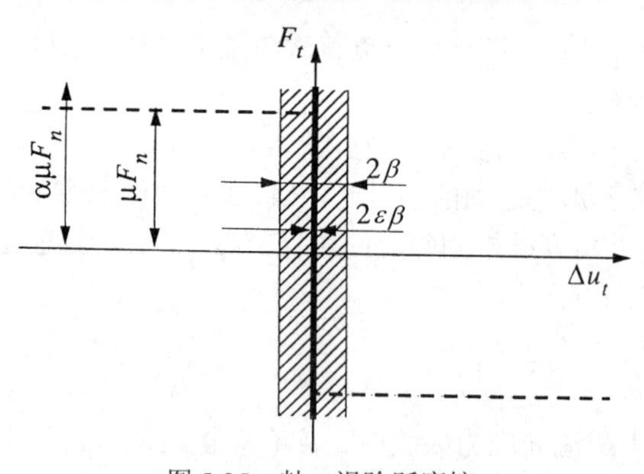

图 5-25　粘－滑阶跃摩擦

图中：$\Delta\mu_t$——为切向位移增量；

$\alpha$——乘子（默认值为 1.05；用户可自定义）；

$\beta$——滑动摩擦到粘性摩擦的相对位移过渡区域（默认值为 $10^{-6}$；用户可自定义）；

$\varepsilon$——小常数，因此 $\varepsilon\beta\approx 0$（固定取为 $10^{-6}$）。

对每个处于接触的节点而言，要存储摩擦状态（滑动摩擦或粘性摩擦）和摩擦力大小，因而数据存储量比基于平滑过渡的粘－滑摩擦模型要大一些。粘－滑摩擦模型特点：

- 可精确描述滑动摩擦。
- 可模拟真实的粘性摩擦。

### 5.3.4　双线性摩擦模型

双线性摩擦模型假定粘性摩擦和滑动摩擦分别对应于可逆（弹性）和不可逆（塑性）相对位移，采用一个滑动面 $\phi$ 表示，如图 5-26 所示。

$$\phi = \|f_t\| - \mu f_n \tag{5-12}$$

并给定粘性极限距离 δ，默认值为“0.0025×变形接触体的单元平均尺寸”。

$$\begin{aligned}&\Delta u_t < \delta\text{，}\ \phi < 0\text{，粘性摩擦}\\&\Delta u_t > \delta\text{，}\ \phi > 0\text{，滑动摩擦}\end{aligned} \tag{5-13}$$

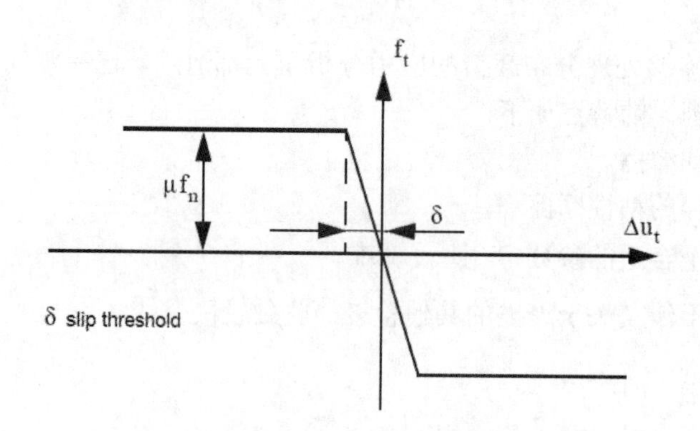

图 5-26　双线性摩擦模型

双线性模型要求进行额外的摩擦力收敛检查，要求满足下式：

$$\frac{\left\| \|F_t\| - \|F_t^P\| \right\|}{\|F_t\|} \leqslant e \tag{5-14}$$

式中 $F_t$——当前所有节点总的摩擦力向量；

$F_t^P$——前一迭代步所有节点总的摩擦力向量；

$e$——容差，默认值为 0.05。

### 5.3.5 各向异性摩擦定义

在某些分析问题中，接触体之间的摩擦系数在不同方向上数值不相同，如图 5-27 所示块体在 X 和 Y 方向摩擦系数不同。此类问题可通过前面提到的图 5-10 和图 5-14 中的 Anisotropic Friction 选项，分别对变形体和刚体设置各向异性摩擦系数。

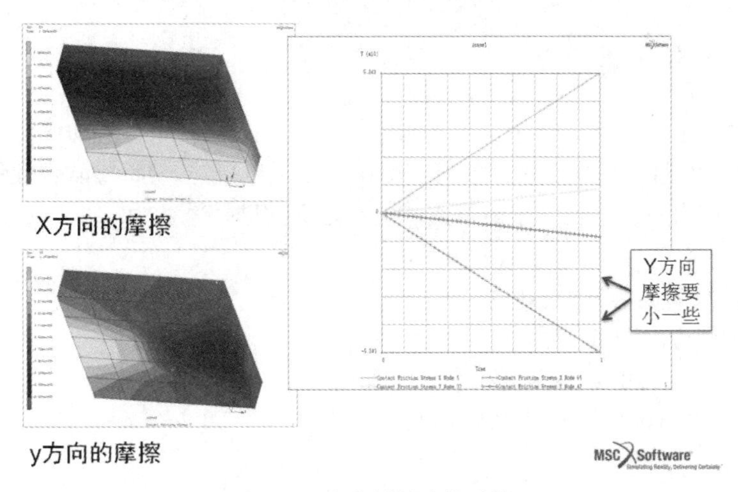


图 5-27 各向异性摩擦系数

各向异性摩擦系数的算法示意图如图 5-28 所示，其计算公式如下：

$$\left[\left(\frac{f_{t1}}{\mu_1}\right)^2 + \left(\frac{f_{t2}}{\mu_2}\right)^2\right]^{\frac{1}{2}} - f_n = 0 \tag{5-15}$$

式中 $\mu_1$ 和 $\mu_2$——不同方向的摩擦系数；

$f_{t1}$ 和 $f_{t2}$——不同方向的摩擦力；

$f_n$——作用在接触节点的方向力。

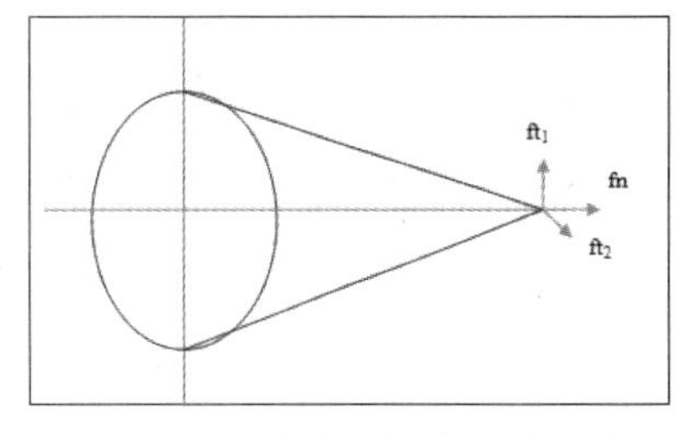


图 5-28 各向异性摩擦算法

如图 5-29（左）所示为各向异性摩擦的应用实例，模型包含圆柱型套筒及其外部呈螺旋形环绕的带状结构，结构两端固定在刚性板上。在弯曲载荷作用下，带状结构在横向和纵向存在大的滑移，如图 5-29（右）所示，由于套筒和带子在两个方向具有不同的摩擦特性，因此需要在模型中进行设置，关于模型的具体描述和参数设置方法请参见《Marc 用户手册》（E 卷）第 8 章第 8.115 例题。

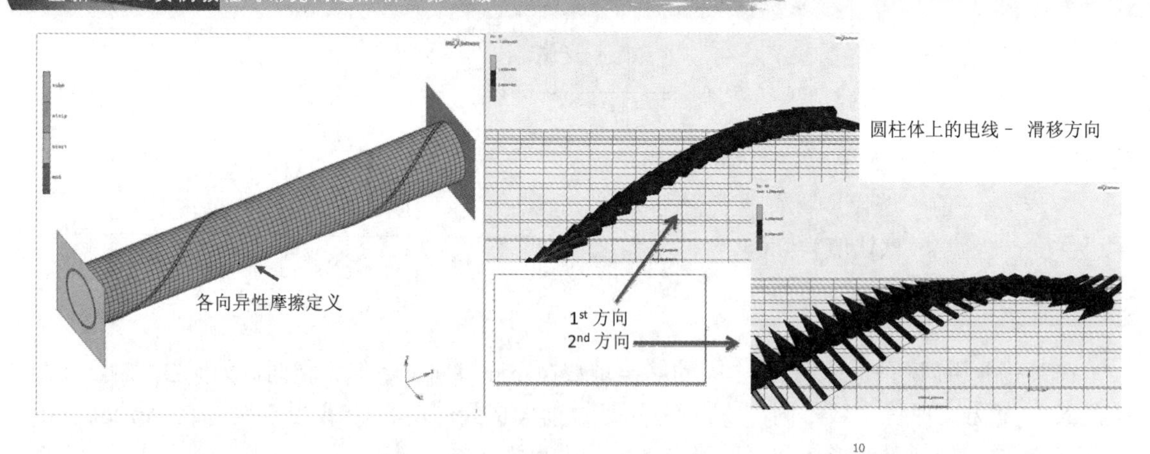


图 5-29　各向异性摩擦举例

### 5.3.6　其他摩擦模型

考虑到摩擦描述实际很复杂，涉及表面条件、润滑条件、相对滑动速度、温度、表面几何等因素的影响，有时仅靠库仑摩擦或剪切摩擦并不足以描述。Marc 软件提供了用户子程序 UFRIC 接口，允许用户自己定义摩擦系数，用户定义的摩擦系数为

$$\mu = \mu(xf_nTv_r\sigma_y) \tag{5-16}$$

式中　$x$——所计算的接触节点的位置；

$f_{\mathrm{n}}$——所计算的接触节点的法向力；

$T$——所计算的接触点的温度；

$v_r$——所计算的接触点相对滑动速度；

$\sigma_y$——材料流动应力。

## 5.4　接触关系——Contact Interactions

由于仿真对象的日渐复杂，研究人员往往需要针对包含几十甚至上百个部件的装配结构进行分析和计算，例如在航空航天、汽车行业要模拟的装配体，机械结构经常需要多个部件之间相互作用。其他经常遇到的例子是在电子工业中，多个部件要安装在主板上。复杂的装配关系定义往往会大大增加前处理的工作量和难度。针对这一问题，Marc 2013 版本增加了新的用于定义复杂接触关系的功能菜单，这种新的定义处理接触关系的方法可以节约模拟此类问题的时间，如图 5-30 所示，新的处理方法可以由用户产生接触关系属性，如摩擦系数、分离应力、接触容差和其他数据，这些可以在后续接触表中设置指定接触对属性时重用，即具有相同接触关系和参数设置的接触对不需要一一进行重复性创建和参数设置，只需重复选用前一步定义好的接触关系即可。这不仅可以大大减少重复性劳动，当有大量的接触关系要定义时可以减少建模时间，模型产生和修改的时间节约可以通过减少需要修改属性的数目来体现，另外也可以减少建模出错的可能性。

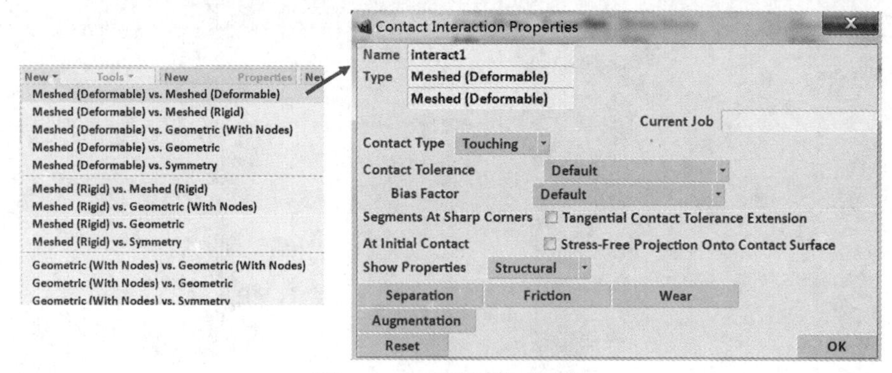


图 5-30　接触关系定义菜单

在定义接触关系时，可以按照以下步骤进行设定：

（1）选择接触关系的类型，例如：变形体间的接触、变形体和可传热刚体间的接触、变形体和刚体间的接触、可传热刚体间的接触、可传热刚体和刚体间的接触以及刚体间的接触等。

（2）在选定接触关系类型后可以在弹出的特性菜单中指定：

- 接触类型：接触或粘接。
- 接触容差/偏移系数：默认值或自定义。
- 分离力、摩擦系数、磨损等参数设置。
- 其他接触参数设置，例如初始应力释放、延迟滑出等。

设置完成后，关闭菜单备用即可。如图 5-31（a）所示的飞机起落架模型，包含 19 个部件，其中包括四面体、六面体和梁单元。部件的名称如图 5-31（b）所示，在 Mentat 中将采用图中显示的名称创建各个部件的接触体，如图 5-32 所示为定义好的接触体。由于部分部件与其他部件的接触关系相同，因此将这些部件合并定义为一个接触体，最终接触体的个数为 15 个。接触体定义时按照前面第 5.2 节介绍的方法操作即可，例如：Drag Strut 接触体定义菜单如图 5-33 所示，这里采用解析描述（Analytical）提高结果精度，当然在定义接触体时也可以通过 Contact→Contact Bodies:Detect Meshed Bodies 按钮进行自动探测和接触体创建，不过采用这种方式需要对自动创建的接触体进行重新命名，并激活解析描述选项。

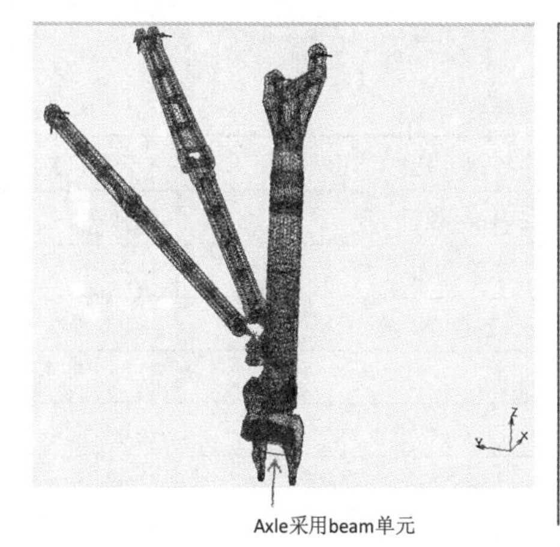


（a）飞机起落模型

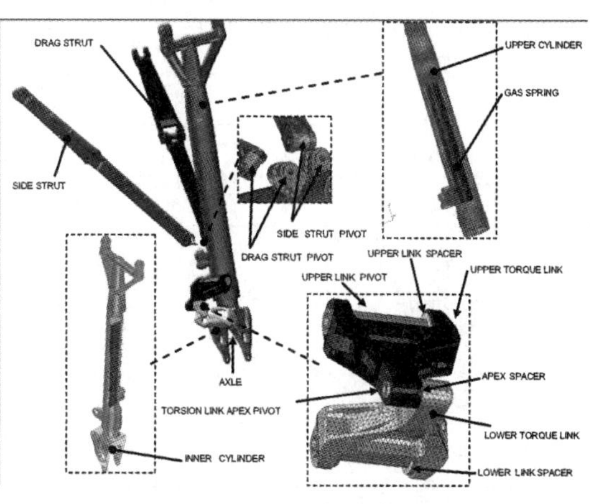


（b）各部件的名称

图 5-31　飞机起落架模型和部件的名称

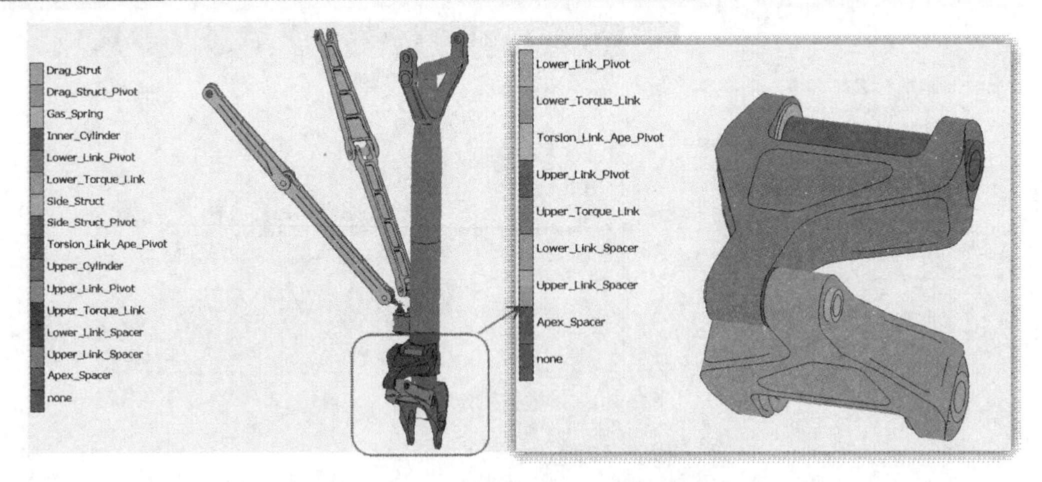


图 5-32　显示定义完成的全部接触体

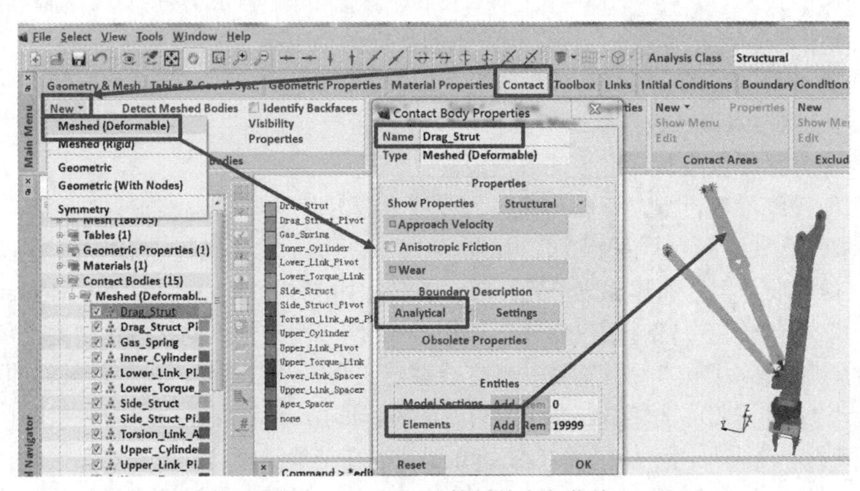


图 5-33　Drag Strut 接触体定义菜单

定义完成的 15 个接触体间存在以下两类接触关系：粘接和接触，如表 5-1 所示。以粘接为例，具体定义菜单和参数设置如图 5-34 所示。

**表 5-1　接触关系分类**

| 序号 | 部件名称（接触体序号） | 部件名称（接触体序号） | 粘接/接触 |
|---|---|---|---|
| 1 | Drag Strut（1） | Drag Strut Pivot（2） | 粘接 |
| 2 | Drag Strut Pivot（2） | Upper Cylinder（10） | 粘接 |
| 3 | Gas Spring（3） | Inner Cylinder（4） | 接触 |
| 4 | Gas Spring（3） | Upper Cylinder（10） | 粘接 |
| 5 | Inner Cylinder（4） | Lower Link Pivot（5） | 接触 |
| 6 | Inner Cylinder（4） | Upper Cylinder（10） | 接触 |
| 7 | Inner Cylinder（4） | Lower Link Spacer（13） | 接触 |
| 8 | Lower Link Pivot（5） | Lower Torque Link（6） | 粘接 |

续表

| 序号 | 部件名称（接触体序号） | 部件名称（接触体序号） | 粘接/接触 |
|---|---|---|---|
| 9 | Lower Torque Link（6） | Torque Link Apex Pivot（9） | 粘接 |
| 10 | Lower Torque Link（6） | Lower Link Spacer（13） | 粘接 |
| 11 | Lower Torque Link（6） | Apex Spacer（15） | 粘接 |
| 12 | Side Strut（7） | Side Strut Pivot（8） | 粘接 |
| 13 | Side Strut Pivot（8） | Upper Cylinder（10） | 粘接 |
| 14 | Torque Link Apex Pivot（9） | Upper Torque Link（12） | 接触 |
| 15 | Upper Cylinder（10） | Upper Link Pivot（11） | 接触 |
| 16 | Upper Cylinder（10） | Upper Link Spacer（14） | 接触 |
| 17 | Upper Link Pivot（11） | Upper Torque Link（12） | 粘接 |
| 18 | Upper Torque Link（12） | Upper Link Spacer（14） | 粘接 |
| 19 | Upper Torque Link（12） | Apex Spacer（15） | 接触 |

模型中的 15 个接触体均为变形体，因此接触关系选择变形体间的接触关系。对于粘接接触，在接触类型中选择 Glued 即可，如图 5-34 所示，其他参数采用默认设置。

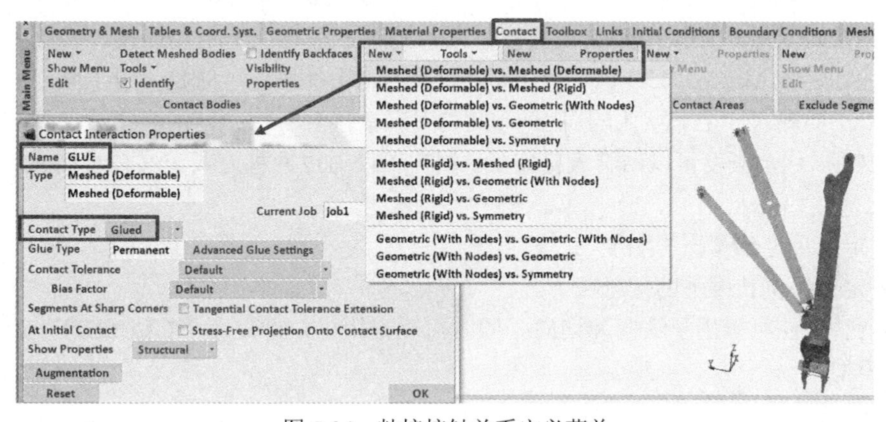


图 5-34 粘接接触关系定义菜单

接触类型为 Touching 的接触关系定义参考图 5-34 设置即可。对于表 5-1 中列出的 19 对接触关系，可以在后面接触表中根据“粘接/接触”类型的不同，选用上述定义的两类接触关系即可，具体方法可参考第 5.5 节的相关介绍。起落架模型在书中所附光盘“第 5 章\接触关系”文件夹下。

### 5.4.1 粘接接触参数设置

在许多仿真分析中，我们认为部件在数值分析层面是粘接在一起的。这意味着在接触边界不存在法向和切向的相对运动。实际上，部件连接时可以使用铆钉或螺栓、点焊或缝焊，通常对这些对象的建模是很昂贵的，因此在连接时也可以采用粘接方法。在 Glued 接触关系定义菜单下提供了多个参数方便用户针对各类结构进行设置，例如高级粘接设置（Advanced Glue Settings）中针对粘接类型进一步提供了 4 种选择：Permanent、Breaking、Reversible、Cohesive，如图 5-35 所示，Permanent 选项表示在整个分析过程中始终保持粘接状态；Breaking 选项对应粘接失效，根据设定的临界法向应力和临界切向应力依据下列公式进行粘接是否失效的判定。

$$\left(\frac{\sigma_n}{S_n}\right)^m + \left(\frac{\sigma_t}{S_t}\right)^n > 1 \tag{5-17}$$

式中 $\sigma_n$ 为接触法向应力；$\sigma_t$ 为接触切向应力；$S_n$ 和 $S_t$ 分别为临界法向应力和临界切向应力；$m$ 和 $n$ 为用户自定义指数。

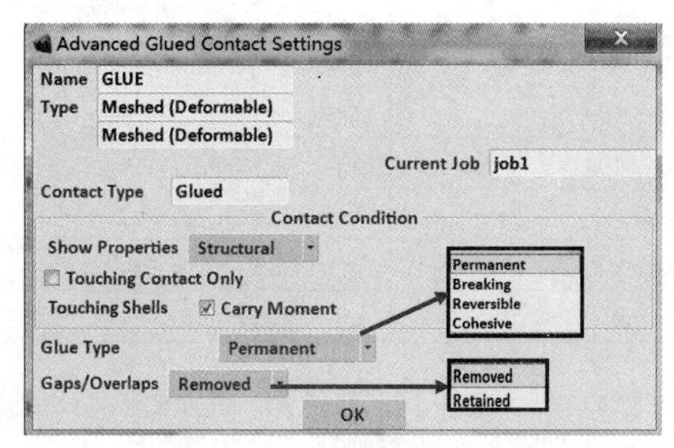


图 5-35 高级粘接设置菜单

通过粘接设置进行连接件建模在简便易用的同时，其相当于刚性连接，因此结果会表现为刚硬特性。因此 Marc 2015 新增了 Cohesive 选项用于补偿这一问题。对于面段－面段接触准则代替以往的输入一个非默认的罚因子，此处对粘接接触特性允许用户在法向和切向采用单独的有限刚度，这个刚度可以结合表格定义。用户可以通过两种方式定义粘合接触，如图 5-36 所示：

（1）定义单位长度下的刚度。

（2）定义单位长度下的接触应力。

上述两种方法可以用于法向和切向。同时可以采用用户子程序 UGLUESTIF_STS 定义更为复杂的模型。

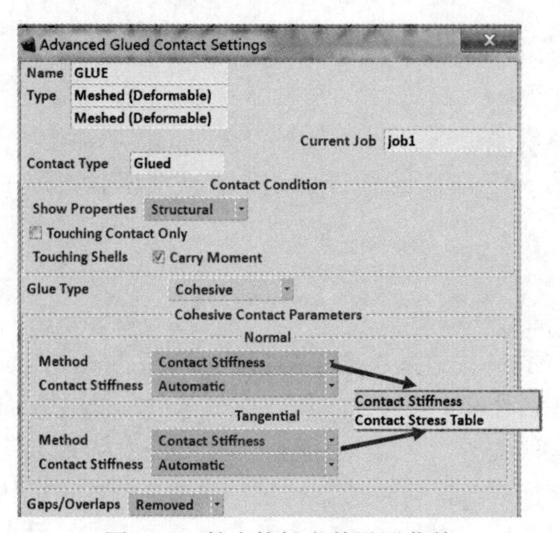


图 5-36 粘合接触参数设置菜单

该功能仅在采用面段－面段接触探测时的某些情况下使用，具体如表 5-2 所示。

表 5-2 粘合接触使用条件

| 二维 | 三维 |
| --- | --- |
| 单元边 vs. 刚性曲线 | 梁 vs. 刚性面 |
| 单元边 vs. 单元边 | 壳单元面 vs. 刚性面 |
| | 实体单元面 vs. 刚性面 |
| | 梁 vs. 梁 |
| | 梁 vs. 壳单元面 |
| | 梁 vs. 实体单元面 |
| | 壳单元面 vs. 壳单元面 |
| | 壳单元面 vs.实体单元面 |
| | 壳单元边 vs. 壳单元边 |
| | 壳单元边 vs. 壳单元面 |
| | 壳单元边 vs. 实体单元面 |
| | 实体单元面 vs. 实体单元面 |

在高级粘接设置中可以激活 Carry Moment 选项，用于壳结构对应的变形体与其他接触体（变形体或刚体）之间的可传弯（扭）矩粘接设置，当壳结构与刚体完全刚性粘接时，激活该选项可以对变形体产生类似固支约束，而不仅是平动位移保持一致。

Gaps/Overlaps 选项提供了 Removed、Retained 两种方式，针对接触体间几何上存在的初始过盈配合或间隙可以设置为消除过盈配合或间隙（Removed）以及保持过盈配合或间隙（Retained）两种情况。具体功能可见第 5.5.3 节中关于初始间隙/过盈配合部分的例题介绍。

### 5.4.2 接触参数设置

1. Contact Tolerance——接触容差

理论上，节点恰好位于某个接触段/片上时即认为发生接触，但数值计算接触过程中，要精确描述节点恰好在一个接触段/片是困难的。因此，引入接触段/片上的接触距离容差来解决这个问题，如图 5-37、图 5-38 所示。

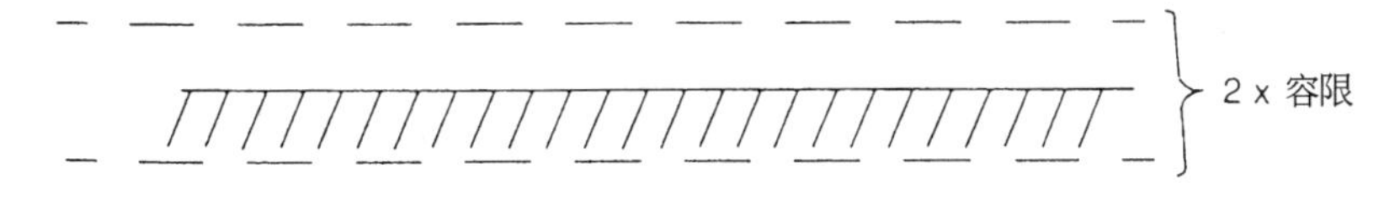


图 5-37 接触面附近的接触距离容差

如果某一节点的空间位置位于接触距离容差之内，就被当成与接触段/片相接触。Marc 软件确定了接触距离容差的默认值。对实体单元，它是系统最小单元尺寸的 1/20，对壳体单元，它是最小单元厚度的 1/4。一般情形中，采用这种默认的接触距离容差定义就足以解决接触问题。特殊情况下，用户也可以重新定义接触距离容差。

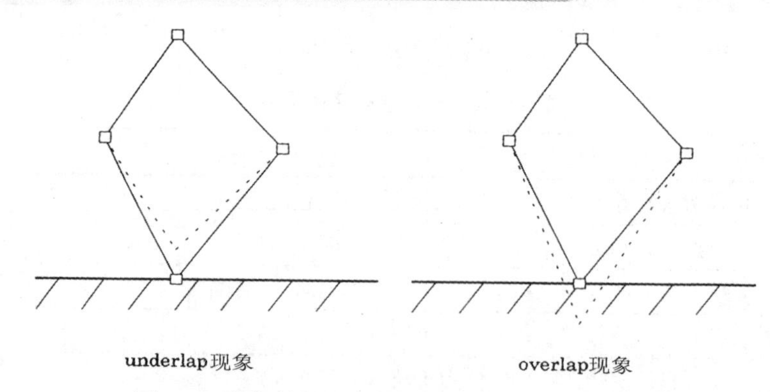


图 5-38　落入接触距离容差的节点被认为产生接触

关于最小单元尺度，需要强调的是，在连续单元组成的结构的接触分析中，要求单元最小边长不少于 $10^{-5}$。这个值涉及默认接触距离容差的数值，用户应尽量选用较小的单位制，避免出现小于 $10^{-5}$ 的单元边长。设置 Contact Tolerance，确保接触体之间的距离在这个容差范围内的即被认为产生了接触。接触距离容差的设置如图 5-39 所示。用接触距离容差除了可以探测接触外，还可以探测穿透的发生，如图 5-40 所示。

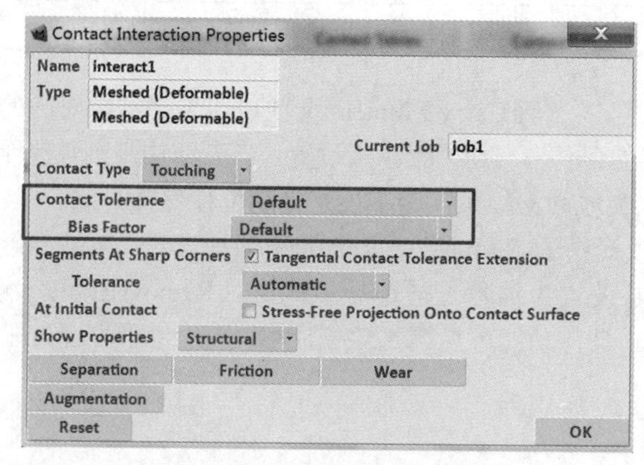


图 5-39　接触参数设置菜单

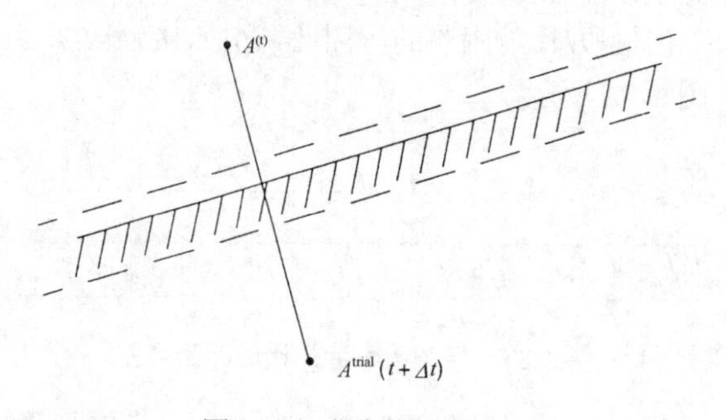


图 5-40　发生接触穿透

在某一时间增量步 $t$ 到 $t+\Delta t$ 内，如果点 A 从 $t$ 时的 $A(t)$ 移动到 $t+\Delta t$ 时的 $A^{\text{trial}}(t+\Delta t)$，$A^{\text{trial}}(t+\Delta t)$ 已经超出了接触段的接触距离容限产生穿透。此时，Marc 软件可以自动地通过进一步细分该增量步，使得在细分后每个新的增量步内都不发生穿透，时间增量被按如下规律进行线性细分：

$$\Delta t_{new} = \frac{d-D}{d}\Delta t_{old} \tag{5-18}$$

这种对时间步长的细分有时会降低计算效率。用户也可打开相应的开关，人工干预这种由于穿透引起的时间步细分，也就是说允许在当前增量步结束后的穿透发生，只是将所发生的穿透放在下一个增量步开始时去处理。

当然为了避免这种穿透发生，用户可以在确定加载步长时直接选用较小的增量步长。

2. Bias Factor——偏移系数

数值实验表明，接触距离容差的大小对接触求解精度和计算效率影响很大。接触距离容差越小，接触计算结果的精度就越高。但是，如果接触距离容差太小，难于探测出节点与接触段/片接触，而且一旦时间步长稍大就可能有很多节点易被处理成穿透。此时需要很细的时间分步，这样就在提高计算精度的同时也增加了计算费用。

对此可以采用一个非常有效的折衷方案，使接触距离的误差范围发生偏移，以便在接触体外表面的接触距离误差比内表面的接触距离误差稍大。这种控制只需输入一个偏移系数（Bias Factor），它的取值在0～1之间。默认的0值设置表明无偏移发生，在接触段/片内外的接触距离容差相等，引入接触距离的非零偏斜系数 $B$（$0 \leqslant B<1$）后，可以改变这种情形。

选择 $B>0$ 有助于：由于允许节点穿透的接触距离增加，减少了增量步的进一步细分；同时，由于判断节点接触的距离误差减小，客观上提高了接触计算精度，如图5-41所示。

实践表明这种处理提高了计算结果精度，又使计算费用较为合理。Bias Factor（偏斜系数）设置如图5-39所示。

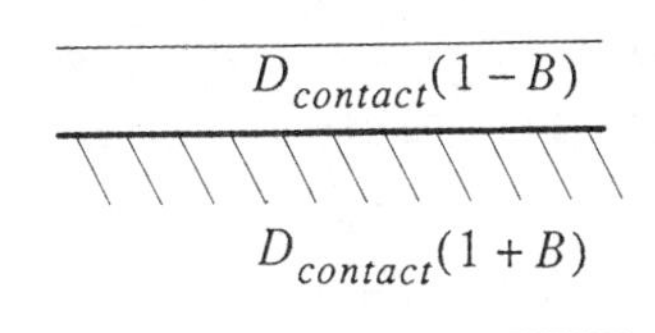


图5-41　$B>0$ 接触距离容限设置

3. At Initial Contact——初始无应力接触

At Initial Contact：当刚体定义了初始速度时，在刚体的速度下，在增量步为0的初始接触状态，变形体节点和接触刚体之间可能有小的间隙或者过盈关系，系统会自动探测变形体和刚体之间可能接触的节点，系统通过改变接触节点的坐标来消除刚体和变形体之间在初始增量步时的小的间隙或者重叠，并且将接触面上的初始应力消除。详见第5.5.3节中的例题介绍。

4. Separation——分离力

已经与表面产生接触后的接触节点在后续的迭代步或增量步中，由于外载荷作用或接触体之间的相互作用可能与接触面分离。

当在与表面接触的节点上作用一个拉力，该节点就必然与接触面分离。从理论上说，接触节点的反力为零时恰好分离。但实际的数值处理时，由于各节点的力平衡方程的不能精确满足所造成的误差，可能在发生分离时节点上仍有一个小的正反力存在。这就需要设置一个引起接触节点发生分离的最小节点反力。用这个门槛值是为了避免发生不必要的分离。也就是说，只有当接触反力大于最小分离力时，才发生分离。如果这个分离力取得太小，导致节点与接触面之间处于不断的分离和不断接触的振荡，使接触迭代难于收敛；如取得太大，又会使真正需要分离的节点不易分离，产生不真实的接触行为。

Marc程序根据结构中所有无接触的节点残差的最大值作为分离力。在Marc程序中，默认将10%的最大反力作为最大残差。需要小心的是，在局部高反作用力的区域，如果采用相对残差作收敛判据，就可能使残差太高，以致于在反作用力较低的区域，计算结果误差较大。此时最好减少相对残差容限，或改用位移作收敛性判据更好。

用户也可自行指定分离力的大小以满足其特殊的需要。例如，取一个很大的分离力，使得一旦发生接触，就再也难于分离；取一个较小的分离力，可使接触后很容易产生分离。分离力（Separation）的设置位于图 5-40 所示菜单的左下方，具体参数设置如图 5-42 所示。

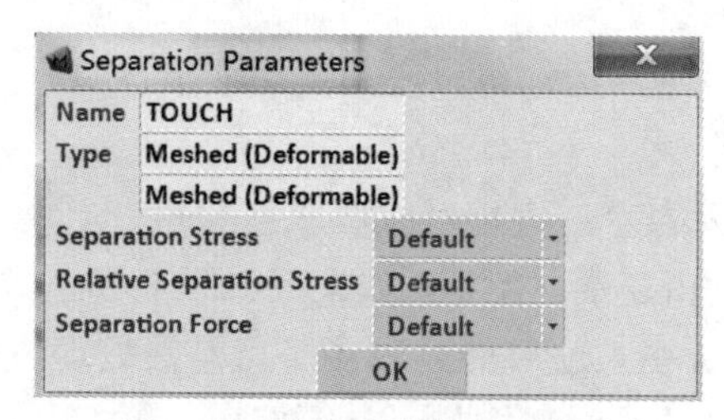


图 5-42　分离力参数设置菜单

可以根据分析的类型和模型的特点选择分离应力或分离力进行门槛值的设置，这里支持缺省设置和自定义两种方式。

5. 分离后释放接触反力

当接触发生时，接触节点产生的反作用力应与该点有关的附近单元内的应力相平衡。当分离发生时，这一接触反力就好像残余力（好似作用于自由点上的零外力）。原来在变形体中接触反力产生的内应力必须重新分布，适应分离后的无外力边界条件。如果分离前反作用力幅值太大，完成分离后应力重分布的迭代常常需要好几次。

值得注意的是，在静力分析中，如果变形体的约束只来自与之接触的其他物体，而无另外的边界约束，当物体与其他物体分离后，就会出现刚体移动。这在静力分析中，会导致系统刚度矩阵畸异或非正定发生。通过施加合适的边界条件，可以避免这一问题出现。例如常用的方法是手动施加足以约束刚体运动的若干弹簧，而弹簧的刚度要选得足够小，不至于对变形体的变形产生太大影响，或采用 Mentat 提供的 Force Removal 功能自动释放，相关参数可以在 Loadcase →Properties→Contact（如图 5-43 所示）菜单中设置。

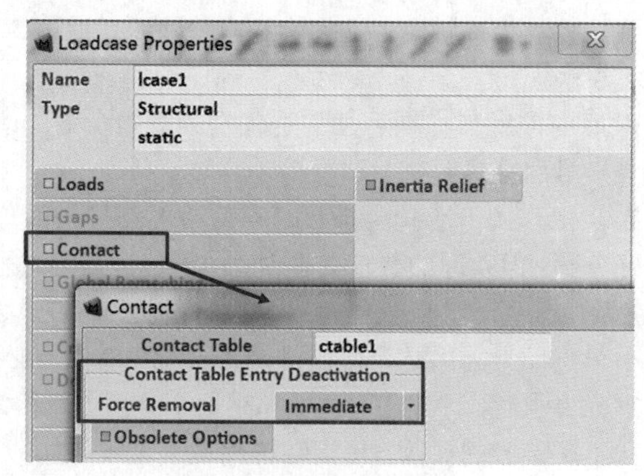


图 5-43　接触释放设置菜单

6. 控制节点分离的发生

在许多分析中，接触发生的接触力却很小，例如放在桌上的一页纸的接触。由于有限元处理的数值误差对较小的数值计算产生较大误差的影响，导致数值上的波动，使得接触迭代时，接触后分离，分离后接触的非真实现象频繁发生，造成额外的计算费用。对此，Marc 提供了一些附加接触控制开关，利用这些控制参数可在接触计算时将接触迭代的数值波动减至最小。

Marc 提供了 3 个参数用于人工干预增量步内发生的分离，如图 5-44 所示。

- 给定允许在一个增量步的接触迭代中节点分离的最大次数，以便降低计算时间。
- 如果在前一个增量步结束时已处于接触的节点在当前增量步结束后的接触检查中被发现产生分离，按理应重新回到当前增量步开始新的接触试探。如果打开相应开关，可以迫使程序认为当前增量步内该点并不分离，而将节点的分离放在下一增量步（Increment ⊙ Next）开始时再处理。
- 在当前增量步中如发现新的节点产生接触，打开相应开关，迫使该点在当前增量步内不产生分离（Chattering ⊙Suppressed）。这一措施是为了阻止在增量步内接触迭代出现多次接触与分离交替变化的振荡。

将这几种对分离的人为干预结合起来，可以在某些接触迭代特别难于收敛的增量步也能得到结果。实践表明，这些控制参数的使用非常有效。该参数可以在如下位置设置：Job→Properties→Contact Control→Advanced Contact Control，如图 5-44 所示。

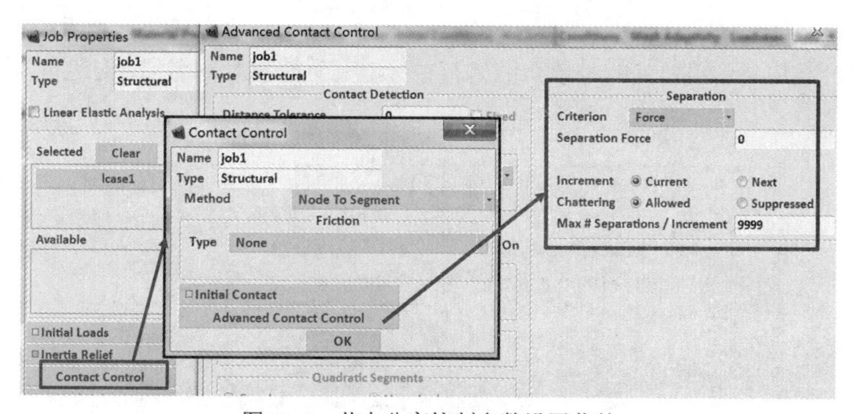


图 5-44 节点分离控制参数设置菜单

## 5.5 接触表——Contact Tables

Contact Tables——接触表指用于指定接触对之间的接触关系和接触定义的各种高级选项列表。

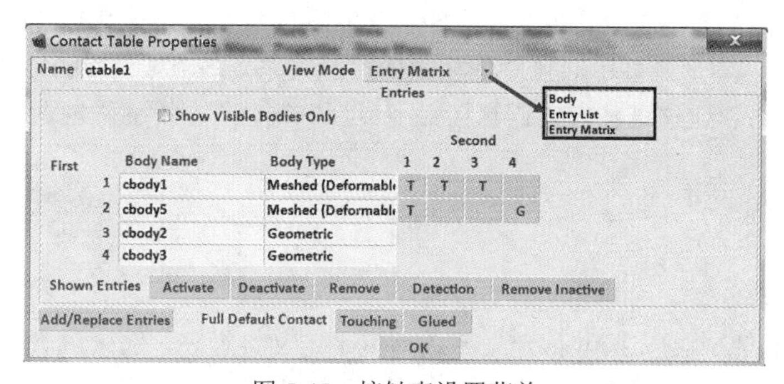


图 5-45 接触表设置菜单

如图 5-45 所示显示的“视图模式（View Mode）”中提供了 3 种方式：接触体（Body）、对象列表（Entry List）、对象矩阵（Entry Matrix），图中显示的模式为默认的“对象矩阵”方式，也是 Marc 2013 版本前一直沿用的方式。而“接触体”和“对象列表”视图模式为新增选项，如图 5-46、图 5-47 所示。

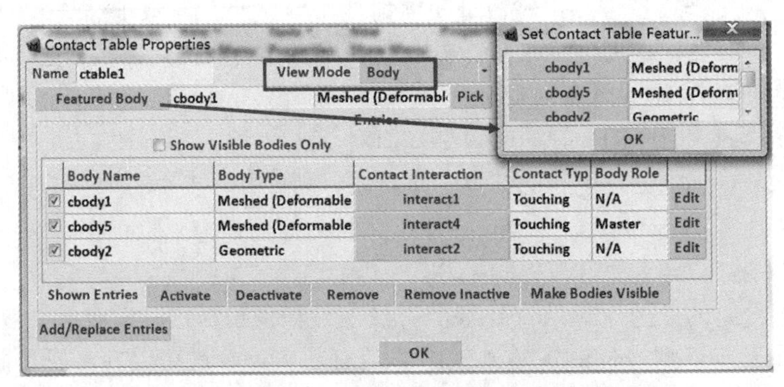


图 5-46　采用“接触体”视图模式显示接触对

采用“接触体”方式显示时，需要单击 Featured Body 选择要定义或要查看的接触体名称，选择完成后会相应显示已定义的与该接触体存在接触关系的接触体名称、接触体类型、接触关系等。

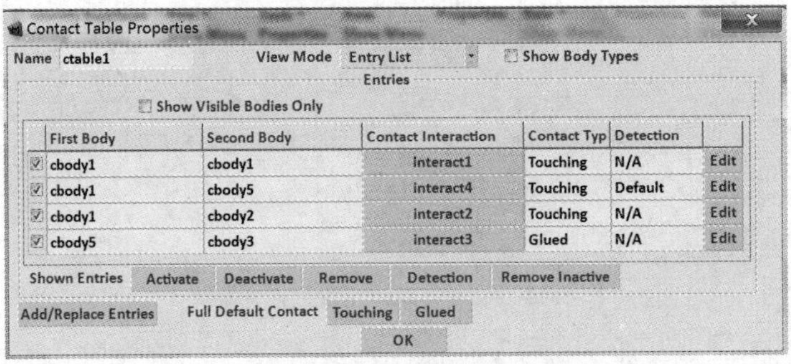

图 5-47　采用“对象列表”视图模式显示接触对

采用“对象列表”的方式可以将模型中定义的全部接触对的接触关系通过列表方式一一列出，可以通过单击 Edit 或 Contact Interaction 下方列出的名称进入相应接触关系菜单，进行对应接触关系和参数的查看和编辑。激活 Show Body Types 可以通过不同的方式显示对象列表，在图 5-47 所示内容基础上还可以显示各个接触体的类型。Show Visible Bodies Only 选项可以在列表中只显示图形区显示的接触体相关的接触关系列表。对于接触体数目较多、接触表比较庞大的情况，可以通过这种方式进行接触表显示的简化，方便准确地选择和定义接触对间的接触关系。

### 5.5.1　接触表的定义

1．采用“对象矩阵”视图模式定义接触表

在 Mentat 2013 版本前，接触体定义完成后就是定义接触表，在接触表中可以针对每个接触对逐一指定接触关系和相关参数。如图 5-48 所示为在 Mentat 定义一个接触表的示例，单击需要指定接触关系的接触对对应的行列相交处，进入 Contact Table Entry Properties，单击 Contact Type 后面的下拉列表框，选择合适的接触类型，如 No Contact（没有接触）、Touching（接触：一般物体之间有接触的情况）、Glue（粘接：此项功能旨在把具有不同网格的两个部分粘连在一起）；将会发生接触或者粘接的变形体之间的关系进行接触类型选择。得到的 Contact Table Properties 如图 5-48 所示。

Contact Table Properties

| First | Body Name | Body Type | Second 1 | Second 2 |
|---|---|---|---|---|
| 1 | cbody1 | deformable | | T |
| 2 | cbody2 | deformable | T | |

All Entries

| Contact Type | No Contact | Touching | Glue | | |
|---|---|---|---|---|---|
| Detection Method | Default | Automatic | First->Second | Second->First | Double-Sided |

OK

图 5-48　接触体间接触关系的定义（Marc 2012）

采用这种方式定义接触表，对于存在较多接触体的复杂模型，由于需要对每个可能存在接触关系的接触对分别逐一指定接触关系和参数，虽然有些接触关系和参数是完全一致的，但用户必须逐一重复设定，大量重复的前处理工作对用户是一个巨大的挑战，而且往往容易出错。

如图 5-49 所示的起落架模型的接触表，存在 19 个接触对需要分别指定“粘接”或“接触”，虽然其中 11 个接触对完全采用相同的粘接接触关系和参数设置，但是用户必须重复定义 11 次，其他 8 个接触对同样需要重复定义 8 次完全相同的接触关系和参数设置。此时如果采用 Mentat 2015 进行接触表定义，可以按照图 5-34 所示方法先将两类接触关系定义完成，然后在接触表中按照表 5-1 所示关系分别在接触表中重复指定对应接触关系即可，定义方法如图 5-50 所示。

Contact Table Properties

Name ctable1　View Mode Entry Matrix

Entries

Show Visible Bodies Only

| First | Body Name | Body Type | 1 | 2 | 3 | 4 | 5 | 6 | 7 | 8 | 9 | 10 | 11 | 12 | 13 | 14 | 15 |
|---|---|---|---|---|---|---|---|---|---|---|---|---|---|---|---|---|---|
| 1 | Drag_Strut | Meshed (De | | G | | | | | | | | | | | | | |
| 2 | Drag_Struct_ | Meshed (De | G | | | | | | | | | G | | | | | |
| 3 | Gas_Spring | Meshed (De | | | | T | | | | | | G | | | | | |
| 4 | Inner_Cylind | Meshed (De | | | T | | T | | | | | T | | | T | | |
| 5 | Lower_Link_I | Meshed (De | | | | T | | G | | | | | | | | | |
| 6 | Lower_Torqu | Meshed (De | | | | | G | | | | G | | | | G | | G |
| 7 | Side_Struct | Meshed (De | | | | | | | | G | | | | | | | |
| 8 | Side_Struct_I | Meshed (De | | | | | | | G | | | G | | | | | |
| 9 | Torsion_Link_ | Meshed (De | | | | | | G | | | | | | T | | | |
| 10 | Upper_Cylinc | Meshed (De | | G | G | T | | | | G | | | T | | | T | |
| 11 | Upper_Link_I | Meshed (De | | | | | | | | | | T | | G | | | |
| 12 | Upper_Torqu | Meshed (De | | | | | | | | | T | | G | | | G | T |
| 13 | Lower_Link_! | Meshed (De | | | | T | | G | | | | | | | | | |
| 14 | Upper_Link_! | Meshed (De | | | | | | | | | | T | | G | | | |
| 15 | Apex_Spacer | Meshed (De | | | | | | G | | | | | | T | | | |

Shown Entries　Activate　Deactivate　Remove　Detection　Remove Inactive

Add/Replace Entries　Full Default Contact　Touching　Glued

OK

图 5-49　用接触表定义接触体之间可能的相互接触

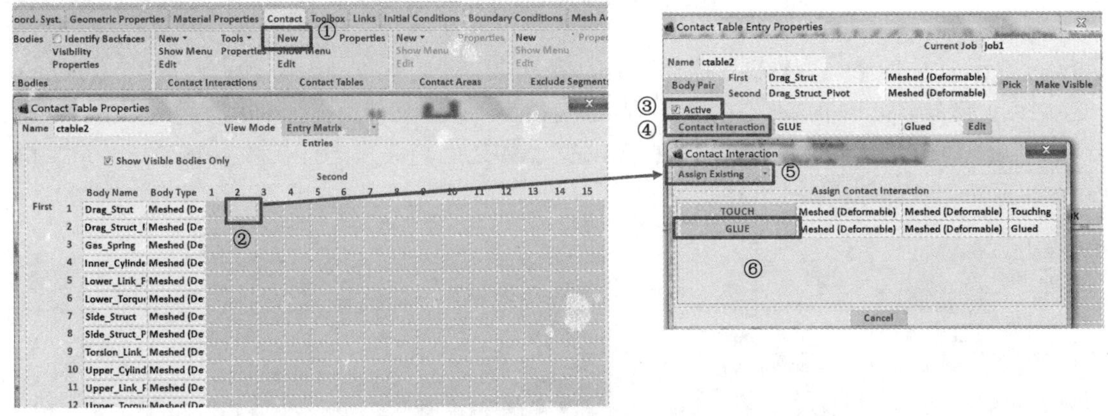

图 5-50　在“对象矩阵”视图模式下指定已定义的接触关系

在图 5-50 中的第 5 步中提供了 Create Default、Assign Existing、Copy Existing 三个选项，其中选择 Assign Existing 时，用户会看到已经定义的接触关系列表，直接选择使用即可；选择 Create Default 时，程序会按照缺省的设置（即接触关系为变形体间的 Touching，其他参数采用默认值）自动创建一个接触关系；选择 Copy Existing 时，程序会将选定的（已定义的）接触关系按照相同参数不同名称进行复制，从而创建新的接触关系。

在图 5-50 第 3 步的菜单中可以看到 Make Visible 按钮，单击可以在图形区只显示当前选定的接触体对（Body Pair），当然单击 Body Pair 可以在弹出的接触体列表中选择新的接触体或接触体对进行定义。单击 Pick 允许直接在图形区单击选择接触体。

在图 5-50 所示菜单中，接触对（横向和纵向）相交处可能出现的符号有以下 5 种：

- 空白：表示该接触对未激活和指定任何接触关系，即图 5-50 中第 3 步没有激活，与此同时第 4 步没有指定任何接触关系。
- ?：表示该接触对未指定任何接触关系，即图 5-50 中第 3 步已经激活，但第 4 步没有指定任何接触关系。
- -：表示该接触对没有激活指定的接触关系，即图 5-50 中第 3 步没有激活，但第 4 步已经指定接触关系。
- T：表示该接触对间存在“接触”关系。
- G：表示该接触对间存在“粘接”关系。

2．采用“接触体”视图模式定义接触表

Mentat 完全支持新的接触表，可以由用户产生接触关系属性如摩擦系数、分离应力/力、接触容差和其他数据，这些属性可以在指定接触对属性时重用。当有大量的接触关系要定义时可以减少建模时间。

以如图 5-31 所示的飞机起落架模型为例进行具体定义流程的说明（在接触表中要使用的粘接接触关系已经定义完成，具体参见图 5-34）。按照图 5-50 所示方法已经完成了接触体 Drag_Strut 和接触体 Drag_Strut_Pivot 的粘接关系指定，按照表 5-1 接触体 Drag_Strut 只存在一个接触关系，那么这里以第二个接触体 Drag_Strut_Pivot 为例，说明在当前视图模式下定义与接触体 Upper Cylinder 的粘接关系的流程，如图 5-51 所示。

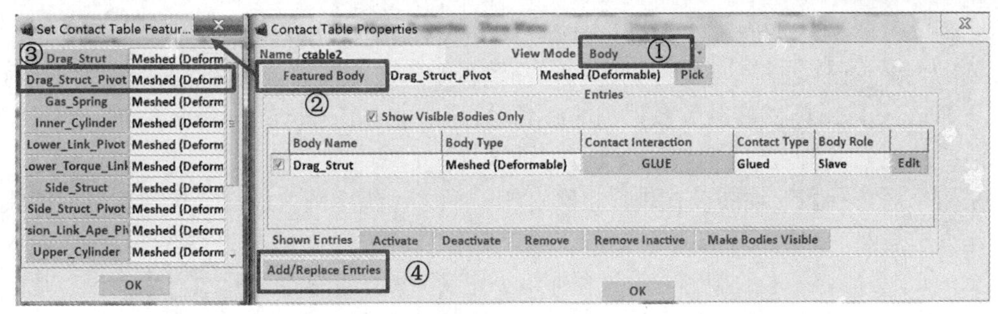


图 5-51 在“接触体”视图模式下定义接触表（选择接触体）

首先单击 Featured Body，在弹出的接触体列表中选择要指定接触关系的接触体（此处的 Pick 功能与图 5-50 中的 Pick 按钮功能相同），选择完成后如图 5-51 所示菜单中会列出已经定义的与选定的 Featured Body 存在接触关系的接触体信息。

接下来单击 Add/Replace Entries 选择与当前接触体存在接触关系的接触体名称和指定接触关系，如图 5-52 所示。

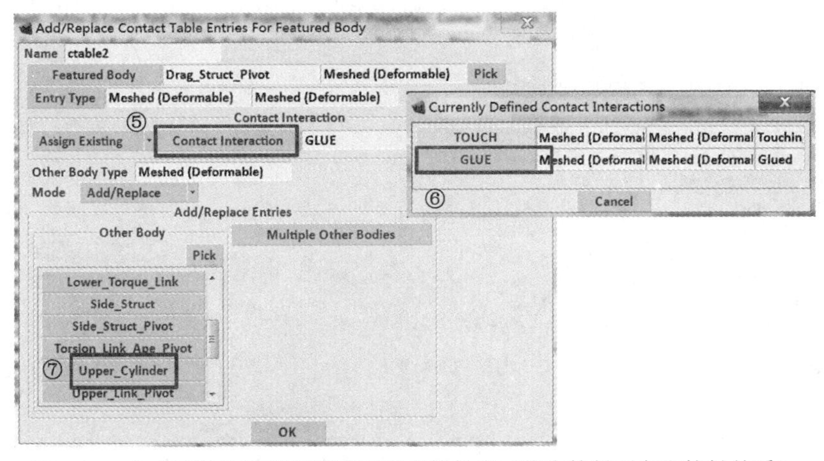


图 5-52 在“接触体”视图模式下定义接触表（指定接触对象和接触关系）

在图 5-52 中可以看到通过 Featured Body 选定的接触体名称和类型，单击 Contact Interaction 指定接触关系（这里为 Glue），接下来在 Add/Replace Entries 框中选择目标接触体 Upper_Cylinder，此时回到如图 5-53 所示菜单，可以看到与接触体 Drag_Strut_Pivot 存在接触关系的两个接触体都已经列出。

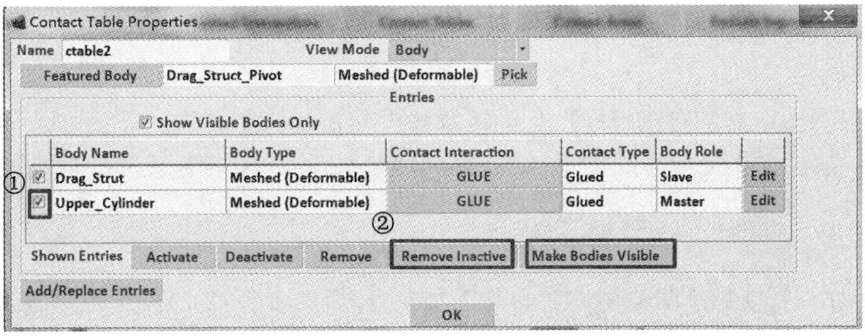

图 5-53 在“接触体”视图模式下定义接触表

此时单击图 5-53 中的 Make Bodies Visible 按钮，可以在图形区只显示当前菜单中出现的接触体，如果在定义过程中选错了对象可以在菜单中勾选掉接触体名称前面的对号（此时该接触体与 Featured Body 的接触关系处于非激活状态），单击 Remove Inactive 按钮，即可将对应未激活的接触关系删除。

采用“对象列表”视图模式进行接触对间接触关系指定的方法与“接触体”视图模式下的操作方法类似，这里就不做详细介绍。对于其他 17 个接触对的接触关系可以参考图 5-51、图 5-52 的方法，表 5-1 的接触关系设置即可。定义完成的接触表采用“对象列表”视图模式显示，如图 5-54 所示。

Contact Table Properties

Name ctable1 View Mode Entry List Show Body Types

Entries

Show Visible Bodies Only

| First Body | Second Body | Contact Interaction | Contact Type | Detection | |
|---|---|---|---|---|---|
| Drag_Strut | Drag_Struct_Pivot | GLUE | Glued | Default | Edit |
| Drag_Struct_Pivot | Upper_Cylinder | GLUE | Glued | Default | Edit |
| Gas_Spring | Inner_Cylinder | TOUCH | Touching | Default | Edit |
| Gas_Spring | Upper_Cylinder | GLUE | Glued | Default | Edit |
| Inner_Cylinder | Lower_Link_Pivot | TOUCH | Touching | Default | Edit |
| Inner_Cylinder | Upper_Cylinder | TOUCH | Touching | Default | Edit |
| Inner_Cylinder | Lower_Link_Spacer | TOUCH | Touching | Default | Edit |
| Lower_Link_Pivot | Lower_Torque_Link | GLUE | Glued | Default | Edit |
| Lower_Torque_Link | Torsion_Link_Ape_Pivot | GLUE | Glued | Default | Edit |
| Lower_Torque_Link | Lower_Link_Spacer | GLUE | Glued | Default | Edit |
| Lower_Torque_Link | Apex_Spacer | GLUE | Glued | Default | Edit |
| Side_Struct | Side_Struct_Pivot | GLUE | Glued | Default | Edit |
| Side_Struct_Pivot | Upper_Cylinder | GLUE | Glued | Default | Edit |
| Torsion_Link_Ape_Pivot | Upper_Torque_Link | TOUCH | Touching | Default | Edit |
| Upper_Cylinder | Upper_Link_Pivot | TOUCH | Touching | Default | Edit |
| Upper_Cylinder | Upper_Link_Spacer | TOUCH | Touching | Default | Edit |

Shown Entries Activate Deactivate Remove Detection Remove Inactive

Add/Replace Entries Full Default Contact Touching Glued

OK

图 5-54 “对象列表”视图模式显示飞机起落架模型接触表

此时在 Shown Entries 选项后提供了 5 种编辑功能，可以针对图形区可见的接触体（取决于 Show Visible Bodies Only 过滤器影响）进行接触关系状态的修改：

- Activate：激活所有图形区可见的接触体的接触关系，即图 5-54 中的对号全部勾选。
- Deactivate：不激活所有图形区可见的接触体的接触关系，即图 5-54 中的对号全部不勾选。
- Remove：删除所有图形区可见的接触体的接触关系，即图 5-54 中的列表项全部被删除。
- Detection：对所有图形区可见的接触体设置接触探测方法。
- Remove Inactive：删除图形区所有可见接触体的处于未激活状态的接触关系。

### 5.5.2 Detection Method——接触检查顺序

Marc 在对相互接触的两个物体之间的接触检查时，对于节点-面段接触探测方法，Detection Method 提供了单边检查和双边检查两种模式。

单边接触检查只检查先定义的接触体上的节点是否穿透其本身或后定义的接触体的接触段/片。对变形体与刚体接触分析，采用单边接触检查。而对两个相互接触的变形体，实施双边接触检查是按接触体定义的先后顺序依次检查所有接触体上的可能接触节点是否穿透其本身或所有定义的其他接触体的接触段/片。实施双边接触检查的时候并无主节点和从节点之分。与单边接触检查相比，双边接触检查的计算精度较高，但计算时间较长，数据存储量也相应增加。

可选用指定接触节点的选项 Contact Area 下的 Potential Contact，指定节点进一步缩小接触数据存储和接触检查范围，只对那些最可能与其他接触体产生接触关系的边界节点实施接触检查。

### 5.5.3 接触表参数设置

1. Boundary Redefinition——边界重定义

在接触表中定义了接触体之间的接触关系后，可进一步设定接触参数。接触的其他参数定义在如图 5-55（单击如图 5-54 所示接触对列表中的“Edit”打开菜单）所示的 Contact Table Entry Properties 中定义。

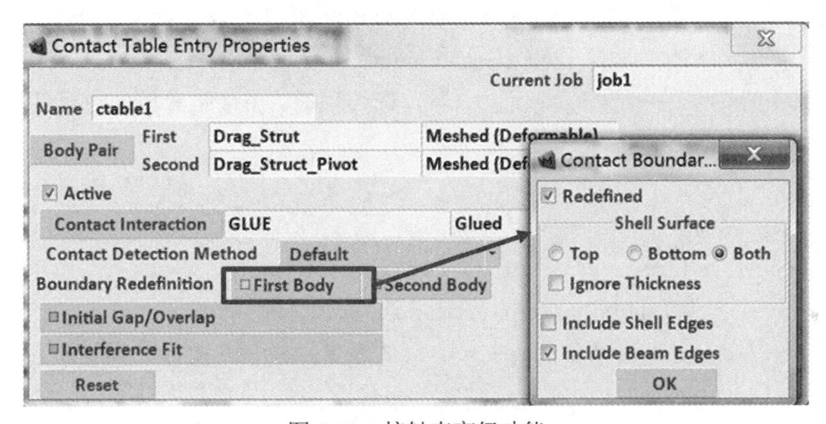


图 5-55 接触表高级功能

当两个接触体都是由壳单元组成时，有时需要做进一步的判断和设置。由于壳单元的面具有方向性。对于壳单元，如果要明确指定某一面为接触面，可以打开 Identify Backfaces 选项（View→Identify→Backfaces）进行变形体和刚体面的方向性检测。Mentat 以蓝色表示壳单元的 Top（上表面），黄色表示壳单元的 Bottom（下表面）。根据图形区显示的面的方向性，定义接触体接触表面的方向。对于如图 5-56 所示的两块板，Cbody1 的“Top（上表面）”与 Cbody2 的“Bottom（下表面）”可能发生接触。单击 Cbody1 对应的 Boundary Redefinition 选项，出现如图 5-55 所示的对话框，选择 Top 为 Cbody1 的接触面。单击 Cbody2 后的 Boundary Redefinition，选择 Bottom 为 Cbody2 的接触面。

对于壳单元的接触定义，用户可以通过 Identify Backfaces 查看面的方向性，然后再通过 Boundary Redefinition 定义壳单元接触体的接触面。否则，在模型运行中，可能由于接触面的设置不对，检测不到接触的发生。

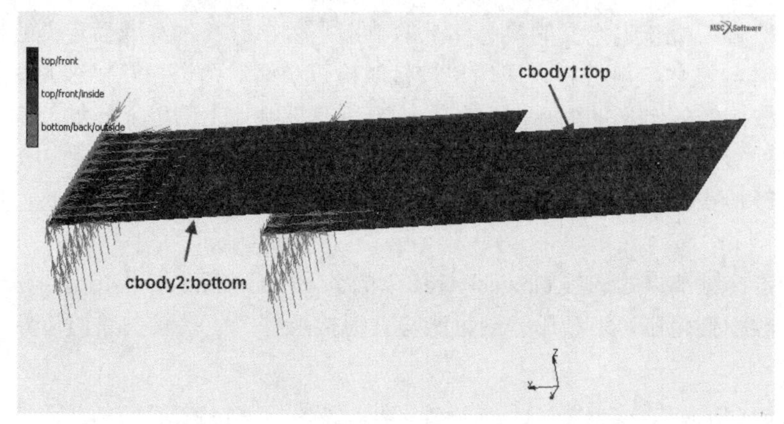


图 5-56　上下两块板的壳单元的方向性显示，蓝色为 top，黄色为 Bottom

Ignore Thickness——忽略（壳）厚度选项，当两块板平行上下接触时，如果勾选 Ignore Thickness 选项，那么在接触分析时，根据中性面上节点位置进行接触探测。当两块板以侧向或者垂直接触/粘接时，需要勾选 Boundary Redefinition 下的 Ignore Thickness 选项，否则计算结果会不准确。

关于壳单元接触的定义和运行结果，读者可以参考本书所附光盘的“第 5 章\壳单元接触”文件夹下的壳单元接触模型文件 shell_contact.mud。

Include Shell Edges——包含壳单元边，当勾选该项时，在接触分析中进行接触探测时还会包含对壳单元边的检查。

Include Beam Edges——包含梁单元边，当勾选该项时，在接触分析中进行接触探测时还会包含对梁单元边的检查。

2. Initial Gap/Overlap——初始间隙/过盈配合

当激活如图 5-57 所示的 Initial Gap/Overlap 选项时，接触体的节点被投影到被接触体上与之距离最近的面段上，在接触节点上产生一个距离向量。这个距离向量接下来按照用户定义的间隙或过盈量（Gap/Overlap 后面输入的数值）被修改，并用于调整对应接触体的表面，而不需要对节点进行重定位（通过初始应力释放选项需要对节点进行重新定位）。在分析过程中，距离向量基于关联节点的位移和转动被持续地更新。采用上述 Initial Gap/Overlap 初始间隙或过盈的好处在于，由于偏置带来的应力分布更为均匀。

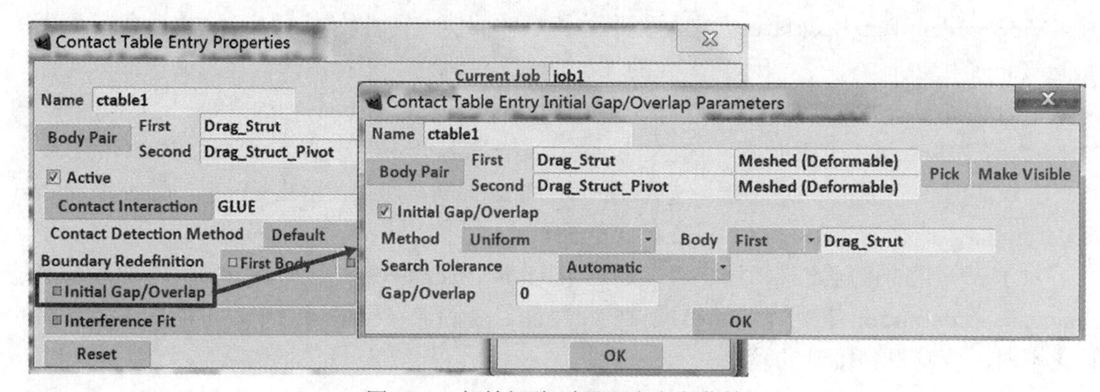


图 5-57　初始间隙/过盈配合定义菜单

如图 5-58 所示列出了 Mentat 中提供的针对间隙/过盈的一些功能项，其中包括：Initial Gap/Overlap（左上）、Stress-Free Projection Onto Contact Surface（右上）、Gap/Overlaps（Removed/Retained），其中 Gap/Overlaps（Removed/Retained）仅用于 Glue 接触，其余两项既可用于 Glue 接触关系，也可用于 Touching 接触关系。

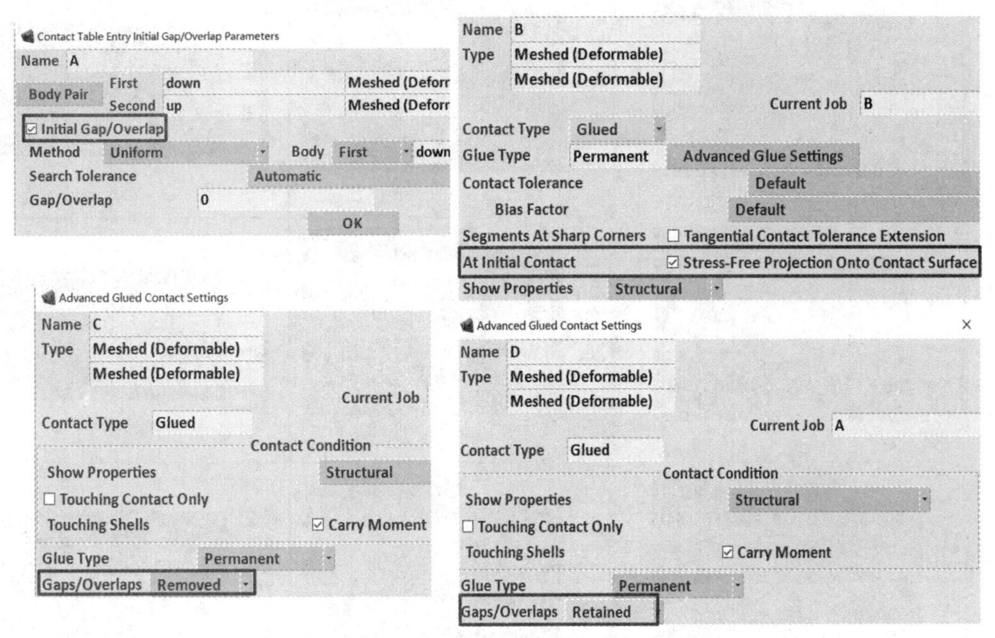

图 5-58　Mentat 中与间隙/过盈相关的功能项

为说明这些功能项的具体差别，可以针对如图 5-59 所示模型分别采用不同的选项进行计算。图 5-59 所示的模型中在两个接触体的交界处，通过沿着全局 Y 向人为移动一定数目的节点而使得该部位存在不规则的形状（初始穿透）。对上边的结构施加压力载荷，此模型中上下两个接触体采用 Glue 接触关系，比较采用上述 Initial Gap/Overlap（A）、Stress-Free Projection Onto Contact Surface（B）、Removed Gap/Overlaps（C）、Retained Gap/Overlaps（D）时结果的差别。当两个物体采用 Touching 接触关系时使用 Initial Gap/Overlap 和 Stress-Free Projection Onto Contact Surface 选项时的结果的差别请参考第 1 章的图 1-23。

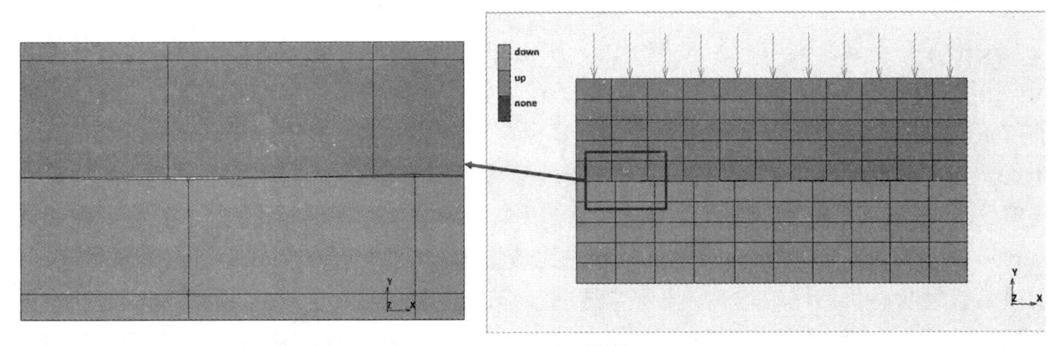

图 5-59　测试模型

对于上述 4 组模型（A/B/C/D），分别对比初始时刻（0 增量步时）的接触状态和变形、加载后（1 增量步时）的接触状态和变形、加载后（1 增量步时）的应力分布，如表 5-3 所示。

表 5-3　不同功能项对接触状态和应力分布的影响对比列表

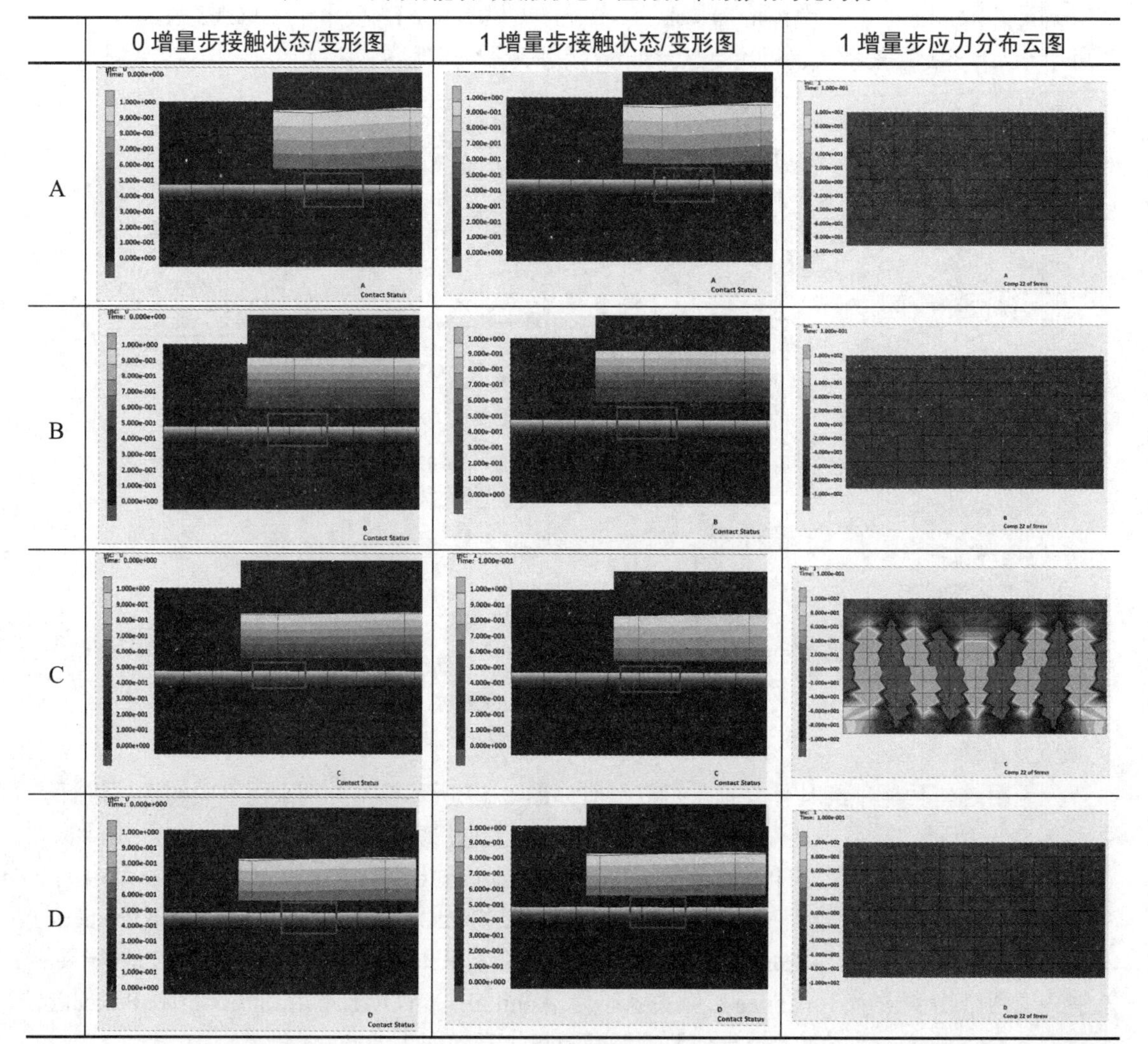

| | 0 增量步接触状态/变形图 | 1 增量步接触状态/变形图 | 1 增量步应力分布云图 |
|---|---|---|---|
| A | | | |
| B | | | |
| C | | | |
| D | | | |

从表 5-3 中可以看出，分别采用不同的设置进行计算，得到的初始时刻和加载后的接触状态以及变形各有不同，其中：A 模型中（采用 Initial Gap/Overlap）在初始时刻接触状态比较均匀，出现穿透的节点位置没有被重新定位；在加载后接触状态仍然比较均匀，出现穿透的节点的位置随着所在结构的整体变形而改变。B 模型中（采用 Stress-Free Projection Onto Contact Surface）在初始时刻接触状态比较均匀，出现穿透的节点位置被重新定位；在加载后接触状态仍然比较均匀，出现穿透的节点的位置随着所在结构的整体变形而改变。C 模型中（采用 Removed Gap/Overlaps）在初始时刻接触状态比较均匀，出现穿透的节点位置没有被重新定位；在加载后接触状态仍然比较均匀，出现穿透的节点的位置被重新定位，同时随着所在结构的整体变形而改变。D 模型中（采用 Retained Gap/Overlaps）在初始时刻接触状态比较均匀，出现穿透的节点位置没有被重新定位；在加载后接触状态仍然比较均匀，出现穿透的节点的位置随着所在结构的整体变形而改变。

采用上述4种不同的设置得到的初始时刻和加载后的应力分布也各有不同，为方便比较，此处对4组结果采用相同的应力色谱范围设置。其中：A模型中（采用 Initial Gap/Overlap）在初始时刻没有初始应力；在加载后应力分布比较均匀。B模型中（采用 Stress-Free Projection Onto Contact Surface）在初始时刻没有初始应力；在加载后应力分布比较均匀。C模型中（采用 Removed Gap/Overlaps）在初始时刻没有初始应力；在加载后应力分布不均匀，这是由于节点位置重新定位造成的。D模型中（采用 Retained Gap/Overlaps）在初始时刻没有初始应力；在加载后应力分布均匀。

由此可见对于存在初始间隙或过盈的接触对之间，无论存在 Glue 或是 Touching 接触关系，采用最新的 Initial Gap/Overlap 选项都能给出最均匀分布的接触状态和应力结果。

上述模型（glue.mud）存储在书中所附光盘“第5章\初始间隙”文件夹下。上述模型当采用 Touching 接触关系与采用 Glue 接触关系不同，最新的 Initial Gap/Overlap 选项相比 Stress-Free Projection Onto Contact Surface 选项能给出更均匀应力分布结果，具体结果和设置用户可参考光盘中的 touch.mud 模型文件。

3. Interference Fit——过盈配合

在通用机械工程实际中普遍采用过盈配合来传递扭矩和轴向力，如轴承配合、轴瓦配合、铁道车辆的轮轴、制动盘等。它是利用过盈量产生半径方向的接触面压力，并依靠由该面压力产生的摩擦力来传递扭矩和轴向力。由于过盈配合两个相配合的接触面上不能黏贴应变片，因此难以对其应力状态进行测定，对整个组装过程的应力状态更难以进行跟踪研究，而且这种配合方式往往承受着交变载荷的作用，配合面间可能发生相对滑动，这一滑动是随着应力变化而变化的，因而配合面边缘的接触状态和应力状态也随着应力的交变而变化，因此一般只能凭经验确定采用的过盈量。近年来，随着非线性理论的不断完善和计算机技术的飞速发展，利用非线性有限元法来分析这类问题已日趋成熟。

过盈问题是接触问题的一种，属于边界条件高度非线性的复杂问题，其特点是在接触问题中某些边界条件不是在计算开始就可以给出，而是计算的结果，两接触体间的接触面积和压力分布随外载荷的变化而变化，同时还包括正确模拟接触面间的摩擦行为和可能存在的接触传热。

Marc 软件实现过盈配合分析有5种不同的方法，如图5-60所示。

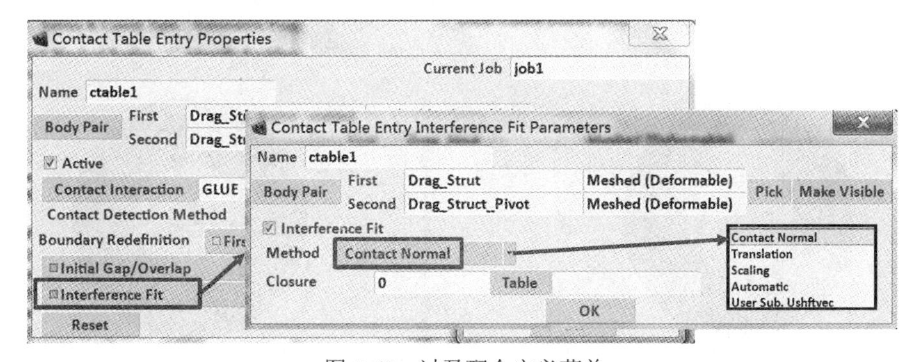


图5-60 过盈配合定义菜单

这5种方法均可以用于过盈配合（包括很大过盈量的结构）的装配分析。

（1）接触法向法——Contact Normal，用 Table 定义过盈量的变化

（2）移动法——Translation，依据具体接触对的情况可以选择要移动的接触体和定义移动的参考坐标系，对于盘轴类的过盈配合，通常可以用柱坐标系定义径向的过盈量。

（3）采用总体坐标系缩放——Scaling，依据具体接触对的情况可以选择要缩放的接触体和坐标系。

（4）自动法——Automatic，可以选择要求解的穿透接触体并在穿透容差中输入最大过盈量。

（5）用户子程序——Ushftvec，用户可以通过用户子程序 Ushftvec 计算每个接触节点的移动矢量。

如图 5-61 所示两个变形接触体的过盈配合分析为例加以说明。外圈接触体为圆筒，里圈接触体为椭圆筒。两个接触体均为弹性材料，采用平面应变单元模拟。

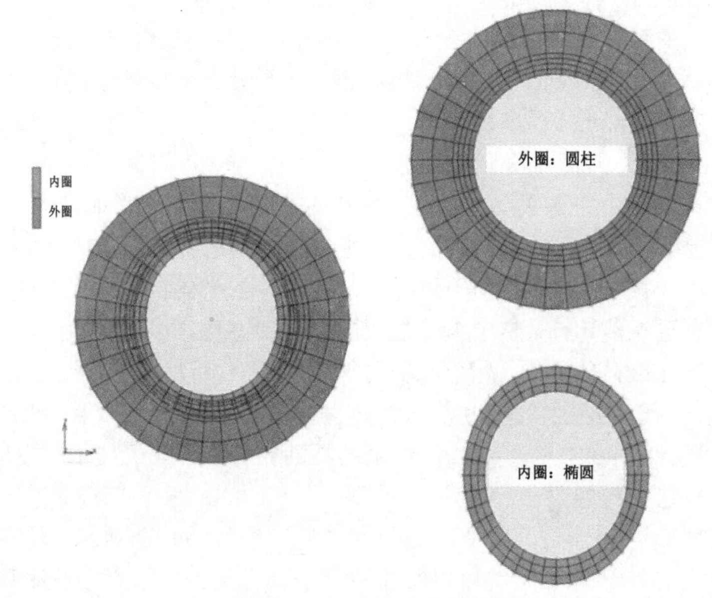


图 5-61　过盈配合分析模型

采用前述的 5 种方法进行分析，可以得到位移、应力、法向接触力等结果。以下是采用法向法得到的分析结果，如图 5-62（a）所示为位移云图，如图 5-62（b）所示为等效应力云图，如图 5-62（c）所示为法向接触力分布。

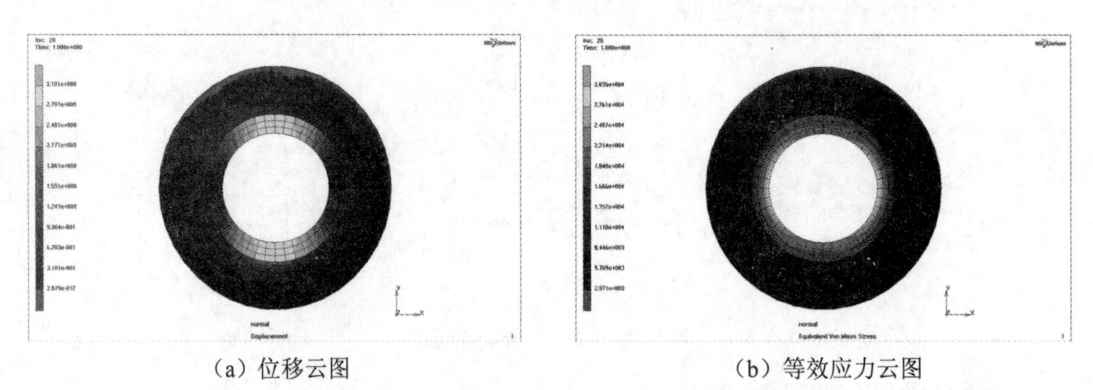

（a）位移云图　　　　（b）等效应力云图

图 5-62　采用法向法模拟不均匀、大过盈配合结果

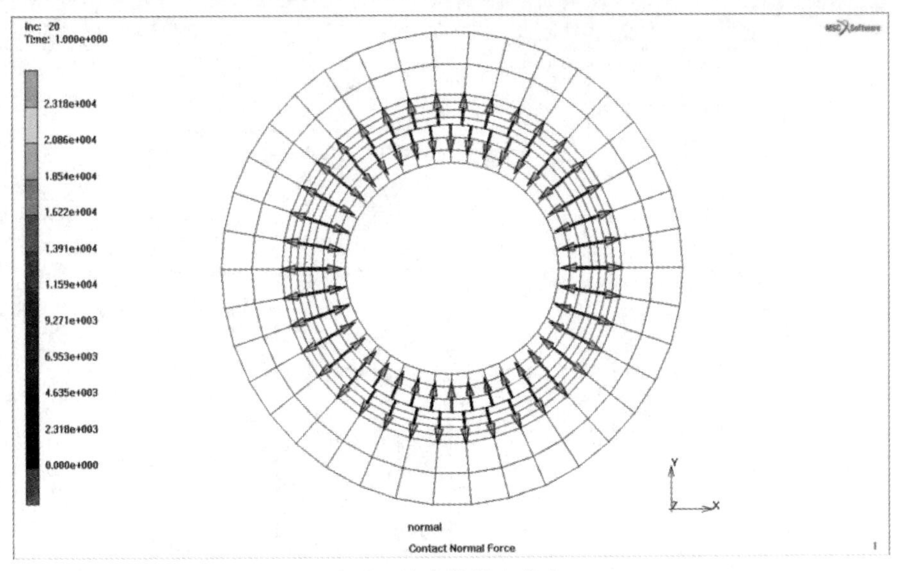


（c）法向接触力分布

图 5-62 采用法向法模拟不均匀、大过盈配合结果（续图）

表 5-4 为分别采用法向法、移动法、总体坐标系缩放、自动法、子程序法的分析结果，可见不同方法得到的结果非常接近。

表 5-4 五种不同的方法得到的结果比较

| 方法 | 位移范围（mm） | 米塞斯应力范围（MPa） | 接触法向力范围（N） |
|---|---|---|---|
| 法向法 | 0～3.101 | 2971～30350 | 0～23180 |
| 移动法 | 0～3.101 | 2971～30310 | 0～23170 |
| 总体坐标系缩放（直角坐标系） | 0～3.101 | 2970～30350 | 0～23160 |
| 总体坐标系缩放（柱坐标系） | 0～3.101 | 2970～30350 | 0～23160 |
| 自动法 | 0～3.100 | 2971～30310 | 0～23210 |
| 子程序 | 0～3.101 | 2970～30350 | 0～23160 |

### 5.5.4 接触区域——Contact Area

接触区域用来设定可能发生接触的接触体的节点，Marc 提供了两种接触区域定义选项：Potentially Contact 和 Glue Deactivation，如图 5-63 所示。

Potentially Contact（可能发生接触节点）：为接触体指定可能发生接触的节点，只有被指定的节点作为此接触体会发生接触的节点。

Glue Deactivation：粘接失效。此菜单对指定接触体中的特定节点指定粘接失效，当被指定的节点的粘接接触关系满足分离条件发生失效时，对应节点再次接触时不会再以粘接关系接触，而是与实际一致采用接触关系处理。

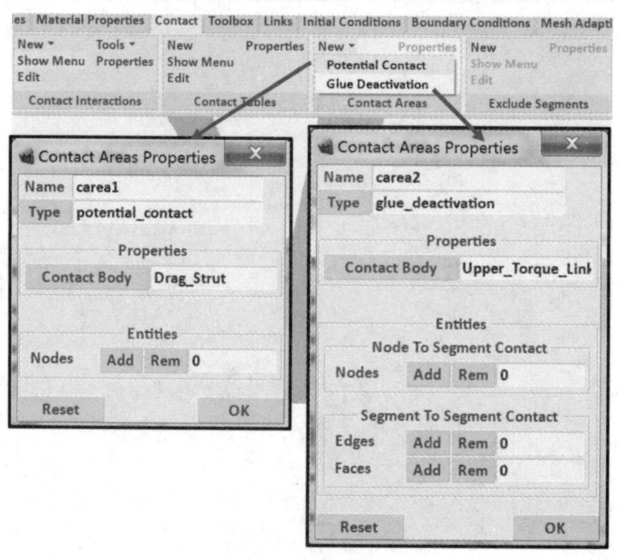


图 5-63　接触区域设置

## 5.6　套管接触或管内梁接触

套管接触或管内梁接触在工程应用中经常遇到，如石油与天然气工业、汽车工业和生物医学行业。应用的例子包括伯顿管、脉管修复和管道系统，如图 5-64 所示。

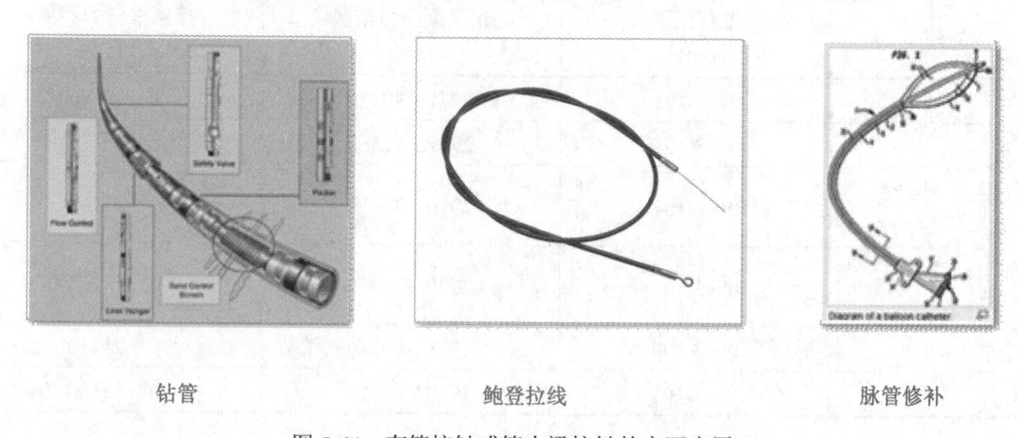

钻管　　鲍登拉线　　脉管修补

图 5-64　套管接触或管内梁接触的实际应用

Marc 2013 版本发布的最新套管接触和管内梁接触功能有助于管单元和梁单元准确捕捉它们与梁或其他刚体和变形体接触行为。该功能的应用可以避免使用 3D 实体/壳单元来模拟梁一类的结构，从而节约大量的建模和计算资源。与梁接触相关的定义菜单如图 5-65（Geometric Properties→Properties）所示。

通过图 5-65 所示的梁接触 Beam Contact 选项可以设置面段－面段接触探测中套管内部或外部面段与其他梁或套管结构的接触参数：

- Outside And Inside Patch：内侧面段和/或外侧面段接触。
- #Patches：圆周方向面段数量。

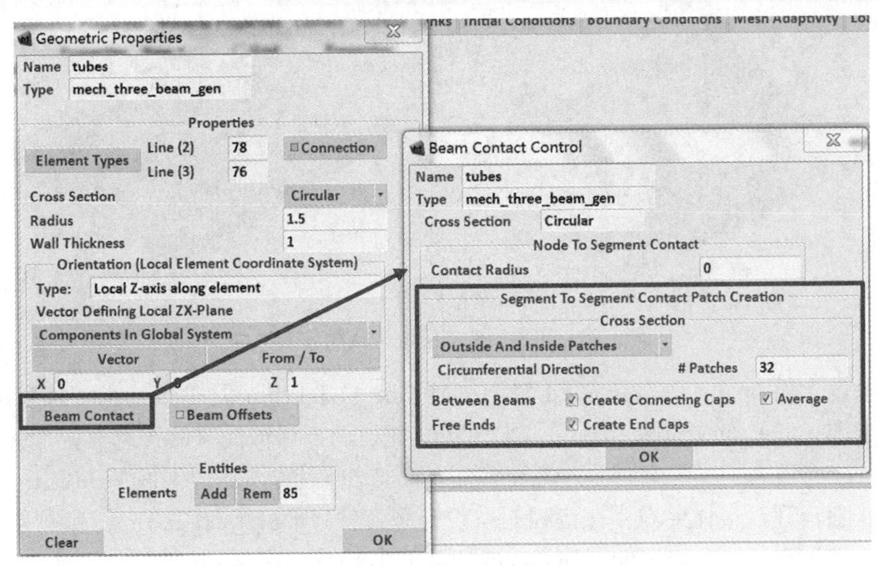


图 5-65　几何特性菜单中的梁接触设置菜单

- Between Beams：在梁间是否建立连接盖，此选项主要用于变截面梁接触时存在滑移的情况。
- Free Ends：对梁端部是否创建端盖等。

另外，针对包含梁接触的接触分析模型 Mentat 提供了专门的后处理结果选项，菜单如图 5-66 所示，通过激活 Expand Beam Post File 选项（Job→Properties→Job Results→Additional Contact Files），用户不仅可以在前处理中将一维梁结构扩展为三维实体显示（如图 5-67 所示），还可以在结果后处理中将梁以三维实体显示。

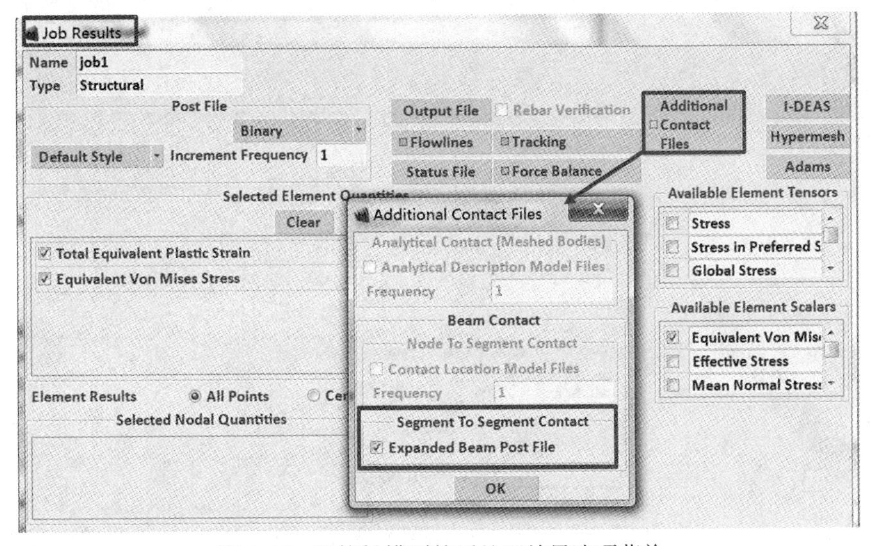


图 5-66　梁接触模型的后处理结果选项菜单

如图 5-67 所示为 Marc 用户指南“加强筋板与梁结构接触分析例题”（Segment-to-Segment Contact of Stiffened Panel and Beams）。下面就以这个模型为例，介绍在 Marc 中设置套管接触和管内梁接触的具体流程。

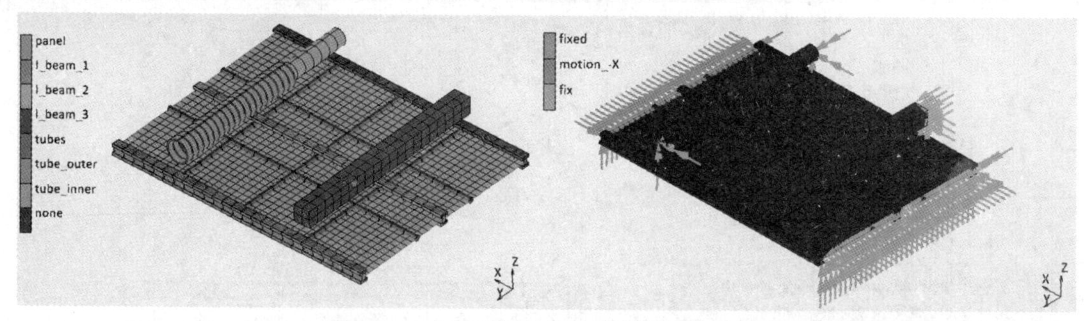


图 5-67　加强筋板与梁结构接触分析模型

结构中包含板（panel）、加强筋（I 型梁：I_beam_1、I_beam_2、I_beam_3；圆管梁：tubes）以及套管结构（tube_inner\tube_outer）；采用实体建模的方形截面梁结构。其中加强筋和板为粘接关系，这里考虑了梁的偏置；内侧套管外表面与外侧套管的内表面存在接触；I 型梁与内侧套管、外侧套管、实体梁均存在接触关系；模型文件（panel_and_beams.mud）可以在如下位置找到：X:\MSC.Software\Marc_Documentation\201X\examples\ug\e078。

关于内侧和外侧套管的几何特性设置如图 5-68 所示，具体命令流如下：

Geometric Properties → Geometric Properties：New（Structural）→3D Thin-Walled Section Beam

Name: tube_inner
Cross Section：Cirdular ▼
Radius：5
Wall Thickness：2
Beam Contact
Between Beams：☑ Create Connecting Caps
Free Ends：☑ Create End Caps
OK
OK

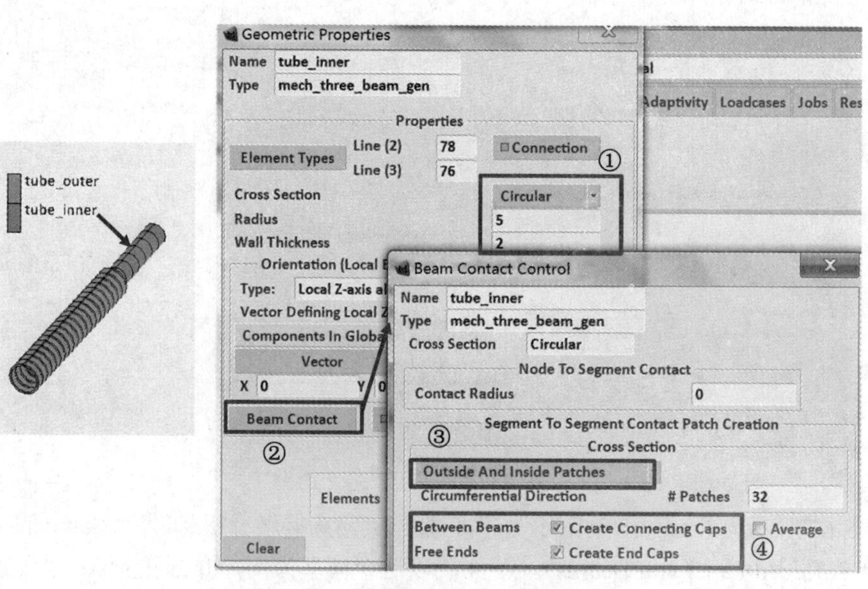


图 5-68　内侧套管的几何特性定义

在本例中由于内侧套管只有外表面与其他部件接触，因此可以将图 5-68 中第 3 步由默认的同时考虑内侧和外侧接触改为只有外侧接触，即 Outside Patch Only，在第 4 步中激活了建立连接盖和建立端盖选项，这些选项在前处理中无法看到其扩展（如图 5-69 所示）的效果，但在模型提交计算后会在接触分析中考虑这一设置。

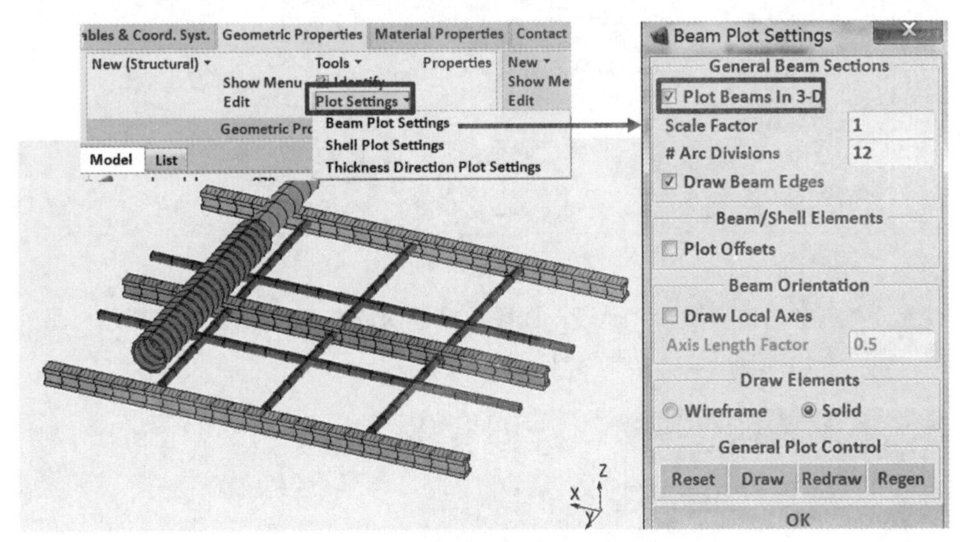


图 5-69　通过三维扩展显示梁单元

外侧套管的参数设置（梁接触部分）与图 5-68 所示内容相同，这里就不加详细说明。需要注意：外侧套管的内侧将与内侧套管的外侧接触，与此同时，外侧套管的外侧还将与加强板（加强筋）发生接触，因此需要采用内侧和外侧均接触选项 Outside And Inside Patches。

panel 右端采用固定位移约束，左端受到-X 方向的强迫位移约束，并约束 Y、Z 方向自由度；内侧和外侧套管各自约束不接触的一端的全部自由度；实体梁结构一端采用固定位移约束，具体如图 5-67 右图所示。

根据部件间可能存在的接触关系，将结构定义为 5 个接触体，如图 5-70 所示

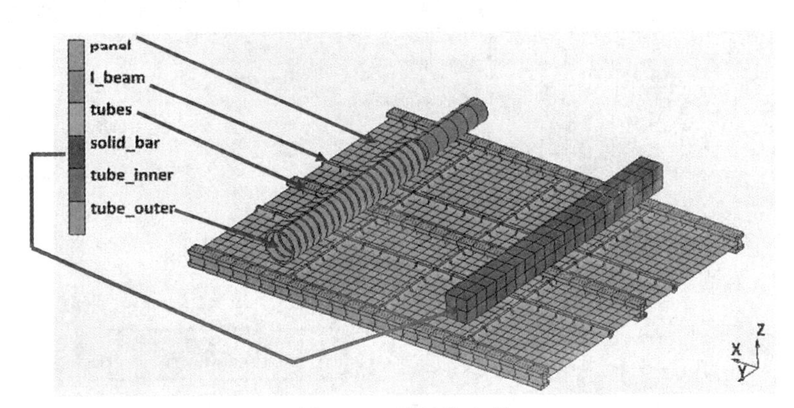


图 5-70　接触体定义

模型中定义了两种接触关系，一种为“粘接”，另一种为“接触”，各个部件间具体接触关系如图 5-71 所示的接触表。接触参数均采用默认设置，具体流程可以参考用户指南的介绍。

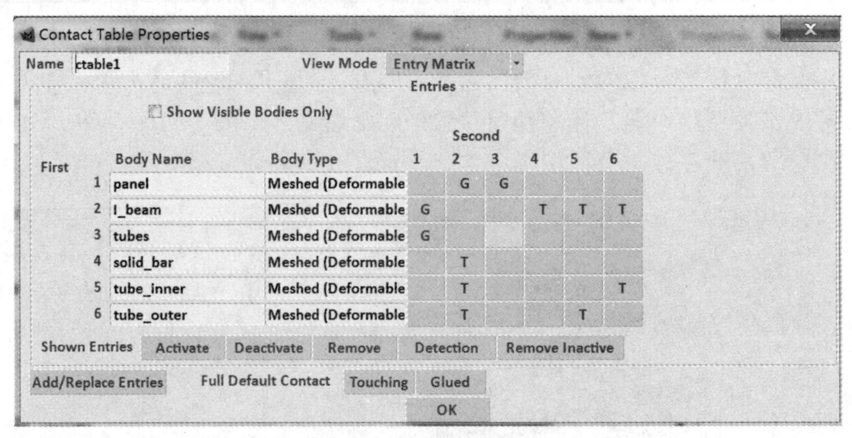


图 5-71　接触表定义

在设置分析任务时需要激活“面段－面段”接触探测方法，如图 5-72 所示。另外，在输出结果中勾选“梁三维扩展后的结果文件”复选项。

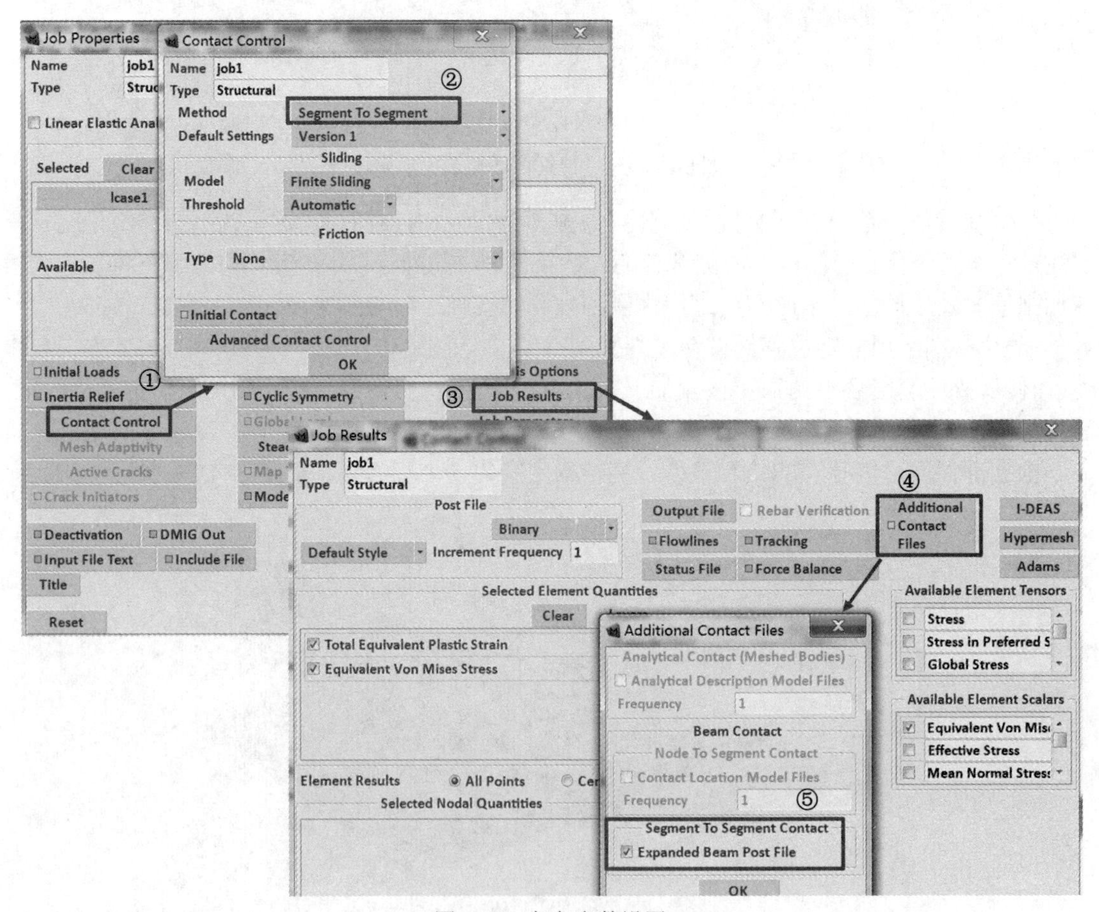


图 5-72　任务参数设置

结构受到图 5-67 所示的载荷后，会发生如图 5-73（a）所示的变形和图 5-73（b）所示的接触状态。

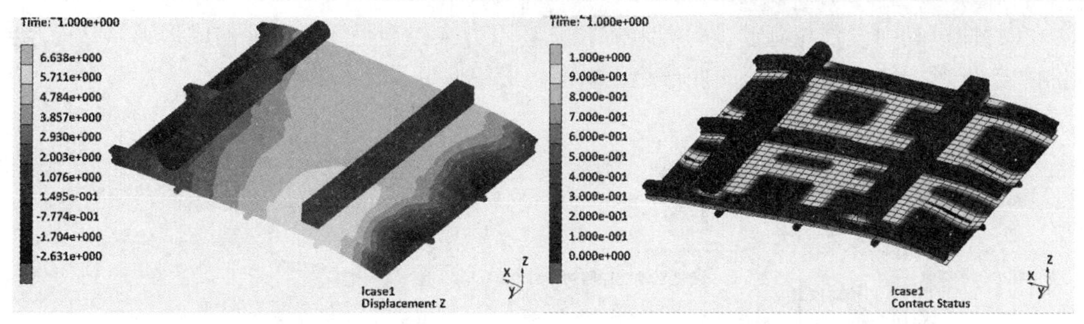


（a）变形云图　　　　（b）接触状态云图

图 5-73　结构沿着 Z 向的变形云图和接触状态云图

由于板一端固定，另一端受到向内（-X 方向）的强迫位移。因此，板带着与之粘接的加强筋向上（+Z 方向）拱起，从而导致板上的 I 型截面加强筋与套管和实体梁产生接触。

由于激活了“梁三维扩展后的结果文件”选项，因此结果后处理文件打开后直接显示梁三维扩展状态下的结果。这里可以观察到由于加强筋结构设置了梁偏置，因此后处理中看到的是梁按照指定数值偏置后的位置，在如图 5-74（左）所示可以看到 I 型截面加强筋分别与内外套管以及实体梁间发生单侧接触。另外，套管中包含的两个梁间存在接触，如图 5-74（右）所示。

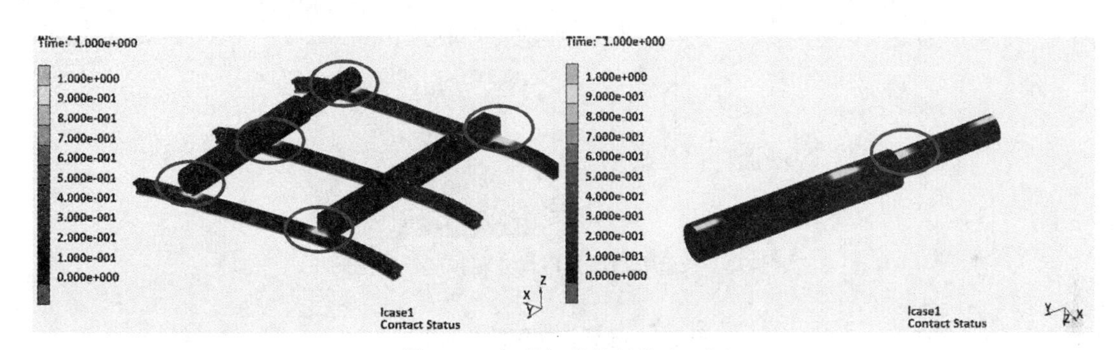


图 5-74　部件间的接触状态云图

关于梁单元接触的模型和计算结果在书中所附光盘“第 5 章\梁单元接触”文件夹下可以找到。

## 5.7　板料成形拉延筋拉延阻力的有限元预测

1. 问题描述

大型复杂形状薄板零件（如汽车车身覆盖件）的冲压成形过程中，在冲压件的凸凹模表面设置拉延筋是改善成形工艺、提高成形质量的重要措施。如图 5-75（a）所示为一个拉伸模具的二维示意图，在冲头的两侧布置拉延筋（drawbead），如图 5-75（b）所示为一拉延筋模具二维示意图。当板料通过拉延筋时，会在 1-2 点、3-4 点、5-6 点和 7-8 点附近发生弯曲变形，反复的弯曲和反弯曲变形所产生的变形抗力，即为拉延筋的变形阻力。同时，当板料在 1-2、3-4、5-6 和 7-8 段滑动时，会因摩擦而产生摩擦阻力。拉延筋的变形阻力和摩擦阻力之和，即为拉延筋阻力。

在拉伸模具中设置拉延筋就是要利用拉延筋阻力来控制毛坯各部分的成形力，从而起到控制局部变形，使零件各部分的变形趋于平衡，最终保障零件的顺利成型。

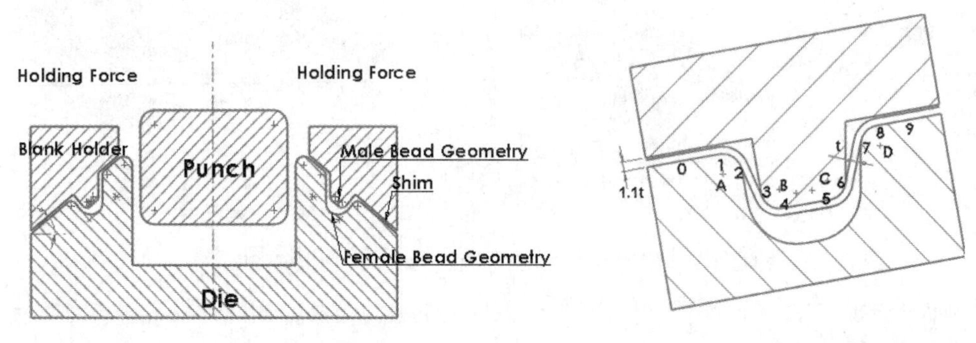


（a）拉伸模具示意图　　（b）拉延筋模具示意图

图 5-75　拉伸模具及拉延筋模具示意图

本例为某汽车公司拉延筋试验研究中的一种，其几何形状和实物照片如图 5-76 所示。其各尺寸值如表 5-5 所示。试验中所用钢板的几何尺寸和材料参数如表 5-6 所示。

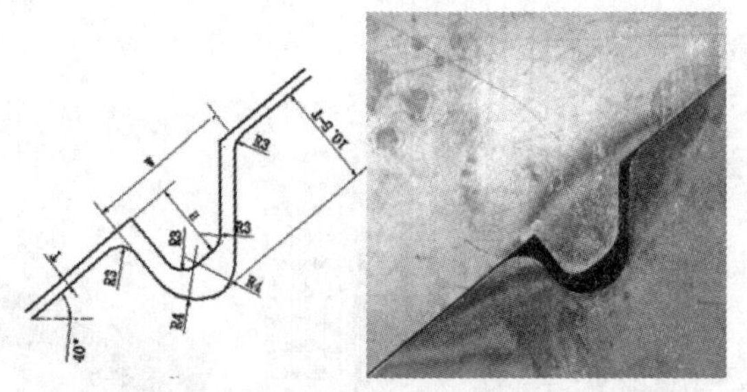

图 5-76　拉延筋截面几何尺寸图拉延筋实物图

**表 5-5　拉延筋几何尺寸列表**

| L | $R_1$ | $R_2$ | T | H | 拉延筋凹模深度 (D) | W |
|---|---|---|---|---|---|---|
| 9mm | 1.8mm | 4.8mm | 1.1t0 | 7.0mm | 10.5-T | 9+4T |

**表 5-6　试验中钢板的几何尺寸和材料参数**

| 材料名称 | 厚度 $t_0$ | 宽度 | 长度 | strength coefficient K | strain hardening coefficient n |
|---|---|---|---|---|---|
| BH210 | 0.77mm | 22mm | 280mm | 613MPa | 0.188 |

为了通过有限元仿真研究拉延筋的阻力大小，仿真分两个工况：第一个工况是拉延筋凸模在 1s 内下压 8.8761mm；第二个工况是 10s 内板料拉延筋凸凹模的夹持下沿分模面的斜面向上移动 30mm。板料右侧节点在第一工况固定，第二工况为沿着分模面向上位移 30mm。

2. 拉延筋有限元仿真模型

有限元模型的几何创建和网格划分过程不是本节重点，此处略。读者可直接打开书中所附光盘“第 5 章\拉延筋分析”文件夹下的模型 solid_shell_mesh.mud 查看网格和几何信息并读入到 Mentat 中。如图 5-77 所示，单元为 hex 8 六面体单元。

3. 定义几何特性

在板料成形分析时，板料因其厚度尺寸远远小于其他两个维度的尺寸，一般在有限元仿真时对板料采用壳单元（shell）。本例中由于板料成形，板料的顶面和凸模有接触，底面和凹模有接触。而 shell 单元不能定义双面接触。实体单元可以定义双面接触，但是为了得到厚度方向的尺寸变化和模拟出弯曲变形效果，厚度方向需要进行网格细分，分出多层才能满足计算精度的要求。采用实体单元由于计算处理的自由度大大增加，会使得计算时间大大增长，结果文件也会增大。Marc 提供了 solid-shell element，单元类型编号为 185，这种类型的单元就是专门为壳单元需要进行双面接触时仿真提供的。这种单元能够模拟出双面接触，能够给出壳的厚度变化，而计算效率还比实体单元要高得多。几何属性定义如下：

Geometric Properties→Geometric Properties:New(Structure)▼→ 3-D▶→Solid Shell（如图 5-78 所示）

Elements：Add

AllExisting

图 5-77　拉延筋几何和网格有限元模型

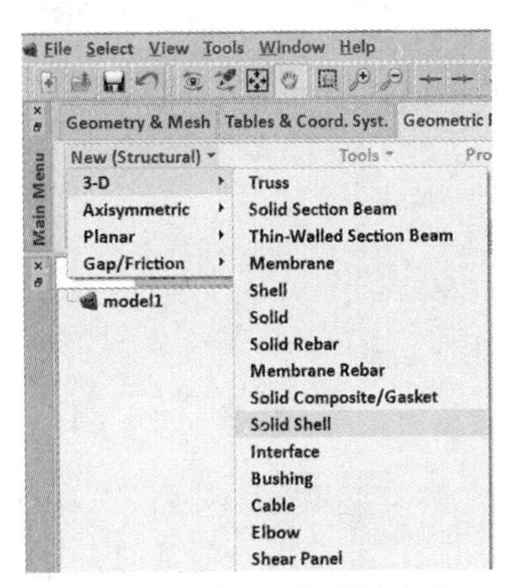


图 5-78　单元几何属性定义

4. 定义材料特性

Material Properties →Material Properties ：New▼→Finite Stiffness Region▶→ Standard

Young's Modulus：200000(如图 5-79)

Poisson's Ratio：0.28

Plasticity

☑Plasticity

Yield Criterion：　Von Mises

Method：Power Law

Coefficient A：613

Exponent M：0.188

OK

Elements: Add

All Existing

5. 定义 Table——表格

凸模的位置变化和钢板的位置变化最好是通过 table 定义其在时间段内的位置，将位置变化随时间逐步加上，因此在定义凸模的运动控制和钢板的位移之前需要先定义两个 table（表）。钢板的位置变化因为不平行于坐标轴，本例将对要施加位移的节点定义局部坐标系，使位移方向为局部坐标系的某一坐标轴。

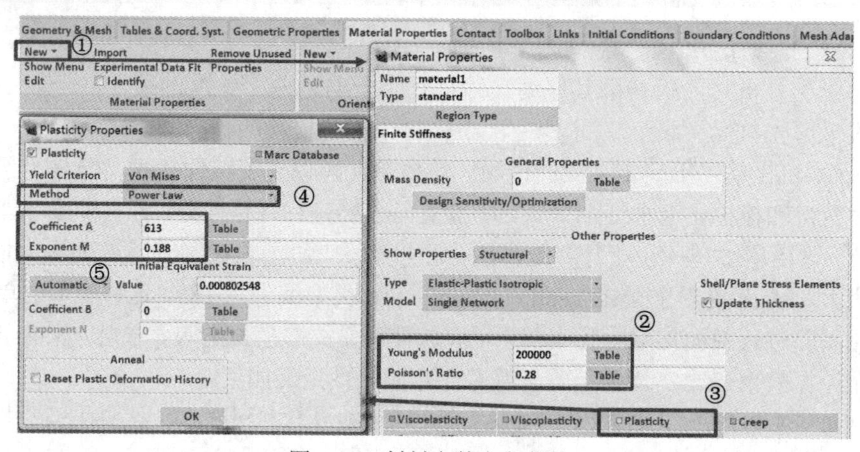


图 5-79　材料参数定义菜单

Table&Coord.Syst .→Tables: New▼→ 1 Independent variable

Name： Male_position

Type ： Time

⊙ Data Points

Add

0 0　　1 1

>>

☐ Extrapolate

Fit　如图 5-80 所示。

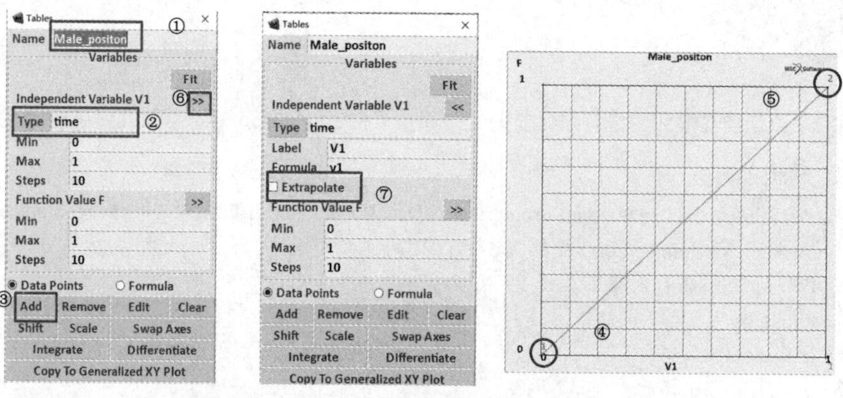


图 5-80　定义的凸模曲线和板料位移曲线

Table&Coord.Syst .→Tables: New▼→ 1 Independent variable

Name：sheetmetal_position

Type ： Time

⊙ Data Points

Add

1　　0 11　　1

Fit

Window→√Model（view1）单击此子菜单，从 Table 窗口切换到模型显示窗口。

6. 创建局部坐标系——Coordinate Systems

Table&Coord.Syst.→Coordinate Systems:New▼→Rectangular（X，Y，Z）

A Origin 坐标系的原点

B X=0，Y=0，Z>0（即局部坐标系 Z 轴上的点。）

C X>0，Y=0（即 XOZ 平面上的点。）

本例中 A 选择如图 5-81 所示的节点 A，B 也选择如图 5-81 所示节点 A，但是将节点后的 Z 坐标值修改成 0，C 点选择如图 5-81 所示的 C 所指节点。这样就创建了一个 X 轴沿 AC 连线的，Z 轴与全局坐标系 Z 轴平行的局部坐标系。将创建的局部坐标系应用到钢板右端部的节点。操作步骤为：

Toolbox→General：Transformations▼→New 如图 5-82 所示

⊙ Coordinate System

Coordinate system: Crdsyst1

Nodes：Add 选择板料右端部的节点。

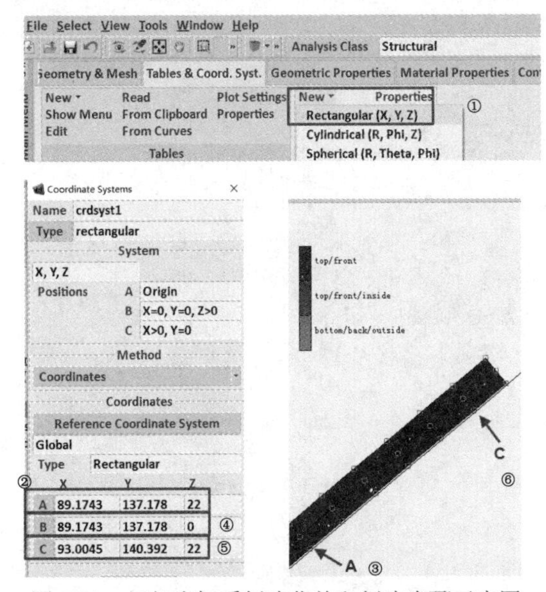


图 5-81 局部坐标系创建菜单和创建步骤示意图

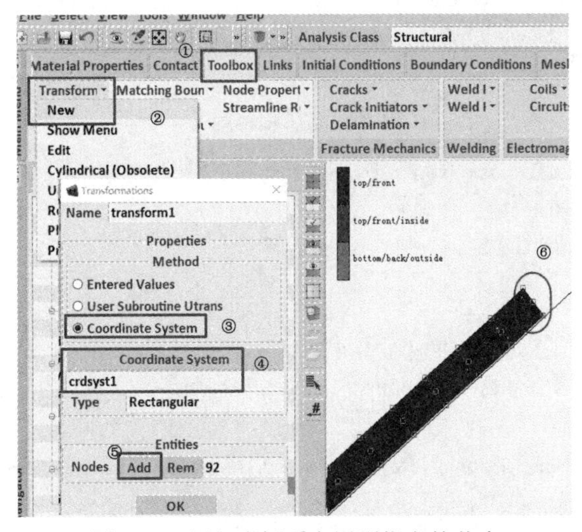


图 5-82 局部坐标系应用到指定的节点

7. 定义接触

本例题板料与凹模、凸模都有接触。首先定义接触体。

Contact→Contact Bodies：New▼→Meshed（Deformable）

Name: Workpiece40

Elements ：Add

All Existing

Contact → Contact Bodies：New▼→Geometric

Name: Male40

*---Body Control---*

Position▼

Parameters

*---Position*（Center Of Rotation）---

Y ： -8.8761

Table：Male_position

OK

3-D：Surfaces：Add(选择凸模的几个表面)

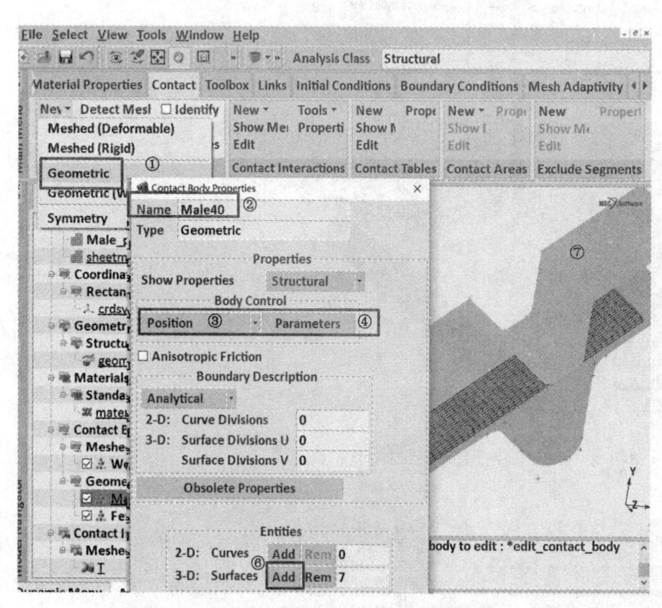

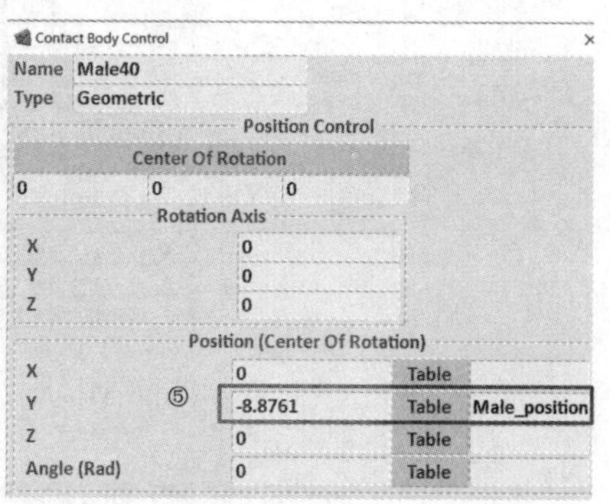


图 5-83 接触体定义

Contact → Contact Bodies：New▼→Geometric

Name: Female40

*---Body Control---*

Velocity

OK

3-D：Surfaces：Add(选择凹模的几个表面)

Contact → Contact Bodies：☑Identity （如图 5-84 所示）

定义接触关系：

Contact →Contact Interactions:New ▼→Meshed(Deformable) vs. Geometric

Name: T

Contact Type:Touching

Friction

Friction Coefficient: 0.08

OK（两次）如图 5-85 所示

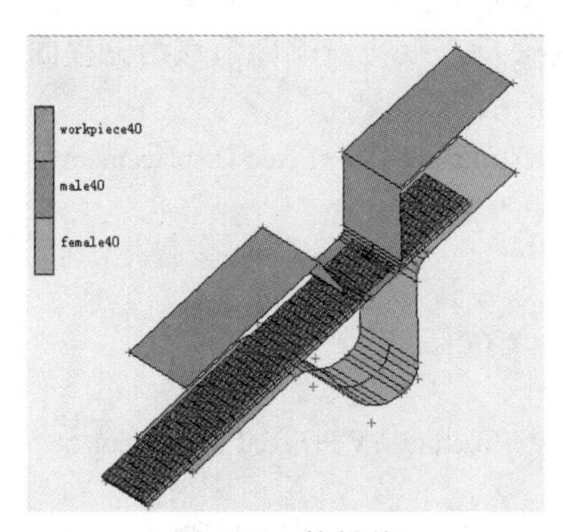


图 5-84　接触体

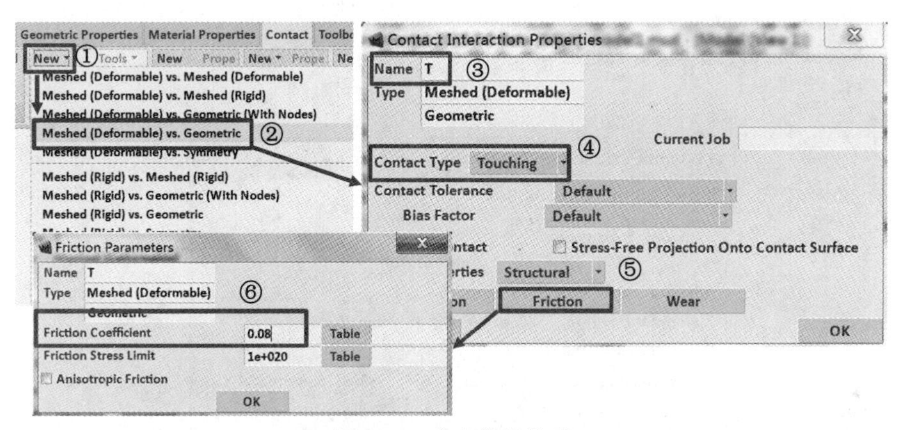


图 5-85　定义接触关系

定义接触表：Contact →Contact Tables：New

在 1－2、1－3 位置处选择接触类型 Touching（板料和凹模、凸模分别都接触），接触表定义如图 5-86 所示。

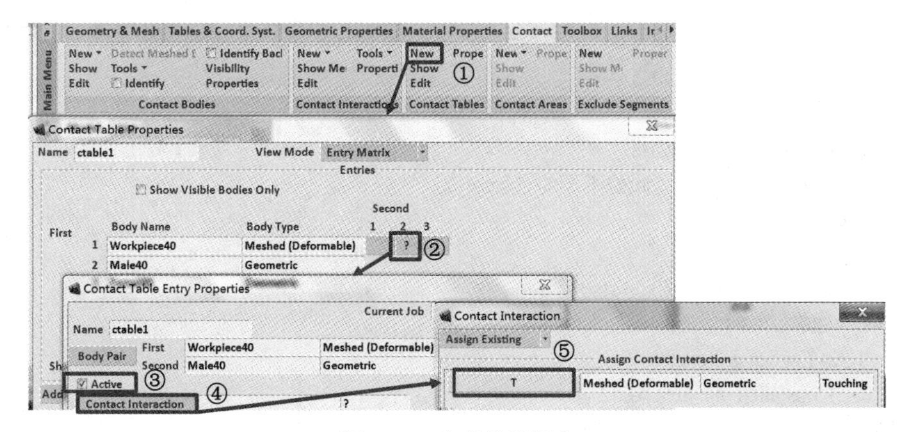


图 5-86　定义接触图表

8. 定义边界条件

本例中的边界条件为：

（1）在拉延筋凸模下压时板料右端部的节点固定。

（2）板料为拉延筋凸凹模夹持，板料右端部节点沿分模面方向向右上部移动。

边界条件具体的操作步骤如下：

Boundary Conditions→New(structural )▼→Fixed Displacement

☑Displacement X：0

☑Displacement Y：0

☑Displacement Z：0

Nodes： Add(选择板料右边的节点)

OK

Boundary Conditions→New (structural )▼→Fixed Displacement

☑Displacement X：15

Table： sheetmetal_position （如图 5-87 所示）

☑Displacement Y：0

☑Displacement Z：0

Nodes： Add(选择板料右边的节点)

OK

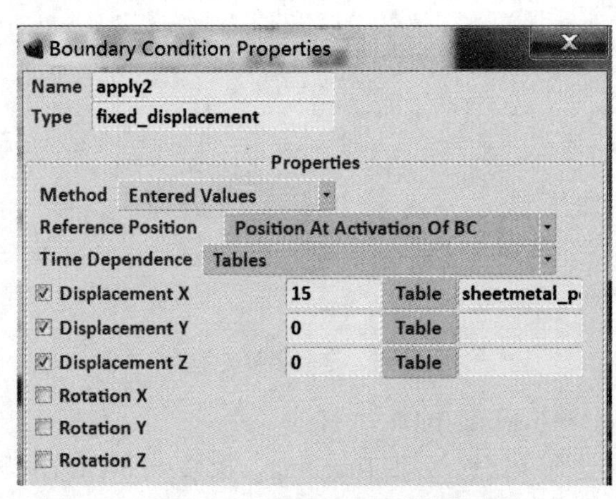


图 5-87 定义边界条件菜单

**注意：**由于右端部的节点赋予了局部坐标系，此处边界条件的 X 为局部坐标系的 X 轴。如图 5-88 所示。

9. 定义工况——Loadcases

Loadcases →New▼→Static

Loads: ☑ apply1 （此处不要勾选 apply2）

OK

Contact

Contact Table ： Ctable1

OK

Total Loadcase Time：1

⊙ Constant Time Step: 0.02

OK

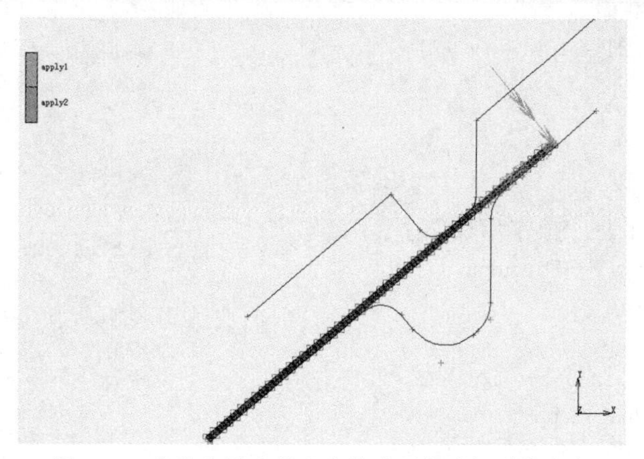


图 5-88　位移和约束的方向均为局部坐标系的方向

Loadcases →New▼→Static

Loads：☑apply2（此处不要勾选 apply1）

OK

Contact

Contact Table ：Ctable1

OK

Total Loadcase Time：1

⊙ Constant Time Step: 0.2

OK　图 5-89 为工况定义菜单。

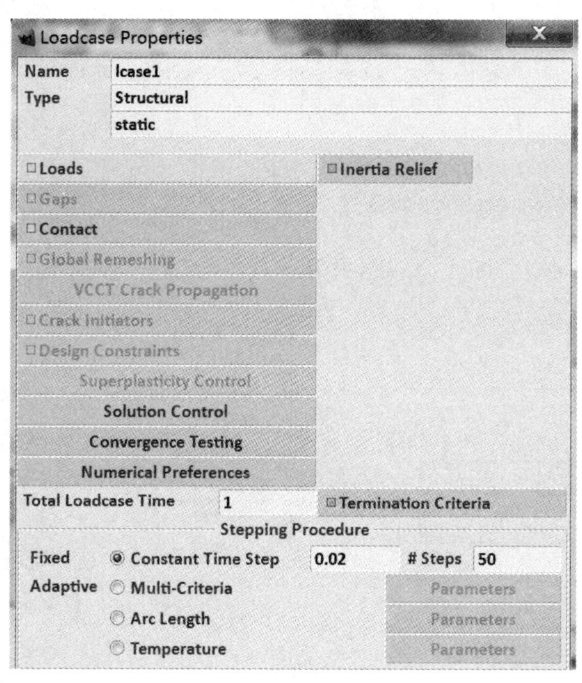


图 5-89　工况定义菜单

10. 计算作业（Job）定义和提交计算作业（Run）

在作业定义菜单下，务必记住首先完成单元类型（Element Types）的定义。操作如下：

Jobs→Element Types ： Element Types

Solid Shell：185　　如图 5-90 所示

All　Existing

OK

OK

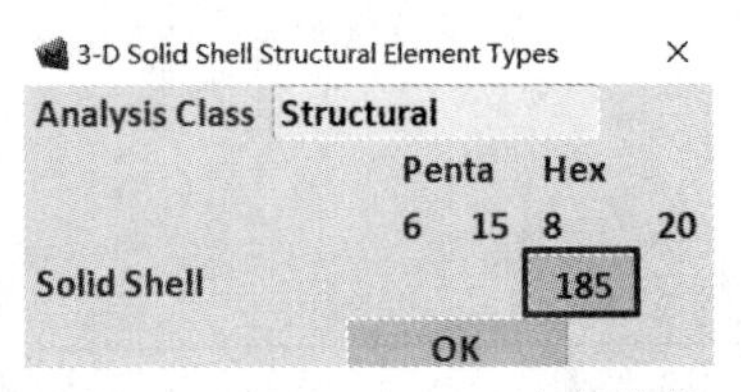


图 5-90　Element Types 定义菜单

接下来定义计算作业，操作步骤如下：

Jobs→Jobs：New▼→Structural

*---Selected---*

lcase1

lcase2

Initial Loads：☑apply1

OK　如图 5-91 所示。

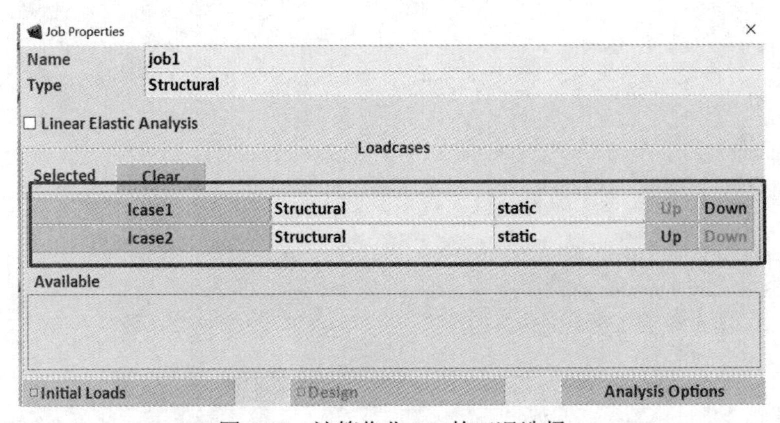


图 5-91　计算作业 Job 的工况选择

Contact Control

Method：NodeToSegment

Type: Column Arctangent (velocity)

Initial　Contact

Contact Table：Ctable1　如图 5-92 所示

OK

OK

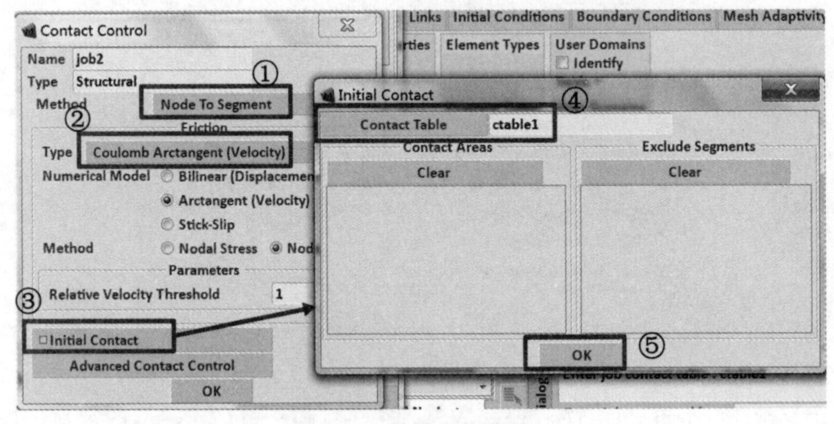


图 5-92　接触参数设置

Analysis Options

Large Strain

OK

Job Results

Increment Frequency：2

*---Available Element Scalars---*

☑Stress

☑Equivalent Von Mises Stress

☑Total Equivalent Plastic Strain

OK　如图 5-93 所示

Analysis Dimension：　3-D▼

OK

Run→Submit (1)

Monitor

OK

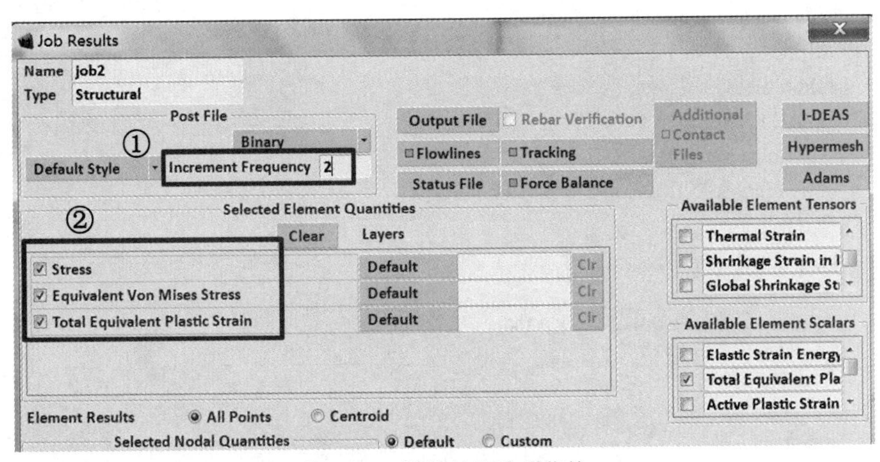


图 5-93　计算结果选项菜单

11. 结果文件查看和结果处理

计算作业完成，正常退出号为 3004。单击 Open Post File（Model Plot Results Menu）进入后处理菜单：

Results→Model Plot

*---Deformed Shape---*

Style :Deformed▼

*---Scalar Plot---*

Style:　Contour Bands▼

Scalar:　⊙ Equivalent Von Mises Stress

Monitor results file 如图 5-94 所示。

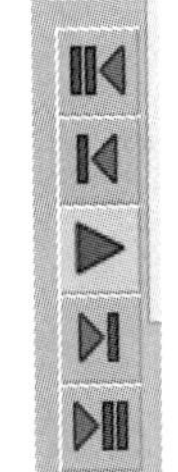

图 5-94　结果演示控制条

板料被拉延筋夹持后移动过程的应力分布云图如图 5-95 所示。

提取右端部节点的节点反力：

提取板料右侧的几个节点，求出其节点力即可近似等于拉延阻力，下面是提取拉延阻力 X 方向分量，虽然在前处理中对右侧节点定义了局部坐标系，但后处理中自动采用的是总体坐标系。

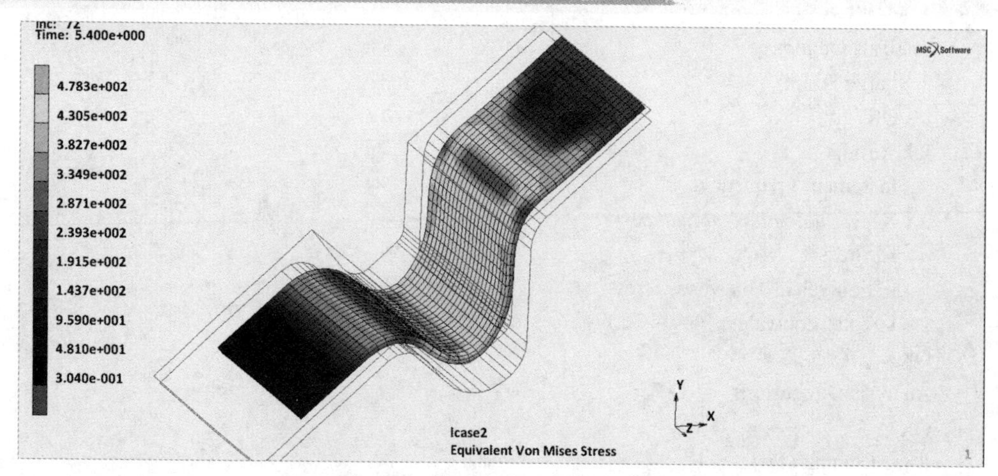


图 5-95　模型应力分布彩色云图

Results　→History Plot

　　Set Locations：选取板料右端部的节点

　　All Incs

　　Add Curves

　　　　All Locations

　　　　Global Variables：Time

　　　　Variables At Locations：Reaction Force X

　　　　OK

　　Fit

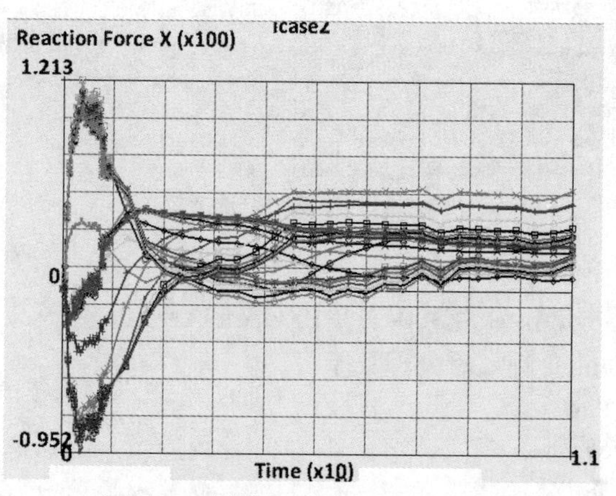


图 5-96　板料右端部节点反力曲线

Marc 软件提供了丰富的数据处理和曲线生成功能。为了得到拉延筋阻力，需要把右端部的所用节点反力相加。在 Marc 中，操作步骤如下：

History Plot→Function　（如图 5-97 所示。）

History Functions

Add　（如图 5-97②所示）

All（如图 5-97③所示）

End List (#)　（如图 5-97④所示）

Add 操作把节点反力曲线全部加起来生成一条新曲线，此新曲线代表着拉延筋阻力。得到的新曲线如图 5-97 所示。这里利用 History Plot 下的 Remove Curve 按钮将各个节点的曲线在图形区删除，只保留求和得到的总的合力曲线。

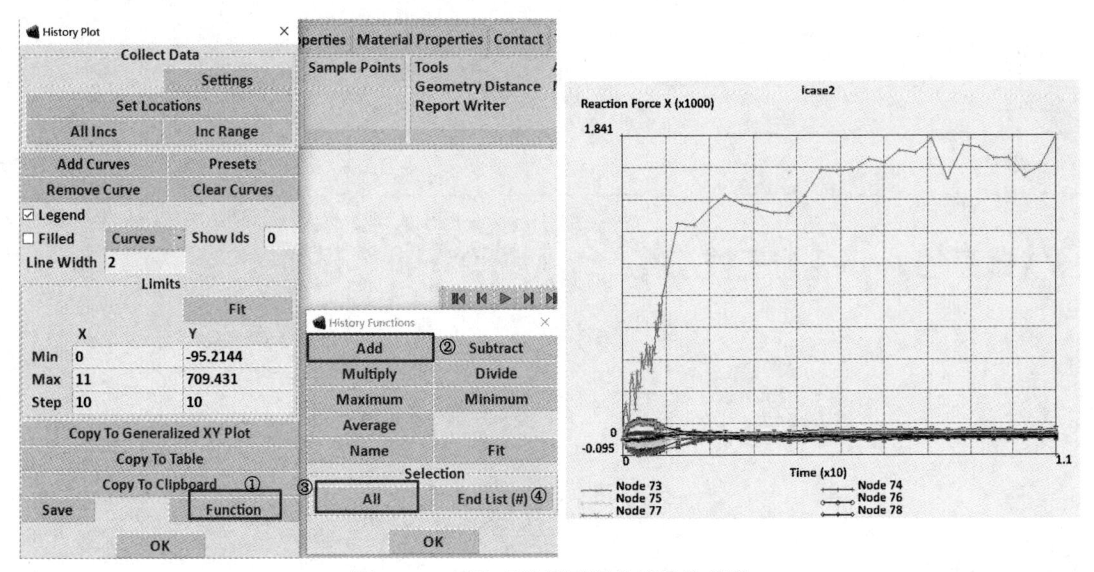


图 5-97　后处理结果历程曲线操作菜单

# 6

# Marc/Mentat 结果输出

## 6.1 概述

本章将对 Marc Mentat 结果输出中用户经常遇到的问题进行一些说明。Marc Mentat 结果输出的类型很多，在《Marc 用户手册》（A 卷）第 12 章“Output Results（输出结果）”/“Element Information（单元信息）”小节对每种单元可以得出的结果进行了大致的解释。在《Marc 用户手册》（B 卷）第 3 章“Element Library（单元库）”介绍中的“Output of Stresses（应力输出）”和“Output of Strains（应变输出）”部分对每种单元适用的具体结果进行了说明。在《Marc 用户手册》（A 卷）第 12 章“Output Results（输出结果）”/“Selective Print Out（选择性打印输出）”小节，指出了在输出文件（.out）中获得具体结果的详细信息。在《Marc 用户手册》（A 卷）第 4 章中可以找到关于梁单元和杆单元的更多信息。

## 6.2 Job Results 计算结果

### 6.2.1 Job Results 菜单

Job Results 菜单控制有限元计算中哪些物理量输出到输出文件（.out）和后处理文件（.t16 或.t19）。Jobs Results 菜单位于 Jobs→Jobs：Properties→Job Results，如图 6-1 所示。本节详细介绍 Jobs Results 菜单下的各选项的含义和设置方法。

1. Element Quantities——单元相关结果

单元相关结果列在 Available Element Tensors（单元矢量）和 Available Element Scalars（单元标量）列表中。用户可以从这两类中选择单元的相关结果输出到后处理文件。单元输出结果应与分析类型对应。在右侧的结果列表中勾选结果项后，该项会被自动添加到左侧的 Selected Element Quantities（已选的单元输出结果）一栏中。

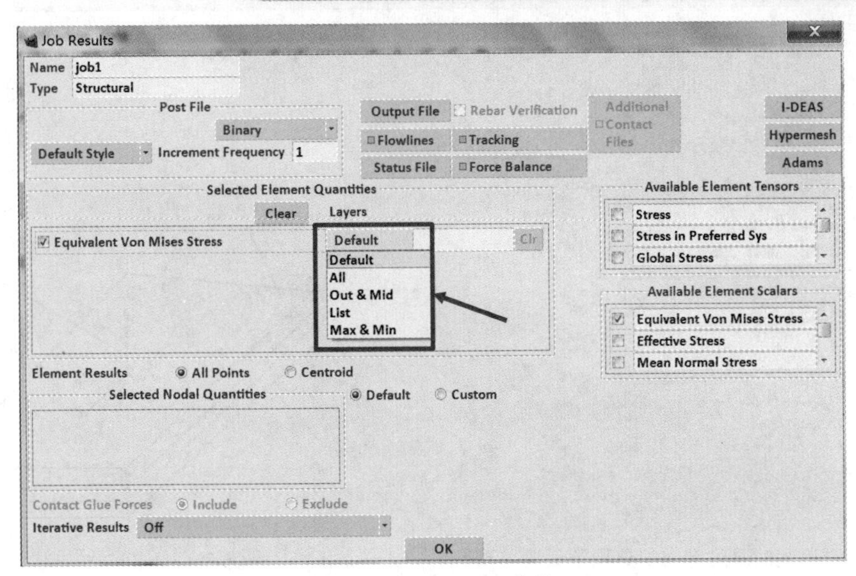


图 6-1　Job Results 菜单

例如：输出单元的标量 Equivalent Von Mises Stress（等效米塞斯应力）。对于实体单元来说，选择 Default 即可。对于壳/梁单元来说，除了对中面高斯点计算应力外，壳/梁单元也计算沿厚度方向其他许多位置（不同层）上积分点的应力。选择厚度方向的积分层对于壳/梁单元来说是很重要的，可以获得有价值的结果。对壳/梁单元，厚度方向各层的应力结果输出选项在图 6-1 中箭头所指处设定。在 Mentat 中可供选择的项目有：

- All：此命令用于处理壳单元张量的所有单元层。这个张量值包括所有的层。
- Out & Mid：此命令处理张量的外部和中间单元层（顶面、中性面和底面）。
- List：用户在已选后处理张量中指定需要输出的层的数字。
- Default：对于壳体在后处理文件中仅有广义应力等结果。如果激活在输出文件（.out）中输出单元结果，对于壳单元只有底面、顶面和中面层的结果被输出（如有材料非线性问题，还加上非弹性应变或状态变量非零的层）；对于梁，输出非零的非弹性应变和状态变量。
- Shell（壳单元）厚度方向积分层结果。

除了对中面高斯点计算应力外，壳单元也计算沿厚度方向其他许多位置上点的应力。计算这些应力是为了获得到中性轴的距离对弯曲和薄膜的影响。这些厚度方向上的点的计算称之为“表面”“层”或“纤维”应力结果。

对于壳单元在厚度方向上的数值积分，均匀壳单元使用辛普生（Simpson）准则，复合壳单元使用梯形（Trapezoidal）准则。壳单元厚度方向积分点的结果输出可以使用数据文件（.dat）中的 Shell Sect 参数设定，或在 Mentat 中通过 Jobs→Jobs：Properties→Job Parameters→# Shell/Beam Layers 定义壳单元厚度方向上等距离的积分点（层）个数，如图 6-2 所示。对简单的塑性或蠕变分析设置 7 层就足够了；对复杂的塑性或蠕变（如热塑性）分析设置 11 层即可；针对线性材料的分析只需设置 1 层即可；默认值是 5 层。

壳单元层的约定：在壳单元的法线正方向上的第一个面是壳的第一层，最后一层在法线负方向一侧，如图 6-3 所示。单元法线根据节点位置坐标和单元局部节点编号决定。

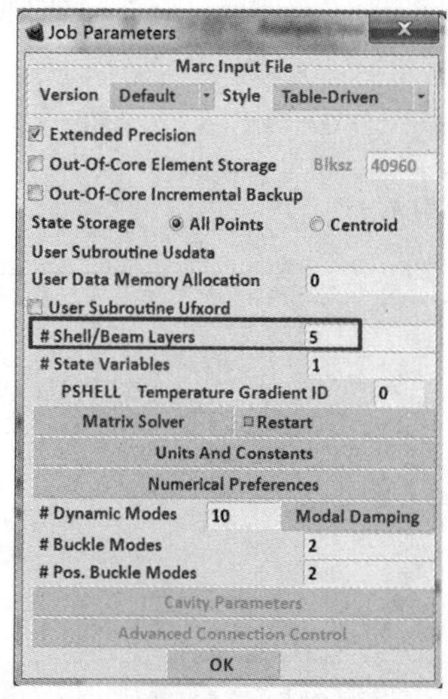


图 6-2 壳单元的厚度方向积分层数设置菜单

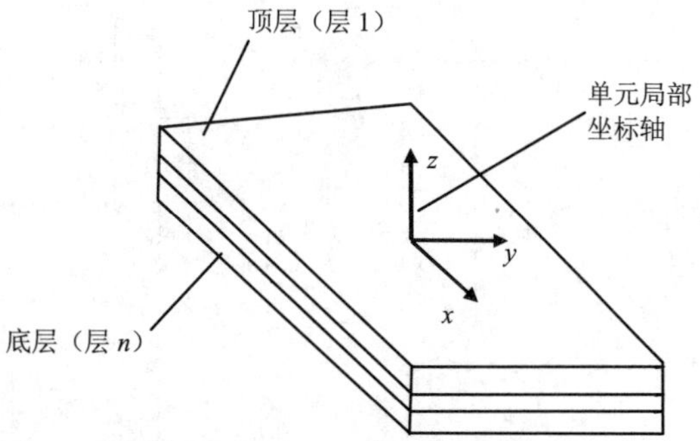

顶层（层 1）
单元局部坐标轴
z
y
x
底层（层 n）

图 6-3 壳体层的定义

局部单元方向根据单元编号定义，单元的第一个节点到第二个节点为单元局部坐标的 x 轴。单元编号可以由输出文件（.out）或由 Geometry & Mesh→Basic Manipulation：Geometry & Mesh→Element→Show 命令（选定单元后将在 Mentat 对话窗口中标出节点编号）得到。局部坐标的 y 轴在单元表面与 x 轴正交的方向，z 轴是右手准则的法线方向。用 Contact→Contact Bodies：Identify Backfaces 可以显示单元的顶面和底面，具体可参考第 5 章接触体部分的介绍。

顶部表面相应于第 1 层，底部表面相应于第 n 层。对于 7 层壳体，中间一层是第 4 层；而对 5 层壳体，中间一层是第 3 层。中间层应力只代表薄膜作用。顶部和底部表面应力还包括弯曲应力的影响。

如果在壳体上存在分几次产生的单元时，那么一些单元的局部坐标的 z 方向有可能会是反方向。在这种情况下，使用 Geometry & Mesh→Operations：Check→Align Shells（拾取一个参考单元，Mentat 将通过改变单元节点的编号使所有相邻单元有同样的外部法线方向）使所有单元同向。壳单元法向一致操作不能使面内局部 x、y 也一致。该操作对所有分析单元都起作用，不管单元是否属于目前可见到的集合中。

如果壳单元是分叉的则不能按以上方法操作，但是可以用对不同方向组的单元进行多次 Flip Elements（翻转单元）操作。Flip Elements（翻转单元）命令通过绕一条过单元中点并平行于单元节点 1-2 连线的直线做 180° 的旋转来实现。如图 6-4 所示，竖直箭头表示各个单元的法线方向。

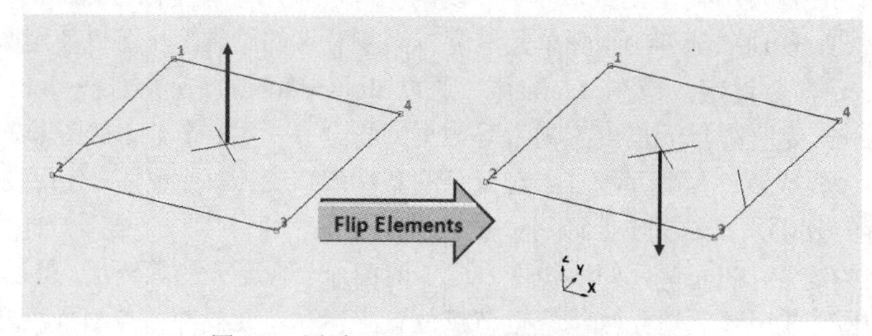


图 6-4 通过 Flip Elements 进行单元反向

复合单元层的编号满足同样的规则。不过应力计算点在各层的中间。如果复合材料单元由单一材料构成，表面应力将不被计算。

对板单元因为没有附加的薄膜应力，所以没有必要使用分层的方法，只需计算中性面的连续应力，给出一个单独的应力集。

Beam（梁单元）截面上积分点结果。梁单元的力、力矩和应力的结果输出都是基于梁截面的局部坐标系。读者应该首先清楚梁截面的属性定义，才能读懂后处理结果中有关梁截面的结果信息。

（1）梁单元的局部坐标系。对于梁单元而言，单元的局部坐标系的 Z 轴为梁的轴线方向，单元的局部坐标系 X 轴和 Y 轴为截面的惯性主轴方向。梁单元在几何属性定义的时候需要给出确定单元局部坐标系 ZX 平面的矢量方向，在 ZX 平面内垂直于局部 Z 轴的矢量即为局部 X 轴。确定单元局部坐标系 ZX 平面的矢量方向定义菜单为 Geometric Properties→New（Structural）▼→3-D ►→Solid Section Beam，如图 6-5 所示。有两种定义方式，一种方式是 Vector，定义在全局坐标系下的矢量方向；另一种方式是 From/To，通过定义两个点来确定矢量方向。因为梁单元局坐标系的 Z 轴为梁的轴线方向，因此只需通过定义一个矢量来确定 ZX 平面即可，ZX 平面确定后，Y 向根据笛卡尔坐标系的右手定则确定。

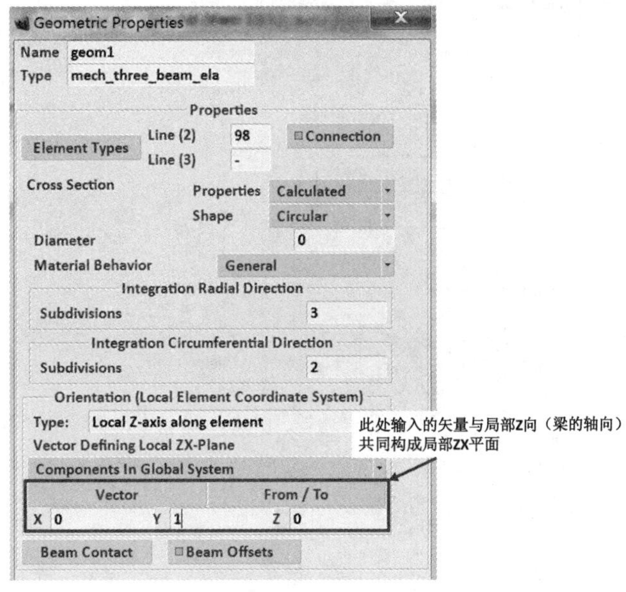


图 6-5　梁单元几何属性定义菜单

（2）梁单元的截面属性。在 Marc 中，梁单元的截面属性在 Geometric Properties 主菜单中选择相应类型的梁来定义其截面属性即可。Marc 中梁截面的定义分为如下几种：

第一种：二维平面梁——Planar，其定义菜单如图 6-6（a）所示，包括 Straight beam 和 Curved Beam(elements 5,45)。这种类型的梁只能定义矩形截面。梁的高度和宽度通过 Properties 定义，如图 6-6（b）所示。应力和应变的积分点沿梁的高度方向均匀分布。

第二种：Solid Section Beam（三维实心梁）。其截面属性定义菜单如图 6-7 所示。用户在 Cross Section 部分设置 Properties 和 Shape。系统默认的为圆形（Circular）截面的实心梁。除了圆形截面，系统还可定义“椭圆形、正方形、矩形、三角形、梯形、菱形、六边形”等标准实心梁截面，以及由标准截面组合的通用形状截面（General），通用形状截面可以通过 Geometric Properties → Beam Sections → New 创建。

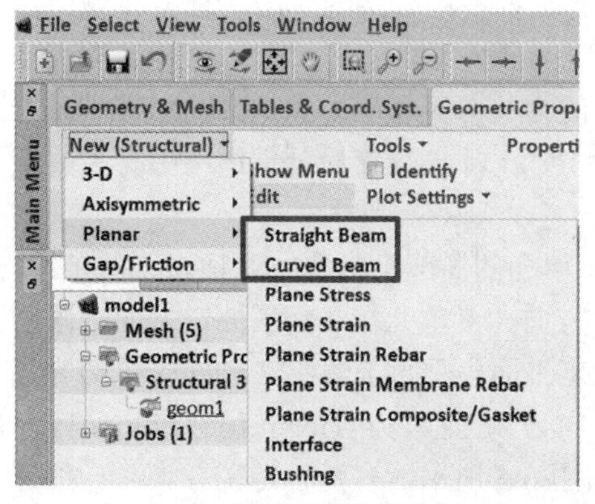


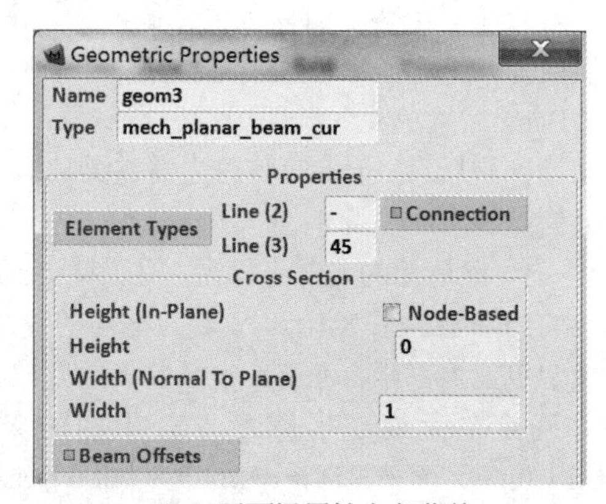


（a）二维平面梁定义菜单　　　　（b）平面梁属性定义菜单

图 6-6　二维平面梁定义菜单及平面梁属性定义菜单

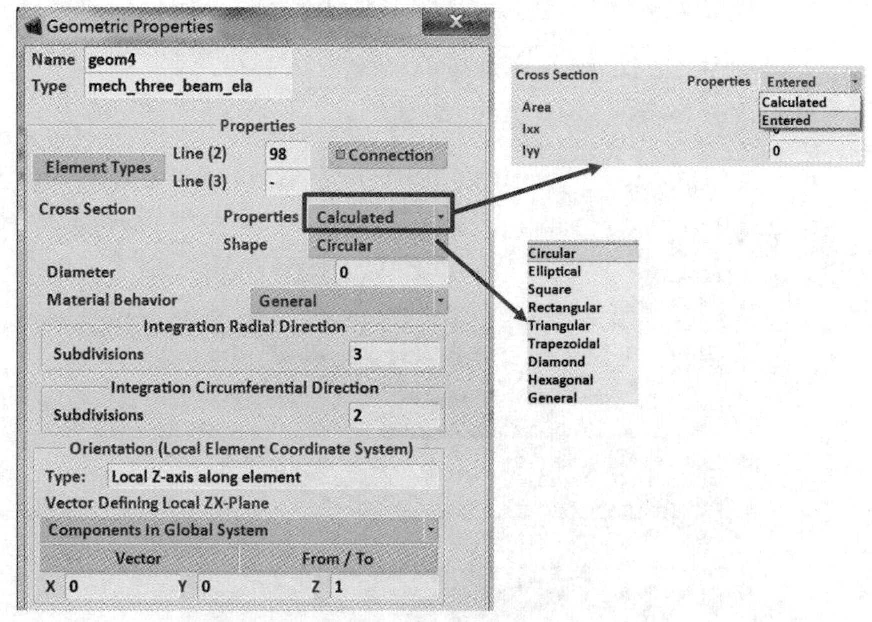


图 6-7　三维 Solid Section Beam 的定义菜单

如图 6-8 所示给出了几类标准实心梁的截面几何定义。对于标准的实心截面，用户无须给出梁截面局部坐标系的原点和截面方位，系统会自动确定截面的原点和局部坐标系。局部坐标系的坐标轴与截面的对称轴重合，也即截面的惯性矩主轴。

三维 Solid Section Beam 的默认类型圆形实心截面，用户需要指定截面的 Diameter（直径），积分点沿着半径方向 Integration Radial Direction 和圆周方向 Integration Circumferential Direction 的分布。圆形和椭圆形截面的积分点的分布为：半径方向三等分，圆周方向每象限二等分，另外加上圆心处的积分点，总共 25 个积分点。圆形截面积分点分布和编号如图 6-9（a）所示。图 6-9（b）所示为圆形截面积分点的坐标示例，示例中圆直径为 0.1。

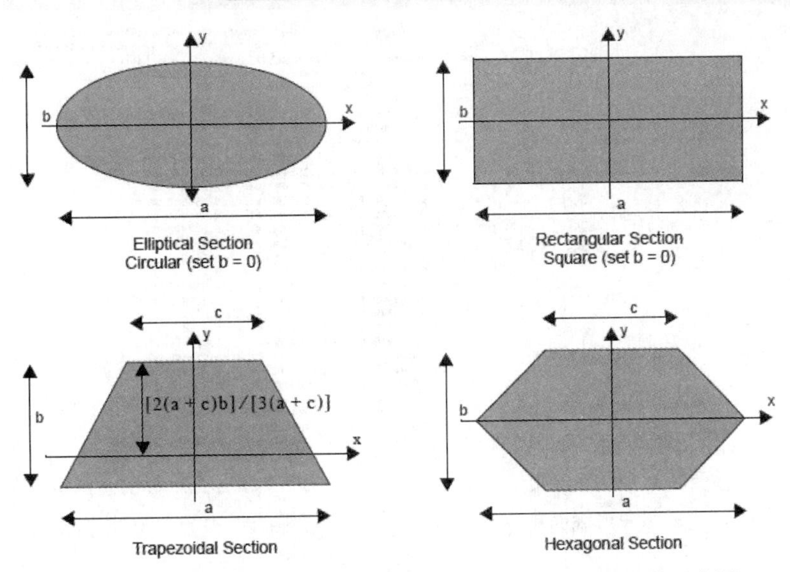


图 6-8　标准的 Solid Section Beam 的截面定义及其尺寸参数示意图

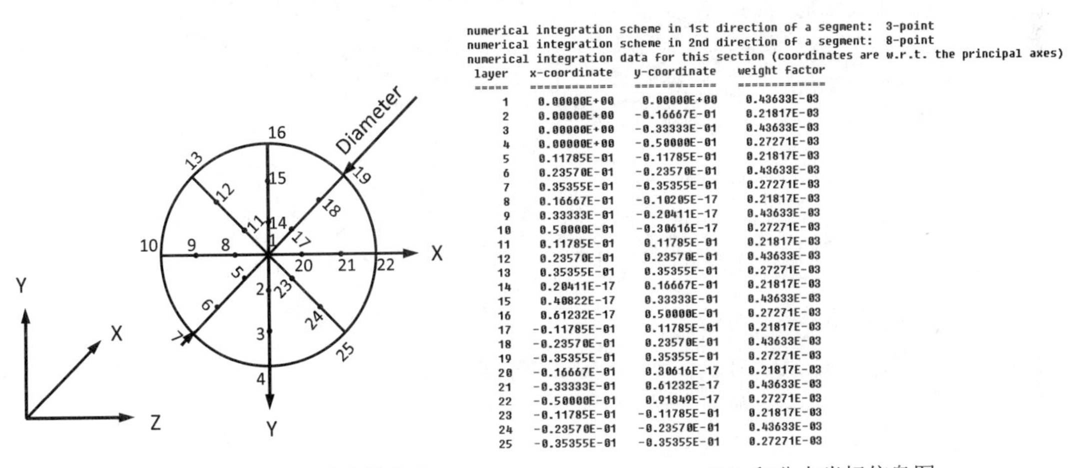


numerical integration scheme in 1st direction of a segment:  3-point
numerical integration scheme in 2nd direction of a segment:  8-point
numerical integration data for this section (coordinates are w.r.t. the principal axes)

| layer | x-coordinate | y-coordinate | weight factor |
| --- | --- | --- | --- |
| 1 | 0.00000E+00 | 0.00000E+00 | 0.43633E-03 |
| 2 | 0.00000E+00 | -0.16667E-01 | 0.21817E-03 |
| 3 | 0.00000E+00 | -0.33333E-01 | 0.43633E-03 |
| 4 | 0.00000E+00 | -0.50000E-01 | 0.27271E-03 |
| 5 | 0.11785E-01 | -0.11785E-01 | 0.21817E-03 |
| 6 | 0.23570E-01 | -0.23570E-01 | 0.43633E-03 |
| 7 | 0.35355E-01 | -0.35355E-01 | 0.27271E-03 |
| 8 | 0.16667E-01 | -0.10205E-17 | 0.21817E-03 |
| 9 | 0.33333E-01 | -0.20411E-17 | 0.43633E-03 |
| 10 | 0.50000E-01 | -0.30616E-17 | 0.27271E-03 |
| 11 | 0.11785E-01 | 0.11785E-01 | 0.21817E-03 |
| 12 | 0.23570E-01 | 0.23570E-01 | 0.43633E-03 |
| 13 | 0.35355E-01 | 0.35355E-01 | 0.27271E-03 |
| 14 | 0.20411E-17 | 0.16667E-01 | 0.21817E-03 |
| 15 | 0.40822E-17 | 0.33333E-01 | 0.43633E-03 |
| 16 | 0.61232E-17 | 0.50000E-01 | 0.27271E-03 |
| 17 | -0.11785E-01 | 0.11785E-01 | 0.21817E-03 |
| 18 | -0.23570E-01 | 0.23570E-01 | 0.43633E-03 |
| 19 | -0.35355E-01 | 0.35355E-01 | 0.27271E-03 |
| 20 | -0.16667E-01 | 0.30616E-17 | 0.21817E-03 |
| 21 | -0.33333E-01 | 0.61232E-17 | 0.43633E-03 |
| 22 | -0.50000E-01 | 0.91849E-17 | 0.27271E-03 |
| 23 | -0.11785E-01 | -0.11785E-01 | 0.21817E-03 |
| 24 | -0.23570E-01 | -0.23570E-01 | 0.43633E-03 |
| 25 | -0.35355E-01 | -0.35355E-01 | 0.27271E-03 |

（a）圆形实心截面积分点的分布　　（b）积分点坐标信息图

图 6-9　圆形实心截面积分点的分布和编号示意图及积分点坐标信息图

对于正方形、矩形、三角形和梯形截面，积分点分别在两个主惯性轴方向四等分分布。正方形截面积分点分布和编号如图 6-10（a）所示，图 6-10（b）所示为正方形截面积分点的坐标示例，示例中正方形边长为 0.1。

第三种：Thin Walled Section Beam（三维薄壁梁）。其截面属性定义菜单如图 6-11 所示。用户在 Cross Section 部分进行截面类型选择和相关尺寸参数设置。

系统默认的圆形（Circular）截面的薄壁梁。用户需要指定截面的 Radius（平均半径）和 Wall Thickness（厚度），其尺寸参数如图 6-12 所示。图 6-12 还给出了圆形薄壁截面梁单元的积分点编号，系统默认积分点分布为壁厚中间层上沿圆周方向均布 16 个积分点。

梁单元积分点结果输出选项菜单在 Jobs → Jobs：Properties →Job Results 下，在 Element Tensor 列表下选择 Stress，在 Element Scalars 列表下选择 Equivalent Von Mises Stress 等，输出应力张量和等效应力结果，如图 6-1 所示。

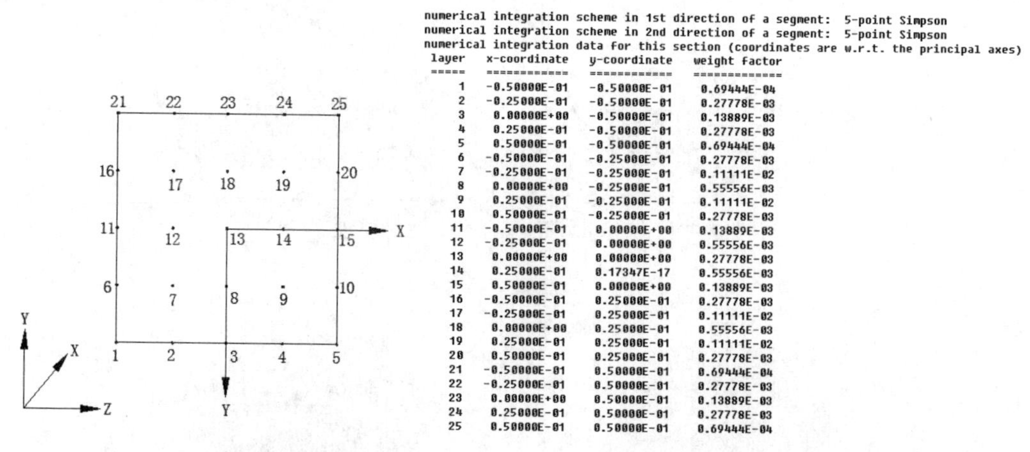


```
numerical integration scheme in 1st direction of a segment:  5-point Simpson
numerical integration scheme in 2nd direction of a segment:  5-point Simpson
numerical integration data for this section (coordinates are w.r.t. the principal axes)
 layer   x-coordinate   y-coordinate   weight factor
 =====   ============   ============   =============
     1   -0.50000E-01   -0.50000E-01    0.69444E-04
     2   -0.25000E-01   -0.50000E-01    0.27778E-03
     3    0.00000E+00   -0.50000E-01    0.13889E-03
     4    0.25000E-01   -0.50000E-01    0.27778E-03
     5    0.50000E-01   -0.50000E-01    0.69444E-04
     6   -0.50000E-01   -0.25000E-01    0.27778E-03
     7   -0.25000E-01   -0.25000E-01    0.11111E-02
     8    0.00000E+00   -0.25000E-01    0.55556E-03
     9    0.25000E-01   -0.25000E-01    0.11111E-02
    10    0.50000E-01   -0.25000E-01    0.27778E-03
    11   -0.50000E-01    0.00000E+00    0.13889E-03
    12   -0.25000E-01    0.00000E+00    0.55556E-03
    13    0.00000E+00    0.00000E+00    0.27778E-03
    14    0.25000E-01    0.17347E-17    0.55556E-03
    15    0.50000E-01    0.00000E+00    0.13889E-03
    16   -0.50000E-01    0.25000E-01    0.27778E-03
    17   -0.25000E-01    0.25000E-01    0.11111E-02
    18    0.00000E+00    0.25000E-01    0.55556E-03
    19    0.25000E-01    0.25000E-01    0.11111E-02
    20    0.50000E-01    0.25000E-01    0.27778E-03
    21   -0.50000E-01    0.50000E-01    0.69444E-04
    22   -0.25000E-01    0.50000E-01    0.27778E-03
    23    0.00000E+00    0.50000E-01    0.13889E-03
    24    0.25000E-01    0.50000E-01    0.27778E-03
    25    0.50000E-01    0.50000E-01    0.69444E-04
```

（a）正方形截面积分点的分布　　　　（b）积分点坐标信息图

图 6-10　正方形截面积分点的分布和编号示意图及积分点坐标信息图

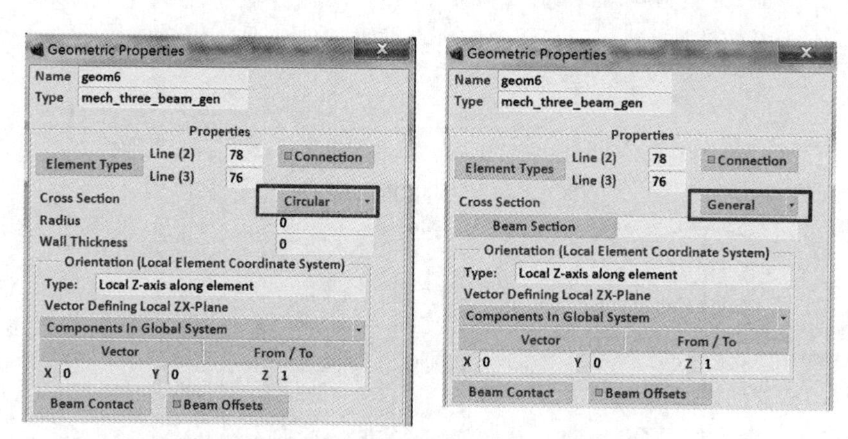


图 6-11　三维 Thin-Walled Section Beam 定义菜单

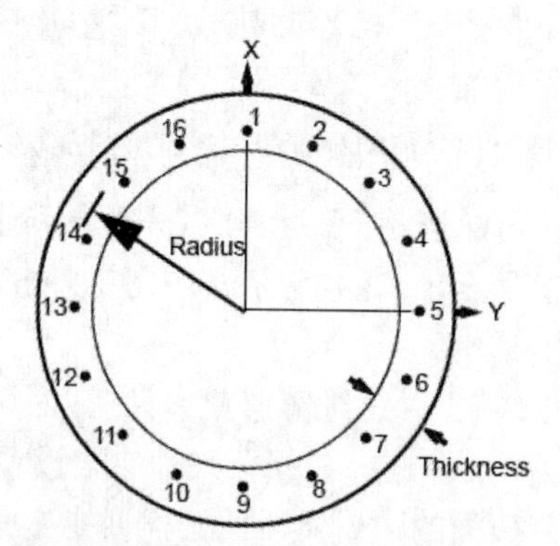


图 6-12　圆形薄壁截面尺寸参数及积分点示意图

与壳单元类似，梁单元结果的出选项分别为：

- Default 默认值，选此项只输出梁单元的轴向力和力矩，没有应力输出。对结果文件进行后处理时虽然有 Equivalent Von Mises Stress 选项，如图 6-13 所示，但实际为轴向力的值。

- All：所有积分点上的应力都会输出，如图 6-14 所示，输出了总共 25 个积分点的应力值。
- Out & Mid：此选项对壳单元物理意义明确，对于梁单元最好不用此选项。
- List：用户指定需要输出结果的积分点号。
- Max & Min：输出最大应力和最小应力。

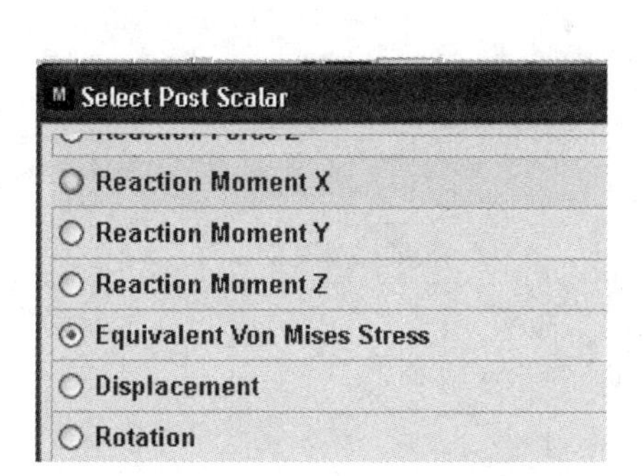


图 6-13　Default 情况下输出的结果

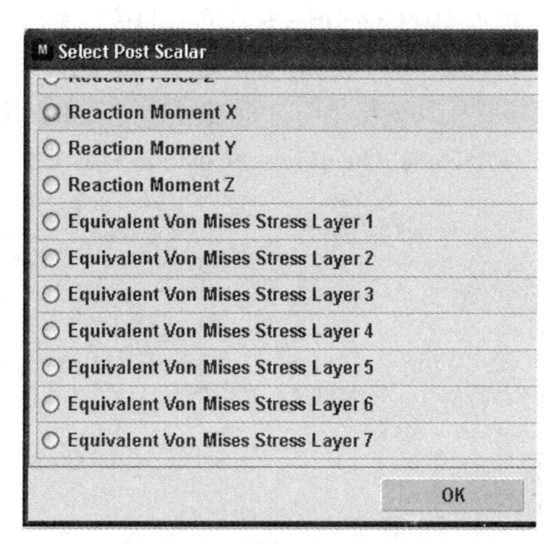


图 6-14　All 情况下输出的结果

对于输出的应力分量，需要注意的是：1 为局部坐标系的 X 轴；2 为局部坐标系的 Y 轴；3 为局部坐标系的 Z 轴。例如：Comp 33 of Stress top layer：33 表示局部坐标系 Z 向正应力，即梁单元的轴向，结果显示的值为梁单元截面顶层轴向正应力。如图 6-15 所示为高速铁路接触导线在受重力作用下，自然下垂时的应力分布和变形图。该例中接触导线采用的是实心梁单元划分的网格，截面为圆形。

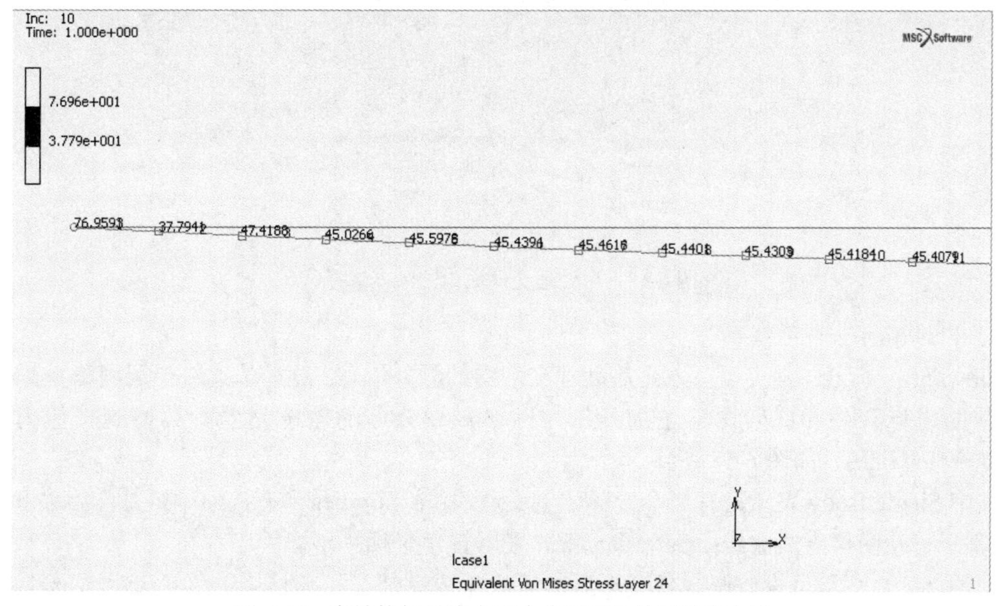


图 6-15　高铁接触导线在重力作用下梁单元的应力值

另外，还需要注意的是：只有给出截面形状的梁，才能输出积分点的应力值。几何属性定义菜单下，梁的截面面积和惯性矩通过 Entered 方式输入的梁单元，在后处理结果中不能输出梁单元的应力值。

对于非标准形状截面，其局部坐标系的定义和积分点的位置请参见《Marc 用户手册》（A 卷）BEAMSECT Parameter 一节。

2. Nodal Quantities——节点相关结果

Mentat 中节点结果一般采用 Default，系统默认的节点结果有节点的位移、节点反力、外力等。这些默认结果与分析类型有关。如果关心的不是默认结果，用户可以在 Job Results 菜单下选择 Nodal Quantities→Custom 来定义要输出的节点结果信息，如图 6-16 所示。

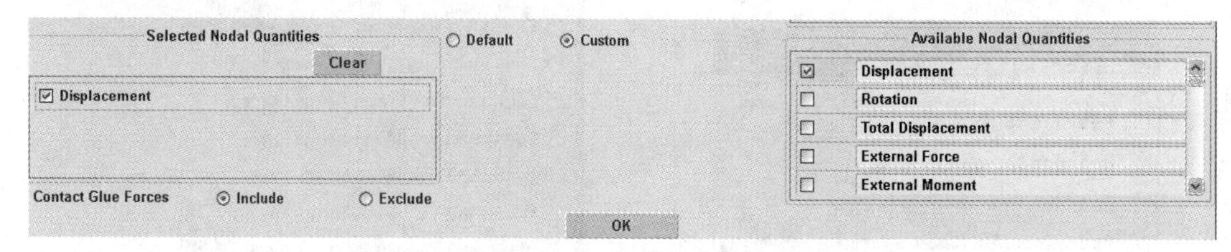


图 6-16 Nodal Quantities 节点相关结果控制选项

3. Post File——后处理文件

后处理文件有 Binary/ASCII 两种格式，分别对应扩展名为.t16 和.t19 的结果文件。binary format（二进制格式）文件较小并且信息准确度更高。“ASCII 格式”方便文件传输。系统默认的后处理输出格式为 binary。另外，Mentat 的后处理文件的生成还可以设置版本，Default Style 是当前 Mentat 所用的版本。系统还支持生成较早版本的后处理.t16 文件，如图 6-17 所示。

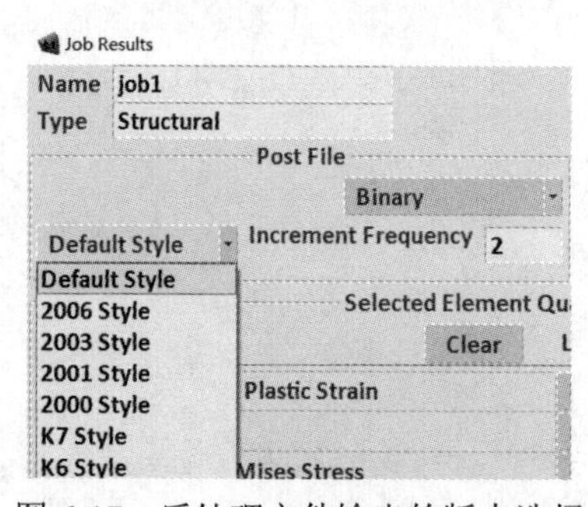


图 6-17 后处理文件输出的版本选择

4. Flowlines——流线

Flowlines（流线）是可以写入到后处理文件中的额外信息。这种信息在全局网格重划分时可以帮助用户查看和比较网格重划分后与网格重划分前的轮廓差异。其控制按钮为 Job Results→Flowlines，如图 6-18 所示。

其中 Single Body 表示只有一个接触体生成流线；All Bodies 所有接触体都生成流线；Initial Mesh 基于初始网格生成流线；Cartesian Grid 采用直角坐标系格栅。

如图 6-19 所示是橡胶密封件变形后的流线生成图情况。该例题的详细介绍见本书的第 7.3.4 节。

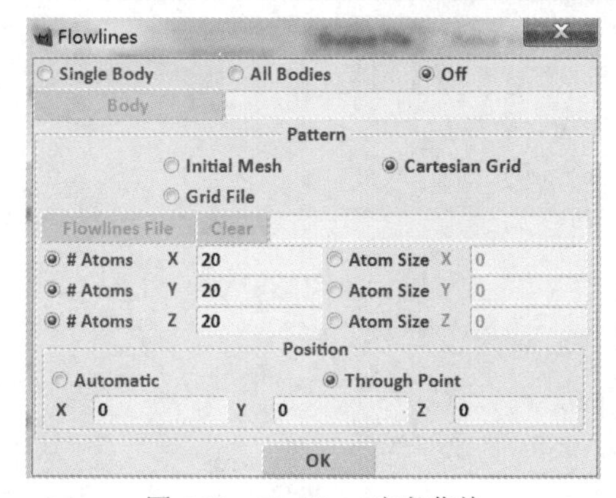


图 6-18　Flowlines 定义菜单

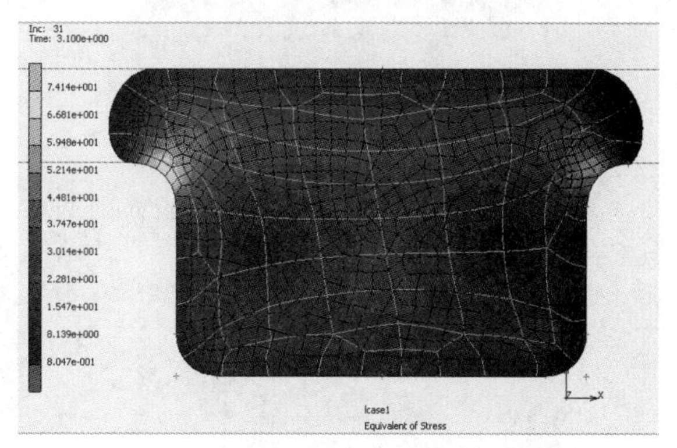


图 6-19　橡胶件受压变形后的流线图

5. Tracking——粒子跟踪

Tracking（粒子跟踪）也是可以写入到后处理文件中的额外信息。此命令需要提前指定节点（Nodes: Add），所以结果文件（.trk）中会输出跟踪指定节点的位置变化历程及其状态量的变化信息，其定义菜单如图 6-20 所示。

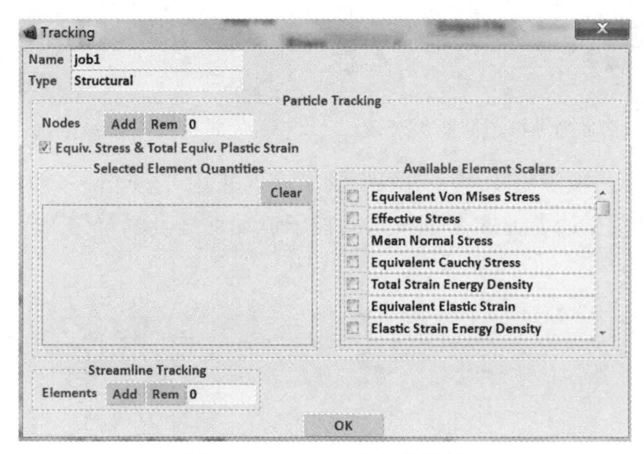


图 6-20　Tracking 定义菜单

查看 Tracking（粒子跟踪）结果文件的菜单为：Results→Model Plot →Track Plot（其位置如图 6-21 中所圈出的按钮）→ Particle Track Plot（如图 6-22 所示）。

Particle Track Plot 菜单中，各选项说明如下：

（1）Mode：Tracking File，模式为粒子跟踪文件，此项不可更改。

（2）# Tracks：8，此项不可更改。显示的数值为图 6-20 中 Job Results→ Tracking 指定的节点数目。

（3）Marker：on——浅蓝色点高亮显示指定跟踪的节点；off——不高亮显示指定跟踪的节点。

（4）Off：不显示指定的节点的变形路线。

（5）Tracks：显示指定的跟踪节点的变形路线。

（6）Track Contours：显示指定的跟踪节点的变形路线，并且在变形路线上以云图形式显示当前粒子的物理量的值，比如等效应力的值。

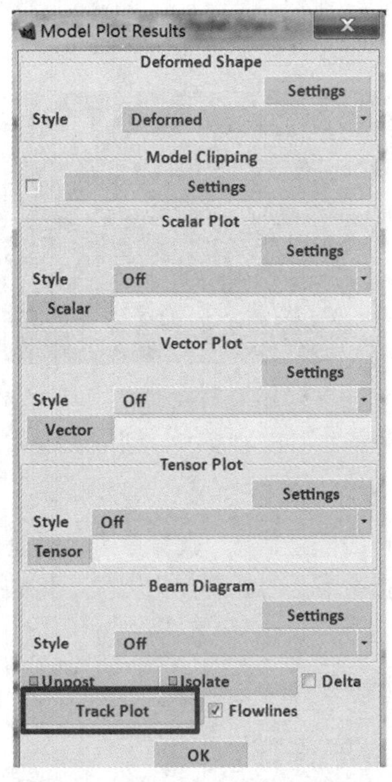


图 6-21　Track Plot 命令按钮位置

图 6-22　Track Plot 结果查看菜单

如图 6-23 所示为一橡胶结构受压边界上的节点，采用 Tracking（粒子跟踪）后的结果显示，图中可见指定的受压边界上的 8 个节点的粒子流动曲线及其等效 Von Mises 应力云图。

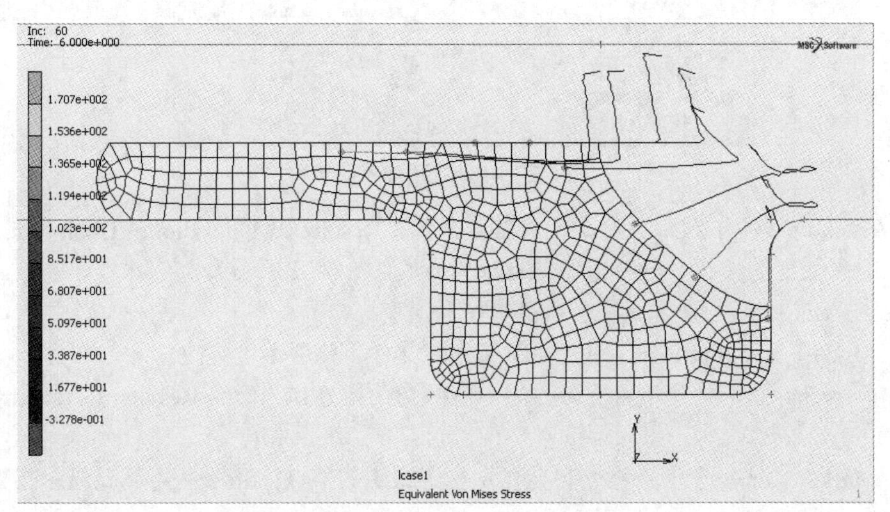


图 6-23　橡胶结构受压过程中边界上的节点流动曲线及其等效应力变化云图

在 Marc 2015 中输出粒子追踪信息可以直接在后处理中通过 Samplepoints 选项实现，而无须提前设置粒子追踪的节点等信息，更为方便，具体菜单如图 6-24 所示，模型文件请见书中所附光盘“第 6 章\粒子追踪”文件夹下的 plot.mud。具体步骤可参考第 7 章 7.3.4 节介绍。

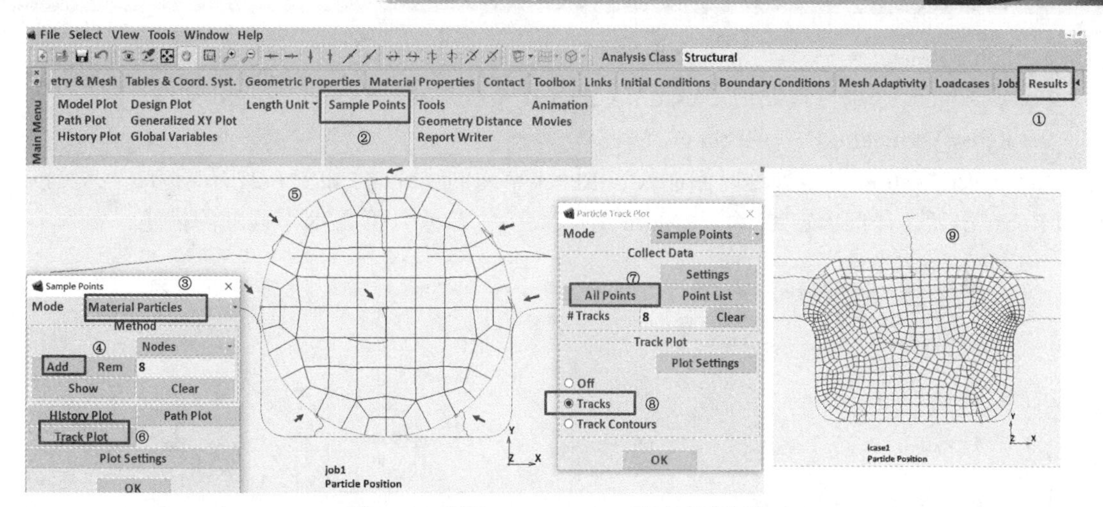


图 6-24　利用 Samplepoints 显示粒子追踪

6. Status File——状态文件

Status File 确定什么值跟踪写入.sts 文件，其菜单如图 6-25 所示。其中，Style 选项提供了 3 种方式：

- Min/Max：将物理量的最小/最大值及其所对应的节点和单元写入.sts 文件。
- Node：将指定节点的结果信息写入.sts 文件。
- Pre-2011 Format：按照 2011 版本之前的格式写.sts 文件。

针对位移 Displacement 的信息可以通过两种方式写出：

- Magnitude：位移的分量写入.sts 文件。
- Component：位移的合量写入.sts 文件。

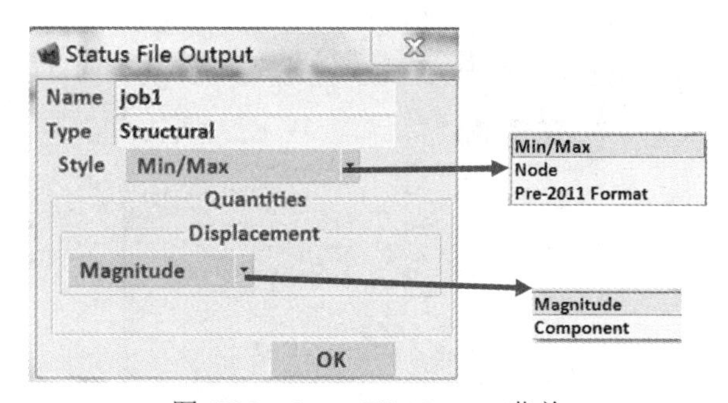


图 6-25　Status File Output 菜单

7. Additional Contact Files——接触相关文件

该选项提供了针对接触体采用解析描述时的模型文件输出以及梁单元接触模型的三维扩展输出，如图 6-26 所示。当变形体的接触边界是用解析方式给出时，可通过 Additional Contact Files 选中 Analytical Description Model Files 前的复选框，那么使用解析描述被更新的接触边界对应的几何模型文件会存入单独的.mud 文件中。同样对于采用“面段－面段”接触探测的梁接触模型可以通过选中 Expand Beam Post File 前的复选框，将三维扩展的梁单元模型输出到结果后处理文件中，方便用户查看。对于采用“节点－面段”接触探测的梁接触问题可以通过勾选 Contact Location Model File 选项输出接触点的位置文件。

8. Force Balance——单元节点力平衡

Force Balance 选项可提供指定单元节点力平衡情况信息，写入.jid 或.grd 文件。

9. Rebar Verification——Rebar 单元验证

Rebar Verification 在后处理时添加代表 Rebar 单元的线或面。如图 6-27 所示为在后处理中显示 Rebar 单元。详细内容可参考《Marc 用户手册》（E 卷）第 2.38 节问题的描述。

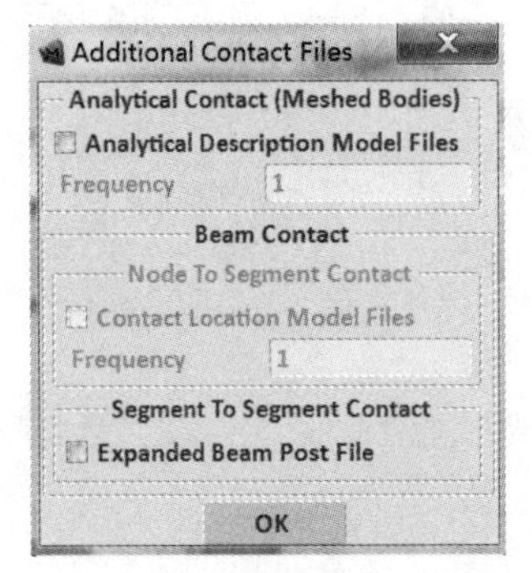


图 6-26 接触相关文件定义菜单

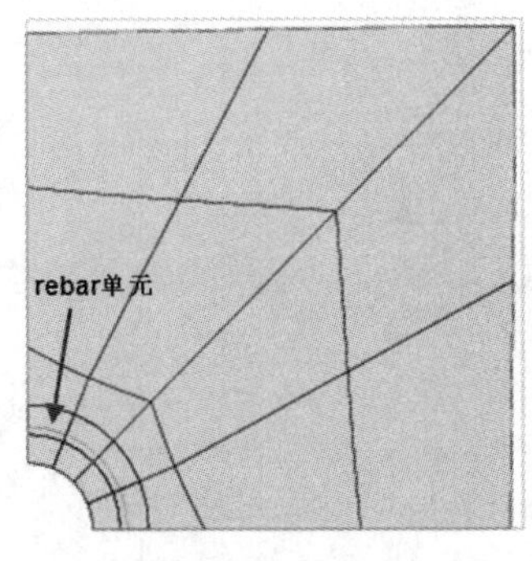


图 6-27 半圆曲线为定义的 rebar 单元

10. Output File——结果输出文件（.out）

单击 Job Results 菜单下的 Output File 选项，出现如图 6-28 所示的对话框。用户可以在 Input Verification 选项下对输入文件、单元构成、节点坐标、边界条件等进行检验；在 Error Estimate 进行应力不连续、几何扭曲等的误差估计；在 User Subroutines 选项下激活节点 Impd 和/或单元 Elevar/Elevec 的结果输出子程序；在 Analysis Results 选项下可以针对指定节点或单元进行特定结果的输出设置；在 Additional Info 对话框下可以进行单元矩阵、接触、网格重划分、流线、烧蚀等相关的结果输出。

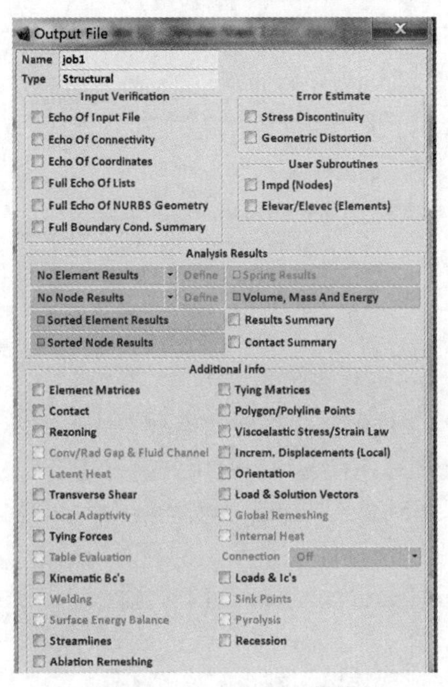


图 6-28 Output File 菜单

如图 6-28 所示对话框中被勾选的信息将被写到输出文件（.out）中的各种输出选项。系统默认情况下有少量信息写入到输出文件中。

11．Adams Output——Adams 模态中性文件结果输出

Adams 菜单将设置生成 Adams 模态中性文件（.MNF）结果输出的控制选项。此外，用户可以设置输出应变和应力张量，从而在 Adams 中可以将这些应力和应变值赋予给变形体。Adams 菜单如图 6-29 所示。

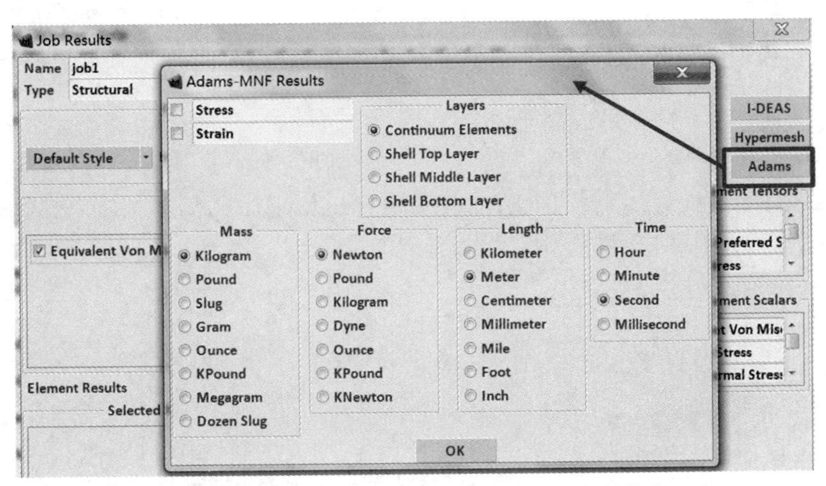


图 6-29　Adams 模态中性文件结果输出控制菜单

## 6.2.2　后处理文件（.t16/.t19）的打开

结果后处理文件的扩展名为.t16 或.t19。此文件主要是用于在 Mentat 后处理模块中查看分析结果。.t16 或.t19 文件的打开可以在模型的作业提交计算结束后，通过 Run Job 菜单的 Open Post File（Model Plot Results Menu）进入 Result 结果，查看后处理环境，如图 6-30 左图所示。

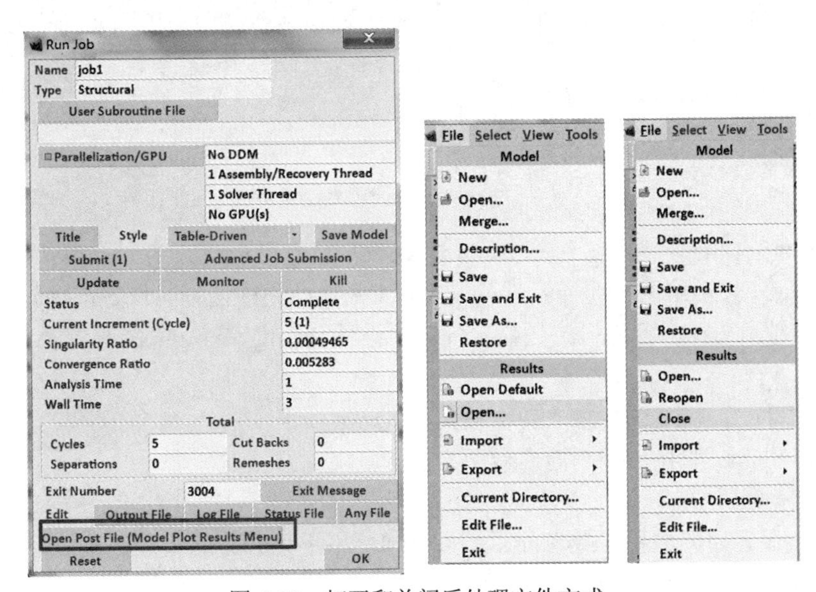


图 6-30　打开和关闭后处理文件方式

也可以通过 File 下拉菜单，通过 Results 下的 Open 来打开一个结果文件，如图 6-30 的中间图和右图所示；这里 Open Default 是打开与当前模型关联的当前任务的后处理文件，如果一个结果文件打开了，File 下拉菜单的 Results 下的 Close 可以关闭当前的结果文件。

## 6.3 Model Plot

打开后处理文件后，Mentat 的后处理界面如图 6-31 所示。其中查看结果最常用的为 Model Plot，即模型图。Model Plot 可显示模型变形图，并以不同方式显示各种结果的变化和分布。

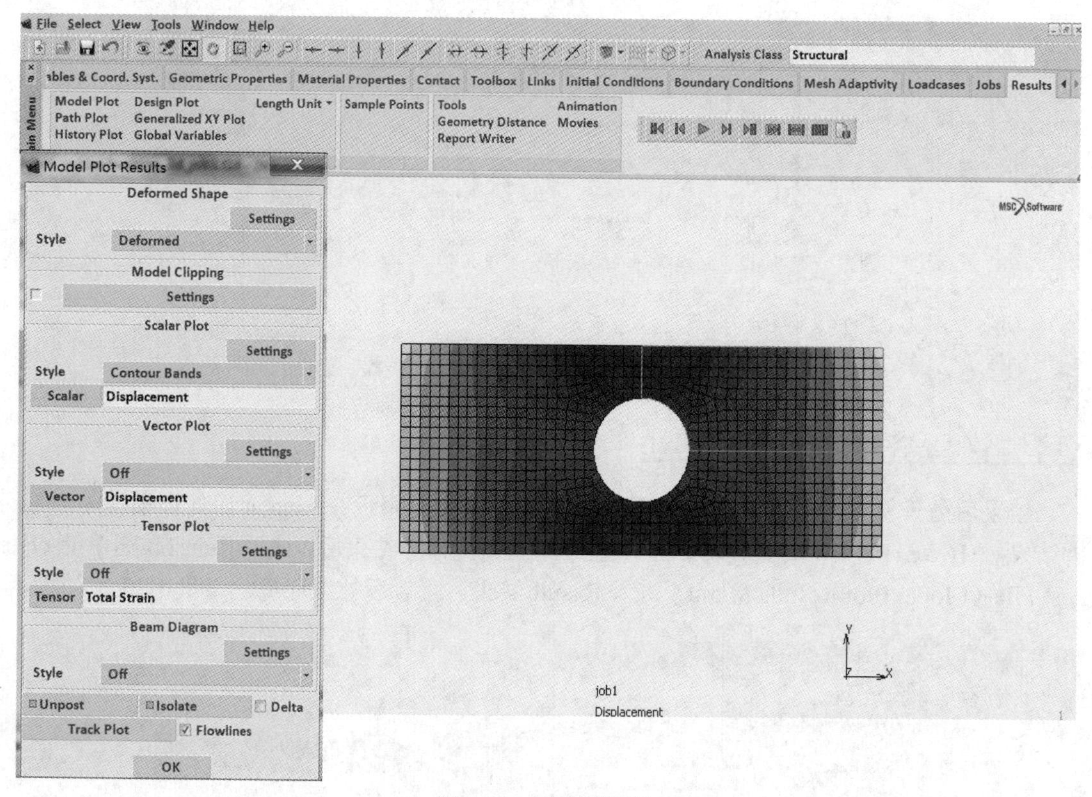


图 6-31　后处理界面

Model Plot Results 下的显示包括 Deformed Shape（变形形状）、Scalar Plot（标量结果的选择）、Vector Plot（矢量结果的选择）、Tensor Plot（张量结果的选择）、Beam Diagram（梁单元）的各种结果的显示选择。各种形式的显示都需要进行 Setting 和 Style 的设置。

### 6.3.1 Deformed Shape – 变形形状

Deformed Shape 的显示控制需要做两方面的定义。

1. Style——样式

Original：显示原始网格，或者显示最后一次网格重划分后的模型网格。

Deformed：只显示变形后的网格。

Deformed & original：显示变形前、后的网格，如图 6-32 所示。

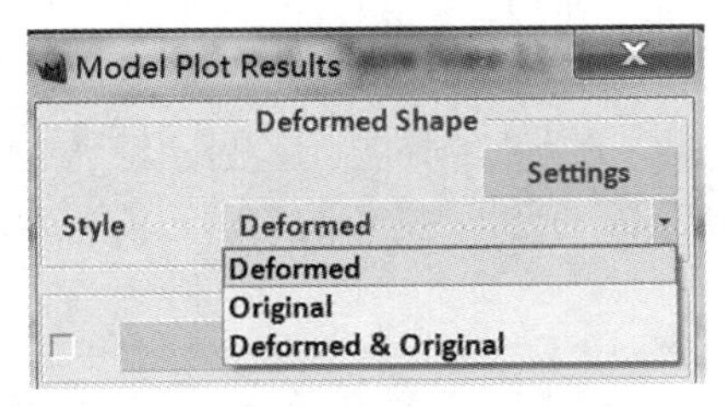


图 6-32 变形图设置

2. Settings——设置

Settings 控制变形量的缩放比例。单击 Deformed Shape→Settings 按钮，出现如图 6-33 所示的菜单。

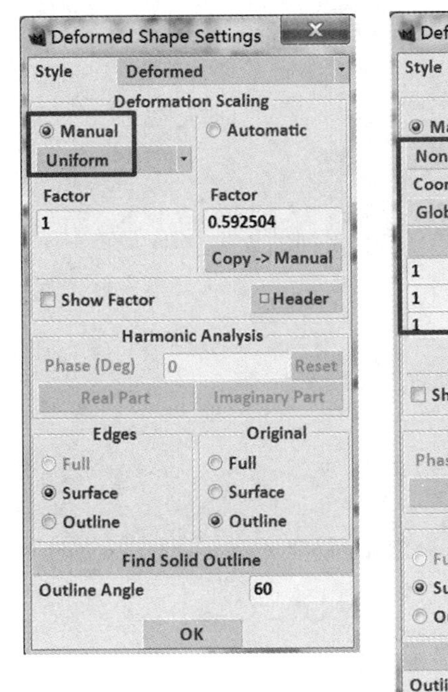
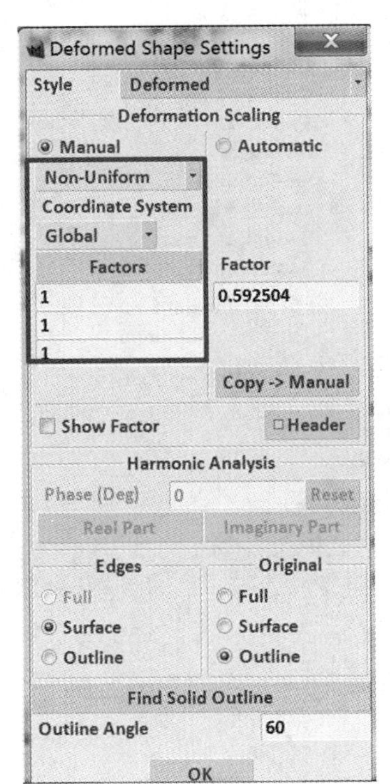
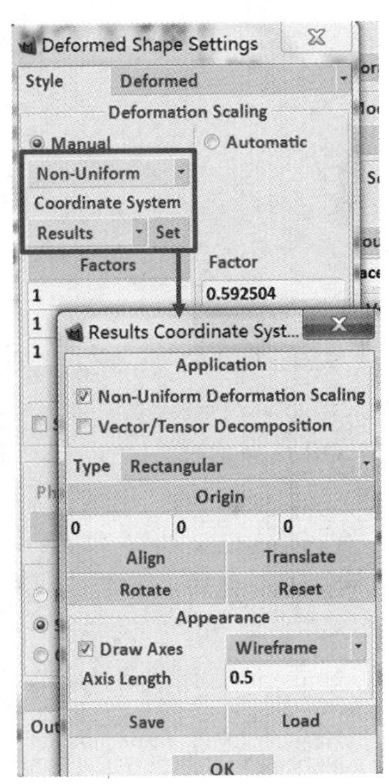

图 6-33 Deformed Shape Settings 菜单

Manual：手动方式输入变形量的缩放系数。这里提供了两种方式：

- Uniform：均匀设置 3 个方向的缩放系数，如图 6-33 左图所示。
- Non-Uniform：如图 6-33 中间图所示在特定结果参数下（例如结果坐标系）对各个方向设置不同的缩放系数，如图 6-33 右图所示。

Automatic：Mentat 根据变形量的大小和模型变形的图形视觉效果自动给出的缩放系数。给定的系数显示在菜单中。

Copy→Factor：此按钮可以很方便地将 Automatic 的缩放系数复制到手动输入菜单中。

Show Factor：在模型显示的图形窗口显示缩放系数。

Edges 和 Original 针对单元边和变形前的模型进行显示设置：

- Full 网格的单元边都显示。
- Surface：只显示表面的单元边。
- Outline：显示轮廓上的单元边。

Find Solid Outline：用于 3-D 分析的结果显示，显示轮廓边。

Outline Angle：设置 Find Solid Outline 操作的轮廓边的角度的最小值。

### 6.3.2 Scalar Plot——标量显示

Scalar Plot 用于设置标量显示方式，如图 6-34 所示。

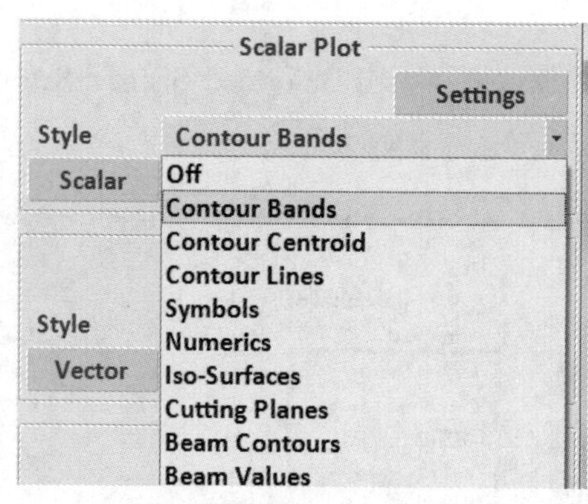


图 6-34 Scalar Plot 选项

Scalar Plot 的显示控制需要做三方面的定义。

1. Style——样式

Off 仅显示网格。

Contour Bands：用带状云图显示。

Contour Centroid：单元中心值云图显示。

Contour Lines：用等值线显示。

Symbols：用符号显示结果。

Numerics：用数值显示节点的结果。

Iso-Surfaces：用等值面显示。

Cutting Planes：切片显示。

Beam Contours：用色彩显示结果值沿线单元的变化。

Beam Values：用符号显示线单元的结果值。

2. Settings——设置

Settings 控制结果参数值的显示，如定义云图的范围等。

3. Scalar——标量的选择

### 6.3.3 其他的显示

Model Plot 下的 Vector Plot（矢量的显示）、Tensor Plot（张量的显示），其 Settings、Style 的设置和 Vectors 的选择或者 Tensor 的选择与标量显示的类似，此处不再赘述。

## 6.4　Path Plot——路径上的结果显示

Path Plot 显示结果变量沿指定节点或点的路径的分布和变化。首先确定节点或点路径 Node Path，再选择添加曲线 Add Curves。Path Plot 菜单如图 6-35 所示。确定点路径时可以通过两种方式：

- Nodes：通过点选模型中的节点确定路径。
- Sample Points：通过抽样点方式确定路径，可以通过以下几种选项选择：
  - From/To：分别输入起始和终止点，然后输入对构成曲线的分段数来确定抽样点的位置；
  - List：输入抽样点列表；
  - Curve：通过输入曲线确定抽样点的位置；
  - Positions：直接输入抽样点的位置。

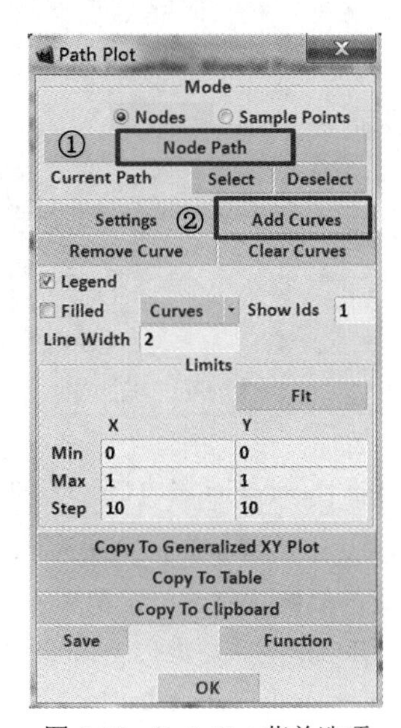


图 6-35　Path Plot 菜单选项

## 6.5　History Plot——变量历程图

History Plot 允许用户用曲线显示某个变量在整个加载时间历程的变化。History Plot 子菜单如图 6-36 所示。操作时首先要单击①Set Locations 命令选择节点，再通过②All Incs 或者 Inc Range 收集指定节点的结果数据，最后单击③Add Curves 命令添加节点加载历程的结果曲线。

Add Curves（添加结果历程曲线）的菜单如图 6-37 所示。图中 Locations 显示了当前可选的节点列表，可以通过 Single Location 或者 All Locations 选择生成哪些节点历程曲线。然后在 Global Variables 或者 Variables At Locations 指定要显示的横轴变量和纵轴变量。当然也可以通过 Loc1 Vs Loc2 以先后选择的节点的结果作为曲线的横坐标和纵坐标。

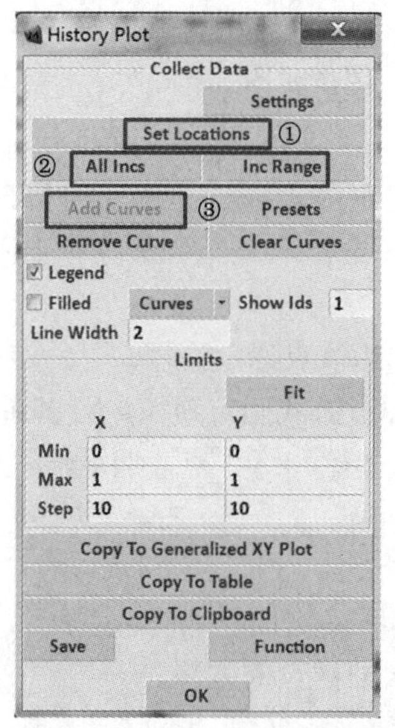


图 6-36　History Plot 菜单选项

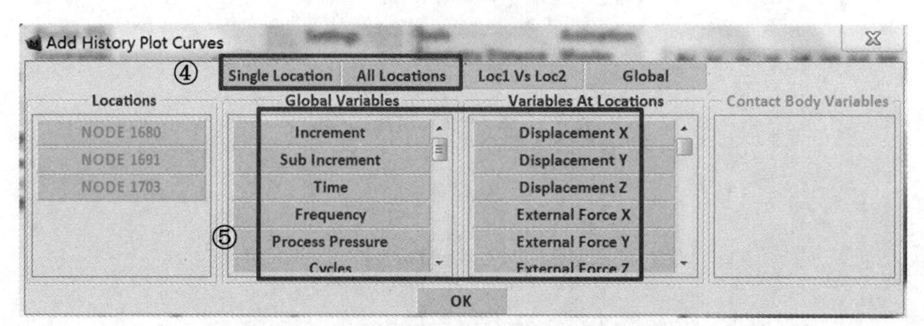


图 6-37　History Plot 添加 Curve 菜单选项

Global 可以绘制接触分析中的总体结果变量，当图 6-36 中第 1 步 Set Locations 没有选择任何节点，直接单击第 2 步的搜集结果按钮时，单击第 3 步的 Add Curves 在图 6-36 所示菜单中将只有 Global 选项高亮。单击 Global 按钮，此时 Global Variables 和 Contact Body Variables 对应列表内的变量可选，其中 Contact Body Variables 中会列出模型中所包含的全部接触体（变形体、刚体等）的位置分量、速度分量、力分量、力矩分量等结果。

## 6.6　有限元结果类型

在《Marc 用户手册》（C 卷）（程序输入手册）中搜索 Post（单元结果后处理代码）得到详细的 Marc 分析中使用单元的结果。

### 6.6.1　应力（Stress，代码 11–16/311）

选用大应变时，默认采用更新拉格朗日分析，得到的应力就是柯西应力。选用小应变时，得到的应力为工程应力。

在壳分析中，如果层号没有指定，代码 11-16 给出广义应力的分量。在这种情况下，Mentat

显示比较混乱，因为 Mentat 仍然使用分量 11、分量 22 等。如果给定层数，这就是物理层量（即局部连续应力）。

### 6.6.2 柯西应力（Cauchy Stress，代码 41–46/341）

又称为真实应力。这种应力是根据当前面积和当前几何变形得出（变形后每单位面积的力）。所以这是最本质、最易理解的应力值，也就是说它能最好地描述材料响应。如果使用整体拉格朗日分析，可以准确计算出第二 Piola-Kirchhoff 应力。

### 6.6.3 特定坐标系应力（Stress in Preferred System，代码 111–116/391）

用户特定坐标系中的应力分量通过 ORIENTATION 选项定义（在 Mentat 中选择 Material Properties→Orientations）。这是材料属性，根据这些可以修改整个网格。选用大应变时，默认采用更新拉格朗日分析，得到的应力就是柯西应力。选用小应变时得到的应力为工程应力。

### 6.6.4 整体应力（Global Stress，代码 411）

整体坐标系（X、Y、Z）下的应力。选用大应变时，缺省采用更新拉格朗日分析，得到的应力就是柯西应力。选用小应变时得到的应力为工程应力。对代码 411（和 421、431、441），要求记录许多层的壳单元整体值，同样层的编号系统用于规则的壳值。第一层在最上面，然后是第二层，这种规定从 Marc 2000 起各版本均保持一致。

### 6.6.5 缺省应力（Default Stress）

单元方向（即对于壳体的局部坐标和连续单元的整体坐标方向）应力。

### 6.6.6 Tresca 等效应力（Tresca Intensity）

这个定义在《Marc 用户手册》（A 卷）12 章中，是莫尔圆上的最大剪应力。这个量没有后处理代码，当前在后处理文件中无法得到。在后处理文件中得到这个值需要使用用户子程序 PLOTV。如果需要输出应力，也可以经计算后在输出文件中输出。

选用大应变时，默认采用更新拉格朗日分析，得到的应力就是柯西应力。选用小应变时得到的应力为工程应力。

### 6.6.7 法向应力（Normal Stress）

在结构的外表面，使用表面的法向向量可以从应力张量中计算得出法向应力（$\sigma_{ij} * n_j$）。

选用大应变时，默认采用更新拉格朗日分析，得到的应力就是柯西应力。选用小应变时得到的应力为工程应力。

### 6.6.8 剪应力（Shear Stress）

在结构的外表面，使用表面的切向向量可以从应力张量中计算得出切向应力（$\sigma_{ij} \cdot t_j$）。选用大应变时，默认采用更新拉格朗日分析，得到的应力就是柯西应力。选用小应变时得到的应力为工程应力。

### 6.6.9 平均法向强度（Mean Normal Intensity）

这个定义在 A 卷又称为平均法向应力，应力张量的积除以 3 得出（即应力的静水压力部分）。选用大应变时，默认采用更新拉格朗日分析，得到的应力就是柯西应力。选用小应变时得到的应力为工程应力。

### 6.6.10 等效应力/等效 von Mises 应力（代码 17）

这是所谓的 Von Mises 强度，在输出文件中称为 Mises 强度。在 Marc 用户手册 A 卷（理论手册）的 Element Information（单元信息）中做了描述。在 Marc 求解过程中计算等效 Von Mises 应力，并作为高斯点值传递到 Mentat 中。Mentat 也提供了 Equivalent Stress（等效应力）方法。它使用与代码 17 同样的等效公式，不过在后处理过程中计算。在同样情况下这两个值有一点不同。例如，在没有连接到其他单元上面的节点时考虑线性外插法。高斯积分点的 Von Mises 应力的结果在 Marc 中求得，再采用线性插值法得到节点的 Von Mises 应力。然而，Mentat 将会利用已有的高斯点应力张量。再外插到节点，然后计算 Equivalent Stress（等效应力）。不同之处主要是节点的 Von Mises 应力由高斯积分点的 Von Mises 应力外插得出，而 Equivalent Stress（等效应力）先由外插得到节点应力分量再求等效值。当使用转移外插法（即直接将积分点处计算得到的结果平移到对应的节点上）时，二者的区别将消失。

### 6.6.11 等效应力/屈服应力（Equivalent Stress/Yield Stress，代码 59）

屈服应力采用的是初始屈服应力，而不是当前屈服应力。对没有屈服的材料该值范围是 0～1；对已经屈服的材料其值大于 1。当屈服应力与温度相关时（此时初始屈服应力一般单位化，即 1），这将给出等效应力。

选用大应变时，默认采用更新拉格朗日分析，得到的应力就是柯西应力。选用小应变时得到的应力为工程应力。

### 6.6.12 等效应力/与温度相关的屈服应力（Equivalent Stress/Yield Stress@Cur. Temp，代码 59）

屈服应力采用的是初始屈服应力，而不是当前屈服应力，但此时考虑和温度的相关性。对没有屈服的材料该值范围是 0～1，对已经屈服的材料其值大于 1。

选用大应变时，默认采用更新拉格朗日分析，得到的应力就是柯西应力。选用小应变时得到的应力为工程应力。

### 6.6.13 等效塑性应变

等效塑性应变有以下两种方法：

（1）Total（整体）等效塑性应变（代码 7）：等效塑性应变率积分。等效塑性应变率为：

$$d\dot{\varepsilon}^{p}=\sqrt{(2/3)\cdot(d\dot{\varepsilon}_{ij}^{P}d\dot{\varepsilon}_{ij}^{P})} \tag{6-1}$$

（2）Current（当前）等效塑性应变（代码 27），这种方法采用的方程为：

$$\varepsilon^{p}=\sqrt{(2/3)\cdot(\varepsilon_{ij}^{P}\varepsilon_{ij}^{P})} \tag{6-2}$$

方法（1）代表在分析时间段对每步的等效塑性应变值积分。这是塑性分析程序所使用的，因为塑性是和时间相关的过程，这正如在数值流动法则的增量属性中所看到的。在整个分析过程中这个值可能增加（或保持不变），但不会减小。方法②是具体某一增量步塑性应变张量的等效值。在分析过程中既可能增加也可能减小，尤其在循环加载过程中。这是因为在方程中出现负的交叉项，这个结果一般没有什么意义。注意塑性应变分量不会减小，只有由 Von Mises 公式给出的等效值（标量）结果会减小。

总地来说，“当前”值不会大于“总体”值。Marc 中的总体等效塑性应变（total equivalent plastic strain）输出是“总体”值。它是累加标量，说明了分析过程中的塑性流动。由总的应变分量的 Von Mises 应变方程得到的是“当前”标量。计算总的等效应变（使用总应变分量）时需要注意一点，使用“当前”塑性应变分量意味着结果是某种弹性和“当前”塑性应变的合成，不是总的塑性应变，因此在这个方程中使用的塑性应变分量一定小于单独计算的总等效塑性应变。这个差别是明显的。如图 6-38 所示的例题，分别在同一节点（塑性应变最大值）处输出总体等效塑性应变（代码 7）和等效塑性应变（代码 27）。可以看出在加载和卸载的过程中，总体等效塑性应变始终在增加（图 6-38 中图），并且要高于等效塑性应变（图 6-38 右图）。

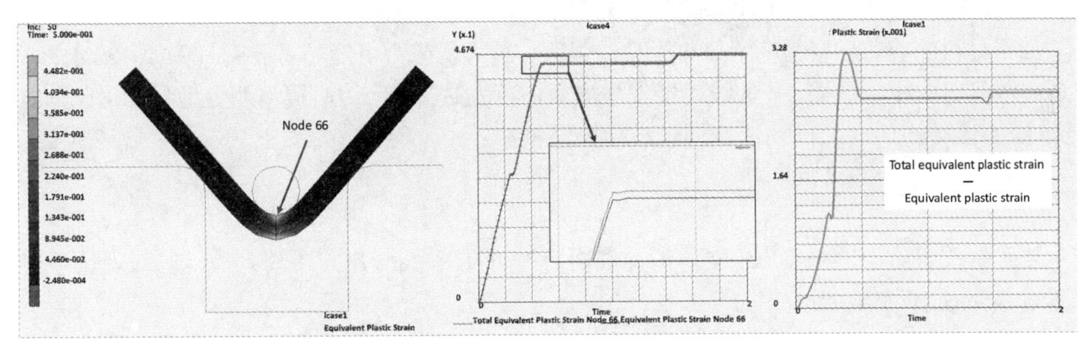


图 6-38　总体等效塑性应变（代码 7）和等效塑性应变（代码 27）结果输出

同时也必须认识到“当前”等效塑性应变和弹性等效应变的和也不等于（等于只是巧合）总等效应变。因为这不是平常意义上的应变，所以不能相加。我们只能把相同的应变分量相加：

$$\varepsilon_{\text{elastic(i)}} + \varepsilon_{\text{plastic(i)}} + \varepsilon_{\text{creep(i)}} + \varepsilon_{\text{damage(i)}} = \varepsilon_{\text{total(i)}} \tag{6-3}$$

### 6.6.14　主应力输出

与广义应力或连续应力有关的主应力可用来输出。其坐标系和上面讨论的相同。

选用大应变时，默认采用更新拉格朗日分析，得到的应力就是柯西应力。选用小应变时，得到的应力为工程应力。

假设主应力（$\sigma_{\text{min}},\sigma_{\text{max}},\sigma_{\text{int}}$）作用在剪应力为零的平面内，使用由 Mohr 应力圆图发展而得到的标准方程计算。最大和最小主应力总是正交的，经常用于涉及裂纹扩展的问题中。

主应力不保存于后处理文件，但是在 Mentat 中可以由应力张量计算得到。也就是说，在增量求解过程中单元循环时并没有计算主应力（除非其中有个别材料模型需要求主应力），在输出文件中可以看见主应力是因为它们已经被特别要求了，在生成输出文件时有一个独立的循环计算主应力。

主应力的值从物理分量中计算。Marc/Mentat 使用雅可比转换法求解主应力的特征值问题。注意这是一个迭代过程，可能与求解精确的三次方程得到的结果稍微有些不同。

Mentat 使用外插法计算节点主应力。Mentat 中有 4 种主应力值：

- Principal Stress Min（最小主应力）。
- Principal Stress Int（中间主应力）。
- Principal Stress Max（最大主应力）。
- Principal Stress Major（绝对值最大主应力）。

前 3 个既考虑了符号也考虑了数值：最小主应力是主应力的最小值（带符号），最大主应力是主应力的最大值（带符号）。绝对值最大主应力是不考虑符号时得到的最大值，它常用于疲劳寿命分析。

Mentat 中的主应力的方向。从应力张量中 Mentat 计算主应力值，它们可以像在张量图中那样 3 个一组（包括它们的方向）显示，当然也可以单个显示。目前还不能从 Mentat 或 Marc 的输出文件中得到主应力角度。

有时最大主应力不等于绝对值最大的主应力。例如一个节点存在以下主应力：

节点 1：$P_{\max} = 5.0, P_{\text{int}} = -2.0, P_{\min} = -9.0$

最大主应力是 5.0，而绝对值最大的主应力是-9.0（其绝对值最大值）。

如果材料的剪切屈服强度明显小于拉伸强度，最大剪应力可能是重要的。例如，Luders 条带是一些剪切曲线，沿着这些曲线可能发生失效，当达到屈服应力时可以明显地看到这些曲线。

## 6.7 Out 文件结果输出

要了解关于结果输出到.out 文件的详细内容，可在《Marc 用户手册》（A 卷）（理论手册）中搜索“Selective Printout”。

### 6.7.1 单元应力、应变

为了在输出文件（.out）中获得应力和应变结果，在 Mentat 的 Jobs→Jobs：Properties→Job Results→Output File 菜单下 Analysis Results 选择 Full Element & Node Print 选项，如图 6-39 所示。这将在输出文件中输出这些信息。选择这一选项也相应地从数据文件中删除了 No Print 命令。

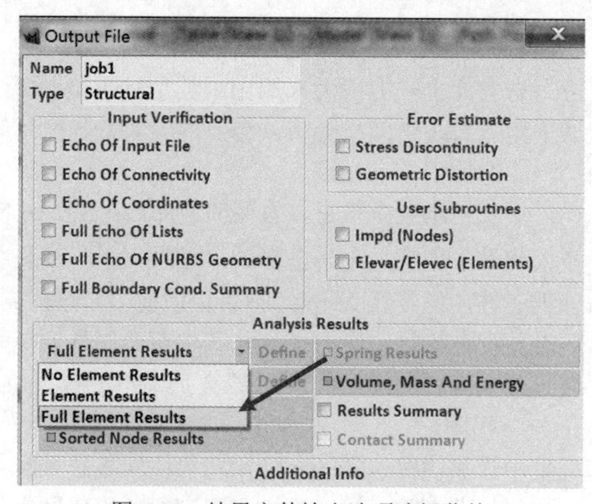


图 6-39 结果文件输出选项选择菜单

（1）结构静力学分析中，连续单元的结果类型如图 6-40 所示。

```
   tresca     mises    mean   p r i n c i p a l   v a l u e s         p h y s i c a l   c o m p o n e n t s
 intensity intensity  normal   minimum intermediate maximum      1          2          3          4          5          6
                     intensity

element         2  point   1        integration pt. coordinate=    -0.887E+00    0.702E-02    0.121E+01
Cauchy  5.358E+04 5.006E+04-2.957E+04-6.263E+04-1.704E+04-9.042E+03-5.938E+04-1.229E+04-1.704E+04-1.278E+04-1.814E+01 2.158E+02
Logstn  3.143E-03 2.036E-03-3.943E-04-2.333E-03 3.405E-04 8.099E-04-2.140E-03 6.167E-04 3.405E-04-1.510E-03-2.043E-06 2.538E-05
plas.st 8.212E-04 5.115E-04 1.807E-20-5.066E-04 1.920E-04 3.146E-04-4.568E-04 2.649E-04 1.920E-04-3.919E-04-5.559E-07 6.615E-06
```

图 6-40　结构静力学分析连续单元的输出文件示意

这里：“tresca intensity”“mises intensity”“mean normal intensity”和“principal values: minimum, intermediate, maximum”“physical components 1 2 3 4 5 6 ”定义了结果文件每列的值的物理意义，分别为“Tresca 值”“Mises 值”“加权平均值”“最小主值”“中间主值”“最大主值”，X、Y、Z 方向的分量值，1=xx，2=yy，3=zz，4=xy，5=yz，6=xz。

1）element 后面的数值是单元编号。在图 6-38 中这段信息中 element 编号是 2。

2）point 后面是高斯积分点编号，在本例中是 1。

3）integration pt. coordinate 是当前高斯点的坐标。

4）输出了柯西应力（Cauchy）、真实应变（Logstn）和塑性应变（plas.st）。

（2）壳单元（力学分析）结果类型如图 6-41 所示。

```
   tresca     mises    mean   p r i n c i p a l   v a l u e s         p h y s i c a l   c o m p o n e n t s
 intensity intensity  normal   minimum intermediate maximum      1          2          3          4          5          6
                     intensity
element        25  point   2        integration pt. coordinate=    -0.276E+03   -0.555E+02   -0.105E+03
section thickness = 0.400E+01
average membrane
PK2str   2.296E+02 2.171E+02 5.785E+01-2.788E+01-2.344E-01 2.017E+02 2.014E+02-2.788E+01-1.354E-03 3.189E-04 6.875E+00
moment   1.878E+01 1.755E+01-7.188E+00-1.878E+01-2.786E+00 0.000E+00-1.877E+01-2.790E+00-2.513E-01-2.711E-20-9.992E-16
Grnstch  2.261E-03 1.598E-03 0.000E+00-6.691E-04-2.879E-06 1.592E-03 1.589E-03-6.691E-04-2.666E-08 6.280E-09 1.354E-04
curvatr  1.181E-04 1.096E-04 0.000E+00-1.019E-04 0.000E+00 1.618E-05-1.019E-04 1.615E-05-3.712E-06 0.000E+00 0.000E+00
layer   1
PK2str   2.056E+02 1.917E+02 4.707E+01-3.207E+01-2.723E-01 1.736E+02 1.733E+02-3.207E+01-3.783E-01 3.189E-04 6.875E+00
Cauchy   2.061E+02 1.922E+02 4.727E+01-3.203E+01-2.715E-01 1.741E+02 1.738E+02-3.203E+01-3.520E-01 3.189E-04 6.875E+00
Grnstn   2.139E-03 1.389E-03 0.000E+00-7.510E-04-6.368E-04 1.388E-03 1.386E-03-6.368E-04-7.451E-06 6.280E-09 1.354E-04
layer   2
PK2str   2.104E+02 1.968E+02 4.923E+01-3.123E+01-2.638E-01 1.792E+02 1.789E+02-3.123E+01-3.029E-01 3.189E-04 6.875E+00
```

图 6-41　壳单元结果示意图

这里文件头部的每列数据的物理意义说明同上例。

1）section thickness 是壳的厚度。

2）在 average membrane 标题下的值按“广义应力”计算。

3）在 layer 1、layer 2 等目录下的值以在局部壳单元方向上层的连续应力为基础。

从 Mentat 中打印结果是不可能的。如果打印这些数据，结果应该已经被写入.out 文件。在 Marc 数据文件中 Summary 命令可以打印在分析中获得的主要结果。这个选项以表格的形式打印出各项结果的最大值和最小值。这个表格可以直接放入报告内。增量频率的主要信息和写入文件的信息可以在 Mentat 内使用 Jobs→Jobs：Properties→Job Results→Output File→Results Summary 控制，如图 6-42 中圈出的位置。

### 6.7.2　反作用力

通过选择 Full Element 可以在.out 输出文件中得到反作用力，如果勾选 Results Summary 复选项则仅给出最大/最小值。得到的节点结果是固定边界条件的反作用力，在其他地方给出的则是节点残余载荷修正值。残余载荷修正值是节点内力与外部载荷之差，它的大小主要由残余力收敛标准控制。理论上，残余载荷修正值应该为零。实际分析中，和反作用力相比，它们可被忽略。残余载荷修正值分量和合力值在 Mentat 中都可进行后处理。

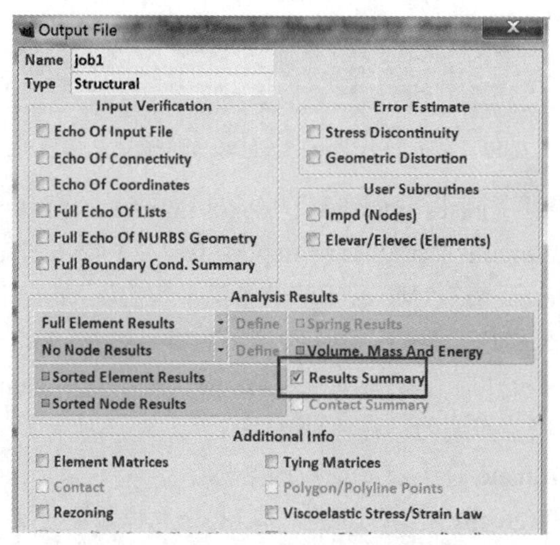

图 6-42　单元结果的选项控制菜单

在建模时使用刚性接触体，并在后处理时直接观察刚性体的结果，能够更容易地得到总的反作用力。

为了沿着断面找到总作用力，最简单的方法是通过 Mentat 中的 Path Plot 功能得到。在感兴趣的断面之间指定开始和结束节点，然后，可以指定沿指定路径的长度变化的结果作为变量。例如指定$\sigma_x$，画出以$\sigma_x$为变量的沿着这个长度的路径图（在其他前后处理软件上，如 Patran 中也可以）。注意为了在图中得到期望的节点值，应该选择使用节点路径（Node Path）。在 Mentat 中，这个变量可以容易地转化成表格（Convert→Table）。在表格菜单中有一个积分工具，单击 Integrate，表格中的点代表曲线包围的面积。

如果用户对 Mentat 不熟练，采用第三方的产品（如 Excel、MathCAD 等）也可完成类似的工作。

注意在 Patran 中的 Nastran 接口下的自由体功能只对 Nastran 结果适用，它采用了在 Nastran 求解过程计算出的力。

壳单元应力和应变输出到后处理文件，但如果需要，可在输出文件中给出力和力矩。

### 6.7.3　连续单元节点力输出

Marc 中不能像在 Nastran 中那样得到节点平衡力。这需要从单元刚度矩阵、当前的位移向量和外部载荷向量中直接提取。因为内在的不准确性，我们不推荐使用节点应力和与其相关的面积来得到节点力。

### 6.7.4　特征值的文件输出结果

特征值的文件输出提供下面三种结果。

1．频率

频率指每个振动模态的频率值。特征值$\lambda$、圆频率$\omega$和频率$f$之间的关系是：

$$\omega = 2\pi f$$
$$\lambda = \omega^2$$
$$\lambda = (2\pi f)^2$$
$$f = {}^*\lambda^{1/2} / 2\pi$$

2．(th)trans*m*th

这代表$\phi^T M\phi$（对角线模态质量），正如理论手册中给定的有限元方程描述的一样。当质量标准化时，这个值是单位值（即 1）。它的绝对值没有具体意义，因为使用不同的标准化方法，它可以是不同的值。模态之间的相对值也没有任何意义，比如在模态 A 中模态质量值低，而模态 B 中的值高，并不能解释为模态 A 不如模态 B 重要，或者说模态 B 的结构质量更大。给出模态质量，使分析者可以执行 Marc 后面的与特征值相关的谱响应计算。

3．(th)trans*k*th/w*w

代表$\phi^T K\phi / \omega^2$（对角模态刚度或称广义刚度，除以特征值），正如理论手册中给定的有限元方程描述的一样。类似于模态质量，这没有具体意义。但要注意，模态刚度和模态质量的比值总等于特征值。当模态质量为单位质量时，模态刚度变成特征值。

### 6.7.5 接触分析输出

调试详细的接触信息到输出文件.out。当在接触分析中使用调试打印参数 PRINT，IDEV=5 或 8 时，产生边界上的任何节点接触或离开任何表面时的信息，也产生节点是固定在表面上还是沿表面滑动的信息。除打印信息 IDEV=5 之外，当输入 IDEV = 8 时，这些接触在刚性表面的节点在局部坐标下的增量位移和反作用力也被打印。

这也可以在 Mentat 中通过 Jobs→Jobs：Properties→Job Results→Output File→Contact 指定。如图 6-43 所示。

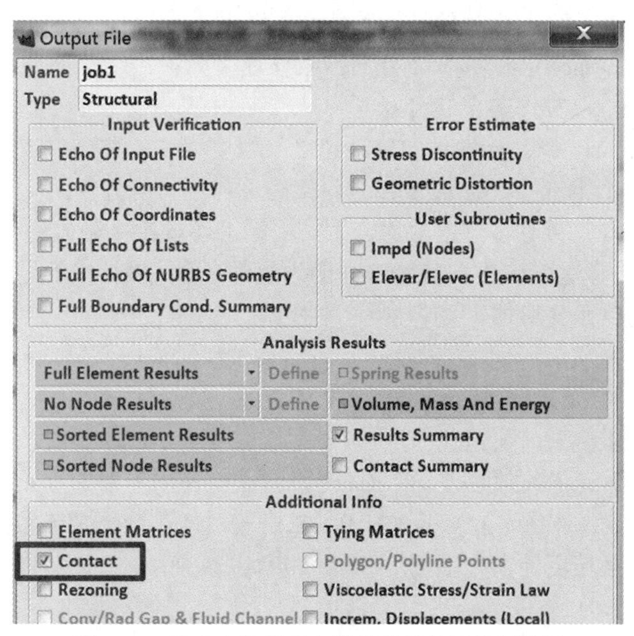


图 6-43 输出文件菜单之接触分析结果控制按钮

当在 Mentat 中读入后处理文件后，选择 Contact Normal Force X/Y 直接给出接触力，给出的力是在整体坐标下的。为了让这些力自动旋转到法向和剪切分量，选择 Contact Normal Force 和 Contact Shear Force 结果变量。

对于解析描述接触体，根据每个节点的样条方向计算力的方向。对于离散描述接触体，力的方向是问题中每个节点附着的所有单元面的平均方向。

在输出文件中通过 Jobs→Jobs：Properties→Job Results→Output File→Full Element 可以得到整体接触力。

（1）Contact Touched Body(已接触到的物体)（节点结果代码 39）。

- Contact Touched Body 节点结果将给出被节点接触的接触体编号。实际上如果一个节点接触到多于一个接触体，它将是一个长度为 3 的数组，所以它可以包括 2～3 个接触体（根据是 2D 还是 3D 问题）。
- 如果数组中所有项均为零，意味着该节点没有接触到物体。

（2）接触应力。

- Normal Stress 是单元应力张量分量转换到表面法向方向上的值。
- Shear Stress 用同样的方式计算得出，可以解释为摩擦产生的应力。

接触应力是由单元积分点应力外插得出（在接触位置旋转到单元表面的法向和切向），比接触力的误差要大。接触力和作用力、位移一起直接由有限元方程解出，因而接触力更准确些。

在接触状态只显示主动接触的节点，被接触的节点不显示，即它的接触状态为 0。因此当两个接触体接触时，通常只有一个物体的处于接触区的节点的接触状态为 1。注意处于接触中的节点，如被认为已 slidden off（滑开），它的接触状态为 0。在历程图中，对于所有接触体都有整体结果变量（body variables）。它们是：

Pos X/Y: <body name/Z <body name>：在 X/Y/Z 方向接触体位移分量，仅适用于刚体。

Pos<body name>：接触体的合成位移，仅适用于刚体。

Angle Pos<body name> ：接触体的旋转角度（弧度），仅适用于刚体。

Vel X/Y/Z <body name>：在 X/Y/Z 方向接触体速度分量。

Vel<body name>： 接触体的合成速度。

Angle VEL <body name>：接触体的转动速度（弧度/秒）。

Force X/Y/Z: <body name>：在 X/Y/Z 方向接触体作用力的分量。

Force <body name>：接触体作用力的合力。根据求解过程接触力建立。

Moment X/Y/Z>：在 X/Y/Z 方向接触体作用力矩的分量。根据求解过程中得到的接触力算出。这不适用于连续单元变形体。

### 6.7.6 迭代求解器迭代输出

经典的迭代稀疏求解时，每迭代 50 次输出 1 次方程组迭代求解收敛率及最后的收敛率。收敛率有 3 个数据，默认的收敛容差均为 0.001，它们都和求解器的收敛行为相关。从概念上讲，一个连续迭代与一次牛顿－拉弗森（N-R）求解相对应。至于 3 个数据，它们检查不同的量，确保满足所有方面精度要求。以下是 Marc 2001 及以前版本迭代求解收敛率输出的例子，如图 6-44 所示。

```
iteration number      =  50
convergence ratio     =  5.541E-03   1.833E-02   2.152E-03
iteration number      =  60
convergence ratio     =  5.442E-04   8.663E-04   1.479E-04
```

图 6-44　迭代求解收敛率输出（Marc2001）

第一项检查残余力向量的欧几里德范数与方程组右端项的欧几里德范数之比；第二项检查位移分量相对变化与更新后的求解向量的最大值之比；第三项检查最大残余力分量与方程组右端项中最大值之比。

从 Marc 2003 开始，对迭代求解收敛率输出做了修改，明确给出了 3 个收敛率的含义。要注意，3 个值的顺序也与以前有所变化，参考下面给出的例子，如图 6-45 所示。

```
iteration number    =    50
maximum residual       ratio =    1.968E-04
maximum displacement ratio =    1.097E-03
average residual       ratio =    7.019E-04

iteration number    =    51
maximum residual       ratio =    1.612E-04
maximum displacement ratio =    6.203E-04
average residual       ratio =    4.801E-04
```

图 6-45　迭代求解收敛率输出（Marc2003）

对于 Marc 2005R3 增加的 CASI 迭代求解器也有类似的输出，但含义有所不同，共有 4 项，其默认的收敛容差为 1.E-7。

```
iteration    number    =    40
    residual two norm ratio        =    2.800E-05
    residual inf norm ratio        =    2.508E-05
    displacement two norm ratio =    2.781E-05
    energy norm ratio              =    4.254E-05
    iteration      number     =    50
    residual two norm ratio        =    9.085E-08
    residual inf norm ratio        =    7.521E-08
    displacement two norm ratio =    9.350E-08
    energy norm ratio              =    2.331E-07
     CASI Total Number of Iterations =    54
```

## 6.8　后处理的抓图和动画功能

### 6.8.1　图片的存储

Mentat 可以将前、后处理界面/菜单/整个屏幕通过 Window→Snapshot→Save to File 输出为多种格式的图像文件，如 PNG、JPEG、BMP、PPM、XBM、XPM、GIF、PS、RGB、TIFF。为方便用户，Mentat 还提供了将前、后处理界面/菜单/整个屏幕复制到剪贴板的功能（Window→Snapshot→Copy to Clipboard）。Snapshot 菜单如图 6-46 所示。图 6-47 为对 Current Window “当前窗口” 抓图示例；图 6-48 为对 Graphics Area “图形区” 抓图示例；图 6-49 为对 Full Window “全屏” 抓图示例。

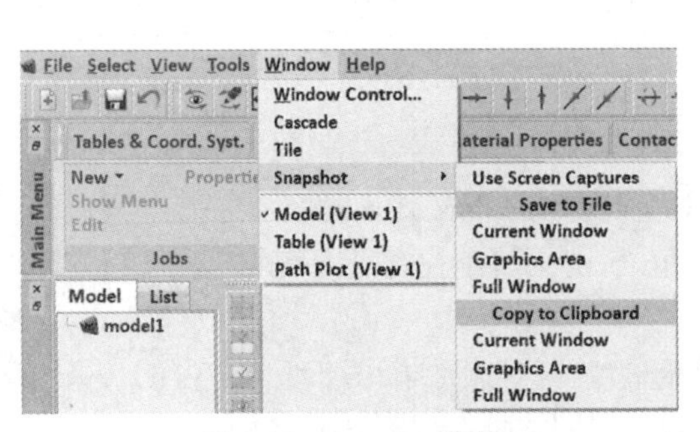


图 6-46　Snapshot 菜单

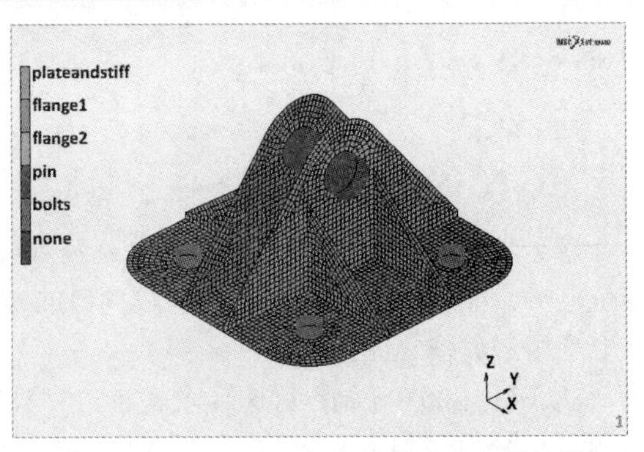


图 6-47　Current Window 当前窗口抓图结果

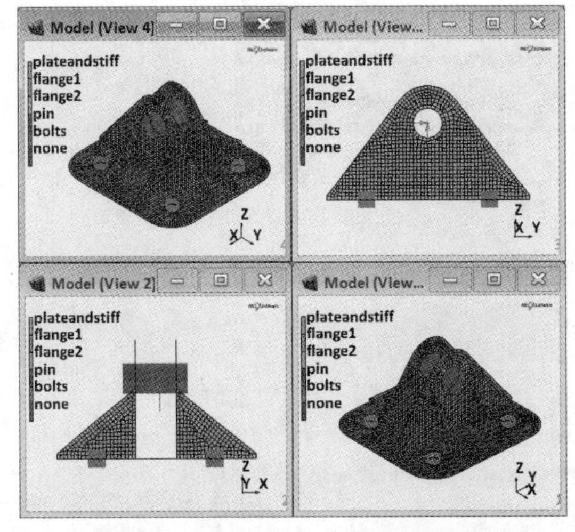


图 6-48　Graphic Area 图形区抓图结果

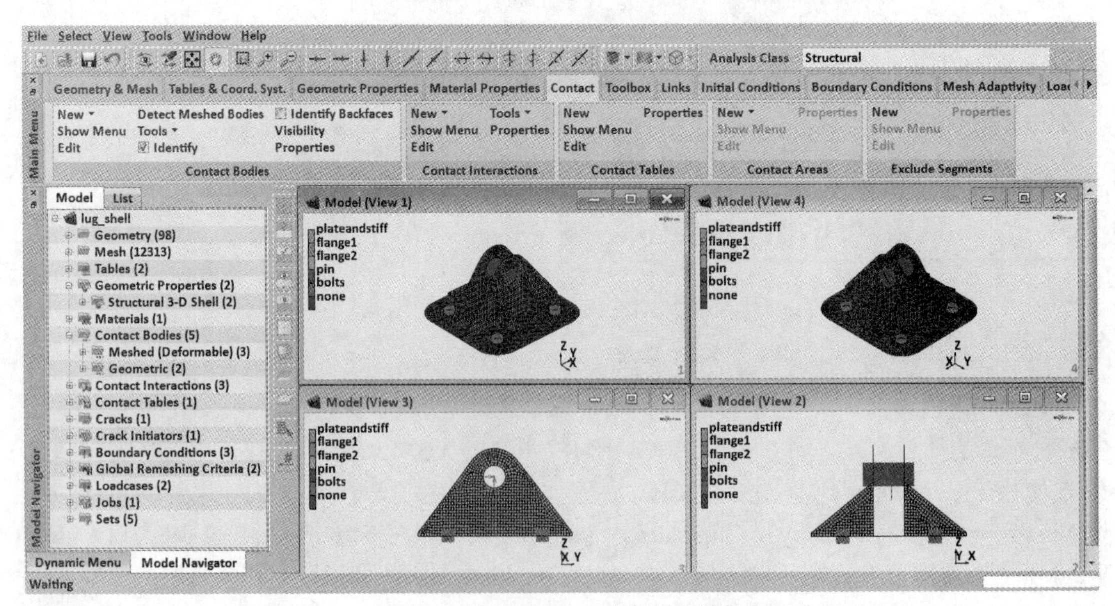


图 6-49　Full Window 全屏抓图结果

Use Screen Captures 选项可以控制图片如何从图形区创建，默认情况下图片可以被保存在内存中，此时即使 Mentat 窗口被其他窗口遮住，仍然可以获得正常的截图。此时如果 View→View Control 下的 Draw Update 选项勾选手动更新图形，那么会强制进行图形的刷新。在某些计算机客户端，由于内存方法的设置，采用这种默认设置可能会导致截图失败，即截取的图片是黑色的，此时可以勾选 Use Screen Captures 复选项。然后将直接从屏幕截图，那么 Mentat 窗口不能被其他窗口遮挡，否则其他窗口也会被截取。

注意如果 View→View Control 下的 Draw Update 选项设置为手动方式，那么两种方法可能获得不同的结果。默认方法总是绘制模型的当前状态，而截屏方法会捕捉在最后一次单击 Draw 后的模型状态。如果模型（或模型位置或方向）在最后一次单击 Draw 后被修改，那么两种方法截图的结果是不同的。

## 6.8.2　创建动画文件

Mentat 能够将结果文件的显示过通过 Results→Movies 创建成三种格式的动画文件，菜单如图 6-50 所示。其中：

（1）Format：选择要创建的动画的格式。三种格式分别为 GIF、MPEG 和 AVI。其中 AVI 格式只能用于 Windows 操作系统。

（2）Base File Name：系统自动显示当前后处理的文件路径及名称。

（3）Index：给定动画的帧的起始号。系统默认为 100。

（4）Increments：指定生成动画的增量步。这里可以选择 All 将全部增量步对应结果选取生成动画，选择 Range 指定起始（First）和终止（Last）增量步，或通过 List 在后处理列表中指定绘制动画的增量步。

（5）View：用来控制动画截取的视图序号，默认为 View 1。

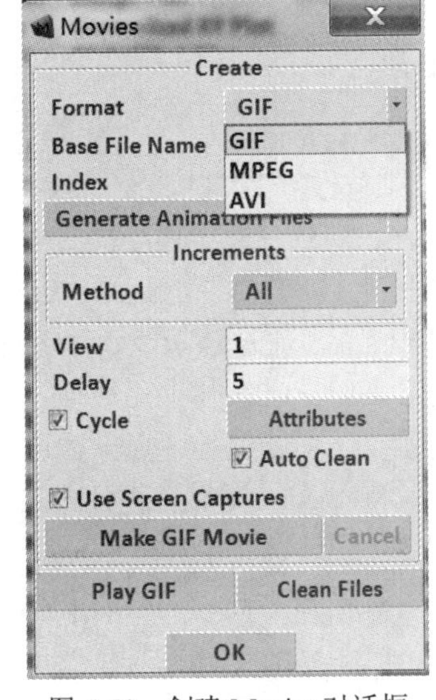


图 6-50　创建 Movies 对话框

动画的生成分成两步完成，以 GIF 格式动画为例：

1）生成 animation 文件，这些文件保存在后处理文件所在的文件夹下。用户如果安装了 Mentat，那么这时即可在 Movie 菜单下，选择 Play GIF 来播放这些动画了。如果动画文件要在没有 Mentat 的环境中演示，则还需要执行第 2）步操作。

2）将 animation 文件生成动画。这一步需要使用运行 marcmovie.exe。在 Marc Movie 窗口中选择 File→Open，选择动画要求的所有的文件。在 File→Save as...中将动画保存为相应格式动画文件。

在 Mentat 中只能对当前窗口生成动画，不能生成包括两个窗口的动画文件。

创建 Animation 文件之前，建议对视图做些变化。单击 Movies 菜单的 Attributes 按钮，进行动画生成的背景、坐标系、模型的 legend（图例说明）和模型线条及显示颜色的设置。Attributes 对话框如图 6-51 所示。一般采用默认设置即可。

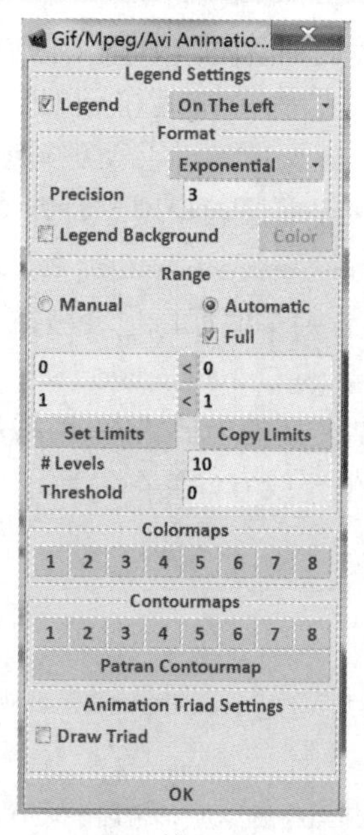


图 6-51 Movie 的 Attributes 对话框

### 6.8.3 切片平面

在观察三维实体结构内部的特性方面，Mentat 2015 版本在已有的等值面和切片两种方式的基础上，增加了全新的、功能更为强大的切面平面工具。使用户定义切片平面的工作更为简单和灵活。通过该功能，可以同时将平面上及一侧的实体有限元网格显示出来，该功能支持低阶和高阶三维实体单元类型。更重要的是，这一功能可以在前处理和后处理中使用，如图 6-52 所示，下面就菜单中提供的选项进行介绍。

Method：提供了两种方法，一种是 Plane，选择 Plane 可以基于后续参数进行切片平面的定义；另一种是 Result Scalar，能够基于分析结果的数值进行切面区域的定义。

在选择 Plane 时，可以基于指定的基本位置（Base Position）并结合给定的法向（Clipping Plane→Normal）指定切面平面。同时可以使用 Shift Amount 指定切面平面的距离并结合“+”、“-”进行平面的位置的移动控制。Actual Position 显示的为考虑 Shift Amount 和 Shift Level 后的实际切片平面通过的位置。Clipping Criterion 提供了两种模式（Mode）及阈值（Threshold）控制切片平面准则：如果模式选择 Above，那么所有的在阈值定义距离（包含正负号）以上的区域将关闭切片；同样如果选择 Below，那么所有的在阈值定义距离（包含正负号）以下的区域将关闭切片。

Model Clipping 勾选时会执行模型切片。

Element Intersection 下的 Internal Edges 选项控制是否绘制内部单元面的边（例如不在模型外表面的单元面）。注意，如果勾选了只绘制单元外轮廓选项（View→Plot Control→Element: Settings→Edges：Outline），那么不管是否勾选内部单元边选项都不会显示模型内部的单元边。

Save 选项可以用于保存模型与切片平面相交得到的曲面到模型文件（.mud/.mfd）。相交曲面可以是三角形或四边形，并可以以三节点三角形和四节点四边形单元存储，每个单元都有各自的节点。

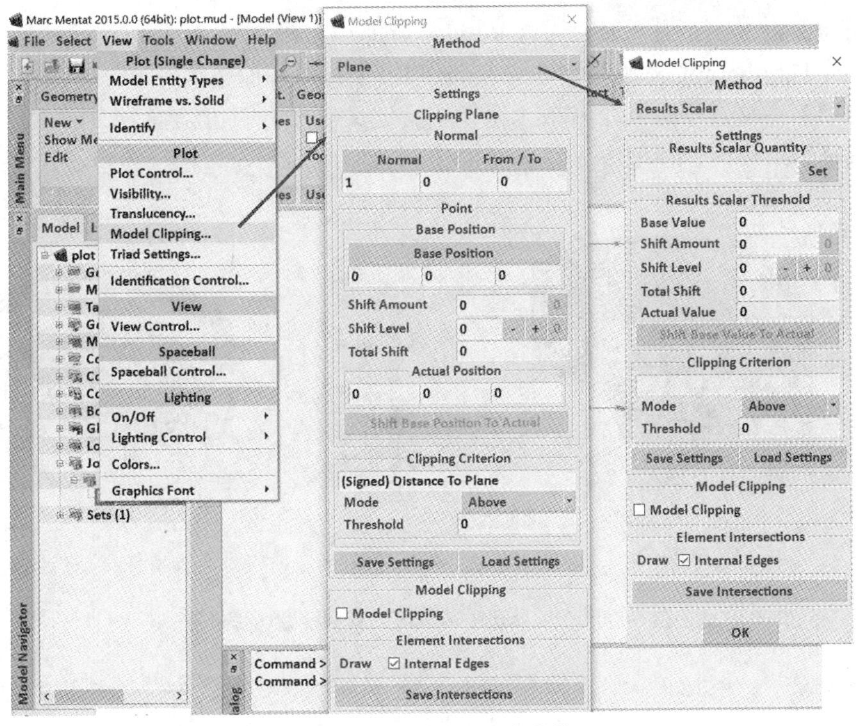


图 6-52 切片平面定义菜单

该功能最为强大之处在于它能够基于分析结果的数值进行切面区域的定义。例如图 6-53 所示模型，切片平面基于等效米塞斯应力定义。该模型为《Marc 用户手册》（E 卷）第 8 章第 8.61 例题，将书中所附光盘“第 6 章\切片平面”文件夹下的 e8x61e.t16 打开。

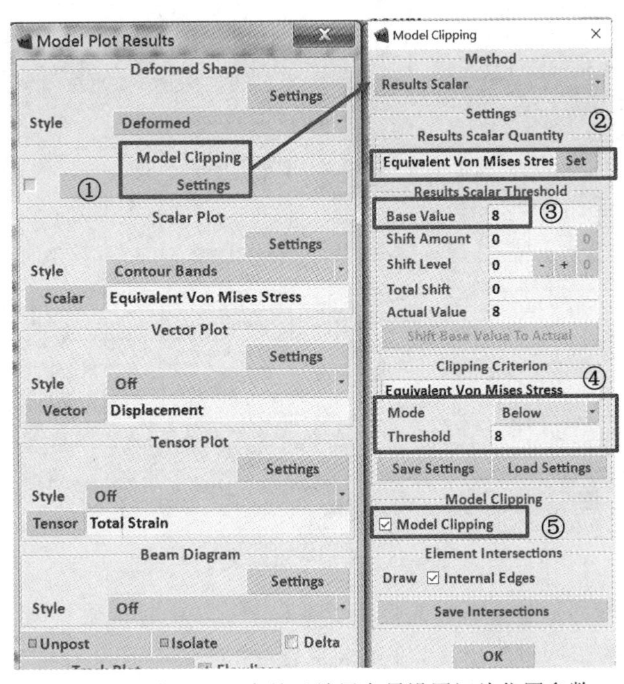


图 6-53 在后处理中基于结果变量设置切片位置参数

当选择 Result Scalar 方法时，通过 Results Scalar Quantity→Set 可以选择结果变量，通过 Results Scalar Threshold 设置基础值 Base Value 以及偏移量和偏移水平等。

在图 6-53 中切片平面基于等效米塞斯应力定义，应力阈值设置为 8MPa。当 Clipping Criterion 选择 Below 时，模型中应力小于 8MPa 的部分不显示，如图 6-54 所示。

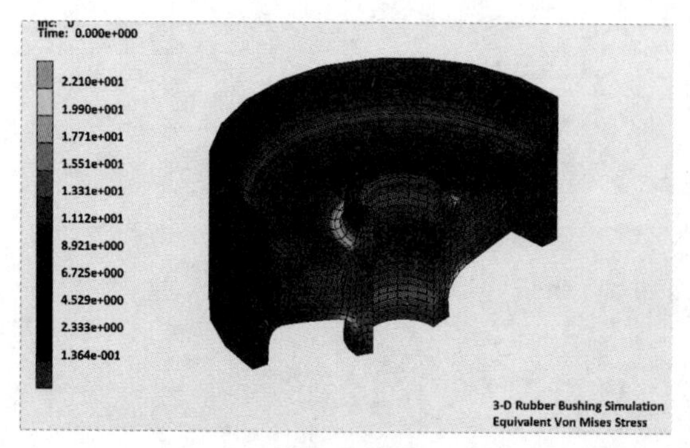


没有切片的结果

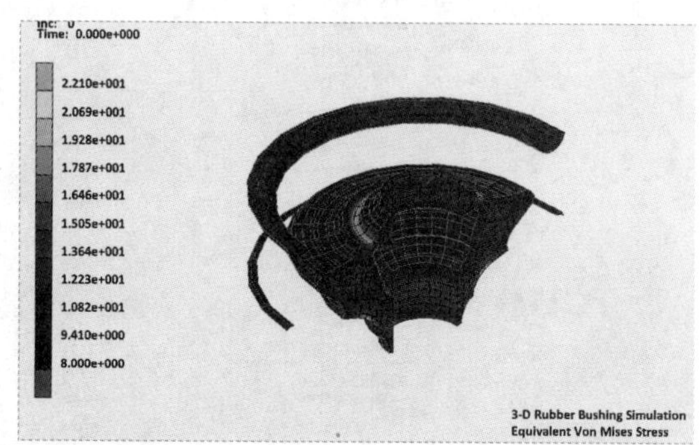


等效米塞斯应力大于 8MPa 位置显示切片结果

图 6-54　在后处理中基于结果变量设置切片位置

## 6.8.4　总体变量

Mentat 后处理提供了任何增量步查看总体变量的功能。这些输出量在 Mentat 2013 以前版本中也存在，但需要一些额外的工作来提取它们。Mentat 2013 版本提供的新的处理方法仅需单击一次菜单就可以快速抓取任何增量步的结果。如图 6-55 所示，根据分析类型的不同，在分类中提供给了多种类型的总体变量，其中包括分析变量、能量和功、边界条件幅值、与裂纹相关的变量、模态响应变量、特殊变量等。

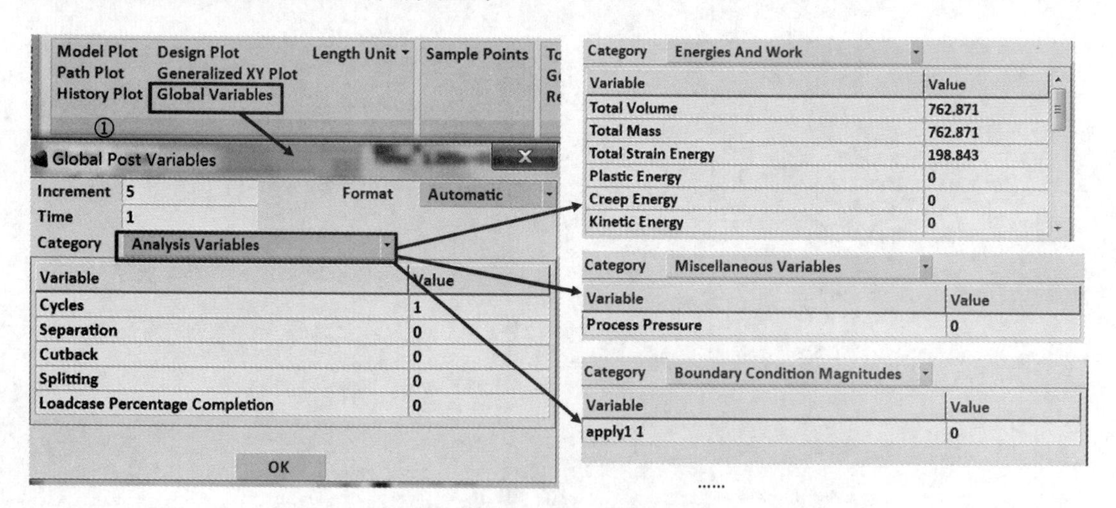


图 6-55　全局变量结果菜单

注意这些全局变量并不是在所有的分析类型和增量步中都提供。如图 6-56 所示的模态响应变量只在模态分析的子增量步出现。在第 8 章裂纹扩展部分还会介绍与裂纹相关的变量，详细内容可以参考第 8 章的相关介绍。

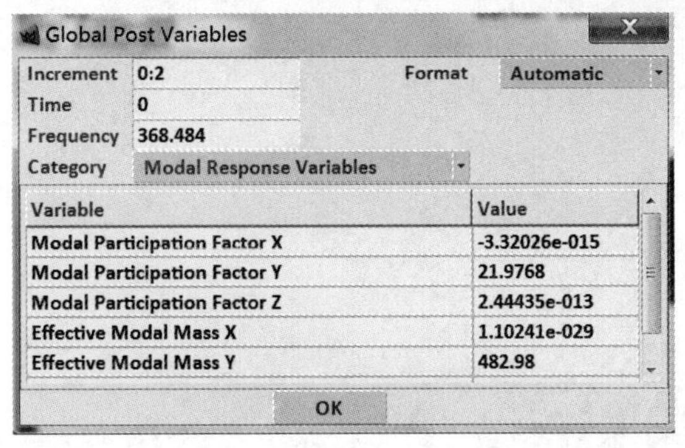


图 6-56　模态分析的子增量步出现的模态响应变量

# 7

# 网格自适应（Local Adaptivity）与重划分（Global Remesh）

## 7.1 综述

有限元分析的精度和效率与单元密度和单元几何形态之间存在着密切的关系。Marc 软件功能强大的 Local Adaptivity（局部网格自适应）技术，能够按照用户需要的误差准则，自动定义有限元分析网格的疏密程度，使得数值计算在网格疏密相对优化的有限元模型上完成。而 Global Remesh（网格的自动重划）技术能够纠正因过度变形产生的网格畸变，自动重新生成形态良好的网格，提高计算精度，保证后续计算的正常进行。Marc 软件的这两种网格技术能够强有力地支持高效和精确地完成大型的、复杂的线性和非线性的问题分析。

对于每一次有限元分析，用户总希望以合理的建模投入和计算获得最理想的计算结果。有限元分析结果的精度与离散模型的网格划分是密切相关的。工程问题结构的形状和边界条件往往十分复杂，初始建模划分的网格并不一定能够同时保证结果高精度和计算效率足够高的要求。显然，过密的网格可能造成计算费用的大增，而过疏的网格又无法精确描述场变量的空间变化。另外，初始预定的网格划分很难适应在不同时间点上变量的空间分布变化。根据误差识别，能够自动调整网格疏密度的网格自适应技术，成为帮助用户以合理费用，提高复杂问题的计算效率，改进结果精度的有效措施。采用网格自适应能够有效地加密接触区、应力集中区的网格。如图 7-1（a）所示为加密接触区网格实例，图 7-1（b）为加密应力集中区网格实例。

有限元分析结果的精度与网格疏密程度密切相关。应力的误差大于位移误差，这是位移有限元法的特点。自适应网格生成技术通过指定的自适应误差判据，自动调节网格的疏密程度，以合理的计算成本获得精度较高的分析结果。

关键问题是什么样的有限元离散网格疏密程度才算足够，对于不同的问题，怎样才能自动获得结构局部的细化网格。

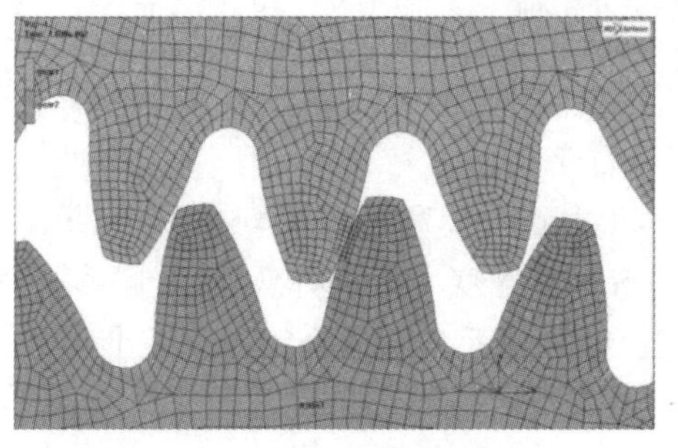

（a）接触区网格加密

（b）应力集中区网格自适应加密

图 7-1　网格自适应实例

目前，Marc 的局部网格自适应功能可以与总体网格重划分功能联合使用，确保关键区域网格细化，从而可以对壳单元和四面体单元网格进行更好的网格密度控制，进而改善求解精度。通过在关心的区域提供更密集的网格，在其他区域采用粗网格，这样还可以节约计算资源。局部网格自适应技术还可以同面段－面段接触探测方法一起使用。

## 7.2　局部网格自适应

### 7.2.1　局部网格自适应误差准则

Local Adaptivity——局部自适应网格生成技术是以某种误差判据或一些结果为依据的。一旦误差准则在指定的单元中被违反，这些单元会按给定的单元细划级别在指定的载荷增量步内被细划。Marc 提供多种误差准则可供选用，Local Adaptivity 应用的操作步骤为 Mesh Adaptivity→ Local Adaptivity→New，其误差准则选择菜单如图 7-2 所示。

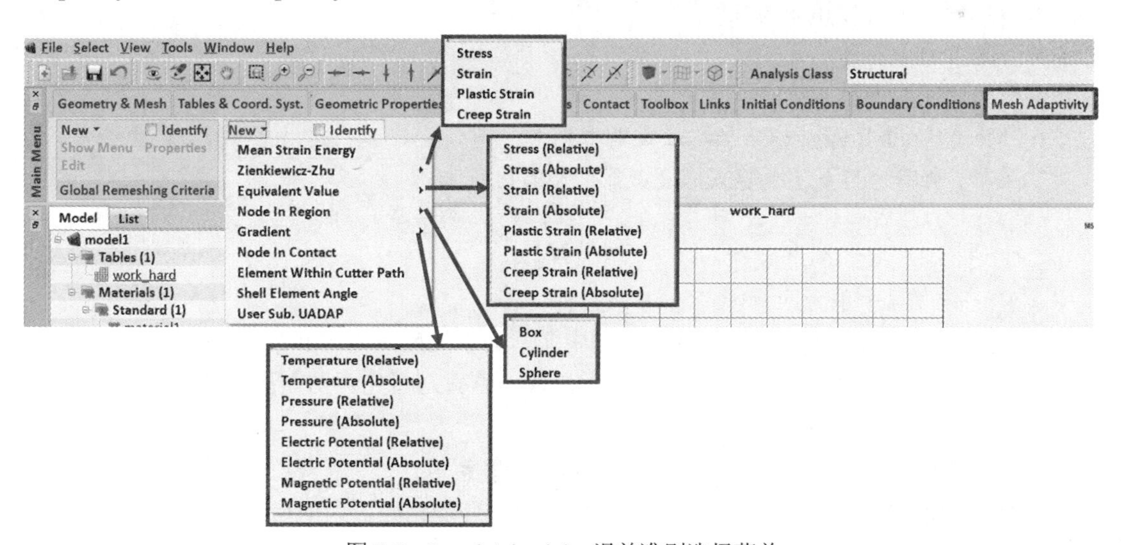


图 7-2　Local Adaptivity 误差准则选择菜单

- Mean Strain Energy：平均应变能准则。当单元应变能大于系统平均应变能的指定倍数时细化。Max # Levels 为单元细分的级数。

- Zienkiewicz-Zhu：应力、应变、塑性应变、蠕变应变误差准则。定义“计算应力、应变、塑性应变、蠕变应变”与“磨平应力、应变、塑性应变、蠕变应变”的误差为判定准则。
- Equivalent Value：等效值误差准则。提供了相对（Rel）和绝对（Abs）两种方式，当选择相对误差准则时，表示当等效应力/应变/塑性应变/蠕变应变与最大等效应力/应变/塑性应变/蠕变应变的比值超过给定值时，细分单元。当选择绝对误差准则时，表示当等效应力/应变/塑性应变/蠕变应变超过给定值时，细分单元。
- Node In Region：在给定区域内的节点误差准则。落入所划区域的那些节点所在的单元被细化，区域可以指定为盒形区域、圆柱形区域或球形区域。
- Gradient：梯度误差准则。可以基于温度、压力、电势、磁势进行判定，同样提供了相对（Rel）和绝对（Abs）两种方式。以相对温度梯度判定准则为例，根据单元计算得到的温度与平均温度之比作为判定细划准则，在热传导分析中尤为有用。
- Node In Contact：接触自适应准则。在接触分析中往往预先不知接触发生的准确位置，因而事先细划单元带有盲目性。这种自适应准则的作用是一旦发生接触，接触区的单元就按指定级别细化。
- Element Within Cutter Path：该准则用于数控加工的仿真分析。在切削路径上的单元将被细分。
- Shell Element Angle：壳单元角度准则。当相邻壳单元的角度大于指定值时，单元细分。
- User Sub UADAP：用户自定义误差准则。用户通过子程序入口可自行定义自适应网格误差准则耦合进 Marc。

Marc 在挑选适用的网格自适应误差准则时，注意考察现有网格自适应准则的以下方面：

- 是否适于各种材料模型。
- 是否适于线性和非线性问题。
- 是否适于各种单元类型。
- 是否相对容易实施。

1. Mean Strain Energy——*平均应变能准则*

如果第 $i$ 个单元的下述不等式成立，第 i 个单元细化。

$$E_{\text{el}} > \frac{E_{\text{total}}}{N_{\text{adapt}}} f_1 \tag{7-1}$$

式中 $E_{\text{el}}$——第 $i$ 个单元应变能；

$E_{\text{total}}$——总应变能（即在应变能准则中激活的单元应变能之和）；

$N_{\text{adapt}}$——在应变能准则中激活的单元总数，也就是事先声明需按应变能网格自适应准则细分网格的那些单元；

$f_1$——用户根据问题的需要自己定义的应变能系数。

$f_1$ 的典型取值为 $1.5 < f_1 < 2$，如果所有单元的应变能相同，所对应的有限元网格为最优。这就意味着常应力区域的单元永远达不到需要细化网格的应变能误差准则。

2. Zienkiewicz-Zhu Stress——*应力准则*

定义为：

$$\pi^2 = \frac{\int(\sigma^* - \sigma)^2 \mathrm{d}V}{\int \sigma^2 \mathrm{d}V + \int(\sigma^* - \sigma)^2 \mathrm{d}V} \tag{7-2}$$

式中　$\sigma^*$ 为光滑化的应力，$\sigma$ 为计算应力。

应力误差按公式（7-3）定义为：

$$X = \int(\sigma^* - \sigma)^2 \mathrm{d}V \tag{7-3}$$

如果第 $i$ 个单元的下述不等式成立，则需细化网格。

$$\pi > f_1 \tag{7-4}$$

$$X_{el} > f_2 X / N_{\text{adapt}} + f_3 X f_1 / \pi / N_{\text{adapt}} \tag{7-5}$$

式中　$f_1$、$f_2$、$f_3$ 为用户定义的应力误差准则的系数。

$f_1$ 的典型取值范围为 $0.05 < f_1 < 0.2$，$f_2$ 的默认值为 1，$f_3$ 的默认值为 0。如果所有单元对总体误差的贡献都相同，则表明相应的单元划分最优。也就是说，没有必要再细化这些单元。系数 $f_3$ 起到加强总体误差的作用。

3．Zienkiewicz-Zhu Strain——应变能误差准则

与前面的基于应力的 Zienkiewicz-Zhu 误差准则相似，Zienkiewicz-Zhu 应变能误差准则是用应变能代替应力来估计误差。

$$\gamma^2 = \frac{\int(E^* - E)^2 \mathrm{d}V}{\int E^2 \mathrm{d}V + \int(E^* - E)^2 \mathrm{d}V} \tag{7-6}$$

式中　$E^*$ 为光滑化的应变能，$E$ 计算应变能。

积分形式度量的应变能误差为：

$$Y = \int(E^* - E)^2 \mathrm{d}V \tag{7-7}$$

如果第 $i$ 个单元的下述不等式成立，则需要细化该单元。

$$\gamma > f_1 \tag{7-8}$$

$$Y_{\text{el}} > f_4 Y / N_{\text{adapt}} + f_5 Y f_1 / \gamma / N_{\text{adapt}} \tag{7-9}$$

式中　$f_1$、$f_4$、$f_5$ 为用户定义的系数。

同基于应力 Zienkiewicz 的准则一样，采用基于应变能的 Zienkiewicz-Zhu 误差准则时，使用 $f_4$ 和 $f_5$ 分别代替 $f_2$ 和 $f_3$。如果所有单元对系统总体的误差的贡献都相同，就没有必要细化网格了。

4．Zienkiewicz-Zhu Plastic Strain——塑性应变准则

定义为：

$$\alpha^2 = \frac{\int(\varepsilon^{p*} - \varepsilon^p)^2 \mathrm{d}V}{\int \varepsilon^{p2} \mathrm{d}V + \int(\varepsilon^{p*} - \varepsilon^p)^2 \mathrm{d}V} \tag{7-10}$$

式中　$\varepsilon^{p*}$ 为光滑化的塑性应变，$\varepsilon^p$ 计算塑性应变。

塑性应变误差按式（7-11）定义为

$$A = \int(\varepsilon^{p*} - \varepsilon^p)^2 \mathrm{d}V \tag{7-11}$$

允许的单元塑性应变误差为：

$$\text{AEPS} = f_2 A / N_{\text{adapt}} + f_3 A f_1 / \alpha / N_{\text{adapt}}$$

式中　$f_1$、$f_2$、$f_3$为用户定义的应力误差准则的系数。$f_1$的典型取值范围为$0.05 < f_1 < 0.2$，$f_2$的默认值为 1，$f_3$的默认值为 0。如果所有单元对总体误差的贡献都相同，则表明相应的单元划分最优。也就是说，没有必要再细化这些单元。系数$f_3$起到加强总体误差的作用。

如果第 $i$ 个单元的下述不等式成立，则需细化网格。

$$\alpha > f_1 \tag{7-12}$$

$$A_{\mathrm{el}} > \mathrm{AEPS} \tag{7-13}$$

5. Zienkiewicz-Zhu Creep Strain——*蠕变应变准则*

定义为：

$$\beta^2 = \frac{\int (\varepsilon^{c*} - \varepsilon^c)^2 \mathrm{d}V}{\int \varepsilon^{c2} \mathrm{d}V + \int (\varepsilon^{c*} - \varepsilon^c)^2 \mathrm{d}V} \tag{7-14}$$

式中　$\varepsilon^{c*}$为光滑化的蠕变应变，$\varepsilon^c$计算蠕变应变。

蠕变应变误差按式（7-15）定义为：

$$B = \int (\varepsilon^{c*} - \varepsilon^c)^2 \mathrm{d}V \tag{7-15}$$

允许的单元蠕变应变误差为：

$$\mathrm{AEPS} = f_2 B / N_{\mathrm{adapt}} + f_3 B f_1 / \beta / N_{\mathrm{adapt}}$$

式中　$f_1$、$f_2$、$f_3$为用户定义的应力误差准则的系数。

$f_1$的典型取值范围为$0.05 < f_1 < 0.2$，$f_2$的默认值为 1，$f_3$的默认值为 0。如果所有单元对总体误差的贡献都相同，则表明相应的单元划分最优。也就是说，没有必要再细化这些单元。系数$f_3$起用来加强总体误差的作用。

如果第 $i$ 个单元的下述不等式成立，则需细化网格。

$$\beta > f_1 \tag{7-16}$$

$$B_{\mathrm{el}} > \mathrm{AEPS} \tag{7-17}$$

6. Equivalent Value——*等效应力/应变/塑性应变/蠕变应变准则*

基于等效应力/应变/塑性应变/蠕变应变绝对值或相对值的原则，例如相对值的原则先决定结构的最大等效应力$\sigma_{\mathrm{vm}}^{\max}$/应变$\varepsilon_{\mathrm{vm}}^{\max}$/塑性应变$\varepsilon_{\mathrm{vm}}^{p^{\max}}$/蠕变应变$\varepsilon_{\mathrm{vm}}^{c^{\max}}$。

对第 $i$ 个单元，如果下述不等式成立，则需要细化该单元。

等效应力相对值：

$$\sigma_{\mathrm{vm}} > f_1 \sigma_{\mathrm{vm}}^{\max} \tag{7-18}$$

等效应力绝对值：

$$\sigma_{\mathrm{vm}} > f_2 \tag{7-19}$$

等效应变相对值：

$$\varepsilon_{\mathrm{vm}} > f_1 \varepsilon_{\mathrm{vm}}^{\max} \tag{7-20}$$

等效应变绝对值：

$$\varepsilon_{\mathrm{vm}} > f_2 \tag{7-21}$$

等效塑性应变相对值：

$$\varepsilon_{\mathrm{vm}}^{p} > f_1 \varepsilon_{\mathrm{vm}}^{p^{\max}} \tag{7-22}$$

等效塑性应变绝对值：

$$\varepsilon_{\mathrm{vm}}^{p} > f_2 \tag{7-23}$$

等效蠕变应变相对值：

$$\varepsilon_{\mathrm{vm}}^{p} > f_1 \varepsilon_{\mathrm{vm}}^{c^{\max}} \tag{7-24}$$

等效蠕变应变绝对值：

$$\varepsilon_{\mathrm{vm}}^{c} > f_2 \tag{7-25}$$

上述各式中 $f_1$、$f_2$ 为用户定义值。

$f_1$ 和 $f_2$ 的取值对不同的问题而言大小不同，对这种误差判据来说，不存在最优网格划分。该准则用于结构中仅一处有应力集中的问题，对控制应力集中局域的网格细化十分有用。

7. Node In Region——箱盒准则

对第 $i$ 个单元，如果其变形后的任一节点落在用户指定的箱盒范围之内，则认为满足箱盒准则，需细分网格。用户定义的箱盒，按总体坐标下的 $x$，$y$，$z$ 值给定。

对箱盒准则而言，不存在最优网格。可以利用这一自适应网格准则在所需的结构局部设置箱盒，从而人为地细化局部网格。

8. Gradient——求解梯度准则

以基于温度梯度的准则为例，需要先决定结构中最大的温度梯度 $g_{\max}$，对第 $i$ 个单元的温度梯度 $g_{\mathrm{el}}$，如果下述不等式成立，则单元细化。

$$g_{\mathrm{el}} > f_1 g_{\max} \tag{7-26}$$

式中　$f_1$ 为用户定义的应力误差准则的系数。

典型的 $f_1$ 取值为 0.75，对于计算出的温度梯度近似于各向同性、各点相同的有限元网格划分，可以认为这种网格最优。

9. Node In Contact——接触节点准则

对第 $i$ 个单元，如果它的节点至少有一个与变形体接触，或者它的节点是与另一个节点相接触的接触段/片的角节点，则认为接触节点误差准则满足，需细化网格。

不存在最优网格，需要防止初始太疏的网格造成穿透，事先不知接触发生的确切位置时，可事先用较疏网格，并选择接触节点误差准则控制自适应分析，在发生接触的区域自动细化网格。

10. Element Within Cutter Path——加工路径内的单元

此项定义用在数控加工的仿真分析中。加工路径（Cutter Path）上的单元为局部网格加密区。

11. Shell Element Angle——壳单元间的角度

相邻两个壳单元的夹角大于指定值时，网格局部加密。

12. User Sub.UADAP——用户自定义误差准则

通过用户子程序 UADAP，用户需选择变量 $V^{user}$，如采用相对值的原则，先决定结构中它的最大值 $V_{\max}^{user}$。对第 $i$ 个单元，如果下述不等式成立，则单元需细化。

绝对值：

$$V^{user} > f_2 \tag{7-27}$$

相对值：

$$V^{user} > f_1 V_{\max}^{user} \tag{7-28}$$

式中　$f_1$、$f_2$ 为从 Marc 的输入文件（.dat）给入。

### 7.2.2 局部网格自适应的相关技术处理

1. 单元局部细化的方法

如果用户指定的误差准则得以满足，便可以按如图 7-3 所示的方法实现网格细化。

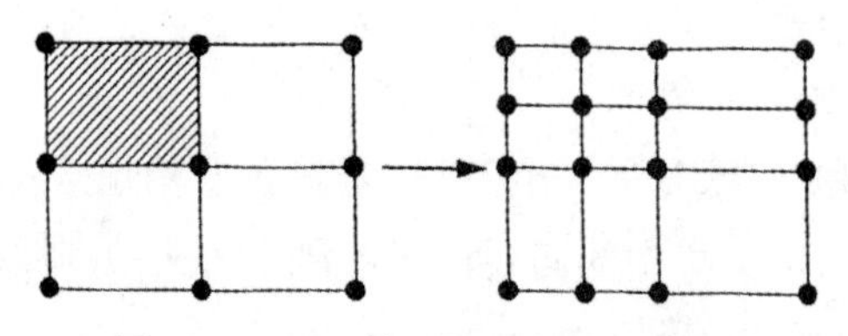

图 7-3 Marc 采用的网格细化方法

Marc 中采用的网格细化方法为 h 法，即增加边中节点，改变单元尺寸（总体细化或局部细化）。

Marc 中进行单元局部细化的方法如图 7-4 所示，该方法的优缺点如下：

- 优点：不改变单元的方向比。也就是说，单元在相互独立的方向上的相对尺寸不变。
- 缺点：对于不同级别的单元，细化后单元边界出现的边中点，需采用多点约束方程（TYING）保证相邻单元边界的变形一致。

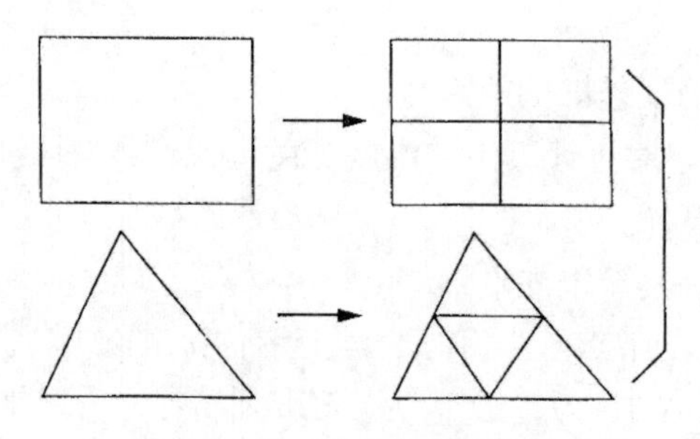

图 7-4 单元的局部细化方法

为了使采用自适应细化后的网格的有限元解更平滑，应尽量减少相邻单元网格细化级别的差别，最好使其保持在一个级别为好，如图 7-5 所示。

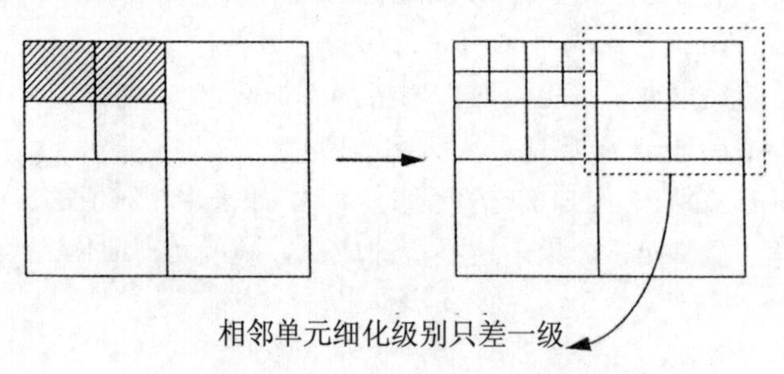


图 7-5 单元的局部细化的级别

应慎重选择最大单元细化级别，以防止增加太多单元和节点。

2. 边界自适应条件的相应变化

当施加了边界条件的单元被细化，程序会自动在新增加的边界节点上施加相应的边界条件，自动将新增加的单元置于原来单元所属的集合名中，以便之后处理时提取，如图 7-6 所示。

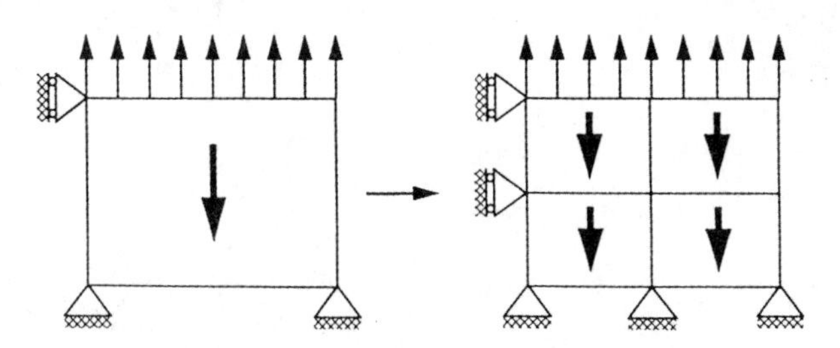

图 7-6　单元的局部细化后边界条件的自动施加

在具有不同单元细化级别的壳单元交界处，施加多点约束。对面内位移施加线性约束。对横剪位移不作线性约束，使其保持自由。所有的转动都被线性约束。

3. 采用 Marc 完成自适应分析时应注意

- 估计自适应细化后的节点数、单元数和边界条件数。
- 选择适当的误差准则及所需的由用户给定的系数，确定网格细化的级别。
- 选择合理的参数，以保证预留出足够的内存空间，使分析尽量在内存中完成。
- 网格自适应只适于线性连续单元（平面应力单元、平面应变单元、轴对称单元、三维体元和低阶壳单元）。
- J－积分和模态分析以及逐个单元迭代的求解方法不适用于网格自适应分析。

4. 用 Mentat 实现线性自适应分析所涉及的菜单

- Mesh Adaptivity→Local Adaptivity。
- Jobs→New▼→Structure→Job Properties→Mesh Adaptivity。

### 7.2.3　网格自适应实例

1. 问题描述

一台阶轴，轴半径分别为 100mm 和 50mm，长度分别为 300mm 和 300mm。台阶轴左端固定，右端面受到大小为 100MPa 的均布载荷。在台阶根部会有应力集中。本例中主要说明网格自适应的应用，对比在应力集中处不同单元密度对结果的影响。通过对比分析，说明网格自适应加密方法的优点和使用时需要的技巧。

分别用表 7-1 所列出的 6 种方式对台阶轴进行模拟分析和结果对比。

表 7-1　台阶轴应力集中区网格划分方案表

| | 仿真模型中关键特征的不同处理方法 |
|---|---|
| 线弹性分析 | 1. 根部无圆角、网格无局部加密设置 |
| | 2. 根部有圆角、网格无局部加密设置 |
| | 3. 根部无圆角、网格有局部加密设置 |
| | 4. 根部有圆角、网格有局部加密设置、加密处节点与圆角圆弧无关联 |
| | 5. 根部有圆角、网格有局部加密设置、加密处节点与圆角圆弧关联 |
| 非线性分析 | 6. 根部有圆角、网格有局部加密设置、加密处节点与圆角圆弧关联 |

网格划分、几何属性的定义、材料属性的定义和边界条件的定义本例不做详细介绍。读者可以直接打开书中所附光盘“第 7 章\局部网格自适应”文件夹下的 Local_adapt_model.mud 模型。读入的模型如图 7-7 所示。

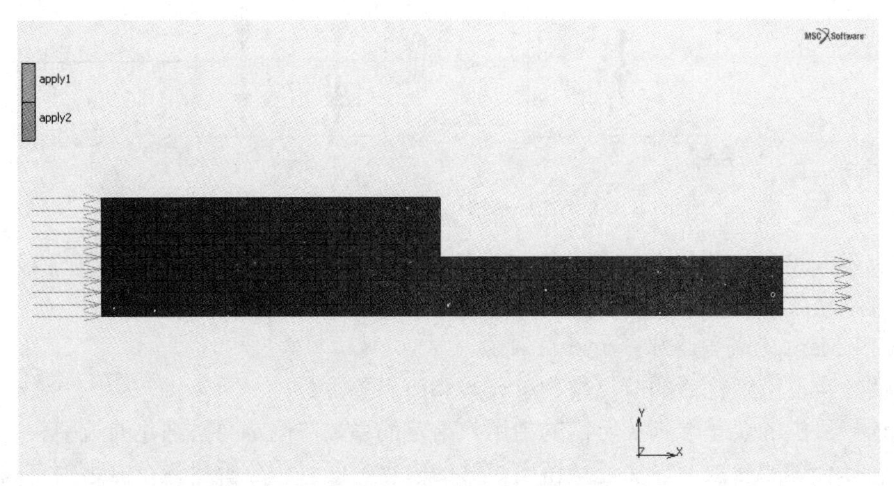


图 7-7　台阶轴的有限元网格和边界条件示意图

此例中，如果按照正常网格分析，不进行网格局部加密，无圆角（模型名称：Local_adapt_model.mud）和有圆角（模型名称：Local_adapt_arc_model.mud）的应力分布云图分别如图 7-8 和图 7-9 所示。从图中可见，两种方式的最大应力都发生在台阶根部附近，最大应力分别为 125MPa 和 160MPa。

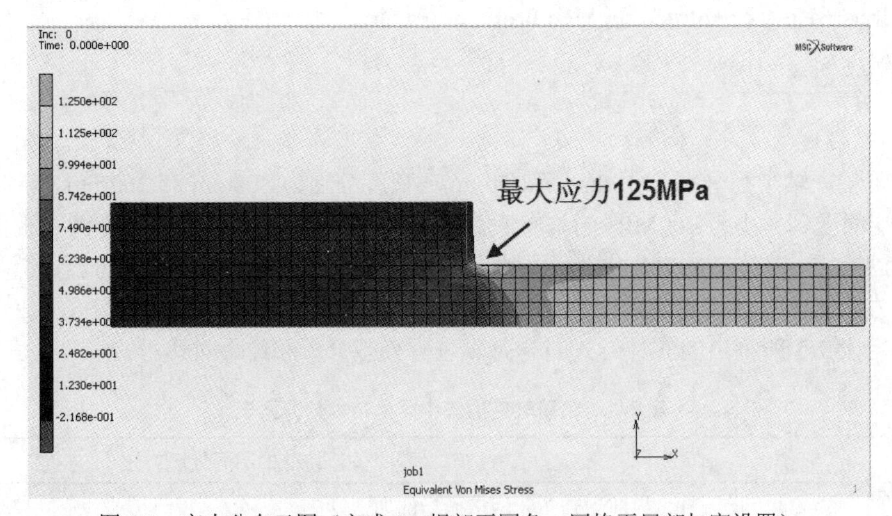


图 7-8　应力分布云图（方式 1：根部无圆角、网格无局部加密设置）

2. 局部网格自适应定义

此例中台阶轴的台阶根部处于拉伸载荷作用下，有应力集中。通常对应力集中区域应该将网格细化才能得到较准确的仿真结果。以下通过局部网格自适应的定义，对应力值大于最大应力 1/2 的区域进行网格细化。局部网格自适应定义的步骤和菜单如下所述，如图 7-10 所示。

Mesh Adaptivity→Local Adaptivity：New▼→Equivalent Value▶→ Stress（Relative）

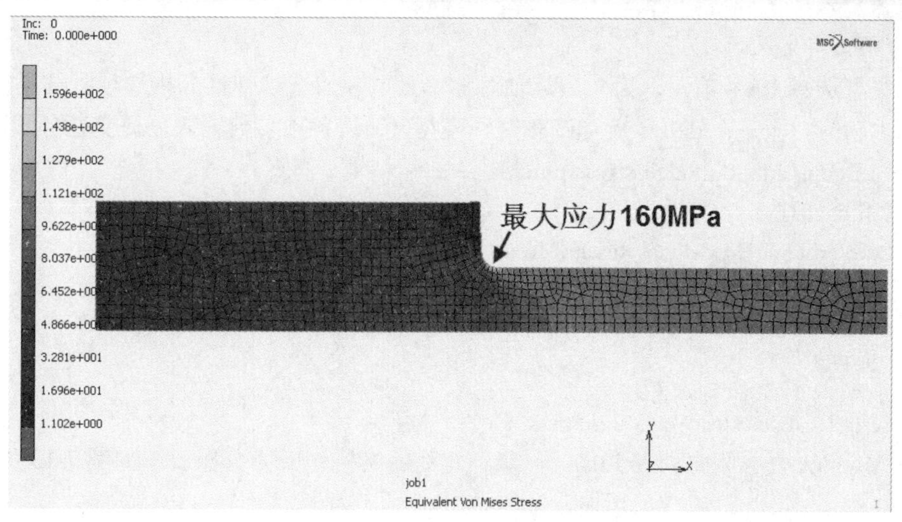


图 7-9　应力分布云图（方式 2：根部有圆角、网格无局部加密设置）

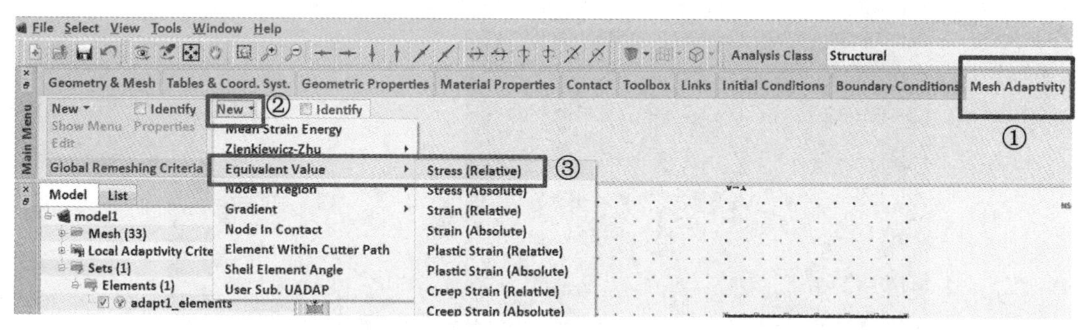


图 7-10　定义局部网格自适应准则选项菜单

单击 Mesh Adaptivity→Local Adaptivity：Properties 命令，出现如图 7-11 所示的对话框。按照图中的数值输入。其中 Value= 0.5，表示当应力大于最大应力 1/2 时，局部网格细化区进行网格细化；Max # Levels=8 表示最多进行 8 级细化。Elements:Add 处选择台阶根部附近的单元为局部细化单元，如图 7-12 所示。

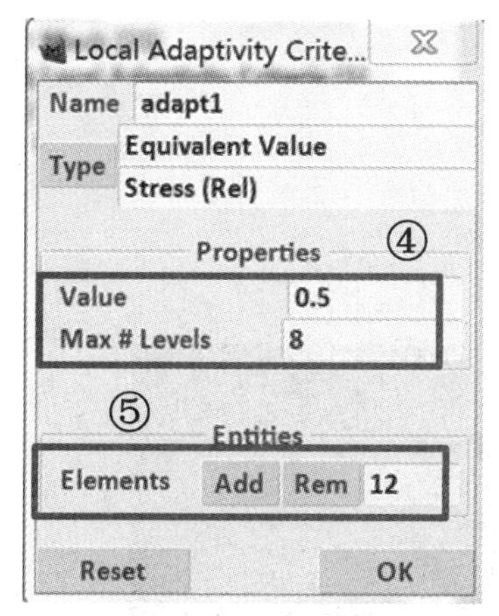


图 7-11　局部网格自适应准则定义菜单

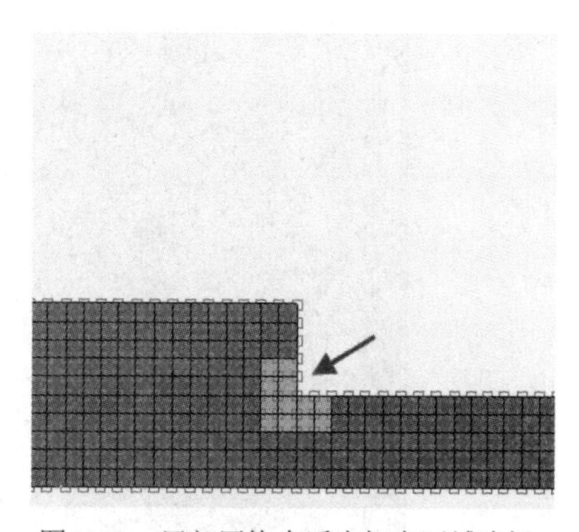

图 7-12　局部网格自适应加密区域选择

3. 分析任务定义

单元类型选择 10 号单元，为 4 节点轴对称单元；并勾选线弹性分析选项；结果输出等效米塞斯应力和应力张量；分析维度选择轴对称模型，确认各项参数输入后提交任务即可，对应模型文件为 Local_adapt_model_stress.mud。

4. 结果后处理

Open Post File (Model Plot Results Menu)
*---Deformed Shape---*
Style : Deformed▼
*---Scalar Plot ---*
Style: Contour Band▼
Scalar: ⊙Equivalent Von Mises Stress

单击 Monitor 查看应力动态变化。一级细化后的网格和应力分布云图如图 7-13 所示。

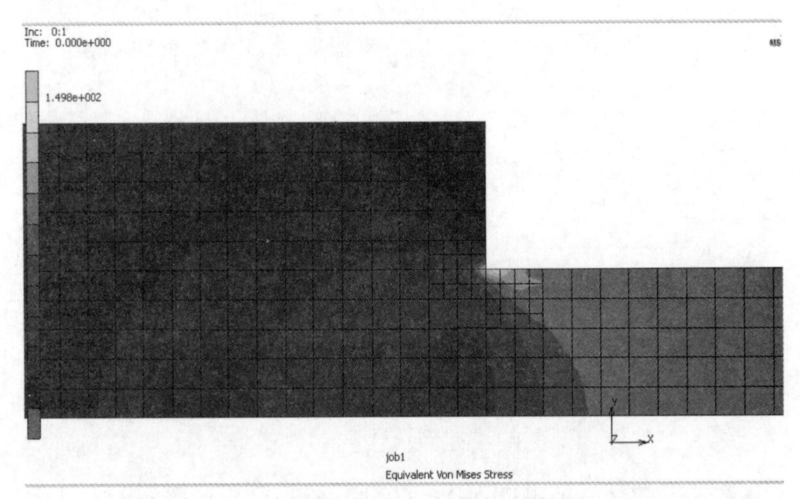


图 7-13 一级细化后台阶根部网格加密和应力云图

根部应力集中区的网格不断加密，最大应力值不断增加，经过 8 级细化后，根部应力值达到 917MPa，如图 7-14 所示。此时的计算结果已经超出线弹性范围，网格不断细化，但计算结果不收敛，主要原因是存在应力奇异场。

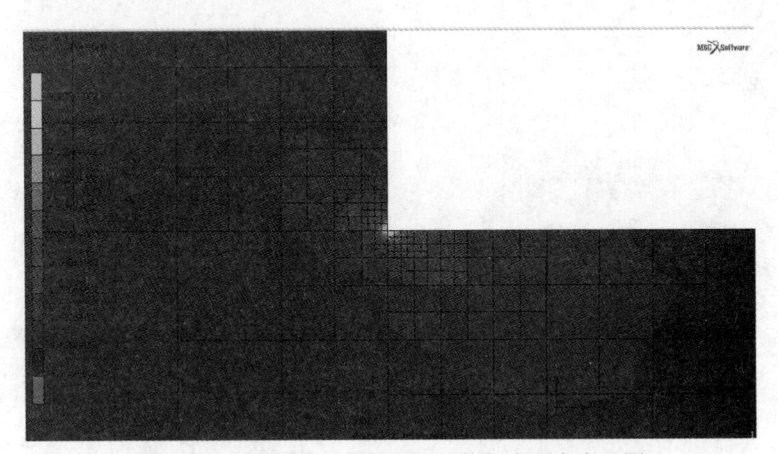

图 7-14 八级细化后台阶根部网格加密和应力云图

5. 台阶轴分析模型的改进

（1）方式4：根部有圆角、网格有局部加密设置、加密处节点与圆角圆弧无关联。

对台阶轴台阶根部添加圆角，圆角半径为10mm。划分网格。按照上例中定义台阶轴根部局部网格自适应准则参数和如图7-15所示的区域设置，带圆角的模型考虑局部网格自适应设置的模型为local_adapt_arc_model_stress.mud。

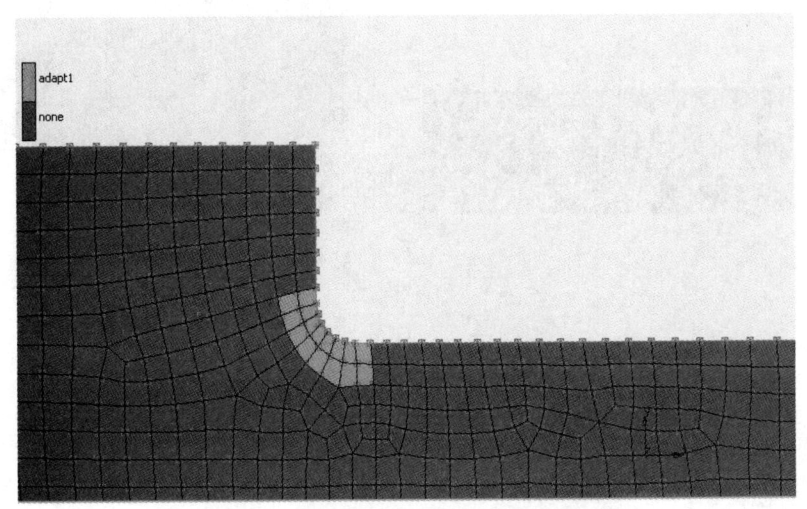


图7-15 局部网格自适应加密区域的选择

定义包含网格细化设置的分析任务的命令流如下，注意该模型中没有激活使用几何关联信息的选项，具体如下：

Jobs→Jobs：New▼→ Structural
☑Linear Elastic
Mesh Adaptivity
☐Use Attach Info

如图7-16所示，箭头所指处的复选框不勾选，表示网格细分后新生成的节点与此处的几何圆角圆弧曲线不关联。

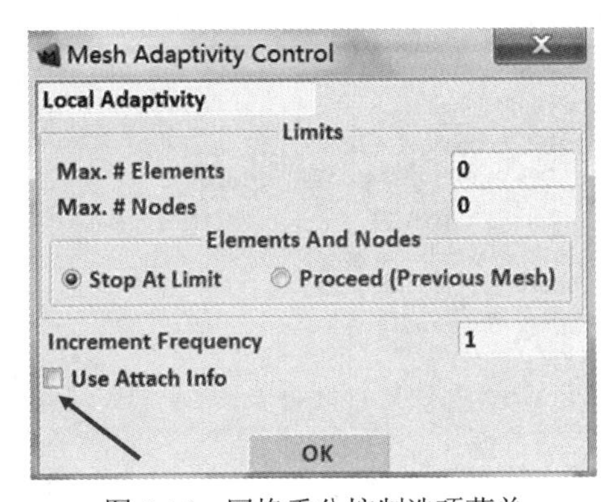


图7-16 网格重分控制选项菜单

如图7-17所示，方式4的应力最大值发生在圆角上相隔一定距离的两个点处。这个结果不符合实际，一般来说圆角处应力分布应该是连续的。而方式4模型的最大应力点状分布是因为网格加密时部分网格节点不在圆弧上，造成结构在圆弧处不光滑，从而使这些地方应力为最大。对应分析任务 adapt_no_attach，即 local_adapt_arc_model_stress_adapt_no_attach.dat。

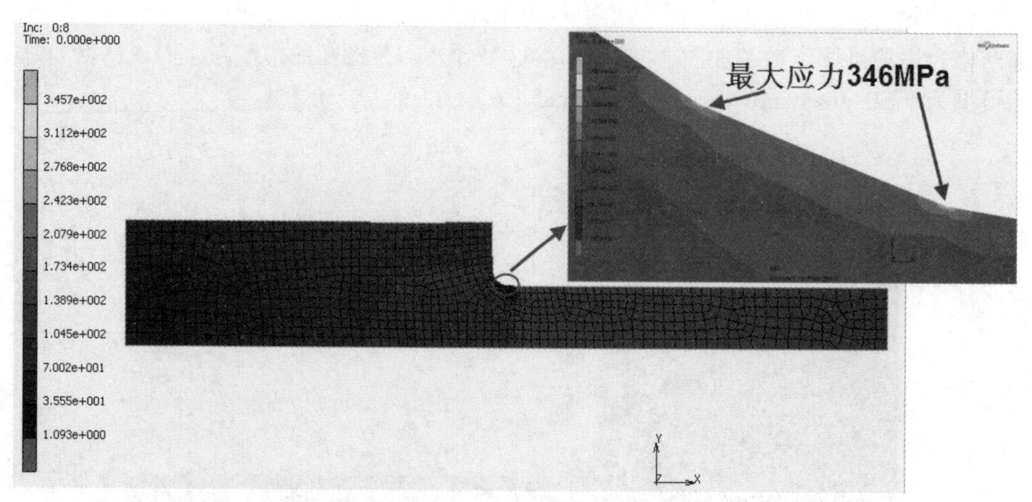


图 7-17　八级细分后台阶根部网格加密和应力云图

（2）方式 5：根部有圆角、网格有局部加密设置、加密处节点与圆角圆弧有关联。

可以在已定义任务“方式 4”的基础上复制新的任务，在模型浏览器中单击任务 adapt_no_attach，右击选择 copy 命令，获得新的任务，修改名称为 adapt_use_attach 即可，其他参数设置如下：

Jobs→Jobs：New▼→ Structural
☑Linear Elastic Analysis
Mesh Adaptivity
☑Use Attach Info

如图 7-18 所示，勾选箭头所指处的复选框，表示网格细分后新生成节点与此处圆角的圆弧曲线自动关联，即细分后生成的节点会自动附着到圆弧上。

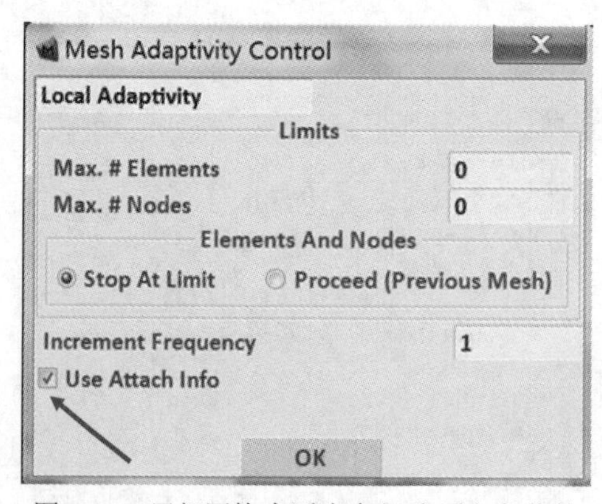


图 7-18　局部网格自适应高级选项定义菜单

查看结果，发现带圆角的模型，在五级加密后应力最大值稳定在 200MPa 左右，如图 7-19 所示，说明该解已经收敛到理论真实解。对应分析任务为 adapt_use_attach，即 local_adapt_arc_model_stress_adapt_use_attach.dat。

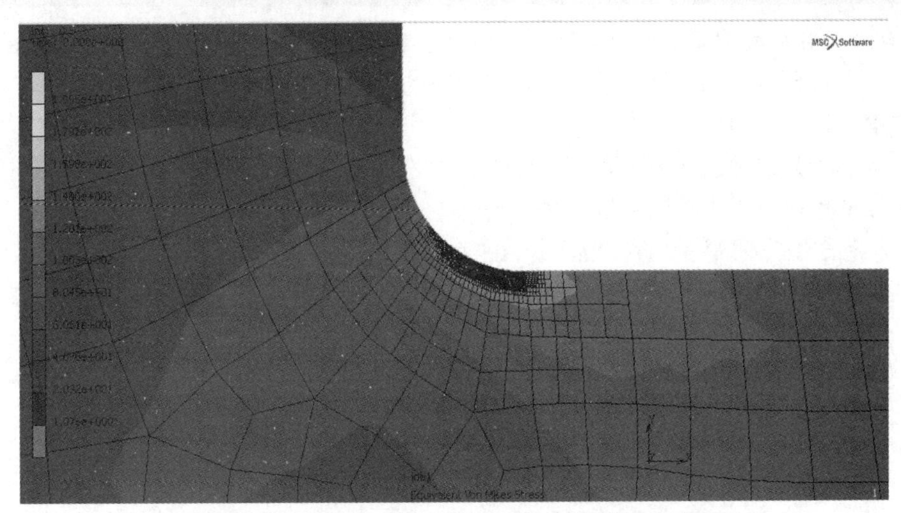

图 7-19　5 级细分后台阶根部网格加密和应力云图

（3）方式 6：对“方式 5”的定义模型按照非线性分析。

打开“方式 5”定义的模型，将其另存为新的模型 local_adapt_arc_model_nonlinear.mud，并在定义计算作业时设置非线性分析类型。此时需要定义 table 辅助进行载荷的逐渐施加，并指定分析工况设置非线性分析参数，具体可参考模型中的设置。关于任务参数部分的定义步骤如下：

Jobs→Jobs：New▼→ Structural
☐Linear Elastic Analysis
Mesh Adaptivity
☑Use Attach Info
OK

查看结果，发现带圆角局部加密的模型，以非线性计算时，在增量步开始时判断是否需要加密，本例在 8 级加密后应力最大值稳定在 200MPa 左右，其结果和“方式 5”按照线性问题分析的结果一致，如图 7-20 所示。

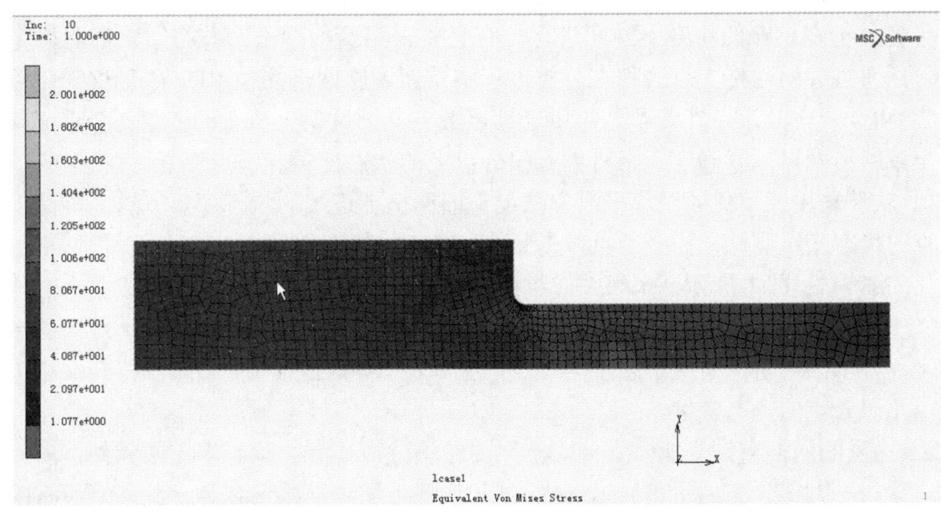


图 7-20　按照非线性问题分析 8 级细分后台阶根部网格加密和应力云图

6. 台阶轴分析模型局部网格自适应不同设置的结果比较和分析

本小节通过台阶轴的案例说明了网格自适应的处理对仿真分析结果的影响。本例中采用 6 种网格方案进行分析的最大应力结果见表 7-2。对于应力集中区域，用户需要进行适当的网格加密才能得到更为准确的结果。尖角处的过多网格加密会导致结果发散、失真。圆角的网格加密，如果加密后的节点不与圆角圆弧关联/附着，会有个别的节点出现应力过高而失真。从表 7-2 中可见，采用圆弧描述台阶部位，并且采用加密方案和加密网格节点与圆弧弧线关联的分析结果收敛到准确解。

表 7-2 台阶轴应力集中区网格划分方案及结果对比表

| | 台阶轴结构受拉分析结果对比 | 最大应力值/MPa |
|---|---|---|
| 线弹性分析 | 根部无圆角、网格无加密 | 125 |
| | 根部有圆角、网格无加密 | 160 |
| | 根部无圆角、网格有加密 | 918 |
| | 根部有圆角、网格有加密<br>加密处节点与圆角圆弧无关联 | 346 |
| | 根部有圆角、网格有加密<br>加密处节点与圆角圆弧关联 | 200 |
| 非线性分析 | 根部有圆角、网格有加密<br>加密处节点与圆角圆弧关联 | 200 |

## 7.3 全局网格重划分（Global Remeshing）

在一些案例当中，诸如橡胶元件承载有限元分析过程，往往会出现大变形的承载效果。在受力分析过程中，由于此类变形过大，已经划分好的橡胶单元可能因为变形过大而使分析无法进行下去。Marc 提供的网格重划分功能是解决此类大变形分析问题的重要途径。

为了使分析在足够的精度下继续进行，有必要采用新的网格。并将原来旧网格中的状态变量映射到新划分的网格上。这种在分析过程中重新调整网格的技术叫做 REZONE。网格重划（REZONE）基本上有 3 个步骤：①用连续函数定义旧网格上所有的变量；②定义一个覆盖旧网格全域的新网格；③确定新网格单元积分点上的状态变量和节点变量。

Marc 软件采用三角化的局部平滑方法定义旧网格上连续的状态变量。首先，从旧网格单元积分点的状态变量线性外插至节点，获得单元节点的状态变量值。然后，对旧网格的单元进行三角化的细划处理。也就是说，每个二维的四边形或三角形单元都被细划成更小的三角形单元；每个三维的四面体、五面体或六面体单元都被离散成更小的四面体单元。用旧的细划网格的三角坐标可以描述新网格上任意一个节点的空间位置。通过插值，不难获得新网格单元节点变量和单元积分点的状态变量。

Marc 提供的网格重划分能够支持大多数的结构分析单元。除了半无限元外，所有的二维和三维位移元，大部分壳单元和 Herrmann 单元，都可用于网格重划分。此外，所有的热传导连续单元都能够与 REZONE 技术结合使用。

在 Marc 2013 版本之前，针对网格密度的控制只能是在一种全局密度控制方式下结合局部加密盒形区域来实现，而且对于三维网格向内的密度控制具有一定的局限性。在 Marc 2013 版本中，针对四面体网格或壳单元网格密度的控制提供了全方位的控制选项。新功能菜单如图 7-21 所示。当选择 Simplified 选项时对应以前版本的相应功能，当选择 Full 选项时可以激活新的网格密度控制选项。

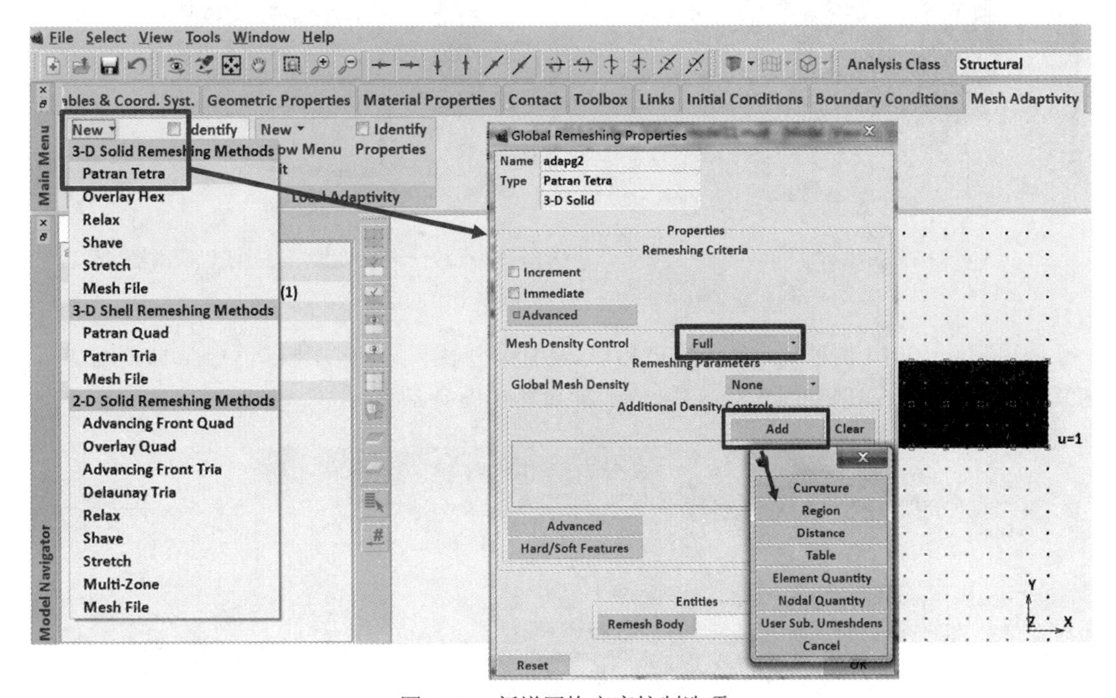


图 7-21　新增网格密度控制选项

这里提供的控制方式包括通过曲率、指定区域、距离、表格、单元结果、节点结果以及用户子程序 Umeshdens。通过不同的方式可以实现对不同结果、不同部位在网格重划分时的网格密度的灵活控制。关于各个按钮的具体含义和使用方法，可参考本章第 7.3.3 节的介绍。

在 Marc 2014 版本中，针对包含自接触部分的网格重划分功能得到了改善，对于 Marc 以前版本的一个大的挑战是当接触体发生自接触时进行全局网格重划分。主要问题是如果曲面线（二维）或多折线（三维）彼此相交，网格划分器将失效。并且会出现退出号 5059。相交是由小的穿透或基于 piece-wise 线性化表达的数值离散导致。而穿透通常在典型几何的 1e-4 量级上，在 Marc 2014.2 版本中，引入了新的方法克服这一问题。经常会发生的 4 个一般性工程问题如下：

（1）橡胶压缩时具有内部空腔。

（2）闭合的密封条会折叠到其余结构上。

（3）加工过程中存在折叠。

（4）在裂纹闭合部位的开裂结构的循环加载。

发生自接触时建议采用面段－面段接触探测的方法，如图 7-22 所示的实例。如图 7-22（a）所示的初始网格显示结构有两处被切开，橡胶体上下各有一个刚体与之接触，当上下刚体相对运动，挤压橡胶体时，在橡胶体两处切开部位存在自接触，变形过程中同时进行网格重划分，在进行 6 次网格重划分后得到如图 7-22（b）所示结果，可以看到自接触部位的接触状态正常。

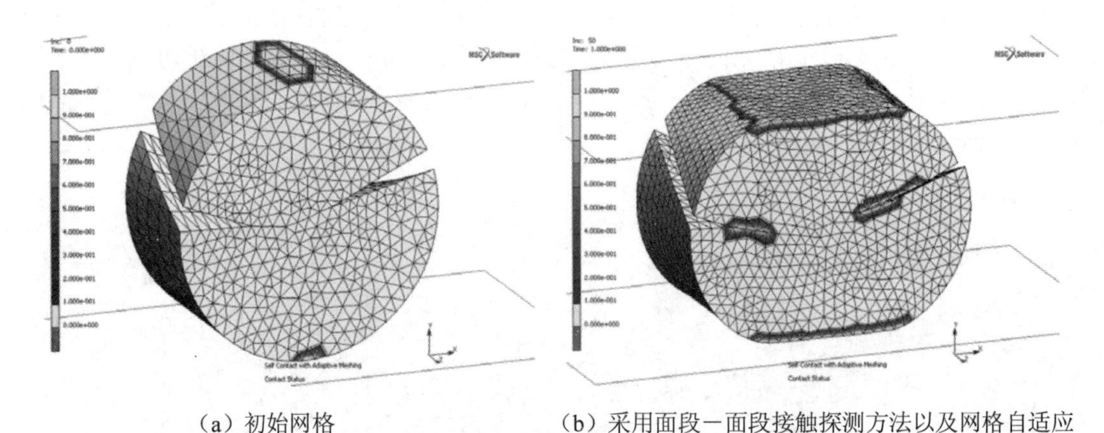

（a）初始网格　　（b）采用面段－面段接触探测方法以及网格自适应

图 7-22　网格重划分在自接触模型中的功能改善

采用 Marc 2014 的默认设置通常就可以解决这一问题，如果出现退出号 5059，增加自接触节点移位系数（Self Contact Shift Factor）即可，如图 7-23 所示。

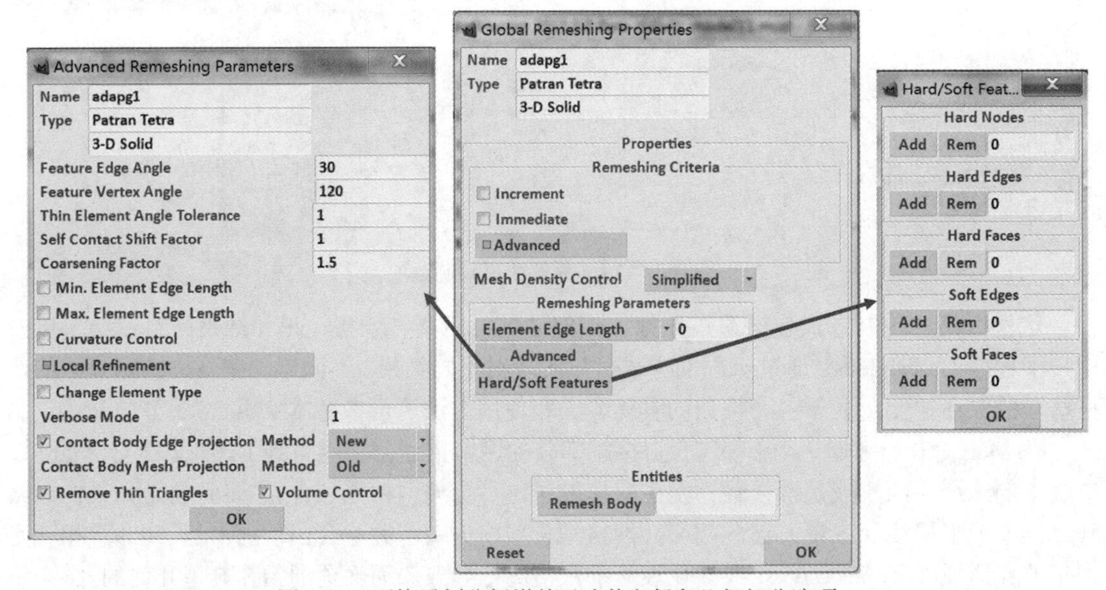


图 7-23　网格重划分新增关于改善和保留几何部分选项

在 Marc 2015 中引入了两个新功能来增强全局网格重划分选项。第一个功能可以改善和保留几何。程序通过测量顶点角度来识别模型的角，接下来在相同的位置创建新节点。同时，程序可以识别边并将其处理为软边（soft edge）。用户可以在图 7-23 所示的菜单中定义顶点角度（Feature Vertex Angle）和边角度（Feature Edge Angle）。程序可以沿着壳和孔斯面拟合 3 次样条。这在全局网格重划分中非常有用，可用于重定义网格在小变形分析中的精度。

这里存在两类约束，一类约束是硬约束（硬点、硬边和硬面）。此时，节点在网格重划分后会有与重划分前相同的位置，这在需要一个接触体的节点与边界接触体节点一致的模型中非常有用；另一类约束是软约束（软边或软面），此时几何边和几何面被保留，但节点会被添加/

减去并且不需要保留原位置。另外，Marc 可以对几何特征进行识别，使用图 7-23（b）所示菜单选择特征即可。这些约束可被用于二维 Patran 三角形网格划分器、四边形网格划分器以及四面体网格划分器。关于这部分功能详见第 7.3.3 节介绍。

第二个功能增强是：在三维裂纹扩展问题中遇到的使用模板或关于高曲率区域激活匹配网格。如图 7-24 所示菜单，关于这部分功能详见第 7.3.3 节介绍。

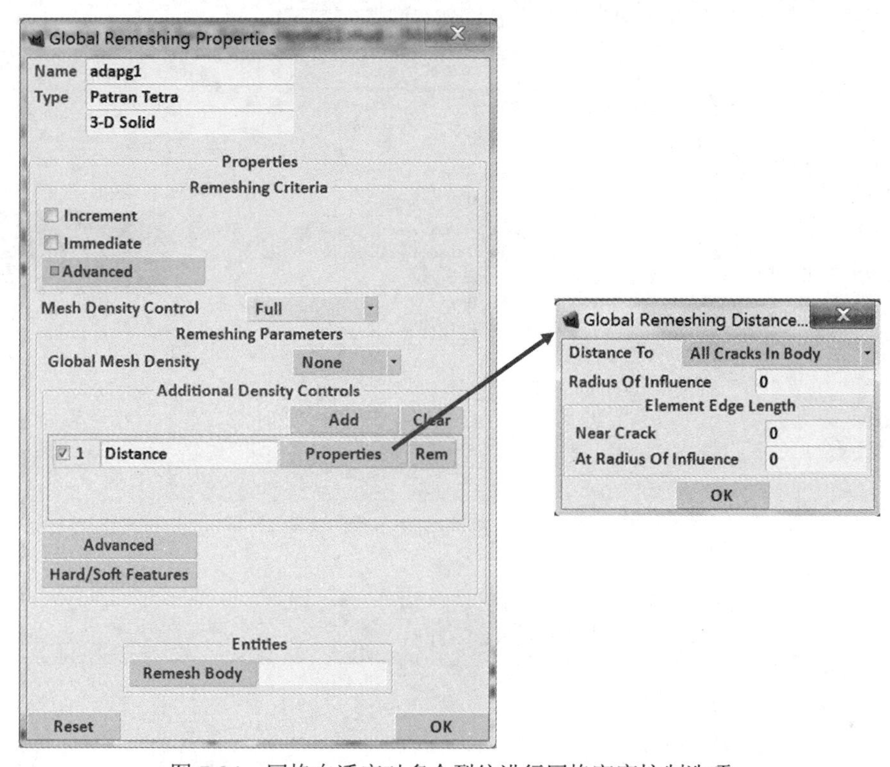


图 7-24　网格自适应对多个裂纹进行网格密度控制选项

### 7.3.1　全局网格重分定义相关菜单和操作

Global Remeshing（全局网格重分）是以旧网格的边界和状态变量为基础，生成新网格及其状态变量。程序自动完成这一过程。实现重划分所涉及的 Mentat 菜单有：

- Mesh Adaptivity→Global Remeshing Criteria
- Loadcases→New▼→ Static →Loadcases Properties →Global Remeshing
- Jobs→ New ▼→ Structural→Jobs Properties→Mesh Adaptivity

定义全局网格重划分的操作步骤为：

Mesh Adaptivity→Global RemeshingCriterial→New▼（出现如图 7-25 所示菜单）。

用户首先需要确定网格重划分的类型（3-D Solid/3-D Shell/2-D Solid）和网格重划分采用的网格生成器（Patran Tetra、Overlay Hex 等）。选择后系统生成一个网格重划分的名字（Name）或者也叫网格重划分准则（Global Remeshing Criteria），如图 7-25 所示，为 adapg2。

网格重划分的准则必须在 Loadcases 菜单中，在需要定义重划分的工况中勾选才会被激活。如图 7-26 所示。

全局网格重划分的对象必须是接触体。网格重划分支持低阶单元、二维、壳单元和三维实体单元。

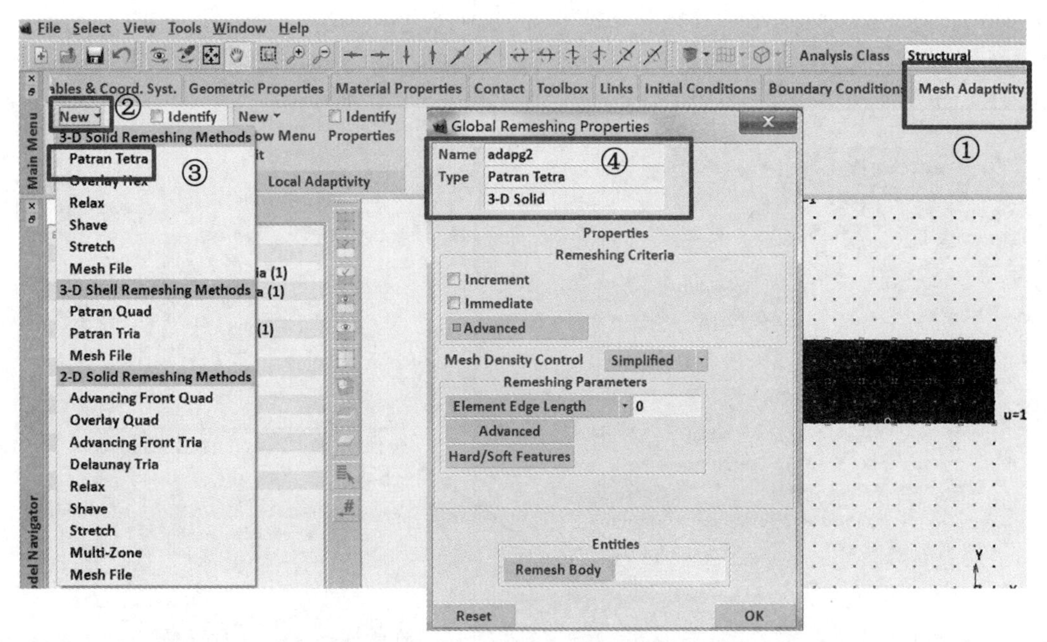


图 7-25　新建网格重分准则菜单

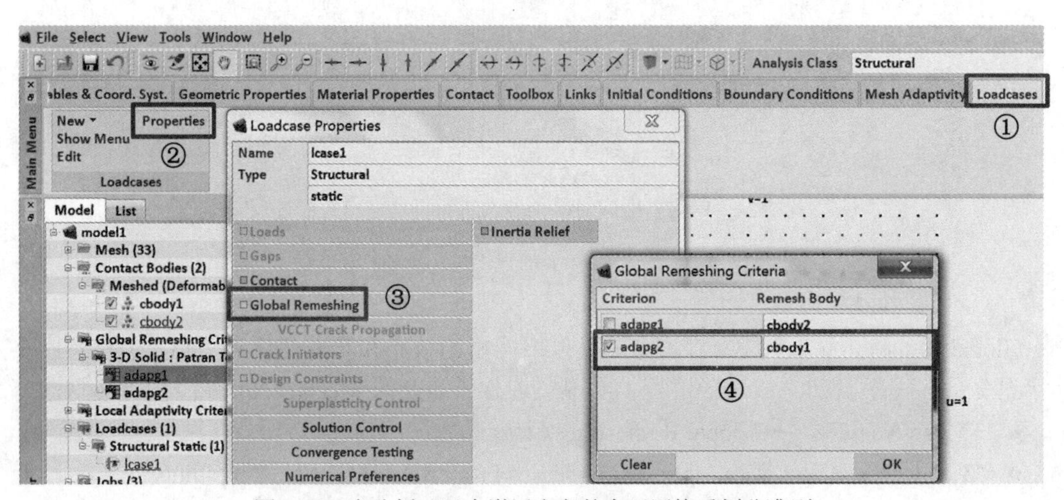


图 7-26　在分析工况中激活定义的全局网格重划分准则

边界条件在网格重划分时自动将保持和更新到新网格。不过对于采用 overlay quadrilateral 和 hexahedral meshers 两种网格划分器的网格重划分情况，边界条件的新旧网格之间的传递只支持体载荷类型。需要注意的是：当重划分网格边界上有载荷需要定义时，载荷必须通过表格驱动形式 Table-Driven 定义（Jobs→Jobs Properties→Run）。

如图 7-27 所示的网格重划分定义菜单中，各参数含义如下：

（1）Type——网格重划分的类型和方法。用户可以在 Type 处修改网格重划分针对的单元类型和网格划分器。

（2）Remesh Body——网格重划分的对象（接触体）指定。

（3）Properties 选项部分——定义网格重划分的具体参数。其中包括网格重划分的频率、网格重划分的时刻、网格重划分的激活条件、重划分后的网格尺寸和网格密度控制等，关于这部分内容可具体参考第 7.3.2 节介绍。

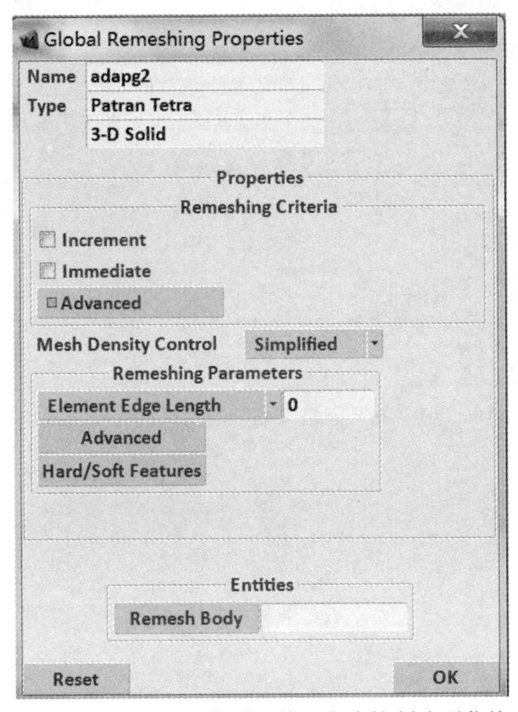


图 7-27 网格重分准则和单元密度控制选项菜单

### 7.3.2 全局网格重分准则定义

在如图 7-27 所示的 Properties 对话框中的 Remeshing Criteria 面板下可定义网格重划分的准则。其中包括：

（1）Increment——网格重划分的增量步间隔或频率。

按指定的增量步间隔进行网格重划分。即网格重划分发生的频率。

（2）Immediate——立即准则。

Immediate 表示当作业执行到定义了网格重划分的工况时，网格重划分即被激活，立刻执行网格重划分。

（3）Advanced——高级选项。

不同的网格重划分类型显示的高级选项菜单也不同。高级选项包括的重划分准则有如下内容，如图 7-28 所示。

1）Strain Change——应变变化。自上次网格重划分后单元应变变化超过指定的值时，单元进行网格重分。

2）Penetration——接触穿透。当接触体的曲率达到当前网格不能准确探测穿透时，物体的网格重划分。接触穿透准则基于检查单元边和其他接触体的距离。如图 7-29 所示。如果 $b >$

穿透极限，需要网格重划分。穿透极限由用户确定，默认为接触容差的两倍。注意接触穿透准则对接触体自身接触不起作用。

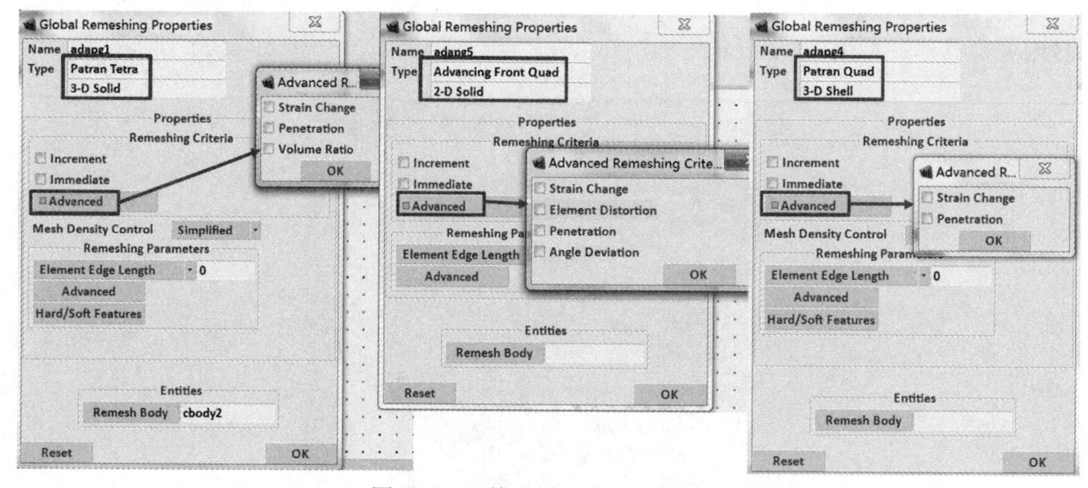


图 7-28　网格重划分准则高级选项

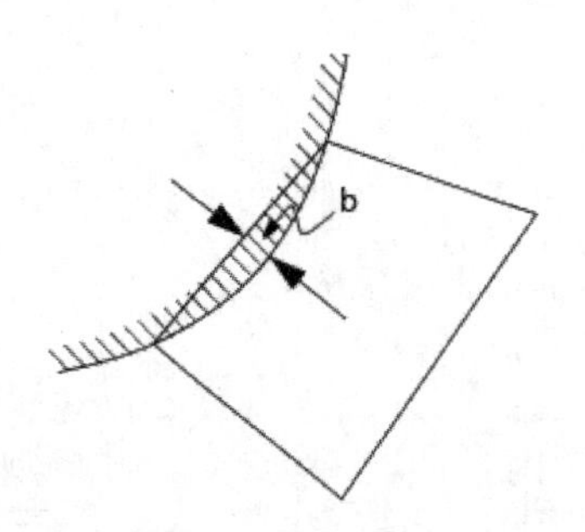


图 7-29　接触穿透示意图

3）Volume Ratio——体积率。对于实体单元，正方体的体积率为 1，平面单元的体积率为 0。体积率表征的是单元的“扁平化”。给定一个值，当实体单元“扁平化”厉害时，即体积率小于该值时，即网格重划分。

4）Element Distortion——单元畸形。如果单元畸形越来越严重或将趋于严重，物体的网格重划分。单元畸形准则是基于增量步结束时单元角度的检查及对下一个增量步单元角度变化的预测，如图 7-30 所示。设 $X_n$ 为增量步开始时的坐标、$\Delta U_n$ 为本增量步的位移，因而有：

$$X_{n+1} = X_n + \Delta U_n \text{ 和 } X_{n+2}^{est} = X_{n+1} + \Delta U_n$$

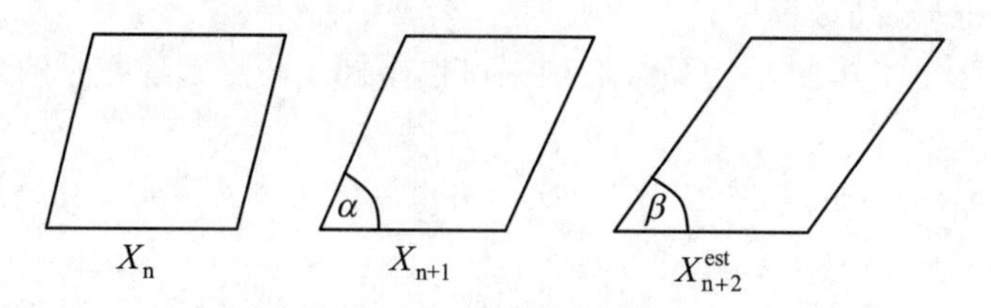


图 7-30　单元角度变化

如果$\cos\alpha > 0.8$和$\cos\beta > 0.9$，重划分；或$\cos\alpha > 0.9$和$\cos\beta > \cos\alpha$，重划分。相当于下列四个条件之一则重划分：

① $0 < \alpha < 36^\circ$和$0 < \beta < 25^\circ$。

② $144^\circ < \alpha < 180^\circ$和$155^\circ < \beta < 180^\circ$。

③ $0 < \alpha < 25^\circ$和$\beta < \alpha$。

④ $155^\circ < \alpha < 180^\circ$和$\beta > \alpha$。

5）Angle Deviation——内角偏差。当单元内角与理想角度的偏差大于一定值时，物体的网格重划分。对四边形或六面体的理想角度是$90^\circ$，对三角形或四面体的理想角度是$60^\circ$。默认允许的偏差为$40^\circ$。

### 7.3.3 网格重划分网格密度控制和设置

如图 7-31 所示为新增的网格重划分中网格密度控制菜单。当选择 Simplified 时对应旧版本的功能，当选择 Full 选项时可以激活新的网格密度控制选项。

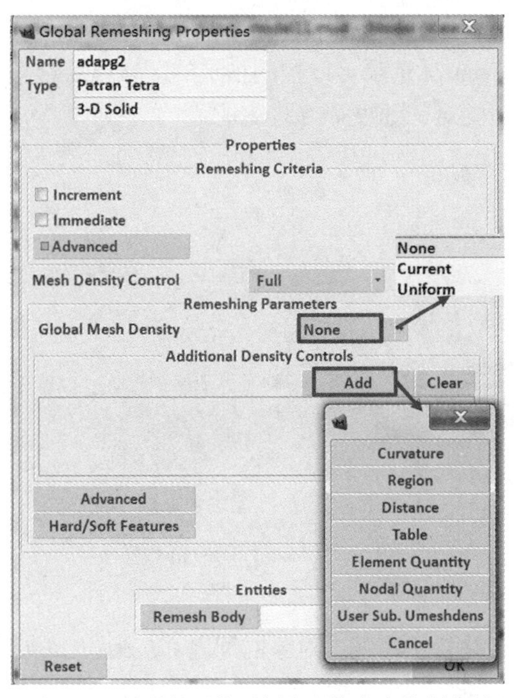


图 7-31 新增的网格重划分网格密度控制菜单

此处 Global Mesh Density 选项用于指定整个接触体网格重划分的目标单元边长度，可以是常数（Uniform）或保持当前（Current）结构的网格密度分布。

在其他网格密度控制（Additional Density Controls）选项处提供了曲率、指定区域、距离、表格、单元结果、节点结果以及用户子程序 Umeshdens 等方式，用于进行特定部位的网格密度控制。

1. 曲率控制网格密度

通过曲率控制，用户可以在高曲率分布区域获得更为精细的网格。定义菜单如图 7-32（a）

所示，这里可以考虑曲面曲率和边曲率（例如孔周）变化。图 7-32（b）所示为针对同一结构采用不同曲率控制网格密度的结果。

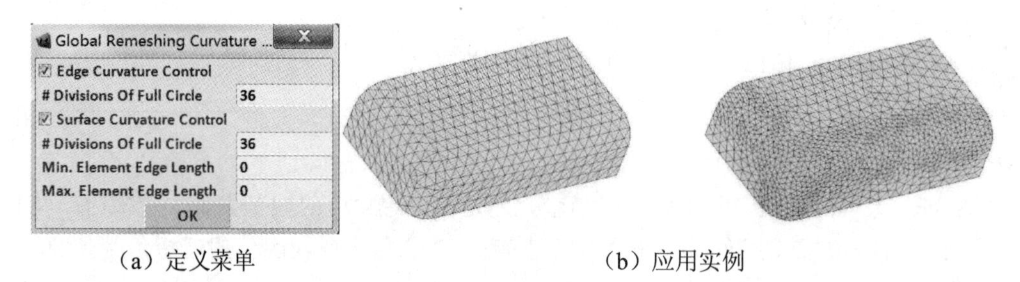


（a）定义菜单　　（b）应用实例

图 7-32　曲率控制网格密度

2. 区域控制网格密度

区域选项提供了指定区域（Marc 目前支持的盒形、圆柱、球形区域）细化和加粗的设置。图 7-33（a）显示定义菜单，图 7-33（b）显示了在指定球形区域进行网格加密的结果。注意为方便操作，该指定区域在 Mentat 前处理中是可见的。对于加密区域的一个重大改进是现在可以直接指定边的目标长度。之前的版本只能指定加密的水平，所以用户很难预测最终加密后的网格尺寸。通过 Region Control 选项可以控制指定的区域是否移动，移动可以通过跟随刚性接触体、某一个节点或沿着恒定的速度等方式实现。

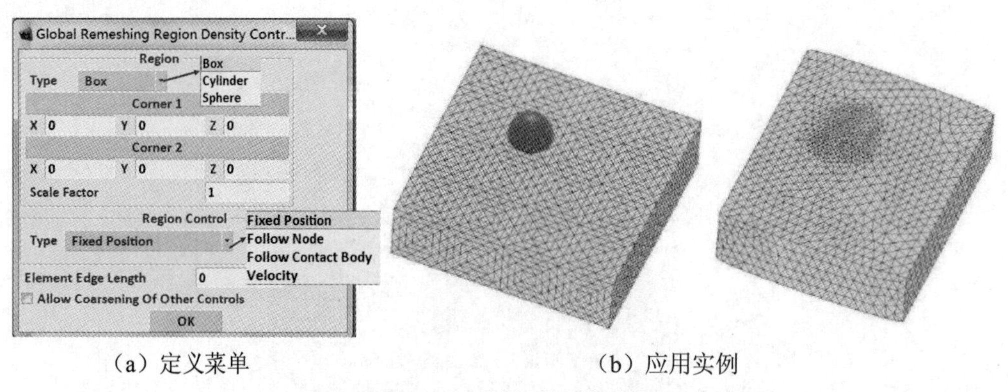


（a）定义菜单　　（b）应用实例

图 7-33　区域控制网格密度

3. 距离控制网格密度

距离选项允许网格加密是发生在某一对象的周围和/或附近。支持的对象类型包括：节点、几何点、指定位置、曲线、裂纹（单条或全部）。指定对象后，可以进一步指定影响区间的半径及单元边目标长度，网格密度可以沿着距指定对象的长度方向上呈线性变化。在断裂力学分析中将对象指定为裂纹更有助于控制裂纹周围的网格密度。定义菜单如图 7-34 所示，具体设置方法可参考第 8.8.3 节例题的介绍。

4. 表格控制网格密度

该选项允许网格密度可以是沿着空间坐标变化的。网格密度的变化通过表格（以 x、y、z 位置为自变量）给出。通过合成，用户可以获得一个沿着任意方向变化的网格密度分布。表格也可以是某条曲线的函数，定义菜单如图 7-35 所示。如图 7-36 所示实例显示了按照曲线变化分布的网格密度。

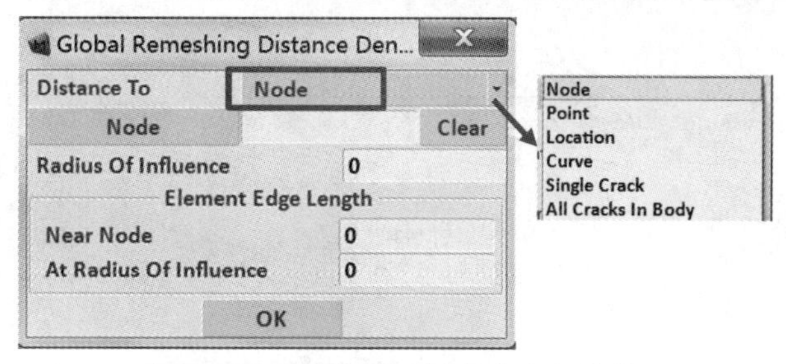


图 7-34　距离控制网格密度定义菜单

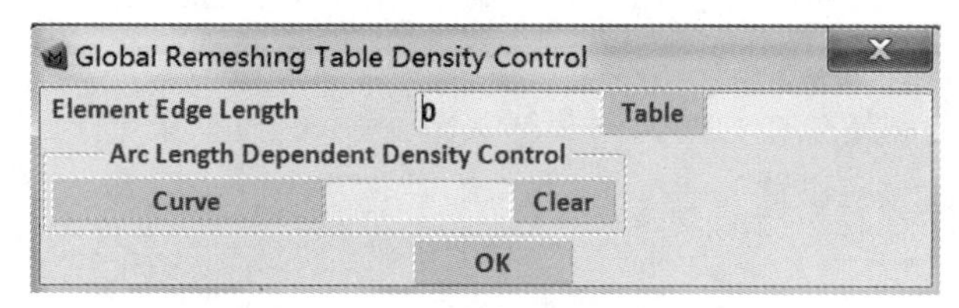


图 7-35　表格控制网格密度定义菜单

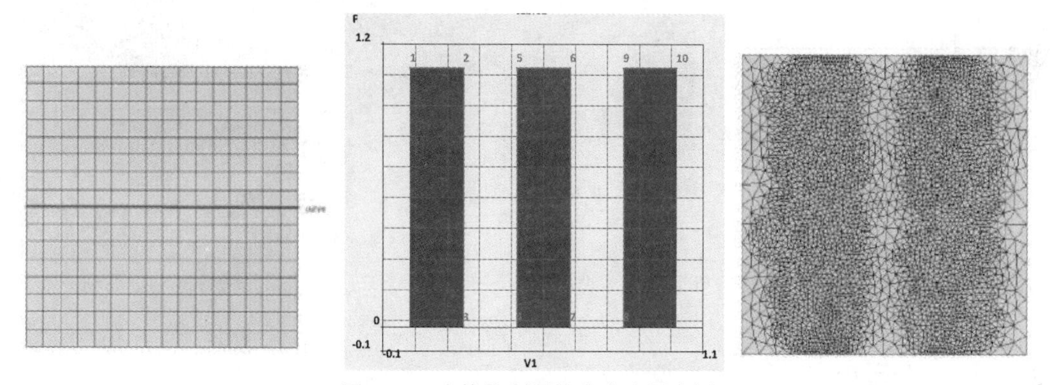


图 7-36　表格控制网格密度应用实例

5. 单元和节点的结果控制网格密度

该选项允许根据仿真结果进行网格密度控制。目标单元边长度是基于用户指定的当前模型的分析结果进一步计算得到的，在 Element Quantity 处可指定的单元结果包含：米塞斯应力、平均法向应力、等效柯西应力、整体应变能密度、等效弹性应变等；对于节点结果（Nodal Quantity）包括：位移、转动、外力和反作用力等。根据单元结果进行网格密度控制的定义菜单如图 7-37 所示，根据节点结果进行网格密度控制的定义菜单如图 7-38 所示。

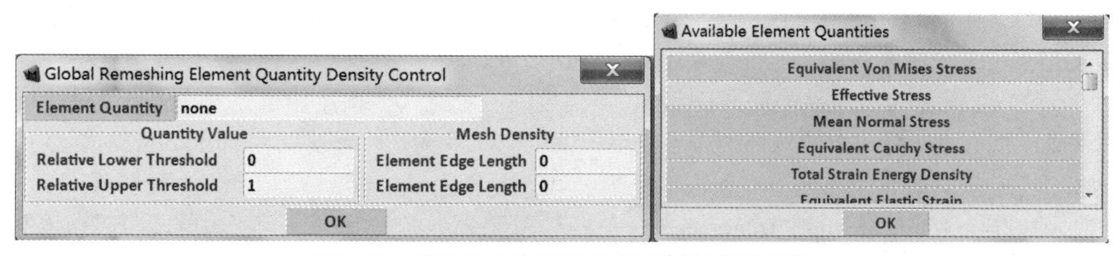


图 7-37　基于单元结果进行网格密度控制的菜单

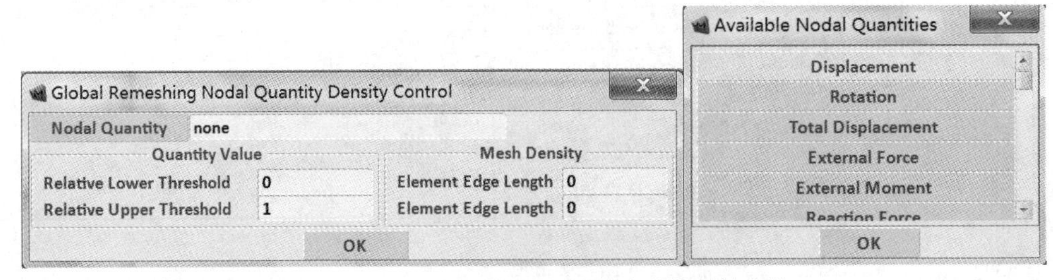


图 7-38　基于节点结果进行网格密度控制的菜单

如图 7-39 所示为中间带孔的板，显示了采用不同模型分析得到的米塞斯应力的分布云图，如图 7-39（a）所示的模型采用壳单元建模，没有采用网格自适应设置，可以看到在高应力区模型采用了相当密集的网格分布。而如图 7-39（b）所示的模型采用了三维网格及相对稀疏的初始网格分布及网格自适应设置。

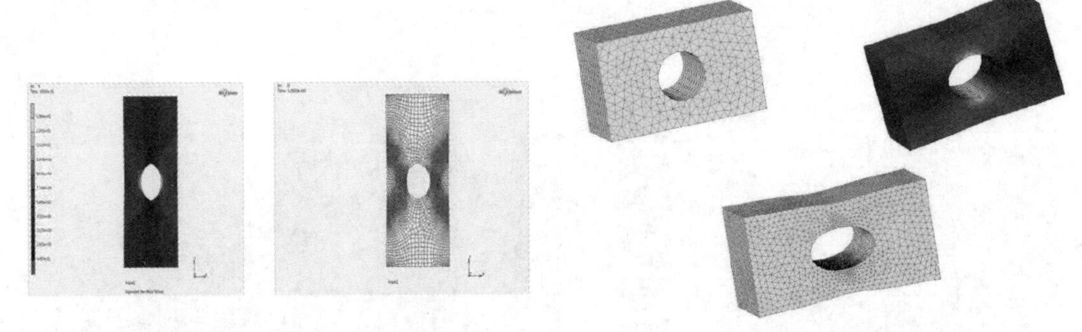

（a）壳单元不考虑网格自适应　　　　（b）三维体单元考虑网格自适应

图 7-39　中间带孔的板米塞斯应力的分布云图

6. *用户子程序*

网格密度的控制还可以通过用户子程序 UMESHDENS 实现。关于网格密度控制的例题可参考 Marc 用户指南例题 Compression of Workpiece by Punch 以及《Marc 手册》（E 卷）第 8 章第 8.77、第 8.78 和第 8.108 例题的介绍。

在 Advanced 菜单对话框中的 Advanced Remeshing Parameters 面板下提供了定义网格重划分密度的高级设置选项。如图 7-40 所示为针对三维实体采用 Patran 四面体网格划分器进行网格重划时的菜单，图（a）为网格密度控制采用 Simplified 设置，图（b）为采用 Full 设置。

（1）Feature Edge Angle——特征边角度。此项参数对应相邻面间的法向矢量夹角，任意面的特征边角度超过设定值，将被当作软边（soft edge），网格重划分后软边将被保留，新生成的节点会被放置在该边上，推荐采用这一默认设置。

（2）Feature Vertex Angle——特征顶点角度。两个边（在顶点处相交）的法向矢量（指向外侧）间夹角。任何点的特征顶点角度小于设定值都将被处理为硬点（Hard Point），硬点在网格重划分后会被作为单元节点保留，推荐采用默认设置。

（3）Thin Element Angle Tolerance——三角形单元最小夹角。设置三角形中的最小夹角（角度），该值会被传递给网格生成器。

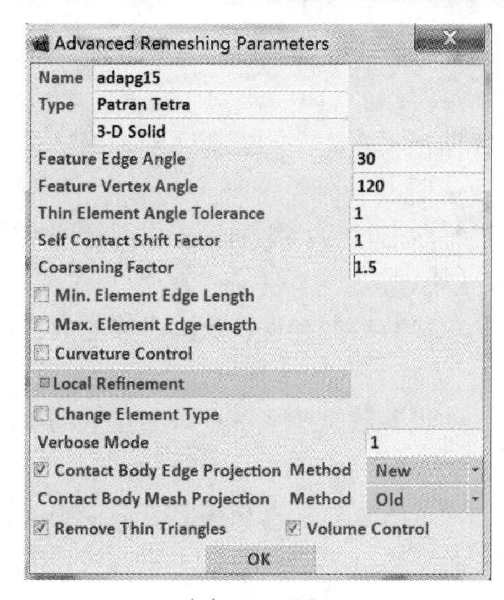


（a）Simplified

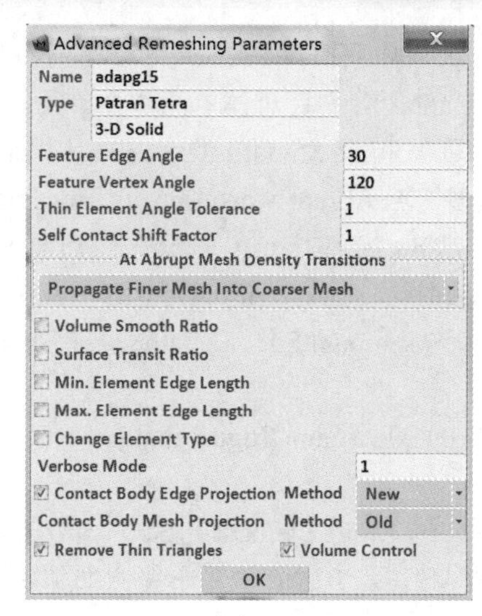


（b）Full

图 7-40　网格密度控制高级菜单

（4）Self Contact Shift Factor——自接触节点移位系数。用于自接触中的节点的移位比例系数设置，处于自接触的节点在网格生成器启动生成新网格前，节点允许被移位，在网格划分后移位被恢复。默认的移位系数是接触容差的两倍，移位系数对移位进行比例缩放。

（5）Coarsening Factor——加粗系数。该参数允许单元内部生成大四面体。为了得到更为准确的计算结果，我们往往在面和边上要求网格越细越好，可是在单元内部并不需要，内部较少的单元能够在不影响计算结果的前提下大大提高运算的速度。1.0 表示不增大，默认的值是 1.5。Coarsening Factor 为 1.5 时的单元内部和外部网格尺寸比较如图 7-41 所示。

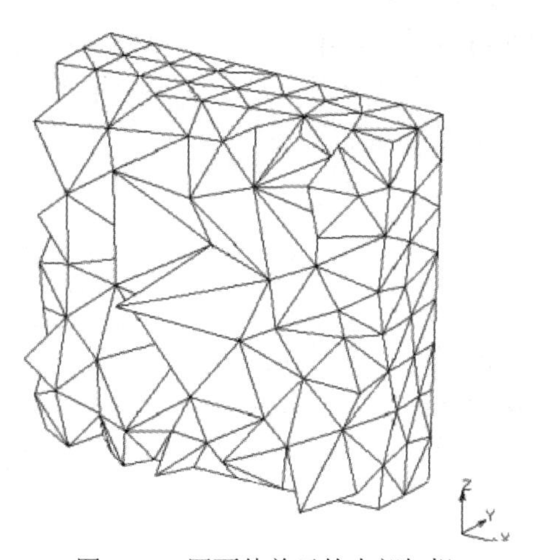

图 7-41　四面体单元的内部加粗

（6）At Abrupt Mesh Density Transitions——网格密度突然过渡时的参数。该选项定义如何处理在目标单元边长之间突然的过渡。这里提供了三种方式：Propagate Finer Mesh Into Coarser Mesh 表示在粗网格区域散布密网格；Propagate Coarser Mesh IntoFiner Mesh 表示将粗网格散布到密网格区；Maintain Transition 表示保持过渡，即关掉网格平顺过渡，允许网格密度存在突然的变化；区域的尺寸受过渡参数选项的控制，如 Volume Smooth Ratio 及 Surface Transit Ratio，分别针对体单元和面单元。

（7）Volume Smooth Ratio——体积柔顺比。进行体积柔顺比率的设置，配合网格密度突然过渡时“At Abrupt Mesh Density Transitions”的参数使用。

（8）Surface Transit Ratio——曲面过渡比率。进行曲面过渡比率的设置，配合网格密度突然过渡时 At Abrupt Mesh Density Transitions 的参数使用。

（9）Minimum Edge Length——最小单元边长。此项参数控制允许在表面生成的最小单元边长。

（10）Maximum Edge Length——最大单元边长。此项参数控制允许在表面生成的最大单元边长。

（11）Change Element Type——改变单元类型。此项参数仅仅在网格重划分后需要改变单元类型时使用。其经常被用于将六面体单元转化为四面体单元。目前，Marc 中可转换的单元类型仅仅为 157 号单元。

（12）Verbose Mode——网格重划分中的信息和警告水平。该参数设置在三维实体网格重划分过程中信息和警告的水平。默认值为 1，最大值可设置为 100。默认设置下 Marc 在网格重划分过程中不同阶段的单元、节点等信息，用户是看不到的（在后台写出并在使用后被自动删除）。但增大此处设置的信息和警告水平时，在工作路径下用户会看到以.bdf 格式存储的文件，这些文件对应 Marc 在网格重划分过程中的各个阶段单元、节点等的信息，随着设置数值的增加，在工作路径下写出的信息文件数量增多。

（13）Contact Body Edge Projection——接触体（尖角）边投影。该参数用于在网格重划分时匹配处于接触的体间的网格。当一个接触体进行网格重划分时，会对另一个与之处于接触的接触体进行检查。在其他接触体（B）存在尖角的接触区域，会在网格重划分的接触体（A）上进行印痕，如图 7-42 左图所示两个接触体，下面的块体 A 设置网格重划分，上面的圆柱体 B 与之接触，图 7-42 中间显示了未激活该选项时块体 A 网格重划分后的结果，图 7-42 右图显示了激活该选项时块体 A 网格重划分后的结果。

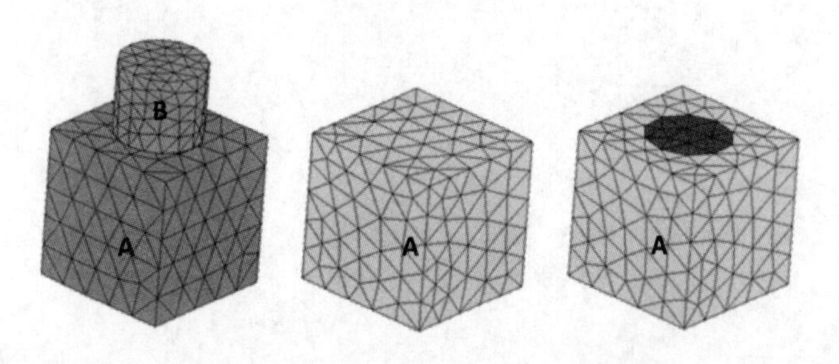


图 7-42　接触体（尖角）边投影

注意：在节点—面段接触探测方法下，只有当网格重划分的接触体在定义顺序上是先被定义的，在网格重划分时才受到与之接触的（后定义的）接触体的尖角区域的影响；对于刚性接触，只有当刚性体采用离散描述时，该特征起作用。

（14）Contact Body Mesh Projection——接触体网格投影。该选项主要是在网格重划分前/后保留接触状态，包含 New 和 Old 两种设置，新（New）方法更为精确并且没有扭曲网格。

（15）Remove Thin Triangles——删除细三角形。该选项激活时将优先于面网格的网格重划分进行细三角形的删除。

（16）Curvature Control——曲率控制。基于表面曲率，此项参数控制表面上的网格自适应划分，即相比曲率小（更加平坦）的表面而言，曲率大的表面将会划分较多的网格。默认参数设置下此项功能是关闭的。在通常情况下，比较好的参数是 10。

（17）Local Refinement——局部加密。局部加密选项可以在对应菜单下，最多指定 10 个区域进行对应位置单元的局部网格加密。

（18）Change Of # Element(%)——网格重划分后允许的单元改变量。在网格重划分后允许的单元改变量（百分数），该选项可以避免单元数量在网格重划分后发生较大的变化。

（19）Smoothing Ratio——外轮廓平滑比。该选项设置网格重划分时外轮廓处的平滑比，1 表示均匀。

（20）Transition Factor——过渡系数。设置过渡系数。

（21）Outside Refining Levels——外侧加密级数。设置外侧网格加密级数。

（22）Inside Coarsening Levels——内部加粗级数。

设置内部网格加粗级数。

Marc 2015 引入了两个新功能增强全局网格重划分选项。

第一个增强功能可以改善和保留几何。程序通过测量顶点角度来识别模型的角，然后在相同位置创建新节点。同时程序可以识别边并将其处理为软边（soft edge）。用户可以在图 7-40 所示菜单中定义顶点角度和边角度。

程序可以沿着壳和孔斯面拟合三次样条。这在全局网格重划分中非常有用，可用于重划分后网格在小变形分析中改善精度。这里存在两类约束：第一个是硬约束（硬点、硬边和硬面），此时节点在网格重划分后会有与重划分前相同的位置。这在需要一个接触体的节点与边界接触体节点一致的模型中非常有用。第二个是软约束（软边或软面），此时几何边和几何面被保留，但节点会被添加/减去并且不需要保留原位置。另外，Marc 可以对几何特征进行识别，使用图 7-24 所示菜单选择特征即可。

这些约束可被用于 Patran 三角形网格划分器、四边形网格划分器以及四面体网格划分器。在图 7-43 所示实例中，在半圆形边界处的单元边自动形成样条曲线形状，在网格重划分后，新生成的节点保持在曲线上。

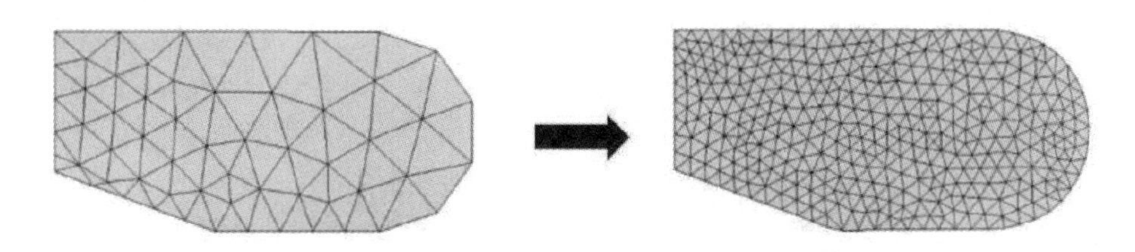

图 7-43　网格重划分时保留几何对精度的提升实例

在图 7-44 所示结构中，用户描述了一条软边，并被识别为蓝色线，表示在两个区域的斜率的变化。在裂纹扩展通过该区域后，软边始终被保留。当裂纹扩展通过体时，进行网格重划分，但软边保留下来。

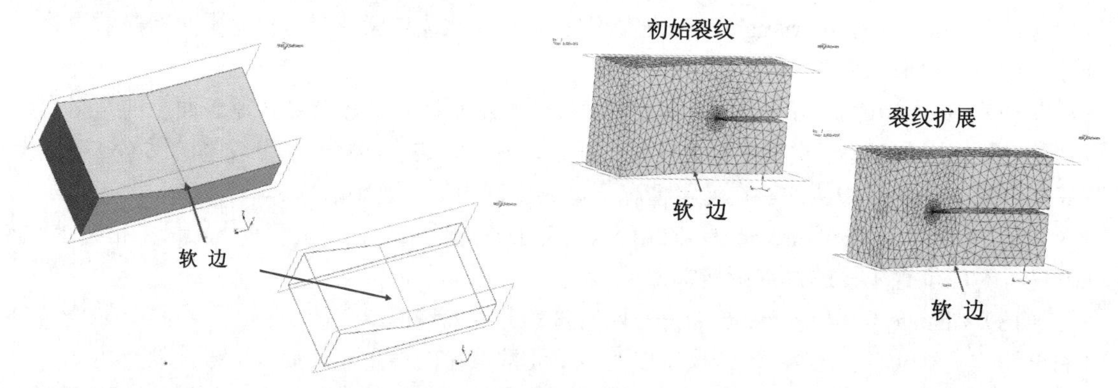


图 7-44　网格重划分时保留几何对精度的提升例题

第二个增强功能则是：在三维裂纹扩展问题中遇到的使用模板或关于高曲率区域激活匹配网格。结合三维四面体网格划分器，如图 7-45 所示菜单，这里使用了 4 个选项控制裂纹尖端处的网格。

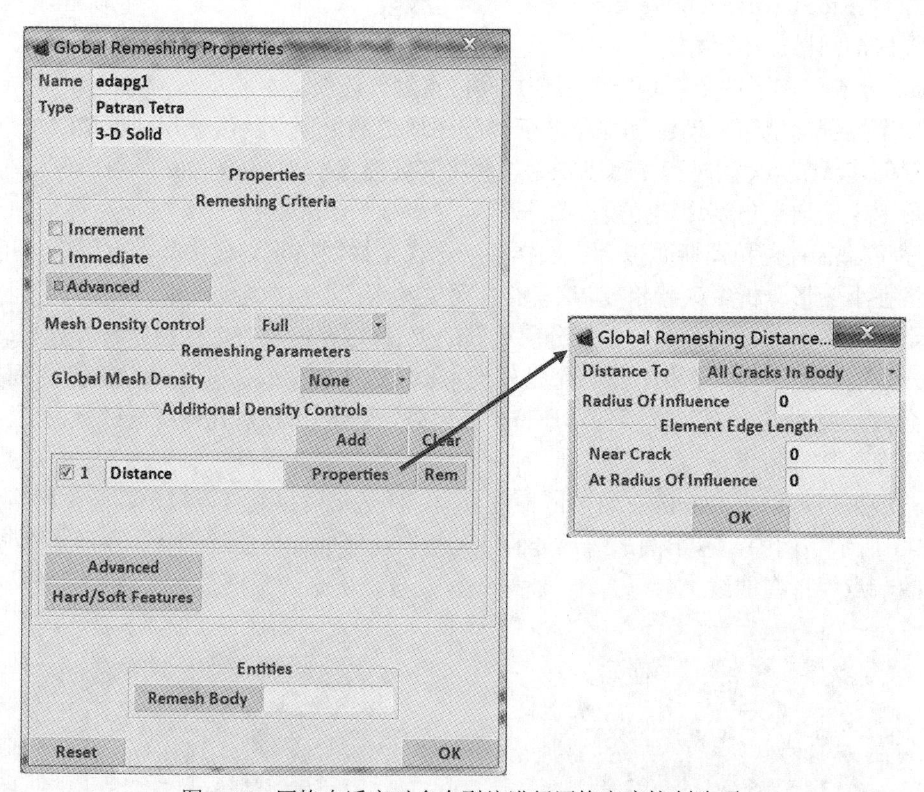


图 7-45　网格自适应对多个裂纹进行网格密度控制选项

模板网格由 5 个单元环组成，环内按照大约 30° 分割，模板的半径大约是裂纹前沿平均单元边尺寸的 2.5 倍。接近网格边界时模板网格将被修改。如图 7-46 所示聚焦在模板网格以及显示当裂纹移动时的扩展。在裂纹边缘使用这一细化的网格，可以在保持相对较低的计算成本同时，得到对能量释放率、应力强度以及裂纹扩展行为的更精准的预测。

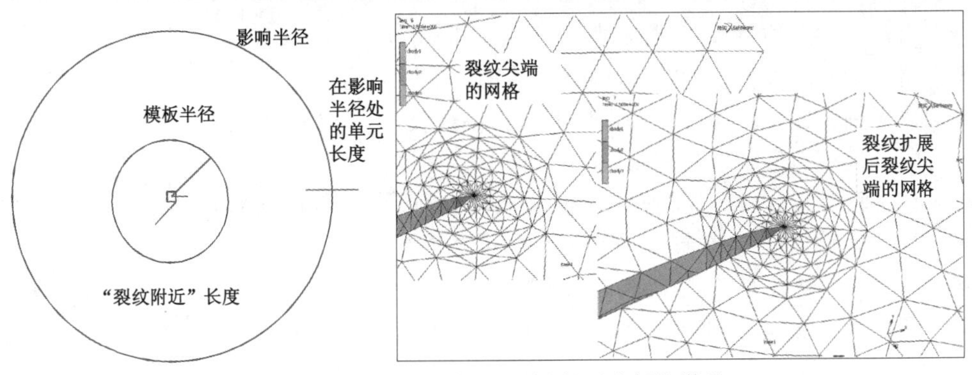


图 7-46　网格自适应针对裂纹扩展分析的增强

### 7.3.4　二维网格重划分例题

本例说明全局网格重划分的使用方法，并考虑了重划分网格边界承受载荷的情形。

1．问题描述

圆柱形橡胶密封圈，受刚体垂直压缩后，右侧还承受压力，如图 7-47 所示。密封圈直径 40mm，加于其顶部的刚体下压位移为 11.2mm，右侧压力为 300MPa。橡胶采用 Mooney 模型，$C_{10}$=8MPa，$C_{01}$=2MPa，体积模量为 10000MPa。可假设为平面应变问题，采用 80 号单元进行模拟，采用更新拉格朗日方法。

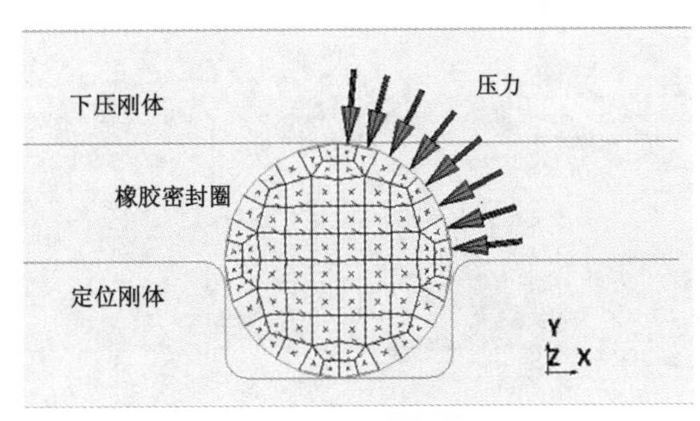


图 7-47　橡胶密封圈受压示意图

由于变形将会很大，如果不采用重划分技术，单元将会畸形，接触体之间会发生穿透现象而使分析中断。

由于网格重划分，单元位置和编号将会发生改变，如何保证压力始终施加在右侧无接触的单元边界上，可以通过不激活 Marc 提供的 load active incontact 选项来实现。目前该功能可应用于 2D 网格重划分和 3D 四面体网格重划分过程。边界条件既可以施加于节点、单元边或面等，也可以施加于点、曲线或曲面等几何实体上，可以在多个重划分实体上施加多个边界条件。支持的边界条件类型包括：

- 集中力。
- 节点位移/温度/点热源。
- 面力/面热流密度。
- 热－机耦合分析的边界条件。
- 曲线上的给定位移。

在应用过程中应注意以下限制：

- 同一单元面最多只能施加两个边界条件。
- 边界条件如果施加在几何实体上，应将有限元与几何实体关联（Attach）。
- 同一模型中最多只能关联 99 个曲面。
- 3D 模型边界条件只能施加在重划分实体的边界，不能施加在内部。
- 3D 单元类型只能选择 134 或 157 号四面体单元。
- 如果几何实体是曲线，则只能施加位移或温度。
- 必须激活选项：Jobs→Jobs：Properties→Run→New-Style Tables▼。

2. 读入几何模型与网格

本例中的几何和网格划分比较简单，本例不作详细介绍。直接读入书中所附光盘“第 7 章/网格重划分”文件夹下的模型 rubber_geom_mesh.mud，另存为 rubber_complete.mud。

3. 定义几何特性

采用 2D 平面应变单元，厚度为 10mm，如图 7-48 所示。

Geometric Properties→Geometric Properties: New(Structural )▼→Planar▶→Plane strain
Thickness
10
Elements：Add
All Existing
OK

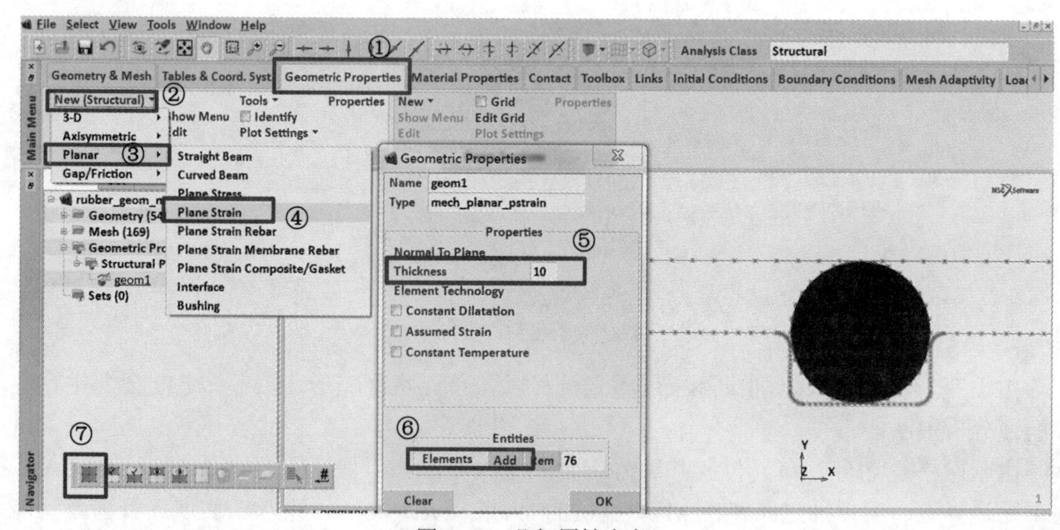


图 7-48 几何属性定义

4. 定义材料特性

采用 Mooney 模型，体积特性模量采用自定义方式，如图 7-49 所示。

Material Properties→Material Properties：New▼→Finite Stiffness Region→Standard
Type：Mooney▼
C10: 8
C01: 2
BulkModulus▼： User▼
Value：10000

Elements：Add

All Existing

OK

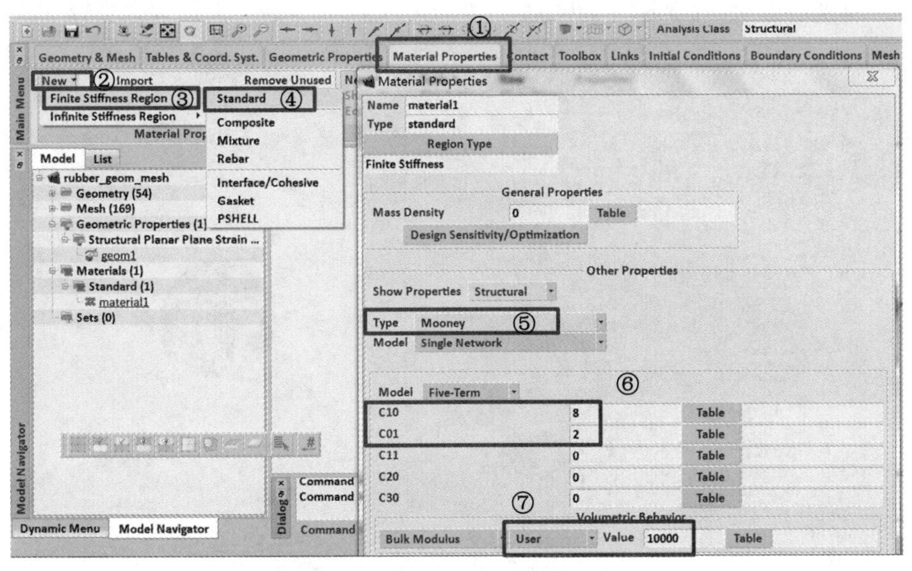

图 7-49 Mooney 材料定义菜单

5. 接触定义

接触定义主要为接触体的定义以及接触方向检查，3 个接触体包括：

接触体 1：橡胶密封圈，离散描述。

接触体 2：下部定位刚体，解析描述。

接触体 3：顶部压迫刚体，解析描述，下压距离 11.2mm，在 3s 内完成。

接触体定义的菜单如图 7-50 所示，具体操作如下：

Contact→Contact Bodies：New▼ →Meshed（Deformable）

Elements：Add

All Existing

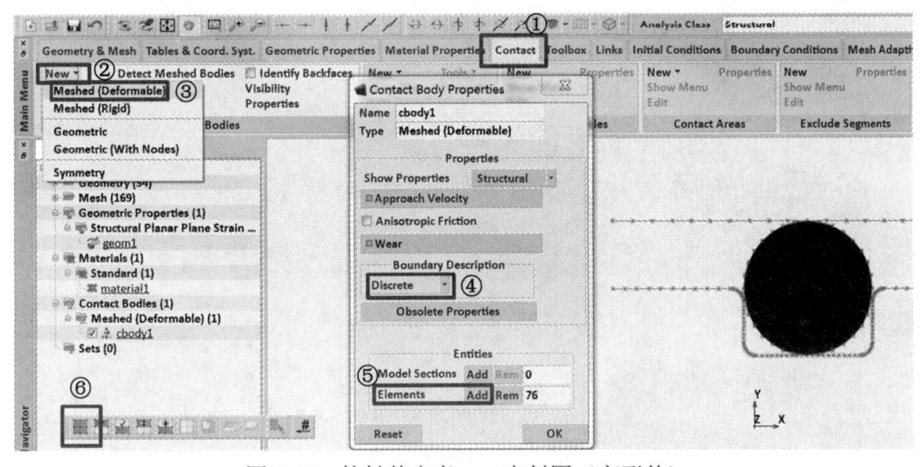

图 7-50 接触体定义——密封圈（变形体）

先定义下面的刚体，采用解析描述，在分析中位置保持固定不动，具体命令流如下：

Contact→Contact Bodies：New▼ →Geometric

2-D: Curves　Add

选择凹模所有曲线，如图 7-51 所示。

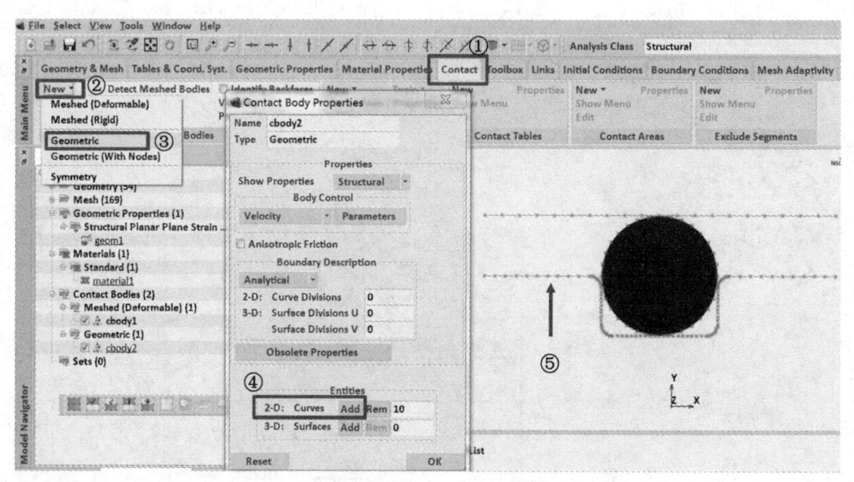


图 7-51　接触体定义——下部凹模（刚体）

在定义上部刚体之前，首先定义该刚体的运动曲线，具体命令流如下：

Tables & Coord. Syst.→New▼ →1 Independent Variable

Name：rigiddisplacement

Types：Time

⊙ Data Points

Add

0 0

3 -11.2

6 -11.2

选择运动曲线，如图 7-52 所示。

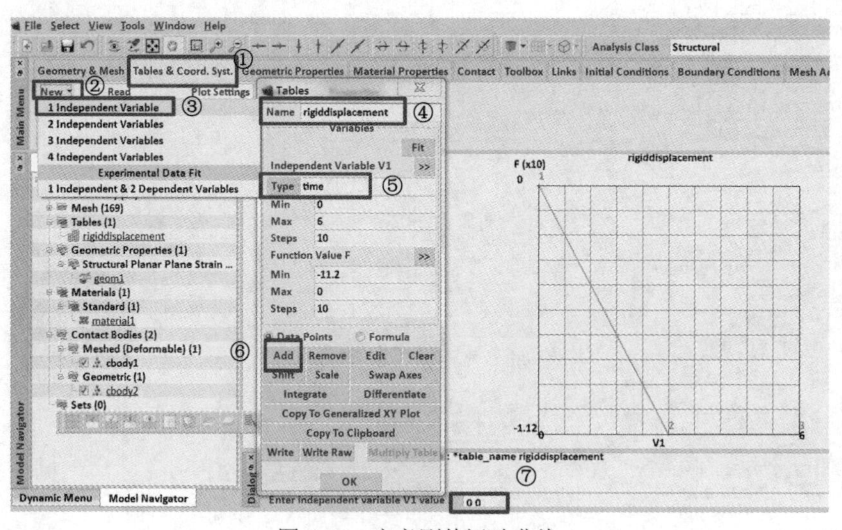


图 7-52　定义刚体运动曲线

Contact→Contact Bodies：New▼ →Geometric

--- *Body Control* ---

Position▼：Parameters

---*Position (Center of Rotation)*---

X 0

Y 1 Table: rigiddisplacement

Z 0

OK

2-D: Curves Add

选择顶部直线，如图 7-53 所示。

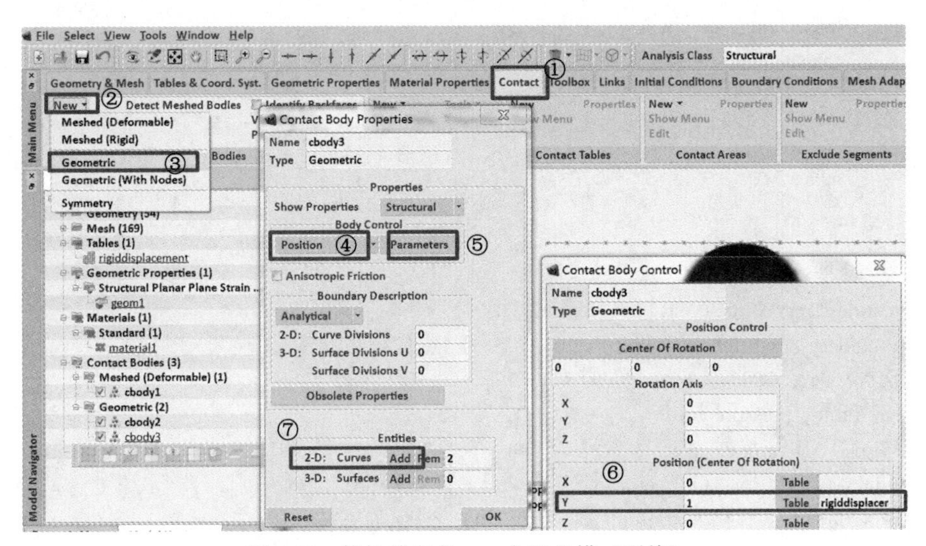


图 7-53 接触体定义——上部凸模（刚体）

查看刚体内表面的方向，具体命令流如下：

Contact→Contact Body: ☑Identify

查看接触体是否是外表面（outside）接触（曲线刚体带短线的一面为内表面），如果是，可以采用 Tools→Flip Curves 按钮，选择接触方向不正确的曲线，如图 7-54 所示。

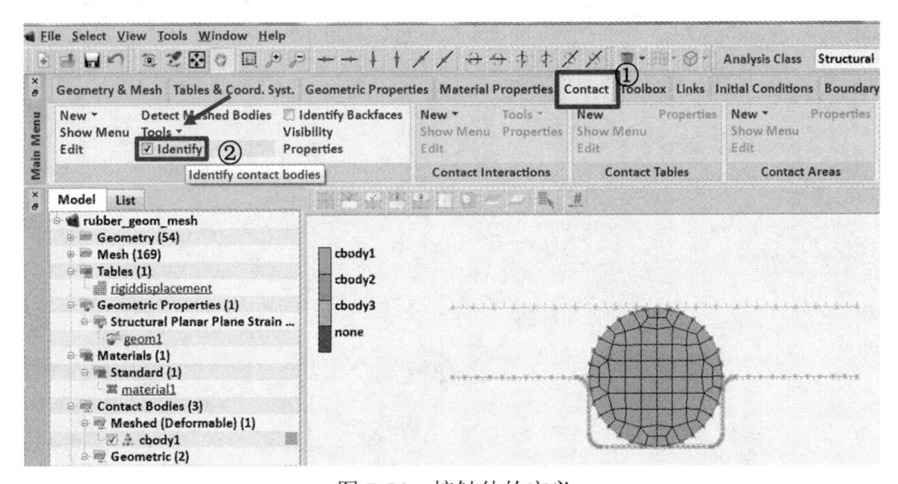


图 7-54 接触体的定义

由于密封圈与刚体间为接触（Touching），其他采用 Marc 默认参数设置，因此这里没有单独设置接触关系和接触表。

6. 边界条件定义

本例中边界条件只有一个，即施加于密封圈右侧的压力。显然，真实的承压面只能是与刚体未发生接触的单元边。但是由于橡胶密封圈的变形和刚体的压迫，我们无法预知承压面的准确位置，因此在定义边界条件时，将选择可能的承压面。一般来说，它的范围要比真实面大一些。具体命令流如下。

首先定义橡胶密封圈右侧压力的压力一时间曲线：

Tables & Coord. Syst.→New▼ →1 Independent Variable

Name：pressure_time

Types：Time

⊙ Data Points

Add

0 0

3 0

6 1

如图 7-55 所示。

Windows→√Model(view1)

Boundary Conditions→ New(Structural) ▼→Edge Load

☑Pressure：200

Table：pressure_time

☐Load Active in Contact

Edges：Add

选择密封圈右上 1/4 圆周上的单元边，如图 7-56 所示。

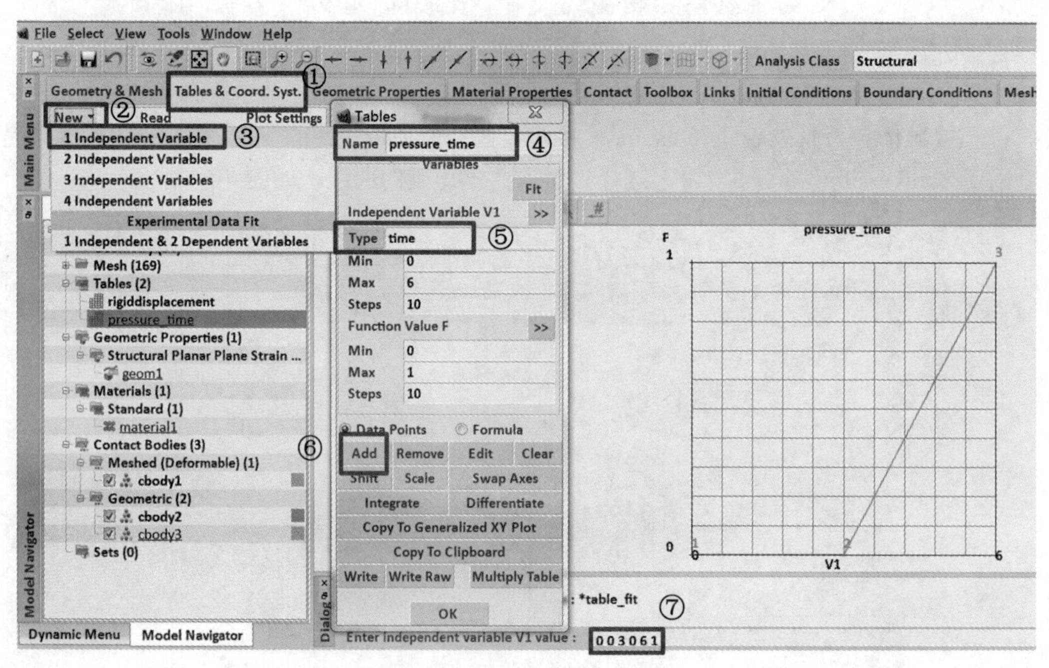


图 7-55 定义密封圈压力曲线

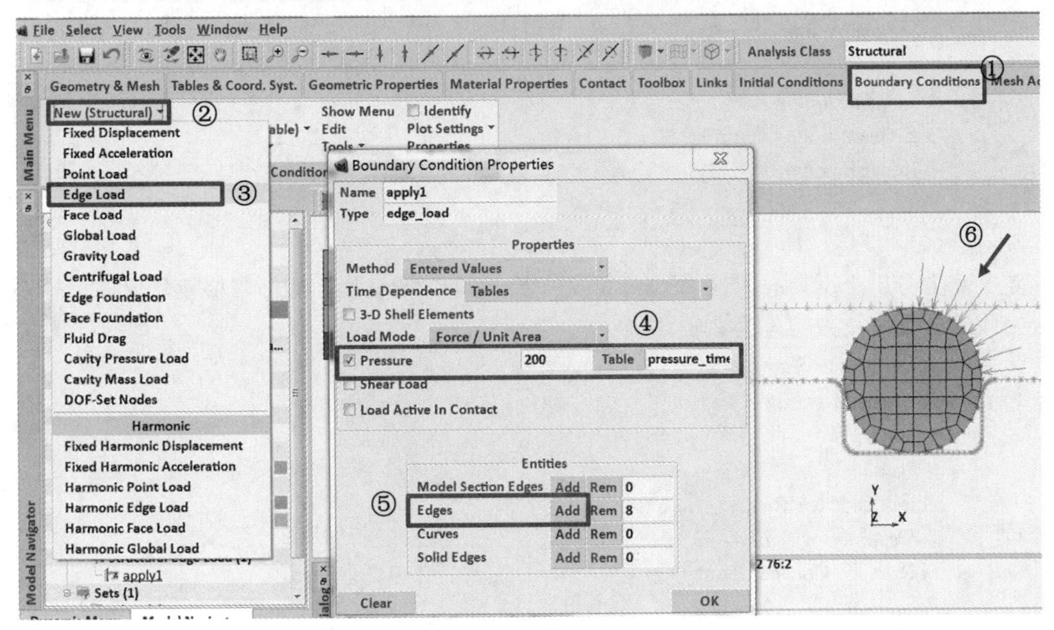


图 7-56　密封圈右侧压力载荷边界条件

7. 网格重划分参数定义

选择网格划分器类型，给定重划分的判定准则，并设置单元目标长度及要重划分的物体，如图 7-57 所示。

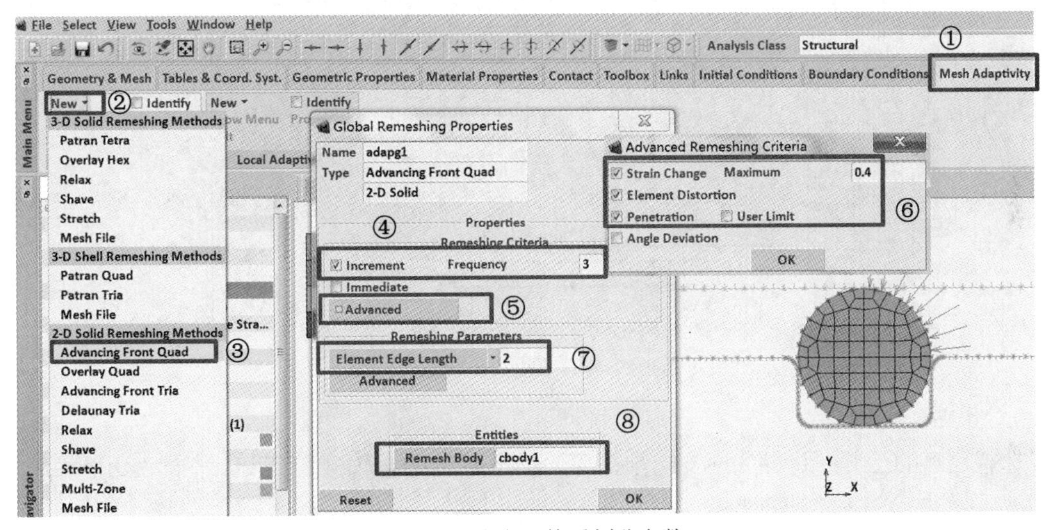


图 7-57　定义网格重划分参数

Mesh Adaptivity→Global Remeshing Criteria：New▼→ Advancing Front Quad

☑Increment

Frequency: 3

Advanced

☑Strain Change

Maximum:0.4

☑Element　Distortion

☑Penetration

OK

---*Remeshing Parameters*---

Element Edge Length▼：2

Remesh body: cbody1

OK

8. 载荷工况定义

定义静力分析工况，总时间为 6s；定义步长，60 个增量步。激活网格重划分，选择相对残余力收敛准则，收敛容差为 0.1。

Loadcases→New▼→ Static

Global Remeshing

☑adapg1

OK

Total Loadcase Time: 6

---*Stepping Procedure*---

Fixed: ⊙ Constant Time Step

#steps: 60

OK

如图 7-58 所示。

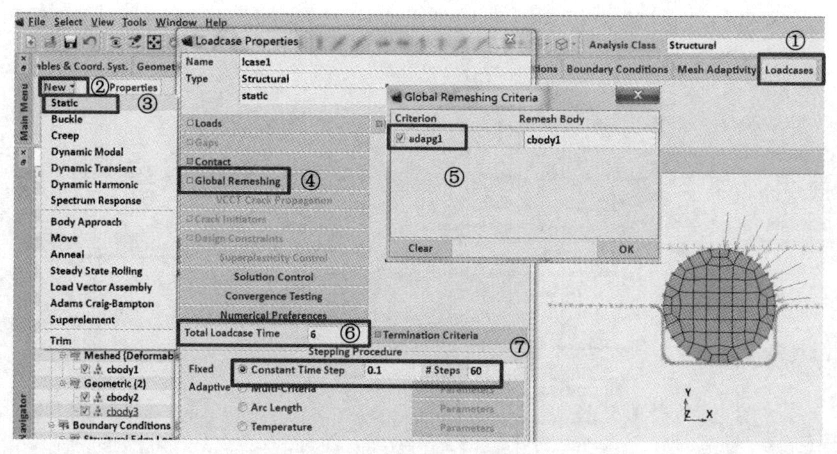

图 7-58 分析工况定义

9. 作业定义

选择已有的工况；选择大应变选项；单元类型号为 11，为 4 节点 2D 平面应变单元。

Jobs→ New▼→ Structural

Selected：lcase1

Analysis Option

⊙ Large Strain

Follower Force▼

OK

如图 7-59 所示。

**注意**：由于施加的载荷是面压力，需要选择 Follower Force 选项，保证压力始终垂直作用于单元边界上。

Job Results

☑Stress

☑Total Strain

Flowlines，单击进入如图 7-60 所示的菜单

⊙ All Bodies

OK

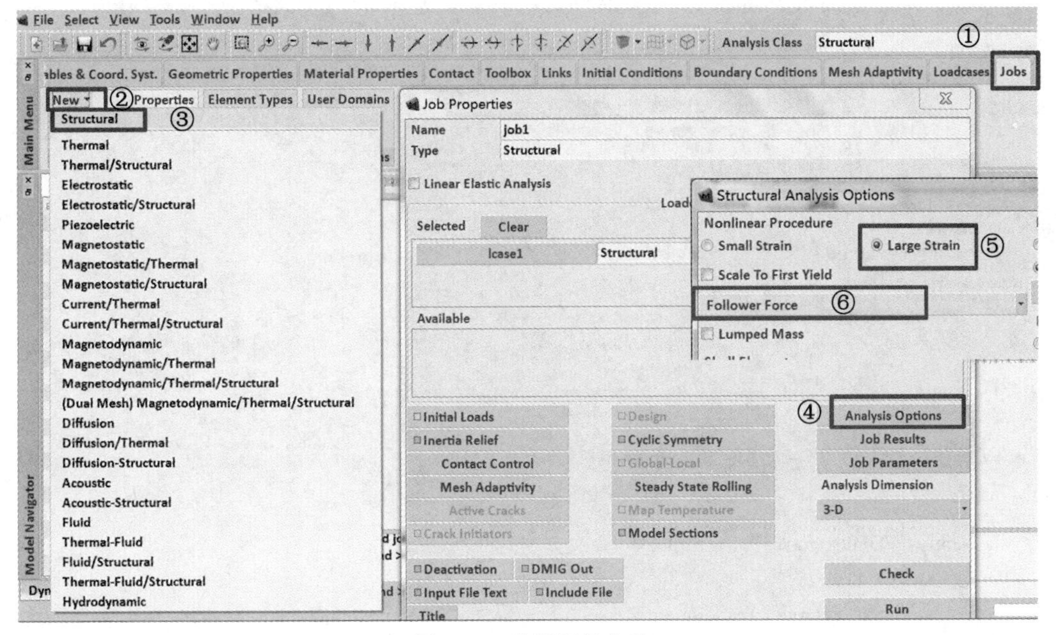


图 7-59 分析任务定义

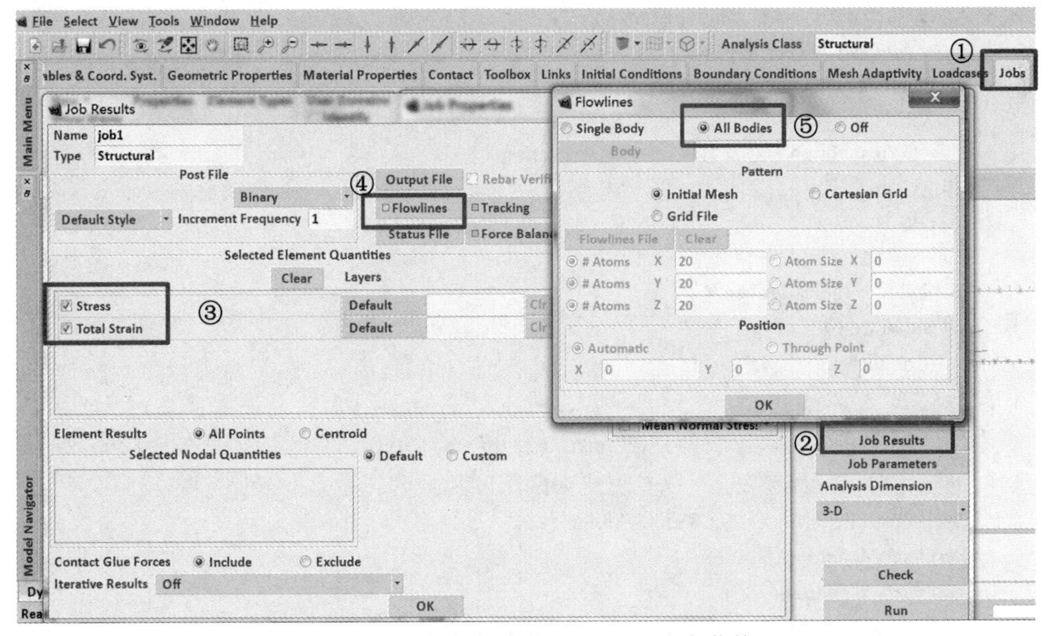


图 7-60 分析任务结果及 Flowline 定义菜单

Tracking

Nodes：Add，单击感兴趣的节点（如图 7-61 所示圆圈部位）

☑ Equivalent Stress& Total Equiv. Plastic Strain

OK

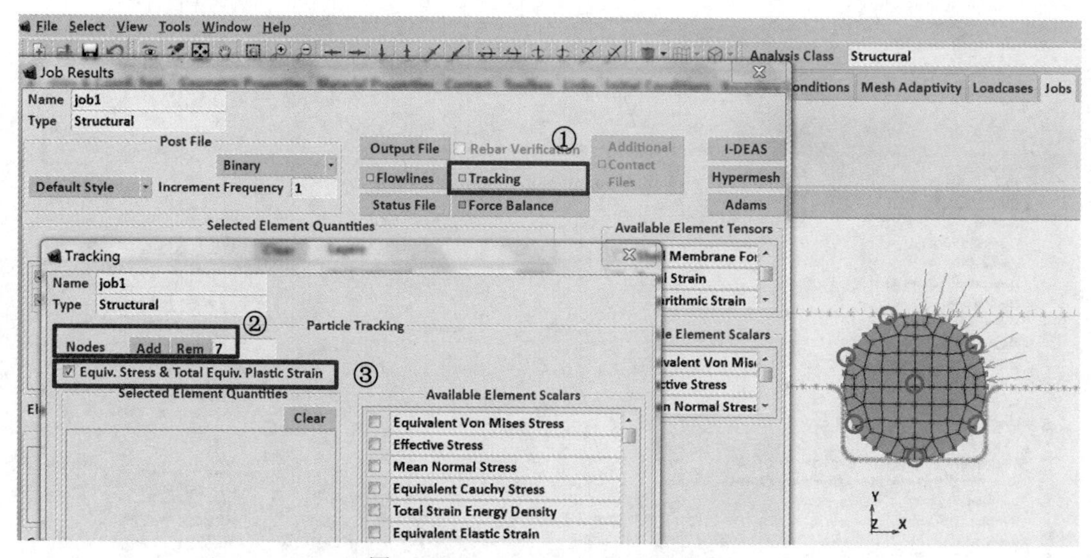


图 7-61　Particle Tracking 定义菜单

Analysis Dimension：Plane Strain▼

Contact Control

Methode: Segment To Segment▼

Default Settings：Version2▼

OK

Jobs→Element Types：Element Types

*---Analysis Dimension---*

Planar▼

Solid

Plane Strain Full & Herrmann Formulation：80

All Existing

OK

Run

Style：  Tables-Driven▼

Submit（1）

Monitor

10. *后处理*

查看刚体压缩完成时，橡胶密封圈的应力分布（图 7-62）；查看压力载荷作用完成后，橡胶密封圈的应力分布（图 7-63），以及受压面的范围和力的作用方向（图 7-64）。

Open Post File（Model Plot Results Menu）

Results→Model Plot Results

*---Deformed Shape---*

Style : Deformed▼

*---Scalar Plot ---*

Style: Contour Band▼

Scalar: ⊙ Equivalent of Stress

单击 Monitor 按钮查看应力动态变化。

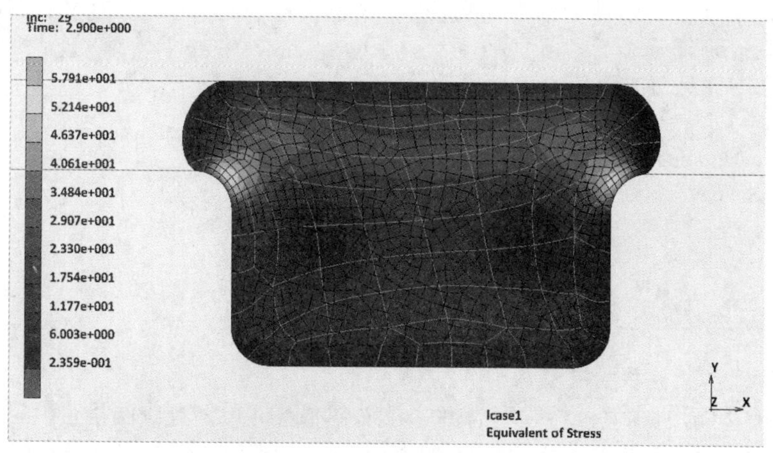


图 7-62　顶部刚体压缩过程中橡胶密封圈的应力云图

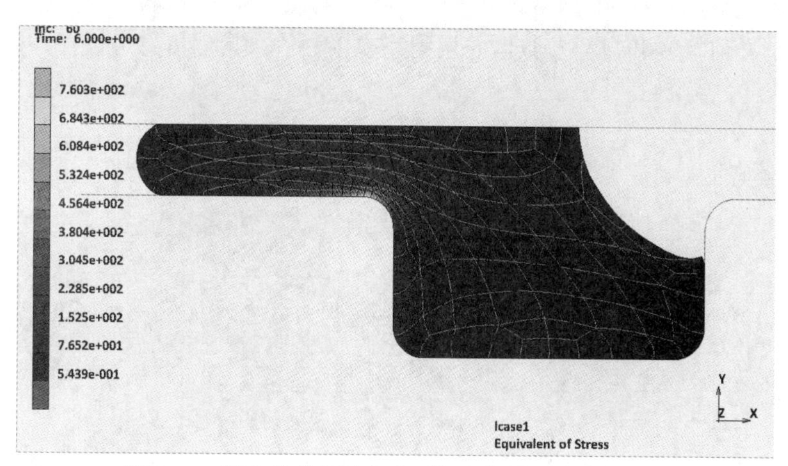


图 7-63　压力载荷作用完成后橡胶密封圈的应力云图

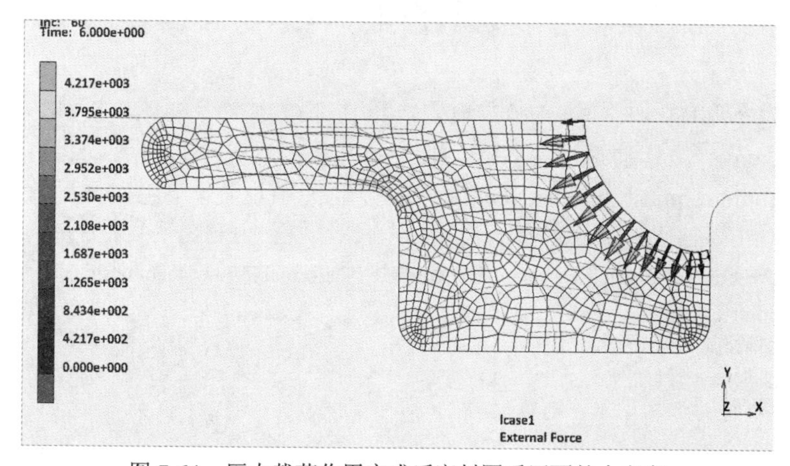


图 7-64　压力载荷作用完成后密封圈受压面外力方向

图 7-64 中的网格为流线图，用户可以查看初始网格流动变形的情况，默认设置下该选项在 Model Plot→☑Flowlines 已被激活。对于外载荷的施加情况，用户可以通过查看外载荷矢量的变化确认，外载荷始终施加在没有发生接触的单元边上。

*---Vector Plot---*
Style：On▼
Vector：⊙ External Force
Settings
  Arrow Plotting Setting
    Solid ▼
  Regen

### 7.3.5 三维网格重划分实例

1. 模型描述

以如图 7-65 所示的成型分析模型为例，介绍全局网格重划分中网格密度控制设置方法。模型包括 4 部分结构：工件（workpiece）、压头（punch）、两个对称刚体（sym1 和 sym2）。直接读入书中所附光盘“第 7 章\网格重划分\三维”文件夹下的模型 punch_load_mesh.mud，模型中已经设置了几何特性和材料参数，并设置完成接触体，具体信息可以打开模型直接查看。

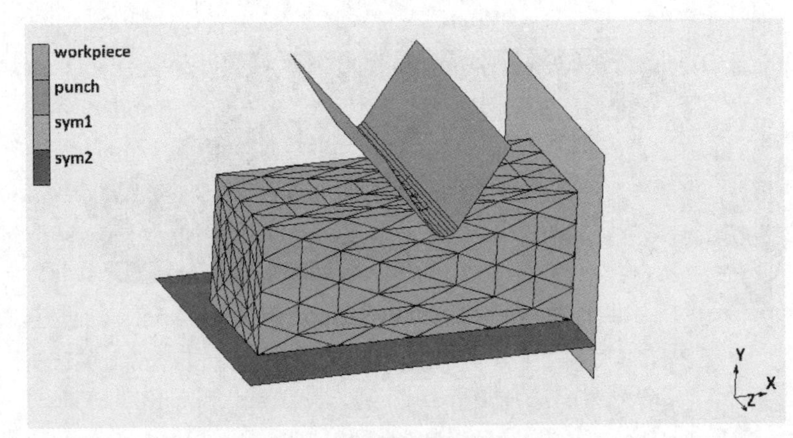


图 7-65 模型中定义的接触体

2. 接触关系设置

工件设置为变形体，采用默认参数设置，压头部位定义为刚体，接触体运动采用沿着 -Y 方向具有 1mm/s 的移动速度，sym1 和 sym2 采用对称刚体设置；将打开模型另存为 punch_load_complete.mud，进行压头和工件的接触关系设置，如图 7-66 所示，具体命令流如下：

Contact →Contact Interaction：New▼ →Meshed（Deformable）vs. Geometric
  Friction
    Friction Coefficient：0.5
  OK(两次)

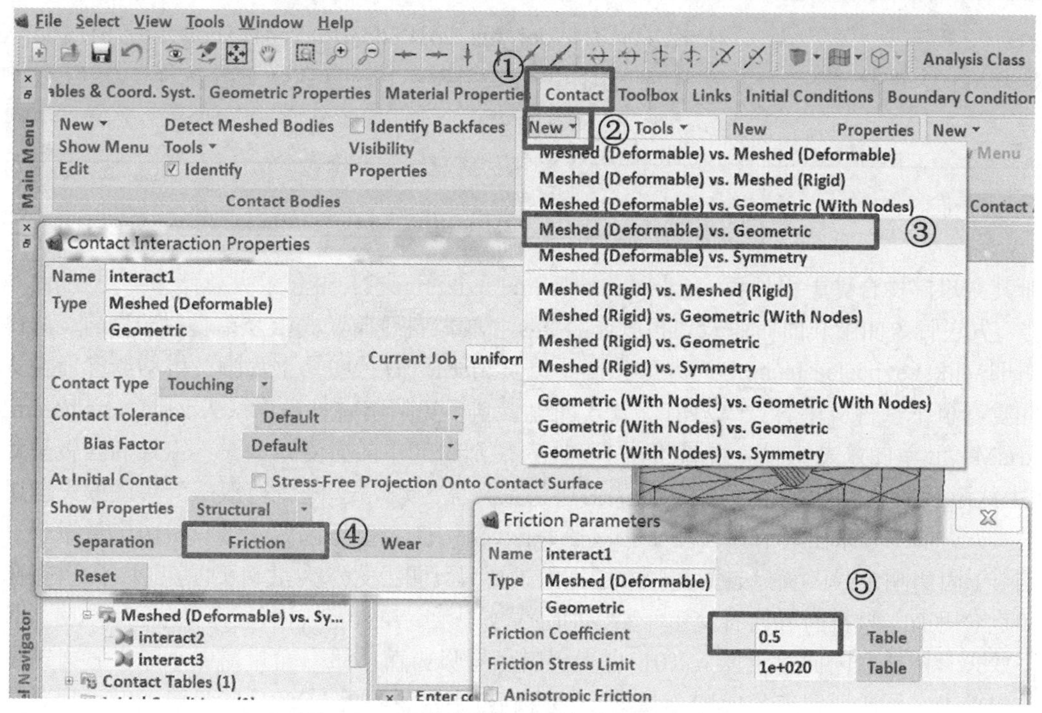


图 7-66 接触关系设置菜单——工件与压头

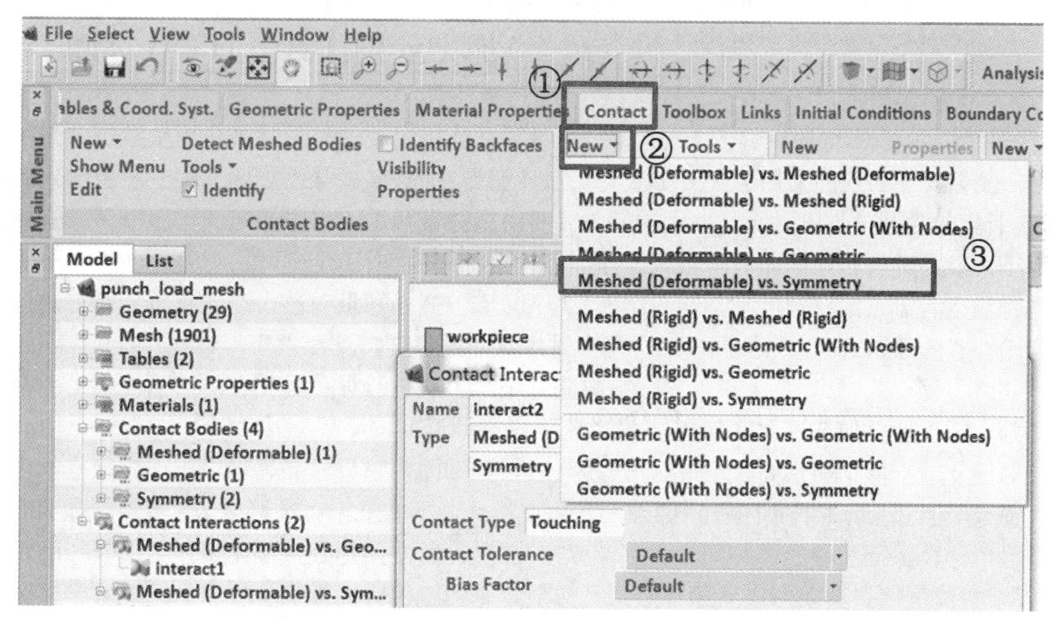


图 7-67 接触关系设置菜单——工件与对称刚体

工件与对称接触体的接触关系设置如图 7-67 所示，具体命令流如下：

Contact →Contact Interaction：New▼→Meshed（Deformable）vs. Symmetry

OK

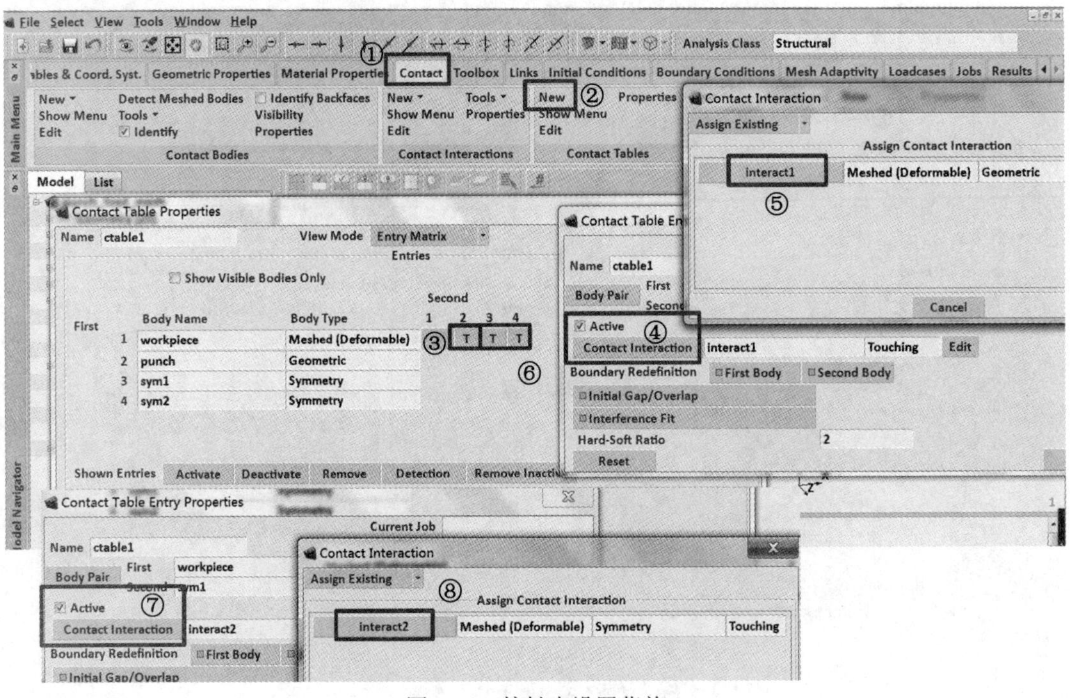


图 7-68　接触表设置菜单

接触表设置方法如图 7-68 所示，具体命令流如下：

Contact →Contact Tables：New

单击工件（First 1）与压头（Second 2）对应的按钮

☑Active

Contact Interaction

　　Interact1

　OK

单击工件（First 1）与对称刚体（Second 3）对应的按钮

☑Active

Contact Interaction

　　Interact2

　OK

单击工件（First 1）与对称刚体（Second 4）对应的按钮

☑Active

Contact Interaction

　　Interact2

　OK

3．初始条件

Initial Conditions →New （State Variable）▼→Nodal Temperature

Temperature：　20

　　Nodes：　Add

选择结构中心的节点（节点号 1），如图 7-69 所示

　　OK

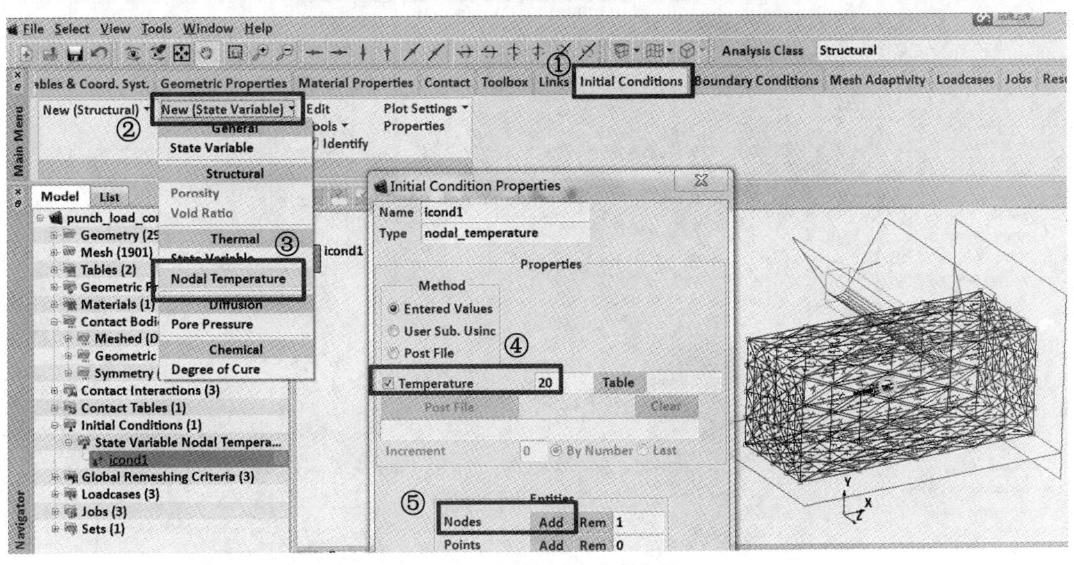

图 7-69 初始条件设置菜单

4. 网格自适应

本例采用以下三种不同的网格密度控制设置：

（1）仅设置均匀目标单元尺寸设置，如图 7-70（a）、（b）所示。

（2）采用单元结果作为单元密度控制方法，如图 7-71 所示。

（3）同时采用单元结果和指定区域作为单元密度控制方法，如图 7-72 所示。

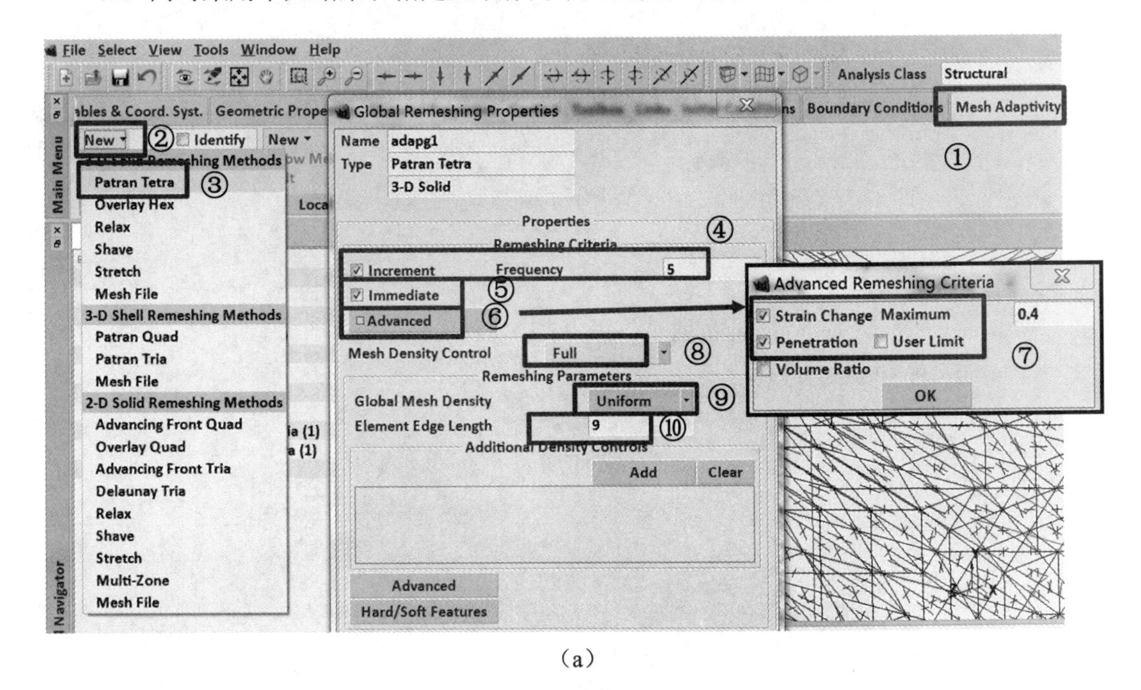

（a）

图 7-70 网格自适应设置菜单

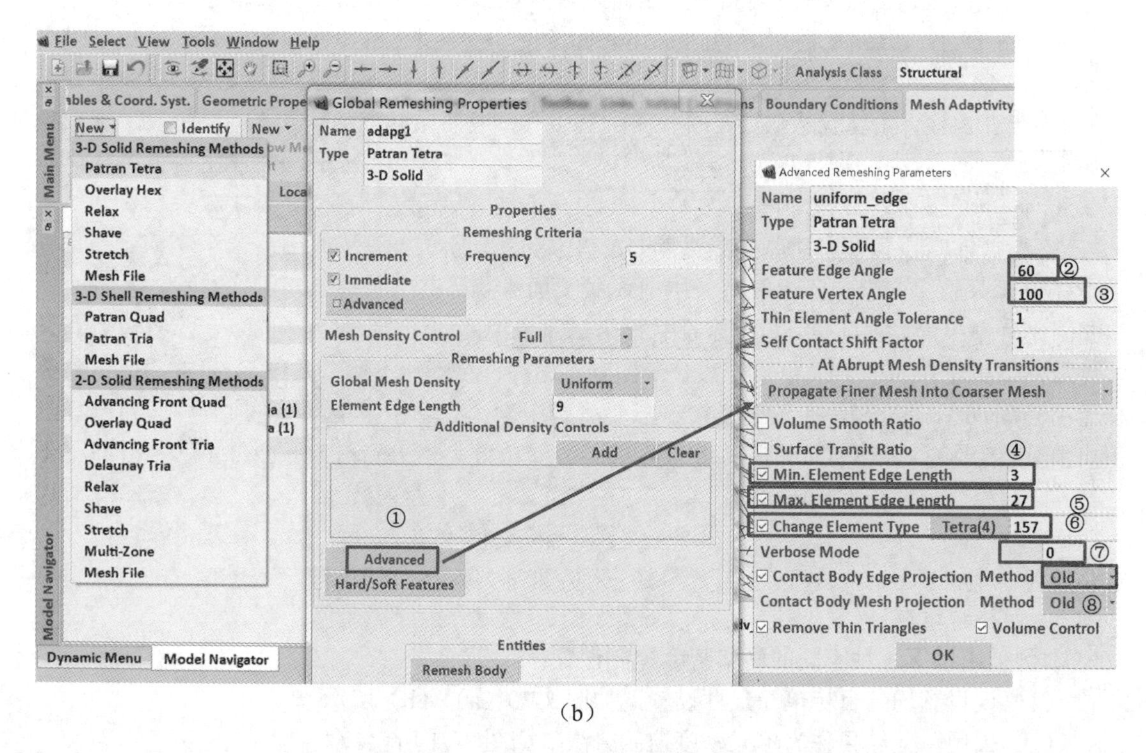


（b）

图 7-70 网格自适应设置菜单（续图）

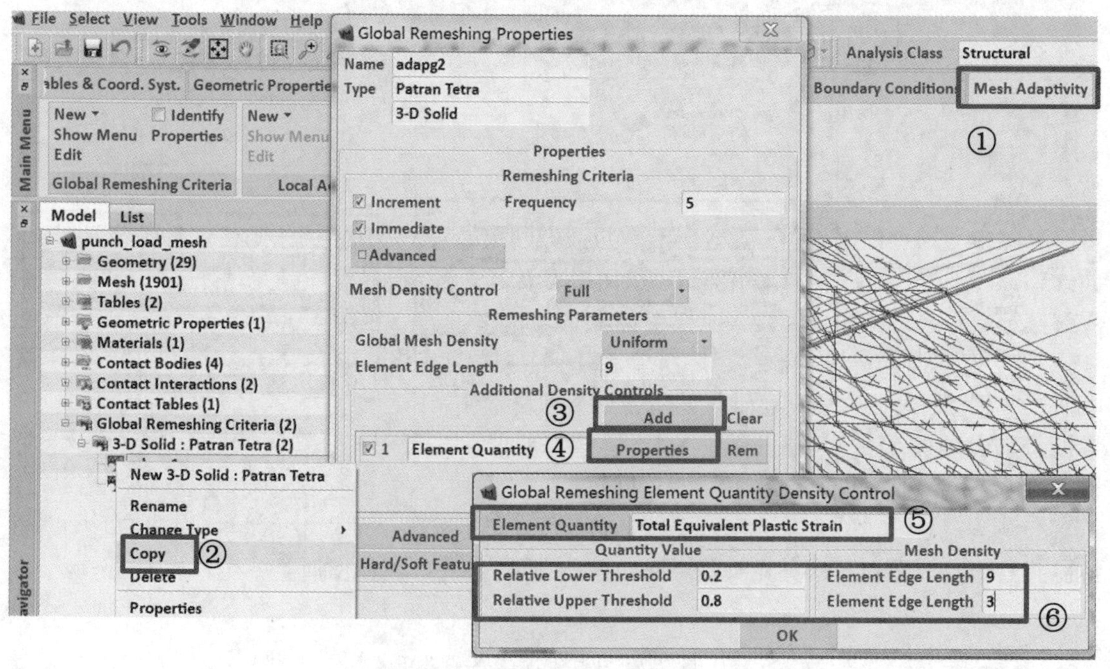


图 7-71 网格自适应设置菜单

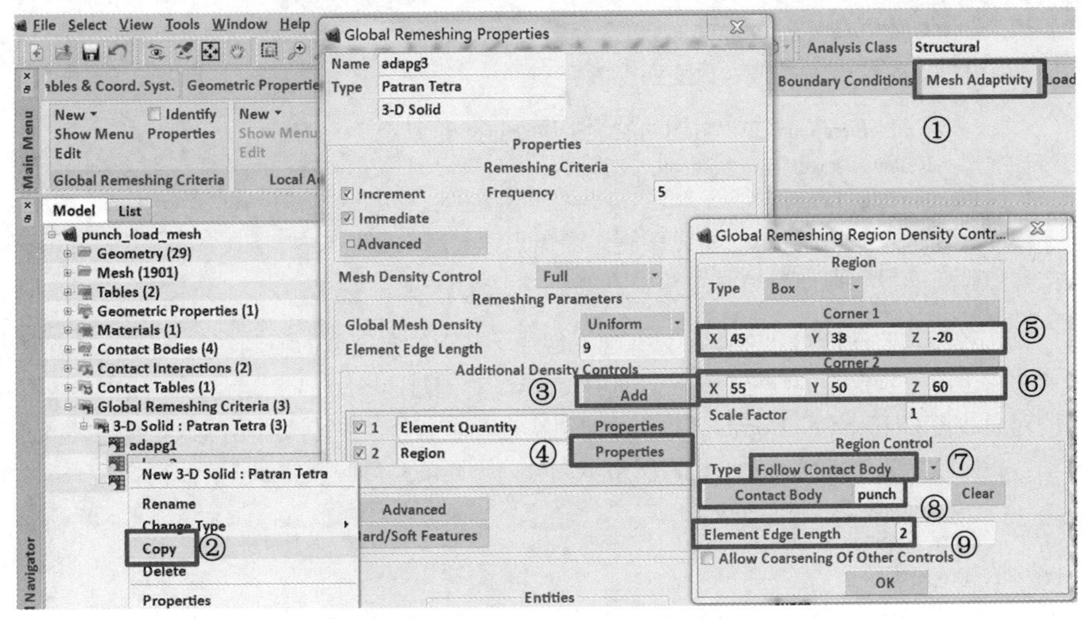

图 7-72　网格自适应设置菜单

具体命令流如下：

Mesh Adaptivity → Global Remeshing Criteria: New ▼

→3-D Solid Remeshing Methods: Patran Tetra

*---Remeshing Criteria---*

☑Increment

Frequency：5

☑Immediate

Advanced

☑Strain Change

☑Penetration

OK

Mesh Density Control：Full ▼

Global Mesh Density：Uniform ▼

Element Edge Length：9

Advanced

Feature Edge Angle: 60

Feature Vertex Angle:120

☑ Min. Element Edge Length: 3

☑ Max. Element Edge Length: 27

☑ Change Element Type: 157

Verbose　Mode: 0

☑ Contact Body Edge Projection Method: Old ▼

Remesh Body：workpiece

第二种网格自适应设置在第一种基础上增加了基于单元结果的控制参数设置，首先在模型目录树中右击前一步定义的网格自适应，并选择 Copy。针对创建的 adapg2，按照下列命令流设置，选择整体等效塑性应变作为网格重划分网格尺寸控制参数，当整体等效塑性应变在 0.2～0.8 之间时进行网格重划分，相应的单元边长在 9～3 之间。

*---Additional Density Controls---*

Add：Element Quantity

Properties

Element Quantity：Total Equivalent Plastic Strain

Relative Lower Threshold：0.2

Element Edge Length：9

Relative Upper Threshold：0.8

Element Edge Length：3

OK

第三种网格自适应设置在第二种基础上增加了基于指定区域的控制参数设置，在模型目录树中右击前一步定义的网格自适应，选择 Copy。对创建的 adapg3 指定盒形区域内（盒型结构的对角线由 Corner 1 和 Corner 2 指定）的网格进行重划分，并且该盒形区域随着刚体 punch 移动，指定区域采用单元尺寸 2 进行网格重划分，创建的盒形区域如图 7-73 所示。

*---Additional Density Controls---*

Add：Region

Properties

Corner 1：45　38　-20

Corner 2：55　50　60

*---Region Control---*

Type：Follow Contact Body ▼

Contact Body：punch

Element Edge Length：2

OK（两次）

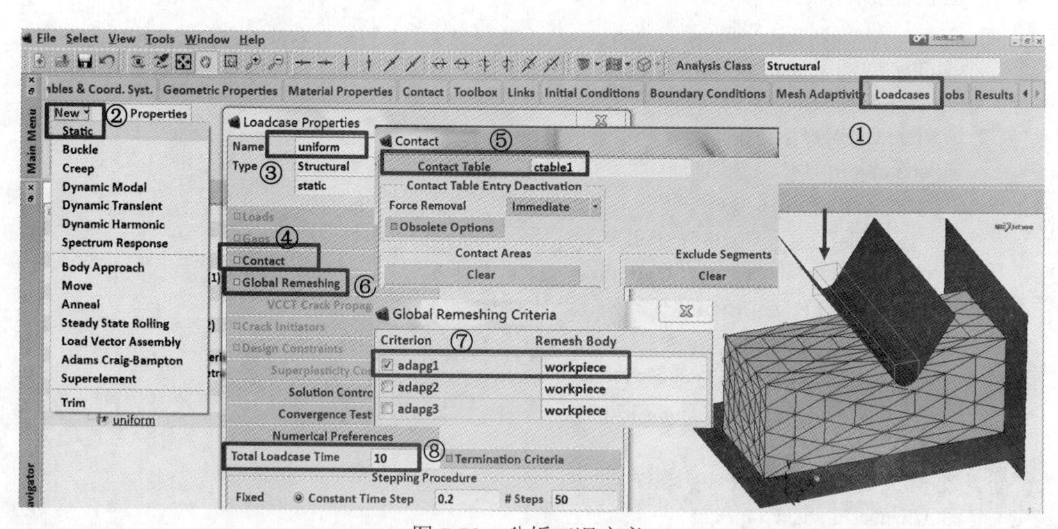

图 7-73　分析工况定义

5. 分析工况

分别针对三种不同的网格自适应设置建立三个分析工况，除网格自适应选项不同，其他设置完全一致。以第一个工况为例，如图 7-73 所示，具体命令流如下：

Loadcases→New ▼→Static

Name：uniform

Contact

Contact Table：ctable1

OK

Global Remeshing

☑adapg1

OK

Total Loadcase Time：10

OK

另外两个分析工况可以在工况 uniform 基础上，通过在模型目录树复制已有工况的方式创建，名称分别为：plastic_strain 对应 adapg2，plastic_strain_rbox 对应 adapg3。

6. 分析任务

完成三个分析工况定义后，分别针对各个工况创建各自的分析任务，具体命令流如下：

Jobs→Jobs：New ▼→Structural

Selected：uniform

Contact Control

Method：Segment To Segment

Friction

Type：Shear Bilinear（Displacement）

Initial Contact

Contact Table：ctable1

OK（两次）

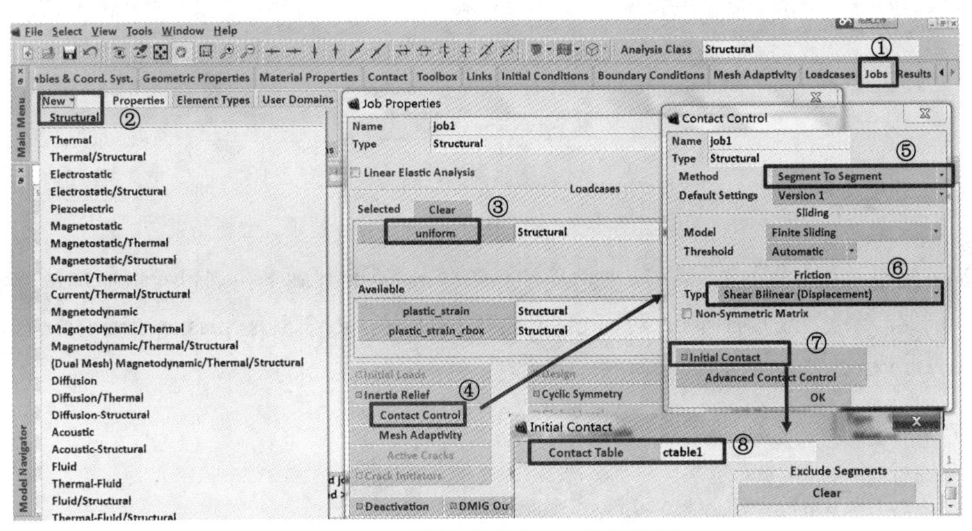


图 7-74 分析任务定义——接触控制

Mesh Adaptivity

---*Limits*---

Max.# Elements: 1

Max.# Nodes: 4

注意：此处用户可以保持默认设置，也可修改为任意非零数值，对计算结果没有影响

OK

Analysis Options

⊙ Large Strain

OK

Job Results

☑Total Equivalent Plastic Strain

☑Equivalent Plastic Strain Rate

☑Equivalent Von Mises Stress

☑Stress

OK

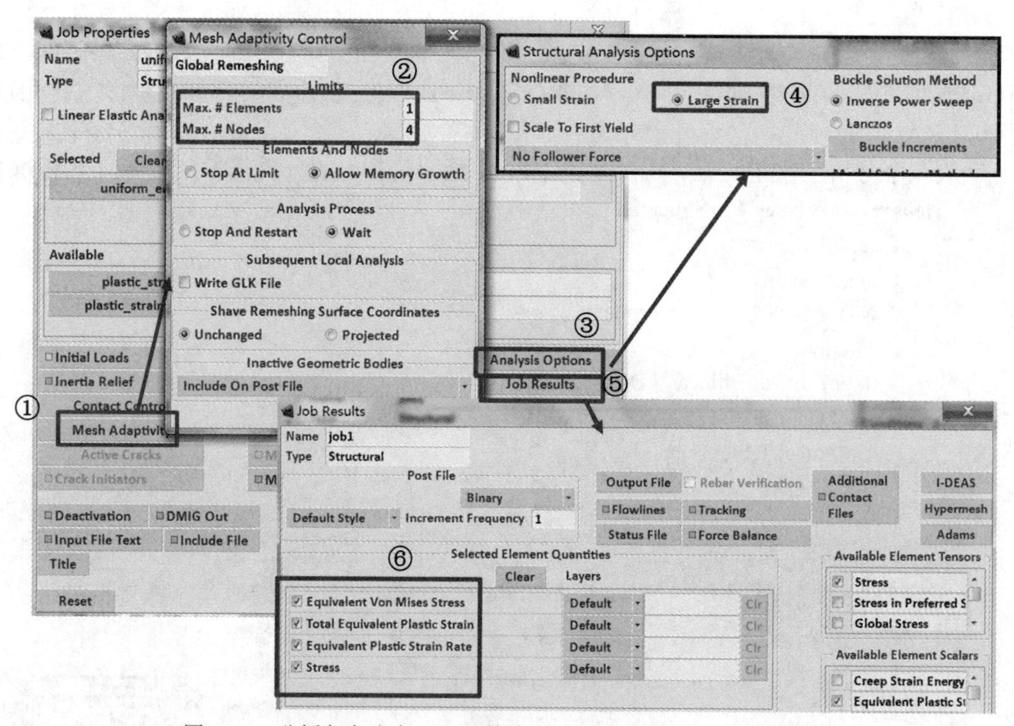


图 7-75　分析任务定义——网格自适应、分析选项、分析结果

另外两个分析任务可以在上一步定义的分析任务 job1 基础上，通过在模型目录树中复制的方式创建，名称分别为：job2 对应 plastic_strain 工况，job3 对应 plastic_strain_rbox 分析工况。定义完成后分别提交分析，命令流如下：

Run

Submit（1）

Monitor

Open Post File（Model Plot Results Menu）

7. 分析结果

分别查看三种不同网格自适应设置下的接触状态分布云图，如图 7-76 所示为 job1 的接触状态分布云图，这里采用的 uniform 网格自适应设置。job2 和 job3 的接触状态分布云图如图 7-77 所示，具体命令流如下：

*---Deformed Shape---*

Style：Deformed▼

*---Scarlar Plot---*

Style：Contour Bands▼

Scalar：⊙ Contact Status

单击 Go to last increment on results file 按钮查看最后一步结果

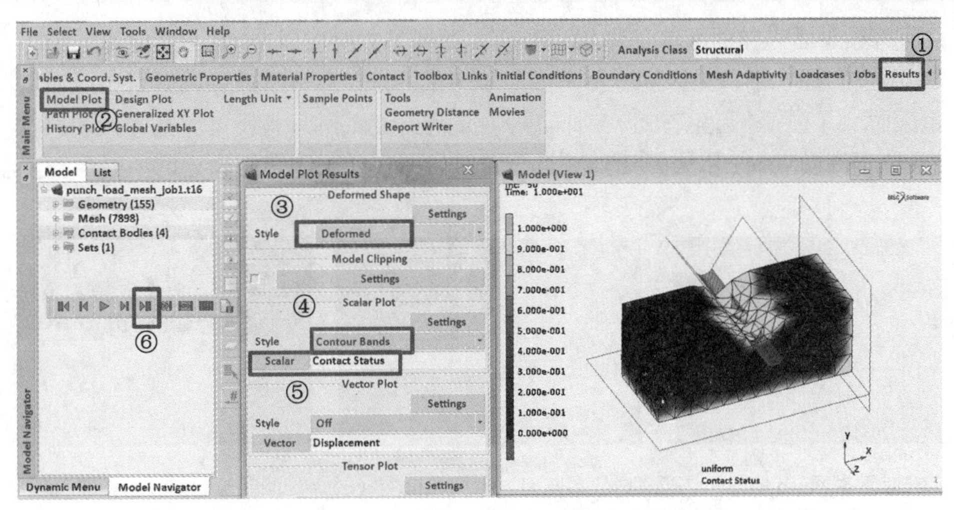


图 7-76　接触状态分布云图——job1（uniform 网格自适应设置）

从图 7-76 可以看出，仅采用 uniform 网格自适应设置的模型（job1）在模具和工件受压部位虽然显示接触，但网格和模具间存在个别部位的穿透，且成型的形状不光滑。由此可见，仅采用 uniform 网格自适应设置结果不是十分理想。

关闭 job1 对应结果，重新打开新的结果，例如 job2 的结果，打开结果文件后按照前述方法显示最后一步的接触状态分布云图即可。具体操作可以按照下列命令流进行：

File→Results：Close

File→Results：Open→punch_load_mesh_job2.t16→Open

如图 7-77（a）所示，此时可以看到在模具与工件接触的区域网格被细化，工件表面与模具外表面的贴合程度得到改善，接触状态和变形情况比较好。采用上述方法打开 job3 对应模型结果，并与前两个模型的结果进行对比，如图 7-77（b）所示。

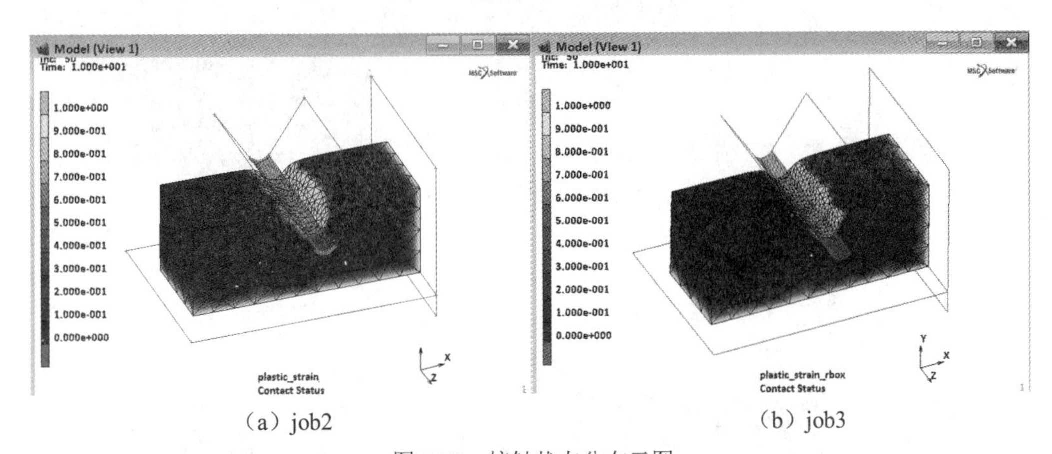


（a）job2　　（b）job3

图 7-77　接触状态分布云图

分别查看三种不同网格自适应设置下的位移云图，如图 7-78 所示，具体命令流如下：

*---Deformed Shape---*

Style：Deformed▼

*---Scarlar Plot---*

Style：Contour Bands▼

Scalar：⊙ Displacement

单击 Go to last increment on results file 按钮查看最后一步结果

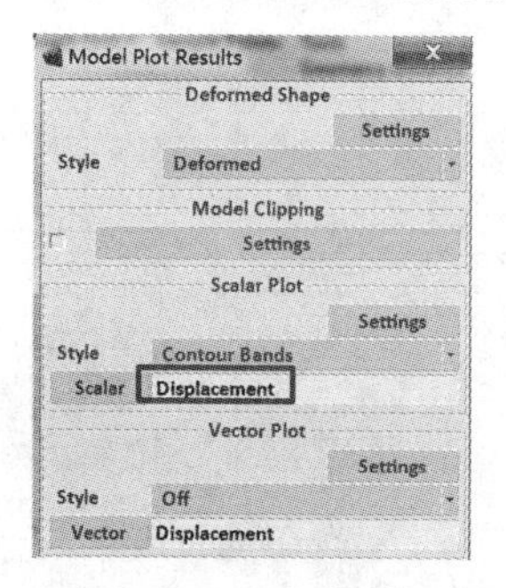


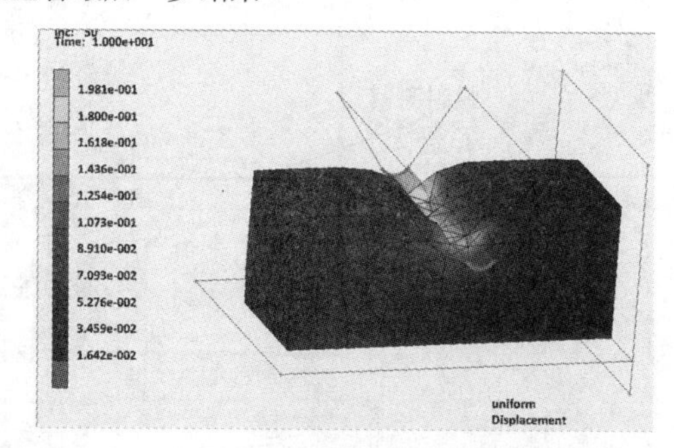


（a）job1

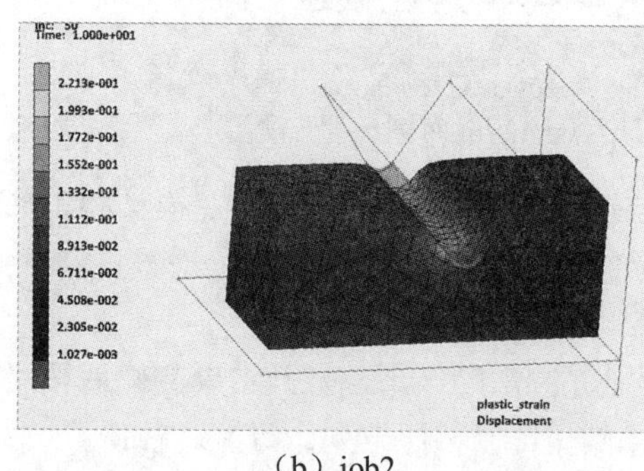


（b）job2

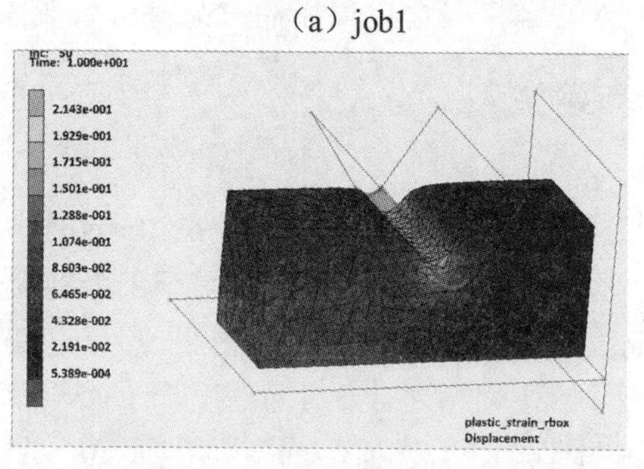


（c）job3

图 7-78　位移云图

分别查看三种不同网格自适应设置下的整体等效塑性应变分布云图，如图 7-79 所示。

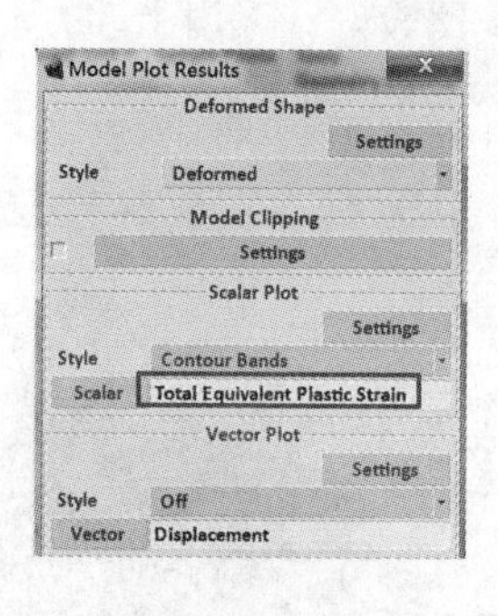


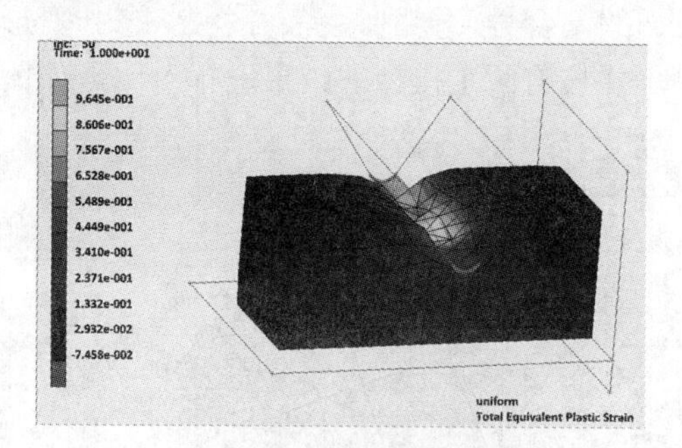


（a）job1

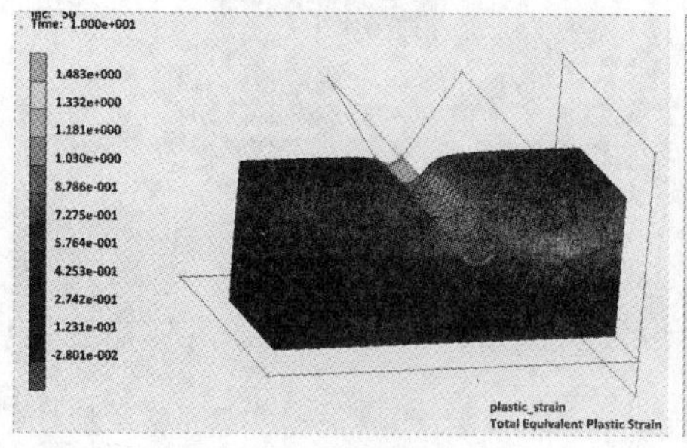


（b）job2

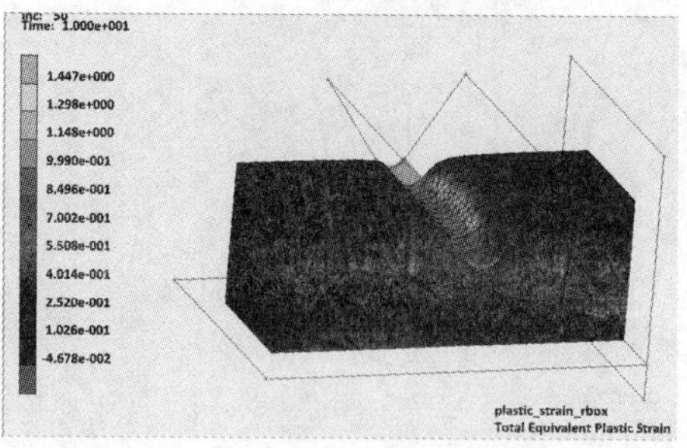


（c）job3

图 7-79　整体等效塑性应变分布云图

# 8

# 断裂力学问题的 Marc 解决方案

## 8.1 综述

工程上对结构或构件的计算方法，是以结构力学和材料力学为基础的。通常假定材料是均匀的连续体，计算时只要工作应力不超过许用应力就认为结构是安全的，而没有考虑客观存在的裂纹和缺陷。然而，金属材料在经过较大的塑性变形后一般会发生韧性断裂。

金属材料断裂前，在载荷或其他外界因素作用下，其内部结构会发生变化，产生微空洞（void）、微裂纹以及其他缺陷。使金属材料性能下降，这些微观或细观的缺陷称为损伤（damage）。损伤积累会导致金属材料失效（failure）、断裂（crack）。实际使用的工程金属材料大多是多相材料，由于冶炼过程中不能除尽杂质或者人为加入一些强化粒子，材料中大多含有少量杂物，这些材料可以看成是基体与散布于基体内的第二相粒子和杂质结合而成的物质。由于塑性变形会在这些部位产生微孔洞（void），在应力和塑性应变的驱动下长大，从而产生损伤（damage）。空洞聚合最终形成宏观裂纹（crack）。因此，要确定结构是否安全或能否安全使用，首先要确定结构中存在的微观或宏观裂纹是否将继续扩展并导致结构破坏。

与金属材料不同，复合材料由纤维和基体等不同组分材料组成，并具有各向异性，其破坏过程复杂。采用复合材料的结构在受力发生变形的过程中，随着载荷的增加导致原有缺陷扩大或产生新的损伤，如基体中出现微小裂纹、纤维裂纹、基体与纤维界面开裂、损伤扩大、裂纹扩展等。

在本章中将介绍 Marc 中提供的用于进行复合材料疲劳失效、裂纹扩展、脱层分析等的基本原理，并结合各种实例介绍通过 Mentat 实现这些仿真分析的方法，以及进行仿真模型前、后处理的基本流程。

## 8.2 Marc 进行失效分析

可靠性是产品的关键性质量指标，可靠性分析的前提之一就是确认产品是否失效，分析产品的失效类型、失效模式和机理。通过失效分析可以避免同类事故的再次发生，为企业节约成本、减少经济损失。

以数理统计为基础，失效分析作为学科分支是从 20 世纪 50 年代开始的。从 20 世纪 80 年代中后期开始，随着计算机技术的飞速发展以及有限元分析理论的日趋成熟，失效分析也开始逐步与有限元分析技术相结合。

Marc 作为非线性有限元分析软件中的典范，在失效分析方面提供了 10 种基于材料的失效准则，允许同时选择 3 种失效准则作为失效的判据，同时还提供了渐进失效方法，针对特殊的需求 Marc 提供了进行失效准则扩展的子程序接口。下面将针对 Marc 中的失效分析功能进行介绍。

Marc 中提供了多种进行失效分析和评定的准则，其中包括：最大应力失效准则（MAXIMUM STRESS）、最大应变准则（MAXIMUM STRAIN）、HOFFMAN、HILL、蔡－吴（TSAI-WU）、PUCK、HASHIN、HASHIN TAPE、HASHIN FABRIC 以及 Marc 2011 新增的应变不变量失效准则（STRAIN INVRAIANT）。除此以外，针对用户的特殊需求或 Marc 中没有直接提供的失效准则，可以通过 Marc 的用户子程序 UFAIL 接口，由用户自定义失效准则来实现更多的计算需求。用户在仿真模型定义时，可以指定这些失效准则中的任意 3 种，可以广泛地应用于普通材料以及复合材料的失效分析计算。失效的形式可以沿着材料纤维的方向、垂直于纤维方向等，可以是拉、压引起的失效，也可以是剪切引起的失效，如图 8-1 所示。

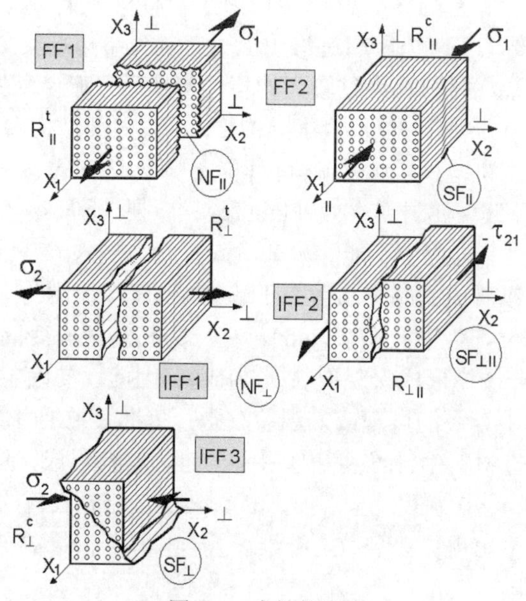


图 8-1　失效的形式

各种失效准则各有特点，通过选择不同的失效准则，程序会根据不同的标准来计算结构中是否存在不满足标准的点，并在后处理中输出对应位置的失效因子，帮助用户判断哪些位置已经失效，哪些位置较其他位置更容易失效。下面就 Marc 中的几种失效准则进行介绍。

### 8.2.1　最大应力失效准则（MAXIMUM STRESS）

最大应力理论认为，不论什么应力状态，当单向层合板主轴方向的任何一个应力分量达到基本强度时，材料失效。在 Marc 中，程序根据计算得到的应力分量与模型中用户指定的结构中允许的应力分量数值进行比较，通过输出它们的比值来判断材料失效的情况。

$$
\begin{aligned}
&1.\ \begin{cases}\left(\dfrac{\sigma_1}{X_t}\right) & \text{if } \sigma_1 > 0 \\ \left(-\dfrac{\sigma_1}{X_c}\right) & \text{if } \sigma_1 < 0\end{cases} \\
&2.\ \begin{cases}\left(\dfrac{\sigma_2}{Y_t}\right) & \text{if } \sigma_2 > 0 \\ \left(-\dfrac{\sigma_2}{Y_c}\right) & \text{if } \sigma_2 < 0\end{cases} \\
&3.\ \begin{cases}\left(\dfrac{\sigma_3}{Z_t}\right) & \text{if } \sigma_3 > 0 \\ \left(-\dfrac{\sigma_3}{Z_c}\right) & \text{if } \sigma_3 < 0\end{cases} \\
&4.\ \left(\left|\dfrac{\sigma_{12}}{S_{12}}\right|\right) \\
&5.\ \left(\left|\dfrac{\sigma_{23}}{S_{23}}\right|\right) \\
&6.\ \left(\left|\dfrac{\sigma_{31}}{S_{31}}\right|\right)
\end{aligned}
\tag{8-1}
$$

式中 $X_t$，$X_c$——沿着第一个方向允许的最大拉伸和压缩应力；

$Y_t$，$Y_c$——沿着第二个方向允许的最大拉伸和压缩应力；

$Z_t$，$Z_c$——沿着第三个方向允许的最大拉伸和压缩应力；

$S_{12}$——允许的 12 平面最大剪切应力；

$S_{23}$——允许的 23 平面最大剪切应力；

$S_{31}$——允许的 31 平面最大剪切应力。

当使用最大应力失效准则时，强度比 SR 对应于失效因子 FI 绝对值的倒数，即：

$$
SR = \frac{1}{|FI|} \tag{8-2}
$$

例如：在最大应力失效准则中第六强度比是$|S_{31}/\sigma_{31}|$，注意如果允许的最大应力没有定义或实际的应力为 0，那么强度比会被设置为 100。

### 8.2.2 最大应变准则（MAXIMUM STRAIN）

与最大应力准则类似，最大应变理论认为不论什么应力状态，当单向层合板主轴方向的任何一个应变分量达到基本强度所对应的极限应变值时，材料失效。Marc 通过应变值的比较来判断结构的失效情况。

最大应变准则和最大应力准则都是一阶准则；当考虑到应力或应变的二次项或者应力与应变的相互作用项的影响情况时，产生了二阶强度准则，强度准则中还有高阶准则。最大应变能理论（适用于脆性材料）和最大剪切应变能准则（适用于延性材料）都是二阶准则。

### 8.2.3 HOFFMAN、HILL、蔡–吴（TSAI-WU）

这 3 种方法分别基于应力分量的二次函数和一些材料常数，使用 HILL 失效准则时需要满足以下假定条件：材料仅仅为正交各项异性、在塑性变形期间具有体积不可压缩性、拉伸和压缩（强度）特性是相同的。此时在每个积分点处，Marc 会计算失效因子 FI，具体计算公式如下：

$$\left[\frac{\sigma_2^1}{X^2}+\frac{\sigma_2^2}{Y^2}+\frac{\sigma_3^2}{Z^2}-\left(\frac{1}{X^2}+\frac{1}{Y^2}-\frac{1}{Z^2}\right)\sigma_1\sigma_2-\left(\frac{1}{X^2}+\frac{1}{Z^2}-\frac{1}{Y^2}\right)\sigma_1\sigma_3-\left(\frac{1}{Y^2}+\frac{1}{Z^2}-\frac{1}{Y^2}\right)\sigma_2\sigma_3+\frac{\sigma_{12}^2}{S_{12}^2}+\frac{\sigma_{13}^2}{S_{13}^2}+\frac{\sigma_{23}^2}{S_{23}^2}\right] \tag{8-3}$$

对于平面应力模型，公式可简化为：

$$\left[\frac{\sigma_1^2}{X^2}-\frac{\sigma_1\sigma_2}{X^2}+\frac{\sigma_2^2}{Y^2}+\frac{\sigma_{12}^2}{S_{12}^2}\right] \tag{8-4}$$

式中 X——第一方向允许的最大应力；

Y——第二方向允许的最大应力；

Z——第三方向允许的最大应力；

$S_{12}$——允许的 12 平面最大剪切应力；

$S_{23}$——允许的 23 平面最大剪切应力；

$S_{31}$——允许的 31 平面最大剪切应力。

对于 HILL 失效准则，在每个积分点处的强度比为：

$$SR=\frac{1}{\sqrt{FI}} \tag{8-5}$$

----------------------------------------------☆☆☆☆☆☆----------------------------------------------

**注意**：如果失效因子为 0（或者由于没有定义允许的最大应力或实际的应力为 0），那么强度比会被设置为 100。

----------------------------------------------☆☆☆☆☆☆----------------------------------------------

HOFFMAN 失效准则是 HILL 失效准则的一种特殊形式，它将 HILL 准则中假定的“拉伸和压缩（强度）特性是相同的”修改为“在拉伸和压缩方向的允许的最大应力可以是不同的”。

Tsai 与 Wu 于 1971 年提出了失效判据的张量理论，即 Tsai-Wu 张量理论。蔡一吴(TSAI-WU)失效准则是一种张量多项式失效准则，它是针对拉压强度不等的复合材料失效情况而提出的一种理论。

他们认为在应力空间中的破坏表面存在如下形式：

$$F_i\sigma_j+F_{ij}\sigma_i\sigma_j=1 \qquad (i,j=1,2,\cdots,6) \tag{8-6}$$

式中 $F_i$ 和 $F_{ij}$——应力空间中的强度张量。

对于平面应力状态，材料拉、压强度相同时，Tsai-Wu 失效判据为：

$$\frac{\sigma_2^1}{X^2}+2F_{12}\sigma_1\sigma_2+\frac{\sigma_2^2}{Y^2}+\frac{\tau_{12}^2}{S^2}=1 \tag{8-7}$$

比较典型的实验结果证明 Tsai-Wu 理论与实验比较接近，能够克服其他准则处理此类问题具有较大误差的缺点。在每个积分点处，Marc 也会计算出失效因子 FI。

### 8.2.4 PUCK 失效准则

Puck 理论是基于单层板受双轴应力破坏的大量实验研究结果发展而成，因此在对单向复合材料的预报方面与实验吻合的相当好，对层合板的最终破坏强度谱以及应力－应变曲线的预报也大体与实验符合。Puck 理论与实验值的差异主要出现在较大非线性变形的情况，预报的最大应变远远小于实测值并且预报的最终破坏强度谱也与实验有距离。总体上，Puck 理论的精度比较高，是目前最好的理论之一。

### 8.2.5 HASHIN、HASHIN TAPE、HASHIN FABRIC

Hashin 失效准则为单层板失效准则，确定了纤维和基体的方向，该准则区别于 fiber failure 和 matrix failure。在每个积分点，Marc 会针对每种模式计算失效因子 FI，如拉伸纤维模式（Tension fiber mode）。

Hashin Tape 失效准则是 Hashin 失效准则的一种变型，它适用于带状材料的失效判定。1 方向对应带状结构的纤维方向，2 方向为带状结构所在平面内垂直于纤维方向，3 方向为带状结构的厚度方向。在每个积分点处，Marc 会计算对应的失效因子 FI。

Hashin Fabric 失效准则也是 Hashin 失效准则的一种变型，它适用于纤维型材料的失效判定。1 方向为第一纤维方向，2 方向为第二纤维方向，3 方向为厚度方向。在每个积分点处，Marc 会计算对应的失效因子 FI。

### 8.2.6 应变不变量失效准则（STRAIN INVRAIANT）

应变不变量准则是由波音公司提出，在不进行微观结构分析的前提下能够考察复合材料的微观结构影响作用。因此模型需要大量的数据输入，并且需要在宏观模型中输入针对给定应变状态的应变增强参数来实现这一功能。用户可以通过 Marc 针对复合材料创建宏观模型，并进一步利用 Marc 自带的工具生成针对给定的材料本构模型和纤维体积比的应变增强参数。

该准则基于先将复合材料结构的宏观应变进行放大得到微观应变，然后检查放大后的应变不变量。微观的应变和宏观的应变关系为：

$$\varepsilon_i^k-\alpha_i^k\Delta T=M_{ij}^k(\bar{\varepsilon}_j-\bar{\alpha}_j\Delta T)+A_i^k\Delta T \quad (i,j=1,2,\cdots,6) \tag{8-8}$$

$M_{ij}^k$ 是应变影响函数（放大矩阵）的分量，表示施加了在 j 分量单位宏观应变时微观 k 点处 i 应变分量的值。对于基体和纤维采用不同的放大矩阵，$A_i$ 是热应变放大向量，其数值是由对微元施加产生自由膨胀的均匀温度增量有限元分析得到：

$$A_i^k=\frac{\varepsilon_i^k-\alpha_i^k\Delta T}{\Delta T} \quad (i=1,2,\cdots,6) \tag{8-9}$$

对于基体和纤维部分采用不同的失效定律。失效准则的具体细节及有关公式、参数请参见《Marc 用户手册》（A 卷）及其他有关参考文献。图 8-2 为赛车阻流板部件失效指数仿真分析结果。

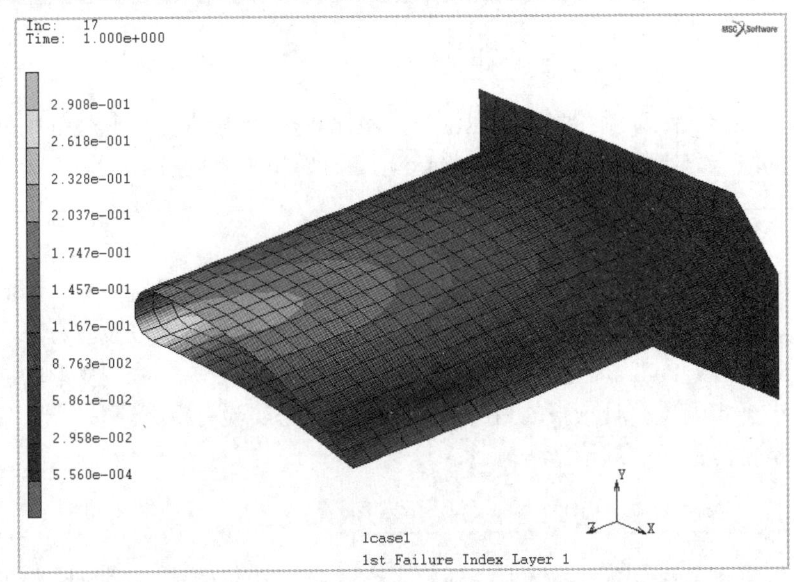


图 8-2　赛车阻流板部件失效指数仿真分析结果

为使用户能够更为简便地获取应变增强系数等参数输入，Marc 安装时配备了 Python 脚本，从而可以创建微观结构模型并计算上述参数。获取这些应变增强参数和热增强向量（针对给定的复合材料本构模型参数以及纤维体积比）的流程如下：

确认在 Marc 的安装路径下找到 X:\MSC.Software\Marc\201X\mentat201X\utilities\python 文件夹，里面有 3 个 Python 脚本文件，分别为：

sift_01_create_parameters.py

sift_02_compute_strain_enhancement.py

sift_03_apply_strain_enhancement.py

第一步：打开 Marc Mentat 新建模型。

第二步：在 Marc Mentat 下选择 Tools-Python...-Run，运行 sift_01_create_parameters.py，这个脚本生成材料和体积比相关的输入参数。

第三步：选择 Tools-Parameters...来修改纤维的体积比以及复合材料本构模型参数。

第四步：在 Marc Mentat 下选择 Tools-Python...-Run 运行 sift_02_compute_strain_enhancement.py，这个脚本将使用上一步生成的体积比和材料参数创建代表型体积单元（RVE）模型，并且将执行 7 次仿真任务来获取应变增强参数的计算结果（影响矩阵及热应变增强向量）。

第五步：确认全部 7 次仿真计算结束后新建模型，并在 Marc Mentat 下选择 Tools-Python...-Run 运行 sift_03_apply_strain_enhancement.py，这个脚本对上一步 RVE 以及计算应变增强参数的仿真结果进行后处理。另外，它会生成新的材料模型并应用计算得到的属性至 Damage Effects-Strain Invariant-Influence Function Properties 部分。

------------------------------------------------☆☆☆☆☆☆------------------------------------------------

**注意：**

（1）3 个脚本文件需要拷贝到当前的工作路径下运行。

（2）生成 RVE 模型的仿真过程根据不同的计算机配置可能需要几分钟，在运行第三个脚本前，一定要确定第二个脚本的 7 次仿真已经结束，并且已经在当前的工作路径下生成了名为

sift_job1.t16、sift_job2.t16、sift_job3.t16…sift_job7.t16 的文件。

（3）RVE 仿真针对给定的材料本构模型和纤维体积比只需运行一次。结果文件以及第三个脚本也需要共存在当前的工作路径下，以备后续使用。

------------------------------------------------☆☆☆☆☆☆------------------------------------------------

### 8.2.7 渐进失效分析（Progressive Failure Analysis）

Marc 提供了渐进失效分析（Progressive Failure Analysis），可以用于复合材料以及其他弹性材料。它假定材料在达到失效前保持线弹性。失效准则可以选取前面介绍的多种方式，当失效发生时它能够模拟刚度下降的过程，Marc 提供了渐进模式（Gradual selective）和立即模式（Immediate selective）等多种模拟刚度下降过程的方式。在这一过程中材料是不可修复的，也就是说当卸载后，失效或受损的单元仍然保持刚度下降的属性。针对失效的单元，Marc 可模拟将失效的单元杀死。渐进模式，顾名思义是模拟在失效发生后，模量的下降是逐渐发生的，在一个增量步内，只要失效因子超过 1，那么刚度缩减因子就会被计算出来。立即模式，相对于渐进模式，刚度的下降是突然发生的。只要失效发生，刚度就被设置为残余刚度因子。除此之外，Marc 还提供了一种传统方法，当失效发生时，对于正交各向异性材料，在积分点处的模量被设置为最小的模量值，最小值被设置为初始值的 10%。对于各向同性材料，失效了的模量被取为初始模量的 10%。如果模型中仅存在一个模量，例如梁或桁架单元，失效模量被取为初始值的 10%。

## 8.3 断裂力学理论及有限元实现

断裂力学是研究带裂纹体的强度以及裂纹扩展规律的一门学科。由于研究的对象是裂纹，因此人们也称它为“裂纹力学”。它的主要任务是：研究裂纹尖端附近的应力应变情况，掌握裂纹在载荷作用下的扩展规律；了解带裂纹构件的承载能力，从而提出抵抗断裂的设计方法，以保证构件的承载能力和安全工作。由于断裂力学能把含裂纹构件的断裂应力和裂纹大小以及材料抵抗裂纹扩展的能力与能量联系在一起，所以，它不仅能圆满地解释常规设计不能解释的“低应力脆断”事故，也为避免这类事故的发生找到了办法。同时，它为发展新材料、创新工艺指明了方向，为材料的强度设计打开了一个新的领域。

由于研究的观点和出发点不同，新断裂力学分为微观断裂力学和宏观断裂力学。微观断裂力学是研究原子位错等晶粒尺度内的断裂过程，根据对这些过程的了解，建立起支配裂纹扩展和断裂的判据。宏观断裂力学是在不涉及材料内部的断裂机理的条件下，通过连续介质力学分析和试件的实验做出断裂强度的估算与控制。宏观断裂力学又分为线弹性断裂力学和弹塑性断裂力学。本章主要讨论宏观断裂力学的基本原理及通过有限元方法的模拟。

### 8.3.1 裂纹类型

裂纹可按受力和破坏方式、裂纹在构件中的位置以及裂纹的形状分类。按照受力和破坏方式分类：在实际构件中的裂纹，由于外加作用力的不同，可分为三种基本状态，即张开型裂纹（Opening）、滑移型裂纹（Sliding）和撕开型裂纹（Tearing），如图 8-3 所示。

张开型裂纹（Opening）：裂纹受垂直于裂纹面的拉应力的作用，使裂纹面产生张开位移。

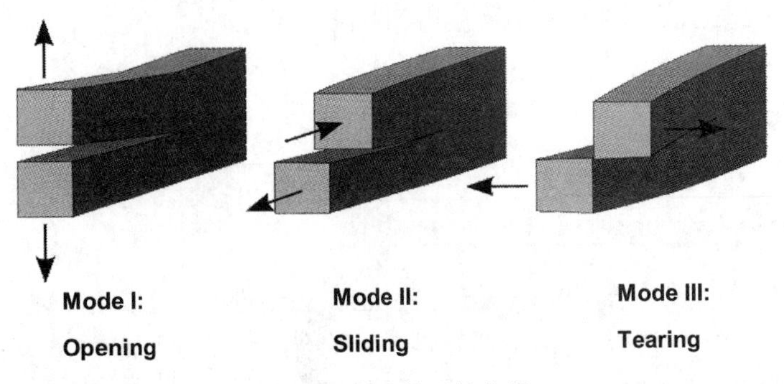


图 8-3　裂纹的形状分类

滑移型裂纹（Sliding）：裂纹受平行于裂纹面且垂直于裂纹前沿的剪应力作用，使裂纹在平面内相对滑开。

撕开型裂纹（Tearing）：裂纹受平行于裂纹面且平行于裂纹前沿的剪应力的作用，使裂纹相对错开。

如果裂纹同时受正应力和剪应力的作用，或裂纹与正应力成一角度，这时同时存在Ⅰ型与Ⅱ型或Ⅰ型与Ⅲ型裂纹，称为复合型裂纹。实际裂纹体中的裂纹可能是两种或两种以上基本型的组合。其中Ⅰ型裂纹是低应力断裂的主要原因，是最危险的，也是多年来实验和理论研究的主体。当实际裂纹是复合型裂纹时，往往作为Ⅰ型处理，这样更安全些。因此张开型（Ⅰ型）裂纹是我们研究的重点。

### 8.3.2　裂纹的位置

按照裂纹在构件的位置可分为穿透裂纹、表面裂纹和深埋裂纹。其中穿透裂纹即为贯穿构件厚度的裂纹。通常把裂纹延伸到构件厚度的一半以上都视为穿透裂纹，并简化为理想的尖裂纹处理，即裂纹尖端的曲率半径趋近于零，这种简化是偏于安全的。穿透裂纹可以是直线的、曲线的或其他形状。如图 8-4 所示为 Marc 进行裂纹扩展的例题。表面裂纹即裂纹位于构件表面，或裂纹深度相对构件厚度比较小就作为表面裂纹处理。对于表面裂纹通常简化为半椭圆形裂纹。深埋裂纹相对表面裂纹，位于构件的内部，常简化为椭圆形片状裂纹或圆形片裂纹。

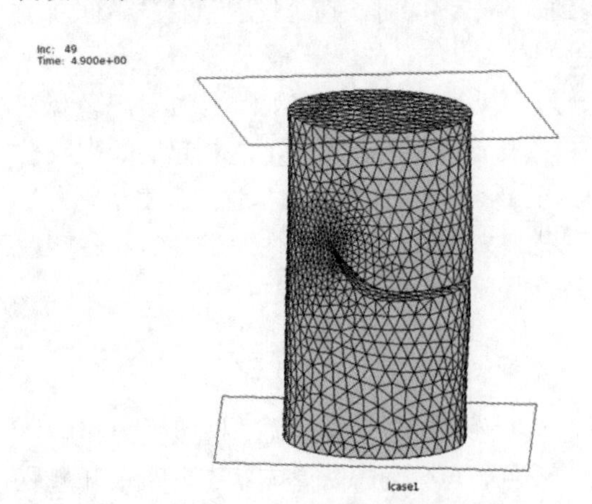


实体在拉伸和扭转作用下的裂纹扩展

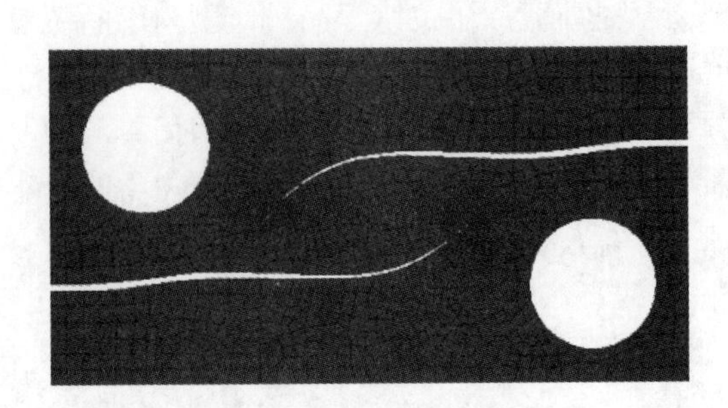

在疲劳载荷下的裂纹扩展

图 8-4　Marc 进行裂纹扩展的例题

### 8.3.3 断裂力学的有限元分析方法

断裂力学问题主要是计算合理的断裂力学参数——应力强度因子 K、弹性能释放率 G、J 积分，这些参数可用一系列方法计算。

1. K 提取方法

K 提取方法包括位移法和应力法、能量法、虚裂纹扩展法。其中位移法是 K 值的最常用方法，仅需对有限元结果进行人工处理。

$$K_{r\to 0} = u_y \times \frac{E}{4(1-v^2)}\sqrt{\frac{2\pi}{r}} \tag{8-10}$$

式中 $u_y$ 为垂直于裂纹表面的节点位移，r 为离开裂纹尖端的距离。从这一关系看，K 值可以由离裂纹尖端为 r 的节点计算得到，通过图形外插可以确定 r=0 处（即裂纹尖端）的 K 值。

根据线弹性断裂力学 K 与裂纹平面的位移相关。该方法使用的方程精度限于非常接近裂纹尖端的区域，在外插中，离裂纹尖端近的点加权值应大一些。应力法也类似，它将 K 值与裂纹平面内的应力相关联。

$$K_{r\to 0} = \sigma_y \cdot \sqrt{2\pi r} \tag{8-11}$$

式中 $\sigma_y$ 为垂直于裂纹平面的应力。

由于有限元程序是基于位移法，位移值比应力结果更为准确，因为采用位移法一般可以得到更好的结果。能量法基于应变能释放率 G 和 K 间的关系：

$$G = K^2 / E' = \pm dU / da \tag{8-12}$$

式中 E′=E 为平面应力，$E/(1-v^2)$为平面应变，U 为结构中的势能。

应变能释放率可以通过两个相同结构但裂纹长度略有变化的势能变化 ΔU 得到。

在许多有限元程序中，内在势能可以输出到标准输出文件中。此时，只需计算裂纹长度相差 Δa 的两次分析结果之差。势能之差当然也可以从施加外载荷的节点上的功或从裂纹平面内节点计算得到。对于外部加载点，U 可以由下式得到：

$$U = \sum_1^n \frac{1}{2} F_n u_n \tag{8-13}$$

式中 $F_n$ 为节点力，$u_n$ 为加载方向上的位移，n 为外部加载节点数目。

两种情况 U 的差别用于计算每裂纹长度Δa 变化而产生势能的改变ΔU。裂纹平面内节点所做的功由下式计算：

$$\Delta U_{i\to i+1} = \sum_{n=1}^m \frac{1}{2} P_{n_i} u_{n_{i+1}} \tag{8-14}$$

式中 $\Delta U_{i\to i+1}$ 为由于裂纹前沿扩展到 i+1 引起的应变势能改变，m 为释放节点数目，$P_{n_i}$ 为裂纹前沿 i 节点 n 的节点力，$u_{n_{i+1}}$ 为裂纹扩展后节点 n 的位移增量。

将势能除以裂纹长度变化即得到应变能释放率 G，而后得到 K。

虚裂纹扩展法也称 Parks 法或刚度导数法。该法认为，由于裂纹长度改变而引起的势能变化可由下式得到：

$$\frac{dU}{da} = G = -\frac{1}{2}\{u\}^t \frac{\partial [K]}{\partial a}\{u\} \tag{8-15}$$

在有限元模型中，小的裂纹扩展通过在裂纹前沿一点的移动来模拟，施加的裂纹扩展要小到只有包含移动节点的单元才受影响，即其他单元的刚度和位移为常数，在 G 的计算中不需要考虑。G 的计算过程如下：

- 将受影响单元与结构其余部分断开，在当前外部节点施加计算的位移。
- 对自由结构计算应变能。
- 将裂纹尖端节点移动单元尺寸的千分之一。
- 对变形结构计算应变能（将应变能之差 ΔU 除裂纹尖端位移即可得到 G）。

推导过程中采用以下条件：在裂纹表面无外力作用、在体内无热应变、虚裂纹扩展小到只有包含移动节点的单元才受影响。其中最后一个条件必须经过反复试探，如果略有不同的虚裂纹扩展取得的 G 相同，即条件满足。前面提到的千分之一倍单元尺寸可用于第一次试算，当有热应力存在时，Parks 采用了一个修正项，使这一方法不甚完美。该方法的优点在于对于不同长度，更长的裂纹情况仅有少数单元必须重新计算。另外，K 沿裂纹前沿的变化也可以计算。

2. J 积分计算

J 积分计算包含了直接计算、虚裂纹扩展技术。其中直接计算法中 Rice 将二维体的积分定义为：

$$J = \int_{\Gamma} \left( W dx_2 - T_i \frac{\partial u_i}{\partial x_1} \right) ds \tag{8-16}$$

其中：该积分与选择的路径无关，并能描述裂纹尖端的应变状态。这一特点使 J 积分计算可以在离开高应力、高应变梯度的裂纹尖端区外的任意回线进行。

对于二维体的 J 积分列式可以写为：

$$J = 2\int_{y} \left[ \left( W - \sigma_{11} \frac{\partial u}{\partial x} + \sigma_{12} \frac{\partial v}{\partial x} \right) \right] dy - 2\int_{x} \left[ W - \left( \sigma_{22} \frac{\partial v}{\partial x} + \sigma_{12} \frac{\partial u}{\partial x} \right) \right] dx \tag{8-17}$$

其中：

$$W = \frac{G}{1-V} \left[ \varepsilon_{11}^2 + 4v\varepsilon_{11}\varepsilon_{22} + 2(1-v)\varepsilon_{12}^2 + \varepsilon_{22}^2 \right] \tag{8-18}$$

J 积分的计算必须采用数值积分，如果回线经过单元积分点，可以采用有限元中的高斯积分策略。从远离裂纹尖端的应力场、应变场计算 J 积分，只能在无体力、初始应变和裂纹表面拉力情况下能用。当有体力或初始应变存在时，J 积分中要加入封闭表面的积分。此时路径无关性将丧失，必须从完整的应力和应变结果中计算，包括裂纹尖端的高应力区。

J 积分的主要优点是不需要用很细的网格对裂纹尖端区进行分析。路径无关性的非线性弹性材料也存在，真实的弹塑性材料与非线性弹性材料类似，J 积分也可以用于描述弹塑性材料的裂纹尖端的应力场和应变场，材料用增量塑性理论描述并不允许有卸载，以免 W 的加载历程相关性，J 值的增量可以从每个载荷步的应力和应变增量计算得到。

虚裂纹扩展技术根据前述计算线弹性材料 K 值的虚裂纹扩展技术可以推广到非线性材料行为，如下式：

$$\delta W^e = \int_{V^0} \left( W\delta|J| + \sigma_{ij}\delta J_{jk}^{-1} \frac{\partial u_i}{\partial \eta_k} |J| \right) dV^0 \tag{8-19}$$

式中δ表示对一个裂纹长度的变分。此形式仅涉及单元的Jacobian矩阵的逆 $J^{-1}$ 和行列式|J|。De Lorenzi 得到另外一种表达式，其优点是热应变和初应变可以采用修正项加以考虑。这使得这一方法非常适合于确定承受热应变和初应变结构的 K 值。

3. 扩展 J 积分的推导

Rice 提出 J 积分以来，许多研究者提出扩展以考虑塑性变形、体力、热载荷、惯性力、大位移和大应变的影响。下面的修正 J 积分考虑前面提到的大部分影响。其中守恒定律认为 Rice 的 J 积分与弹性连续介质力学的一些守恒定律有关，可以从最小势能原理和应变能密度与坐标无关导出。根据 Bakker 描述的类似思路，可以导出考虑惯性力、体力、热应变影响的守恒定律。

现在考虑一个结构有一个子域 Ω、体积 V、边界 Γ（其表面 $S_0$ 应用任意坐标映射 $x'=x+\delta x$）。当坐标变化δx 无限小时，有：

$$\int \delta x_k\left(W\delta_{ij}-\sigma_{ij}\frac{\partial u_i}{\partial x_k}\right)n_j dS+\int_{\Omega}\left\{\frac{\partial x_k}{\partial x_j}\left(W\delta_{ij}-\sigma_{ij}\frac{\partial u_i}{\partial x_k}\right)+\delta x_k\left((f_i-\rho u_i)\frac{\partial u_i}{\partial x_k}-\sigma_{ij}\frac{\partial \varepsilon_{ij}^0}{\partial x_k}\right)\right\}dV \quad (8\text{-}20)$$

在守恒定律的导出中利用下列定义和假设，应变能为：

$$W=\int_0^{\varepsilon}\sigma_{ij}d\varepsilon_{ij}^e \quad (8\text{-}21)$$

如果 W 仅为应变函数，应力为：

$$\sigma_{ij}=\frac{\partial W(\varepsilon_{ij}^e)}{\partial \varepsilon_{ij}^e} \quad (8\text{-}22)$$

弹性应变定义为：

$$\varepsilon_{ij}^e=\varepsilon_{ij}^{tot}-\varepsilon_{ij}^0 \quad (8\text{-}23)$$

式中　$\varepsilon_{ij}^{tot}$ 为总应变分量，$\varepsilon_{ij}^0$ 为由蠕变应变、热应变等组成的初应变分量。

对于承受动力载荷的结构，运动方程为：

$$\frac{\partial \sigma_{ij}}{\partial x_j}+f_i=\rho u_i \quad (8\text{-}24)$$

式中　$f_i$ 为体力，ρ为质量密度，$u_i$ 为速度分量。

$n_j$ 上的外法线分量：

对于Ω在 $x_k$ 方向上有单位虚位移，在无体力时，惯性影响和初应力方程退化为：

$$\int_{\Gamma}\left(Wn_k-t_i\frac{\partial u_i}{\partial x_k}\right)dS=0 \quad (8\text{-}25)$$

式中拉伸矢量定义为 $t_i=\sigma_{ij}n_j$，这里指明了在物体子域的移动中，能量变化等于外力在子域表面上所做的功，它代表了由 Knowles 和 Sternberg 导出的第一守恒定律，与冲量张量方程和 J 积分有关。

### 8.3.4　利用 Marc 进行断裂力学分析

Marc 具有很强的断裂力学分析功能，能进行二维和三维实体模型的线性和非线性断裂力学分析，J 积分的定义均可在 Mentat 中实现，用户只需定义裂纹尖端节点（Crack Tip Node

Path）、积分路径选择方法（Rigid Region Method）、路径数目（Rigid Regions）、多裂纹尖端节点（Multiple Tip Nodes）的容差等数据即可，Mentat 中有关断裂力学分析的菜单如图 8-5 所示。

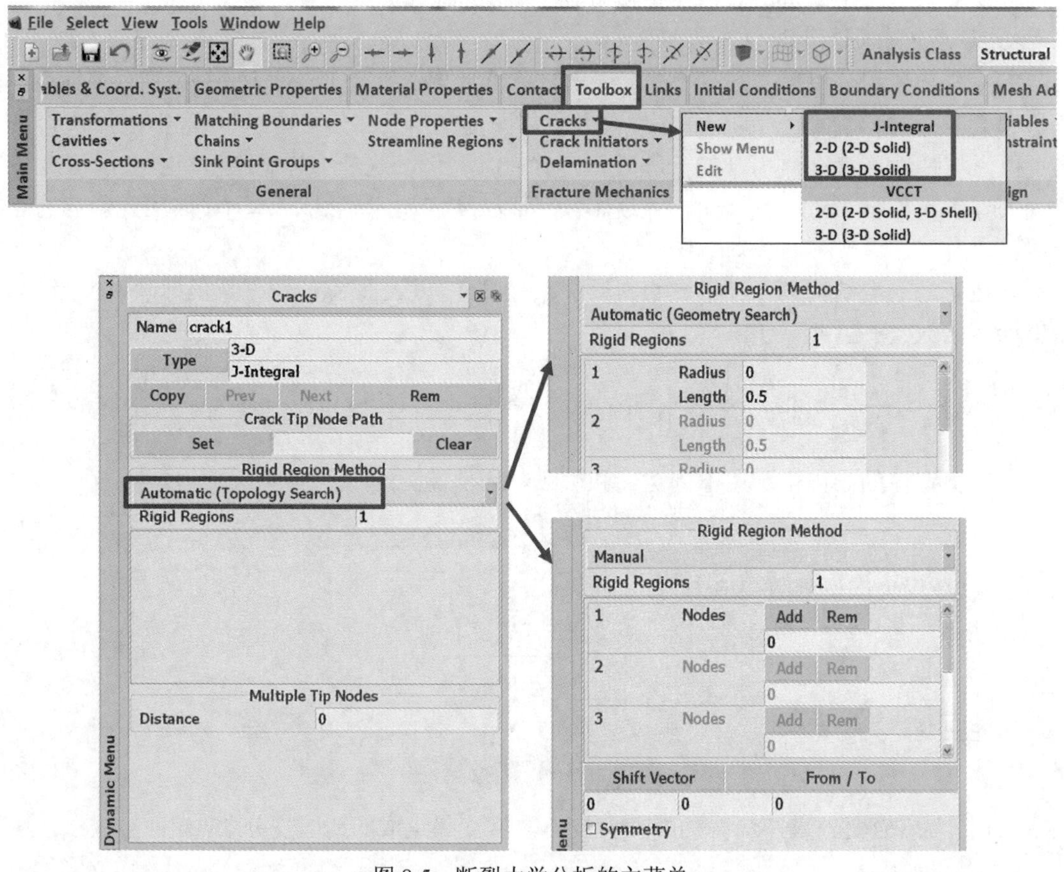


图 8-5　断裂力学分析的主菜单

对于二维问题，在 Crack Tip Node 处确定裂纹尖端节点号，对于三维问题在 Crack Tip Node Path 输入裂纹前沿节点路径上的节点号；用户可以采取通过拓扑搜索自动定义积分路径 Automatic（Topology Search）；也可以通过几何搜索自动定义积分路径 Automatic（Geometry Search），采用通过几何搜索自动定义积分路径时需要输入刚性圆柱体半径及其长度与相邻裂纹前沿连线长度的比例，还可以手动定义积分路径 Manual，通过键盘输入或在图形区选取节点号来确定积分路径；通过 Shift Vector 确定刚体的位移值；在 Multiple Tip Nodes 设定多裂纹尖端节点的容差，在容差值内的节点也视为裂纹尖端节点。

## 8.4　Marc 中的虚拟裂纹闭合技术（VCCT）

### 8.4.1　虚拟裂纹闭合技术介绍

裂纹萌生和扩展研究对于核工业、石油和天然气工业、航空航天和其他工业都是很关键的，因为安全问题都是它们最为关心的。虚拟裂纹闭合技术 VCCT（Virtual Crack Closure

Technique）是一种计算能量释放率的方法，它不仅可以用于判断裂纹扩展的时刻，而且可以用于裂纹扩展的分析。它是 Ronald Krueger 提出的系列理论的实施。在有限元工具中基于能量释放率 G 的计算与断裂临界参数 $G_c$ 的比较。当 $G>G_c$ 时，裂纹开始扩展。

能量释放率 G 作为衡量外力引起复合材料层合板分层现象的一种衡量尺度，具有一定的代表性。如图 8-3 所示，根据外部加载条件，G 可成为 3 种能量释放率成分 $G_I$、$G_{II}$ 与 $G_{III}$ 的任意组合。模式 I 成分中，$G_I$ 垂直作用于分层平面；模式 II 成分中，$G_{II}$ 产生于面内剪切应力，垂直作用于分层前缘；模式 III 成分中，$G_{III}$ 产生于面内剪切应力，平行作用于分层前缘。

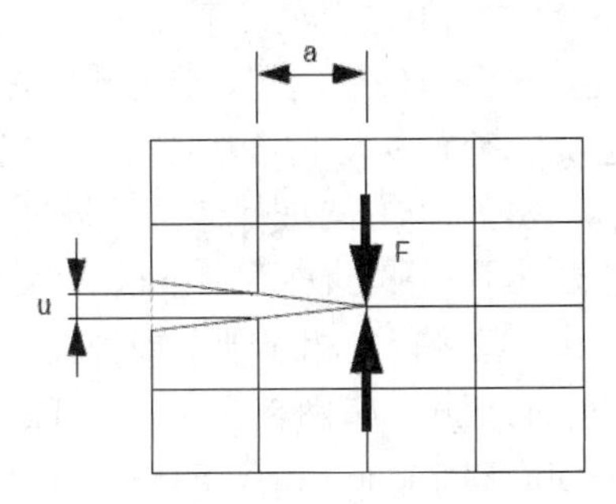


图 8-6　VCCT 方法

虚拟裂纹闭合技术在 Marc 中的实现是通过测定应变能释放率在裂纹前缘的分布程序完成的。该过程对 2D 模型中一个节点，或沿着 3D 模型的一系列节点完成。还可模拟多重裂纹。用户只需定义裂纹尖端（Crack Tip）或裂纹前沿（Crack Front）节点。其他如裂纹扩展路径、张开位移、张开/闭合力、裂纹面积等都由 Marc 自动搜索和判断。该运行方法与 Ronald Krueger 的描述一致，可以考虑任意形状的裂纹前缘。

Marc 中支持各种单元类型的裂纹扩展形式，如图 8-7 所示。

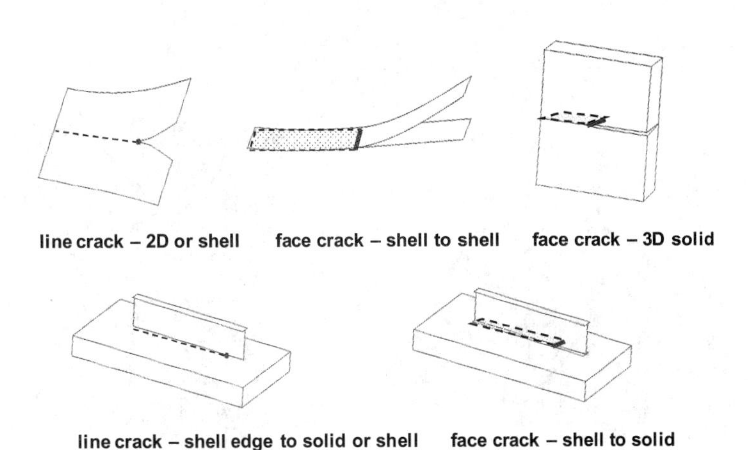


图 8-7　裂纹扩展形式

Marc 中支持的裂纹扩展形式包括：线裂纹（在二维结构或壳单元构成的结构中的裂纹，如壳单元边与其他壳单元表面或体单元间的裂纹）、面裂纹（壳与壳间形成的裂纹、3D 体单元结构中的裂纹、壳单元表面与体单元间的裂纹）。

Marc 支持两种裂纹扩展模式，疲劳裂纹扩展模式（Fatigue）及直接裂纹扩展模式（Direct）。

选择疲劳扩展模式时，用户需要指定疲劳周期，那么在疲劳周期内裂纹不扩展，程序自动记录该周期内能量释放率的最大值（$G_{max}$）和裂纹增长方向，在每个疲劳周期结束后在模型中进行裂纹扩展。选择疲劳扩展模式时还需要指定裂纹增长的增量（Crack Growth Increment），可以由用户指定，也可以选用 Paris 法则（PARIS LAW）来计算得到。采用直接裂纹扩展模式时，当能量释放率大于用户指定的裂纹增长阀值（Crack Growth Resistance）时，裂纹扩展。裂纹扩展在一个增量步中完成，当探测到裂纹扩展时，程序将不断迭代，直到没有新的裂纹产生。针对这两种模式，另一个十分重要的方面是：一旦在裂纹前缘节点探测到扩展的迹象，在虚拟裂纹闭合技术算法中如何确定完整区域中最合适的节点来“生长”裂纹的问题。在 Marc 中，该方法基于裂纹扩展方向的确定，一旦方向确定了，求解器将在完整区域所有节点中选择最为合适的节点。Marc 中的默认选项是基于最大主应力准则自动确定裂纹扩展方向，即裂纹增长的方向可以由程序根据垂直于最大主应力方向进行计算。用户也可选择其他的选项代替系统默认选项指定裂纹扩展方向，这里提供了 4 种方法：Maximum Hoop Stress（默认方法）、Along Pure Mode、Along Mode I，也可以由用户直接指定相对于全局坐标系的向量，即 User Defined 方法。

Marc 提供了多种裂纹扩展的方法，如网格重划分（Remeshing）、释放约束（Release Constrains）、切割单元边/面（Split Element Edges/Faces）以及直接切割单元（Cut Through Elements）。通过网格重划分（Remeshing）扩展，用户需要指定进行全局网格重划分的准则和目标单元尺寸等。裂纹扩展过程中，该处裂纹尖端周围的网格发生移动，其周围的网格根据 Marc 中由用户定义的网格重划分参数进行网格重划分，如图 8-8 所示。当采用网格重划分方法时，可以根据设置的固定裂纹增长增量在重划分网格时直接扩展相应长度；此时裂纹增长增量的优先级高于网格重划分中的目标单元边长度，即当裂纹增长增量小于目标单元边长度时，按照裂纹增长增量进行网格重划分。当满足裂纹扩展条件时，裂纹扩展，网格重划。裂纹扩展时，模型的轮廓 OUTLINE 会自动延伸，已形成新的裂纹尖端的位置。当裂纹达到模型边界时，网格自动分开。

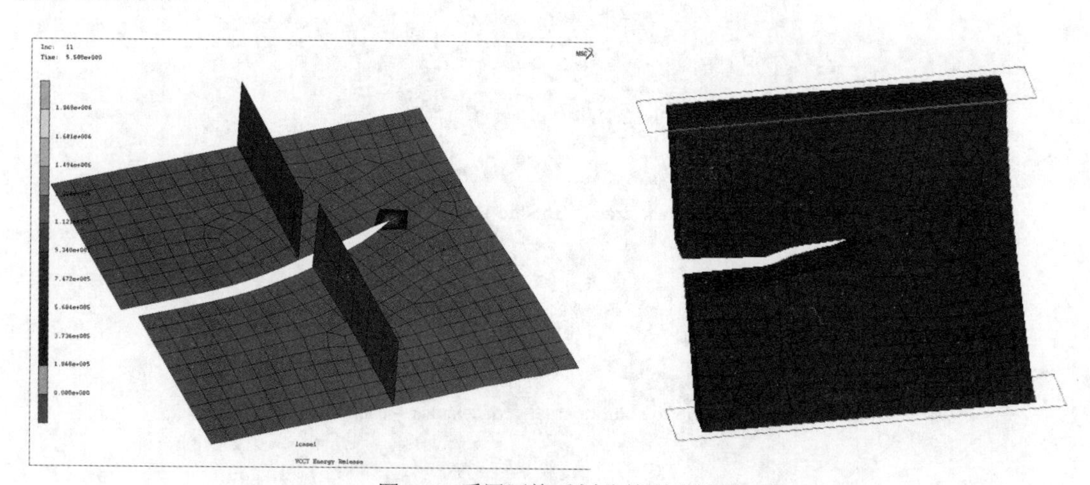


图 8-8 采用网格重划分的裂纹扩展

切割单元边（Split Element Edges）方法会沿单元边扩展裂纹，此时在裂纹前缘的单元通过产生重复节点和修改单元的节点编号而断开，如图 8-9 所示，根据模型单元类型的不同，采用切割单元边的方法得到的裂纹扩展结果是有差异的。在 Marc 2013 版本中，断裂力学分析能力得到了进一步加强。3D 结构的裂纹扩展能力已经可以沿着单元面的表面扩展，而采用网格重划分功能还可以模拟裂纹沿任意方向扩展。对于处理不规则裂纹前沿方面，虚拟裂纹闭合技术 (VCCT)得到了改善。另外，增加了支持高阶四面体单元的功能。新加了一种采用 VCCT 计算应变能释放率和应力强度因子的方法，适用于在裂纹尖端采用 1/4 点的高阶单元的模型。

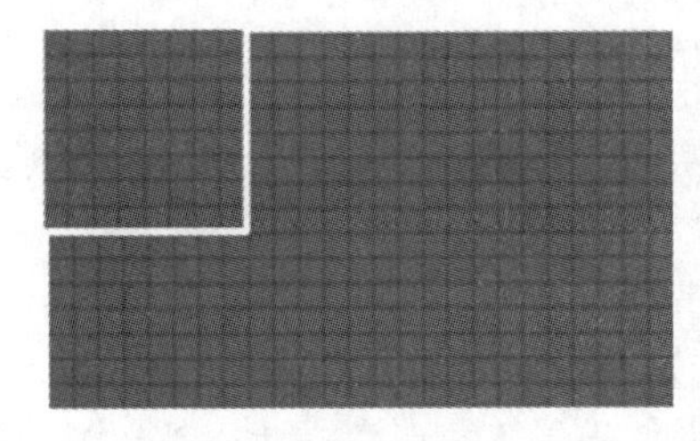

（a）四边形网格（切割单元边）

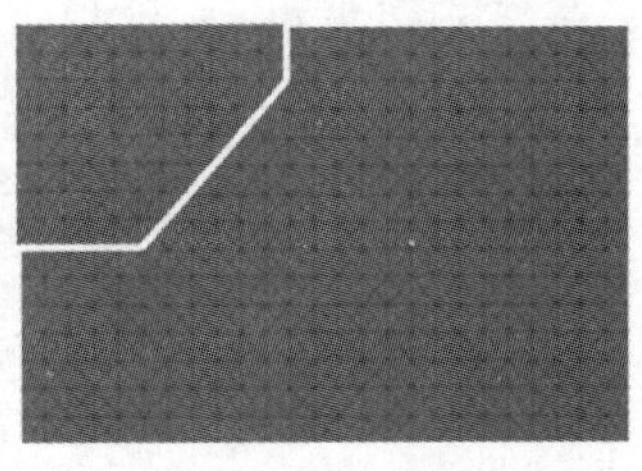

（b）三角形网格（切割单元边）

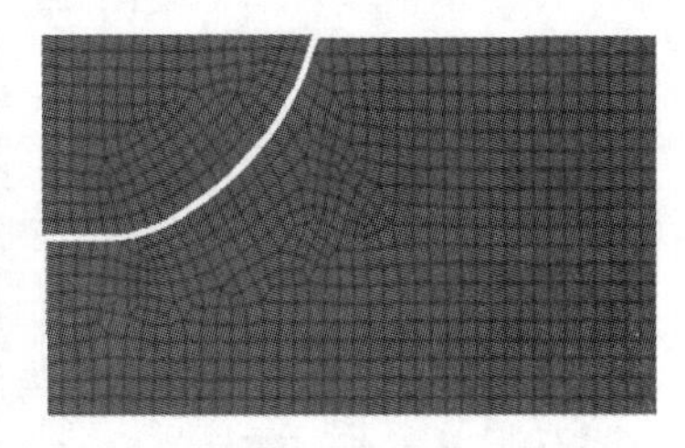

（c）网格重划分

图 8-9 采用不同方法得到的裂纹扩展结果

直接切割单元方法可以在裂纹扩展的路径上直接对单元进行分割，如图 8-10 所示为采用直接切割单元方法进行裂纹扩展模拟的图片。

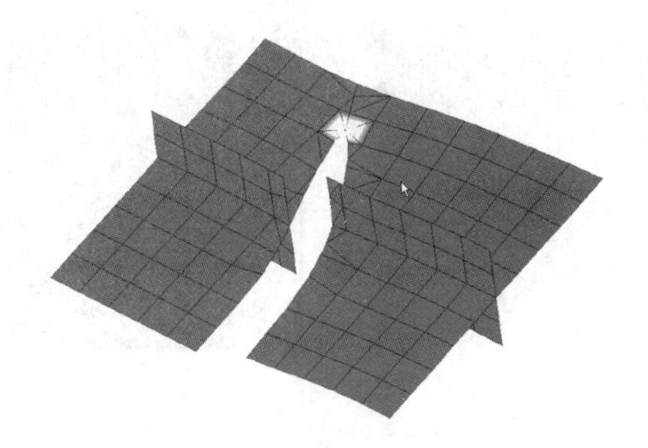

图 8-10 直接切割单元方法

通过释放约束而扩展，此时固定的接触或多点约束被放开。对于由释放约束引起的裂纹扩展，用户需要定义两个最初用接触或一组界面节点的多点约束将表面粘合在一起。裂纹区域（Crack Region）的节点可以包含约束（Tying）或者接触（Contact）。程序会自动判别裂纹尖端的节点是否与其他节点相约束，与其存在约束关系的节点也会被考虑成裂纹尖端的一部分。裂纹尖端的节点所包含的约束（不管是作为 tied 节点（即从节点）还是 retained 节点（即主节点）均可以）目前支持 Tying100、RBE2 和 RROD。当裂纹尖端的节点包含接触（Contact）时，此时裂纹尖端节点为存在接触（Touching）关系的节点，两接触体的其余连接部位为粘结（Glue）接触类型。

对于存在粘接接触关系的裂纹扩展模拟还可以使用 Marc 中的粘结失效（DEACT GLUE）功能来实现，即结构的初始状态为粘接关系，当结构在外载荷的作用下，载荷大小超过结构能够承受的极限时发生裂纹扩展，此时粘接部位的粘接关系解除，转为接触（Touching）关系，进而允许裂纹扩展后再次接触时能够正确地反映真实的情况。如图 8-11 所示。

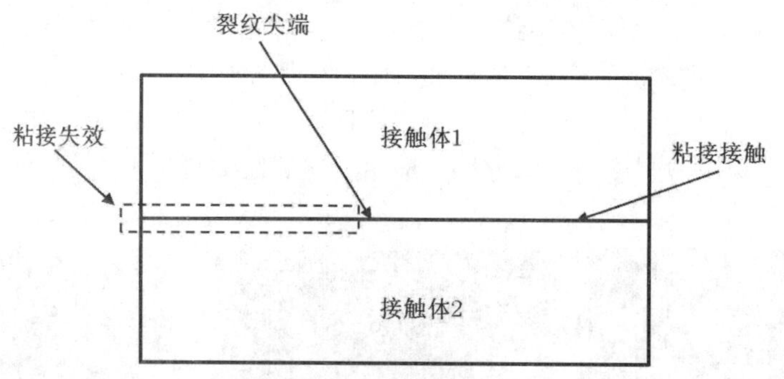


图 8-11　粘接失效

采用释放约束方法时，需要指定裂纹增长的路径，裂纹只能沿着包含约束（Tying）或者粘接接触（Glue）的方向扩展。每次释放一个单元边长，直到没有新的裂纹产生。当约束为Tying（Tying100、RBE2、RROD）时，在断裂界面上，上下表面的节点必须一一对应。用户定义裂纹尖端后，程序自动寻找 Tying 并逐个释放。当约束为粘接接触时，断裂界面上，上下表面的节点不需要一一对应，如图 8-12、图 8-13 所示。

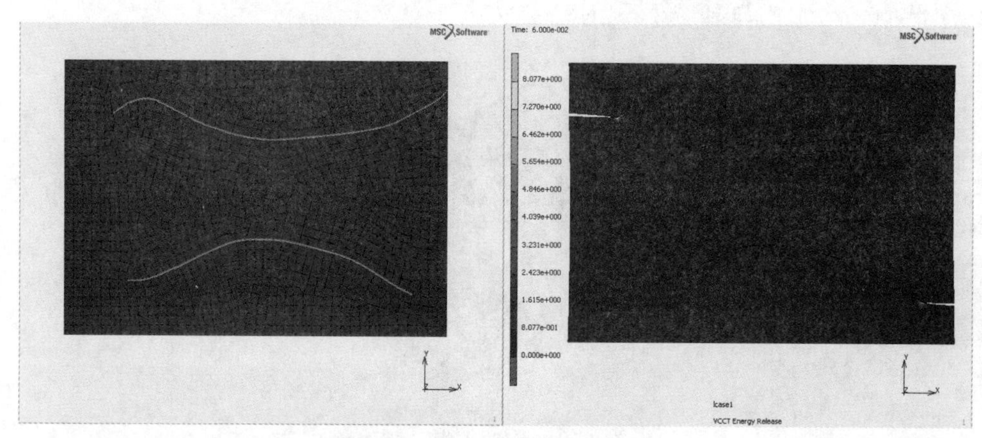

图 8-12　模型中包含 Tying 约束

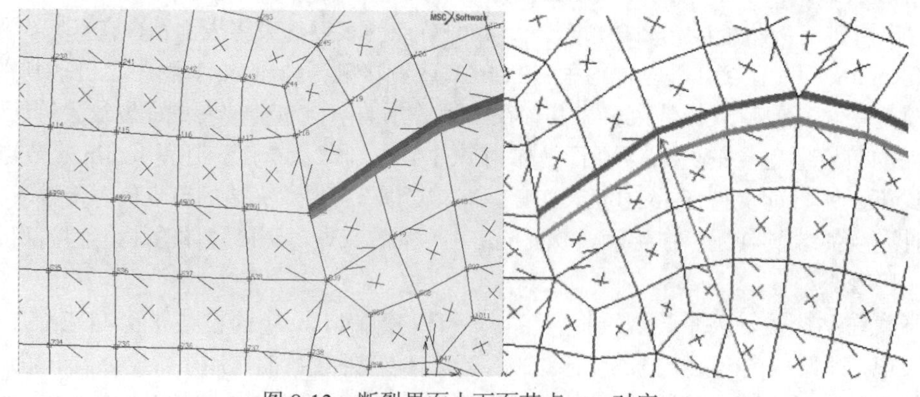

图 8-13　断裂界面上下面节点一一对应

Marc 还支持具有加强筋结构的裂纹扩展分析的功能，如图 8-14 所示，对于不同厚的板壳结构，通过粘接等方式连接在一起，厚度各不相同，通过指定对应的裂纹扩展模式和方法可以再现裂纹穿过板件和加强筋结构的情况。

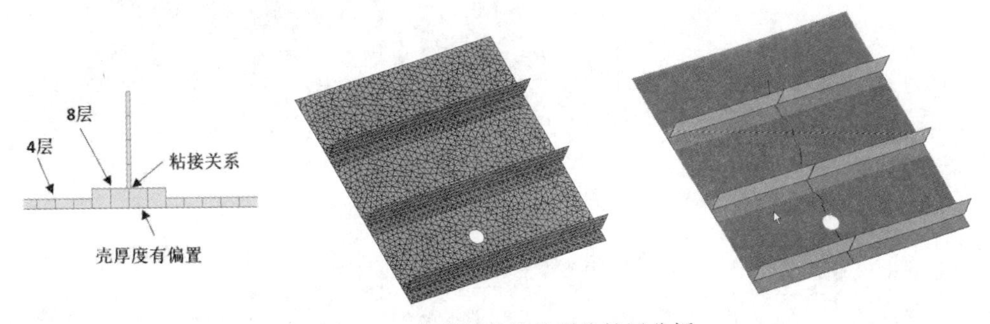


图 8-14　加强筋结构的裂纹扩展分析

Marc 的上述技术在 Mentat 中可以完全支持 GUI 定义，用户直接通过专用的菜单进行裂纹扩展的模型定义和参数设置即可。如图 8-15 所示，用户首先根据模型中存在的裂纹的类型，即是 2D 的线裂纹或是 3D 的面裂纹等，同时结合结构的网格类型等确定采用 2-D（2-D Solid, 3-D Shell）或是 3-D（3-D Solid）类型的定义。详见第 8.8.1 节中例题的介绍。

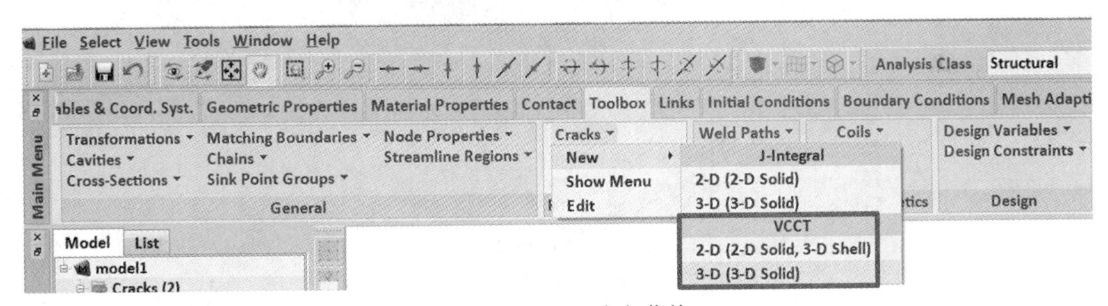


图 8-15　VCCT 定义菜单

指定裂纹尖端节点路径后，可以进一步在裂纹扩展菜单下针对不同类型的裂纹扩展进行设置，当勾选仅作为模板（Template Only）选项时，不需要指定裂纹尖端节点路径，直接定义裂纹扩展特性参数即可，该模板可作为后续初始裂纹（Crack Initiator）定义的参考。VCCT 裂纹扩展特性参数定义菜单中包含了五大区域，如图 8-16 所示，从上到下依次为：

区域 1：用来定义初始裂纹扩展模式和裂纹扩展方法。

区域 2：指定裂纹增长方向的计算方法。

区域 3：针对区域 1 中指定疲劳裂纹扩展模式时需要指定疲劳周期，以及选择 Paris 法则计算裂纹扩展增量。

区域 4：针对区域 1 中的直接裂纹扩展模式指定裂纹扩展准则以及裂纹增长阙值。

区域 5：指定固定裂纹扩展增量，即在增长的过程中裂纹前进的长度。

不同的初始裂纹扩展模式可以通过 Initial Crack Propagation Mode 进行选择，可以采用疲劳模式（Fatigue）、直接（Direct）模式或疲劳和直接模式（Both Fatigue And Direct），如图 8-17 所示。

Marc 提供了多种裂纹扩展的方法，如网格重划分（Remeshing）、释放约束（Release Constrains）、切割单元边/面（Split Element Edges/Faces）以及直接切割单元（Cut Through Elements）。可以通过 Crack Growth Method 来指定，如图 8-18 所示。

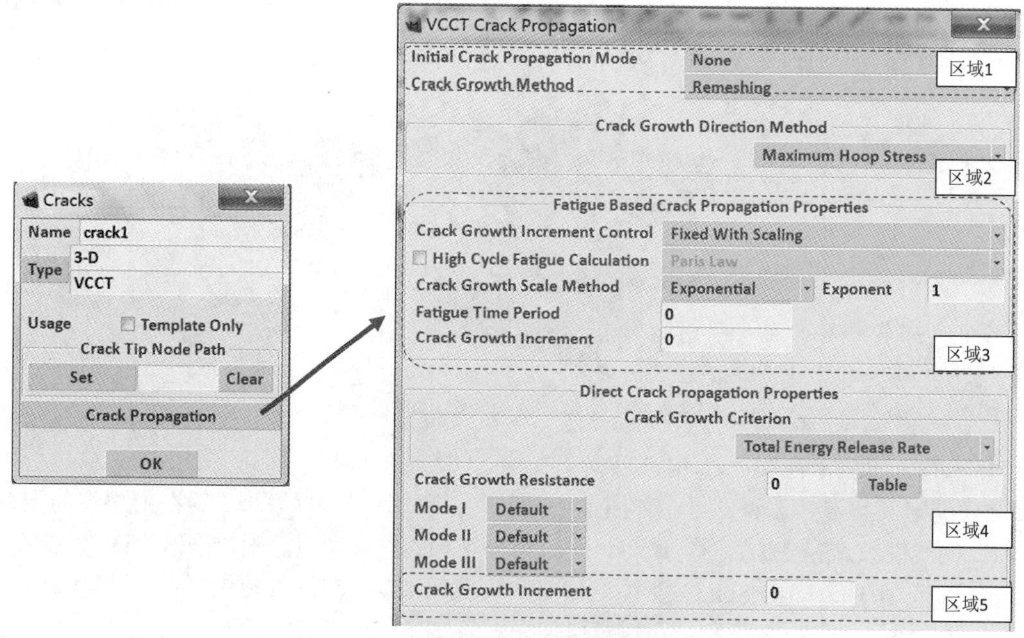


图 8-16　VCCT 裂纹扩展属性参数定义菜单

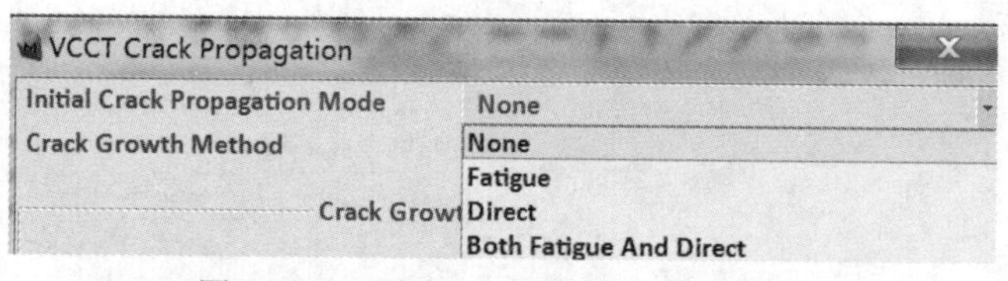


图 8-17　区域 1——初始裂纹扩展模式

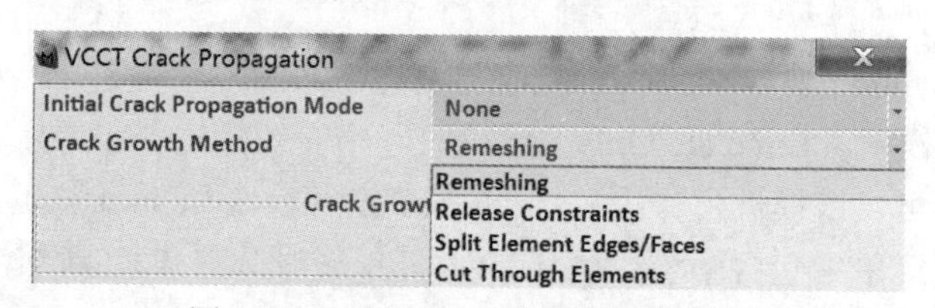


图 8-18　区域 1——裂纹扩展的方法

另外，裂纹增长的方向可以采用程序自动判断和手动输入的方式，可以在 Crack Growth Direction Method 中指定，如图 8-19 所示。

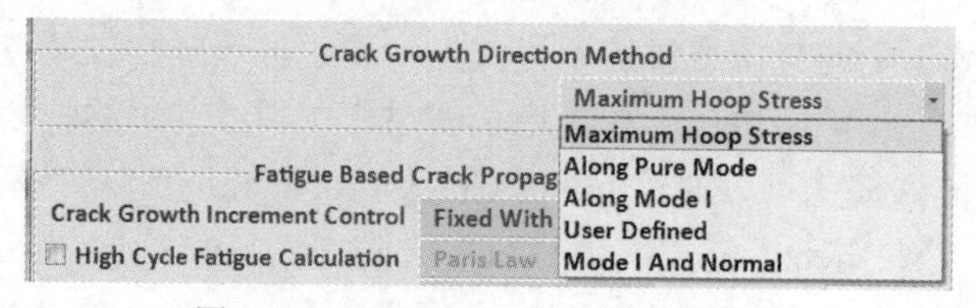


图 8-19　区域 2——裂纹增长的方向

当选择疲劳裂纹扩展模式时，可以在区域 3 中（如图 8-20 所示）设置裂纹扩展增量控制方法，这里提供了固定尺寸、Paris 法则以及固定比例三种方法；高周疲劳计算选项是 Marc 2014

在原有功能基础上进一步提供的高周疲劳下多条初始裂纹扩展分析功能，可以帮助准确预测裂纹扩展的路径以及高周疲劳加载的循环次数等。关于高周疲劳计算可以参考第 8.8.3 节的例题介绍。计算方法可以采用 Paris 法则或用户子程序由用户自定义；在裂纹扩展比例方法中，默认采用疲劳法，当然用户也可以采用指数法；在疲劳时间周期处输入载荷施加的周期；在裂纹扩展增量处输入当前裂纹的参考扩展增量大小，当采用固定比例控制时，那么该值为扩展增量的上限；对于 Paris 法则可以选择能量释放率或应力强度因子两种方式；疲劳法则公式可以基于基本 Paris 法则或平方根 Paris 法则。

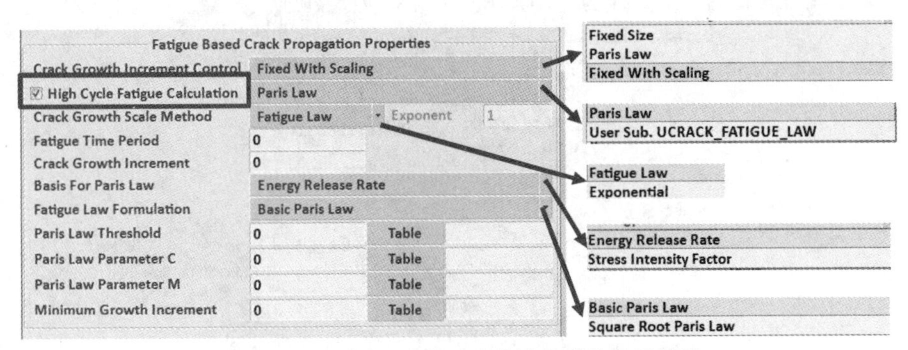


图 8-20 区域 3——基于疲劳法的裂纹扩展特性

在每一个非线性分析增量步结束时，都使用虚拟裂纹闭合技术计算应变能释放率。针对直接裂纹扩展模式，Marc 提供了 5 种裂纹扩展准则，如图 8-21 所示。

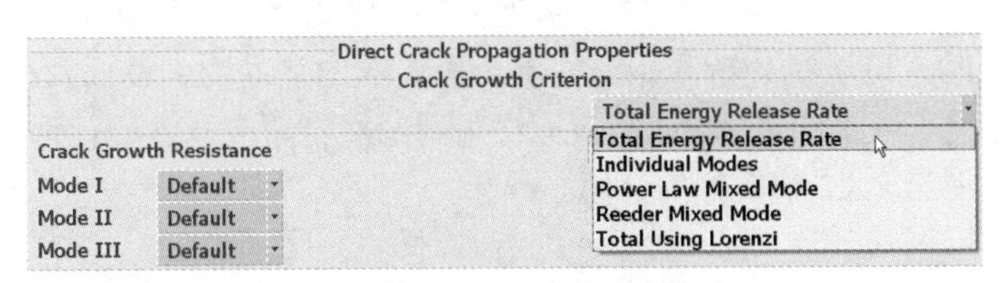


图 8-21 区域 4——裂纹扩展准则

5 种裂纹扩展准则分别为：Total Engergy Release Rate、Individual Modes、Power Law Mixed Mode、Reeder Mixed Mode 及 Total Using Lorenzi。断裂临界参数 $G_c$ 可以是单一模式准则或是混合模式准则。对于单一模式准则，使用 3 个等式分别考虑每一种模式；针对混合模式，可使用里德（Reeder）或幂定律准则。通过释放裂纹前缘节点的约束，使裂纹“扩大”，裂纹会扩展至粘合接触区的下一节点。如果在增量步结束时探测到裂纹的扩展，释放相应的节点，增量步重新启动。重复重启增量步直到不再满足任何裂纹前缘的节点，这是在增量步内确保裂纹充分扩展的关键步骤。

关于裂纹扩展的定义和模拟可参考后续第 8.8 节实例中的详细介绍。

### 8.4.2 初始裂纹创建（Crack Initiator）

在 Marc 中，裂纹尖端可以用单元边、面甚至几何线和 NURBS 曲面来定义。基于裂纹尖端的定义，会自动生成新网格。该法简化了裂纹尖端的定义并使用户很方便研究裂纹在多种不同位置的影响，不需要为这些情态分别划分网格。这将为用户大大节约模型处理的时间，同时提供质量更高的具有初始裂纹的模型网格。

如图 8-22 所示为 Marc 2013 中增加的初始裂纹尖端（Crack Initiators）创建工具，用户通过指定用于自动创建初始裂纹尖端的辅助曲面，类型为 Faceted Surface，以及创建初始裂纹尖端的结构对应的接触体名称（对应图中“rubber”），以及后续基于 VCCT 技术模拟裂纹扩展的相关断裂力学参数设置（对应图中“crack1”）即可，crack1 即基于虚拟裂纹闭合技术创建的裂纹扩展参数模板（图 8-16 勾选 Template Only 选项）。

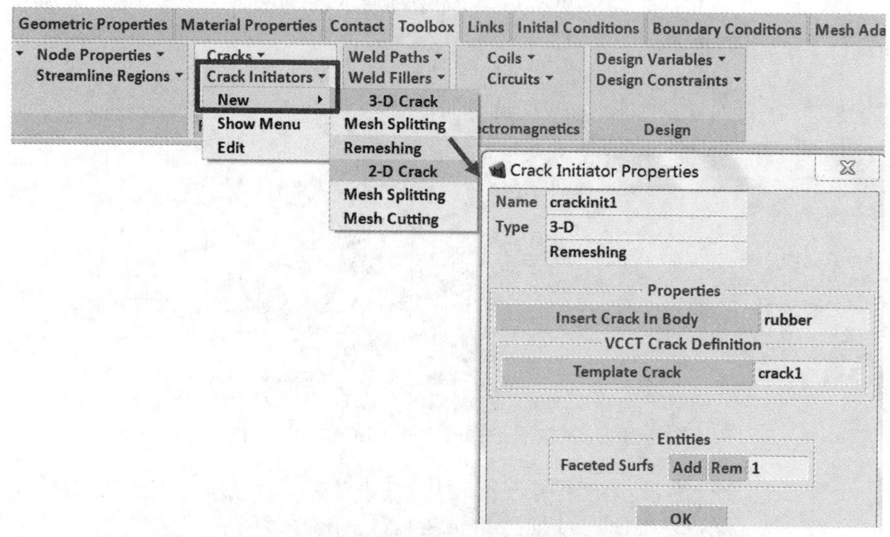


图 8-22　Crack Initiators 初始裂纹尖端自动创建工具菜单

当采用该选项时，可以在分析开始前，基于所选取的辅助切割曲面及接触体设置进行初始裂纹网格模型创建，并且裂纹尖端即附近网格采用网格自适应技术进行重新划分。关于这部分的详细内容可参考第 8.8.2 节实例的介绍。

## 8.5　Marc 进行脱层分析及粘接区域建模

### 8.5.1　Marc 进行脱层分析

Marc 中脱层分析功能是继粘合区域建模（Cohesive Zone Modeling，CZM）功能后，在结构脱层分析功能上的又一新功能。使用该功能模拟结构的脱层分析时，用户通过指定结构在工作状态下，允许的极限应力的大小作为判断准则，在计算过程中对比结构实际承受的法向应力和切向应力进行判断，当判据满足公式时，自动在对应材料层间或材料内部将各材料对应的网格进行分割。在发生脱层之前结构是一体的，只有满足脱层判据后，会在对应部位产生重复节点。在进行判断时依据公式：

$$(s_n/s_{na})^n+(s_t/s_{ta})^m>1 \tag{8-26}$$

用户通过前处理工具 Mentat 输入允许的法向和切向应力，并自动激活脱层发生在同种材料内部 Within Material 或在不同种材料间 Material Interface，发生脱层的部位会在计算过程中自动生成节点，并且单元识别号保持不变。在 Marc Mentat 中可以通过 Toolbox 中的 Delamination 菜单进行脱层分析的参数定义，如图 8-23 所示。

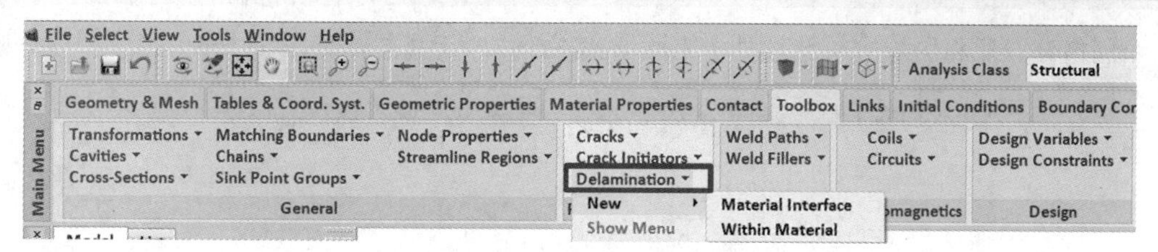


图 8-23　脱层分析菜单

针对同种材料内部 Within Material 或者不同种材料间 Material Interface 间的脱层分析，可以分别指定对应的允许的法向以及切向的应力值，并且通过 Split Mesh 选项可以实现对单元的自动分割和交界面处的节点生成。当针对不同种材料间 Material Interface 间进行脱层分析时，需要首先指定不同材料的名称，分别对应 First Material 和 Second Material，如图 8-24 所示。如果是针对同种材料内部 Within Material 进行脱层分析，那么只需指定该材料的名称在 Material 中即可，如图 8-25 所示。

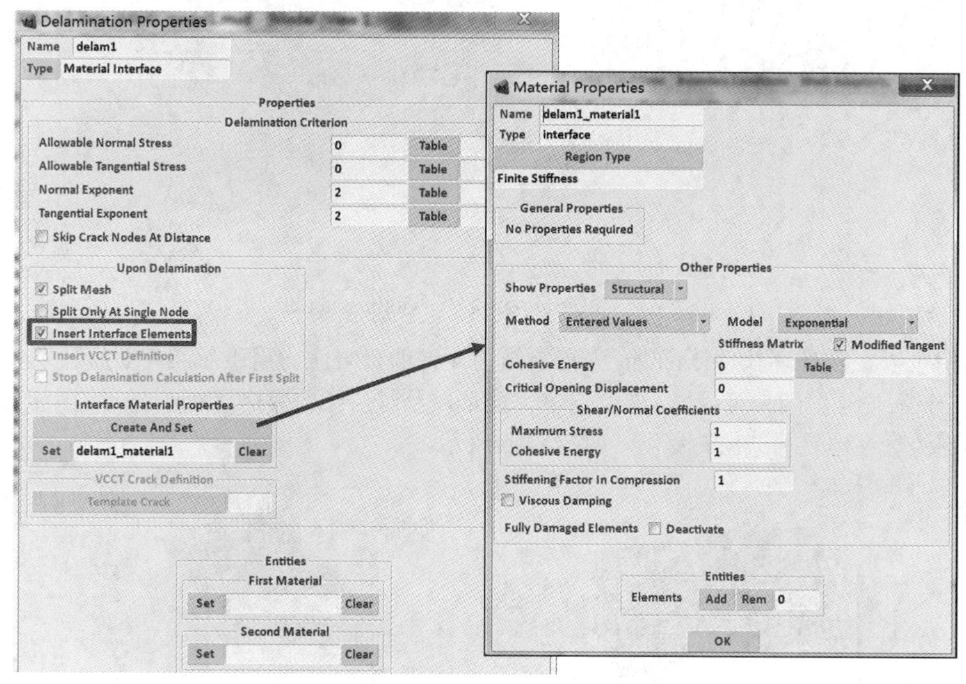


图 8-24　脱层分析菜单——Interface

使用 Marc 的脱层分析功能，可以针对二维、三维有限元模型进行脱层模拟，并且对于分层结构间的粘胶部位，可以自动或手动定义界面单元模拟分层过程中粘胶部位的影响和变化。

在模拟脱层分析过程时，可以激活 Insert Interface Elements 选项，那么 Marc 在计算过程中会针对脱层部位，自动插入界面单元模拟粘胶部位在结构脱层过程中的变化。界面单元的材料属性可以通过 Create And Set 来创建，或直接单击 Set 按钮将模型中已经定义的界面单元类型选用做界面单元的材料参数使用，如图 8-24 所示。

在脱层过程中也可以激活 Insert VCCT Definition 选项，通过选择定义好的模板，在脱层部位当网格分开后会激活虚拟裂纹闭合技术，并对该部位按照模板中定义的 VCCT 相关参数进行计算，如图 8-25 所示。当勾选 Stop Delamination Calculation After First Split 复选框时，会在第一个网格分开后将脱层分析选项处于未激活状态，即停止脱层计算，可以转为裂纹扩展分析。

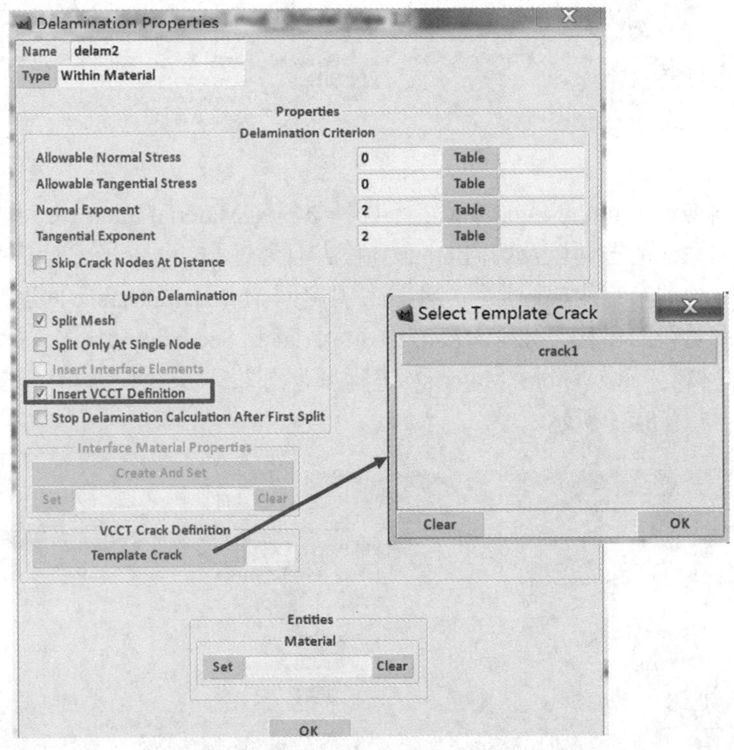


图 8-25　脱层分析菜单——within material

用户可以在前处理软件 Mentat 中指定结构允许的极限应力用于后续判断脱层发生的部位，在结果后处理中用户可以显示应力分布、变形以及脱层指数等信息，通过云纹图和变形图等形式更为直观地显示结构的变化，如图 8-26 所示。

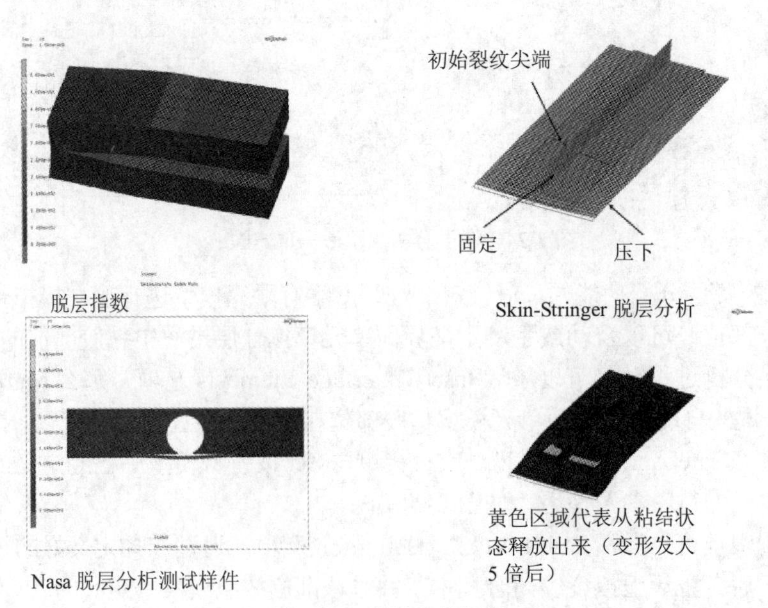


图 8-26　脱层分析例题

### 8.5.2 Marc 中的粘接区域建模

粘合区域建模（Cohesive Zone Modeling，CZM）可用于模拟不同材料的分层以及同种材料的裂纹扩展。在考虑界面（interface）单元的影响时，需要用户指明模型中可能出现的界面单元，例如在脱层分析中通过激活 Insert Interface Element 选项，此时界面单元可自动生成。另外用户可以在模型中直接创建界面单元对应的网格模型，同时用户必须为界面单元指定粘胶（Cohesive）材料属性。如图 8-27 所示为脱层分析中通过 Insert Interface Element 选项自动生成界面单元的过程。界面单元支持二维和三维模型的创建。

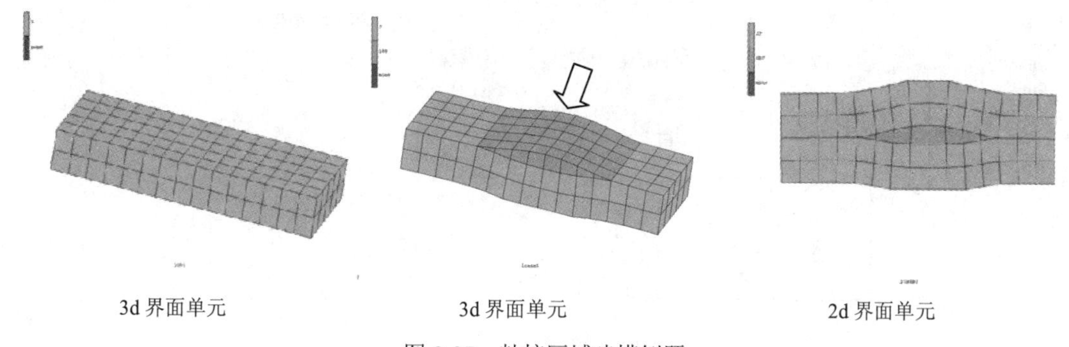


图 8-27 粘接区域建模例题

Marc 中的 CZM 基于特殊的界面单元（Interface Element）和新的材料模型用于模拟界面特性。以 8 节点的三维界面单元为例，单元的变形是由顶面和底面的相对位移决定的。粘接区域建模如图 8-28 和图 8-29 所示。

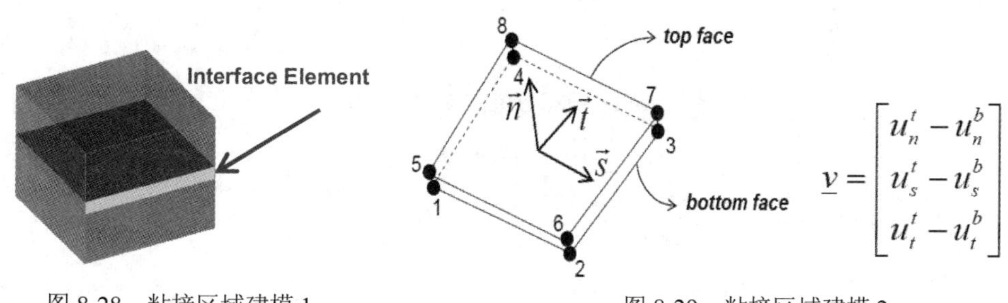


图 8-28 粘接区域建模 1　　图 8-29 粘接区域建模 2

界面单元适用于线性单元，例如 4 节点的平面单元（186）具有两个积分点；8 节点的三维单元（188）具有四个积分点；4 节点的轴对称单元（190）具有两个积分点；6 节点的三维单元（192）具有三个积分点；高阶单元，例如 8 节点的平面单元（187）具有三个积分点；20 节点的三维单元（189）具有九个积分点；8 节点的轴对称单元（191）具有三个积分点；15 节点的三维单元（193）具有七个积分点。

由于界面单元可表现为 0 厚度，因此要特别注意接触的算法，这个 0 长度的边或 0 面积的面不作为接触体边界描述的一部分。

Marc 中提供了三种用于模拟界面单元的材料模型，其中包括双线性模型（Bilinear，需要三个参数输入）、指数模型（Exponential，需要两个参数输入）、线性－指数模型（Linear-exponential，需要三个参数输入）。另外，Marc 还支持通过用户子程序（UCOHESIVE）

扩展定义界面单元的材料本构模拟。

粘接区域建模例题、材料类型和建模菜单如图 8-30 至图 8-32 所示。

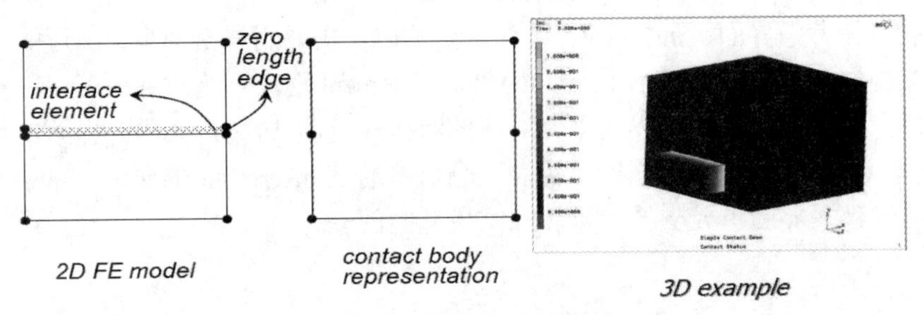


图 8-30　粘接区域建模例题

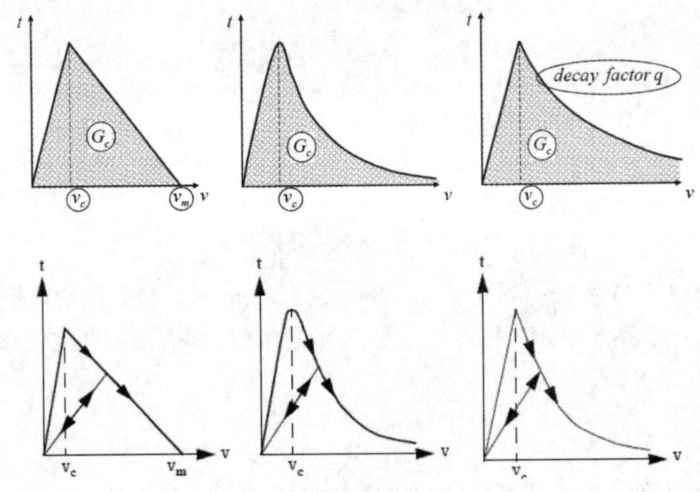


图 8-31　粘接区域建模材料类型

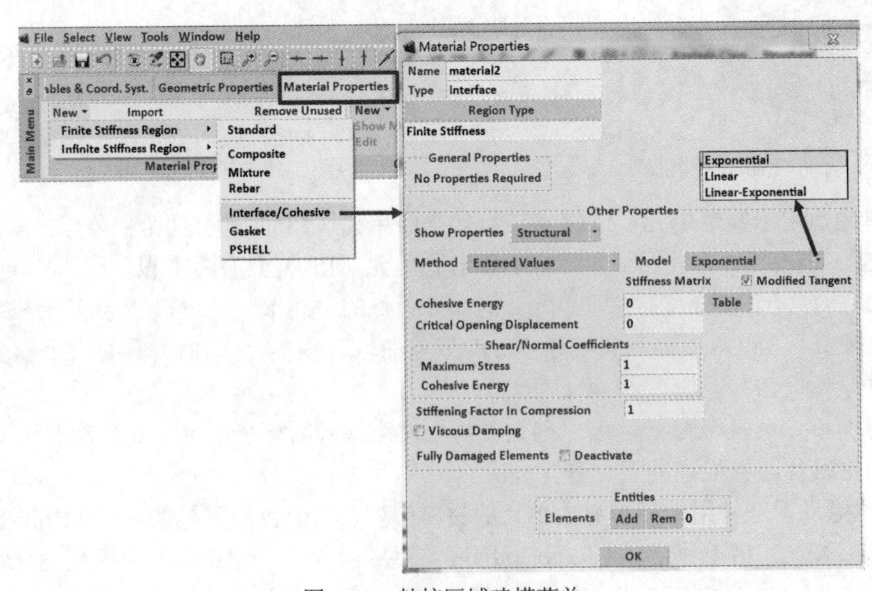


图 8-32　粘接区域建模菜单

单元的分割可借助于 Mentat 的 Toolbox 工具实现。如图 8-33 所示针对一体结构，该结构可以是二维或三维模型，通过 Matching Boundaries 工具可采用多种方式对结构进行分块。

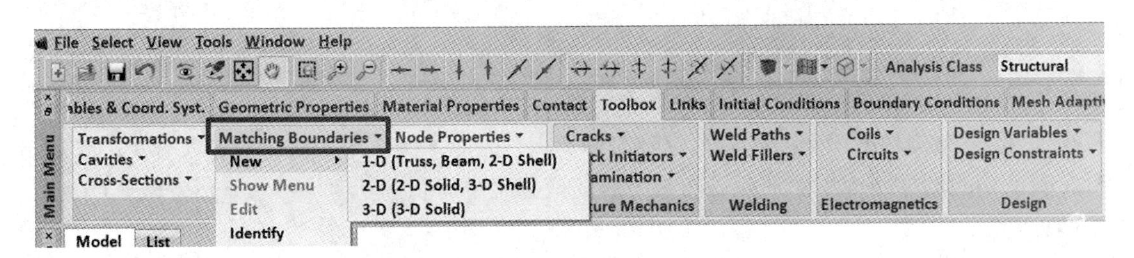


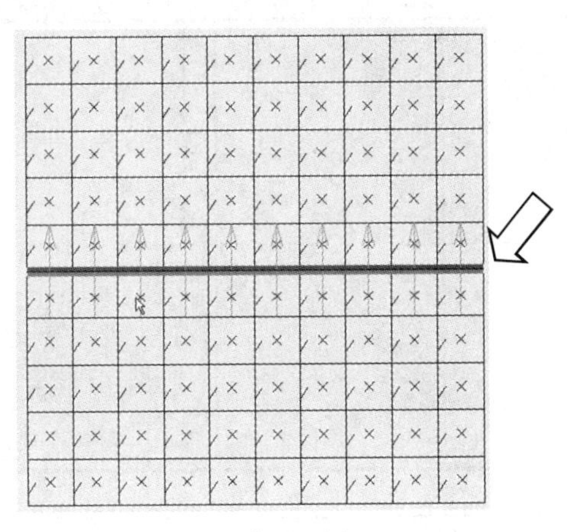

图 8-33　模型分割

例如采用基于单元（Element Based）方式，用户可直接选取将被分割结构的一部分单元，这部分单元将通过界面单元将结构分割后的其中一部分，如图 8-34 所示。用户可以选择 Interface Elements→Create 工具，指定待创建的界面单元的几何属性（Geometric Properties→Create And Set）及材料属性（Material Properties→Create And Set），设置完成后单击 Create Interface Elements 按钮就可以创建界面单元的模型了。

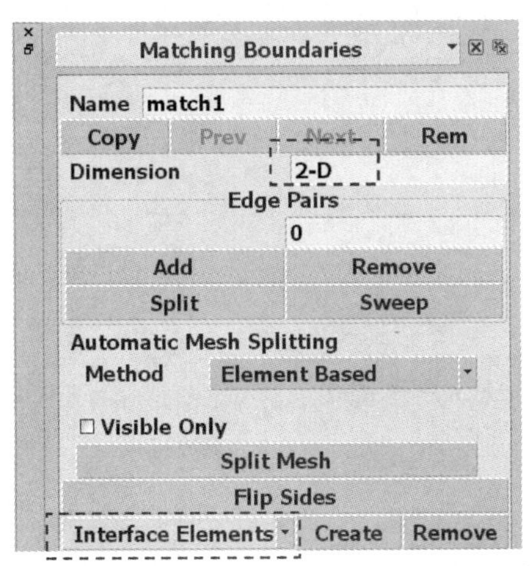


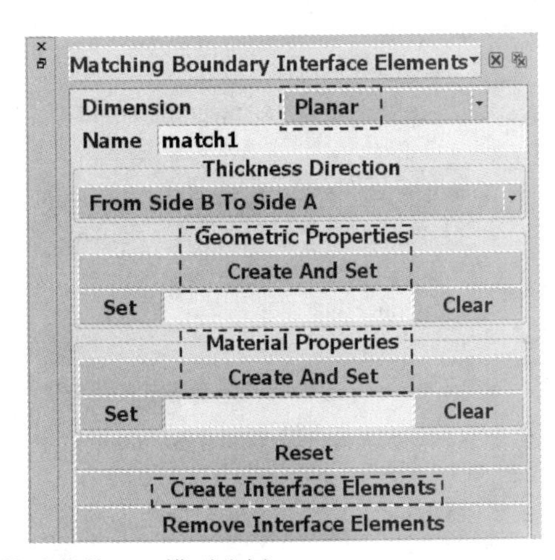


图 8-34　粘接区域建模辅助菜单——模型分割

关于此部分的定义流程可参考第 8.9 节关于粘接区域建模的例题的说明。

## 8.6 J 积分分析例题

当带缺口圆柱结构承受轴向均布拉力时，通过 J 积分方法评价缺口处的应力集中。图 8-35 中所示结构在两端面承受 100psi 均布压力，在圆柱中间部位有 10″的缺口，结构总长度为 60″，直径为 40″，结构和所承受的载荷具有轴对称特点，因此本例采用二维轴对称实体单元建模分析带有缺口的圆柱结构承受轴向均布拉力时的应力集中问题。

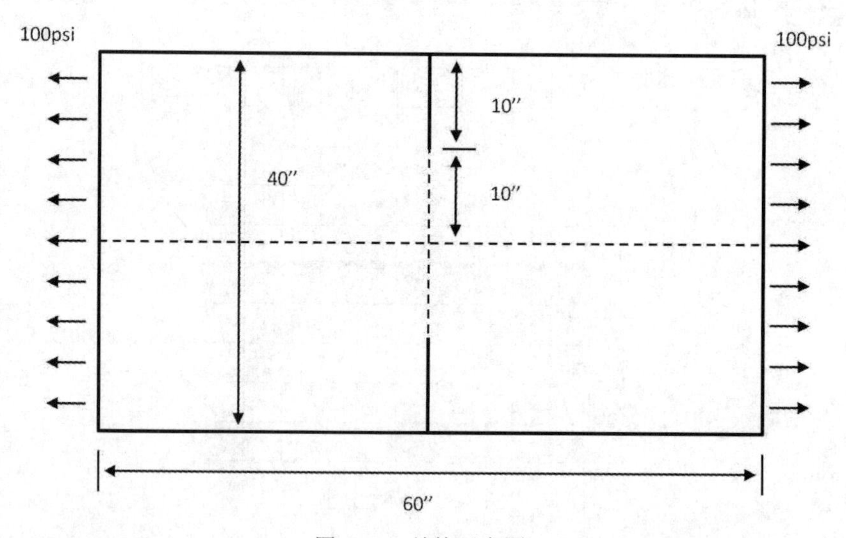


图 8-35　结构示意图

1. 模型创建

圆柱结构为轴向长 60″，直径为 40″，采用二维轴对称实体单元模拟，因此采用 8 节点的四边形单元模拟。网格模型采用光盘中“第 8 章\J 积分”文件夹下的 fem_model.mud 即可，导入后定义几何属性。

File→New
  Save As…
    File Name：J_integration.mud
    Save
Geometry& Mesh
  Length Unit▼：√ Inch
  Merge…
fem_model.mud
    Open
Geometric Properties→New(Structural)▼→Axisymmetric►→Solid
  Elements：Add
ALL Existing
  OK

2. 定义材料属性

结构的弹性模量为 30e6psi，泊松系数为 0.3：

Material Properties→Material Properties:New▼→Finite Stiffness Region►→Standard

Young's Modulus：30e6

Poisson's Ratio：0.3

Elements：Add

ALL Existing

OK

定义 J 积分相关参数，根据缺口的位置，指定节点 1 为裂纹尖端，同时定义 Rigid Region 是基于拓扑自动搜索，定义两条路径进行搜索。

Toolbox→Crack▼→New▶→J-Integral：2-D(2-D Solid)

*---Crack Tip Node---*

Set：在图形区选择节点 1，右击确认，或在对话窗口输入 1 并按 Enter 键

*---Rigid Region Method---*

Rigid Regions：2

OK　如图 8-36 所示

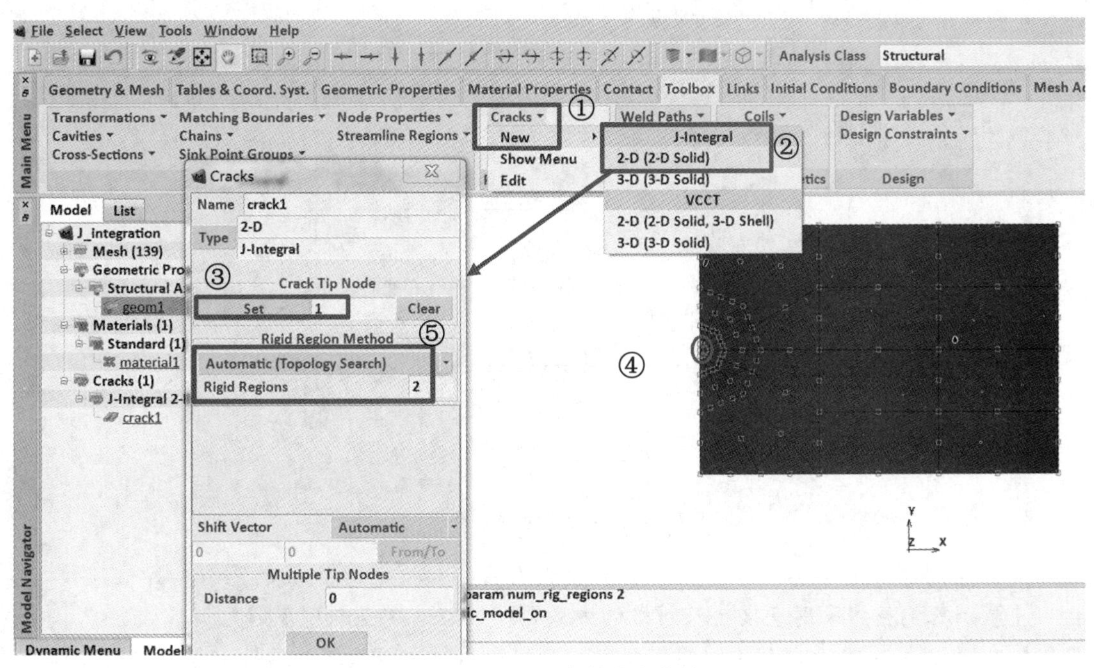


图 8-36　J 积分参数定义菜单

3. 定义边界条件

针对该结构首先定义左侧和下侧的对称边界条件，本例采用二维轴对称实体单元建模，节点仅具有 x、y 两个方向的平动自由度，因此位移约束边界条件定义流程如下：

Boundary Conditions→New（Structural）▼→Fixed Displacement

Name：sym_x

☑Displacement X：0

Nodes：Add

选择左侧下半部分的节点，即除缺口外的节点，共 7 个（节点号 12 3 16 17 30 31）

OK

Boundary Conditions→New（Structural）▼→Fixed Displacement

Name：sym_y

☑Displacement Y：0

Nodes：Add

选择下侧的节点，共 9 个（31 32 34 35 37 46 51 54 59）

OK

定义端面的拉向均布载荷，大小为 100psi，采用了二维轴对称实体模型创建，因此选择此边界条件时需要选择 edge load。具体如下：

Boundary Conditions→New（Structural）▼→Edge Load

Name：load

☑Pressure：-100

Edges：Add

选择右侧的 4 条单元边

Ok

显示全部边界条件，可得到如图 8-37 所示的结果。

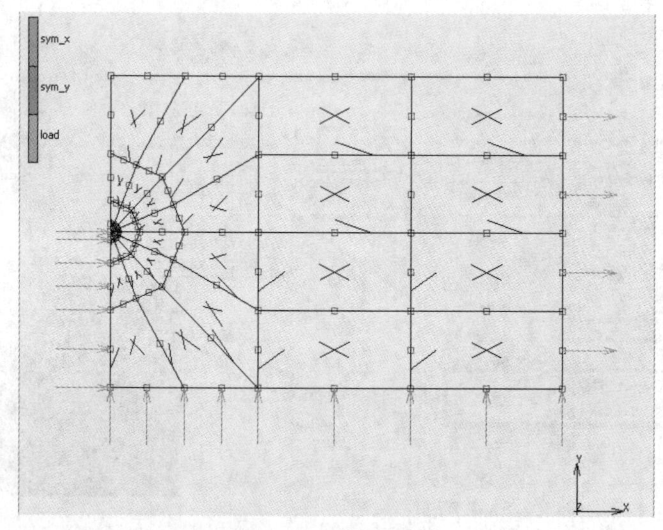


图 8-37　边界条件

------------------------------☆☆☆☆☆☆------------------------------

**注意**：本例虽然采用直接导入网格的方式创建，在自定义轴对称模型时需要注意，必须在全局坐标系的 xy 平面内创建网格模型，并且模型的轴向默认与全局的 x 方向平行，模型的径向为全局的 y 轴正方向。如果违反了上述原则，模型在计算时会报错。

------------------------------☆☆☆☆☆☆------------------------------

4. 定义分析任务

本次分析采用线性分析，因此不需要指定分析工况，直接定义任务参数即可。具体流程如下：

Jobs→New（Jobs）▼→Structural

Job results

*---Available Element Scalar---*

☑Equivalent Von Mises Stress

OK

Analysis Demension：Axisymmetric▼

OK

本例采用二维轴对称实体单元模拟，因此单元类型采用的 Element type 为 28。

Jobs→Element Types：Element Types

*---Analysis Dimension---*

Axisymmetric▼

Solid

Quad 4:28

OK

根据 Command→提示选择单元，单击 All Existing 按钮即可。

回到 Jobs Properties 菜单递交分析任务：

Jobs→Properties

Run

Submit （1）

当出现分析状态为 Complete，并且退出号为 3004 时，表示计算完成，打开结果文件进行后处理即可。

Open Post File（Model Plot Results Menu）

5. 结果后处理

*---Deformed Shape---*

Style：Deformed& Original ▼

Settings

*---Deformation Scaling---*

⊙ Automatic

OK

*---Scalar Plot---*

Style：Symbols▼

Scalar：⊙ Displacement

OK

此时可以以符号的形式显示结构变形前后的结果，变形图为放大后的结果。另外，由于进行了线性分析，因此分析结果 Inc:0 即为最终结果。

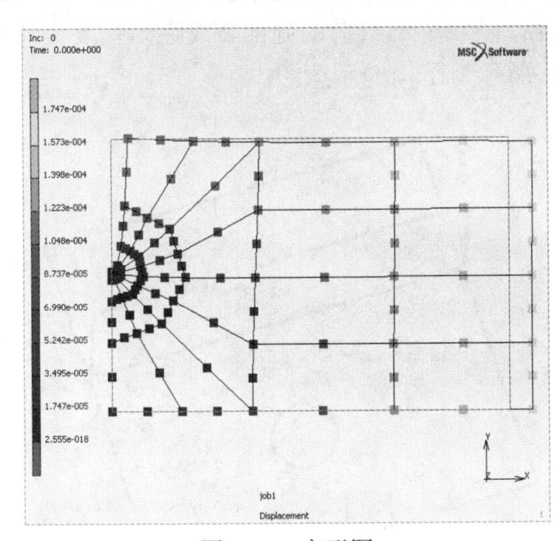


图 8-38　变形图

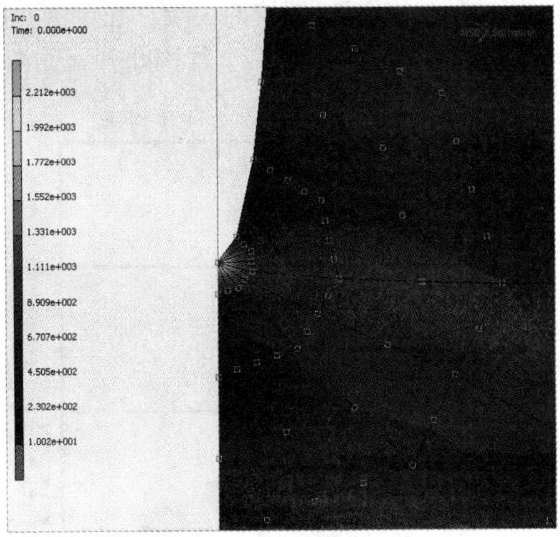

图 8-39　等效应力云图

*---Scalar Plot---*

Style：Contour Bands▼

Scalar：⊙ Equivalent Von Mises Stress

OK

此时获得结构的等效应力云图结果如图 8-39 所示，在缺口的端部为应力集中的部位。结构的 J 积分结果云图如图 8-40 所示，主要集中在缺口的部位。

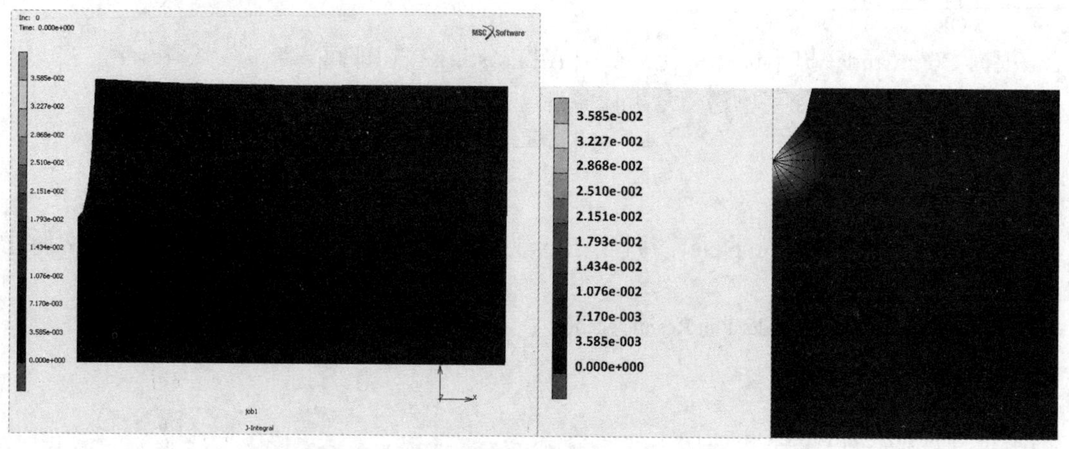


图 8-40　J 积分结果（右图为局部放大显示）

## 8.7　裂纹扩展分析例题

### 8.7.1　带筋结构的裂纹扩展分析例题

在 Marc 中的虚拟裂纹闭合技术（VCCT）可以考虑 2d 或 3d 结构的裂纹扩展。在裂纹扩展的路径上，通过计算能量释放率并采用网格重划分或单元分割的方式模拟裂纹扩展的过程。本例针对具有加强筋结构的裂纹扩展问题进行了描述，加强筋结构通过粘接接触关系与带有圆孔的平板结构连接，裂纹的尖端存在于圆孔的边缘，随着外部载荷的施加裂纹逐渐扩展至加强筋部位，并进一步扩展直至结构断开。如图 8-41 所示为结构的示意图。

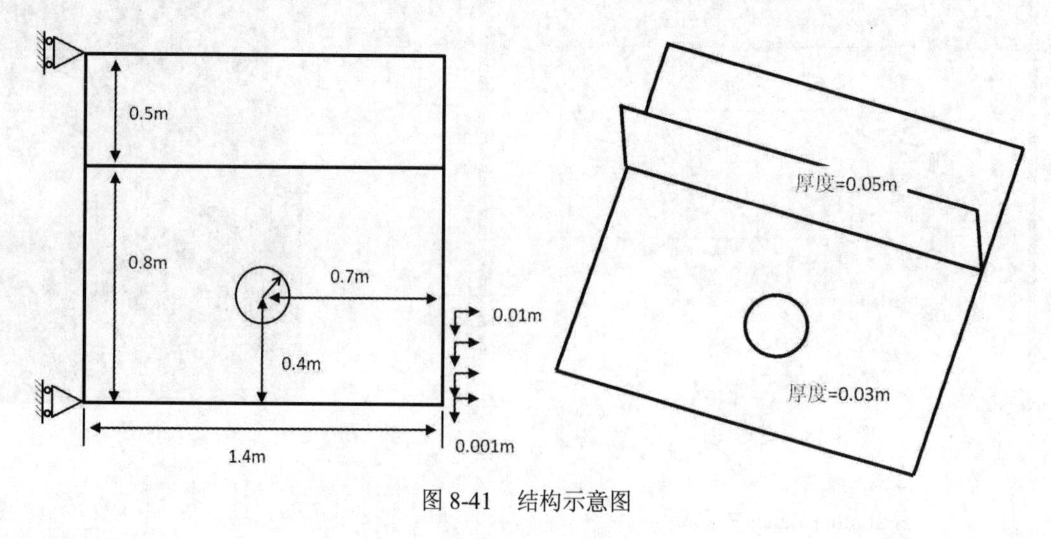


图 8-41　结构示意图

1. 模型创建

结构尺寸可参照结构示意图相关标注，网格模型直接导入光盘中“第 8 章/裂纹扩展”文件夹下的 fem_model.mud 即可。结构采用四节点的四边形单元建模，共有单元 933 个，节点 1017 个。本例后续将采用网格重划分工具进行裂纹扩展模拟，因此初始网格采用了较稀疏的网格划分。

File→New
Save As…
vcct_stiffener.mud
Save
Geometry& Mesh
Length Unit▼：√Meter
Merge…
fem_model.mud
Open

单击 Elements Solid 按钮，采用实体渲染方式显示，如图 8-42 所示。

2. 定义几何属性

根据结构示意图的标注，平板结构厚度为 0.03m，加强筋厚度为 0.05m，采用板壳结构模拟：

Geometric Properties→New（Structural）▼→3D▶→Shell
Name：plate
*---Thickness---*
Constant Element Thickness：0.03
Windows→Windows Control…
☑Model(View 2)
OK
Elements：Add
选择平板对应的 905 个单元，单击 End List（#）确认
OK

图 8-42　有限元模型

Geometric Properties→New（Structural）▼→3D▶→Shell
Name：stiffener
*---Thickness---*
Constant Element Thickness：0.05
Elements：Add

选择加强筋对应的 28 个单元，单击 End List（#）确认

OK

Windows→Windows Control…

☐ Model(View2)

3．定义材料参数

定义板和加强筋结构的材料属性，均采用线弹性钢材来模拟，其中弹性模量为 2e11Pa，泊松系数为 0.3，针对裂纹扩展部分，由于后续将用到基于疲劳的裂纹扩展工具，并使用固定的裂纹增长步长，因此不需单独定义与虚拟裂纹闭合相关的材料参数：

Material Properties→New▼→Finite Stiffness Region▶→Standard

Name：Steel

Young’s Modulus：2e11

Poisson’s Ratio：0.3

Elements：Add

All Existing

Ok

4．定义接触

本例中平板结构与加强筋结构连接部位采用了不协调的网格划分方式，采用粘接接触的方式连接，并且激活 Carry Moment 选项实现壳与壳粘接部位的弯扭矩的传递。另外本例中激活了壳的单元边的接触分析功能，使得接触过程中能够包含壳单元边的接触分析，同时，在进行粘接接触时针对两个接触体厚度不同采用了忽略壳单元厚度的选项，具体的流程如下：

Contact→Contact Bodies：New▼→Meshed（Deformable）

Name：plate

Elements：Add

选择平板对应的 905 个单元，单击 End List（#）确认

OK

Contact→Contact Bodies：New▼→Meshed（Deformable）

Name：stiffener

Elements：Add

选择加强筋对应的 28 个单元，单击 End List（#）确认

OK

Contact→Contact Interactions：New▼→Meshed（Deformable）vs. Meshed（Deformable）

Contact Type：Glue▼

OK

Contact→Contact Tables→New

单击 First 1 和 Second 2 对应按钮

☑Active

Contact Interaction

Interact1

Boundary Redefinition：Second Body

☑Redefined

☑Ignore Thickness

☑Include Shell Edge

OK

Contact Detection Method: Second->First▼

OK（两次），如图 8-43 所示

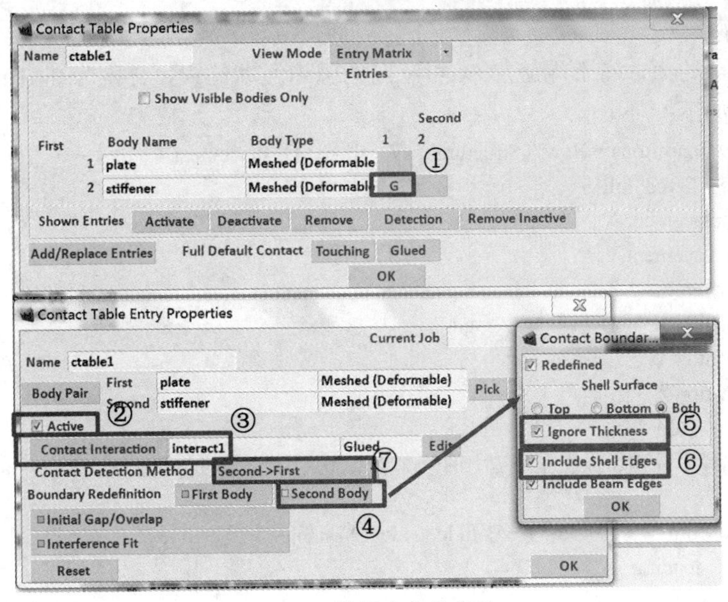


图 8-43　接触表定义菜单

5. 定义裂纹扩展参数

裂纹尖端位于圆孔上边缘对应节点 175，VCCT 部分的定义采用了疲劳裂纹扩展模式，并在裂纹扩展的路径上启动网格重划分工具。本例采用固定的增长步长计算，裂纹增长的步长大小为 0.05m，疲劳周期为 0.1s。根据疲劳裂纹扩展模式的特点，会在疲劳周期后进行裂纹扩展的特点，在后续时间步长也设置为 0.1，以便疲劳裂纹的增长可以在每个增量步计算结束时体现。具体定义流程如下：

Toolbox→Cracks▼→ New▶→VCCT：2-D(2-D Solid,3-D Shell)

Crack Tip Node

单击圆孔上边缘节点 175，单击 End List（#）确认

Crack Propagation

Initial Crack Propagation Mode：Fatigue▼

*---Fatigue Based Crack Propagation Properties---*

Fatigue Time Period：0.1

Crack Growth Increment：0.05

OK，如图 8-44 所示

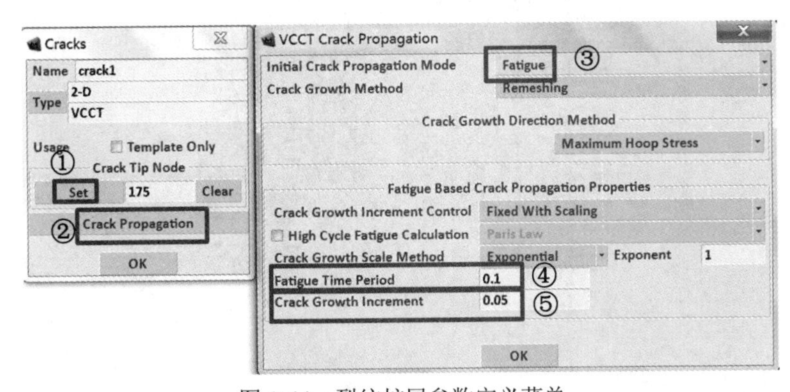


图 8-44　裂纹扩展参数定义菜单

6. 定义边界条件

结构左侧完全约束，右下端施加+x 和-y 向的强迫运动约束，分别为 0.01m 和 0.001m。边界条件定义流程如下：

Boundary Conditions→New（Structural）▼→Fixed Displacement

Name：Fixed_left

☑Displacement X

☑Displacement Y

☑Displacement Z

☑Rotation X

☑Rotation Y

☑Rotation Z

Nodes：Add

选择平板和加强筋左侧边上的全部节点，共 31 个节点，单击 End List （#）确认

OK

Tables & Coord. Syst.→New▼→1 Independent Variable

Name：loading

Type：Time

⊙（Data Points）

Add

0 0 0.1 0.1　根据 Command>的提示输入数据点的自变量值和对应的函数值

Fit

Boundary Conditions→New（Structural）▼→Fixed Displacement

Name：Fixed_right

☑Displacement X：0.01

Table：loading

☑Displacement Y：-0.001

Table：loading

Nodes：Add

选择平板右侧下边界的节点，共 7 个节点，单击 End List（#）确认

OK，如图 8-45 所示

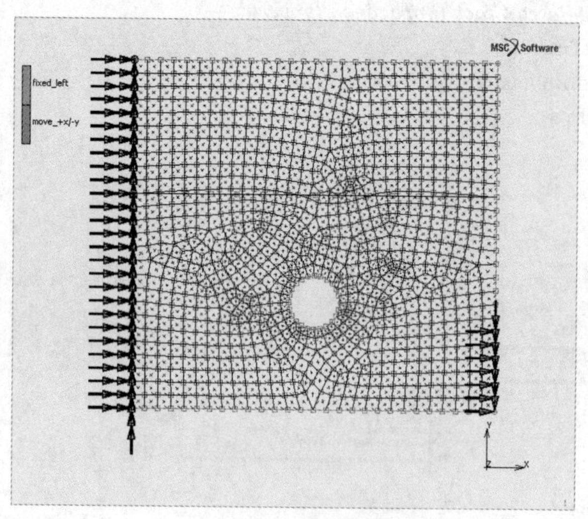


图 8-45　边界条件

7. 网格重划分参数设置

针对平板和加强筋采用三维壳单元网格重划分功能，采用 Patran Quad 工具实现，重划分后单元的尺寸为 0.02，设定每 1000 个增量步进行一次重划分。在本例中，每次裂纹扩展后进行网格重划分。

Mesh Adaptivity→Global Remeshing Criteria:New▼→3-DShell Remeshing Methods:Patran Quad

---*Remeshing Criteria*---

☑Increment

Frequency：1000

---*Remeshing Parameters*---

Element Edge Length▼：0.02

Advanced

☑Min. Element Edge Length:0.00666667

☑Max. Element Edge Length:0.06

OK

Remesh Body：plate

OK

Mesh Adaptivity→Global Remeshing Criteria:New▼→3-DShell Remeshing Methods:Patran Quad

---*Remeshing Criteria*---

☑Increment

Frequency：1000

---*Remeshing Parameters*---

Element Edge Length▼：0.02

Advanced

☑Min. Element Edge Length:  0.00666667

☑Max. Element Edge Length:  0.06

OK

Remesh Body：stiffener，如图 8-46 所示

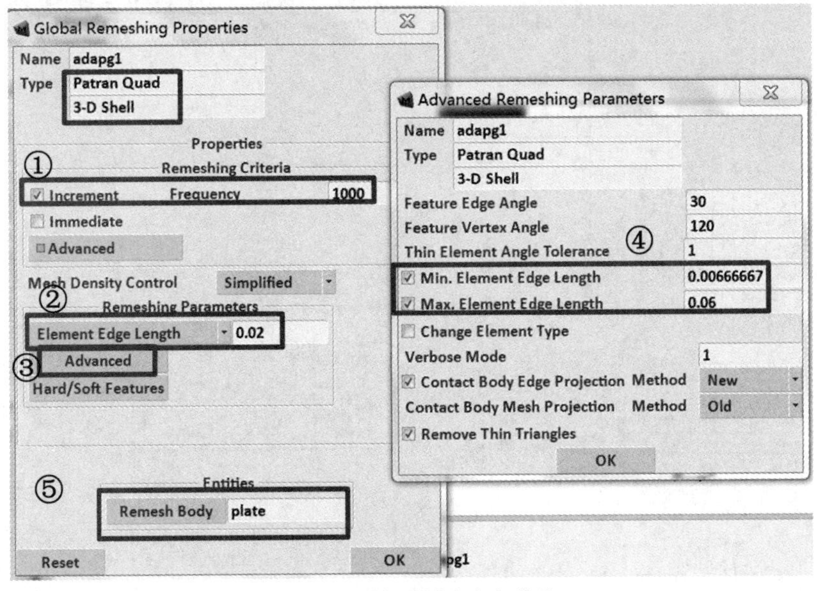


图 8-46 网格重划分定义菜单

8. 定义分析工况

总的分析时间为 2s，采用固定步长设置，共使用 20 个增量步计算，激活接触表以及针对平板和加强筋定义的网格重划分选项，在虚拟裂纹扩展选项中采用 Per Crack，即具体流程如下：

Loadcases→Loadcases：New▼→Static
Total Loadcase Time：2
---*Stepping Procedure*---
Fixed ⊙ Constant Time Step
#Steps：20
Contact
Contact Table
Ctable1
OK
Gloabal Remeshing
☑adapg1
☑adapg2
OK
VCCT Crack Propagation
Crack Status：Per Crack▼
Available Cracks：☑ crack1
OK
Solution Control
☑Non-Positive Definite
OK（两次），如图 8-47 所示

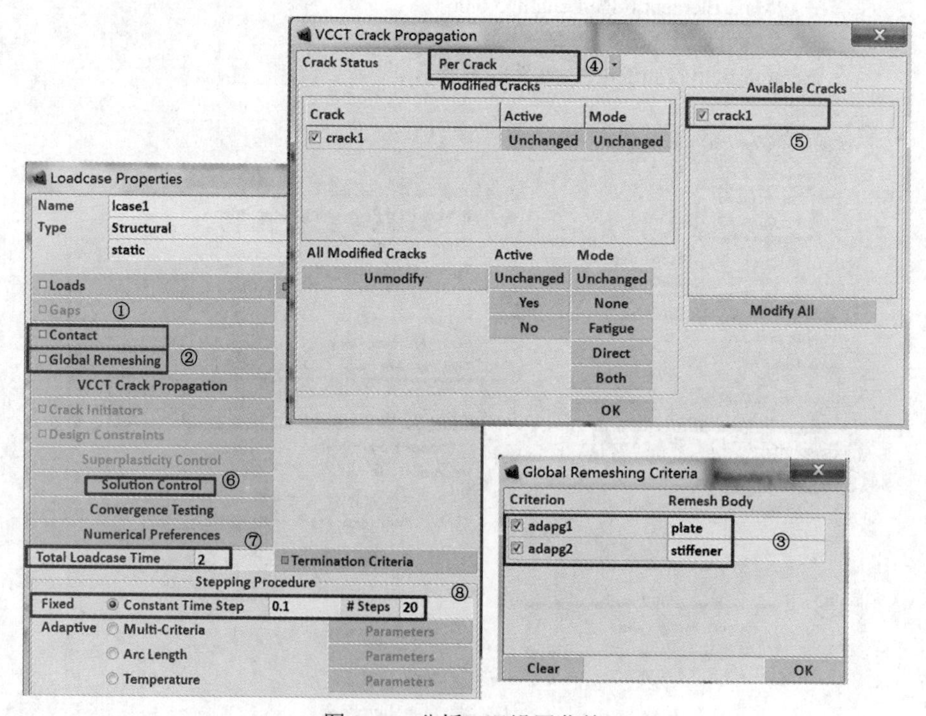


图 8-47　分析工况设置菜单

9. 定义分析任务

激活定义的接触表以及裂纹扩展选项，采用大应变分析。网格重划分参数及结果输出项采用默认设置即可。

Jobs→Jobs：New▼→Structural
Selected：lcase1
Contact Control
Initial Contact
Contact Table
Ctable1
Ok（两次）
Active Crack
Crack Status：Per Crack▼
☑Crack1
OK
Analysis Options
Nonlinear Procedures: ⊙ Large Strain
OK，如图 8-48 所示

递交分析并打开结果文件进行后处理。

Run
Submit （1）
Open Post File（Model Plot Results Menu）

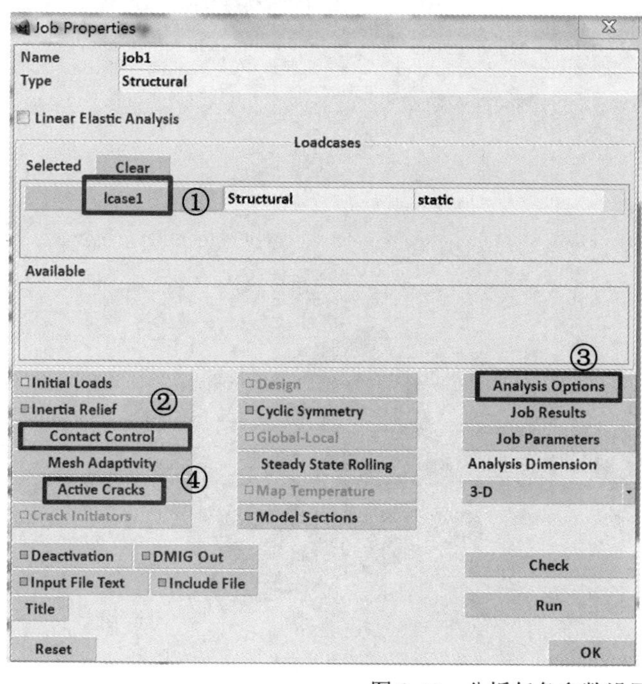


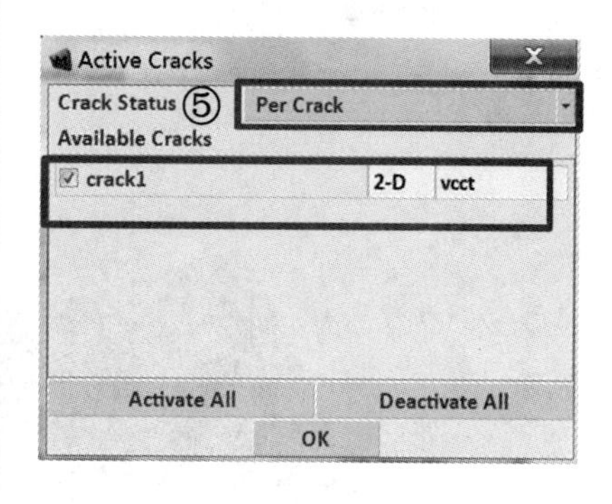


图 8-48　分析任务参数设置菜单

10. 结果后处理

显示不同时刻裂纹穿过加强筋和分叉并最终形成两道裂纹，同时扩展直至平板和加强筋结构各自的边界，以及裂纹扩展的速率曲线。

*---Deformed Shape---*

Style：Deformed▼

Scan results file

⊙ 5

OK

View→Plot ：Plot Control...

☐Nodes

☑Elements：Settings

☑Edges

⊙ Outline

Redraw

OK（两次）

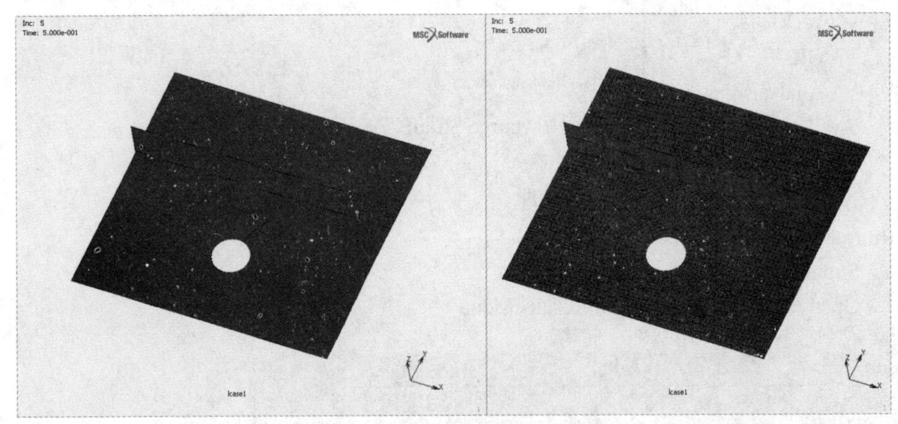


图 8-49 初始时刻裂纹扩展结果

Scan results file

⊙10

OK

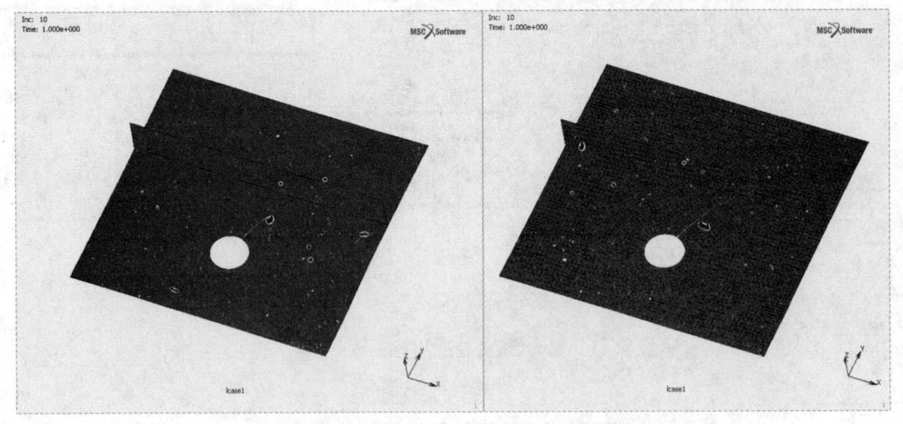


图 8-50 裂纹扩展到加强筋处的结果

Scan results file

⊙ 20

OK

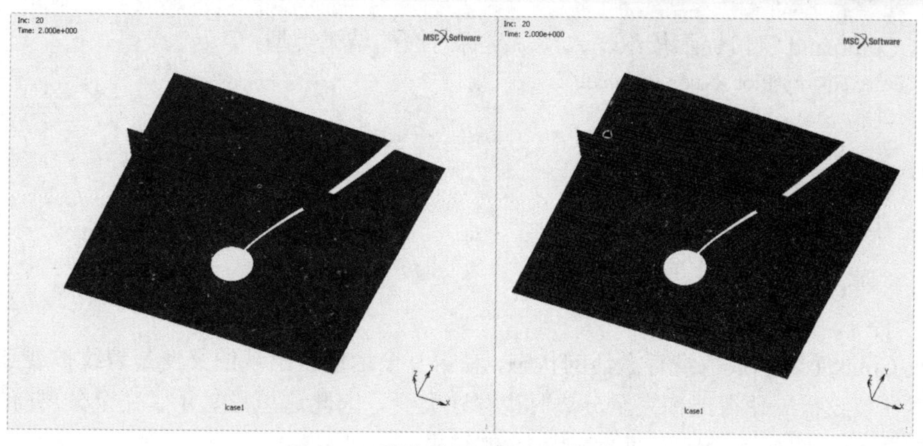


图 8-51　裂纹扩展到边界处的结果

图 8-49 至图 8-51 分别显示了第 5、10、20 增量步平板和加强筋结构上的裂纹扩展情况，分别采用边界轮廓和显示单元边的方式，用户可以清楚地看到各个不同时刻裂纹的位置以及网格重划分的情况。

针对裂纹扩展的速率采用 Marc Mentat 的历程曲线绘制工具，针对全局结果选取，如图 8-52 所示。

History Plot

　Inc Range

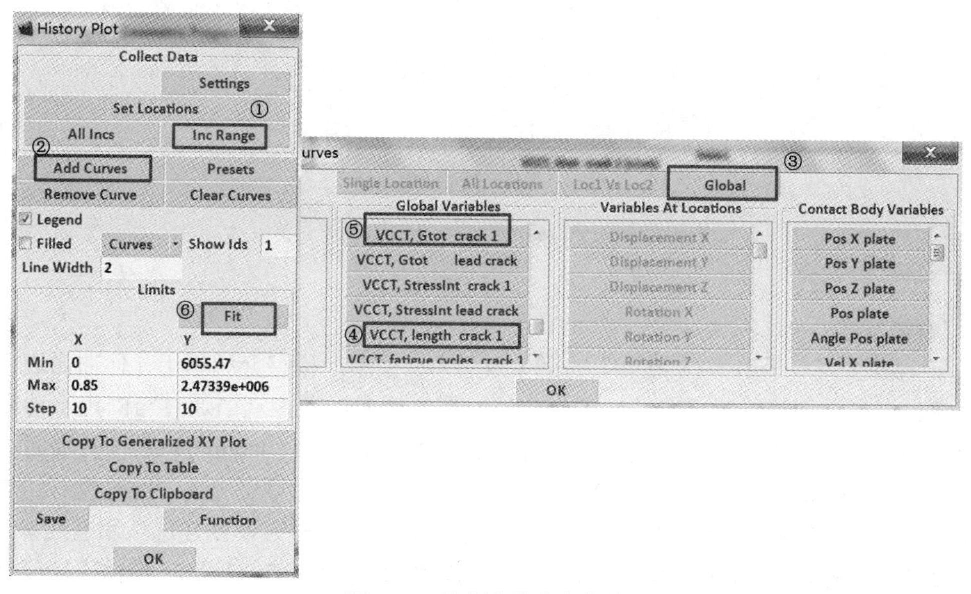


图 8-52　绘制曲线定义菜单

根据 Command 窗口提示依次输入起始增量步、终止增量步、步长用来搜集结果数据：

Enter first history increment：1

Enter first history increment：18

Enter increment step size：1

　Add Curves

　　Global

根据 Command 窗口提示依次输入横纵坐标对应的结果类型：

Enter History-Plot X-axis variable：

---*Global Variables*---

VCCT，length crack 1

Enter Y-axis variable：

---*Global Variables*---

VCCT，Gtot crack 1

OK

Fit

这里 Crack 1 表示模板没有激活的状态，在第 9 个增量步出现的突变是裂纹扩展到加强筋处。当然在裂纹扩展使得结构完全分离时也存在突变，因此这里只显示了完全分离前的结果，如图 8-53 所示，即从增量步 1 到增量步 18 的结果。

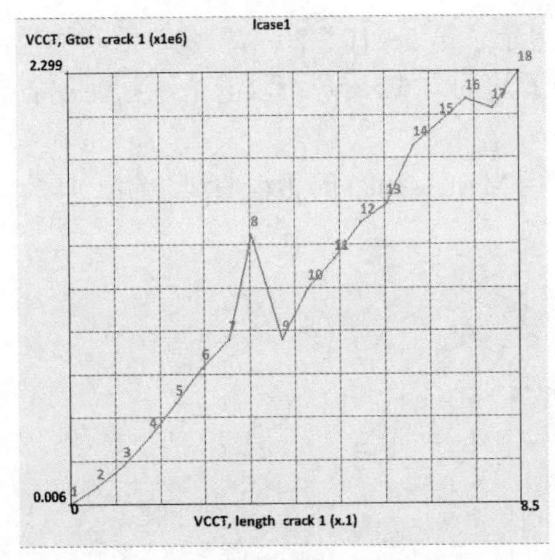


图 8-53　裂纹扩展结果曲线

## 8.7.2　初始裂纹创建

1. 模型信息

采用《Marc 用户手册》（E 卷）中的第 8 章第 119 个演示模型介绍基于几何曲面进行结构初始裂纹尖端自动创建的实现方法。结构由橡胶材料构成，左侧端面通过与固定不动的刚体（fixed）粘接实现位移约束，右侧端面通过与载荷控制的刚体（loading）粘接对端面进行预载荷和往复加载的设置。分析包含两个工况，第一个工况进行预载荷施加，此时没有初始裂纹自动创建；第二个工况采用往复载荷作用，并激活初始裂纹尖端自动创建选项和裂纹扩展（包括网格重划分设置），使处于中心位置的半圆形初始裂纹自动创建并扩展，具体模型信息如图 8-54 所示，模型文件为光盘“第 8 章\初始裂纹”文件夹下的 fem_model.mud，该模型已经包含有限元模型、材料参数设置、接触体定义、边界条件设置，在后续说明中将重点介绍裂纹扩展参数及初始裂纹设置部分，打开模型后将其另存为 crack_initiator.mud 即可。

模型由低阶四面体单元构成，在初始模型的中心部位没有直接建立裂纹缺口，需要使用模型中提供的圆形几何曲面（如图 8-54 所示），以及初始裂纹自动建模工具 Crack Initiators 来设置。初始结构为一体结构，显示自由边时模型如图 8-55 所示。

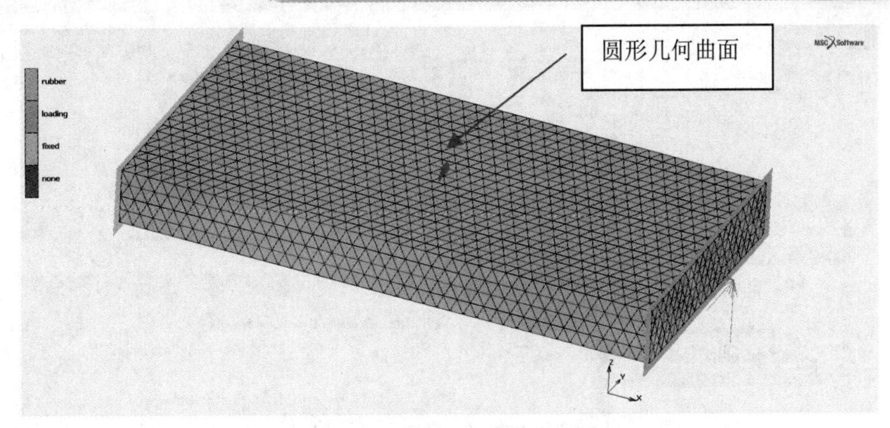


图 8-54 模型——接触体显示

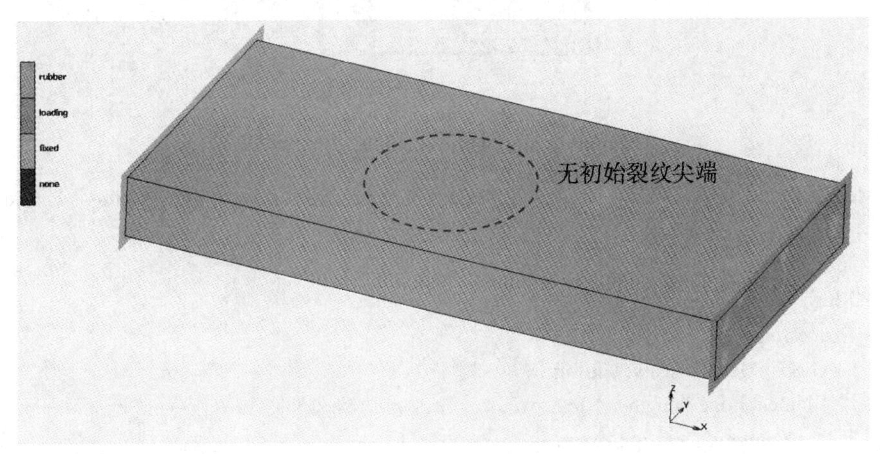


图 8-55 初始结构显示自由边

2. *初始裂纹定义*

在指定橡胶材料参数及接触体定义后，首先基于 VCCT 技术指定疲劳加载模式下的裂纹扩展相关参数，疲劳载荷的周期为 1sec，裂纹扩展的增量为 4mm，裂纹扩展方向采用默认的 maximum hoopstress 方法，具体如下所示：

Toolbox→Cracks▼→ New▶→VCCT：3-D(3-D Solid)

☑Template Only

Crack Propagation

Initial Crack Propagation Mode：Fatigue▼

*---Fatigue Based Crack Propagation Properties---*

Fatigue Time Period：1

Crack Growth Increment：4

OK

初始裂纹尖端创建及裂纹扩展时裂纹尖端周围的网格采用全局网格重划分技术自动创建和扩展，这里采用了 Patran 四面体网格生成器。通过距离控制单元尺寸变化，在距离裂纹尖端 20mm 以内的区域，对网格进行细化，接近裂纹尖端部位采用单元长度为 3mm 的网格进行重新划分，逐渐远离裂纹尖端时采用过渡网格，其他部位采用均匀的 10mm 单元尺寸划分。具体设置如图 8-56 所示。

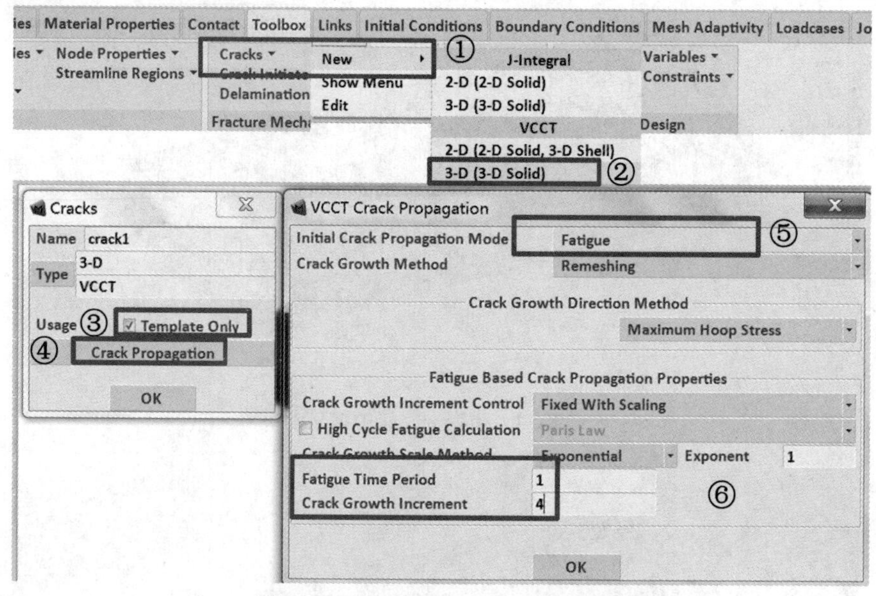


图 8-56　Crack1——VCCT 裂纹定义

Mesh Adaptivity→Global Remeshing Criteria:New▼→3-DSolid Remeshing Methods:Patran Tetra

---*Remeshing Criteria*---

☑Immediate

☑Mesh Density Control: Full ▼

---*Remeshing Parameters*---

Global Mesh Density: Uniform▼

Element Edge Length：10

---*Additional Density Control*---

Add

Distance

Properties

Distance To：All Cracks In Body ▼

Radius of Influence：20

Near Crack：3

At Radius of Influence：3

OK

Remesh Body：cbody1

OK，如图 8-57 所示

通过 Crack Initiators 定义初始裂纹尖端自动建模参数，如图 8-58 所示，选中上一步定义的 VCCT 裂纹定义选项 Crack1 以及橡胶结构对应的接触体 rubber，同时选择中心部位的圆形曲面，具体如下所示：

Toolbox→Crack Intitiator▼→New→3-D Crack：Remeshing

Insert Crack In Body

cbody1

Template Crack

crack1

Faceted Surfs：Add

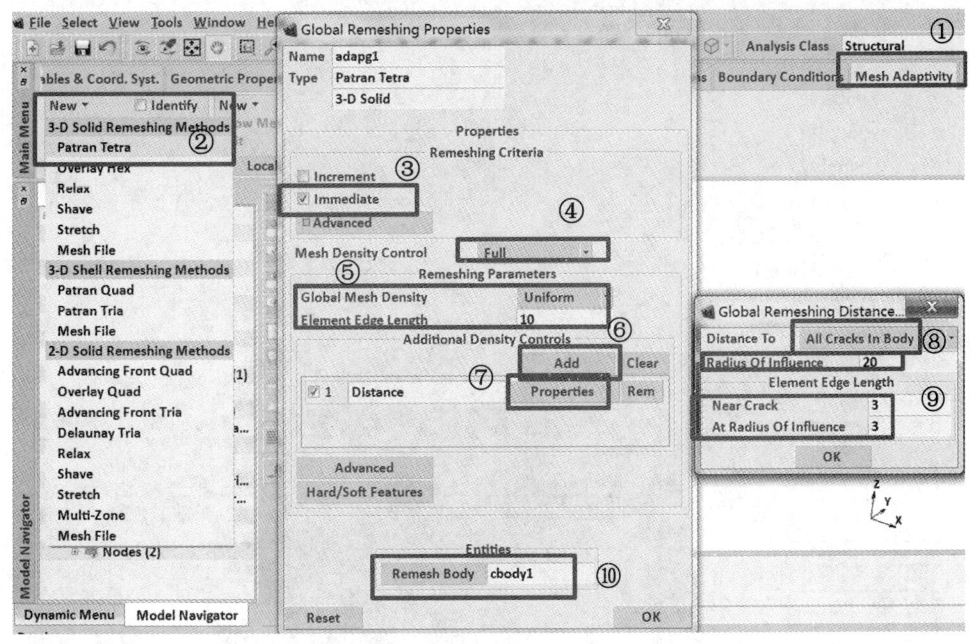


图 8-57　全局网格重划分定义菜单

选择模型中新的曲面，在图形区右击确认，如图 8-58 所示。

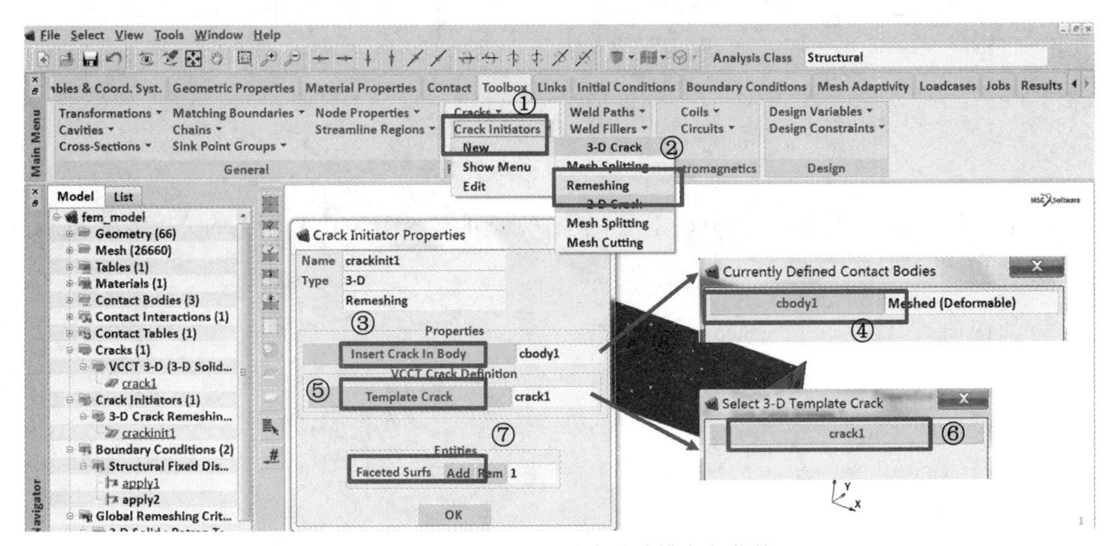


图 8-58　初始裂纹尖端自动建模定义菜单

3. 分析工况和分析任务设置

分别定义预载荷和往复加载分析工况，预载荷工况采用 1 个增量步，在 0.5s 内完成；往复加载工况采用 10 个增量步，在 5s 内完成，激活全局网格重划分和初始裂纹建模选项。如图 8-59 所示。

Loadcases→Loadcases：New▼→Static

Total Loadcase Time：0.5

*---Stepping Procedure---*

Fixed ⊙ Constant Time Step

#Steps：1

Loads

☑apply1

☐apply2

Contact

Contact Table

Ctable1

OK

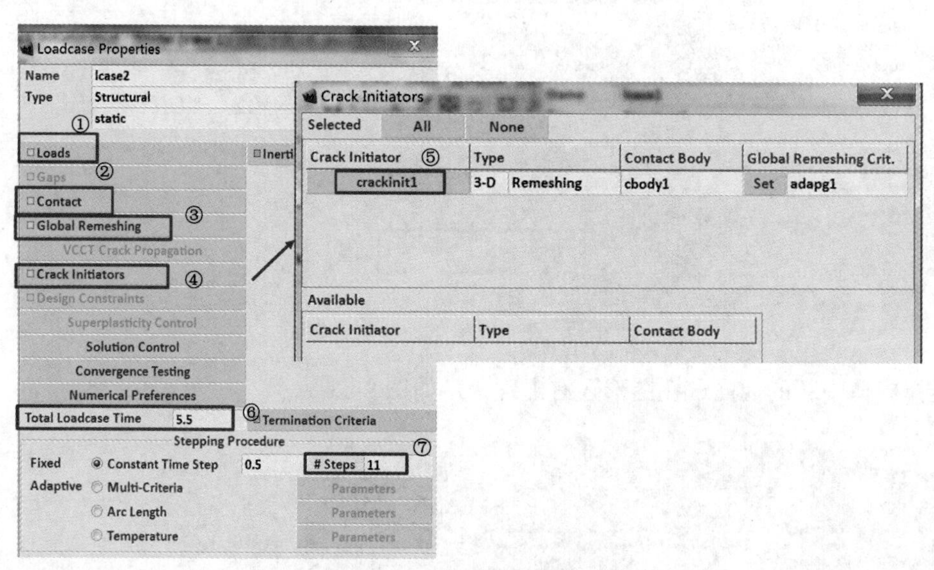


图 8-59　分析工况设置菜单

在目录树中右击选择建立的分析工况 lcase1 对应的 copy，双击复制出的分析工况 lcase2：

Total Loadcase Time：5.0

*---Stepping Procedure---*

Fixed ⊙ Constant Time Step

#Steps：10

☐apply1

☑ apply2

Gloabal Remeshing

☑adapg1

OK

Crack Initiator

Selected：crackinit1

OK

在分析任务中顺序选中预载荷和往复加载工况，并激活 large strain 选项，提交计算即可。

Jobs→Jobs：New▼→Structural

Selected：

lcase1

lcase2

Contact Control

Method：Segment To Segment▼

Default Setting：Version 2 ▼

Initial Contact

Contact Table

Ctable1

Ok（两次）

Initial Loads

☑apply1

☐apply2

Analysis Options

Nonlinear Procedures: ⊙ Large Strain

OK

递交分析并打开结果文件进行后处理。

Run

Submit （1）

Open Post File（Model Plot Results Menu）

4. 分析结果

打开结果后处理并读取计算结果，如图 8-60 所示显示预载荷作用下结构的变形，可以看到初始裂纹还没有自动创建。

*---Deformed Shape---*

Style：Deformed▼

*---Scalar Plot---*

Style：Contour Bands▼

Scalar：⊙ Displacement

Scan results file

⊙ 1

OK

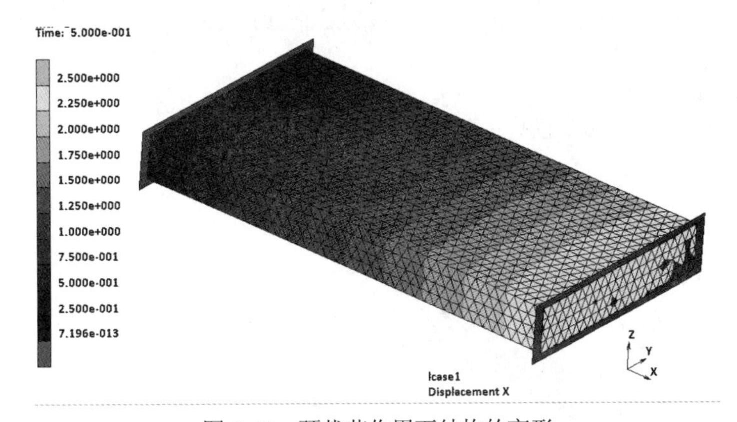


图 8-60 预载荷作用下结构的变形

进一步查看往复加载开始施加后初始裂纹尖端自动创建、加载 5.5s 后裂纹扩展的形状，如图 8-61、图 8-62 所示。

Scan results file

⊙ 2

OK

*---Scalar Plot---*

Scalar：⊙ Displacement X

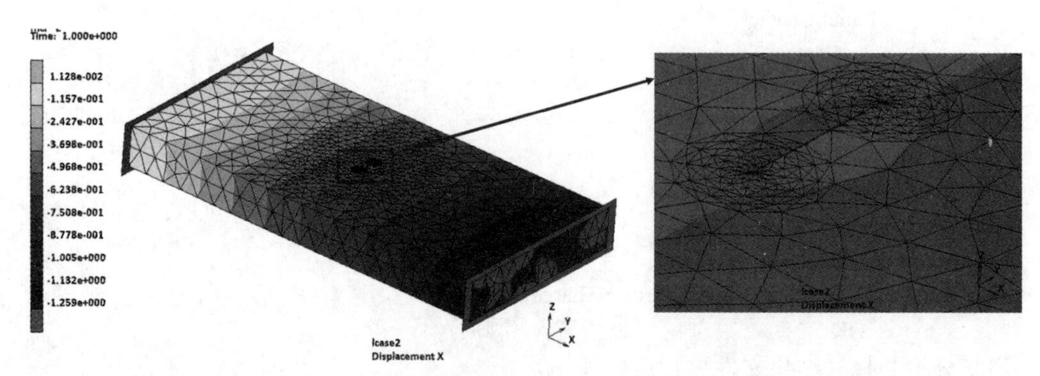


图 8-61　往复加载开始施加后初始裂纹尖端自动创建

Scan results file

　⊙ 11

OK

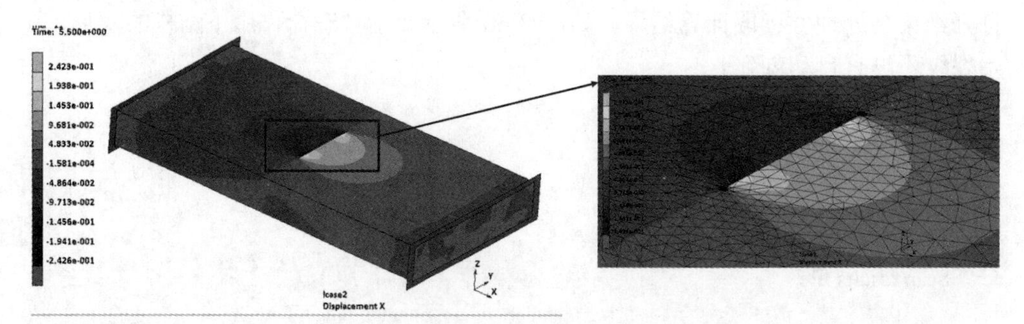


图 8-62　加载 5.5s 后裂纹扩展的形状

如图 8-63、图 8-64 所示分别显示了不同时刻裂纹扩展方向的矢量图和裂纹的形状变化。

*---Vector Plot---*

Style：On▼

Vector：⊙ Crack Growth Direction

Scan results file

　⊙ 2

OK

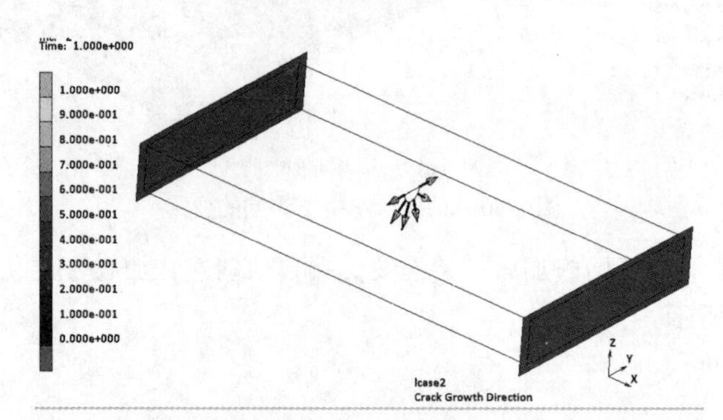


图 8-63　往复加载开始施加后初始裂纹尖端自动创建

Scan results file

⊙ 11

OK

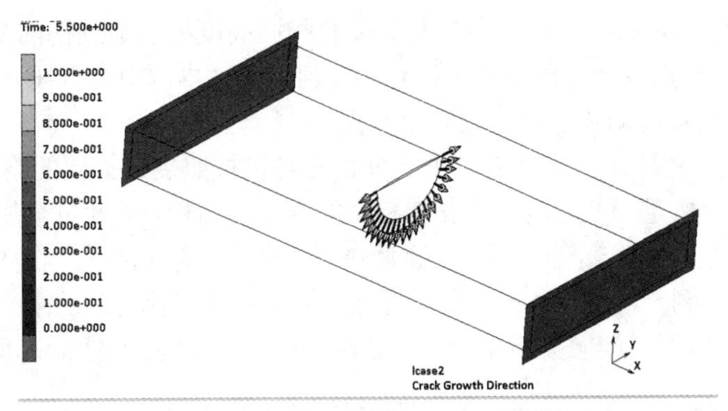


图 8-64　加载 5.5s 时裂纹形状和扩展方向

### 8.7.3　高周疲劳下的裂纹扩展

以 Marc 用户指南 Fatigue crack propagation in a lug with multiple cracks 的支架模型为例进行高周疲劳下裂纹扩展分析功能的介绍和使用方法的演示。模型文件为光盘“第 8 章\高周疲劳”文件夹下的 fem_model.mud，模型中已经包含有限元网格、材料和几何特性设置、接触体定义、边界条件设置，在后续说明中将重点介绍裂纹扩展相关参数设置，本例将使用 Marc 2015 中文界面介绍。

如图 8-65 所示支架底部具有 4 个螺栓（bolts），用于进行支架的固定约束，在模型中通过 4 个刚性体定义。在支架顶部连接有圆柱销（pin），用于对支架上端的圆孔（flange1 和 flange2）加载，该圆柱销通过刚体定义，并指定为载荷控制（load controlled）的形式以便施加指定载荷到支架上。

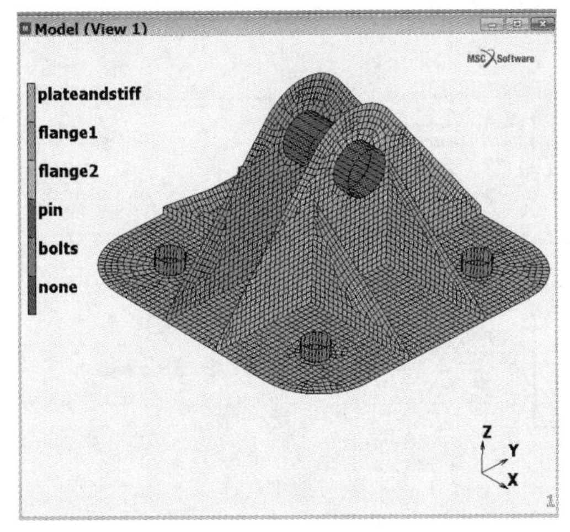


支架有限元模型

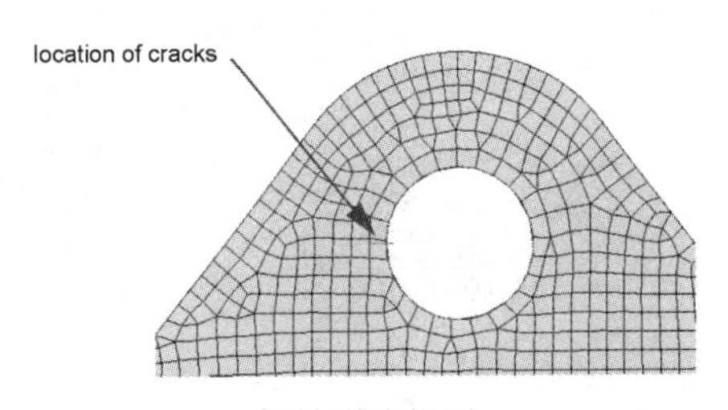


初始裂纹位置

图 8-65　有限元模型及初始裂纹位置示意图

本例将介绍结构在高周疲劳下，位于支架圆孔处的两条初始裂纹的扩展情况，由于载荷是非对称的，因此两条裂纹的扩展速率有所不同。通过 Marc 2015 可以得到裂纹扩展的路径，并基于 Paris 法则估计裂纹扩展至边界处所需的循环加载次数。

初始裂纹长度为 3mm，分别分布在两个圆孔相同高度处（穿过销的中心线位置）。通过 Marc 提供的初始裂纹创建功能可以基于已有的几何信息（本例中为直线）自动进行初始无裂纹的网格切分，从而自动创建初始裂纹有限元模型。

支架设置为可变形体，在进行裂纹扩展分析时可以按照裂纹扩展的路径进行支架网格的自动重划分。由于网格重划分功能还不支持相交的壳单元结构，因此每个加强筋结构（flange1 和 flange2）分别指定到一个单独的接触体中。通过粘接（glue）将各个加强筋与主体（plateandstiff）连接到一起。同时支架底板通过粘接与 4 个螺栓对应的刚性体连接在一起。接触体定义如图 8-66 所示，接触关系设置如图 8-67 所示，接触表如图 8-68 所示。

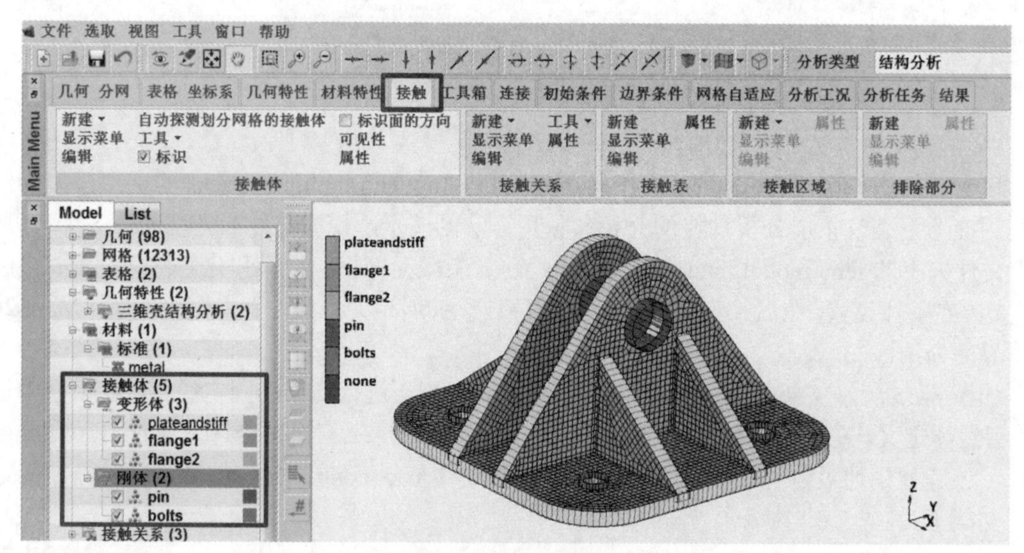


图 8-66　接触体定义

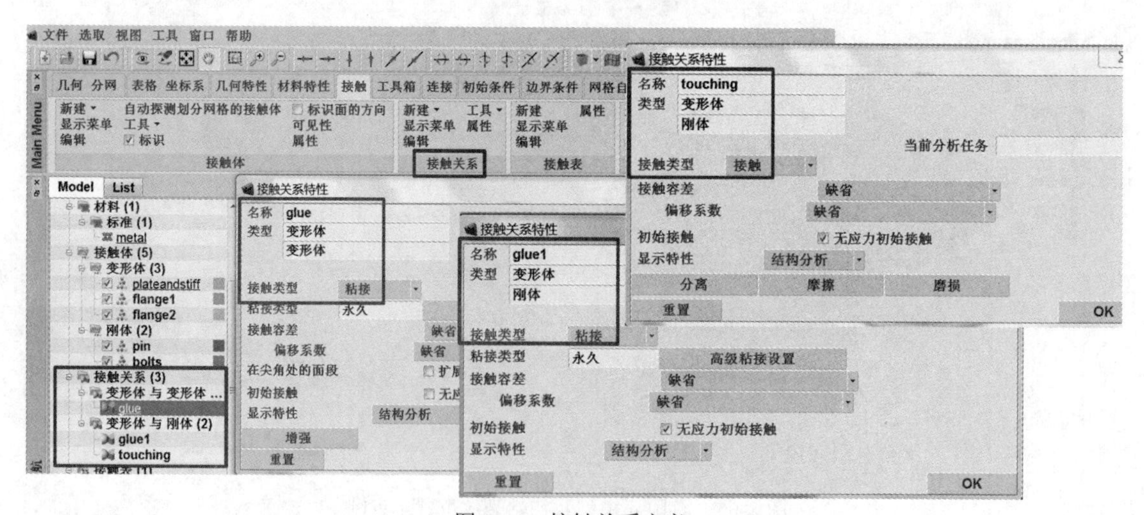


图 8-67　接触关系定义

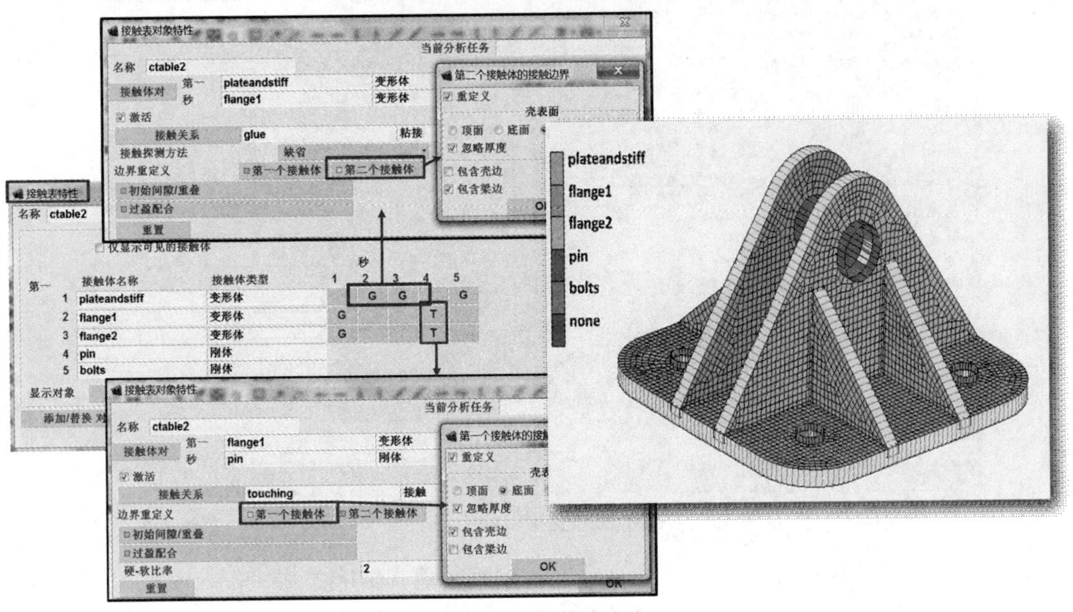

图 8-68　接触表定义

基于虚拟裂纹闭合技术（VCCT），为获得裂纹扩展的路径，这里将使用 Maximum Hoop Stress 准则计算裂纹扩展。通过提供的 Fixed with Scaling 选项可以实现两条不同裂纹的扩展速率间的比例缩放，从而完成高周疲劳的计算。采用 Paris 法则进行疲劳循环次数计数。这里 Crack Growth Scale Method 定义应如何进行两条裂纹扩展增量的比例缩放。选择 fatigue law，表示与循环次数保持一致。这里的一致表示两条裂纹的仿真加载循环次数将十分接近，这正是我们使用 Paris 法则对扩展增量进行比例缩放的结果。疲劳时间周期设置为 1，在加载时应考虑该时间周期。裂纹扩展增量设置为 0.5mm，裂纹到边界的距离约为 6mm，因此我们预期裂纹最快可以在 12 个仿真加载循环后到达边界处。具体如图 8-69、图 8-70 所示，可将模型打开另存为 lug_shell.mud，并按照下述步骤设置。

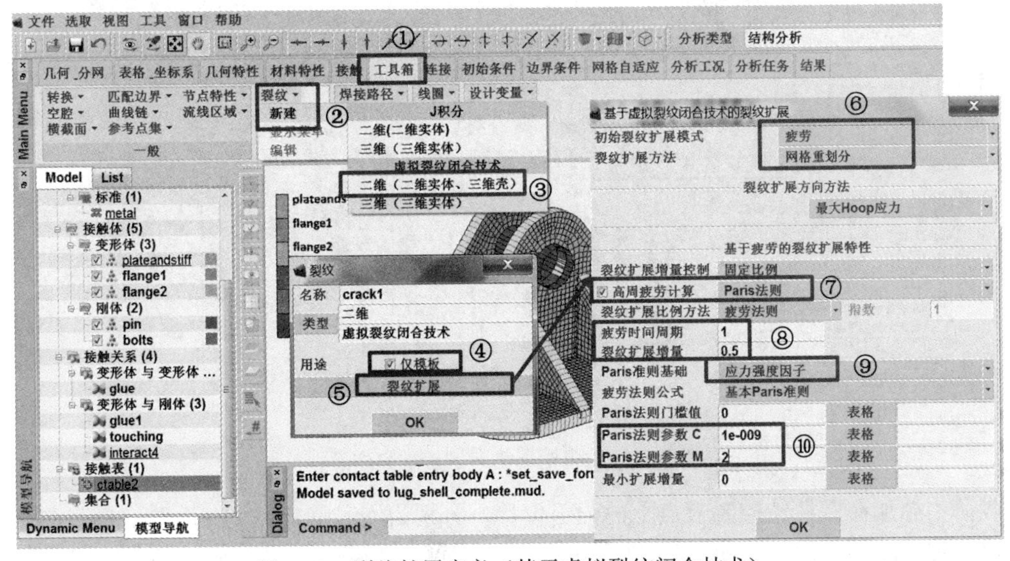

图 8-69　裂纹扩展定义（基于虚拟裂纹闭合技术）

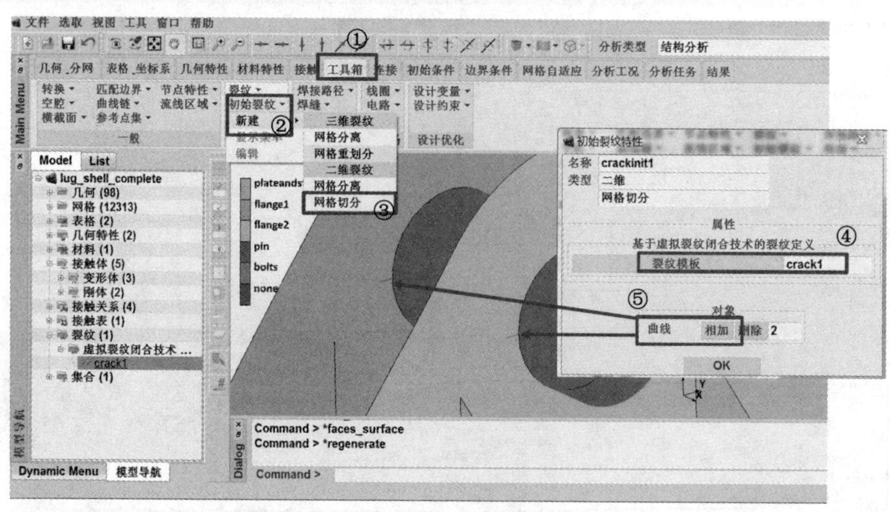


图 8-70　初始裂纹创建

圆柱销刚体通过载荷控制的形式进行定义，控制节点（6106）用于控制刚体的平动自由度，辅助节点（8329）用于控制刚体的转动自由度，这里将约束绕着圆柱销轴向的转动自由度，其余转动自由度释放。如图 8-71 所示，具体命令流如下：

边界条件→新建（结构分析）▼→位移约束

名称：fixed_rotation

☑X 向位移：0

节点：添加

选择图中 8329 号节点并右击确认

OK

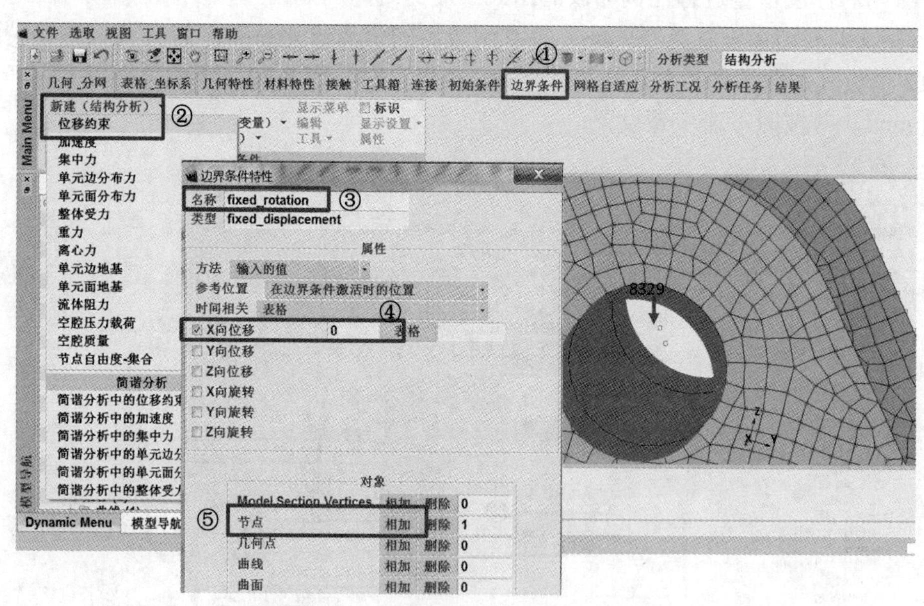


图 8-71　约束沿着轴向的转动自由度

载荷为施加在圆柱销控制节点上的强迫位移，分别为沿着 y 向 0.01mm 和 z 向 0.03mm。该强迫位移对应循环加载前的预载荷，这里需要定义两个加载边界条件对应两个工况（分别定义预载荷和循环加载），如图 8-72 所示预载荷为绿色曲线，循环加载为红色曲线，循环载荷在创建表格时通过公式输入 0.25*(1+sin(2*pi*v1+pi/2))+0.5 即可，周期为 1，对应模型中的表格 cyclic；预载荷在 0.5s 内施加完成，对应斜线段，为模型中的表格 ramp；此期间完成初始裂纹的生成，对应 1 个增量步的计算。

边界条件→新建（结构分析）▼→位移约束

名称：Preload

　☑X 向位移：0

　☑Y 向位移：0.01

　　表格：ramp

　☑Z 向位移：0.03

　　表格：ramp

　节点：添加

选择图 8-73 所示 6106 号节点并右击确认

　　OK

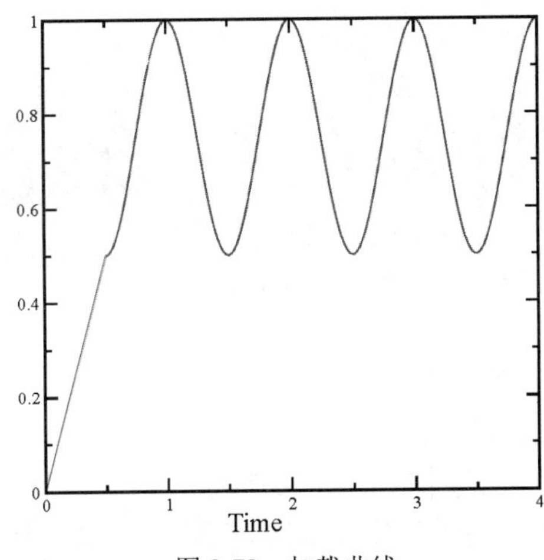


图 8-72　加载曲线

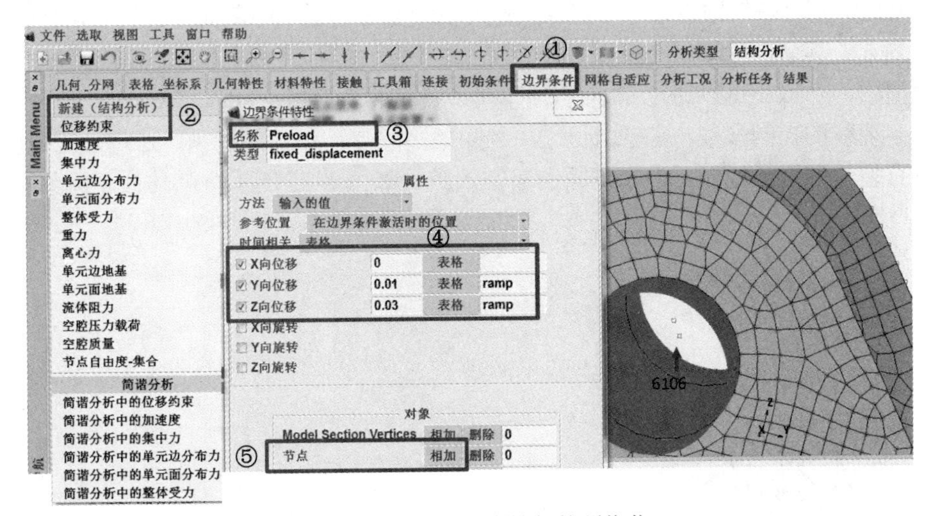


图 8-73　在控制节点施加的预载荷

边界条件→新建（结构分析）▼→位移约束

名称：FixDisp

☑X 向位移：0

☑Y 向位移：0.01

表格：cyclic

☑Z 向位移：0.03

表格：cyclic

节点：添加

选择图 8-74 所示 6106 号节点并右击确认

OK

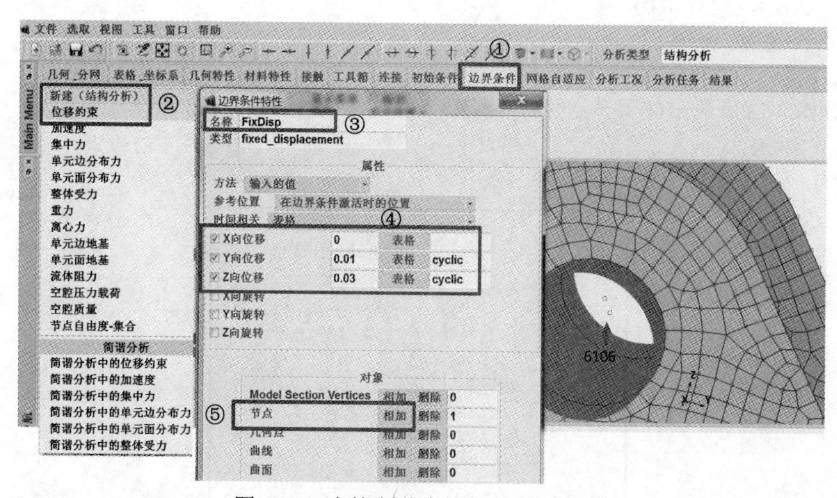


图 8-74　在控制节点施加的循环载荷

分别针对具有初始裂纹的两块筋板指定网格重划分，在后续的裂纹扩展分析工况中需要激活，为确保初始网格比较光顺且过渡平滑，采用“立即”选项在第一个循环加载段进行网格重划分，网格重划分时对单元尺寸的控制将基于“距离”方式，即在距离裂纹 3mm 半径的影响（radius of influence）范围内采用较细密的网格划分，例如接近裂纹部位的网格重划后的尺寸控制在 0.075mm（裂纹附近），在指定半径影响区域内且远离裂纹的区域采用 0.2mm 尺寸进行网格重划分。其余部分采用 1mm 尺寸（单元边长度）进行网格重划分。如果初始裂纹已经存在于模型中，那么还可以通过 single crack（第 7 章图 7.34 中的 distance to 选项）分别指定相对某一条裂纹的控制参数，这里由于采用了初始裂纹自动创建的选项，因此只能采用“接触体中的所有裂纹”选项控制，两个筋板的参数一致。如图 8-75 所示，具体命令流如下：

网格自适应→全局网格重划分：新建▼→三维壳网格重划分方法：Patran 四边形

☑立即

网格密度控制：全部▼

全局网格密度：均匀▼

单元边长度：1

*---其他网格密度控制---*

添加：距离

距离：接触体中的所有裂纹▼

无限（半径影响区）：3

裂纹附近：0.075

无限远：0.2

OK

网格重划分的接触体：flange1

OK

对于 flange2 采用相同的参数设置，右击模型目录树中的 adapg1，选择拷贝生成 adapg2，修改网格重划分的接触体为 flange2 即可。

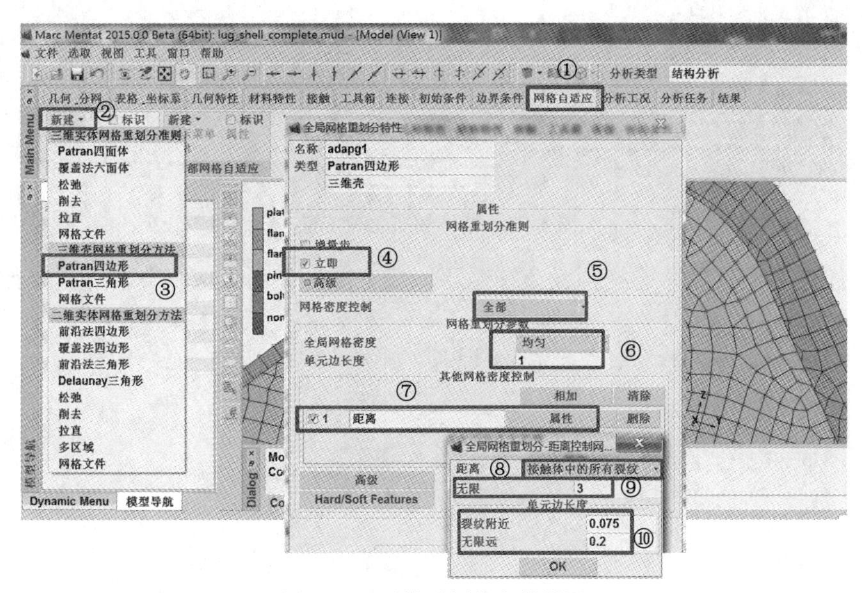


图 8-75　网格重划分参数设置

根据上述说明分别建立预载荷工况和循环加载工况，预载荷工况在 0.5s 内完成，只有一个增量步，如图 8-76 所示，同时需要激活初始裂纹自动创建选项，在收敛判据中设置相对残余力，收敛容差改为 0.01；循环加载工况在 25s 内完成，对应 50 个增量步，为确保裂纹扩展后网格的质量及扩展路径的准确，第二个工况激活网格重划分选项，在收敛判据中激活相对/绝对选项，设置相对残余力收敛判据，另外，收敛容差改为 0.01，最大反作用力截止值为 0.0001，如图 8-76、图 8-77 所示。

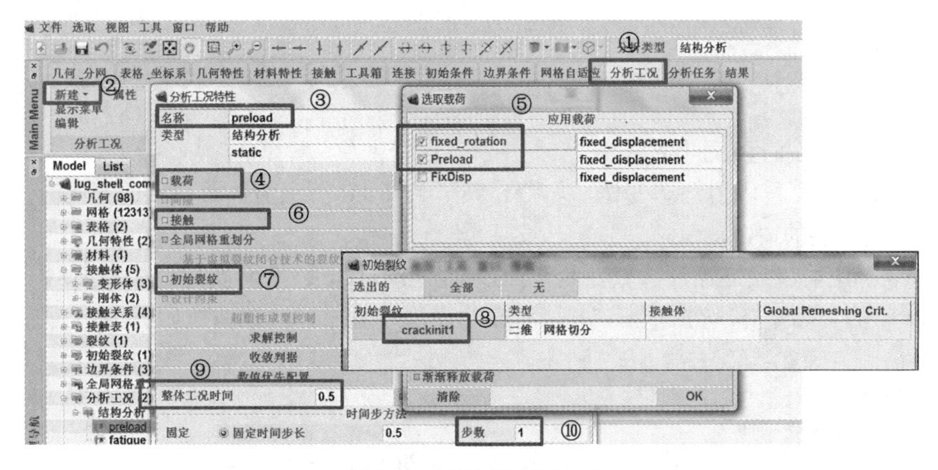


图 8-76　预载荷工况定义

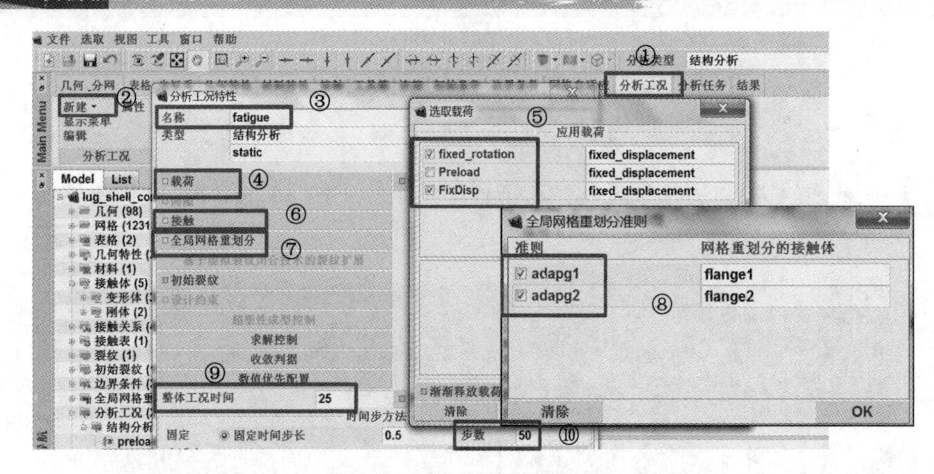

图 8-77 循环载荷工况定义

最后在任务参数中顺序选择预载荷和循环加载工况，使用大应变分析并提交计算即可。具体命令流如下：

分析任务→分析任务：新建▼→结构分析
选出的：preload
fatigue
初始载荷
边界条件：☑FixDisp
OK
分析任务结果
☑等效米塞斯应力
OK
分析选项
非线性方法：⊙ 大应变
OK
提交
提交任务（1）
打开结果文件进入后处理界面
打开结果后处理文件 (模型图结果菜单)
---*变形形状*---
样式 : 变形后▼
---*标量图*---
样式: 云图▼
标量: ⊙Crack Growth Direction

单击 Monitor 查看应力动态变化。如图 8-78 至图 8-80 所示为计算得到的不同时刻裂纹自动创建和裂纹扩展的情况。

在 Mentat 中可以绘制循环次数曲线，通过 global variable 工具实现。如图 8-81 所示，在增量步 19 时的实际循环次数为 365740，对应的高周疲劳循环次数曲线如图 8-81 所示。具体命令流如下：

全局变量
类别：开裂变量▼
点击“显示指定增量步结果”在对话窗口输入 19 可以看到如图 8-81 所示内容。

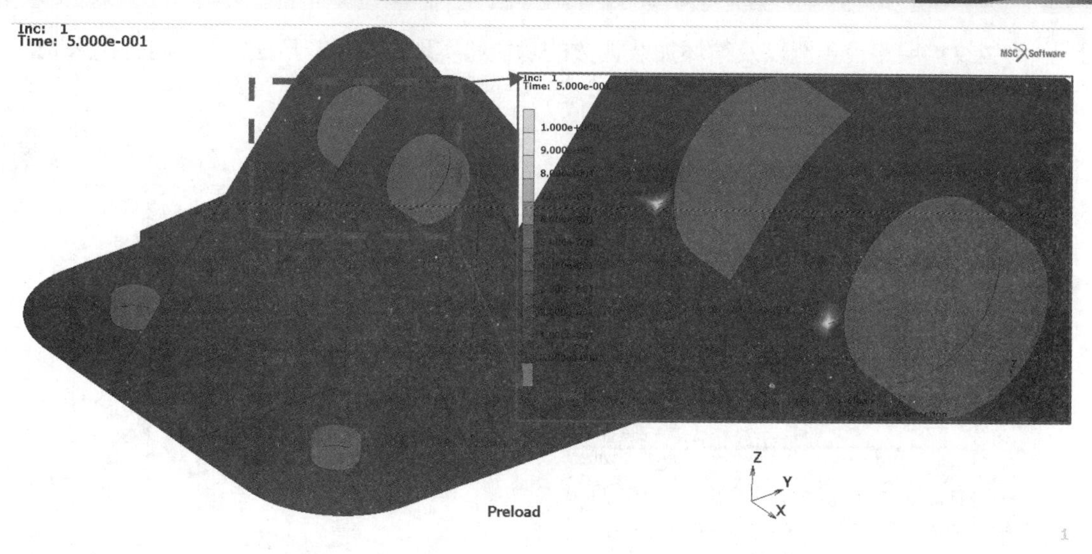


图 8-78　预载荷工况结束时初始裂纹自动创建

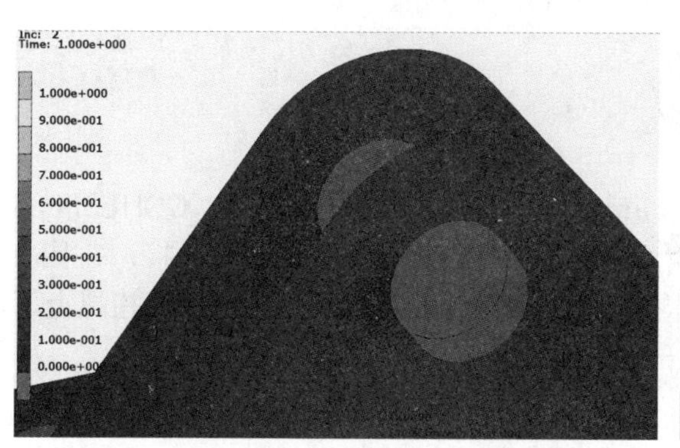


（a）循环加载工况初始时刻进行网格重新划分

（b）循环加载 7 次后的裂纹扩展情况

图 8-79

（a）循环加载 14.5 次后裂纹扩展情况
（一个裂纹已经扩展到边界）

（b）分析结束时裂纹扩展情况
（两条裂纹均已延伸至边界处）

图 8-80

通过本例介绍了 Marc 针对同一模型中包含具有不同的扩展速率的多条初始裂纹的裂纹扩

展分析、裂纹扩展路径预测以及循环加载计数的功能和实现方法，基于虚拟裂纹闭合技术 Marc 能够更为准确地模拟高周疲劳下的多条初始裂纹扩展分析。

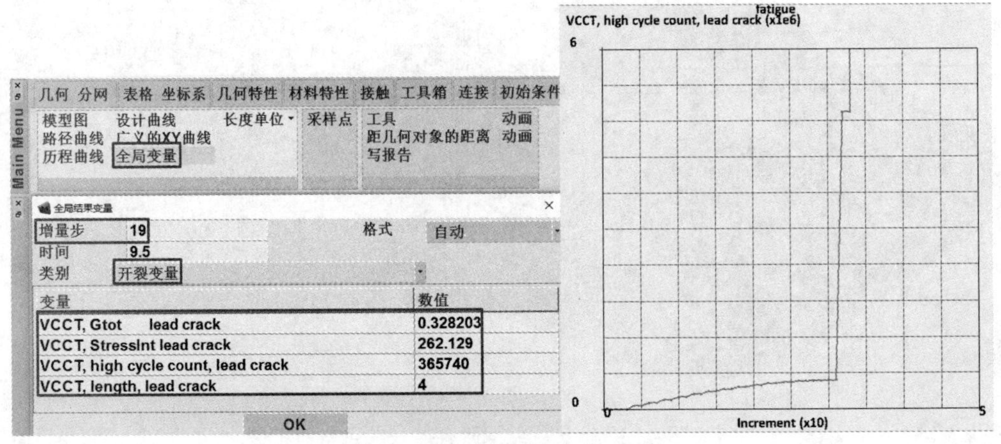


图 8-81　高周疲劳循环次数及曲线

## 8.8　粘接结构分析例题（interface）

端部带缺口结构的弯曲测试（END NOTCH FLEXURE）通常用于评价粘接（COHESIVE \ ADHESION）结构的抗断裂强度。如图 8-82 所示结构由上下两根梁在接触部位粘接，并且在端部带有缺口。测试过程中考察加载情况下结构的变化，本例采用二维平面应力单元模拟上下两层梁结构，采用二维平面界面单元模拟接触部位的粘胶。

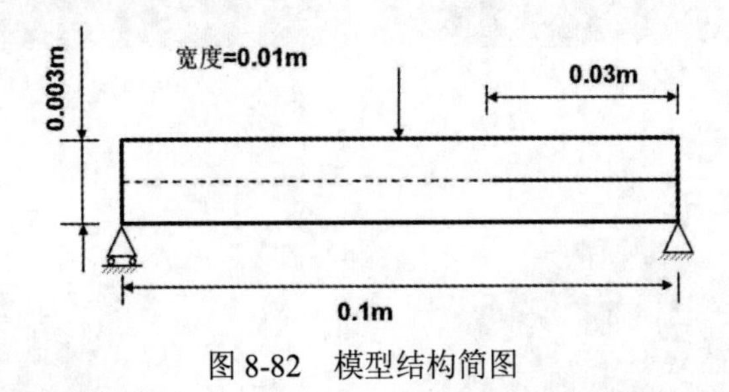


图 8-82　模型结构简图

1. 模型创建

梁结构尺寸为长 0.1m，高 0.003m，宽 0.01m，本例针对上、下两层梁结构分别采用高度方向两层单元模拟，采用二维平面实体单元模拟梁结构，因此采用四节点的四边形单元模拟。

File→New

Save As：Cohesive.mud

Geometry & Mesh→Basic Manipulation：Length Unit▼→√ Meter

Geometry & Mesh→Basic Manipulation：Geometry & Mesh

Points：Add

在对话窗口（Command >后）输入

0 0 0

0 0.003 0

0.1 0 0

0.1 0.003 0

Fill view

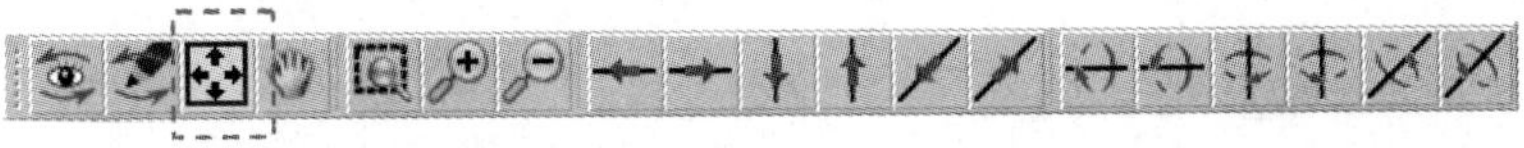

此时可以在图形区全屏显示之前创建的 4 个几何点，如图 8-83 所示。

Geometry & Mesh→Basic Manipulation：Geometry & Mesh

Surfaces：Add

在 Command >后输入：1 3 4 2

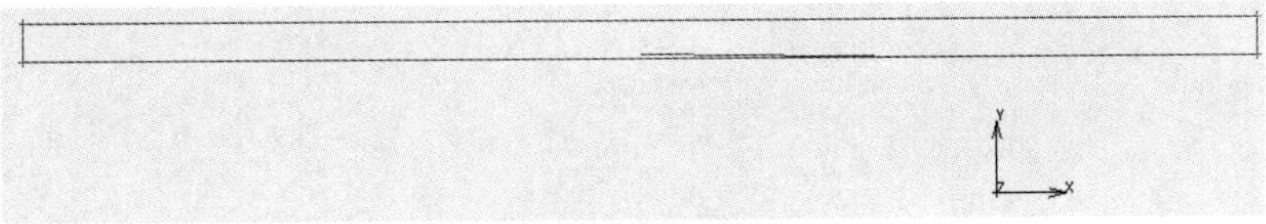

图 8-83　几何模型

----------☆☆☆☆☆☆----------

**注意：**在 Command 窗口输入数据点坐标时，例如 Add Points，可以按照提示分别输入 x、y、z 对应的数值，也可以在一行同时输入 x、y、z 多个数值并回车，各个数值中间以空格分隔即可。

另外在选取对象时，例如 Add Surfaces，可以根据提示输入构成曲面的几何点的序号，也可以直接在图形区采用单击选择。

在确认选择的对象时，可以单击 End List（#）来实现，也可以在图形区右击。

----------☆☆☆☆☆☆----------

生成下边梁对应的有限元网格：

Geometry & Mesh→ Operations：Convert

Divisions

在 Command >后输入：100 4

Convert

在图形区选择 surface 1，并单击 End List（#）确认

使用复制和移动功能生成中间界面单元的网格模型，如图 8-84 所示。

Geometry & Mesh→ Operations：Duplicate

Translations

在 Command >后输入：0 0.003/4 0

Elements

选择最上边第一行所有单元，单击 End List（#）确认

Geometry & Mesh→ Operations：Sweep

All

Geometry & Mesh→Basic Manipulation：Renumber

All Geometry And Mesh

----------☆☆☆☆☆☆----------

**注意：**使用 Duplicate、Move、Expand、Subdivide 功能时，结构会出现重复节点，因此需要通过 Sweep 功能来清除重复节点。

----------☆☆☆☆☆☆----------

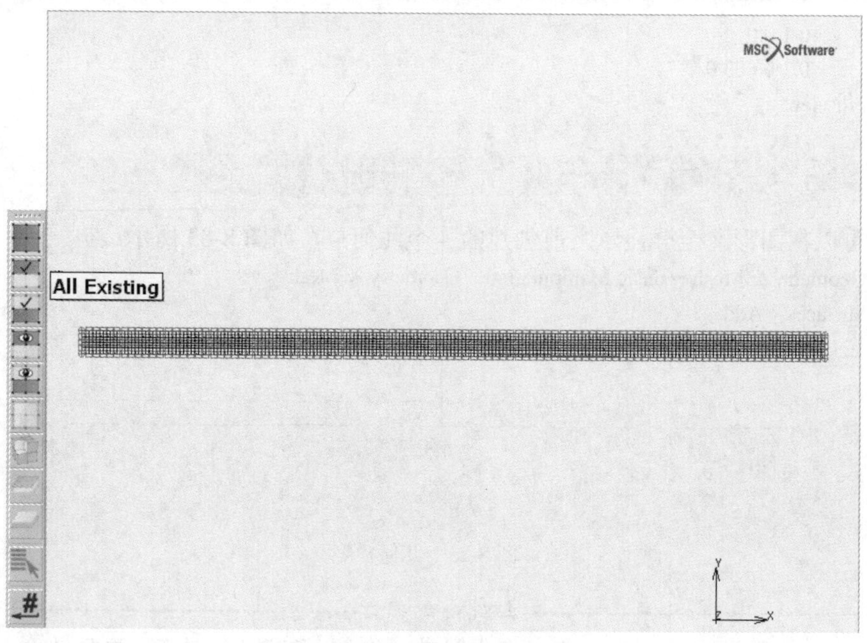


图 8-84　有限元模型

Geometry & Mesh→Basic Manipulation：Geometry & Mesh
Geometry：Clear
Geometry & Mesh→ Operations：Move
Translations
　在 Command >后输入：0 -0.003/4 0
Nodes
　选择最上边第一、第二、第三行所有节点，单击 end list（#）确认
View →Plot Control…
　Nodes：Settings
　☑Labels
Regen 如图 8-85 所示

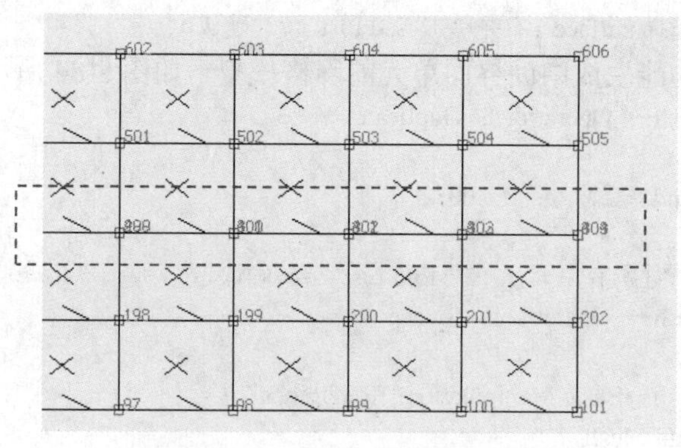


图 8-85　重复节点区域显示

此时可以看到图形区可见的单元为四行（上下两根梁各两行），在中间部位表示界面单元的一行单元通过前面的移动，单元高度显示为 0，且通过显示节点编号可以看到此处存在重复节点。

□Labels

Regen

OK（两次）

结构右端在上、下梁之间存在缺口，长度为 0.03，因此将界面单元对应这部分的单元删除。

Geometry & Mesh→Basic Manipulation：Geometry & Mesh

Rem Elements

选择中间代表界面单元从右边数的 30 个单元，单击 End List（#）确认。

Geometry & Mesh→Basic Manipulation：Renumber

All Geometry And Mesh

### 2. 定义几何属性

上下梁结构采用平面应力单元模拟，厚度为 0.01m：

Geometric Properties→Geometric Properties:New(Structure)▼→ Planar ▶→Plane Stress

Name：beam

Thickness：0.01

Elements：Add

AllExisting

Elements:Rem

选择中间代表界面单元的一行单元，单击 End List（#）确认，最终有 400 个单元被定义为上述几何特性

Geometric Properties→Geometric Properties:New(Structure)▼→ Planar ▶→Interface

Name：cohesive

Thickness：0.01

Elements：Add

选择中间代表界面单元的一行单元，单击 End List（#）确认，最终有 70 个单元被定义为上述几何特性，如图 8-86 所示

View →Plot Control…

Elements：Settings

Edges

☑Labels

Regen

中间粘胶单元采用平面界面单元模拟，此处的厚度 0.01m 为平面界面单元的厚度（z 轴方向），而粘胶单元的实际厚度方向为沿着 y 轴正方向，菜单中显示的 Edge 0 (1-2) To Edge 2 (4-3) 结合到图 8-87 显示的单元边编号，对应的就是全局坐标的 y 轴正方向。

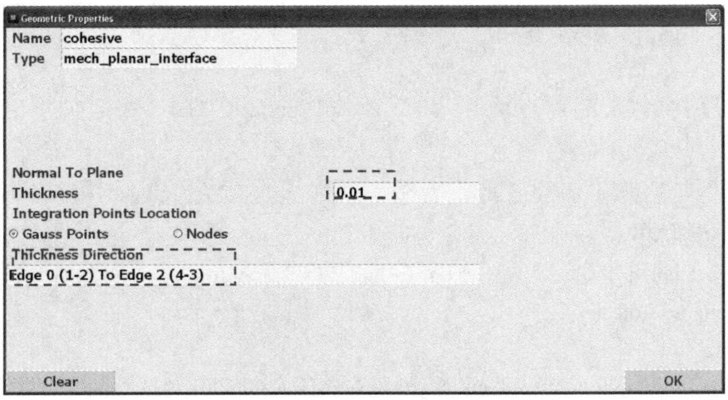

图 8-86　几何属性定义

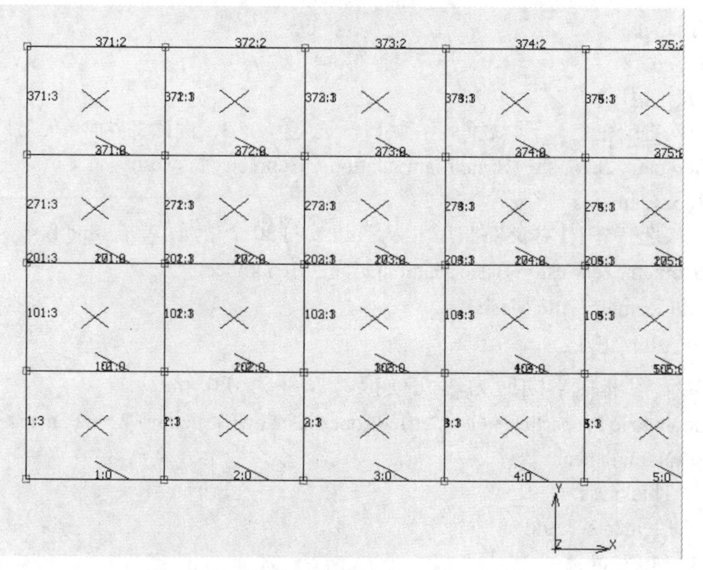


图 8-87 单元边序号显示

Edges

☐Labels

Regen

3. 定义材料属性

梁结构的弹性模量为 1.5e11Pa，泊松系数为 0.25，界面单元材料采用 exponential model 模型。具体命令流如下：

Material Properties → Material Properties：New▼→Finite Stiffness Region▶→ Standard

Name：Beams

Young’s Modulus：1.5e11

Poisson’s Ratio：0.25

Elements:Add

选择上下梁结构对应的单元，共 400 个，单击 End List（#）确认

Material Properties ：New▼→Finite Stiffness Region▶→Interface/Cohesive

Name：Interface

Cohesive Energy：1450

Critical Opening Displacement：4.576e-6

☑Viscous Damping

Viscous Energy Factor：0.001

Elements：Add

选择中间代表界面单元的一行单元，单击 End List（#）确认，如图 8-88 所示

4. 定义接触

由于结构端部具有缺口，为了防止受载过程中发生穿透，因此将结构定义为接触体，并允许发生自接触。具体的流程如下：

Contact → Contact Bodies：New▼→Meshed（Deformable ）

Elements ：Add

All Existing

Contact →Contact Interactions:New ▼→Meshed(Deformable) vs. Meshed(Deformable)

Contact Type:Touching

OK

Contact →Contact Tables：New

单击 First(1)－Second(1)位置处按钮

☑Active

Contact Interaction

Interact1

OK(两次)

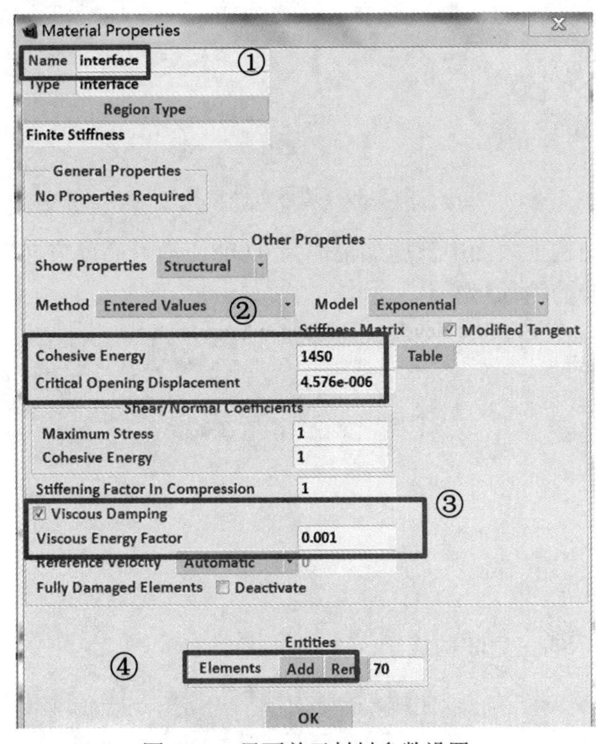


图 8-88　界面单元材料参数设置

## 5. 定义边界条件

针对该结构首先定义固定位移约束，结构右下侧完全固定，左下侧约束高度方向的平动自由度。本例采用二维实体单元建模，节点仅具有 x、y 两个方向的平动自由度，因此位移约束边界条件定义流程如下：

Boundary Conditions→New(structural )▼→Fixed Displacement

Name：Fixed_xy

☑Displacement X：0

☑Displacement Y：0

Nodes：　Add（选择右下侧节点，如图 8-89 所示，单击 End List（#）确认）

OK

Boundary Conditions→New(structural )▼→Fixed Displacement

Name：Fixed_y

☑Displacement Y：0

Nodes：　AdD（选择左下侧节点，节点号为 1，单击 END LIST（#）确认）

OK

图 8-89　边界条件定义

在底部固定后，结构上表面中部施加幅值为 0.008，沿着高度方向向下的三角波载荷，首先定义表格模拟三角波的输入：

Table& Coord.Syst .→Tables: New▼→ 1 Independent variable
Name：Loading
Type ：Time
⊙ Data Points
Add
0　0
1　1
2　0
Fit

得到如图 8-90 所示的三角波曲线。

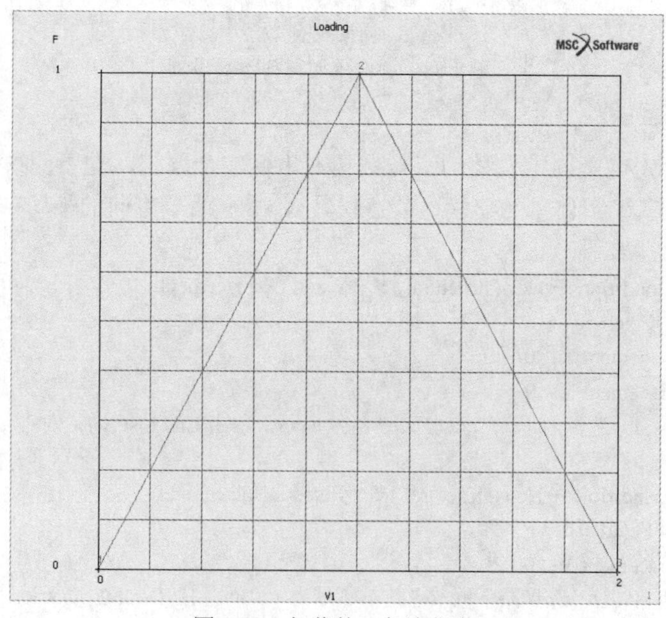


图 8-90　加载的三角波曲线

-----------------------------------------------☆☆☆☆☆☆-----------------------------------------------

**注意**：在生成表格时，如果选择 Data Points 方式，可以根据 Command 窗口提示依次输入全部数据对对应的自变量和函数值，数值间以空格分隔，也可以窗口直接单击创建曲线。

-----------------------------------------------☆☆☆☆☆☆-----------------------------------------------

Windows→√Model(View1)

Boundary Conditions→New(structural )▼→Fixed Displacement

Name：Move_center

☑Displacement Y：0.008

Table：Loading

Nodes： Add（选择结构上表面中间的节点 556），如图 8-91 所示：

OK

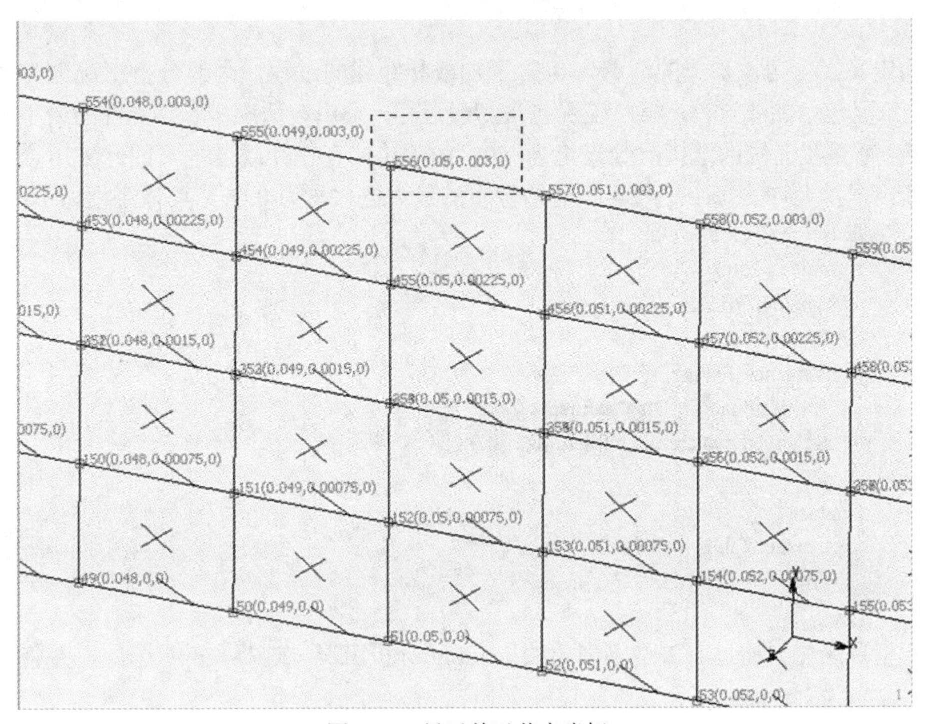


图 8-91　显示单元节点坐标

View →Plot Control

Nodes: Settings

☑Labels

☑Coord/Transforms info

Regen

显示节点的坐标，找到中间节点，其坐标为 0.05 0.003 0，这里为节点 556

☐Labels

☐Coord/Transforms info

Regen

OK（两次）

显示全部已定义的边界条件，如图 8-92 所示

Boundary Conditions→☑Identify

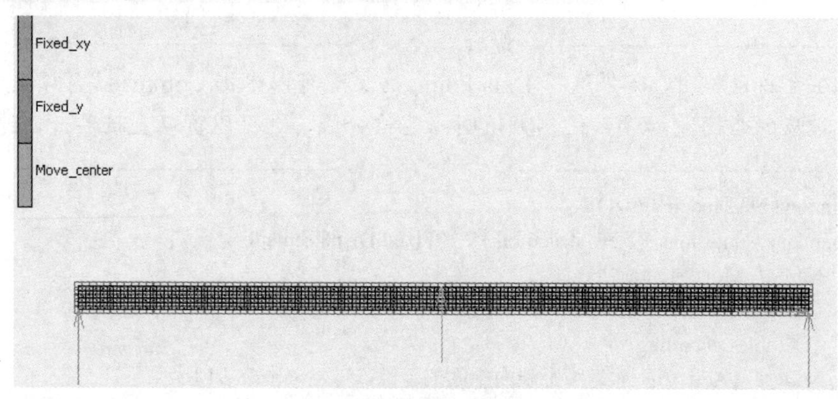


图 8-92 边界条件

6. 定义分析工况

结构定义了三角波形式的载荷，包含了加载和卸载的过程，因此分析工况分为两部分定义。第一工况包含加载过程，第二工况包含卸载过程，采用自适应步长，允许的最小步长采用 1e-5，每个增量步允许的迭代次数设定为 50，由于结构存在卸载过程，因此采用位移或残余力的收敛判据，允许的每个迭代步相对增量步的最大位移量为 0.05。具体流程如下：

Loadcases →New▼→Static
 Name：Loading
 *---Stepping Procedure---*
 ⊙ Multi-criteria
 Convergence Testing
  ⊙ Residuals Or Displacements
  Relative Displacement Tolerance：0.05
  Ok
 Contact
  Contact Table ：Ctable1
  OK
 OK

在模型目录树中通过右击刚刚创建的 loading 分析工况，选择 Copy 选项，并将新创建的分析工况命名为 Unloading。

7. 定义分析任务

本例采用二维平面应力单元模拟梁结构，因此梁结构采用的 Element type 为 3，分析任务参数定义具体流程如下：

Jobs→Jobs：New▼→Structural
 *---Selected---*
 loading
 unloading
 Contact Control
  Initial Contact
   Contact Table
   Ctable1
 OK（两次）
 Job results

---Available Scalars---

☑Damage

OK

Jobs→Element Types ： Element Types

*---Analysis Dimension---*

Planar▼

Solid：3

Select→Selection Control

Elements→By

Geometric Property

Beam

OK（三次）

在图形区选择对应梁结构的上、下各两行单元，通过过滤器单击 All Selected。

界面单元 Element type 为 186，此时选择界面单元是要用鼠标完全圈住这些单元。

*---Analysis Dimension---*

Planar▼

Interface：186

选择对应界面单元结构的一行单元，通过过滤器单击 All Unselected。

obs→Element Types ： Element Types

☑ID Types

此时图形区显示定义了两种单元类型，分别对应梁结构和界面单元，如图 8-93 所示。

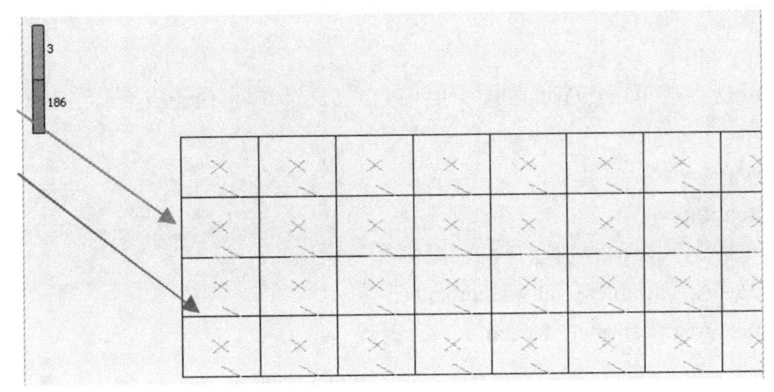


图 8-93 显示单元编号

Jobs→Jobs：Properties

Analysis Dimension

Plane Stress▼

递交分析

Run

Submit （1）

Open Post File（Model Plot Results Menu）

-----------------------------------------------☆☆☆☆☆☆-----------------------------------------------

**注意：**在读取分析结果时，可以在递交任务的菜单中通过 Open Post File 来直接打开当前分析任务对应的结果文件进行后处理，也可以利用 File→Open...(Results)工具来选择结果文件并打开进行后处理。

-----------------------------------------------☆☆☆☆☆☆-----------------------------------------------

8. 结果后处理

Results →Model Plot

---*Deformed Shape*---

Style： Deformed▼

---*Scalar Plot* ---

Style: Contour Bands▼

Scalar: ⊙ Damage

Scan Results File

Inc：40

Ok

损伤结果云图如图 8-94 所示。

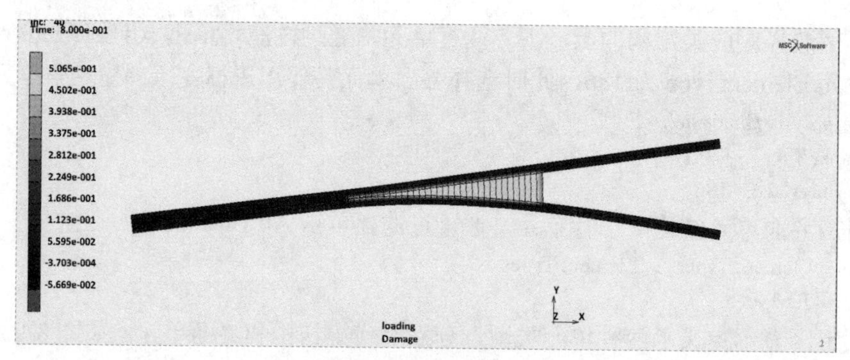


图 8-94 损伤结果云图

Results→History Plot

Set Locations：在窗口点击上表面中间节点，556，单击 End List（#）确认

All Incs

Add Curves

All Locations

根据对话窗口提示分别选择横、纵坐标变量

Variables At Variables：Displacement

Variables At Locations：Reaction Force

Fit

反作用力相对位移变化曲线，如图 8-95 所示。

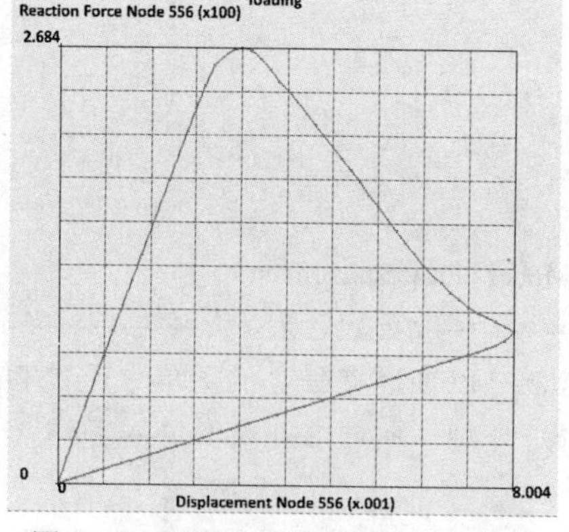


图 8-95 反作用力相对位移变化曲线

# 9

# Marc-Adams 联合仿真

## 9.1 Adams-Marc 联合仿真综述

Marc 2015 联合 Adams 2015 为解决非线性结构分析提供了全新的系统解决方案。这类非线性结构分析不同于以往的做法，它可以结合 Adams 的非线性多体动力学及 Marc 的强大非线性功能解决系统级的非线性结构问题。联合仿真技术主要针对一些复杂的机构，如车辆悬架系统，在考虑平顺性和操纵稳定性时主要求解结构的刚体运动问题，然而当需要准确地捕捉部件的非线性行为特性时往往需要高度的非线性分析，新的解决方案非常有用。通过 Adams，精确的边界条件可以被传递给 Marc 模型中的部件或装配体。通过交换数据的方式，引入 Marc 模拟部件或装配体的非线性行为，准确捕捉应变能；同时 Adams 能准确获取变形。从计算成本上，用户可以完全受益于这种混合方式来替代完全的有限元模型计算，尤其是分析时间较长或整体模型单元数量较为庞大时。如图 9-1 所示，采用 Adams 建立雨刮器的摆臂机构，通过 Marc 建立橡胶件的非线性模型，玻璃在 Marc 中被处理为刚性体，通过联合仿真模拟雨刮器工作过程中橡胶件与玻璃间相互作用以及摆臂的受载情况。

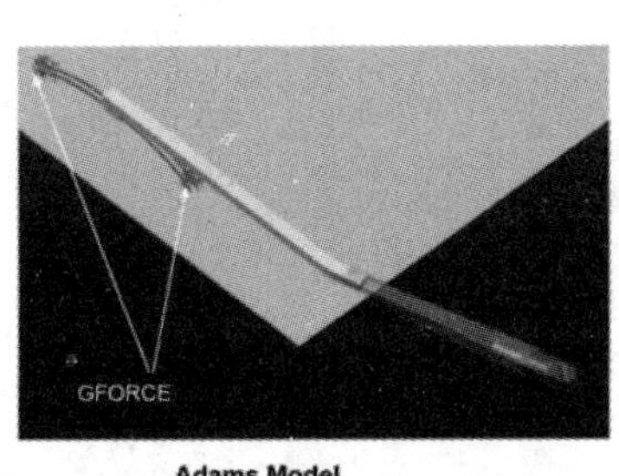


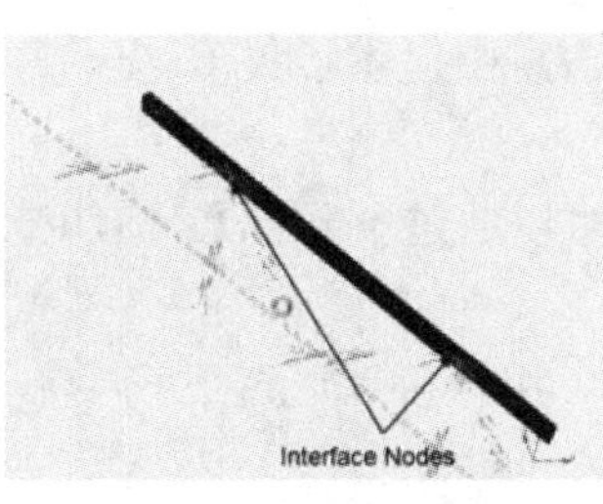


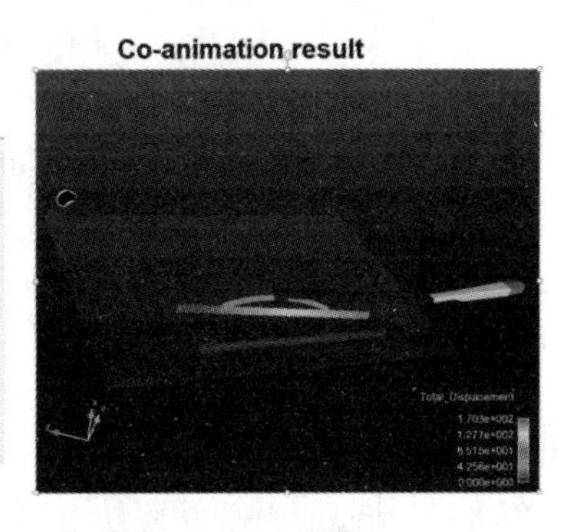


图 9-1　Adams-Marc 联合仿真模拟雨刮器工作过程

另外通过联合仿真可以更好地捕捉悬架系统中橡胶衬套等的非线性行为，准确地预测车辆的平顺性和操纵稳定性，如图 9-2 所示。

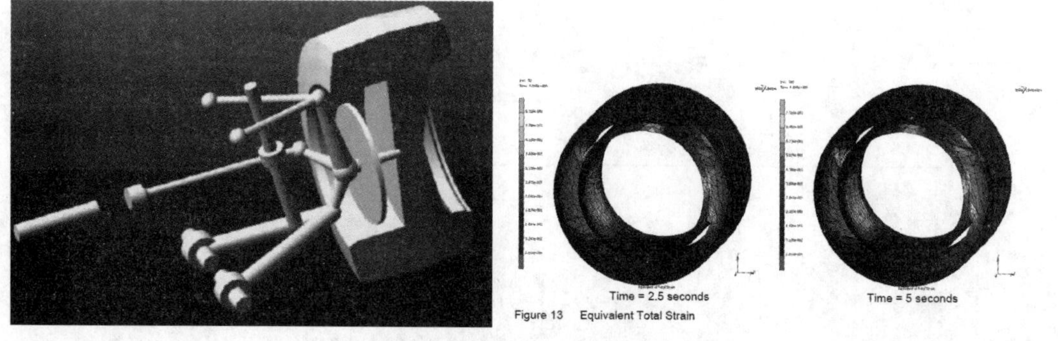


图 9-2 悬架系统联合仿真示例

其他应用还包括 ATV 撞击较大障碍物的模拟。如图 9-3 所示，四轮 ATV 在运动过程中撞击较大的障碍物时，通过 Marc 建立的前翼子板有限元模型，相比过去建立的整车刚体动力学模型或采用 Adams Flex 基于线弹性理论建立的刚柔耦合动力学模型，联合仿真显然可以更好地捕捉框架的塑性变形行为及结构的能量耗散情况，确保更少的载荷传递到后部结构上。

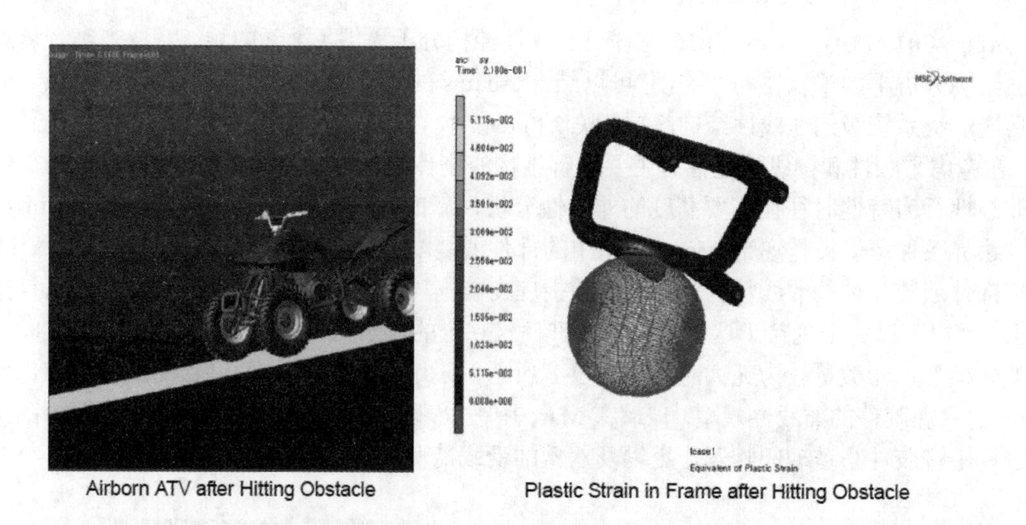


图 9-3 ATV 撞击较大障碍物的联合仿真示例

在 Marc/Mentat 2014.2 的发布信息中提供了关于这一技术的基本信息和实例，该技术需要以下 4 个要素：

（1）Adams 2015 版本，用户可以通过下载中心（SDC）获取 Adams Solver、Adams View GUI 以及相关文档。

（2）Marc 2014.2 及以上版本，用户可以通过下载中心（SDC）获取 Marc Solver、Mentat GUI 以及相关文档。

（3）Adams 联合仿真接口（ACSI）及相关文档，可以通过下载中心（SDC）获取。

（4）辅助前处理工具，例如 CEI Ensight 10.0 软件（可选）。

ACSI（Adams 联合仿真接口）是一个功能强大的工具，能够将两个程序完美链接，如图 9-4 所示。有限元模型通过 Marc 求解，并将计算得到的载荷（力和力矩）传递给 Adams Marker，刚性模型将位移（平动和转动）传递给对应的 Marc 模型中的节点。从图中可以看到，联合仿真模型中可以包含多个 Marc 部件以串行或并行的方式求解。这里的圆圈表示传统的 Adams Markers，而黑色的圆点表示 Admas 和 Marc 间的交互作用。

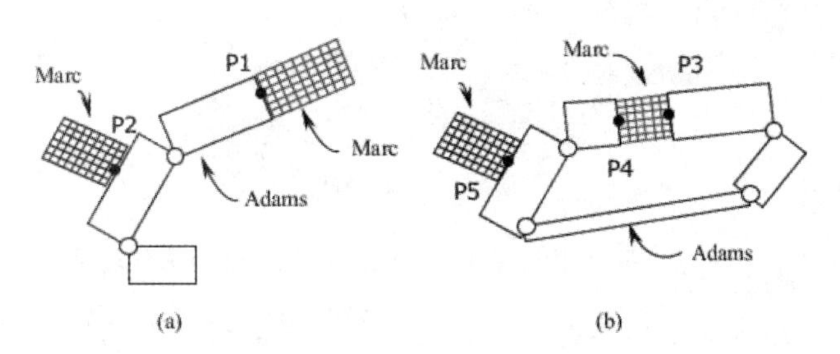


图 9-4 多体动力学——有限元交互系统示意图

图 9-5 中显示的是目前不能实现联合仿真的情况，即载荷路径位于 Marc 的两个部件间的交互点上。此时用户无法使用 Marc 两个部件网格上的节点交互。该交互节点只能存在于 Adams 部件和 Marc 部件之间。

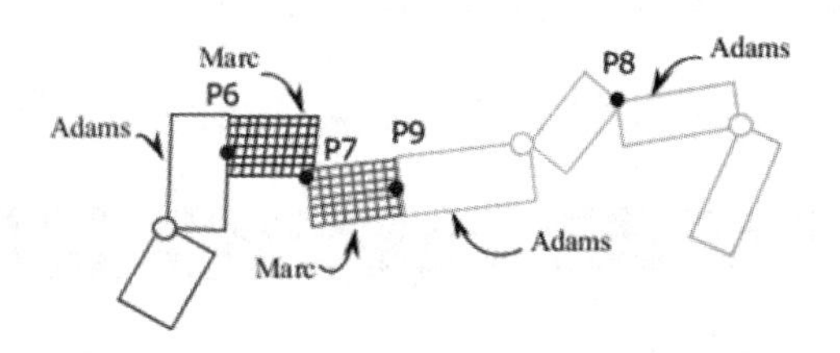


图 9-5 多体动力学——有限元交互系统以及有限元自身交互示意图

图 9-6 显示的是目前允许的情况，载荷路径分别位于 Adams 部件和 Marc 部件间的交互点上，而 Marc 两个部件间使用接触定义。

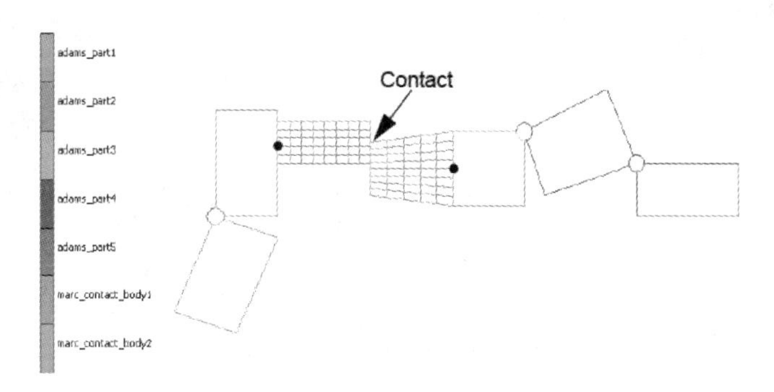


图 9-6 多体动力学——有限元交互系统以及有限元自身通过接触交互示意图

在图 9-7 所示的实例中，显示了两个接触体和一个 Adams 部件。注意 Marc 接触体存在自接触。这里提供了多种方式求解这一模型。

（1）将所有的 Marc 单元放在一个输入文件中，并结合 RBE2 连接与 Adams 部件交互数据。

（2）将 cbody1 和对应 RBE2 放在一个输入文件中，cbody2 和对应的 RBE2 放在另一个输入文件中，并以串行或并行的方式运行。

（3）将所有的 Marc 模型放在一个单一的输入文件中，并采用 DDM。

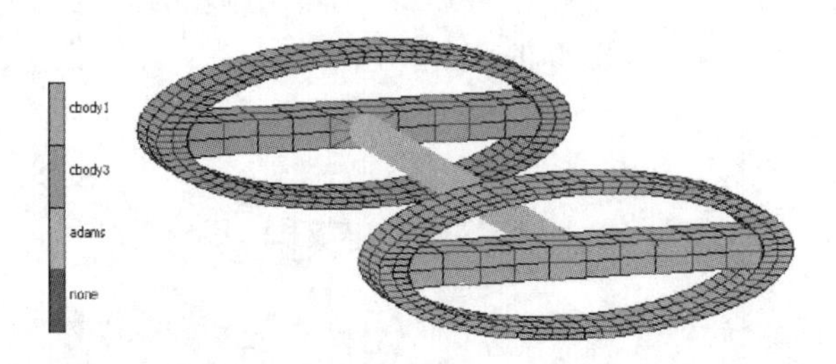


图 9-7　多体动力学——有限元交互系统以及存在自接触的有限元交互示意图

**注意：**Marc 与 Adams 联合仿真技术目前支持不包含局部或全局网格自适应的 Marc 结构和热-结构耦合分析模型。

Adams、Adams Car 或 Adams Machinery 都可用于联合仿真，对于 Adams 模型类型没有限制，但只支持 Adams C++求解器。

## 9.2　Adams-Marc 联合仿真方法和步骤

从用户的角度，对此类模型的求解包含以下步骤，如图 9-8 所示。

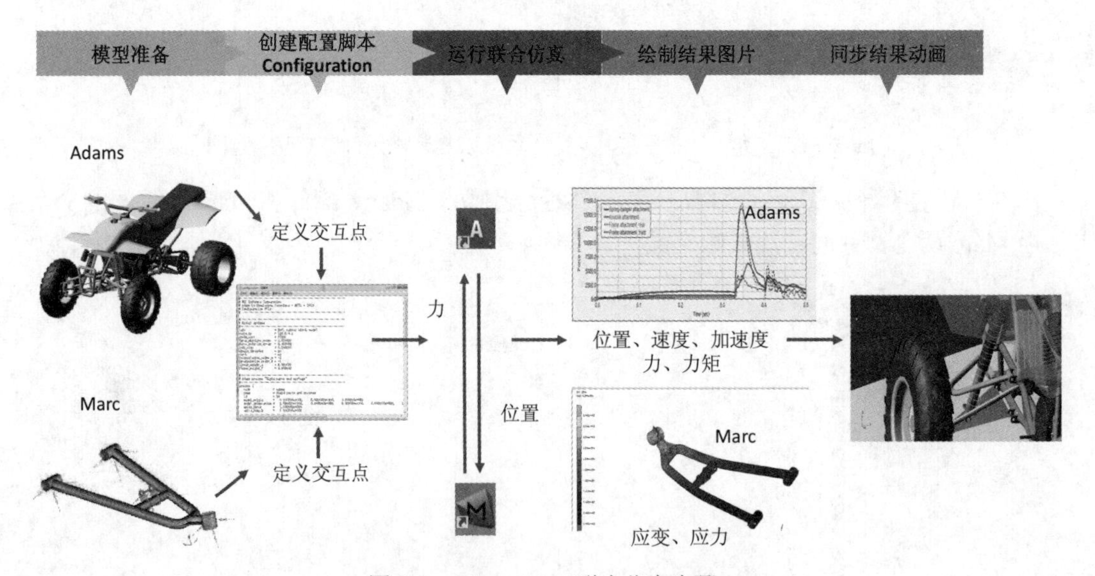


图 9-8　Adams Marc 联合仿真步骤

用户通过 Adams/View 或 SimXpert 创建 Adams 模型并生成.adm 文件。移除其中一个或多个部件，并在 Mentat 中建立对应部件的有限元模型。如果有限元部件存放在不同的文件中，ACSI 程序可以以并行的方式运行。Marc 输入文件包含了最新的联合仿真参数并需要修改 FIXED DISP 模型定义选项，关于这部分内容后续会进行详细介绍。

根据提供的信息生成驱动联合仿真的脚本文件。脚本文件的具体介绍可参考 Adams 联合仿真接口手册（Adams Co-Simulation Interface Manual），该接口文件可以在下载中心（SDC）下载。脚本文件提供了相应的.adm 和.dat 文件的名称以及相应的 Adams GFORCE Markers 和 Marc 交互节点标识号信息。脚本文件中还定义了控制信息并允许使用多种单位系统。用户可以使用脚本文件进行部件位置的转换。

多体动力学结果可以通过 Adams/View 查看，有限元结果可以通过 Mentat 查看。完整模型的最终结果可以通过第三方软件（如 CEI Ensight 10.0 软件）查看。

Marc 用户接口如图 9-9 所示，通过 Adams-Marc Co-Simulation 菜单激活并输入联合仿真参数。

在如图 9-10 所示的弹出菜单中输入进程标识号（Process ID）及将被使用的脚本文件。如果多个 Marc 部件通过不同的输入文件提供，那么每个部件的输入文件应对应各自的进程标识号。

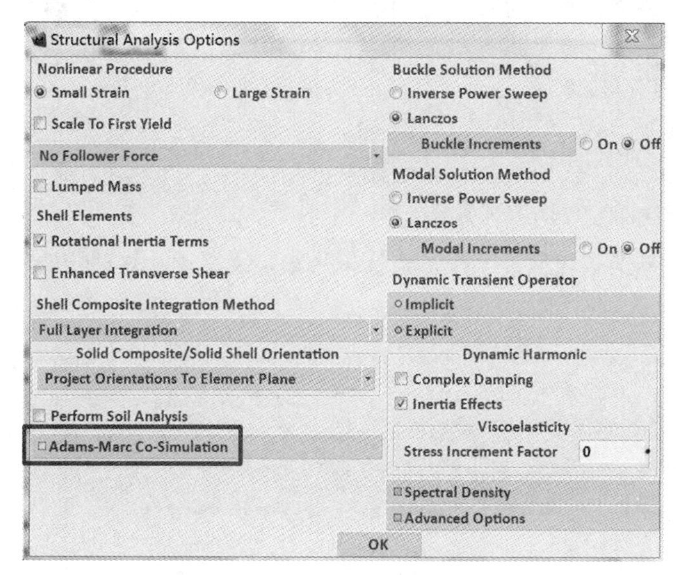

图 9-9　Marc 用户接口菜单

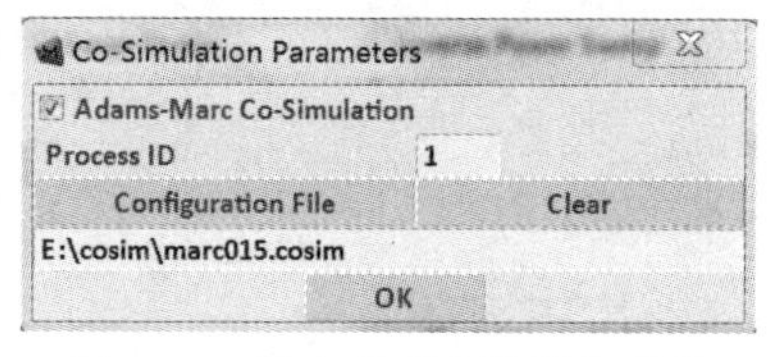


图 9-10　联合仿真参数输入菜单

链接到 Adams Markers 的节点与通过联合仿真接口方法（Co-Simulation Interface Node）定义固定位移约束边界条件的节点是一致的。对应固定位移边界条件菜单选项如图 9-11 所示。注意必须激活所有 6 个自由度。

(Job-Job Properties-Analysis Options)

位移和力的信息交换完全在三维系统中完成，同时需要 Marc 节点与 Adams Marker 关联 6 个自由度。注意在 Marc 2014.2 及以上版本中，该节点可以是：

（1）RBE2 的主节点。

（2）刚性接触体的载荷控制点。

（3）具有 6 个自由度的壳或梁单元的保守节点。

如果有限元模型仅包含三维连续体单元，并且采用上述第一种或第二种方法。那么还需要 RBE2 的参数，这在 Mentat 中会自动激活。

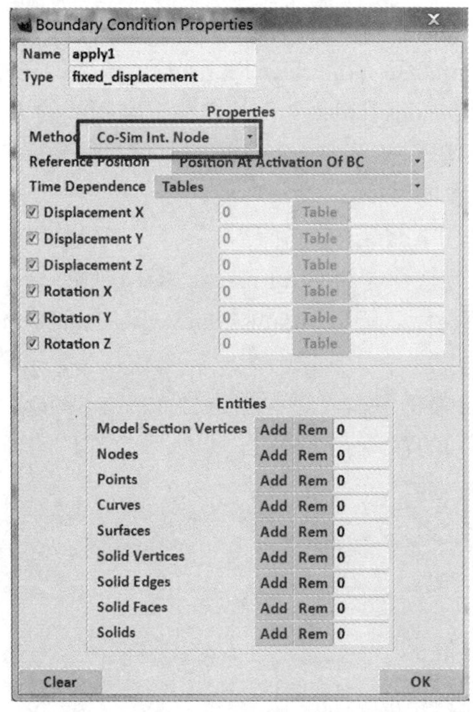


图 9-11　联合仿真固定位移约束设置菜单

另外，对于载荷控制的刚体也被更新为仅仅需要一个节点标识号来定义平动和转动特性。如图 9-12 所示。

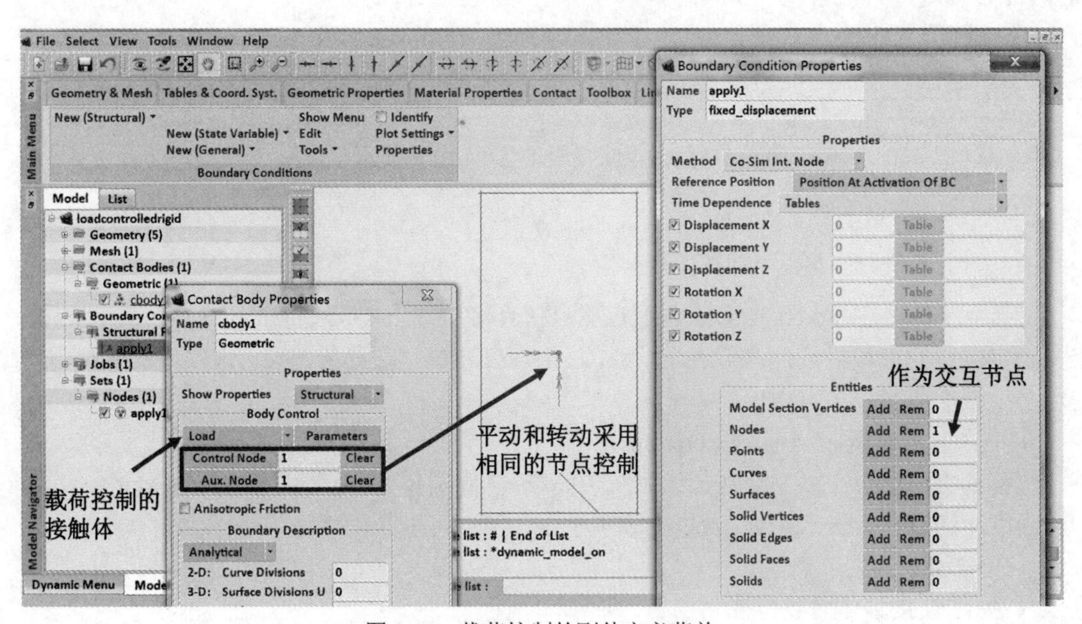


图 9-12　载荷控制的刚体定义菜单

在进行联合仿真时，以下几点需要重点考虑：

虽然可以采用不同的程序（Adams 和 Marc）分别建模，但一定确保所施加的力是一致的。例如确保所有模型的重力的作用方向相同（相对参考坐标系）。

与 Adams Marker 关联的节点不应该定义其他转换。

当前版本（Marc 2014.2 及以上）限于 Adams 的静态、准静态及动力学仿真分析类型。对 Adams 模型没有类型的限制。Marc 模型需运行静态和应力分析，当然也支持热－结构耦合分析。在与 Adams 进行联合仿真模式运行时，对 Marc 模型的限制包括：

（1）不支持全局网格重划分。

（2）只能基于 PRE STATE 选项进行预应力模型的导入。

（3）不能使用迭代求解器。

（4）只支持 Pardiso 和 Mumps 求解器使用 DDM 选项。

（5）所有的固定位移边界条件必须是交互式的，如果存在一个固定位移约束条件没有连接给 Adams，那么用户需要创建一个哑元（dummy）交互到 Adams 中的一个固定部件上。

（6）不支持 Adams 部件和 Marc 部件间的力的交互。

（7）在此类仿真中，有必要激活非正定选项。

### 9.2.1 Adams 模型的考虑

建立和运行 Adams 模型时需在每个交互点上放置 GFORCE。GFORCE 必须反作用于 GROUND（即 JFLOAT MARKER 必须在 GROUND 上）。RM MARKER 必须在 GROUND 上，且它的位置必须与 GROUND 的原点重合，方向必须与 GROUND 绝对坐标平行。I MARKER 位置必须与交互点位置重合（必须与 Marc 模型中的对应节点重合），同时必须与 GROUND 绝对坐标平行。

而且，GFORCE 必须使用 USER()及 ROUTINE 选项，如图 9-13 所示示例。

**注意：**当前版本对这部分条件不会做自检，例如图 9-14 所示实例，Adams 和 Marc 模型在 P 点交互。Adams 对 GFORCE 的设置如图 9-15 所示。

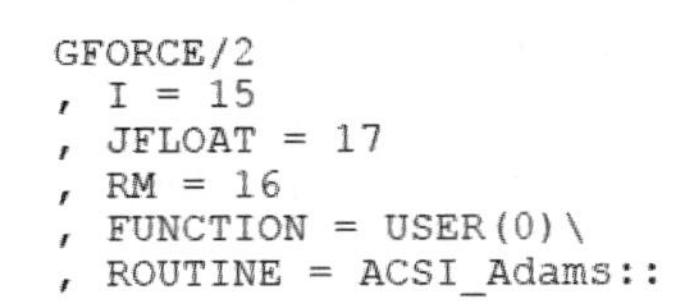

```
GFORCE/2
, I = 15
, JFLOAT = 17
, RM = 16
, FUNCTION = USER(0)\
, ROUTINE = ACSI_Adams::
```

图 9-13　Adams 模型定义示例

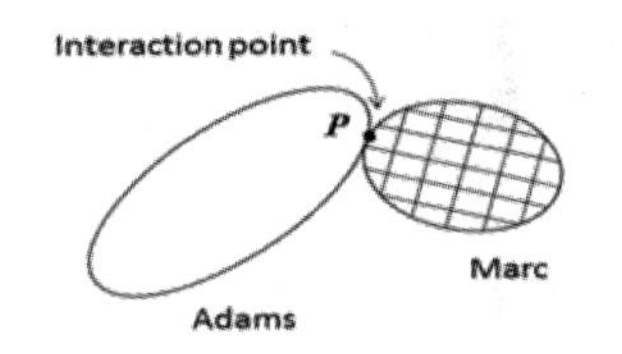


图 9-14　设置 Adams 和 Marc 交互点

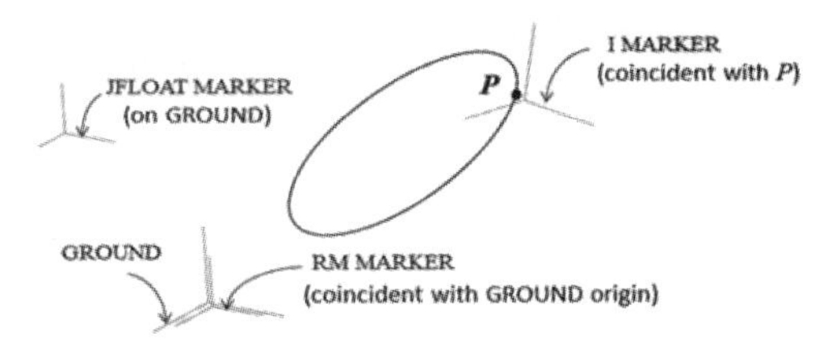


图 9-15　在 Adams 中对交互点 P 设置 GFORCE（为说明方便，同一点被拆分显示）

GFORCE 将应用 Marc 进程提供的反作用力和力矩，而 Adams 将驱动 Marc 模型中的节点。全部联合仿真时间大部分用于 Marc，Marc 中节点的运动通过位置控制，推荐在 Adams 中使用下列设置：

- 使用 GSTIFF,S12 作为积分器。
- 控制 HMAX 来匹配 Marc 使用的时间步。

### 9.2.2 联合仿真的图形界面

联合仿真的图形界面可用于建立脚本文件及提交联合仿真分析进程。在 X:\MSC.Software\Adams_x64\2015\solver\Cosim 下可以找到界面启动文件：ACSI_Glue.exe、ACSI_Gui.exe，双击 ACSI_Gui.exe 可以启动如图 9-16 所示的图形界面。这将初始化具有一个 Adams marker 连接到一个 Marc 节点的脚本文件。

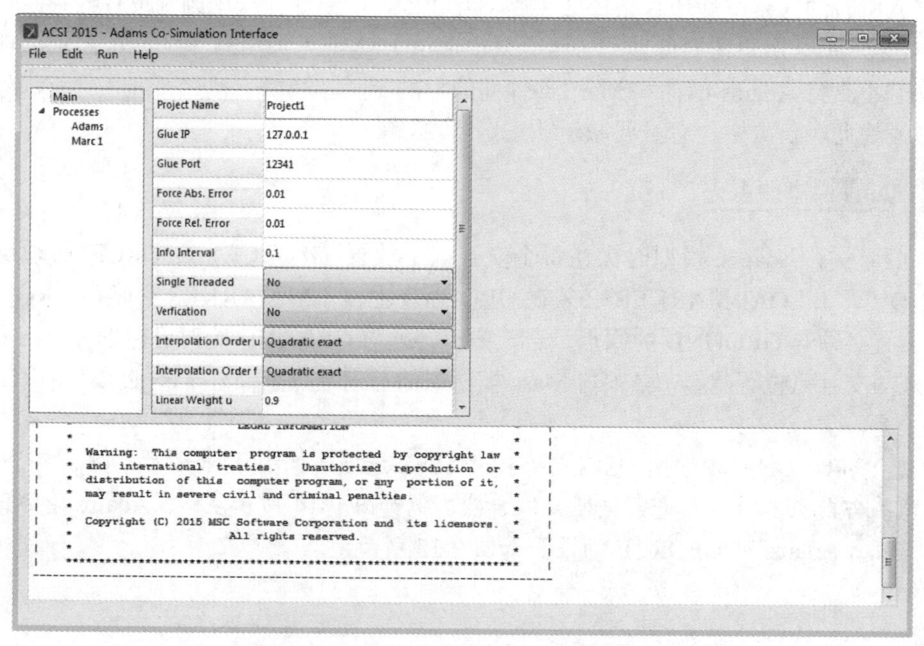


图 9-16 Adams Marc 联合仿真的图形界面

用户可以通过 File 开启一个新的进程（File→Create New Configuration）。如果设置（entry）不一致，用户将无法保存脚本文件。

第一个 Adams GFORCE 可以通过单击左侧的 Adams 激活，添加更多 GFORCE 交互，可以使用 Edit 下拉菜单中的 Add Interaction 完成，如图 9-17 所示。

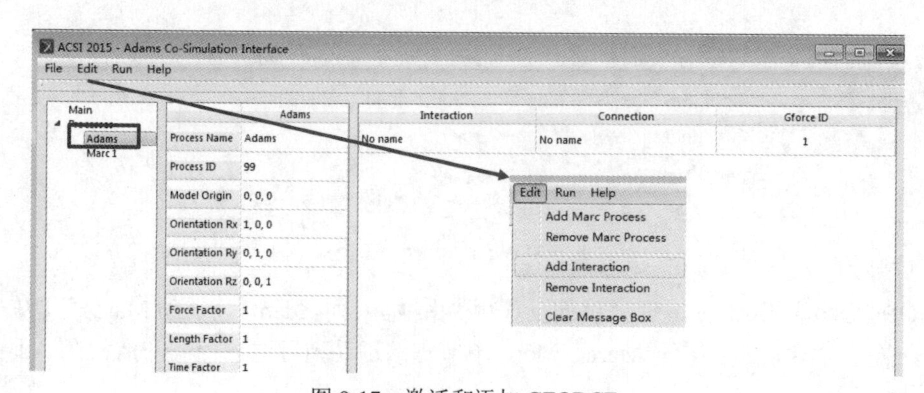


图 9-17 激活和添加 GFORCE

标识第一个 Marc 交互点，单击左侧的 Marc1 进程并标识与 Adams GFORCE 关联的交互和节点号码。如图 9-18 所示，添加 Marc 交互点，使用 Edit 下拉菜单中的 Add Interaction，添加 Marc 进程使用 Add Marc Process 选项即可，如图 9-19 所示。

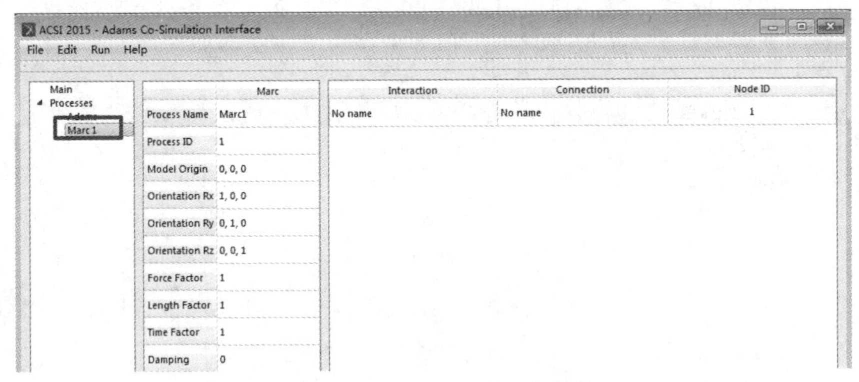

图 9-18　标识 Marc 交互点菜单

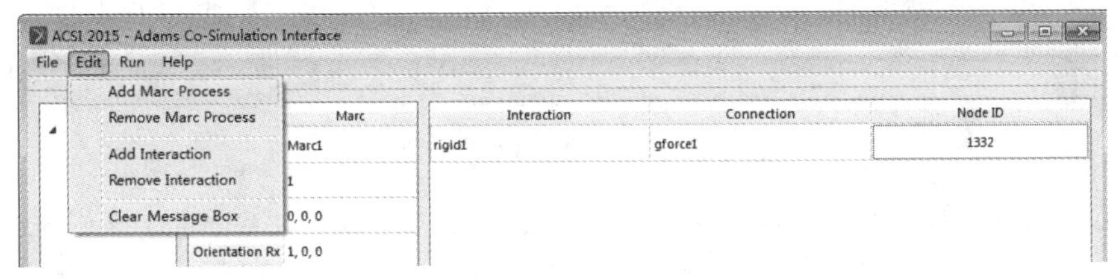

图 9-19　标识和添加 Marc 交互点

Marc 模型可能没有与 Adams 模型正确的定位。这可以通过修正和指定模型的原点以及 Marc 坐标系相对于 Adams 坐标系等方式调整。两个模型采用的单位可以不同。最终可以通过 Force 和 Length Factors 来补偿。

在保存脚本文件前，重要的一点是考虑 Adams 和 Marc 间位移和力的插值方法。通过单击 Main，可以指定插值阶数 Interpolation Order，具体包括 5 种：Quadratic exact（默认）、Linear weighted、Constant last、Linear least squares、Constant average。如果存在大量的振荡，优先考虑后两种方法，如图 9-20 所示。

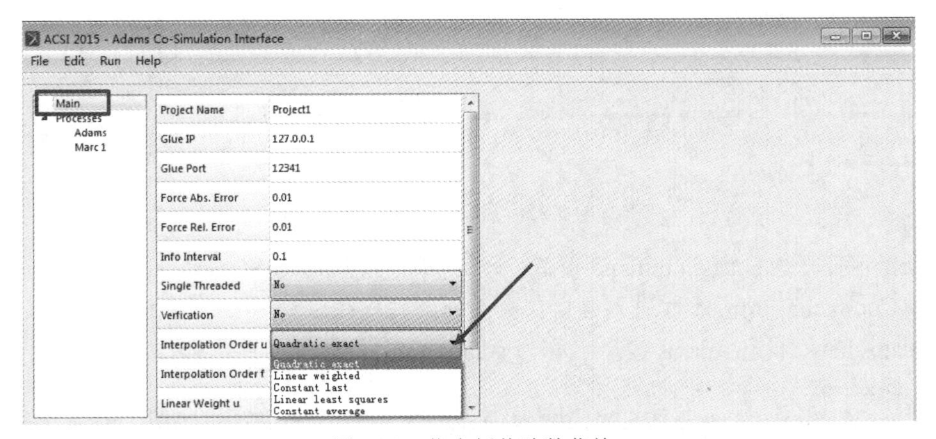

图 9-20　指定插值阶数菜单

完成所有交互的定义后，在 File 菜单下单击 Save Configuration 来保存脚本文件。

### 9.2.3 开始联合仿真

当单击 Run 按钮（后台会自动启动 Glue code），会出现如图 9-21 所示窗口，根据提示将保存的脚本文件分别拷贝到 Adams 和 Marc 模型所在的工作文件夹。

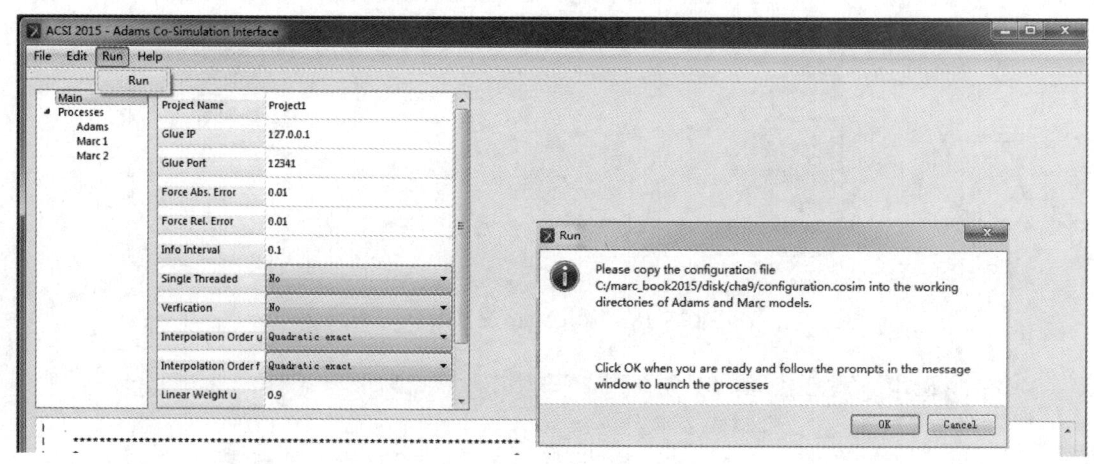


图 9-21 联合仿真模型提交计算

单击 OK 按钮，图形界面会转到 ACSI 驱动程序（通常标识为“Glue”），该程序通过 TCP/IP 控制 Adams 和 Marc 间的通信。其中会有一个 Adams 进程以及一个或多个 Marc 进程运行。注意两个程序均可采用 SMP 并行。另外，Marc 还可以使用 DDM 来减少所需的分析时间。系统可以在一块硬盘上运行，也可以通过网络包含不一致（Windows 和 Linux）脚本。应该指出运行需要标准的 Adams 和 Marc 授权，ACSI 同样需要授权。

开始运行后，将弹出新的信息表示 Glue 程序开始运行，指明控制文件，以及需要启动 Adams 程序，命令窗口显示如图 9-22 所示。

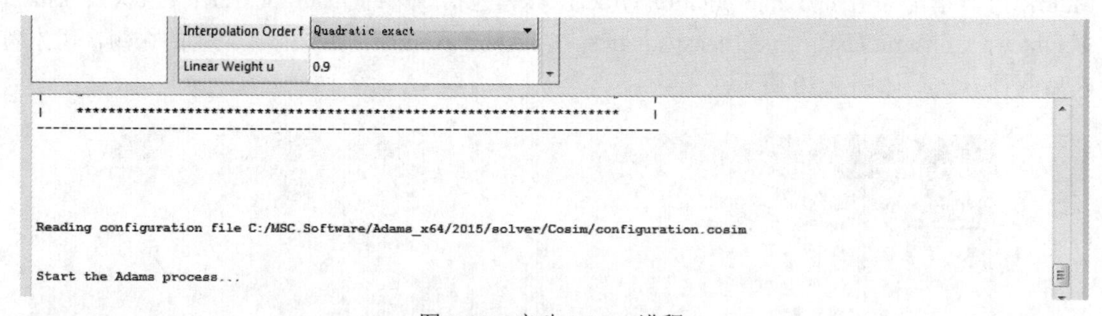


图 9-22 启动 Adams 进程

根据提示打开 Adams-Command 窗口（开始→所有程序→MSC.Software→Adams x64 2015→Adams Command Prompt），进入联合仿真工作路径。在启动 Adams 进程前先编写批处理文件 run_adams.bat，假定 Adams 模型名称为 adams.acf，批处理文件内容如下：

```
@echo off
copyconfiguration.cosimadams\configuration.cosim
cdadams
```

```
adams2015_x64ru-s adams.acf
cd ..\
```

在 Adams-Command 窗口中输入 run_adams 并按 Enter 键，即可启动 Adams，此时 Adams-Command 窗口和 ACSI 窗口将显示如图 9-23 所示信息。

```
Reading configuration file configuration.cosim
Handshaking signal received from Glue code.
```

（a）启动 Adams 进程后 Adams-Command and 窗口信息

```
Reading configuration file C:/marc_book2015/disk/cha9/test/configuration.cosim
Start the Adams process...
Adams process started.
Start Marc process "Intermediate block"...
```

（b）ACSI 窗口

图 9-23 启动 Adams 进程后 Adams-Command 窗口信息及 ACSI 窗口

在 Adams-Command 窗口中，Glue 代码启动，在 ACSI_Gui 窗口将弹出启动 Marc 进程的提示，Marc 程序（或部件被放置在不同的文件中）可以通过 Mentat 使用 Submit 命令启动，或通过命令行.../Tools/run_marc 启动。通过命令行提交时可编写批处理文件 run_marc.bat，假定 Marc 模型文件名为 marc.dat。以 marc2014.2 为例，批处理文件内容为：

```
@echo off
set MSC_COSIM_CONFIG_FILE=configuration.cosim
set MSC_COSIM_PROCESS_ID=1
copyconfiguration.cosim marc\configuration.cosim
cd marc
C:\MSC.Software\Marc\2014.2.0\marc2014.2\tools\run_marc.bat -mo i8 -j marc.dat -b n -save yes
cd ..\
```

重新开启一个 Adams-Command 窗口，进入联合仿真的工作路径，输入 run_marc 并按 Enter 键，开始 Marc 进程。当 Marc 初始化结束后，开始联合仿真进程，如图 9-24 所示。

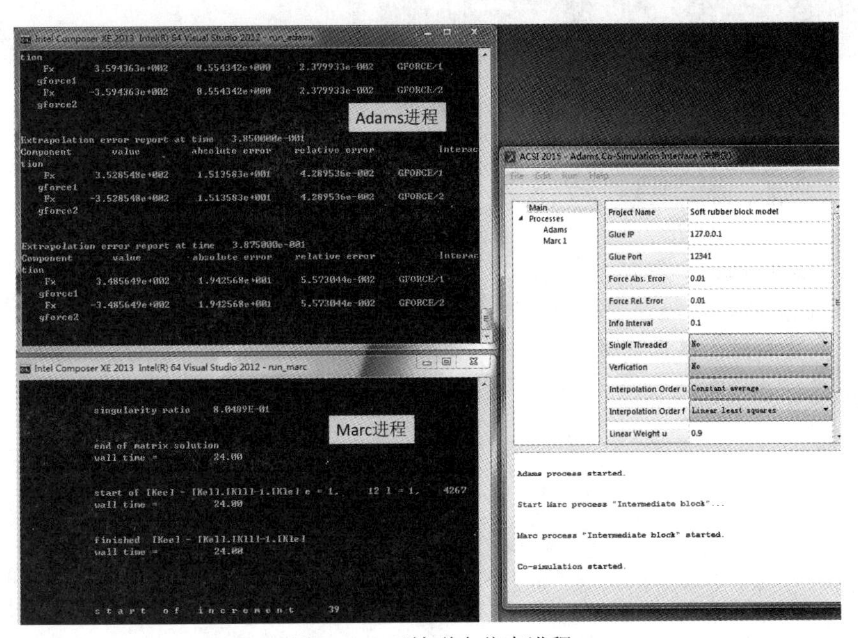


图 9-24 开始联合仿真进程

Marc 通过命令窗口启动运行，用户可以同时看到 Adams 信息（在 Adams 进程对应的 Command 窗口）和 Marc 信息（在 Marc 进程对应的 Command 窗口）。Adams 窗口指明 Marc 计算出的相应时刻的反作用力经过插值后得到的应用到 markers 上的力。如图 9-24 左上图所示，Marc 的迭代过程可以在图 9-24 左下图中查看。

在一定的时间点上，用户可以在 Marc 进程中看到发生回代的信息。在联合仿真中，刚度矩阵通过标识的固定位移约束条件被缩减到交互节点上。对每个部件，刚度矩阵的尺寸为(6 倍的交互节点数目)$^2$。这与 Marc 中的超单元（SUPERELEM）选项采用了相同的技术。为减少计算成本，推荐采用 Pardiso 求解器。

联合仿真结束后可以在 Adams 和 Marc 进程窗口中看到提示符返回 Adams、Marc 模型所在路径下，ACSI 窗口中提示联合仿真结束等信息，如图 9-25 所示。分析结束后，用户可以分别通过 Adams 和 Marc 打开各自的分析结果进行查看。

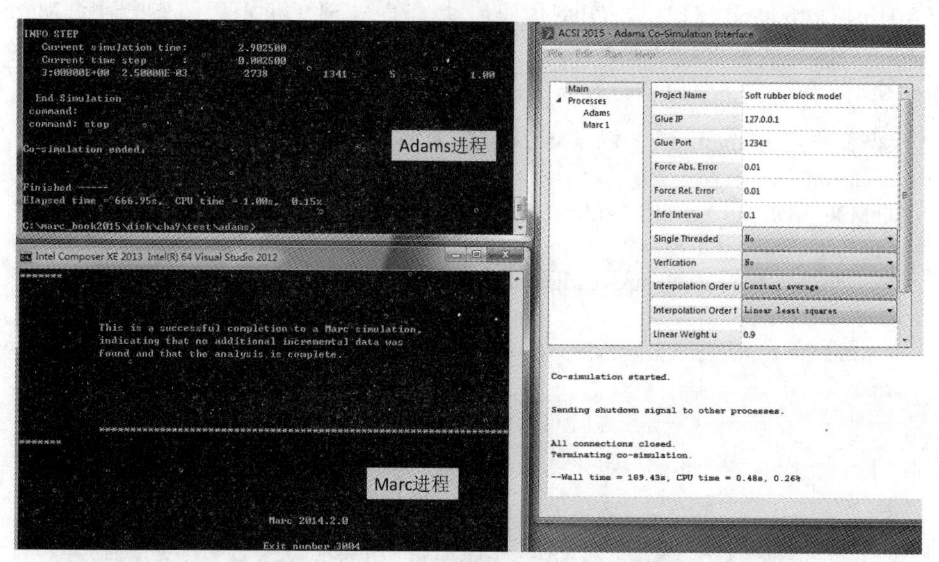


图 9-25 联合仿真结束时各进程的信息显示

## 9.3 Adams-Marc 联合仿真实例

模型包含两个质量－弹簧－阻尼系统，如图 9-26 所示。左侧的质量块为刚性结构，总质量为 1.1kg，右侧的质量块为由两个刚性质量块和一个软橡胶块粘接而成的三明治结构，这里软橡胶块存在大变形，需要采用非线性分析程序进行模拟。针对这一系统采用 Adams-Marc 联合仿真工具进行建模和求解。

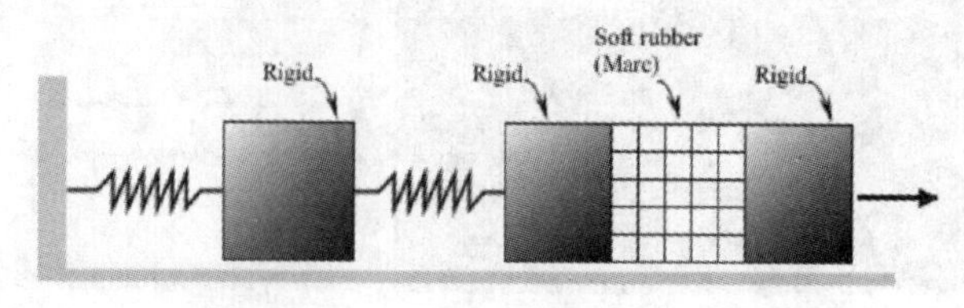


图 9-26 双质量－弹簧－阻尼系统

分别在 Adams 中建立刚性质量块和弹簧模型，在 Marc 中建立软橡胶块模型，如图 9-27、图 9-28 所示。Adams 模型（adams.acf、adams.adm）在光盘“第 9 章\Adams”下可以找到，Marc 模型文件（marc.dat）可以在光盘“第 9 章\Marc”下找到。用户可以将第 9 章文件夹下的全部文件和文件夹直接拷贝到联合仿真工作路径下使用。

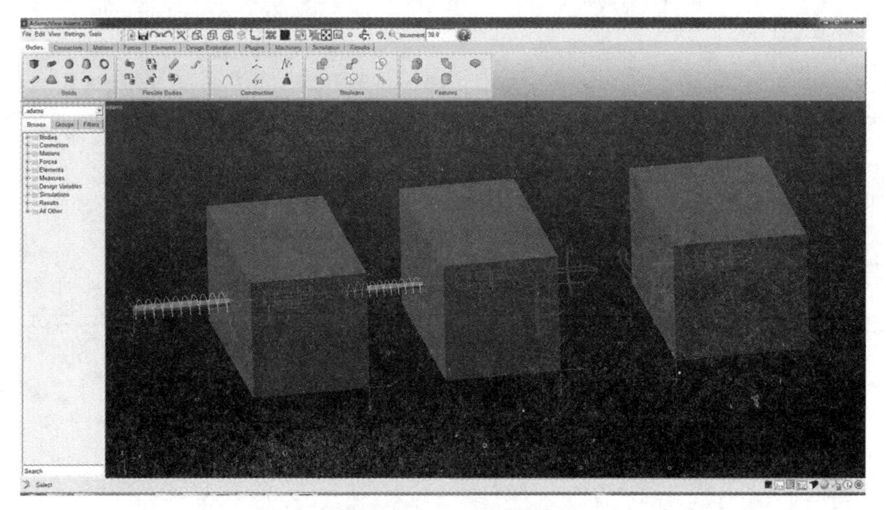

图 9-27　Adams 模型

**注意**：Adams 模型针对每个交互点具有一个 GFORCE。

在 Adams 中没有建立的软橡胶块模型需要在 Marc 中创建。在 Marc 中针对软橡胶块结构划分网格并定义橡胶材料参数后，需要在 Marc 中对应 Adams 模型中的 GFORCE 位置处创建交互点，给定模型中已经包含对应 GFORCE1 和 GFORCE2 的两个交互点，节点号分别为 1332（对应 GFORCE1）和 1333（对应 GFORCE2）。接下来需要将交互点 1332 和 1333 分别与模型左侧面和右侧面上的全部节点建立 RBE2 链接。具体如图 9-28 所示，另一点可采用类似的方法设置。

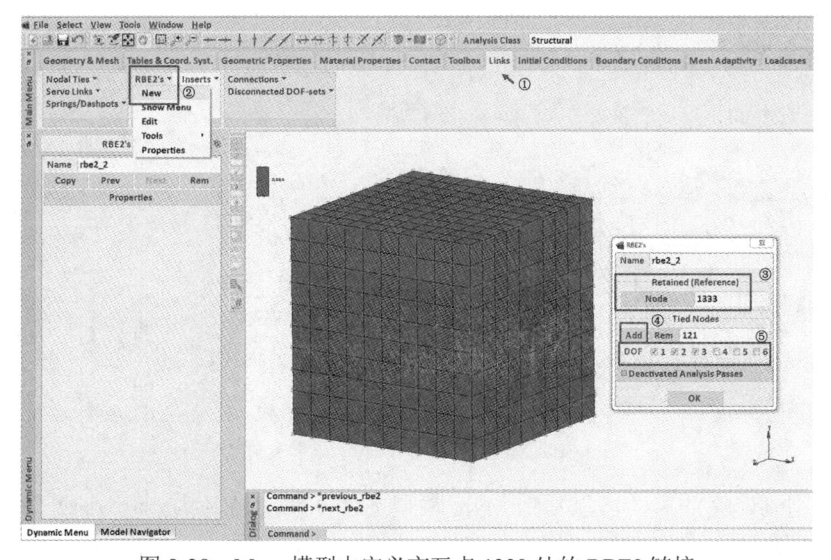


图 9-28　Marc 模型中定义交互点 1333 处的 RBE2 链接

完成交互点与结构的 RBE2 连接后，进一步在位移边界条件中针对交互点指定联合仿真交互边界约束条件，具体如图 9-29 所示。

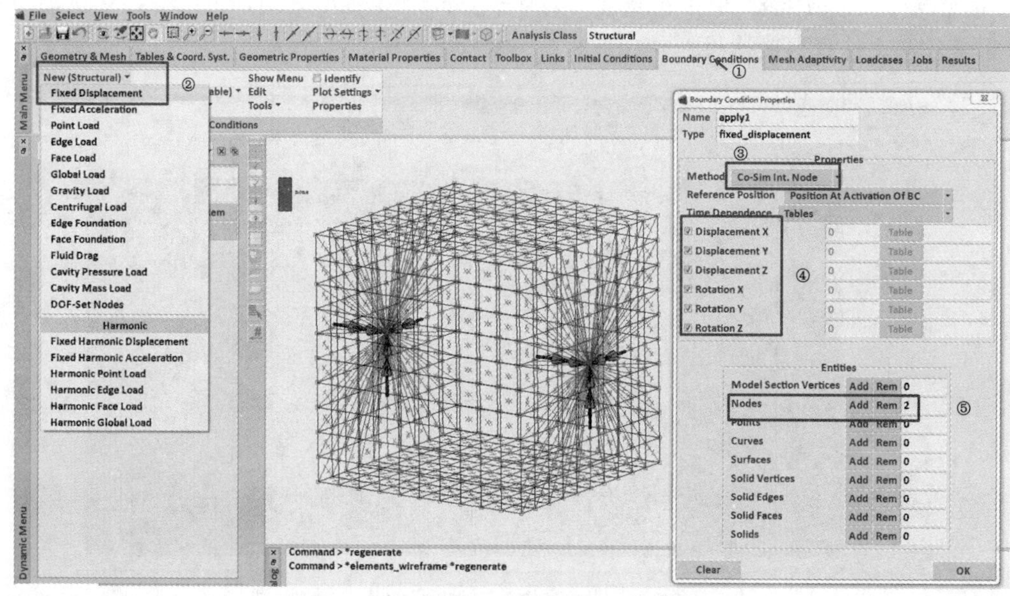


图 9-29　交互点的联合仿真位移约束条件定义

下一步需要指定 Marc 的进程号及配置脚本文件。假定配置脚本文件已经创建，名为 configuration.cosim，那么按照如图 9-30 所示进行设置即可。如果配置脚本文件还没有创建，可以按照图 9-32 至图 9-34 所示内容进行编写后，再在 Marc 中指定即可。

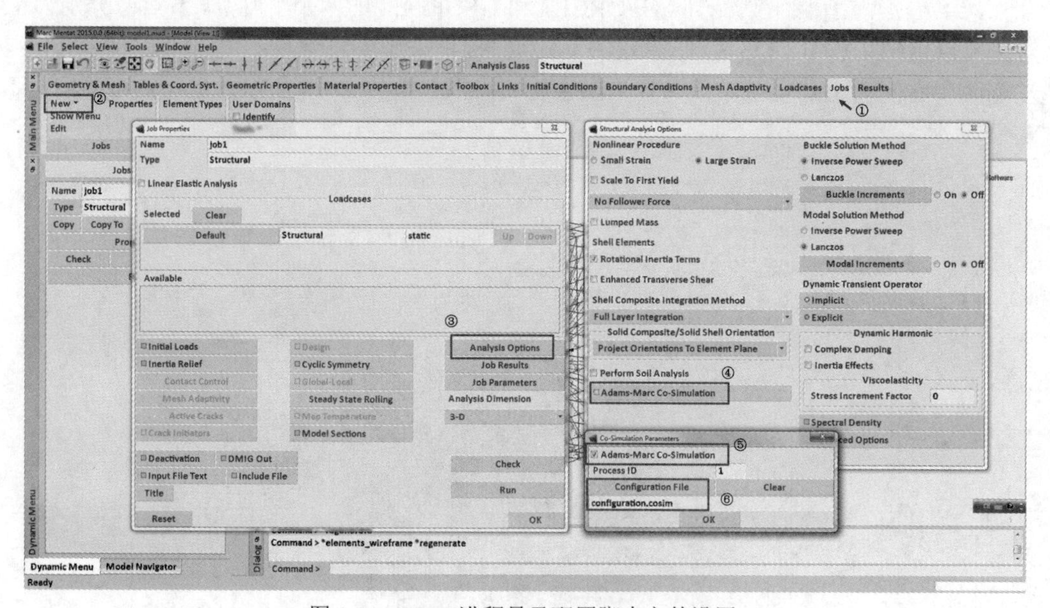


图 9-30　Marc 进程号及配置脚本文件设置

Marc 模型创建完成后，可以写出 Marc 模型文件（假定命名为 marc.dat）留备后续使用，具体操作方法如图 9-31 所示。

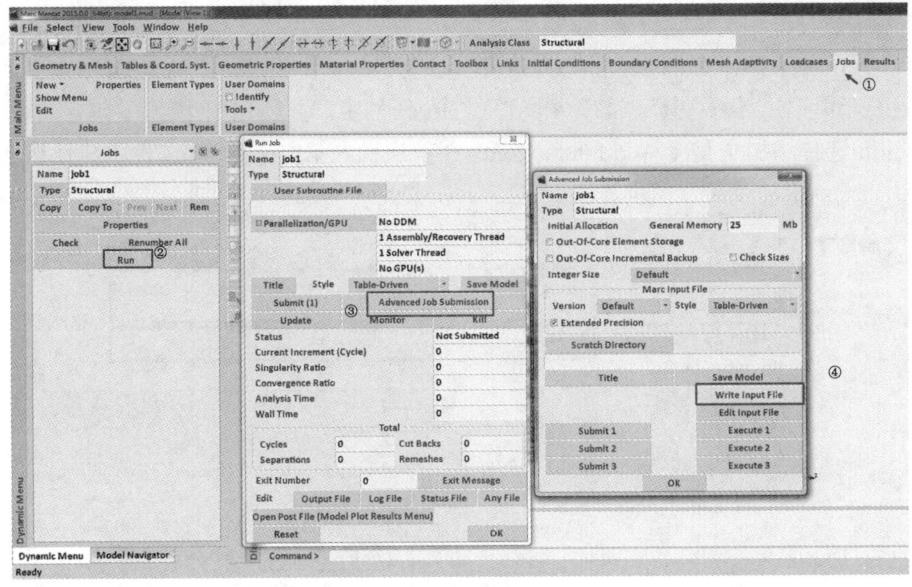

图 9-31　Marc 模型文件创建

模型准备完成后可以启动 ACSI_Gui 进行配置脚本文件的编写或读取，在光盘“第 9 章”文件夹下可以找到已经编写好的 configuration.cosim 文件。在启动 ACSI_Gui 时如果提示缺少 pthreadVC2.dll、QtCore4.dll、QtGui4.dll 文件，可以在 Adams 安装路径下（X:\MSC.Software\Adams_x64\2015\win64\）找到这些文件并拷贝至联合仿真的工作路径下（即 ACSI_Gui 所在路径下）。

开启 ACSI_Gui 后开始编写 configuration 脚本文件，单击图 9-32 中 Main 后，进行项目名称（Project Name 为 Soft rubber block model）和插值阶数（Interpolation Order u 及 Interpolation Order f）的设置，这里分别针对位移和力选择 Constant average 和 Linear least squares。不熟悉的用户可通过 File→Open Configuration File 进行相应信息的确认。

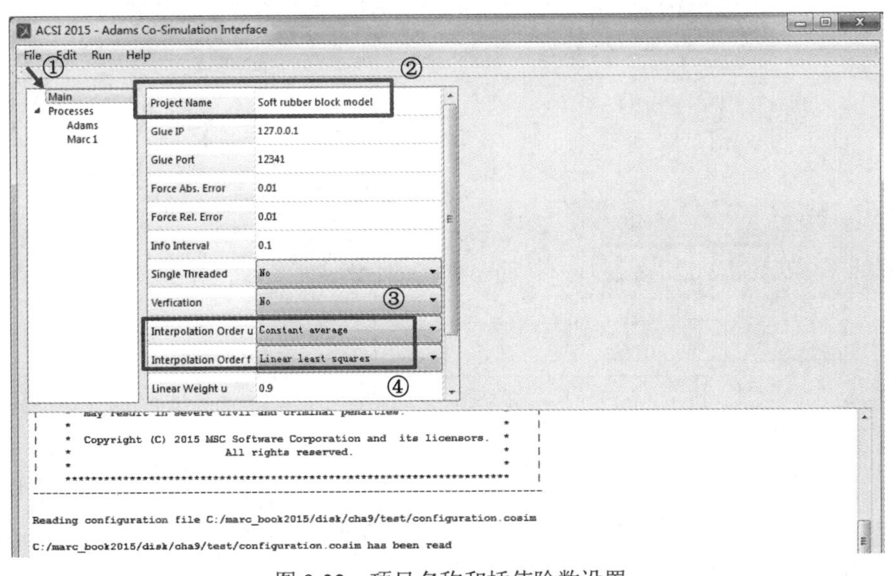

图 9-32　项目名称和插值阶数设置

进行 Adams 进程相关参数设置。如图 9-33 所示，首先修改项目名称为 Rigid parts and springs，然后分别单击 Interaction、Connection、GforceID 对应空白，并分别输入 Adams 中定义的 Gforce 名称 gforce1、对应的 Marc 交互点名称 rigid1、Gforce 的 ID 号 1。由于模型中包含两个 Gforce，因此单击 Edit 选择添加交互点 Add Interaction，并依次输入第二个 GFORCE 和交互点信息。

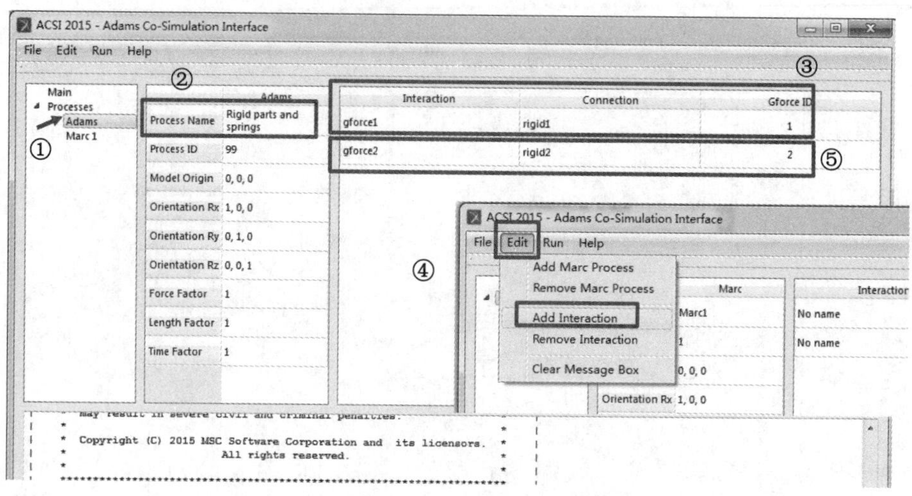


图 9-33　Adams 进程参数设置

进行 Marc 进程相关参数设置，如图 9-34 所示，首先修改项目名称为 Intermediate Block，然后分别单击 Interaction、Connection、Node ID 对应空白，并分别输入 Marc 中定义的交互点名称 rigid1、对应的 Adams 中 Gforce 名称 gforce1、交互点的节点号 1332。由于模型中包含两个交互点，因此单击 Edit 选择添加交互点 Add Interaction，并依次输入第二个交互点和 GFORCE 信息。

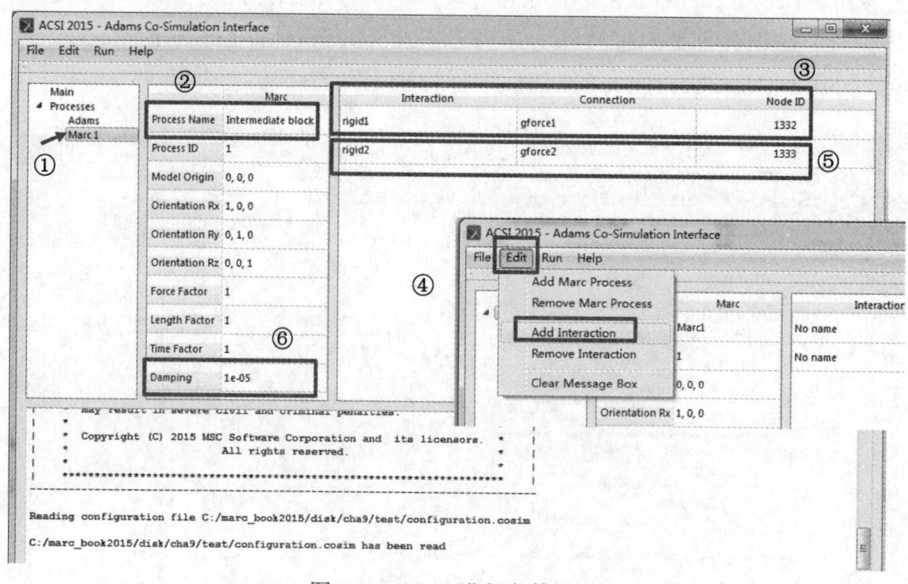


图 9-34　Marc 进程参数设置

编写完成后单击 File→Save Configuration As…保存脚本，并将生成的 configuration 文件分别拷贝到 Adams 模型和 Marc 模型所在路径下。单击 Run 提交联合仿真，根据提示启动 Adams

进程，用户可以直接使用提供的脚本文件 run_adams 即可，对于其他模型，只需修改模型名称即可重复使用。具体方法同第 9.2.3 节图 9-22 至图 9-23 间的介绍。Adams 进程启动后，根据 ACSI 提示启动 Marc 进程，同样用户可以直接使用提供的脚本文件 run_marc。对于其他模型，只需修改模型名称和所使用的 Marc 版本信息即可重复使用。Marc 进程启动后 ACSI 提示开始联合仿真，如图 9-24 所示。联合仿真需要几分钟即可运行完成，完成时可以看到如图 9-25 所示信息。此时用户可以分别使用 Adams 和 Marc 打开结果文件进行查看。图 9-35 为在 1.37s 时 Marc 中结构变形情况截图，结果文件存储在 Marc 模型路径下；如图 9-36 所示为 Adams 中的结果，Adams 的结果文件默认存放在联合仿真工作路径下的 results 文件夹下；如图 9-37 所示在同一时刻 Adams 模型和 Marc 模型的同步变形情况。

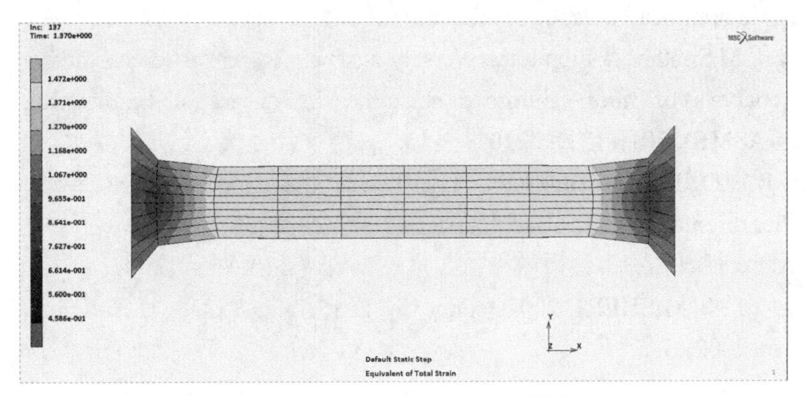


图 9-35　1.37s 时 Marc 中结构变形情况截图

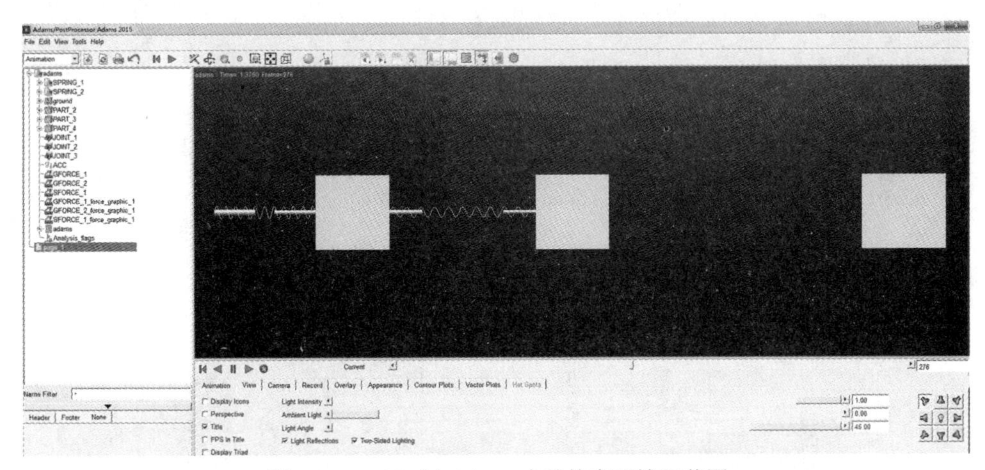

图 9-36　1.37s 时 Adams 中结构变形情况截图

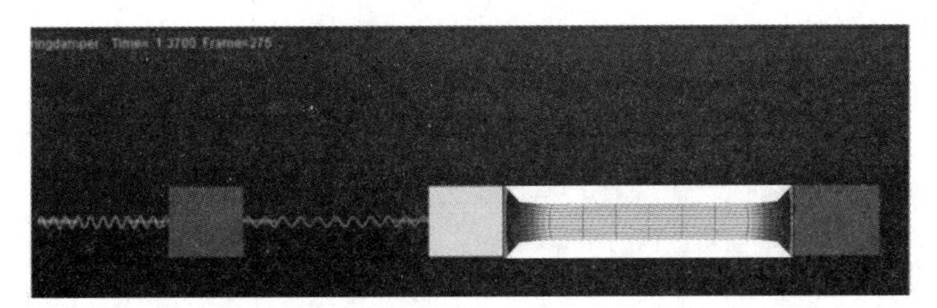

图 9-37　同一时刻 Adams 模型和 Marc 模型的同步变形情况

# 参考文献

[1] G.Y.Qiu, T.J.Pence. "Loss of ellipiticity in plane deformation of a simple directional reinforced incompressible nonlinearly elastic solid". Journal of Elasticity, 1997(49), 31-63.

[2] L.W.Brown, L.M.Smith. "A simple transversely isotropic hyperelastic constitutive model suitable for finite analysis of fiber reinforced elastomers", Journal of Engineering Material and Technology(ASME), 2011(133), 021021:1-13.

[3] T.C.Gasser, R.W.Ogden, G.A.Holzapfel. "Hyperelastic modeling of arterial layers with distributed collagen fiber orientations", J.R.Soc, Interface 2006(3), 15-35.

[4] 陈火红．Marc 有限元实例分析教程．北京：机械工业出版社，2002．

[5] Proceedings of NUMISHEET 2002, edited by D.Y.Yong, S.I.Oh, H.Huh, and Y.H.Kim, Jeju Island, Korea(2002).